BKI OBJEKTDATEN

Kosten abgerechneter Bauwerke

S7 Sonderband serielles und modulares Bauen

BKI Objektdaten:
Kosten abgerechneter Bauwerke
S7 Sonderband serielles und modulares Bauen

BKI Baukosteninformationszentrum (Hrsg.)
Stuttgart: BKI, 2025

Mitarbeit:
Hannes Spielbauer (Geschäftsführer)
Brigitte Lechler (Prokuristin)
Dokumentation: Catrin Baumeister, Julia Bellmann, Anna Bertling, Annette Dyckmans,
Heike Elsäßer, Sabine Egenberger, Irmgard Schauer, Sibylle Vogelmann
Virginia Lammet, Thomas Schmid
Produktmanagement: Michael Blank, Martin Mösl
Jeannette Sturm

Fachautoren:
Dipl.-Ing. (FH) Architekt David Meuer
Dipl.-Ökonom Michael Neitzel, Prof. Dr. Guido Spars

Layout, Satz:
Marvin Bisceglie
Hans-Peter Freund
Thomas Fütterer

Fachliche Begleitung:
Beirat Baukosteninformationszentrum
Stephan Weber (Vorsitzender)
Markus Lehrmann (stellv. Vorsitzender)
Prof. Dr. Bert Bielefeld
Markus Fehrs
Andrea Geister-Herbolzheimer
Prof. Dr. Wolfdietrich Kalusche
David Meuer
Martin Müller
Markus Weise

Seelbergstraße 4
70372 Stuttgart
Kundenbetreuung: 0711 954 854-0
Telefax: 0711 954 854-54
Baukosten-Hotline: 0711 954 854-41
info@bki.de
www.bki.de

Titelabbildungen:
Übergangswohnheim (48 Betten) (6200-0135) Arch.: W. u. J. Derix GmbH & Co.; Niederkrüchten
Sport- und Vereinsheim (5300-0013) Arch.: O. M. Architekten BDA; Braunschweig; Fotograf: Andreas Bormann
Modulhäuser (34 WE) (6100-1282) Arch.: Plan-R-Architektenbüro; Hamburg

Vorwort

Als Beiratsvorsitzender des BKI ist es mir eine außergewöhnliche Freude, erstmalig ein Fachbuch zum aktuellen Thema Modulbau zu präsentieren: den Sonderband Objektdaten S7 - serielles und modulares Bauen.

Modulares Bauen erweckt bei allen Projektbeteiligten die Hoffnung für schnelles, nachhaltiges und kostengünstiges Bauen – ein unabdingbares Muss in der heutigen Zeit. Aber ist das wirklich so? Modulares Bauen zeichnet sich durch einen hohen Vorfertigungsgrad einzelner Bauelemente bis hin zur Vorfertigung kompletter Raum-Module aus. Durch diese Bauweise können Bauzeiten verkürzt und die Grundlage für einen effizienten Umgang mit Ressourcen und damit zum nachhaltigen Bauen geschaffen werden.

Dem BKI ist es ein Anliegen mit diesem Sonderband, diese Bauweise genauer zu beleuchten und Architekt*innen das Thema näher zu bringen. Dies über die bekannten BKI-Objektdokumentationen und über zwei Fachbeiträge, die aus ganz unterschiedlichen Sichtweisen das Thema beleuchten.

Die veröffentlichten Objekte in diesem Objektdatenband sind in die Kategorien Objekte in Modulbauweise und Objekte mit hohem Vorfertigungsgrad eingeteilt. Rücksicht genommen werden musste auf die Besonderheit bei Modulbauten, da es hier eine zwangsläufige Durchmischung von Kosten der Baukonstruktionen, der technischen Anlagen und der Baunebenkosten gibt. Dieser Besonderheit bei einzelnen Objektdokumentationen in Bezug auf die DIN 276 wurde mit einer neuen angepassten Darstellung der Objektdokumentationen Rechnung getragen.

Die Fachbeiträge von Prof. Dr. Guido Spars / Dipl.-Ökonom Michael Neitzel und Dipl.-Ing. (FH) Architekt David Meuer liefern wertvolle Informationen zum Thema und räumen deutlich mit dem Vorurteil der „Platte 2.0“ auf. Ein besonderer Dank an dieser Stelle für die großartige Arbeit der einzelnen Fachautoren.

Ein Bauzeitenvergleich der einzelnen Objekte mit den entsprechenden statistischen Kennwerten nach Gebäudearten runden den Inhalt des Fachbuchs ab und zeigen eine deutliche Einsparung der Bauzeiten auf.

Dieser Sonderband ist auch ein deutliches berufspolitisches Zeichen, dass das Thema serielles, modulares und systemisches Bauen nicht nur theoretisch im Berufsstand angekommen ist, sondern dass auch ein Bedürfnis nach praktischer Umsetzung in der Planung besteht. Gerade in frühen Planungsphasen, besteht noch die Möglichkeit, verschiedenste Gebäudekonfigurationen und -konstruktionen zu vergleichen, dabei ist der Sonderband S7 eine wertvolle Hilfestellung.

Zuletzt bleibt mir noch der Dank an das Baukosteninformationszentrum und allen Mitarbeitenden an der Realisierung des Sonderbandes S7. Die Gespräche im Beirat waren immer von der Überzeugung geprägt, dass es sich nicht nur um „ein übliches BKI-Buch“, sondern um ein dringend benötigtes Hilfsmittel zur Transformation der Bau- und Planungskultur in Deutschland handelt, welches auf großes Interesse bei der Leserschaft stoßen wird.

In diesem Sinne wünsche ich dem Sonderband S7 – serielles und modulares Bauen einen großen Erfolg und allen Anwendenden Kostensicherheit bei der Anwendung.

Herzlichst
Ihr Stephan Weber

Vorwort BKI

Das Baukosteninformationszentrum BKI wurde 1996 von den Architektenkammern aller Bundesländer gegründet. Ziel des BKI ist die Bereitstellung aktueller Daten sowie die Entwicklung und Vermittlung zielführender Methoden. Kostenermittlungen sind meist nur so gut wie die angewendeten Methoden und Daten.

Wertvolle Erfahrungswerte liegen in Form von abgerechneten Bauleistungen oder Kostenfeststellungen in den Architekturbüros vor. Oft fehlt im Büro-Alltag die Zeit, diese qualifiziert zu dokumentieren. Diese Dienstleistung erbringt BKI und unterstützt damit sowohl die Datenliefernden als auch die Nutzer*innen der BKI Datenbanken.

Auf dem Baumarkt findet aufgrund von steigenden Baupreisen, Fachkräftemangel, Klimawandel und Ressourcenknappheit ein Umdenken statt. Es werden immer mehr neue, effizientere Baumethoden entwickelt, um diesen Entwicklungen gerecht zu werden. Hierzu zählen insbesondere der Modulbau und Bauweisen mit einem hohem Vorfertigungsgrad. Diese Bauweisen sind nachhaltige Alternativen zu konventionellen Bauweisen. Ressourcen schonend, baukonstruktiv und bauphysikalisch ausgereift und energietechnisch optimiert. Durch kürzere Bauzeiten, mehr Planungssicherheit und hohe Flexibilität gewinnen Objekte in Modulbauweise in der Architektur immer mehr an Bedeutung.

Bei der Planung von Objekten in Modulbauweise und Bauten mit einem hohen Vorfertigungsgrad unterstützt das BKI Architektur- und Planungsbüros und alle Baubeteiligte mit aktuellen Baukosten von bereits realisierten Vergleichsobjekten.

Mit dieser Ausgabe "BKI Objektdaten S7 – Sonderband serielles und modulares Bauen" wird erstmalig ein Band zu diesem aktuellen Thema herausgebracht. Dieser Sonderband beinhaltet 26 Objekte in Modulbauweise und 17 Objekte mit hohem Vorfertigungsgrad.

Die energetische Qualität der Gebäude wird insbesondere durch die Angabe der energetischen Kennwerte transparent. Der neue Sonderband berücksichtigt auch die unterschiedliche regionale Baupreisentwicklung. Mit den integrierten BKI Regionalfaktoren 2025 können die Bundesdurchschnittswerte an den jeweiligen Stadt- bzw. Landkreis angepasst werden.

Der Dank des BKI gilt allen Architektinnen und Architekten, die Daten und Unterlagen zur Verfügung stellen. Sie profitieren von der Dokumentationsarbeit des BKI und unterstützen zusätzlich den eigenen Berufsstand. Die in Buchform veröffentlichten Architekt*innen-Projekte bilden eine fundierte und anschauliche Dokumentation gebauter Architektur. Zudem ermöglichen sie eine kompetente Kostenermittlung von Folgeobjekten und eignen sich hervorragend zur Akquisition neuer Planungsaufgaben.

Zur Pflege der Baukostendatenbanken sucht BKI weitere Objekte aus allen Bundesländern. Weitere Informationen dazu werden im Internet unter „Daten an BKI liefern" zur Verfügung gestellt. BKI berät gerne über alle Möglichkeiten, realisierte Projekte zu veröffentlichen. Datenliefernde erhalten eine Vergütung und können weitere Vorteile nutzen.

Besonderer Dank gilt abschließend auch dem BKI-Beirat, der mit seinem Expert*innenwissen aus der Architektenpraxis, den Architekten- und Ingenieurkammern, Normausschüssen und Universitäten zum Gelingen der BKI-Fachinformationen beiträgt.

Wir wünschen allen Anwender*innen der Neuerscheinung viel Erfolg in allen Phasen der Kostenplanung und vor allem eine große Übereinstimmung zwischen geplanten und realisierten Baukosten im Sinne zufriedener Bauherr* innen. Anregungen und Kritik zur Verbesserung der BKI-Fachbücher/-eBooks sind uns jederzeit willkommen.

Hannes Spielbauer - Geschäftsführer
Brigitte Lechler - Prokuristin

Baukosteninformationszentrum
Deutscher Architektenkammern GmbH
Stuttgart, im Oktober 2025

Inhalt

Benutzerhinweise

Energetische Kennwerte - Übersicht nach Objekten	9
Einführung / Benutzerhinweise	10
Fotopräsentation der Objekte	14
Erläuterungen der Seitentypen	
Modulbauweise und hoher Vorfertigungsgrad	24-39
Angepasste Darstellung Modulbauweise	42-57
Kostenkennwerte der 3. Ebene DIN 276 – sortiert nach Kostengruppen	60
Positionen für den Neubau	62
Fachartikel von Prof. Dr. Guido Spars und Dipl.-Ökonom Michael Neitzel „Serielles, modulares und systemisches Bauen und der Runde Tisch: Maßnahmen zum Abbau von Hemmnissen und zur Förderung dieser Bauweisen"	66
Fachartikel von Dipl.-Ing. (FH) Architekt David Meuer „Serielles, modulares und systemisches Bauen (SMSB) ist anders"	80
Bauzeitenvergleich – modulares Bauen vs. konventionelles Bauen	92
Gliederung in Leistungsbereiche nach STLB-Bau	96
FAQs - Häufig gestellte Fragen	97
Abkürzungsverzeichnis	107

Kosten abgerechneter Objekte

Objekte in Modulbauweise

1	**Büro- und Verwaltungsgebäude**		
1300-0298	Verwaltungsgebäude, temporär (150 AP)	1. Ebene	114
1300-0328	Büro-/Seminargebäude (52 AP)	3. Ebene	120
2	**Gebäude für Forschung und Lehre**		
2200-0067	Seminargebäude	3. Ebene	136
2200-0068	Seminar-/Verwaltungsgebäude (17 AP)	3. Ebene	148
3	**Gebäude des Gesundheitswesens**		
	(keine Objekte in Band S7)		
4	**Schulen und Kindergärten**		
4100-0219	Gymnasium (12 Klassen, 330 Schüler)	1. Ebene	164
4100-0221	Interimsgebäude Schule (5 Klassen, 150 Schüler)	1. Ebene	170
4100-0256	Grundschule (4 Klassen, 120 Schüler) - Erweiterung	3. Ebene	176
4400-0288	Kinderkrippe (1 Gruppe, 12 Kinder)	3. Ebene	190
4400-0289	Kindergarten (1 Gruppe, 12 Kinder)	3. Ebene	206
4400-0317	Kindertagesstätte (3 Gruppen, 50 Kinder)	1. Ebene	220
4400-0385	Kindertagesstätte (2 Gruppen, 50 Kinder)	1. Ebene	226
4400-0389	Kindertagesstätte (6 Gruppen, 100 Kinder)	3. Ebene	232
4400-0399	Kindertagesstätte (4 Gruppen, 100 Kinder)	1. Ebene	246
4400-0428	Kindertagesstätte (4 Gruppen, 70 Kinder)	1. Ebene	252
4400-0429	Kindertagesstätte (2 Gruppen, 40 Kinder)	1. Ebene	258

5	**Sportbauten**		
	(keine Objekte in Band S7)		
6	**Wohngebäude**		
6100-1282	Modulhäuser (34 WE)	3. Ebene	264
6100-1446	Singlehaus	1. Ebene	278
6100-1641	Doppelgarage, Kellerersatzraum	3. Ebene	284
6100-1642	Fertigteilgarage	3. Ebene	294
6100-1643	Fertigteilgarage	3. Ebene	300
6100-1702	Mini-Wohnhaus	1. Ebene	310
6100-1747	Wohnanlage (4 Gebäude, 15 WE), Gemeindesaal (50 Sitzplätze)	3. Ebene	316
6200-0135	Übergangswohnheim (48 Betten)	1. Ebene	330
6200-0136	Übergangswohnheim (120 Betten)	1. Ebene	336
6600-0038	Gästehaus, Seminarhotel (28 Betten)	1. Ebene	342
7	**Gewerbegebäude**		
	(keine Objekte in Band S7)		
8	**Bauwerke für technische Zwecke**		
8700-0066	Fertigteilgarage	3. Ebene	350
9	**Kulturgebäude**		
	(keine Objekte in Band S7)		

Objekte mit hohem Vorfertigungsgrad

1	**Büro- und Verwaltungsgebäude**		
1300-0307	Bürogebäude (15 AP)	1. Ebene	360
2	**Gebäude für Forschung und Lehre**		
2200-0062	Atelier-/Werkhallen, Veranstaltungshalle (399 Sitzplätze)	1. Ebene	368
3	**Gebäude des Gesundheitswesens**		
	(keine Objekte in Band S7)		
4	**Schulen und Kindergärten**		
4300-0026	Förderschule, Erweiterungsbau (2 Klassen, 30 Schüler)	1. Ebene	374
4400-0358	Schulhort (15 Gruppen, 250 Kinder)	1. Ebene	380
4400-0364	Kindertagesstätte (5 Gruppen, 100 Kinder)	1. Ebene	386
4400-0378	Kindergarten (6 Gruppen, 150 Kinder)	1. Ebene	392
4400-0407	Kindertagesstätte (4 Gruppen, 90 Kinder)	1. Ebene	398
5	**Sportbauten**		
5100-0131	Sporthalle (Einfeldhalle)	1. Ebene	404
5100-0134	Stahlleichtbauhalle (Dreifeldhalle)	1. Ebene	410
5300-0013	Sport- und Vereinsheim	1. Ebene	416
6	**Wohngebäude**		
6100-1604	Doppelhäuser (3 Gebäude), Einfamilienhäuser (3 Gebäude)	1. Ebene	422
6200-0134	Studierendenwohnheim (174 WE, 211 Betten)	1. Ebene	428
6400-0114	Kirchliches Gemeindezentrum	3. Ebene	434
6500-0055	Schulmensa (160 Sitzplätze)	1. Ebene	452
6600-0039	Boardinghouse (40 Zimmer)	1. Ebene	458

7	**Gewerbegebäude**		
7300-0114	Werkstattgebäude (10 AP)	1. Ebene	464

8	**Bauwerke für technische Zwecke**		
	(keine Objekte in Band S7)		

9	**Kulturgebäude**		
9100-0226	Konzertsaal (1.956 Sitzplätze)	1. Ebene	470

Kostenkennwerte für Kostengruppen der 3. Ebene nach DIN 276

210	Herrichten	476
220	Öffentliche Erschließung	477
310	Baugrube / Erdbau	478
320	Gründung, Unterbau	479
330	Außenwände / Vertikale Baukonstruktionen, außen	482
340	Innenwände / Vertikale Baukonstruktionen, innen	484
350	Decken / Horizontale Baukonstruktionen	486
360	Dächer	487
380	Baukonstruktive Einbauten	489
390	Sonstige Maßnahmen für Baukonstruktionen	490
410	Abwasser-, Wasser-, Gasanlagen	492
420	Wärmeversorgungsanlagen	494
430	Raumlufttechnische Anlagen	495
440	Elektrische Anlagen	496
450	Kommunikations-, sicherheits- und informationstechnische Anlagen	498
470	Nutzungsspezifische und verfahrenstechnische Anlagen	499
510	Erdbau	500
520	Gründung, Unterbau	501
530	Oberbau, Deckschichten	502
540	Baukonstruktionen	504
550	Technische Anlagen	505
560	Einbauten in Außenanlagen und Freiflächen	507
570	Vegetationsflächen	508
590	Sonstige Maßnahmen für Außenanlagen und Freiflächen	510

Kostenkennwerte für die Positionen der Leistungsbereiche (LB) - Neubau

A	**Rohbau**	
013	Betonarbeiten	512
014	Natur-, Betonwerksteinarbeiten	520
016	Zimmer- und Holzbauarbeiten	524
017	Stahlbauarbeiten	542
018	Abdichtungsarbeiten	544
020	Dachdeckungsarbeiten	546
021	Dachabdichtungsarbeiten	550
022	Klempnerarbeiten	559

B	Ausbau	
023	Putz- und Stuckarbeiten, Wärmedämmsysteme	566
024	Fliesen- und Plattenarbeiten	572
025	Estricharbeiten	580
026	Fenster, Außentüren	584
027	Tischlerarbeiten	590
028	Parkett-, Holzpflasterarbeiten	596
029	Beschlagarbeiten	602
030	Rollladenarbeiten	604
031	Metallbauarbeiten	606
032	Verglasungsarbeiten	610
033	Baureinigungsarbeiten	612
034	Maler- und Lackierarbeiten - Beschichtungen	614
036	Bodenbelagarbeiten	616
037	Tapezierarbeiten	620
038	Vorgehängte hinterlüftete Fassaden	622
039	Trockenbauarbeiten	626

C	Gebäudetechnik	
041	Wärmeversorgungsanlagen - Leitungen, Armaturen, Heizflächen	632

D	Freianlagen	
003	Landschaftsbauarbeiten	634

Anhang

Verzeichnis der Architektur- und Planungsbüros	638
BKI Regionalfaktoren 2025 für Deutschland	640
BKI Regionalfaktoren 2025 für Österreich und den Europa-Raum	644

Obj.-Nr.	Objektbezeichnung	Spez. Jahresprimärenergiebedarf kWh/(m²*a)	Spez. Jahresendenergiebedarf kWh/(m²*a)	Spez. Transmissionswärmeverlust W/(m²*K)	Mittlerer U-Wert (opake Bauteile) W/(m²*K)	Mittlerer U-Wert (transparente Bauteile) W/(m²*K)	CO_2-Emissionen kg/(m²*a)	Schichtaufbauten	Seite
Modulbauweise									
1300-0298	Verwaltungsgebäude, temporär	116	109	–	–	–	41		114
1300-0328	Büro-/Seminargebäude (52 AP)	49	27	–	0,15	0,95	15	•	120
2200-0067	Seminargebäude	9	–	–	0,14	0,89	–	•	136
2200-0068	Seminar-/Verwaltungsgebäude	108	–	–	0,10	1,00	34	•	148
4100-0219	Gymnasium (330 Schüler)	209	–	–	–	–	–	•	164
4100-0221	Interimsgebäude Schule	117	77	–	0,23	1,10	–	•	170
4100-0256	Grundschule (120 Schüler)	106	–	–	–	–	30		176
4400-0317	Kindertagesstätte (50 Kinder)	124	69	–	–	–	44		220
4400-0385	Kindertagesstätte (50 Kinder)	–	–	–	–	–	–	•	226
4400-0389	Kindertagesstätte (100 Kinder)	52	–	–	0,09	0,80	27	•	232
4400-0399	Kindertagesstätte (100 Kinder)	104	58	0,35	0,15	1,10	38	•	246
4400-0428	Kindertagesstätte (70 Kinder)	33	–	–	–	–	13		252
4400-0429	Kindertagesstätte (40 Kinder)	59	–	–	–	–	28		258
6100-1747	Wohnanlage (15 WE), Gemeindesaal	33	21	0,23	–	–	–		316
6200-0135	Übergangswohnheim (48 Betten)	34	–	0,31	–	–	11		330
6200-0136	Übergangswohnheim (120 Betten)	43	–	0,33	–	–	12	•	336
6600-0038	Gästehaus, Hotel (28 Betten)	87	–	–	0,15	0,95	–	•	342
Hoher Vorfertigungsgrad									
1300-0307	Bürogebäude (15 AP)	97	–	–	0,17	1,20	–	•	360
4300-0026	Förderschule, Erweiterungsbau	88	–	–	–	–	–		374
4400-0364	Kindertagesstätte (100 Kinder)	93	–	0,38	0,15	1,30	–	•	386
4400-0378	Kindergarten (150 Kinder)	125	–	–	0,13	0,96	39	•	392
4400-0407	Kindertagesstätte (90 Kinder)	197	–	–	0,15	1,00	–		398
5100-0131	Sporthalle (Einfeldhalle)	40	–	–	–	–	–	•	404
6100-1604	Doppelhäuser, Einfamilienhäuser	58	–	0,39	–	–	–	•	422
6200-0134	Studierendenwohnheim	–	48	0,23	–	–	-15		428
6500-0055	Schulmensa (160 Sitzplätze)	172	–	0,32	0,15	1,40	–	•	452
6600-0039	Boardinghouse	60	–	–	–	–	16		458
7300-0114	Werkstattgebäude (10 AP)	99	–	–	–	–	35		464
9100-0226	Konzertsaal (1.956 Sitzplätze)	31	–	0,48	0,18	1,50	–		470

Hinweis: In dieser Tabelle sind Objekte aufgeführt, zu denen energetische Kennwerte und Schichtaufbauten vorliegen.

Einführung

In der Fachbuch-/eBook-Reihe „BKI Objektdaten" werden für Kostenermittlungszwecke und Wirtschaftlichkeitsvergleiche bereits realisierte und vollständig abgerechnete Bauwerke aus allen Bundesländern veröffentlicht. Dieser Band enthält die Dokumentationen von 43 Objekten. Davon sind 26 Objekte in Modulbauweise ausgeführt und 17 Objekte mit hohem Vorfertigungsgrad erstellt.

Grundlage für diesen Sonderband sind die bereits im Vorwort genannten aktuellen Aspekte von steigenden Baupreisen, Fachkräftemangel, Klimawandel und Ressourcenknappheit, die zu einem Umdenken in der Bauwirtschaft führen.

Für die Kostengliederung der DIN 276 stellen Objekte in Modulbauweise wegen Ihrer zwangsläufigen Durchmischung von Kosten der Baukonstruktionen, der technischen Anlagen und der Baunebenkosten einen Sonderfall dar. Bei fünf der dokumentierten Objekten war - aufgrund der vorliegenden Datenlage - eine Dokumentation vollständig nach DIN 276 nicht möglich. Abweichend vom BKI-Standard werden die Kosten von diesen Objekten angepasst dargestellt. Die Kosten der Basismodule beinhalten Kosten der KG 300 und KG 400 sowie anteilig Kosten des Generalunternehmers (GU) an KG 700. Alle Zulagen zu den Basismodulen werden separat bis zur 2. bzw. 3. Ebene der DIN 276 dokumentiert und als Summe der darunter liegenden Kostengruppen abgebildet. Zum Thema Systematik DIN 276 im Modulbau verweisen wir hier auch auf die beiden Fachartikel von Prof. Dr. Guido Spars / Dipl.-Ökonom Michael Neitzel (Seite 66) und Dipl.-Ing. (FH) Architekt David Meuer (Seite 80).

21 Objekte in Modulbauweise sind im BKI-Standard dokumentiert. Die Kostenkennwerte der Objekte dienen dazu, die Kosten von Bauprojekten im Vergleich mit den Kosten bereits realisierter Objekte zu ermitteln bzw. Kostenermittlungen mit büroeigenen Daten oder den Daten Dritter zu überprüfen, solange Kostenanschläge auf der Grundlage von Ausschreibungsergebnissen noch nicht vorliegen.

Dieser Vergleich wird erleichtert durch die „Anpassung der Kostenkennwerte auf Bundesniveau". Die BKI Regionalfaktoren ermöglichen es, die Objekte auch hinsichtlich des Bauorts zu bewerten. Dadurch werden die Baupreise der Objekte so dargestellt, als ob diese in einer mit dem Bundesdurchschnitt identischen Region gebaut worden wären. Diese regionale Normierung vereinfacht die Bewertung der Kostenkennwerte für den Anwendenden erheblich.

Die Daten in „BKI Objektdaten S7 – Sonderband serielles und modulares Bauen" unterstützen die Kostenermittlungen in den frühen Projektphasen. Für die Kostenentwicklung eines Projekts sind dies die entscheidenden Planungsphasen.

Für überschlägige Kostenermittlungen wie z.B. das Aufstellen eines Kostenrahmens oder für Plausibilitätsprüfungen sind die im Buch/eBook angegebenen Kostenkennwerte bestens geeignet.

Ebenfalls im Band enthalten ist eine Zusammenfassung der Kostenkennwerte für Kostengruppen der 3. Ebene nach DIN 276, sowie Planungskennwerte, mit denen wertvolle Wirtschaftlichkeitsprüfungen anhand von Flächenvergleichen möglich sind.

Für die im Band enthaltenen Leistungsbereiche wurden Positionen ausgewählt, die bei der Modulbauweise und Bauweise mit hohem Vorfertigungsgrad verstärkt zur Ausführung kommen. Der Schwerpunkt liegt bei tragenden Bauteilen. Positionen von Bekleidungen sind nur beispielhaft enthalten.

Die BKI Baukostendatenbanken selbst umfassen einen wesentlich größeren Bestand an Neubau-, Altbau-, Innenraum- und auch Freianlagen-Objekten. Zugriff auf alle Einzelobjekte bietet auch die Software „BKI Kostenplaner".

Benutzerhinweise

1. Definitionen
Kostenkennwerte sind Werte, die das Verhältnis von Kosten bestimmter Kostengruppen nach DIN 276:2018-12 zu bestimmten Bezugseinheiten nach DIN 277:2021-08 darstellen. Planungskennwerte im Sinne dieser Veröffentlichung sind Werte, die das Verhältnis bestimmter Flächen und Rauminhalte zur Nutzungsfläche (NUF) und Brutto-Grundfläche (BGF) darstellen, angegeben als Prozentsätze oder als Faktoren.

2. Kostenstand und Umsatzsteuer
Kostenstand aller Kennwerte ist das 2. Quartal 2025. Alle Kostendaten enthalten die Umsatzsteuer. Maßgeblich für die Fortschreibung ist der Baupreisindex für Wohnungsbau insgesamt, inkl. Umsatzsteuer des Statistischen Bundesamtes. Den vierteljährlich erscheinenden aktuellen Index können Sie im Internet beim Statistischen Bundesamt oder unter www.bki.de abrufen. Die Umrechnung von Kostendaten dieses Buches/eBooks wird durch ein Beispiel erläutert:

Ein Kostenkennwert von € 500,-/m² BGF mit dem Kostenstand 2. Quartal 2025 soll auf den Kostenstand 4. Quartal 2021 umgerechnet werden. Verwendet wird die Brutto-Indexreihe mit dem Basisjahr 2021=100.

Index 2. Quartal 2025 (2021=100) = 133,6
Index 4. Quartal 2021 (2021=100) = 104,2

$$\frac{500\ €/m^2\ BGF \times 104{,}2}{133{,}6} = 390\ €/m^2\ BGF$$

3. Datengrundlage
Grundlage der Tabellen sind die uns zur Verfügung gestellten Unterlagen von abgerechneten Bauwerken. Die Daten wurden mit größtmöglicher Sorgfalt daraus erhoben. Die vorliegenden Kosten- und Planungskennwerte dienen als Orientierungswerte für Projekte vergleichbarer Art. Sie sind dem Verwendungszweck entsprechend anzupassen unter Berücksichtigung der projektspezifisch unterschiedlichen Kosteneinflussgrößen. Für die Richtigkeit der im Rahmen einer Kostenermittlung eingesetzten Werte kann der Herausgeber keine Haftung übernehmen.

4. Blatt-Typ Objektübersicht: Kostenkennwerte
Die jeder Objektdokumentation vorangestellten Kostenkennwerte €/m³ BRI, €/m² BGF und €/m² NUF beziehen sich auf die Kosten des Bauwerks (DIN 276: Summe Kostengruppe 300+400).

5. Kosteneinflüsse
Kosteneinflussgrößen sind beim Bauen von besonderer Bedeutung, da umwelt-, standort-, nutzer- und besonders herstellungs- sowie objektbedingte Faktoren eine erhebliche Relevanz aufweisen. Aus diesen Gründen ist eine genaue Anpassung der Kosten- und Planungskennwerte an die projektspezifisch unterschiedlichen Kosteneinflussgrößen erforderlich. (s. dazu BKI Handbuch Kostenplanung im Hochbau, Stgt. 2019).

In der Fachbuch-/eBook-Reihe „BKI Baukosten" angebotenen Kostenkennwerte sind dafür nur bedingt geeignet, da sie Mittelwerte, gebildet auf der Grundlage verschiedener Objekte, darstellen. Das vorliegende Buch/eBook „BKI Objektdaten Neubau" bietet hingegen die Möglichkeit, einen Kostenwert durch eine Analyse der entsprechenden Eigenschaften des Objekts genau zu bewerten. Eine projektspezifische Anpassung bzw. die Auswahl eines Kostenkennwerts ist damit besser möglich.

6. Regionalisierung der Daten
Grundlage der BKI Regionalfaktoren sind Daten aus der amtlichen Bautätigkeitsstatistik der statistischen Landesämter, eigene Berechnungen auch unter Verwendung von Schwerpunktpositionen und regionale Umfragen. Zusätzlich wurden von BKI Verfahren entwickelt, um die Eingangsdaten auf Plausibilität prüfen und ggf. anpassen zu können. Auf der Grundlage dieser Berechnungen hat BKI einen bundesdeutschen Mittelwert gebildet. Anhand des Mittelwertes lassen sich die einzelnen Land- und Stadtkreise prozentual einordnen. Diese Prozentwerte wurden die Grundlage der BKI Deutschlandkarte mit „Regionalfaktoren für Deutschland".

Für die größeren Inseln Deutschlands wurden separate Regionalfaktoren ermittelt. Dazu wurde der zugehörige Landkreis in Festland und Inseln unterteilt. Alle Inseln eines Landkreises erhalten durch dieses Verfahren den gleichen Regionalfaktor. Der Regionalfaktor des Festlandes enthält keine Inseln mehr und ist daher gegenüber früheren Ausgaben verringert.

Die Kosten der Objekte der BKI Datenbanken wurden auf den Bundesdurchschnitt umgerechnet. Für den*die Anwender*in bedeutet die Umrechnung der Daten auf den Bundesdurchschnitt, dass einzelne Kostenkennwerte oder das Ergebnis einer Kostenermittlung mit dem Regionalfaktor des Standorts des geplanten Objekts multipliziert werden können. Die BKI Stadt-/Landkreisfaktoren befinden sich im Anhang des Buchs/eBooks.

7. Urheberrechte
Alle Objektinformationen sind urheberrechtlich geschützt. Dies gilt auch für die daraus abgeleiteten Auswertungen (Statistiken). Die Urheberrechte liegen bei den jeweiligen Büros, Personen bzw. beim BKI. Es ist ausschließlich eine Anwendung der Daten im Rahmen der praktischen Kostenplanung im Hochbau zugelassen. Die Nutzung der Objektinformationen für einen anderen als den Vertragszweck ist nicht zulässig. Dies gilt auch für die daraus abgeleiteten Auswertungen (Statistiken). Eine Vervielfältigung des Werks oder von Teilen daraus außer für den Vertragszweck ist nur mit ausdrücklicher Genehmigung des Herausgebers gestattet. Auch eine Übersetzung oder Bearbeitung, insbesondere eine Übertragung des Werks oder Teilen daraus in elektronische Systeme, ist nur mit ausdrücklicher Genehmigung des Herausgebers gestattet.

Fotopräsentation der Objekte

Fotopräsentation der Objekte - Modulbauweise

1300-0298 Verwaltungsgebäude, temporär Seite 114
Stahl-Raumzellen
⌂ grüningerarchitekten I BDA
Darmstadt

1300-0328 Büro-/Seminargebäude (52 AP) Seite 120
Holz-Raumzellen
⌂ meuer - planen beraten Architekten GmbH
München

2200-0067 Seminargebäude Seite 136
Holz-Raumzellen
⌂ meuer - planen beraten Architekten GmbH
München

2200-0068 Seminar-/Verwaltungsgebäude Seite 148
Holz-Raumzellen
⌂ meuer - planen beraten Architekten GmbH
München

4100-0219 Gymnasium (330 Schüler) Seite 164
Holz-Raumzellen
⌂ werk.um architekten
Darmstadt

4100-0221 Interimsgebäude Schule (150 Sch) Seite 170
Stahl-Raumzellen
⌂ TRÄNKNER ARCHITEKTEN
Naumburg

© Marion Sammer

4100-0256 Grundschule (120 Schüler) Seite 176
Holz-Raumzellen
meuer - planen beraten Architekten GmbH
München

© Bosse Westphal Schäffer Architekten

4400-0288 Kinderkrippe (1 Gruppe, 12 Kinder) Seite 190
Holz-Raumzellen
Bosse Westphal Schäffer Architekten
Winsen/Luhe

© Bosse Westphal Schäffer Architekten

4400-0289 Kindergarten (1 Gruppe, 12 Kinder) Seite 206
Holz-Raumzellen
Bosse Westphal Schäffer Architekten
Winsen/Luhe

© Roland Borgmann

4400-0317 Kindertagesstätte (50 Kinder) Seite 220
Stahl-Raumzellen
Lüttmann Generalplaner GmbH
Ostbevern

© Plan.Concept Architekten

4400-0385 Kindertagesstätte (50 Kinder) Seite 226
Stahl-Raumzellen
Plan.Concept Architekten GmbH
Osnabrück

© Thilo Ross Fotografie

4400-0389 Kindertagesstätte (100 Kinder) Seite 232
Holz-Raumzellen
Hochbauamt Heidelberg und AAg Architekten GmbH
Heidelberg

4400-0399 Kindertagesstätte (100 Kinder) Seite 246
Stahl-Raumzellen
raum-z architekten gmbh
Frankfurt am Main

4400-0428 Kindertagesstätte (70 Kinder) Seite 252
Holz-Raumzellen
Hochbauamt Heidelberg und AAg Architekten GmbH
Heidelberg

4400-0429 Kindertagesstätte (40 Kinder) Seite 258
Holz-Raumzellen
Hochbauamt Heidelberg und AAg Architekten GmbH
Heidelberg

6100-1282 Modulhäuser (34 WE) Seite 264
Stahl-Raumzellen
Plan-R-Architektenbüro
Hamburg

6100-1446 Singlehaus Seite 278
Holz-Raumzellen
Dipl.-Ing. (FH) Architektin Franca Wacker
SchwörerHaus KG, Hohenstein

6100-1641 Doppelgarage, Kellerersatzraum Seite 284
Stahlbeton-Raumzellen
Architekturbüro Friedl Dr. Werner Friedl
Adelzhausen

© Plan-R-Architektenbüro

6100-1642 Fertigteilgarage Seite 294
Stahlbeton-Raumzellen
Plan-R-Architektenbüro
Hamburg

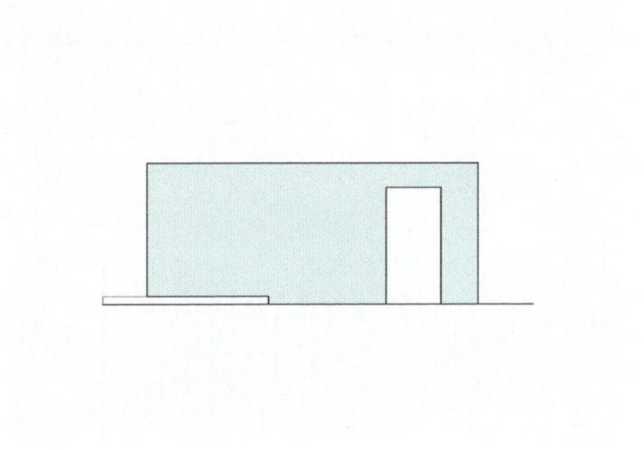

6100-1643 Fertigteilgarage Seite 300
Stahlbeton-Raumzellen
bau grün ! gmbh
Mönchengladbach

© Vera Gröbmayr

6100-1702 Mini-Wohnhaus Seite 310
Holz-Raumzellen
Peter Gröbmayr GmbH & Co.KG
Glonn

© Marion Sammet

6100-1747 Wohnanlage (15 WE), Gemeindesaal Seite 316
Ziegel-Raumzellen
meuer - planen beraten Architekten GmbH
München

© DERIX-Gruppe

6200-0135 Übergangswohnheim (48 Betten) Seite 330
Holz-Raumzellen
W. u. J. Derix GmbH & Co.
Niederkrüchten

© DERIX-Gruppe

6200-0136 Übergangswohnheim (120 Betten) Seite 336
Holz-Raumzellen
Dienstleistungsbetrieb Stadt Xanten und
W. u. J. Derix GmbH & Co., Niederkrüchten

Fotopräsentation der Objekte - Modulbauweise

6600-0038 Gästehaus, Hotel (28 Betten) Seite 342
Holz-Raumzellen
A-Z Architekten BDA
Wiesbaden

8700-0066 Fertigteilgarage Seite 350
Stahlbeton-Raumzellen
Planungsgruppe Grün der Zeit Garten- und Landschaftsarchitektur, Potsdam

1300-0307 Bürogebäude (15 AP) Seite 360
Holzhybridbau
Steinwender Architekten GmbH
Lohe-Rickelshof

2200-0062 Atelier-/Werkhallen Seite 368
Holzhybridbau
GSP Gerlach Schneider Partner Architekten mbB
Bremen

4300-0026 Förderschule, Erweiterungsbau Seite 374
Holzrahmenbau
hiendl_schineis architekten
Passau

4400-0358 Schulhort (15 Gruppen, 250 Kinder) Seite 380
Massivholzbau
°pha design Banniza, Hermann, Öchsner und Partner
Potsdam

4400-0364 Kindertagesstätte (100 Kinder) Seite 386
Holztafelbau
werk.um architekten
Darmstadt

4400-0378 Kindergarten (150 Kinder) Seite 392
Holzrahmenbau
Architekturbüro Obereisenbuchner
Pfaffenhofen

Fotopräsentation der Objekte - Hoher Vorfertigungsgrad

4400-0407 Kindertagesstätte (90 Kinder) Seite 398
Holzrahmenbau
ra plus | mevißen hillmann harder hille architekten-partnerschaft mbB, Hannover

5100-0131 Sporthalle (Einfeldhalle) Seite 404
Holzrahmenbau
Wagner Architekten
Dingolfing

5100-0134 Stahlleichtbauhalle Seite 410
Stahlbau
Dillig Architekten GmbH
Simmern

5300-0013 Sport- und Vereinsheim Seite 416
Holzrahmenbau
O. M. Architekten BDA Rainer Ottinger
Thomas Möhlendick, Braunschweig

6100-1604 Doppelhäuser, Einfamilienhäuser Seite 422
Holztafelbau
Liebscher-Tauber und Tauber Architekten PartG mbB
Berlin

6200-0134 Studierendenwohnheim Seite 428
Holzhybridbau
ACMS Architekten GmbH
Wuppertal

Fotopräsentation der Objekte - Hoher Vorfertigungsgrad

© Stadtblick GmbH

6400-0114 Kirchliches Gemeindezentrum Seite 434
Holzrahmenbau
Stadtblick GmbH
Hamburg

© Stefan Müller

6500-0055 Schulmensa (160 Sitzplätze) Seite 452
Holzrahmenbau
Renner Architekten GmbH
Berlin

© Sigurd Steinprinz

6600-0039 Boardinghouse Seite 458
Holzhybridbau
ACMS Architekten GmbH
Wuppertal

© Christian Boehm

7300-0114 Werkstattgebäude (10 AP) Seite 464
Massivholzbau
Arc Architekten Partnerschaft mbB
Bad Birnbach

© gmp International GmbH

9100-0226 Konzertsaal (1.956 Sitzplätze) Seite 470
Stahlbau
gmp International GmbH
Berlin

Erläuterungen

Modulbauweise und hoher Vorfertigungsgrad

1300-0307
Bürogebäude (15 AP)

Kostenkennwerte für die Kosten des Bauwerks (Kostengruppen 300+400 nach DIN 276)

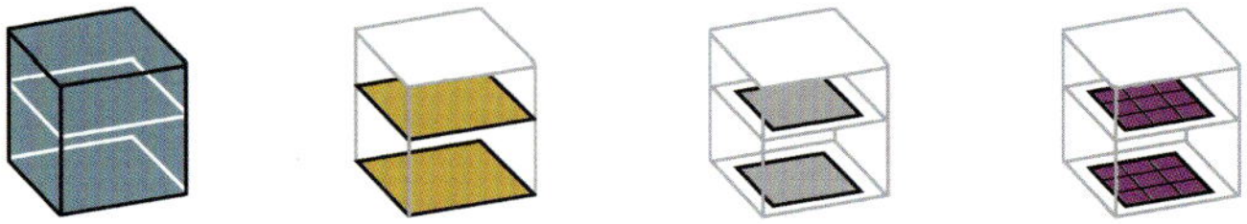

BRI 896 €/m³ | BGF 4.546 €/m² | NUF 6.554 €/m² | NE 182.474 €/NE

(2a) NE: Arbeitsplätze

(1) 4400-0389
Kindertagesstätte
(6 Gruppen)
(100 Kinder)

Kostenkennwerte für die Kosten des Bauwerks (Kostengruppen 300+400 nach DIN 276)

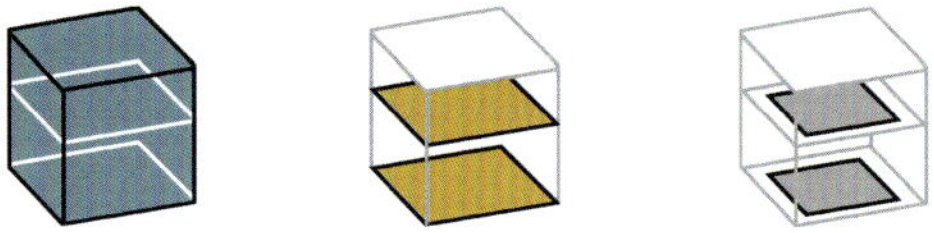

(2) BRI 844 €/m³ | BGF 3.715 €/m² | NUF 5.016 €/m²

- **Holz-Raumzellen**
- Stahlbeton-Raumzellen
- Stahl-Raumzellen
- Ziegel-Raumzellen

(2b) **Konstruktionsart**

Objekt:
a) Kennwerte: 3. Ebene DIN 276
(3) b) BRI: 7.264 m³
BGF: 1.651 m²
NUF: 1.223 m²
c) Bauzeit: 26 Wochen
d) Bauende: 2022
e) Standard: hoch
f) Bundesland: Baden-Württemberg
Kreis: Heidelberg, Stadt

(4) **Architekt*in:**
Entwurf des Modulbaukastens:
Stadt Heidelberg
Hochbauamt

Grundstücksbezogene Planerleistungen:
AAg Architekten GmbH
Eppelheimer Straße 46
69115 Heidelberg

(5) **Bauherr*in:**
Stadt Heidelberg
Hochbauamt
Römerstraße 5
69115 Heidelberg

Ausführung:
KAUFMANN
BAUSYSTEME
Baien 115
A-6870 Reuthe

(6)

Kostenstand: 2. Quartal 2025, Bundesdurchschnitt, **inkl. 19% MwSt.**

Erläuterungen nebenstehender Tabellen und Abbildungen

Alle Kostenkennwerte enthalten die Mehrwertsteuer. Kostenstand 2. Quartal 2025.
Kosten und Kostenkennwerte umgerechnet auf den Bundesdurchschnitt.

Objektübersicht

(1)
BKI-Objektnummer und -bezeichnung.

(2)
Kostenkennwerte für Bauwerkskosten (Kostengruppe 300+400 nach DIN 276) bezogen auf:
- BRI: Brutto-Rauminhalt (DIN 277)
- BGF: Brutto-Grundfläche (DIN 277)
- NUF: Nutzungsfläche (DIN 277)

(2a) Bei Objekten mit hohem Vorfertigungsgrad:
NE: Nutzeinheiten (z.B. Betten bei Heimen, Stellplätze bei Garagen), Wohnfläche nach der Wohnflächenverordnung WoFlV, nur bei Wohngebäuden

(2b) Bei Objekten in Modulbauweise:
Konstruktionsart: Eingruppierung in Holz-, Stahlbeton-, Stahl- oder Ziegel-Raumzellen

(3)
a) „Kennwerte" gibt die Kostengliederungstiefe nach DIN 276 an. Die BKI Objekte sind unterschiedlich detailliert dokumentiert: Eine Kurzdokumentation enthält Kosteninformationen bis zur 1. Ebene DIN 276, eine Grobelementdokumentation bis zur 2. Ebene DIN 276 und eine Langdokumentation bis zur 3. Ebene.
b) Angaben zu BRI, BGF und NUF
c) Angaben zur Bauzeit
d) Angaben zum Bauende
e) Angaben zum Standard
f) Angaben zum Bundesland, Kreis

(4)
Planendes und/oder ausführendes Architektur- oder Planungsbüro, sowie Angaben zum/zur Bauherr*in (bei Zustimmung).

(5)
Abbildungen des Objekts

(6)
Anzeige des Kostenstands

4400-0389
Kindertagesstätte
(6 Gruppen)
(100 Kinder)

Objektbeschreibung

Allgemeine Objektinformationen

Als erstes Projekt einer Reihe von Kindertagesstätten in Modulbauweise wurde ein sechsgruppiger Kindergarten mit vier Kita- und zwei Krippengruppen in Niedrigenergiebauweise umgesetzt. Zur Ausführung kam eine Kammstruktur, die den Kitagruppen jeweils einen eigenen intimen Außenspielbereich bietet. Im linearen Verbindungstrakt sind die Verwaltungs- und Servicebereiche sowie Personal- und Mehrzweckraum untergebracht. Die Wände, Decken und Trennwände der Sanitärbereiche wurden jeweils unterschiedlich monochrom gestaltet und dienen zur Identifikationssteigerung der Kinder mit „ihrer" Gruppe.

1

Nutzung

1 Erdgeschoss
vier Gruppen Ü3: Gruppenräume, Schlafräume, Intensivräume, Garderoben, Sanitärräume, Spielflure
zwei Gruppen U3: Gruppenräume, Schlafräume, Garderoben, Sanitärräume, Materialräume, WCs/Duschen, Putzmittelräume, Besucher-WC, barrierefreies WC, Personalraum, Technikräume, Aufwärmküche, Küchenlager, Umkleideraum, Windfang, Kinderwagenraum, Büroleitung, Mehrzweckraum, Geräteraum, HWR, Besprechungsraum, Bildungsangebotsräume, Werkraum, Flur

Besonderer Kosteneinfluss Nutzung
Energiekonzeption Stadt Heidelberg

Nutzeinheiten

Gruppen: 6
Kinder: 100

Grundstück

Bauraum: Freier Bauraum
Neigung: Ebenes Gelände
Bodenklasse: BK 1 bis BK 5

Markt

Hauptvergabezeit: 2.Quartal 2021
Baubeginn: 3.Quartal 2021
Bauende: 1.Quartal 2022
Konjunkturelle Gesamtlage: über Durchschnitt
Regionaler Baumarkt: Durchschnitt

Baukonstruktion

Alle 60 Module des Kindergartens wurden aus Brettsperrholz einschließlich Außenwanddämmung in einer Montagehalle innerhalb eines Monats vorgefertigt. Die Raumeinheiten mit einem Modulmaß von 2,89x6,75m sind nahezu vollständig ausgebaut und oberflächenfertig geliefert. Die Montage der Module an der Baustelle erfolgte innerhalb weniger Tage auf die zuvor konventionell erstellte Stahlbetonbodenpatte. Der Boden und das Dach im Flurbereich bestehen aus Brettsperrholzelementen. Vor Ort wurde ein schwimmender Estrich eingebracht. Ebenso sind die Außenfassaden aus Lärchenholz und die Dachabdichtung samt Begrünung an der Baustelle montiert. Die sichtbaren Holzoberflächen wurden lasiert, die Böden sind mit Linoleum oder Fliesen belegt

Technische Anlagen

Das Gebäude ist an das Fernwärmenetz angeschlossen. Die gesamte Heizungs-, Sanitär-, Lüftungs- und Elektroinstallation wurde bereits in den Modulen vorinstalliert angeliefert und vor Ort endmontiert. Sämtliche Sanitärobjekte, Leuchten und Heizkörper werden bereits in der Montagehalle montiert.

Sonstiges

Um eine möglichst schnelle und sehr wirtschaftliche Umsetzung von Kindertagesstätten zu ermöglichen, hat das Heidelberger Hochbauamt in Zusammenarbeit mit Modulbaufirmen ein serielles Baukastensystem für Kindertagesstätten in Holzmodulbauweise entwickelt. Mit diesem lassen sich eine Vielzahl von ein- und zweigeschossigen Gebäudetypen mit differenzierten Grundrisstypologien realisieren. Das kleinteilige Modulraster kann flexibel auf unterschiedliche Rahmenbedingungen reagieren.

2

Energetische Kennwerte

Gesetzliche Grundlage: GEG 2020
Gebäudenutzfläche: 1.514,00 m²
Gebäudevolumen: 5.354,00 m³
A/V_e-Verhältnis (Kompaktheit): 0,77 m^{-1}
Hüllfläche des beheizten Volumens: 4.098,00 m²
Mittlerer U-Wert (opake Bauteile): 0,09 W/(m²·K)
Mittlerer U-Wert (transparente Bauteile): 0,80 W/(m²·K)
Mittlerer U-Wert (Glasdächer, etc.): 0,80 W/(m²·K)
Spez. Jahresprimärenergiebedarf: 51,80 kWh/(m²·a)
CO_2-Emissionen: 26,65 kg/(m²·a)

Kostenstand: 2.Quartal 2025, Bundesdurchschnitt, **inkl. 19% MwSt.**

Erläuterungen nebenstehender Tabellen und Abbildungen

Objektbeschreibung

①
Objektbeschreibung mit:
- Allgemeine Objektinformationen
- Nutzung
- Nutzeinheiten
- Grundstück
- Markt
- Baukonstruktion
- Technische Anlagen
- Sonstiges

②
Energetische Kennwerte:
Die Angaben stammen aus dem Energieausweis (EnEV / GEG), bzw. der Energiebedarfsberechnung oder aus dem Passivhaus-Projektierungspaket (PHPP). Die Werte der Berechnungen von GEG / EnEV auf der einen und PHPP auf der anderen Seite sind aufgrund unterschiedlicher Berechnungsverfahren nicht vergleichbar. Um die Berechnungen nach EnEV / GEG bundesweit vergleichbar zu gestalten, wurden hier Klimadaten und weitere Randbedingungen vereinheitlicht. Das PHPP Verfahren dagegen verfolgt das Ziel, den späteren Energieverbrauch möglichst genau zu prognostizieren. Es berücksichtigt daher individuelle Klimadaten und Randbedingungen und bezieht mehr energetisch wirksame Faktoren mit ein.

Energetische Angaben zu Außenbauteilen

Bodenplatte

① **U-Wert: 0,10 W/(m²·K)**

Gesamtdicke: 78,50 cm	d [cm]	λ [W/(m·K)]
Estrich	6,50	1,400
Dämmung	3,00	0,035
Dämmung	3,00	0,035
② Schüttung	3,00	0,110
Holz	10,00	13,000
Dämmung	10,00	0,035
Stahlbeton	25,00	2,100
Dämmung	18,00	0,037

Außenwand hinterlüftet

U-Wert: 0,11 W/(m²·K)

Gesamtdicke: 40,75 cm	d [cm]	λ [W/(m·K)]
GK-Platte	1,25	0,360
OSB-Platte	1,50	0,130
③ Holz	28,00	0,130
Dämmung	28,00	0,032
Holzfaserplatte	10,00	0,042

Dach

U-Wert: 0,09 W/(m²·K)

Gesamtdicke: 43,25 cm	d [cm]	λ [W/(m·K)]
Holz	9,00	0,692
Bitumenbahn	0,25	0,170
Dämmung	34,00	0,032

Erläuterungen nebenstehender Tabellen und Abbildungen

Energetische Angaben zu Außenbauteilen

①
Angabe des U-Werts und der Gesamtdicke des Bauteils. Es werden meist nur die wärmetechnisch wirksamen Schichten dargestellt und berücksichtigt. Es werden nicht immer alle Außenbauteile aufgeführt, sondern die für eine Beurteilung der energetischen Qualität des Objekts wesentlichen.
Die Berechnung erfolgt auf der Grundlage der DIN EN ISO 6946. Die U-Werte können von Berechnungen der Datenlieferanten aus verschiedenen Gründen leicht abweichen:
- Es gibt leichte Abweichungen bei der Berechnung des U-Werts im PHPP Verfahren und bei Berechnungen die auf Finiten Elementen beruhen.

②
Schichtenfolge der Materialien der Außenbauteile, mit Angabe der Schichtdicke und des Lambda-Werts.

③
Kennzeichnung inhomogener Schichten

4400-0389
Kindertagesstätte
(6 Gruppen)
(100 Kinder)

Planungskennwerte für Flächen und Rauminhalte nach DIN 277

①

Flächen des Grundstücks		Menge Einheit	% an GF
BF	Bebaute Fläche	1.651,00 m²	25,0
UF	Unbebaute Fläche	4.950,00 m²	75,0
GF	Grundstücksfläche	6.601,00 m²	100,0

②

Grundflächen des Bauwerks		Menge Einheit	% an NUF	% an BGF
NUF	Nutzungsfläche	1.223,00 m²	100,0	74,1
TF	Technikfläche	50,12 m²	4,1	3,0
VF	Verkehrsfläche	95,00 m²	7,8	5,8
NRF	Netto-Raumfläche	1.368,12 m²	111,9	82,9
KGF	Konstruktions-Grundfläche	282,88 m²	23,1	17,1
BGF	Brutto-Grundfläche	1.651,00 m²	135,0	100,0

③

④

Brutto-Rauminhalt des Bauwerks		Menge Einheit	BRI/NUF (m)	BRI/BGF (m)
BRI	Brutto-Rauminhalt	7.264,40 m³	5,94	4,40

⑤

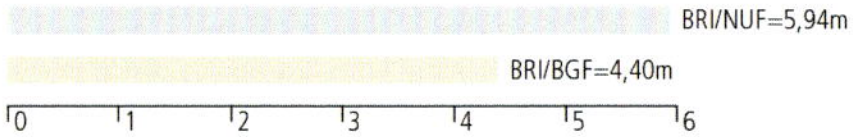

⑥

Lufttechnisch behandelte Flächen	Menge Einheit	% an NUF	% an BGF
Entlüftete Fläche	–	–	–
Be- und entlüftete Fläche	–	–	–
Teilklimatisierte Fläche	–	–	–
Klimatisierte Fläche	–	–	–

⑦

KG	Kostengruppen (2. Ebene)	Menge Einheit	Menge/NUF	Menge/BGF
310	Baugrube / Erdbau	1.619,60 m³BGI	1,32	0,98
320	Gründung, Unterbau	1.504,55 m²GRF	1,23	0,91
330	Außenwände/Vertikale Baukonstruktionen, außen	1.385,00 m²AWF	1,13	0,84
340	Innenwände/Vertikale Baukonstruktionen, innen	1.341,00 m²IWF	1,10	0,81
350	Decken/Horizontale Baukonstruktionen	–	–	–
360	Dächer	1.570,00 m²DAF	1,28	0,95

Kostenstand: 2. Quartal 2025, Bundesdurchschnitt, **inkl. 19% MwSt.**

Erläuterungen nebenstehender Planungskennwerte

Planungskennwerte für Flächen und Rauminhalte nach DIN 277

In Ergänzung der Kostenkennwerttabellen werden für jedes Objekt Planungskennwerte angegeben, die zur Überprüfung der Vergleichbarkeit des Objekts mit der geplanten Baumaßnahme dienen.
Ein Planungskennwert im Sinne dieser Veröffentlichung ist ein Wert, der das Verhältnis bestimmter Flächen und Rauminhalte zur Nutzungsfläche (NUF), Brutto-Grundfläche (BGF) und zur Grundstücksfläche (GF) darstellt, angegeben als Prozentwert oder als Faktor (Mengenverhältnis).

①
Bebaute und unbebaute Flächen des Grundstücks sowie deren Verhältnis in Prozent zur Grundstücksfläche (GF).

②
Grundflächen im Verhältnis zur Nutzungsfläche (NUF = 100%) und Brutto-Grundfläche (BGF = 100%).

③
Grafische Darstellung der Grundflächen im Verhältnis zur Nutzungsfläche (NUF = 100%)

④
Verhältnis von Brutto-Rauminhalt (BRI) zur Nutzungsfläche (NUF) und Brutto-Grundfläche (BGF), (BRI / BGF = mittlere Geschosshöhe), angegeben als Faktor (in Meter).

⑤
Grafische Darstellung der Verhältnisse Brutto-Rauminhalt (BRI) zur Nutzungsfläche (NUF) und Brutto-Grundfläche (BGF), angegeben als Faktor (in Meter).

⑥
Verhältnis von lufttechnisch behandelten Flächen (nach BKI) zur Nutzungsfläche (NUF) und Brutto-Grundfläche (BGF) in Prozent.

⑦
Verhältnis der Mengen dieser Kostengruppen nach DIN 276 („Grobelemente“) zur Nutzungsfläche (NUF) und Brutto-Grundfläche (BGF), angegeben als Faktor. Wenn aus der Grundlagenermittlung die Nutzungs- oder Brutto-Grundfläche für ein Projekt bekannt ist, ein Vorentwurf als Grundlage für Mengenermittlungen aber noch nicht vorliegt, können mit diesen Faktoren die Grobelementmengen überschlägig ermittelt werden.

4400-0389
Kindertagesstätte
(6 Gruppen)
(100 Kinder)

①

Kostenkennwerte für die Kostengruppen der 1. Ebene DIN 276

KG	Kostengruppen (1. Ebene)	Einheit	Kosten €	€/Einheit	€/m² BGF	€/m³ BRI	% 300+400
100	Grundstück	m² GF	–	–	–	–	–
200	Vorbereitende Maßnahmen	m² GF	104.399	15,82	63,23	14,37	1,7
300	Bauwerk – Baukonstruktionen	m² BGF	4.597.440	2.784,64	2.784,64	632,87	75,0
400	Bauwerk – Technische Anlagen	m² BGF	1.536.519	930,66	930,66	211,51	25,0
	Bauwerk 300+400	**m² BGF**	**6.133.959**	**3.715,30**	**3.715,30**	**844,39**	**100,0**
500	Außenanlagen und Freiflächen	m² AF	176.308	35,62	106,79	24,27	2,9
600	Ausstattung und Kunstwerke	m² BGF	2.605	1,58	1,58	0,36	< 0,1
700	Baunebenkosten	m² BGF	–	–	–	–	–
800	Finanzierung	m² BGF	–	–	–	–	–

②

KG	Kostengruppe	Menge Einheit	Kosten €	€/Einheit	%
200	**Vorbereitende Maßnahmen**	6.601,00 m² GF	104.399	**15,82**	1,7

Fläche freimachen, Grasnarbe abschieben; Abwasserentsorgung, Wasserversorgung, Stromversorgung

KG	Kostengruppe	Menge Einheit	Kosten €	€/Einheit	%
3+4	**Bauwerk**				**100,0**
300	**Bauwerk – Baukonstruktionen**	1.651,00 m² BGF	4.597.440	**2.784,64**	75,0

③

Stb-Flachgründung, Abdichtung, EPS-Dämmung, Brettsperrholz-Modulböden, TSD, Estrich, Linoleum, Bodenfliesen, Perimeterdämmung; Holzrahmen/Brettsperrholz-Modulaußenwände, innen Wohnsicht, lasiert, außen hinterlüftete Holzschalung, Holz-Alufenster, Sonnenschutz; Brettsperrholz-Modulinnenwände, Wohnsicht, lasiert, teilweise Industriesicht, Vorsatzschalen, Beschichtung; Brettsperrholz-Modulflachdach, Brettsperrholz-Flachdach, Gefälledämmung, Abdichtung, Dachbegrünung, Dachentwässerung, abgehängte Akustikdecken, Lasur, GK-Decken; Einbaumöbel, Spanplatte: Einbauschränke, WC-Regale, Garderoben, Wickeltische, WC-Trennwandsysteme, Teeküche, Rettungswegpläne, Briefkasten

KG	Kostengruppe	Menge Einheit	Kosten €	€/Einheit	%
400	**Bauwerk – Technische Anlagen**	1.651,00 m² BGF	1.536.519	**930,66**	25,0

Gebäudeentwässerung, Anschlusskasten für Fettabscheider, Kaltwasserleitungen, Sanitärobjekte, Durchlauferhitzer; Fernwärmeanschluss, Heizungsrohre, Heizkörper; Kompaktlüftungsgeräte mit WRG, Küchenlüftungsgerät, Einzelraumlüfter; Elektroinstallation, Blitzschutzanlage, Erdung; Brandmeldeanlage, Datenübertragungsnetz; Aufwärmküche, Feuerlöscher; Gebäudeautomation

KG	Kostengruppe	Menge Einheit	Kosten €	€/Einheit	%
500	**Außenanlagen und Freiflächen**	4.950,00 m² AF	176.308	**35,62**	2,9

Grabenaushub; Fettabscheider, Doppelpumpenstation, Gebäudeentwässerung, Betonschächte; Kabelschutzrohre, Kabelzugschacht; Schließanlage Außenzäune

KG	Kostengruppe	Menge Einheit	Kosten €	€/Einheit	%
600	**Ausstattung und Kunstwerke**	1.651,00 m² BGF	2.605	**1,58**	< 0,1

Sanitärausstattung; Beschilderung

Kostenstand: 2. Quartal 2025, Bundesdurchschnitt, inkl. 19% MwSt.

Erläuterung nebenstehender Baukostentabelle

Alle Kostenkennwerte enthalten die Mehrwertsteuer. Kostenstand 2. Quartal 2025.
Kosten und Kostenkennwerte umgerechnet auf den Bundesdurchschnitt

Kostenkennwerte für die Kostengruppen der 1. Ebene DIN 276

①
Kostenübersicht, Kostenkennwerte in €/Einheit, €/m² BGF und €/m³ BRI für die Kostengruppen der 1. Ebene DIN 276. Anteil der jeweiligen Kostengruppe in Prozent an den Bauwerkskosten (Spalte: % 300+400). Die Bezugseinheiten der Kostenkennwerte entsprechen der DIN 276.

②
Codierung und Bezeichnung der Ausführung zur Kostengruppe entsprechend der 1. Ebene nach DIN 276

③
Abgerechnete Leistungen zu dokumentierten Objekten mit Beschreibung, Menge, Einheit, Kosten, Kostenkennwert bezogen auf die Kostengruppeneinheit oder alternativ bezogen auf die übergeordnete Einheit.

Bei den Mengen handelt es sich um ausgeführte Mengen.

Kostenkennwerte für die Kostengruppen 300 der 2. und 3. Ebene DIN 276 (Übersicht)

1

2

KG	Kostengruppe	Menge Einheit	Kosten €	€/Einheit	% an 3+4
300	**Bauwerk – Baukonstruktionen**	**1.651,00 m^2 BGF**	**4.597.439,80**	**2.784,64**	**75,0**
310	**Baugrube / Erdbau**	**1.619,60 m^3 BGI**	**221.406,45**	**136,70**	**3,6**
311	Herstellung	–	–	–	–
312	Umschließung	–	–	–	–
313	Wasserhaltung	–	–	–	–
314	Vortrieb	–	–	–	–
319	Sonstiges zur KG 310	–	–	–	–
320	**Gründung, Unterbau**	**1.504,55 m^2 GRF**	**1.412.846,14**	**939,05**	**23,0**
321	Baugrundverbesserung	–	–	–	–
322	Flachgründungen und Bodenplatten	1.504,55 m^2	169.048,73	112,36	2,8
323	Tiefgründungen	–	–	–	–
324	Gründungsbeläge	1.368,12 m^2	1.071.172,28	782,95	17,5
325	Abdichtungen und Bekleidungen	2.122,45 m^2	172.625,14	81,33	2,8
326	Dränagen	–	–	–	–
329	Sonstiges zur KG 320	–	–	–	–
330	**Außenwände/Vert. Baukonstrukt., außen**	**1.385,00 m^2 AWF**	**1.050.300,26**	**758,34**	**17,1**
331	Tragende Außenwände	–	–	–	–
332	Nichttragende Außenwände	–	–	–	–
333	Außenstützen	–	–	–	–
334	Außenwandöffnungen	–	–	–	–
335	Außenwandbekleidungen, außen	–	–	–	–
336	Außenwandbekleidungen, innen	–	–	–	–
337	Element. Außenwandkonstruktionen	–	–	–	–
338	Lichtschutz zur KG 330	–	–	–	–
339	Sonstiges zur KG 330	–	–	–	–
340	**Innenwände/Vert. Baukonstrukt., innen**	**1.341,00 m^2 IWF**	**803.765,58**	**599,38**	**13,1**
341	Tragende Innenwände	–	–	–	–
342	Nichttragende Innenwände	–	–	–	–
343	Innenstützen	–	–	–	–
344	Innenwandöffnungen	–	–	–	–
345	Innenwandbekleidungen	–	–	–	–
346	Elementierte Innenwandkonstruktionen	–	–	–	–
347	Lichtschutz zur KG 340	–	–	–	–
349	Sonstiges zur KG 340	–	–	–	–
350	**Decken/Horizontale Baukonstruktionen**	**–**	**–**	**–**	**–**
351	Deckenkonstruktionen	–	–	–	–
352	Deckenöffnungen	–	–	–	–
353	Deckenbeläge	–	–	–	–
354	Deckenbekleidungen	–	–	–	–
355	Elementierte Deckenkonstruktionen	–	–	–	–
359	Sonstiges zur KG 350	–	–	–	–
360	**Dächer**	**1.570,00 m^2 DAF**	**512.734,87**	**326,58**	**8,4**
361	Dachkonstruktionen	–	–	–	–
362	Dachöffnungen	–	–	–	–
363	Dachbeläge	–	–	–	–
364	Dachbekleidungen	–	–	–	–
365	Elementierte Dachkonstruktionen	–	–	–	–
366	Lichtschutz zur KG 360	–	–	–	–
369	Sonstiges zur KG 360	–	–	–	–
370	**Infrastrukturanlagen**	**–**	**–**	**–**	**–**
380	**Baukonstruktive Einbauten**	**1.651,00 m^2 BGF**	**302.483,22**	**183,21**	**4,9**
390	**Sonst. Maßnahmen für Baukonstrukt.**	**1.651,00 m^2 BGF**	**293.903,28**	**178,02**	**4,8**

Kostenstand: 2. Quartal 2025, Bundesdurchschnitt, **inkl. 19% MwSt.**

Erläuterung nebenstehender Baukostentabelle

Alle Kostenkennwerte enthalten die Mehrwertsteuer. Kostenstand 2. Quartal 2025.
Kosten und Kostenkennwerte umgerechnet auf den Bundesdurchschnitt

Kostenkennwerte für Kostengruppen der 2. und 3. Ebene DIN 276 (Übersicht)

①
Codierung und Bezeichnung der Kostengruppe entsprechend der 2. und 3. Ebene nach DIN 276

②
Abgerechnete Leistungen mit Menge, Einheit, Kosten in Euro, Kostenkennwert in Euro pro Einheit und prozentualer Anteil an den Kostengruppen 300 und 400 DIN 276

4400-0389
Kindertagesstätte
(6 Gruppen)
(100 Kinder)

Kostenkennwerte für die Kostengruppen der 2.Ebene DIN 276

KG	Kostengruppe	Menge Einheit	Kosten €	€/Einheit	%
200	**Vorbereitende Maßnahmen**				**100,0**
210	**Herrichten**	6.601,00 m²GF	13.066	**1,98**	12,5
	Fläche freimachen, Gräser und Büsche roden (1.414m²), Grasnarbe abschieben, abfahren, entsorgen (1.414m²)				
220	**Öffentliche Erschließung**	6.601,00 m²GF	91.333	**13,84**	87,5
	Abwasserentsorgung (psch), Wasserversorgung (psch), Stromversorgung (psch)				
300	**Bauwerk – Baukonstruktionen**				**100,0**
310	**Baugrube / Erdbau**	1.619,60 m³BGI	221.406	**136,70**	4,8
	Baugrubenaushub BK 3-4, t=50cm, abfahren (1.435m³), Zulage Laga Z1.1 (733m³), Grabenaushub BK 3-4, t bis 125cm, abfahren (184m³), Verfüllung mit Boden, Lagermaterial (373m³), mit KFT-Schotter (449m³), Planum (2.252m²)				
320	**Gründung, Unterbau**	1.504,55 m²GRF	1.412.846	**939,05**	30,7
	Fundamentaushub (447m³), Stb-Streifenfundamente (101m³), Stb-Bodenplatte (1.505m²) * Abdichtung, EPS-Dämmung (1.593m²), Brettsperrholz-Modulböden (972m²), Ausgleichsdämmung (397m²), TSD, Estrich (1.368m²), Linoleum (1.238m²), Bodenfliesen (130m²) * Geotextil (1.455m²), KFT-Schotter (323m³), Sauberkeitsschicht (1.233m²), XPS-Dämmung (1.554m²), vertikal (618m²), Noppenbahn (518m²)				

(1) (2)

Kostenkennwerte für die Kostengruppen der 3.Ebene DIN 276

KG	Kostengruppe	Menge Einheit	Kosten €	€/Einheit	%
320	**Gründung, Unterbau**				**100,0**
322	**Flachgründungen und Bodenplatten**	1.504,55 m²	169.049	**112,36**	12,0
	Fundamentaushub, BK 3-4 (447m³), Stb-Streifenfundamente, Schalung, Bewehrung (101m³), Stb-Bodenplatte, d=20cm, Randschalung, Bewehrung (1.505m²)				
324	**Gründungsbeläge**	1.368,12 m²	1.071.172	**782,95**	75,8
	Bitumenabdichtung, EPS-Dämmung, d=100mm (1.593m²), Brettsperrholz-Modulböden, d=8cm, Schwellen, d=2cm (972m²), Ausgleichsdämmung, d=100mm (397m²), TSD, d=20-30mm, Estrich, d=60-65mm (1.368m²), Linoleum (1.238m²), Abdichtung, Bodenfliesen (130m²)				
325	**Abdichtungen und Bekleidungen**	2.122,45 m²	172.625	**81,33**	12,2
	Geotextil (1.455m²), KFT-Schotter 0/45mm, d=20cm (323m³), Sauberkeitsschicht C8/10, d=5cm (1.233m²), PE-Folie (1.428m²), XPS-Dämmung WLS 039, d=240mm (1.428m²), d=140mm, unter Fundamenten (126m²), vertikal (618m²), Noppenbahn (518m²)				

(1) (2)

4400-0389
Kindertagesstätte
(6 Gruppen)
(100 Kinder)

Erläuterung nebenstehender Baukostentabelle

Alle Kostenkennwerte enthalten die Mehrwertsteuer. Kostenstand 2. Quartal 2025.
Kosten und Kostenkennwerte umgerechnet auf den Bundesdurchschnitt

Kostenkennwerte für die Kostengruppen der 2. Ebene und 3. Ebene DIN 276

①
Codierung und Bezeichnung der Ausführung zur Kostengruppe entsprechend der 2. Ebene und 3. Ebene nach DIN 276

②
Abgerechnete Leistungen zu dokumentierten Objekten mit Beschreibung, Menge, Einheit, Kosten, Kostenkennwert bezogen auf die Kostengruppeneinheit oder alternativ bezogen auf die übergeordnete Einheit.

Bei den Mengen handelt es sich um ausgeführte Mengen.

4400-0389
Kindertagesstätte
(6 Gruppen)
(100 Kinder)

Kostenkennwerte für Leistungsbereiche nach STLB (Kosten des Bauwerks nach DIN 276)

①

②

③

④

LB	Leistungsbereiche	Kosten €	€/m² BGF	€/m³ BRI	% an 3+4
000	Baustellen-, Verkehrssich.- u. Sicherh.einr. inkl. 001	255.579	154,80	35,20	4,2
002	Erdarbeiten	244.031	147,80	33,60	4,0
006	Spezialtiefbauarbeiten inkl. 005	–	–	–	–
009	Entwässerungskanalarbeiten inkl. 011	16.732	10,10	2,30	0,3
010	Drän- und Versickerarbeiten	–	–	–	–
012	Mauerarbeiten	–	–	–	–
013	Betonarbeiten	177.754	107,70	24,50	2,9
014	Natur-, Betonwerksteinarbeiten	–	–	–	–
016	Zimmer- und Holzbauarbeiten	2.364.429	1.432,10	325,50	38,5
017	Stahlbauarbeiten	–	–	–	–
018	Abdichtungsarbeiten	211.320	128,00	29,10	3,4
019	Kampfmittelräumarbeiten	–	–	–	–
020	Dachdeckungsarbeiten	–	–	–	–
021	Dachabdichtungsarbeiten	–	–	–	–
022	Klempnerarbeiten	–	–	–	–
	Rohbau	**3.269.845**	**1.980,50**	**450,10**	**53,3**
023	Putz- und Stuckarbeiten, Wärmedämmsysteme	–	–	–	–
024	Fliesen- und Plattenarbeiten	–	–	–	–
025	Estricharbeiten	–	–	–	–
026	Fenster, Außentüren inkl. 029, 032	29.736	18,00	4,10	0,5
027	Tischlerarbeiten	408.550	247,50	56,20	6,7
028	Parkett-, Holzpflasterarbeiten	–	–	–	–
030	Rollladenarbeiten	2.114	1,30	0,29	< 0,1
031	Metallbauarbeiten inkl. 035	–	–	–	–
034	Maler- und Lackiererarb. – Beschicht. inkl. 037	249	0,15	0,03	< 0,1
036	Bodenbelagarbeiten	1.001.148	606,40	137,80	16,3
038	Vorgehängte hinterlüftete Fassaden	–	–	–	–
039	Trockenbauarbeiten	–	–	–	–
	Ausbau	**1.441.797**	**873,30**	**198,50**	**23,5**
040	Wärmeversorgungsanl. – Betriebseinr. inkl. 041	285.702	173,00	39,30	4,7
042	Gas- u. Wasseranl. – Leitung., Armat. inkl. 043	308.583	186,90	42,50	5,0
044	Abwasseranl. – Leitungen, Abläufe, Armaturen	–	–	–	–
045	Gas, Wasser, Entwässerung – Ausstattung inkl. 046	1.434	0,87	0,20	< 0,1
047	Dämm- und Brandschutzarb. an techn. Anlagen	–	–	–	–
049	Feuerlöschanlagen, Feuerlöschgeräte	2.300	1,40	0,32	< 0,1
050	Blitzschutz-/Erdungsanlagen, Überspannungssch.	24.625	14,90	3,40	0,4
053	Niederspannungsanl. – Kabel inkl. 052, 054	600.427	363,70	82,70	9,8
055	Sicherheits- u. Ersatzstromversorgungsanl.	–	–	–	–
057	Gebäudesystemtechnik	–	–	–	–
058	Leuchten und Lampen inkl. 059	–	–	–	–
060	Such, Signal, Zeit, Anten., akust. Anl. inkl. 064	–	–	–	–
061	Kommunikations- u. Übertragungsnetze inkl. 063	659	0,40	0,09	< 0,1
069	Aufzüge	–	–	–	–
070	Gebäudeautomation	–	–	–	–
075	Raumlufttechnische Anlagen inkl. 078	188.407	114,10	25,90	3,1
	Gebäudetechnik	**1.412.138**	**855,30**	**194,40**	**23,0**
084	Abbruch, Rückbau, Schadstoffsanierung	–	–	–	–
	Abbrucharbeiten	**–**	**–**	**–**	**–**
	Sonstige Leistungsbereiche	**10.180**	**6,20**	**1,40**	**0,2**

Kostenstand: 2.Quartal 2025, Bundesdurchschnitt, **inkl. 19% MwSt.**

Erläuterung nebenstehender Baukostentabelle

Alle Kostenkennwerte enthalten die Mehrwertsteuer. Kostenstand 2. Quartal 2025.
Kosten und Kostenkennwerte umgerechnet auf den Bundesdurchschnitt.

Kostenkennwerte für Leistungsbereiche nach STLB

①
LB-Nummer nach Standardleistungsbuch (STLB).
Bezeichnung des Leistungsbereichs (zum Teil abgekürzt).

②
Kosten und Kostenkennwerte für Bauwerkskosten (Kostengruppe 300+400 nach DIN 276) je Leistungsbereich in €/m^2 Brutto-Grundfläche (BGF nach DIN 277) und in €/m^3 Brutto-Rauminhalt (BRI nach DIN 277).
Anteil der jeweiligen Leistungsbereiche in Prozent an den Kosten KG 300+400 (100%).

③
„Leistungsbereichspakete" als Zusammenfassung bestimmter Leistungsbereiche. Leistungsbereiche mit relativ geringem Kostenanteil wurden in Einzelfällen mit anderen Leistungsbereichen zusammengefasst.
Beispiel:
LB 026 Fenster, Außentüren zusammengefasst mit
LB 029 Beschlagarbeiten, LB 032 Verglasungsarbeiten (Angabe: inkl. 029, 032).

④
Ergänzende, den STLB-Leistungsbereichen nicht zuzuordnende Leistungen, zusammengefasst mit den LB-Nr. 008, 033, 051.

Erläuterungen

Angepasste Darstellung Modulbauweise

(1) 1300-0328
Büro-/Seminar-
gebäude (52 AP)

Kostenkennwerte für die Kosten der Basismodule, der KG 300+400 + anteilig der KG 700 nach DIN 276

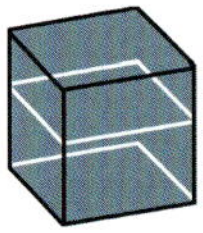

(2) BRI 1.029 €/m³

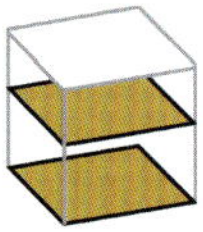

BGF 4.213 €/m²

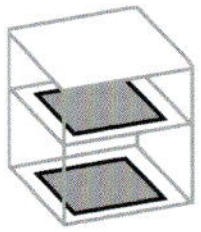

NUF 8.818 €/m²

- **Holz-Raumzellen**
- Stahlbeton-Raumzellen
- Stahl-Raumzellen
- Ziegel-Raumzellen

Konstruktionsart

(3)

Objekt:

a) Kennwerte: 3. Ebene DIN 276
(4) b) BRI: 6.062 m³
BGF: 1.481 m²
NUF: 708 m²
c) Bauzeit: 44 Wochen
d) Bauende: 2024
e) Standard: mittel
f) Bundesland: Bayern
Kreis: Regensburg, Stadt

Architekt*in:
(5) meuer - planen beraten
Architekten GmbH
Prinzregentenplatz 14
81675 München

Bauherr*in:
Staatliches Bauamt
Regensburg
Bajuwarenstraße 2d
93053 Regensburg

Hinweis zur Dokumentation:
Für die Kostengliederung der DIN 276 stellen Modulbauten wegen ihrer zwangsläufigen Durchmischung von Kosten der Baukonstruktionen, der technischen Anlagen und der Baunebenkosten einen Sonderfall dar. Abweichend vom BKI-Standard werden die Kosten der Modulbau-Dokumentation deshalb angepasst dargestellt. Die Kosten der Basismodule beinhalten Kosten der KG 300 und KG 400 sowie anteilige Kosten des GU an KG 700. Alle Zulagen zu den Basismodulen werden separat bis zur 2. bzw. 3. Ebene der DIN 276 dokumentiert und als Summe der darunter liegenden Kostengruppen abgebildet.

(6)

Kostenstand: 2. Quartal 2025, Bundesdurchschnitt, inkl. 19% MwSt.

(7)

Erläuterungen nebenstehender Tabellen und Abbildungen

Alle Kostenkennwerte enthalten die Mehrwertsteuer. Kostenstand 2. Quartal 2025.
Kosten und Kostenkennwerte umgerechnet auf den Bundesdurchschnitt.

Objektübersicht

(1)
BKI-Objektnummer und -bezeichnung.

(2)
Kostenkennwerte für die Kosten der Basismodule KG 300+400+700 und der Zulagen KG 300+400 nach DIN 276 bezogen auf:
- BRI: Brutto-Rauminhalt (DIN 277)
- BGF: Brutto-Grundfläche (DIN 277)
- NUF: Nutzungsfläche (DIN 277)
- Konstruktionsart: Eingruppierung in Holz-, Stahlbeton-, Stahl- oder Ziegel-Raumzellen

(3)
Hinweis zur Dokumentation von Modulbauten, die abweichend vom BKI-Standard dargestellt werden (Objekt-Nr.: 1300-0328, 2200-0067, 2200-0068, 4100-0256, 6100-1747)

(4)
a) „Kennwerte" gibt die Kostengliederungstiefe nach DIN 276 an. Die BKI Objekte sind unterschiedlich detailliert dokumentiert: Eine Kurzdokumentation enthält Kosteninformationen bis zur 1. Ebene DIN 276, eine Grobelementdokumentation bis zur 2. Ebene DIN 276 und eine Langdokumentation bis zur 3. Ebene .
b) Angaben zu BRI, BGF und NUF
c) Angaben zur Bauzeit
d) Angaben zum Bauende
e) Angaben zum Standard
f) Angaben zum Bundesland, Kreis

(5)

Planendes und/oder ausführendes Architektur- oder Planungsbüro, sowie Angaben zum/zur Bauherr*in (bei Zustimmung).

(6)
Abbildungen des Objekts

(7)
Anzeige des Kostenstands

1300-0328
Büro-/Seminar-
gebäude (52 AP)

Objektbeschreibung

Allgemeine Objektinformationen

Das dreigeschossige, nicht unterkellerte Büro- und Seminargebäude wurde im Zuge einer Hightech-Agenda auf dem Campus der Technischen Hochschule errichtet. In den beiden Obergeschossen sind überwiegend Verwaltungsräume vorgesehen, im Erdgeschoss zwei Werkstätten und zwei PC-Pools für den Lehrbetrieb.

(1)

Nutzung

1 Erdgeschoss
PC-Pools, Werkstätten, Serverraum, Service/Poststelle

2 Obergeschosse
Büros, Besprechungsräume, Kopierräume

Nutzeinheiten

Arbeitsplätze: 52

Grundstück

Bauraum: Freier Bauraum
Neigung: Ebenes Gelände
Bodenklasse: BK 1 bis BK 5

Markt

Hauptvergabezeit: 1.Quartal 2023
Baubeginn: 4.Quartal 2023
Bauende: 3.Quartal 2024
Konjunkturelle Gesamtlage: über Durchschnitt
Regionaler Baumarkt: über Durchschnitt

Baukonstruktion

Das Gebäude wurde als reine Holzmodulbauweise mit einem Basismodulmaß von 2,40x13,00m auf einer Stahlbeton-Bodenplatte errichtet. Durch einen hohen Vorfertigungsgrad konnte die Bauzeit vor Ort auf ein Minimum reduziert werden. Wegen der schlechten Trag- und Sickerfähigkeit des Baugrunds war ein Bodenaustausch erforderlich. Aufgrund der leichten Holzbauweise konnte auf eine Tiefgründung verzichtet werden. Die Außenfassade ist mit einer vorvergrauten horizontalen Rhombusschalung sowie zwischen den Fenstern mit Paneelen bekleidet. Das Haupttreppenhaus wird über eine Pfosten-Riegelfassade belichtet. Die Eingangstüren sind als Stahl-Glas-Türelemente ausgeführt. Innen sind die Wände beschichtet oder mit Fliesen bekleidet. Die Holztüren wurden teilweise mit erhöhtem Schallschutz ausgeführt. In den Fluren dienen Stahl-Glastüren dem Rauchschutz. Die Böden sind mit Linoleum oder Fliesen belegt. Alle Räume erhielten Akustikdecken. Stahltreppen dienen der Erschließung. Das Dach wurde begrünt.

Technische Anlagen

Der Modulbau wird autark mit Erdwärme beheizt, die Stromerzeugung übernimmt eine Photovoltaikanlage auf dem Flachdach. Die Sanitärbereiche sowie die Besprechungsräume werden jeweils über eine zentrale Lüftungsanlage versorgt. Das Gebäude ist mit einer Blitzschutzanlage, einer Brandmeldeanlage, einem Datenübertragungsnetz sowie Gebäudeautomation ausgerüstet. Alle Geschosse werden über einen Aufzug barrierefrei erschlossen.

Energetische Kennwerte

(2)

Gesetzliche Grundlage: GEG 2020
Gebäudenutzfläche: 1.164,00 m^2
Gebäudevolumen: 3.999,00 m^3
A/V_e-Verhältnis (Kompaktheit): 0,58 m^{-1}
Hüllfläche des beheizten Volumens: 2.336,00 m^2
Mittlerer U-Wert (opake Bauteile): 0,15 $W/(m^2 \cdot K)$
Mittlerer U-Wert (transparente Bauteile): 0,95 $W/(m^2 \cdot K)$
Spez. Jahresprimärenergiebedarf: 48,80 $kWh/(m^2 \cdot a)$
Spez. Jahresendenergiebedarf: 27,10 $kWh/(m^2 \cdot a)$
CO_2-Emissionen: 15,20 $kg/(m^2 \cdot a)$

Kostenstand: 2.Quartal 2025, Bundesdurchschnitt, **inkl. 19% MwSt.**

Erläuterungen nebenstehender Tabellen und Abbildungen

Objektbeschreibung

(1)
Objektbeschreibung mit:
- Allgemeine Objektinformationen
- Nutzung
- Nutzeinheiten
- Grundstück
- Markt
- Baukonstruktion
- Technische Anlagen
- Sonstiges

(2)
Energetische Kennwerte:
Die Angaben stammen aus dem Energieausweis (EnEV / GEG), bzw. der Energiebedarfsberechnung oder aus dem Passivhaus-Projektierungspaket (PHPP). Die Werte der Berechnungen von GEG / EnEV auf der einen und PHPP auf der anderen Seite sind aufgrund unterschiedlicher Berechnungsverfahren nicht vergleichbar. Um die Berechnungen nach EnEV / GEG bundesweit vergleichbar zu gestalten, wurden hier Klimadaten und weitere Randbedingungen vereinheitlicht. Das PHPP Verfahren dagegen verfolgt das Ziel, den späteren Energieverbrauch möglichst genau zu prognostizieren. Es berücksichtigt daher individuelle Klimadaten und Randbedingungen und bezieht mehr energetisch wirksame Faktoren mit ein.

Energetische Angaben zu Außenbauteilen

(1) (2) (3)

Bodenplatte

U-Wert: 0,19 W/(m²·K)

Gesamtdicke: 35,72 cm	d [cm]	λ [W/(m·K)]
Linoleum	0,60	0,170
Gipsfaserplatte	2,50	0,320
Holzfaserplatte	1,00	0,050
Dampfsperre	0,02	0,330
Spanplatte	2,20	0,100
Holz	28,00	0,130
Dämmung	28,00	0,035
Holzwerkstoff	1,40	0,230

Außenwand

U-Wert: 0,16 W/(m²·K)

Gesamtdicke: 32,51 cm	d [cm]	λ [W/(m·K)]
GK-Platte	2,50	0,290
Holz	10,00	0,130
Holz	10,00	0,130
Dämmung	10,00	0,035
Holz	10,00	0,130
Dämmung	10,00	0,035
Fassadenbahn	0,01	0,330

Flachdach

U-Wert: 0,14 W/(m²·K)

Gesamtdicke: 40,20 cm	d [cm]	λ [W/(m·K)]
Holz	20,00	0,130
Dampfsperre	0,05	160,000
Dämmung	8,00	0,035
Dämmung	12,00	0,035
Dachdichtungsbahn	0,15	0,330

Objekte

3. Ebene

Positionen Neubau

Erläuterungen nebenstehender Tabellen und Abbildungen

Energetische Angaben zu Außenbauteilen

①
Angabe des U-Werts und der Gesamtdicke des Bauteils. Es werden meist nur die wärmetechnisch wirksamen Schichten dargestellt und berücksichtigt. Es werden nicht immer alle Außenbauteile aufgeführt, sondern die für eine Beurteilung der energetischen Qualität des Objekts wesentlichen.
Die Berechnung erfolgt auf der Grundlage der DIN EN ISO 6946. Die U-Werte können von Berechnungen der Datenlieferanten aus verschiedenen Gründen leicht abweichen:
- Es gibt leichte Abweichungen bei der Berechnung des U-Werts im PHPP Verfahren und bei Berechnungen die auf Finiten Elementen beruhen.

②
Schichtenfolge der Materialien der Außenbauteile, mit Angabe der Schichtdicke und des Lambda-Werts.

③
Kennzeichnung inhomogener Schichten

1300-0328
Büro-/Seminar-
gebäude (52 AP)

Planungskennwerte für Flächen und Rauminhalte nach DIN 277

(1)

Flächen des Grundstücks		Menge Einheit	% an GF
BF	Bebaute Fläche	612,59 m²	18,6
UF	Unbebaute Fläche	2.687,41 m²	81,4
GF	Grundstücksfläche	3.300,00 m²	100,0

(2)

Grundflächen des Bauwerks		Menge Einheit	% an NUF	% an BGF
NUF	Nutzungsfläche	707,57 m²	100,0	47,8
TF	Technikfläche	162,63 m²	23,0	11,0
VF	Verkehrsfläche	364,83 m²	51,6	24,6
NRF	Netto-Raumfläche	1.235,03 m²	174,5	83,4
KGF	Konstruktions-Grundfläche	245,91 m²	34,8	16,6
BGF	Brutto-Grundfläche	1.480,94 m²	209,3	100,0

(3)

(4)

Brutto-Rauminhalt des Bauwerks		Menge Einheit	BRI/NUF (m)	BRI/BGF (m)
BRI	Brutto-Rauminhalt	6.062,36 m³	8,57	4,09

(5)

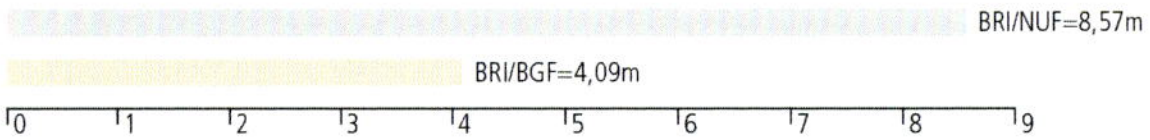

(6)

Lufttechnisch behandelte Flächen	Menge Einheit	% an NUF	% an BGF
Entlüftete Fläche	–	–	–
Be- und entlüftete Fläche	–	–	–
Teilklimatisierte Fläche	–	–	–
Klimatisierte Fläche	–	–	–

(7)

KG	Kostengruppen (2. Ebene)	Menge Einheit	Menge/NUF	Menge/BGF
310	Baugrube / Erdbau	2.430,00 m³ BGI	3,43	1,64
320	Gründung, Unterbau	478,00 m² GRF	0,68	0,32
330	Außenwände/Vertikale Baukonstruktionen, außen	1.589,80 m² AWF	2,25	1,07
340	Innenwände/Vertikale Baukonstruktionen, innen	1.283,07 m² IWF	1,81	0,87
350	Decken/Horizontale Baukonstruktionen	48,79 m² DEF	0,07	0,03
360	Dächer	573,43 m² DAF	0,81	0,39

Kostenstand: 2. Quartal 2025, Bundesdurchschnitt, **inkl. 19% MwSt.**

Erläuterungen nebenstehender Planungskennwerte

Planungskennwerte für Flächen und Rauminhalte nach DIN 277

In Ergänzung der Kostenkennwerttabellen werden für jedes Objekt Planungskennwerte angegeben, die zur Überprüfung der Vergleichbarkeit des Objekts mit der geplanten Baumaßnahme dienen.
Ein Planungskennwert im Sinne dieser Veröffentlichung ist ein Wert, der das Verhältnis bestimmter Flächen und Rauminhalte zur Nutzungsfläche (NUF), Brutto-Grundfläche (BGF) und zur Grundstücksfläche (GF) darstellt, angegeben als Prozentwert oder als Faktor (Mengenverhältnis).

①
Bebaute und unbebaute Flächen des Grundstücks sowie deren Verhältnis in Prozent zur Grundstücksfläche (GF).

②
Grundflächen im Verhältnis zur Nutzungsfläche (NUF = 100%) und Brutto-Grundfläche (BGF = 100%).

③
Grafische Darstellung der Grundflächen im Verhältnis zur Nutzungsfläche (NUF = 100%)

④
Verhältnis von Brutto-Rauminhalt (BRI) zur Nutzungsfläche (NUF) und Brutto-Grundfläche (BGF), (BRI / BGF = mittlere Geschosshöhe), angegeben als Faktor (in Meter).

⑤
Grafische Darstellung der Verhältnisse Brutto-Rauminhalt (BRI) zur Nutzungsfläche (NUF) und Brutto-Grundfläche (BGF), angegeben als Faktor (in Meter).

⑥
Verhältnis von lufttechnisch behandelten Flächen (nach BKI) zur Nutzungsfläche (NUF) und Brutto-Grundfläche (BGF) in Prozent.

⑦
Verhältnis der Mengen dieser Kostengruppen nach DIN 276 („Grobelemente") zur Nutzungsfläche (NUF) und Brutto-Grundfläche (BGF), angegeben als Faktor. Wenn aus der Grundlagenermittlung die Nutzungs- oder Brutto-Grundfläche für ein Projekt bekannt ist, ein Vorentwurf als Grundlage für Mengenermittlungen aber noch nicht vorliegt, können mit diesen Faktoren die Grobelementmengen überschlägig ermittelt werden.

1300-0328
Büro-/Seminar-
gebäude (52 AP)

Objekte | 3. Ebene | Positionen Neubau

Kostenkennwerte für die Kostengruppen der 1.Ebene DIN 276 und der Basismodule

KG	Kostengruppen (1. Ebene)	Einheit	Kosten €	€/Einheit	€/m² BGF	€/m³ BRI	% 300+400 +Basismod.
100	Grundstück	m² GF	–	–	–	–	–
200	Vorbereitende Maßnahmen	m² GF	300.416	91,04	202,86	49,55	4,8
	Basismodule KG 300+400+700	**m² BGF**	**3.666.062**	**2.475,50**	**2.475,50**	**604,73**	**58,7**
300	Bauwerk – Baukonstr. **Zulagen**	m² BGF	1.152.787	778,42	778,42	190,15	18,5
400	Bauwerk – Techn. Anlagen **Zulagen**	m² BGF	1.420.833	959,41	959,41	234,37	22,8
	Basismodule+Zulagen	**m² BGF**	**6.239.682**	**4.213,33**	**4.213,33**	**1.029,25**	**100,0**
500	Außenanlagen und Freiflächen	m² AF	–	–	–	–	–
600	Ausstattung und Kunstwerke	m² BGF	–	–	–	–	–
700	Baunebenkosten	m² BGF	–	–	–	–	–
800	Finanzierung	m² BGF	–	–	–	–	–

Hinweis zur Dokumentation:
Für die Kostengliederung der DIN 276 stellen Modulbauten wegen ihrer zwangsläufigen Durchmischung von Kosten der Baukonstruktionen, der technischen Anlagen und der Baunebenkosten einen Sonderfall dar. Abweichend vom BKI-Standard werden die Kosten der Modulbau-Dokumentation deshalb angepasst dargestellt. Die Kosten der Basismodule beinhalten Kosten der KG 300 und KG 400 sowie anteilige Kosten des GU an KG 700. Alle Zulagen zu den Basismodulen werden separat bis zur 2. bzw. 3. Ebene der DIN 276 dokumentiert und als Summe der darunter liegenden Kostengruppen abgebildet.

	Basismodule	Menge Einheit	Kosten €	€/Einheit	%
	Ausführung	1.480,94 m² BGF	3.666.062	**2.475,50**	58,7

39 Holz-Basismodule 2,40x13,00m, lichte Raumhöhe 2,75m, 6 Module 3,75x13,00m: Modulböden, gedämmt (478m²), Linoleum, Bodenfliesen (416m²), Modul-Außenwände, Dämmkern, außen Profilblechfassade, innen doppelte GK-Bekleidung Q3, Beschichtung (834m²), Fenster, zwei-/dreiteilig, Drehkipp, Festverglasungen, Stahlrohrrahmen-Türelemente, zweiflüglig, Oberlicht, barrierefrei (293m²), Modul-Innenwände, GK-Ständerwände Q3, doppelt beplankt (1.175m²), Holztüren (108m²), GK-Vorsatzschalen (237m²), Beschichtung, Wandfliesen (1.350m²), WC-Trennwände (60m²), Modul-Geschossdecken, gedämmt (838m²), GK-Bekleidung, ab-gehängte Akustik-/GK-Decken, Beschichtung (735m²), Linoleum, Bodenfliesen (735m²), Stahltreppen (51m²), Modul-Flachdach, gedämmt, Dachneigung 3-5%, Abdichtung, innenliegende Entwässerung (503m²), Zulage Gebäudeklasse 4 (psch), Elektroheizungen, Sanitärobjekte

KG	Kostengruppe	Menge Einheit	Kosten €	€/Einheit	%
200	**Vorbereitende Maßnahmen**	3.300,00 m² GF	300.416	**91,04**	4,8

Sicherungsmaßnahmen, Abbruchmaßnahmen, Entsorgung von belastetem Erdreich; Abwasserentsorgung, Wasserversorgung

KG	Kostengruppe	Menge Einheit	Kosten €	€/Einheit	%
3+4	**Bauwerk**				**41,3**
300	**Bauwerk – Baukonstruktionen**	1.480,94 m² BGF	1.152.787	**778,42**	18,5

Erdarbeiten; Bodenaustausch, Stb-Bodenplatte, Zulage zum Basismodul für Ausführung mit Bodenfliesen; Metallfenstern, zweiflügligen Außentüren, Holzfassade, Fassadenpaneelen, Pfosten-Riegelfassaden, Sonnenschutz; Wandverstärkungen, Schallschutztüren, zweiflüglige Innentüren, Innenfenster; Dachausstieg, Lichtkuppel, Dachbegrünung, Gefälledach mit außenliegender Dachentwässerung, Kollektivschutz

© **BKI** Baukosteninformationszentrum   Kostenstand: 2. Quartal 2025, Bundesdurchschnitt, **inkl. 19% MwSt.**

Erläuterung nebenstehender Baukostentabelle

Alle Kostenkennwerte enthalten die Mehrwertsteuer. Kostenstand 2. Quartal 2025.
Kosten und Kostenkennwerte umgerechnet auf den Bundesdurchschnitt

Kostenkennwerte für die Kostengruppen der 1. Ebene DIN 276 und der Basismodule

①
Kostenübersicht, Kostenkennwerte in €/Einheit, €/m² BGF und €/m³ BRI für die Kostengruppen der 1. Ebene DIN 276. Anteil der jeweiligen Kostengruppe in Prozent an den Bauwerkskosten (Spalte: % 300+400 + Basismodule)

- Ergänzend die Kennwerte für die Basismodule KG 300+400+700
- KG 300+400 als Zulagen zu den Basismodulen
- Basismodule + Zulagen als Gesamtkosten

Die Bezugseinheiten der Kostenkennwerte entsprechen der DIN 276.

②
Hinweis zur Dokumentation von Modulbauten, die abweichend vom BKI-Standard dargestellt werden (Objekt-Nr.: 1300-0328, 2200-0067, 2200-0068, 4100-0256, 6100-1747)

③
Abgerechnete Leistungen bei Basismodulen mit Beschreibung, Menge, Einheit, Kosten, Kostenkennwert bezogen auf die Einheit BGF.

Bei den Mengen handelt es sich um ausgeführte Mengen.

④
Codierung und Bezeichnung der Ausführung zur Kostengruppe als Zulagen entsprechend der 1. Ebene nach DIN 276

⑤
Abgerechnete Leistungen (Zulagen) mit Beschreibung, Menge, Einheit, Kosten, Kostenkennwert bezogen auf die Kostengruppeneinheit.

1300-0328
Büro-/Seminar-
gebäude (52 AP)

Kostenkennwerte für die Kostengruppen 300 der 2. und 3. Ebene DIN 276 (Übersicht)

KG	Kostengruppe	Menge Einheit	Kosten €	€/Einheit	% an 3+4 +Basismod.
300	**Bauwerk – Baukonstruktionen**	**1.480,94 m² BGF**	**1.152.787,35**	**778,41**	**18,5**
310	**Baugrube / Erdbau**	**2.430,00 m³ BGI**	**41.594,70**	**17,12**	**0,7**
311	Herstellung	2.430,00 m³ BGI	41.594,70	17,12	0,7
312	Umschließung	–	–	–	–
313	Wasserhaltung	–	–	–	–
314	Vortrieb	–	–	–	–
319	Sonstiges zur KG 310	–	–	–	–
320	**Gründung, Unterbau**	**478,00 m² GRF**	**393.637,72**	**823,51**	**6,3**
321	Baugrundverbesserung	650,00 m²	300.072,74	461,65	4,8
322	Flachgründungen und Bodenplatten	478,00 m²	83.854,16	175,43	1,3
323	Tiefgründungen	–	–	–	–
324	Gründungsbeläge	126,21 m²	9.710,82	76,94	0,2
325	Abdichtungen und Bekleidungen	–	–	–	–
326	Dränagen	–	–	–	–
329	Sonstiges zur KG 320	–	–	–	–
330	**Außenwände/Vert. Baukonstrukt., außen**	**1.589,80 m² AWF**	**442.897,56**	**278,59**	**7,1**
331	Tragende Außenwände	–	–	–	–
332	Nichttragende Außenwände	–	–	–	–
333	Außenstützen	–	–	–	–
334	Außenwandöffnungen	218,94 m²	75.258,45	343,74	1,2
335	Außenwandbekleidungen, außen	1.296,86 m²	229.222,23	176,75	3,7
336	Außenwandbekleidungen, innen	–	–	–	–
337	Element. Außenwandkonstruktionen	74,00 m²	103.871,33	1.403,67	1,7
338	Lichtschutz zur KG 330	231,00 m²	23.645,47	102,36	0,4
339	Sonstiges zur KG 330	1.589,80 m² AWF	10.900,07	6,86	0,2
340	**Innenwände/Vert. Baukonstrukt., innen**	**1.283,07 m² IWF**	**60.610,85**	**47,24**	**1,0**
341	Tragende Innenwände	1.175,39 m²	9.188,13	7,82	0,2
342	Nichttragende Innenwände	–	–	–	–
343	Innenstützen	–	–	–	–
344	Innenwandöffnungen	107,68 m²	51.422,74	477,55	0,8
345	Innenwandbekleidungen	–	–	–	–
346	Elementierte Innenwandkonstruktionen	–	–	–	–
347	Lichtschutz zur KG 340	–	–	–	–
349	Sonstiges zur KG 340	–	–	–	–
350	**Decken/Horizontale Baukonstruktionen**	**48,79 m² DEF**	**3.753,99**	**76,94**	**0,1**
351	Deckenkonstruktionen	–	–	–	–
352	Deckenöffnungen	–	–	–	–
353	Deckenbeläge	48,79 m²	3.753,99	76,94	0,1
354	Deckenbekleidungen	–	–	–	–
355	Elementierte Deckenkonstruktionen	–	–	–	–
359	Sonstiges zur KG 350	–	–	–	–
360	**Dächer**	**573,43 m² DAF**	**117.962,43**	**205,71**	**1,9**
361	Dachkonstruktionen	–	–	–	–
362	Dachöffnungen	5,43 m²	23.723,70	4.369,00	0,4
363	Dachbeläge	568,00 m²	43.521,33	76,62	0,7
364	Dachbekleidungen	–	–	–	–
365	Elementierte Dachkonstruktionen	–	–	–	–
366	Lichtschutz zur KG 360	–	–	–	–
369	Sonstiges zur KG 360	573,43 m² DAF	50.717,42	88,45	0,8
380	**Baukonstruktive Einbauten**	**–**	**–**	**–**	**–**
390	**Sonst. Maßnahmen für Baukonstrukt.**	**1.480,94 m² BGF**	**92.330,07**	**62,35**	**1,5**

Kostenstand: 2. Quartal 2025, Bundesdurchschnitt, **inkl. 19% MwSt.**

(1) (2)

Objekte | 3. Ebene | Positionen Neubau

Erläuterung nebenstehender Baukostentabelle

Alle Kostenkennwerte enthalten die Mehrwertsteuer. Kostenstand 2. Quartal 2025.
Kosten und Kostenkennwerte umgerechnet auf den Bundesdurchschnitt

Kostenkennwerte für Kostengruppen der 2. und 3. Ebene DIN 276 (Übersicht)

①
Codierung und Bezeichnung der Kostengruppe entsprechend der 2. und 3. Ebene nach DIN 276

②
Abgerechnete Leistungen mit Menge, Einheit, Kosten in Euro, Kostenkennwert in Euro pro Einheit und prozentualer Anteil an den Kostengruppen 300+400 + Basismodule.

Die Kosten für die Basismodule sind separat bei den Kostenkennwerten für die Kostengruppen der 1. Ebene DIN 276 aufgeführt.

1300-0328
Büro-/Seminargebäude (52 AP)

Kostenkennwerte für die Kostengruppen der 2.Ebene DIN 276

①

Hinweis zu den Kostenkennwerten:
Für die Kostengliederung der DIN 276 stellen Modulbauten wegen ihrer zwangsläufigen Durchmischung von Kosten der Baukonstruktionen, der technischen Anlagen und der Baunebenkosten einen Sonderfall dar. Abweichend vom BKI-Standard werden die Kosten der Modulbau-Dokumentation deshalb angepasst dargestellt. Die Kosten der Basismodule werden als übergeordneter Preis nur bei der 1. Ebene dargestellt. **Alle Zulagen zu den Basismodulen werden nachfolgend separat bis zur 2. bzw. 3. Ebene der DIN 276 dokumentiert und abgebildet.**

②

KG	Kostengruppe	Menge Einheit	Kosten €	€/Einheit	%
300	**Bauwerk – Baukonstruktionen**				**100,0**
310	**Baugrube / Erdbau**	2.430,00 m³BGI	41.595	**17,12**	3,6
	Baugrubenaushub, T bis 3,00m, abfahren (2.000m³), lagern, hinterfüllen (430m³)				
320	**Gründung, Unterbau**	478,00 m²GRF	393.638	**823,51**	34,1
	Zulage zum Aushub für Bodenaustausch (1.300m³) * Stb-Bodenplatte, Frostschürzen (478m²) * Zulage zum Basismodul für Ausführung mit Bodenfliesen (126m²)				
330	**Außenwände/Vert. Baukonstrukt., außen**	1.589,80 m²AWF	442.898	**278,59**	38,4
	Zulagen zum Basismodul für Ausführung mit Metallfenstern (200m²), für zweiflüglige Außentüren (19m²) * für Holzfassade (1.220m²), für Fassadenpaneele (77m²) * für Pfosten-Riegelfassaden mit Automatikschiebetür, Eingangstüren (74m²) * für Plissees (178m²), für Sonnenschutzlamellen (53m²) * für Lichtschacht (1St)				

③

Objekte

3. Ebene

1300-0328
Büro-/Seminargebäude (52 AP)

Kostenkennwerte für die Kostengruppen der 3.Ebene DIN 276

①

Hinweis zu den Kostenkennwerten:
Für die Kostengliederung der DIN 276 stellen Modulbauten wegen ihrer zwangsläufigen Durchmischung von Kosten der Baukonstruktionen, der technischen Anlagen und der Baunebenkosten einen Sonderfall dar. Abweichend vom BKI-Standard werden die Kosten der Modulbau-Dokumentation deshalb angepasst dargestellt. Die Kosten der Basismodule werden als übergeordneter Preis nur bei der 1. Ebene dargestellt. **Alle Zulagen zu den Basismodulen werden nachfolgend separat bis zur 2. bzw. 3. Ebene der DIN 276 dokumentiert und abgebildet.**

②

KG	Kostengruppe	Menge Einheit	Kosten €	€/Einheit	%
310	**Baugrube / Erdbau**				**100,0**
311	**Herstellung**	2.430,00 m³BGI	41.595	**17,12**	100,0
	Baugrubenaushub, T bis 3m, abfahren (2.000m³), lagern, hinterfüllen (430m³)				
320	**Gründung, Unterbau**				**100,0**
321	**Baugrundverbesserung**	650,00 m²	300.073	**461,65**	76,2
	Zulage zum Aushub für Bodenaustausch, T=2m, verdichten (1.300m³)				
322	**Flachgründungen und Bodenplatten**	478,00 m²	83.854	**175,43**	21,3
	Stb-Bodenplatte, d=30cm, Schalung, Bewehrung, Frostschürzen (478m²)				
324	**Gründungsbeläge**	126,21 m²	9.711	**76,94**	2,5
	Zulage zum Basismodul für Ausführung mit Bodenfliesen 60x60cm (126m²)				
330	**Außenwände/Vertikale Baukonstruktionen, außen**				**100,0**
334	**Außenwandöffnungen**	218,94 m²	75.258	**343,74**	17,0
	Zulagen zum Basismodul für Ausführung mit Metallfenstern, dreiteilig, Drehkipp, Fest (178m²), zweiteilig, Drehkipp (22m²), für zweiflüglige Außentüren (19m²)				

③

Objekte

3. Ebene

Positionen Neubau

Erläuterung nebenstehender Baukostentabelle

Alle Kostenkennwerte enthalten die Mehrwertsteuer. Kostenstand 2. Quartal 2025.
Kosten und Kostenkennwerte umgerechnet auf den Bundesdurchschnitt

Kostenkennwerte für die Kostengruppen der 2. Ebene und 3. Ebene DIN 276

①
Hinweistext zu den Kostenkennwerten
Alle Zulagen zu den Basismodulen werden bis zur 2. bzw. 3. Ebene der DIN 276 dokumentiert und abgebildet.

②
Codierung und Bezeichnung der Ausführung zur Kostengruppe entsprechend der 2. Ebene und 3. Ebene nach DIN 276

③
Abgerechnete Leistungen zu dokumentierten Modulbauten als Zulage zu den Basismodulen mit Beschreibung, Menge, Einheit, Kosten, Kostenkennwert bezogen auf die Kostengruppeneinheit oder alternativ bezogen auf die übergeordnete Einheit.

Bei den Mengen handelt es sich um ausgeführte Mengen.

1300-0328
Büro-/Seminar-
gebäude (52 AP)

Kostenkennwerte für Leistungsbereiche nach STLB (Bauwerkskosten nach DIN 276 + Basismodule)

①

Hinweis zu den Leistungsbereichen:
Für die Kostengliederung nach STLB stellen Modulbauten wegen ihrer zwangsläufigen Durchmischung von Kosten der Baukonstruktionen, der technischen Anlagen und der Baunebenkosten einen Sonderfall dar. Abweichend vom BKI-Standard werden die Kosten der Modulbau-Dokumentation deshalb angepasst dargestellt. Die Kosten der Basismodule werden als Gesamtpreis bei dem Leistungsbereich dargestellt, der die Tragkonstruktion bildet. **Alle Zulagen zu den Basismodulen werden separat nach STLB in den einzelnen Leistungsbereichen dokumentiert und abgebildet.**

	LB	Leistungsbereiche	Kosten €	€/m² BGF	€/m³ BRI	% an 3+4 +Basismod.
	000	Baustellen-, Verkehrssich.- u. Sicherh.einr. inkl. 001	92.330	62,30	15,20	1,5
②	002	Erdarbeiten	341.667	230,70	56,40	5,5
	009	Entwässerungskanalarbeiten inkl. 011	–	–	–	–
	012	Mauerarbeiten	–	–	–	–
③	013	Betonarbeiten	94.754	64,00	15,60	1,5
	014	Natur-, Betonwerksteinarbeiten	–	–	–	–
	016	Zimmer- und Holzbauarbeiten	9.188	6,20	1,50	0,1
④	016	Zimmer- und Holzbauarbeiten - **Basismodule**	3.666.062	2.475,50	604,73	58,7
	017	Stahlbauarbeiten	–	–	–	–
	020	Dachdeckungsarbeiten	–	–	–	–
	021	Dachabdichtungsarbeiten	107.037	72,30	17,70	1,7
	022	Klempnerarbeiten	10.926	7,40	1,80	0,2
		Rohbau mit Basismodulen	**4.321.964**	**2.918,40**	**712,90**	**69,3**
	023	Putz- und Stuckarbeiten, Wärmedämmsysteme	–	–	–	–
	024	Fliesen- und Plattenarbeiten	13.465	9,10	2,20	0,2
	025	Estricharbeiten	–	–	–	–
⑤	026	Fenster, Außentüren inkl. 029, 032	75.258	50,80	12,40	1,2
	027	Tischlerarbeiten	51.423	34,70	8,50	0,8
	028	Parkett-, Holzpflasterarbeiten	–	–	–	–
	030	Rollladenarbeiten	23.645	16,00	3,90	0,4
	031	Metallbauarbeiten inkl. 035	103.871	70,10	17,10	1,7
	034	Maler- und Lackiererarb. – Beschicht. inkl. 037	–	–	–	–
	036	Bodenbelagarbeiten	–	–	–	–
	038	Vorgehängte hinterlüftete Fassaden	229.222	154,80	37,80	3,7
	039	Trockenbauarbeiten	–	–	–	–
		Ausbau	**496.885**	**335,50**	**82,00**	**8,0**
	040	Wärmeversorgungsanl. – Betriebseinr. inkl. 041	–	–	–	–
	042	Gas- u. Wasseranl. – Leitung., Armat. inkl. 043	–	–	–	–
	044	Abwasseranl. – Leitungen, Abläufe, Armaturen	–	–	–	–
	045	Gas, Wasser, Entwässerung – Ausstattung inkl. 046	–	–	–	–
	047	Dämm- und Brandschutzarb. an techn. Anlagen	–	–	–	–
	049	Feuerlöschanlagen, Feuerlöschgeräte	–	–	–	–
	050	Blitzschutz-/Erdungsanlagen, Überspannungssch.	65.237	44,10	10,80	1,0
	053	Niederspannungsanl. – Kabel inkl. 052, 054	49.748	33,60	8,20	0,8
	055	Sicherheits- u. Ersatzstromversorgungsanl.	34.030	23,00	5,60	0,5
	058	Leuchten und Lampen inkl. 059	–	–	–	–
	061	Kommunikations- u. Übertragungsnetze inkl. 063	467.652	315,80	77,10	7,5
	069	Aufzüge	91.561	61,80	15,10	1,5
	070	Gebäudeautomation	167.793	113,30	27,70	2,7
	075	Raumlufttechnische Anlagen inkl. 078	544.812	367,90	89,90	8,7
		Gebäudetechnik	**1.420.833**	**959,40**	**234,40**	**22,8**

Kostenstand: 2. Quartal 2025, Bundesdurchschnitt, **inkl. 19% MwSt.**

Erläuterung nebenstehender Baukostentabelle

Alle Kostenkennwerte enthalten die Mehrwertsteuer. Kostenstand 2. Quartal 2025.
Kosten und Kostenkennwerte umgerechnet auf den Bundesdurchschnitt.

Kostenkennwerte für Leistungsbereiche nach STLB

①
Hinweistext zu den Leistungsbereichen
Alle Zulagen zu den Basismodulen werden separat nach STLB in den einzelnen Leistungsbereichen dokumentiert und abgebildet.

②
LB-Nummer nach Standardleistungsbuch (STLB).
Bezeichnung des Leistungsbereichs (zum Teil abgekürzt).

③
Kosten und Kostenkennwerte für Bauwerkskosten (Kostengruppe 300+400 nach DIN 276) je Leistungsbereich in €/m² Brutto-Grundfläche (BGF nach DIN 277) und in €/m³ Brutto-Rauminhalt (BRI nach DIN 277).
Anteil der jeweiligen Leistungsbereiche in Prozent an den Kosten KG 300+400 + Basismodule (100%).

④
Leistungsbereich für separate Darstellung der Kosten der Basismodule

⑤
„Leistungsbereichspakete" als Zusammenfassung bestimmter Leistungsbereiche. Leistungsbereiche mit relativ geringem Kostenanteil wurden in Einzelfällen mit anderen Leistungsbereichen zusammengefasst.
Beispiel:
LB 026 Fenster, Außentüren zusammengefasst mit
LB 029 Beschlagarbeiten, LB 032 Verglasungsarbeiten (Angabe: inkl. 029, 032).

Erläuterungen

Kostenkennwerte der 3. Ebene DIN 276 und Positionen

330
Außenwände/
Vertikale
Baukonstruktionen,
außen

Kostenkennwerte für die Kostengruppen 300 der 3. Ebene DIN 276

KG	Kostengruppe	Menge Einheit	Kosten €	€/Einheit	€/m² BGF
331	**Tragende Außenwände**				
	6400-0114 Kirchliches Gemeindezentrum - Hoher Vorfertigungsgrad	307,95 m²	98.691	**320,48**	347,08
	Holzrahmen-Elementwände, d=32cm, innenseitig OSB-Schalung, d=15mm, Zellulosedämmung WLG 040, d=280mm, außen Holzfaserplatte, d=25mm (184m²), d=28cm (124m²), Stahlstützen HEB240-260, Kopf-/Fußplatten (1.198kg)				
334	**Außenwandöffnungen**				
	4400-0288 Kinderkrippe (1 Gruppe, 12 Kinder) - Modulbauweise	28,51 m²	30.938	**1.085,34**	229,39
	Holzfenster, Dreifachverglasung, Uw=0,95W/m²K, einflüglig (11m²), zweiteilig (7m²), festverglast (3m²), Fensterbänke, Alu, außen, Holz, innen (16m), Eingangstüren, Holz, Dreifachverglasung, Uw=0,95W/m²K (8m²)				
	4400-0289 Kindergarten (1 Gruppe, 12 Kinder) - Modulbauweise	20,53 m²	24.153	**1.176,68**	233,07
	Holzfenster, Dreifachverglasung, Uw=0,95W/m²K, zweiteilig (10m²), einflüglig (6m²), Kippfenster, Kurbelantrieb, einflüglig (1m²), Fensterbänke, Alu, außen, Holz, innen (8m), Eingangstür, Holz, Zweifachverglasung, Uw=0,95W/m²K (3m²)				
	6400-0114 Kirchliches Gemeindezentrum - Hoher Vorfertigungsgrad	91,11 m²	102.223	**1.122,01**	359,50
	Holzfenster, Dreifachverglasung, Uw=1,1W/m²K, Drehkippflügel, einteilig (22m²), zweiteilig (2m²), dreiteilig (7m²), vierteilig (16m²), sechsteilig (10m²), Kirchenfenster, aus Bestand (5m²), Eingang: Holz-Glaselemente, Einfachverglasung, fünfteilig (18m²), Tür, zweiflüglig, Obentürschließer (4m²), Glastürelemente, zweiflüglig (5m²), einflüglig (3m²), Fensterbänke innen, Holz (15m), außen, Zinkblech (psch)				
335	**Außenwandbekleidungen, außen**				
	4400-0288 Kinderkrippe (1 Gruppe, 12 Kinder) - Modulbauweise	184,56 m²	26.893	**145,72**	199,40
	Stülpschalung, waagrecht, Lärche/Douglasie, Unterkonstruktion, inkl. Verlängerung der Fassadenkonstruktion nach oben als Attika (181m²), HPL-Bekleidung (4m²), Eckausbildung KVH 12x12cm (25m), Lisenen KVH 6-8x12cm (34m), Lüftungsgitter im Sockel- und Attikabereich (161m), Laibungen, Lärche/Douglasie (64m), Sockel-Lüftungsbleche 120x400mm, gelocht (10St)				
	4400-0289 Kindergarten (1 Gruppe, 12 Kinder) - Modulbauweise	139,34 m²	21.952	**157,54**	211,83
	Stülpschalung, waagrecht, Lärche/Douglasie, Eckausbildung (139m²), Lüftungsgitter im Sockel- und Attikabereich (82m), unterer Fassadenabschluss aus Alublechstreifen (41m), Laibungen, Lärche/Douglasie (39m)				

(1) → 334 Außenwandöffnungen
(2) → Holzfenster, Dreifachverglasung …

Kostenstand: 2. Quartal 2025, Bundesdurchschnitt, **inkl. 19% MwSt.**

Erläuterung nebenstehender Baukostentabelle

Alle Kostenkennwerte enthalten die Mehrwertsteuer. Kostenstand 2. Quartal 2025.
Kosten und Kostenkennwerte umgerechnet auf den Bundesdurchschnitt.

Kostenkennwerte für die Kostengruppen 200-500 der 3. Ebene nach DIN 276

①
Codierung und Bezeichnung der Ausführung zur Kostengruppe entsprechend der 3. Ebene nach DIN 276

Sortierung nach Kostengruppen

②
Abgerechnete Leistungen zu dokumentierten Objekten mit BKI Objektnummer, Beschreibung, Menge, Einheit, Kosten, Kostenkennwert bezogen auf die Kostengruppeneinheit oder alternativ bezogen auf die übergeordnete Einheit.

Bei den Mengen handelt es sich um ausgeführte Mengen.

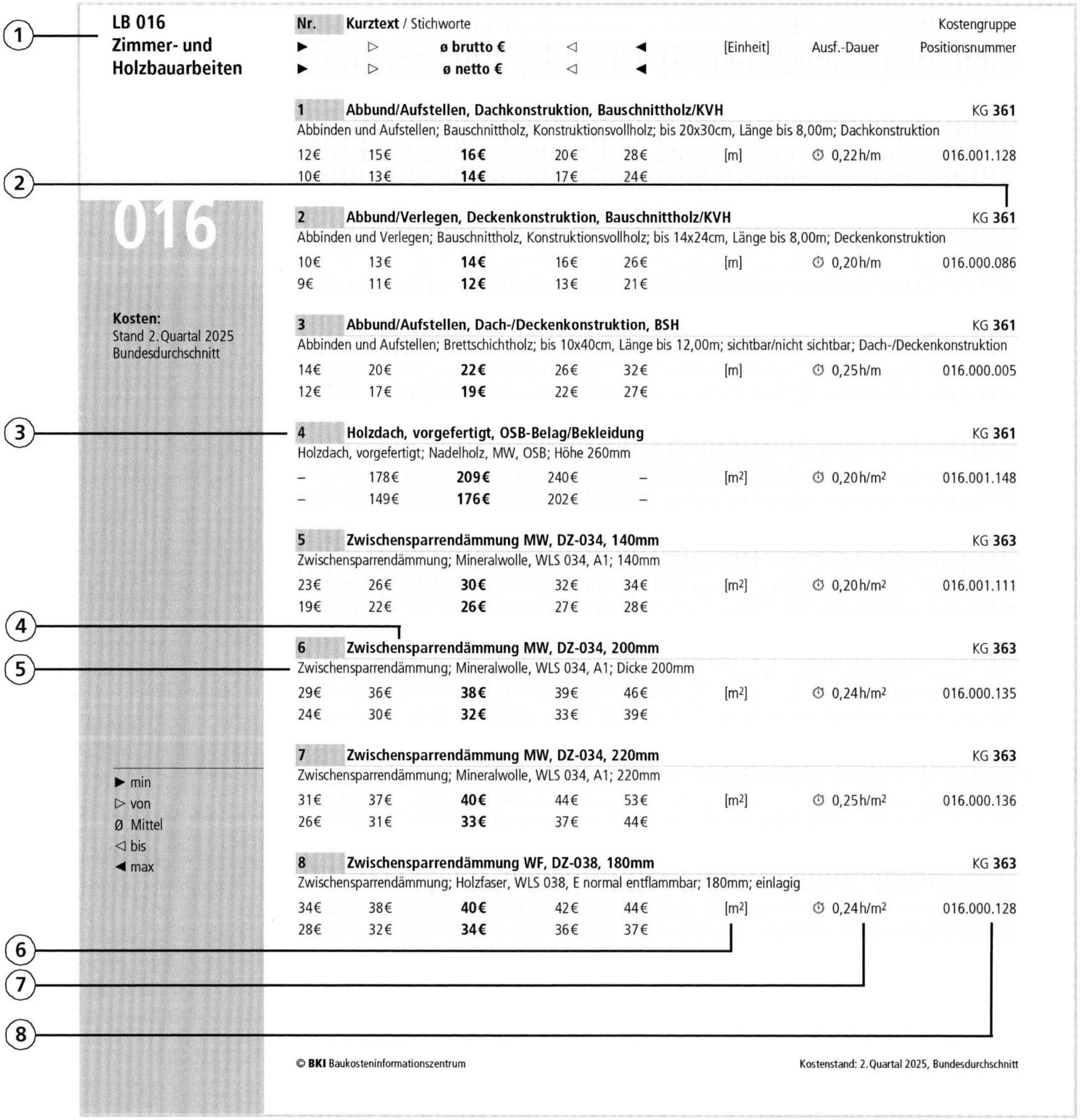

LB 016 Zimmer- und Holzbauarbeiten

016

Kosten:
Stand 2. Quartal 2025
Bundesdurchschnitt

▶ min
▷ von
ø Mittel
◁ bis
◀ max

Nr.	**Kurztext** / Stichworte							Kostengruppe
▶	▷	**ø brutto €**	◁	◀	[Einheit]	Ausf.-Dauer		Positionsnummer
▶	▷	**ø netto €**	◁	◀				
1	**Abbund/Aufstellen, Dachkonstruktion, Bauschnittholz/KVH**							KG **361**
	Abbinden und Aufstellen; Bauschnittholz, Konstruktionsvollholz; bis 20x30cm, Länge bis 8,00m; Dachkonstruktion							
12€	15€	**16€**	20€	28€	[m]	⏱ 0,22 h/m		016.001.128
10€	13€	**14€**	17€	24€				
2	**Abbund/Verlegen, Deckenkonstruktion, Bauschnittholz/KVH**							KG **361**
	Abbinden und Verlegen; Bauschnittholz, Konstruktionsvollholz; bis 14x24cm, Länge bis 8,00m; Deckenkonstruktion							
10€	13€	**14€**	16€	26€	[m]	⏱ 0,20 h/m		016.000.086
9€	11€	**12€**	13€	21€				
3	**Abbund/Aufstellen, Dach-/Deckenkonstruktion, BSH**							KG **361**
	Abbinden und Aufstellen; Brettschichtholz; bis 10x40cm, Länge bis 12,00m; sichtbar/nicht sichtbar; Dach-/Deckenkonstruktion							
14€	20€	**22€**	26€	32€	[m]	⏱ 0,25 h/m		016.000.005
12€	17€	**19€**	22€	27€				
4	**Holzdach, vorgefertigt, OSB-Belag/Bekleidung**							KG **361**
	Holzdach, vorgefertigt; Nadelholz, MW, OSB; Höhe 260mm							
–	178€	**209€**	240€	–	[m²]	⏱ 0,20 h/m²		016.001.148
–	149€	**176€**	202€	–				
5	**Zwischensparrendämmung MW, DZ-034, 140mm**							KG **363**
	Zwischensparrendämmung; Mineralwolle, WLS 034, A1; 140mm							
23€	26€	**30€**	32€	34€	[m²]	⏱ 0,20 h/m²		016.001.111
19€	22€	**26€**	27€	28€				
6	**Zwischensparrendämmung MW, DZ-034, 200mm**							KG **363**
	Zwischensparrendämmung; Mineralwolle, WLS 034, A1; Dicke 200mm							
29€	36€	**38€**	39€	46€	[m²]	⏱ 0,24 h/m²		016.000.135
24€	30€	**32€**	33€	39€				
7	**Zwischensparrendämmung MW, DZ-034, 220mm**							KG **363**
	Zwischensparrendämmung; Mineralwolle, WLS 034, A1; 220mm							
31€	37€	**40€**	44€	53€	[m²]	⏱ 0,25 h/m²		016.000.136
26€	31€	**33€**	37€	44€				
8	**Zwischensparrendämmung WF, DZ-038, 180mm**							KG **363**
	Zwischensparrendämmung; Holzfaser, WLS 038, E normal entflammbar; 180mm; einlagig							
34€	38€	**40€**	42€	44€	[m²]	⏱ 0,24 h/m²		016.000.128
28€	32€	**34€**	36€	37€				

Kostenstand: 2. Quartal 2025, Bundesdurchschnitt

Erläuterung nebenstehender Tabelle

Alle Kostenkennwerte werden mit und ohne Mehrwertsteuer dargestellt.
Kostenstand: 2. Quartal 2025.
Kosten und Kostenkennwerte umgerechnet auf den Bundesdurchschnitt.

Positionen

①
Leistungsbereichs-Nummer und -Titel

②
Kostengruppen nach DIN 276. Die Angaben sind bei der Anwendung zu prüfen, da diese teilweise auf Positionsebene nicht zweifelsfrei zugeordnet werden können.

③
Ordnungsziffer

④
Kurztext der Position

⑤
Stichworte aus dem Mustertext mit:
Gegenstand, Material, Dimension, Verarbeitung, Ort, Sonstige

⑥
Abrechnungseinheit der Leistungspositionen

⑦
Ausführungsdauer der Leistung pro Stunde für die Terminplanung

⑧
Positionsnummer als ID-Kennung für das Auffinden des Datensatzes in elektronischen Medien

Serielles, modulares und systemisches Bauen und der Runde Tisch: Maßnahmen zum Abbau von Hemmnissen und zur Förderung dieser Bauweisen

von Prof. Dr. Guido Spars und Dipl.-Ökonom Michael Neitzel

Serielles, modulares und systemisches Bauen und der Runde Tisch: Maßnahmen zum Abbau von Hemmnissen und zur Förderung dieser Bauweisen

ein Beitrag von
Prof. Dr. Guido Spars, Gründungsdirektor a.D. der Bundesstiftung Bauakademie;
Michael Neitzel, Geschäftsführer Neitzel Consultants

Einleitung

In den letzten Jahren wird in der Fachöffentlichkeit intensiv über die Vorteile und Chancen, aber auch die Nachteile serieller, modularer und systemischer Bauweisen diskutiert. Bereits die Baukostensenkungskommission, die 2014 vom Bundesbauministerium eingesetzt worden ist, hat in ihrem Abschlussbericht auf die Potenziale des industriellen Bauens insbesondere zur Senkung von Baukosten hingewiesen, jedoch konstatiert, dass grundlegende Voraussetzungen für eine Entwicklung des Marktes nicht vorlagen.

Während im Ein- und Zweifamilienhaussegment die Errichtung von Fertig, - aber auch von Typenhäusern zu diesem Zeitpunkt bereits Standard war, wirkten sich die Eindrücke von hoch verdichteten Großsiedlungen in West- und Ostdeutschland, die vorrangig in den 1970er Jahren, in Ostdeutschland bis in die späten 1980er Jahre entstanden sind, ungünstig auf die Akzeptanz industrieller und serieller Bauweisen im Geschosswohnungsbau aus. Direkt nach ihrer Errichtung zunächst als moderner und zeitgemäßer Wohnraum begrüßt, wurden die monotone Gebäudestruktur und die hohe Verdichtung der Großsiedlungen im Laufe der Zeit als architektonische und städtebauliche Mängel eingestuft. Hinzu kamen technisch-bauliche Mängel und vielfältige soziale Problemlagen, die schließlich zu zunehmendem Leerstand führten.

Gerade die in Ostdeutschland aus industriell vorgefertigten Stahlbetonfertigteilen errichteten (Groß-)Wohnsiedlungen, die sogenannten Plattenbausiedlungen, wurden Ende der 1990-er und Anfang der 2000er Jahre nicht mehr im gebauten Umfang gebraucht. Sie wurden in vielen Städten im Stadtumbau „entdichtet" und zurückgebaut, um die Wohnungsmärkte zu entlasten. Ende der 1990er Jahre galt Deutschland auch „als fertig gebaut": Prognosen wiesen auf eine insgesamt rückläufige Bevölkerung hin, wobei die ländlich geprägten Räume mit einem überdurchschnittlichen Bevölkerungsverlust zu rechnen hatten. Mit dem Bedeutungsverlust dieser Siedlungen geriet auch diese Art des Bauens für den Mehrfamilienhausbau in Vergessenheit.

Mitte der 2010er Jahre hatte sich die Wohnungsmarktsituation dann wieder gewandelt: Bereits die Finanzkrise 2008 hatte zu einer hohen Zuwanderung aus Süd- und Osteuropa geführt.

Neben einer generellen Zunahme der Migration aus unterschiedlichen Ursachen, erhöhte der Krieg in Syrien die Zahl der nach Deutschland einwandernden Geflüchteten 2014 bis 2016 erheblich; zuletzt führte der russische Angriffskrieg auf die Ukraine zu einem Massenzustrom von Geflüchteten aus der Ukraine.

Zugleich haben sich die Präferenzen der Bevölkerung gewandelt. Die Innenstädte und Ballungsräume wurden immer beliebter und profitierten von der Binnenwanderung. Die Nachfrage nach Wohnungen überstieg das nur allmählich wachsende Angebot bei weitem, sodass es zu deutlichen Mieten- und Preissteigerungen kam.

Diese Problemlage hält bis heute an. Angesichts der angespannten Wohnungsmärkte gerade in den Groß- und Hochschulstädten und in den Ballungsräumen steht die Wohnungsbaupolitik konstant vor großen Herausforderungen und sucht nach Lösungen, in großem Umfang bezahlbaren Wohnraum zur Verfügung zu stellen. Hinzu kommt, dass u.a. steigende Bau- und Bodenkosten, der Fachkräftemangel und lang andauernde Genehmigungsverfahren die Schaffung von bezahlbarem Wohnraum zusätzlich erschweren.

Vor diesem Hintergrund ist das serielle, modulare und systemische Bauen (SMSB) in den letzten Jahren zunehmend wieder in den Fokus gerückt. Diese Bauweisen versprechen durch ihre industriell geprägte Herangehensweise, hochstandardisierte Prozesse und den durchgängigen Einsatz digitaler Planungsmethoden nicht nur eine Beschleunigung des Bauens, sondern auch eine gleichbleibende Qualität und höhere Kostensicherheit. Ein wichtiger Aspekt ist jedoch, dass sich die Herstellenden deutlich weiterentwickelt haben und damit der Kritik an den industriell gefertigten Großsiedlungen begegnen können: Heutige Produktionsmethoden sind nicht mehr nur an hohen Stückzahlen ausgerichtet, sondern orientieren sich an den Prinzipien, die in der Automobilindustrie gelten und die bei hoher Standardisierung in der Lage sind, ein individuelles Produkt zu fertigen.

Und so geht es beim SMSB heute nicht um „Platte 2.0", sondern um intelligente, in sich konsistente Systemkonzepte, mit denen Gebäude und Wohnungen auf die jeweiligen Voraussetzungen eines Grundstücks flexibel angepasst werden können und sogar hohen architektonischen und städtebaulichen Ansprüchen genügen.

2. Initiativen zur Förderung der Bauweisen und der Runde Tisch für SMSB

2.1 Maßnahmen des Bündnisses bezahlbarer Wohnraum in der 20. Legislaturperiode

In den letzten Jahren hat das Bundesbauministerium das serielle, modulare und systemische Bauen durch mehrere Maßnahmen unterstützt und damit das Ziel verfolgt, den Bauweisen im Markt zum Durchbruch zu verhelfen.

Im Rahmen des Bündnisses für bezahlbaren Wohnraum in der 20. Legislaturperiode haben sich die Bündnispartner auf ein eigenes Unterthema zum seriellen und modularen Bauen verständigt, um einen Beitrag zur Senkung von Baukosten und zur Beschleunigung des Bauens zu leisten.

Die Maßnahmen zielten darauf ab,

- den Aufbau von Kapazitäten zu unterstützen (2.15),
- Good-/Best-Practice-Beispiele zu dokumentieren und zu veröffentlichen (2.16),
- eine Nachfolgevereinbarung zur Rahmenvereinbarung des Bundesverbandes deutscher Wohnungs- und Immobilienunternehmen (GdW) für „Serielles und modulares Bauen" auszuschreiben und abzuschließen (2.17), Hemmnisse bei der Auslösung von Einzelaufträgen abzubauen und die bisherige Ausschreibungspraxis zu optimieren (2.21),
- die möglichst bundesweit einheitliche Geltung von Typengenehmigungen zu erreichen (2.18) und Hemmnisse bei Typengenehmigungen abzubauen (2.20) sowie
- eine Geschäftsstelle und einen Runden Tisch „Serielles Bauen" einzurichten, um allen Akteuren Erfahrungen zur Verfügung zu stellen und mittelstandsgerechte Lösungen in die Praxis zu bringen (2.19).

(Die Ziffern in Klammern beziehen sich auf die im Bericht über die Bündnismaßnahmen vergebenen Nummern für die einzelnen Maßnahmen [1].)

Die erste Rahmenvereinbarung des Bundesverbandes deutscher Wohnungs- und Immobilienunternehmen (GdW) e.V. ist in Umsetzung von Empfehlungen der Baukostensenkungskommission vom GdW als mittelbarer Stellvertreter seiner Mitgliedsunternehmen im Jahr 2017 ausgeschrieben und 2018 abgeschlossen worden.

Als Partner waren die Bundesarchitektenkammer (BAK), das Bundesbauministerium und der Hauptverband der Deutschen Bauindustrie (HDB) in das Verfahren mit eingebunden. Das Ausschreibungsverfahren ist zu einem großen Teil aus Mitteln der Forschungsinitiative Zukunft Bau gefördert worden. Die erste Rahmenvereinbarung ist mit neun Vertragspartnern mit ihren jeweiligen Systemkonzepten für das serielle und modulare Bauen geschlossen worden. Die Vereinbarung war so aufgebaut, dass die Systemkonzepte auf eine konkrete Grundstückssituation und die örtlich geltenden Regelungen für einen Einzelbauauftrag angepasst werden konnten. Die Rahmenvereinbarung hatte zunächst eine Laufzeit bis Mai 2023. Sie wurde verlängert, sodass unter bestimmten Voraussetzungen bis zum Jahresende 2023 Aufträge ausgelöst werden konnten.

In der Nachbetrachtung ist zu konstatieren, dass die erste Rahmenvereinbarung 1.0 maßgeblich zur Marktentwicklung beigetragen hat, auch wenn mit Ihrer Hilfe nur etwas mehr als 40 Bauvorhaben mit rund 4.500 Wohneinheiten errichtet worden sind. Die gebauten Beispiele haben gezeigt, welches Potenzial in den Bauweisen steckt und den Herstellenden die Möglichkeit eröffnet, ihre Konzepte entlang der einzelnen Projekte weiterzuentwickeln.

Alle Beteiligten – sowohl die Projektpartner als auch die Herstellenden - haben sich zum Ende der Laufzeit dafür ausgesprochen, die Rahmenvereinbarung neu aufzulegen. Das neue Ausschreibungsverfahren wurde 2023 als Maßnahme des Bündnisses bezahlbarer Wohnraum durchgeführt. Im Oktober 2023 wurde die Vereinbarung für wiederum fünf Jahre abgeschlossen. Die Vielfalt an unterschiedlichen Bauweisen wurde deutlich erweitert und eine größere Zahl von Holz- und Holzhybrid-Varianten berücksichtigt: Nun stehen 25 Systemkonzepte von 20 Herstellenden zur Auswahl, die überwiegend deutschlandweit liefern können. Es zeichnete sich im September 2024 bereits ab, dass das Volumen der ersten Rahmenvereinbarung schon nach einem Jahr erreicht wurde bzw. Aufträge in dieser Größenordnung in Vorbereitung waren.

2.2 Der Runde Tisch für serielles, modulares und systemisches Bauen und seine Geschäftsstelle

Die Erfahrungen aus der ersten Rahmenvereinbarung haben gezeigt, dass es erforderlich ist, die Bauweisen und deren Marktentwicklung auch über solche Rahmenvereinbarungen hinaus zu unterstützen, gezielt Hemmnisse zu identifizieren und abzubauen. Daher ist die Einrichtung einer Geschäftsstelle und eines Runden Tisches als eine Maßnahme im Bündnis bezahlbarer Wohnraum vereinbart worden.

Die Geschäftsstelle des Runden Tisches für serielles, modulares und systemisches Bauen ist bereits im Jahr 2023 an der Bundesstiftung Bauakademie (BSBA) eingerichtet worden und hat im September 2023 mit der ersten Sitzung der Lenkungsgruppe des Runden Tisches die Arbeit aufgenommen.

Ziel ist es, durch ein interdisziplinäres Gremium aus Politik, Verwaltung, Wissenschaft, Bau- und Wohnungswirtschaft sowie Verbänden konkrete Maßnahmen zur Etablierung des SMSB zu entwickeln und zur Beseitigung von Hemmnissen beizutragen. Dem Runden Tisch gehören auf der Bundesebene das Bundesministerium für Wohnen, Stadtentwicklung und Bauwesen (BMWSB), das Bundesministerium für Wirtschaft und Energie (BWME), die Bundesstiftung Bauakademie, die Bundesanstalt für Immobilienaufgaben (BImA) und die Deutsche Energie-Agentur (dena) an. Die Länder sind durch Vertreter der Bauministerkonferenz (BMK) beteiligt. Mitglieder sind zudem Vertreter der kommunalen Spitzenverbände und der bau- und wohnungswirtschaftlichen Verbände und sonstige Verbände, wie bspw. Architects 4 Future sowie Natur- und Umweltverbände.

Der Runde Tisch agiert damit als Plattform für den Austausch zwischen Praxisakteuren, wissenschaftlichen Experten und politischen Entscheidern.

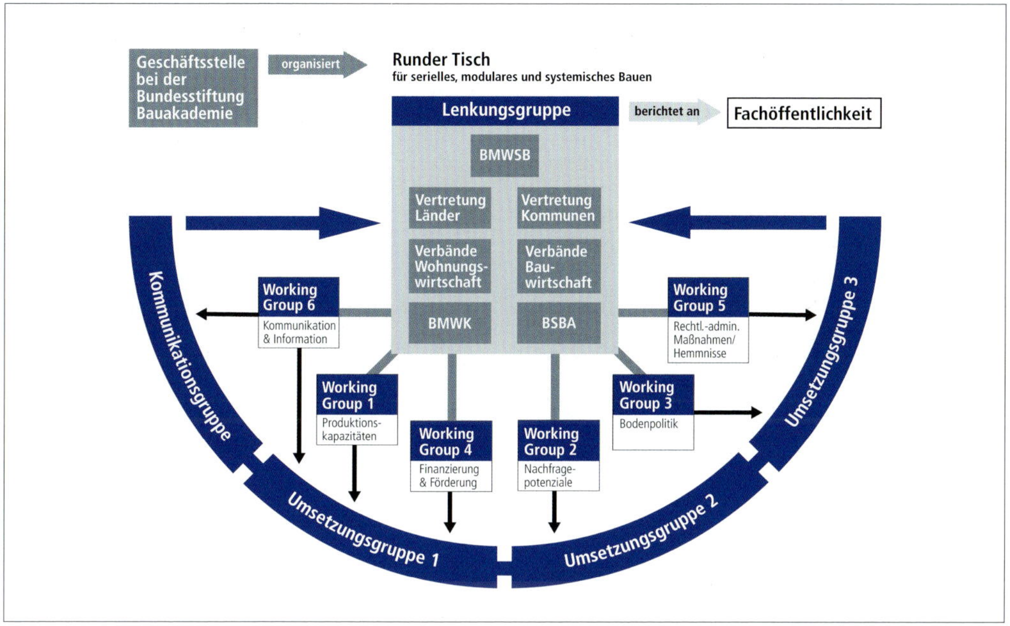

Abb. 1: Aufbau des Runden Tisches und Arbeitsweise (Quelle: Bundesstiftung Bauakademie)

Zu Beginn wurden sechs Working Groups gebildet, die sich mit dem seriellen, modularen und systemischen Bauen aus unterschiedlichen Blickwinkeln auseinandergesetzt haben:

- **Working Group 1** hat sich mit Fragen der Planungs- und Produktionsprozesse und deren Digitalisierung sowie der Produktentwicklung befasst und damit eine eher interne Perspektive der Herstellenden eingenommen.
- **Working Group 2** hat die Nachfrage in den Blick genommen und sich sowohl mit deren Erwartungen als auch mit einer Abschätzung des Marktpotenzials befasst. Eine Frage war auch, wie akzeptiert die Bauweisen sind oder ob ihnen von einigen Zielgruppen mit Skepsis begegnet wird.
- **Working Group 3** behandelte Aspekte der Bauland- und Bodenpolitik und der Bauleitplanung. Es wurde geprüft, inwieweit diese Bauweisen durch Festsetzungen in der Bauleitplanung oder in Bebauungsplänen eingeschränkt werden.
- **Working Group 4** hat sich mit Fragen zur Finanzierung konkreter Bauvorhaben beschäftigt und Optimierungspotenziale untersucht. Darüber hinaus wurde die Förderkulisse betrachtet und die Ausgestaltung von Förderprogrammen diskutiert. Welche Lücken gibt es und mit welchen Förderansätzen können diese geschlossen werden?
- **Working Group 5** hatte rechtliche und administrative Hemmnisse zum Gegenstand. Das schließt vergaberechtliche Aspekte wie auch weitere Regelungen auf der Ebene der Musterbauordnung bzw. der Bauordnungen der Länder mit ein. Untersucht wurden auch die Zulassungs- und Genehmigungsverfahren beim Deutschen Institut für Bautechnik (DIBt).
- **Working Group 6** verfolgte das Ziel, die Vorteile der Bauweisen besser zu kommunizieren, deren Akzeptanz zu verbessern und ein Kommunikationskonzept zu entwickeln, das von den Beteiligten am Runden Tisch gemeinsam umgesetzt werden kann.

In mehreren Phasen hat jede Working Group getagt und zunächst daran gearbeitet, die Maßnahmen zu benennen und deren Hintergrund und die damit verbundene Problemstellung zu beschreiben. Im Anschluss wurde überlegt, welche Schritte erforderlich sind, um die Maßnahmen umzusetzen und wirksam werden zu lassen. Die Maßnahmen wurden hinsichtlich ihrer Priorität und des zeitlichen Horizontes, in dem sie umgesetzt werden können, bewertet. Zum Schluss der Working Group-Phase sind von allen Beteiligten 39 Maßnahmen entwickelt und der Lenkungsgruppe als Entscheidungsgremium zur Bewertung und abschließenden Entscheidung vorgelegt worden.

Mit dem positiven Votum der Lenkungsgruppe zu den Maßnahmen wurde dann die Umsetzungsphase eingeleitet. Dazu wurden die sechs Working Groups zu drei Umsetzungsgruppen und einer Kommunikationsgruppe zusammengefasst, um den Prozess zu straffen und die Arbeitseffizienz zu erhöhen.

Im Zentrum der Umsetzungen stehen Verbesserungen des Bauplanungs- und Bauordnungsrechts, die Beschleunigung von Genehmigungs- und Zulassungsverfahren, Erleichterungen bei der Anwendung des Vergaberechtes sowie technische, organisatorische und kommunikative Maßnahmen zur Unterstützung dieser Bauweisen und dem Abbau von Hemmnissen.

Die Kommunikationsgruppe hat sich in einem ersten Schritt auf die Vorteile der Bauweisen konzentriert, um die ersten Ansätze für eine Kommunikationsstrategie zu umreißen. Neben der Beschleunigung von Bauprozessen bietet das SMSB weitere Pluspunkte. Durch den hohen Vorfertigungsgrad in kontrollierten, witterungsunabhängigen Produktionsumgebungen werden die Qualitätssicherung und Termintreue erhöht. Gleichzeitig ermöglichen modulare Bauweisen eine Reduktion von Lärm und Emissionen auf der Baustelle, was besonders in dicht besiedelten innerstädtischen Lagen ein Vorteil ist, sowie eine strukturierte Abfallbehandlung. Auch die Skalierbarkeit der Systeme ist ein Pluspunkt: Ihre Vorteile spielen die SMSB vor allem bei hohen Stückzahlen aus. Hinsichtlich der Wiederverwendbarkeit werden neue Möglichkeiten eröffnet: Je nach Bedarf können Module abgebaut und an anderen Standorten wieder aufgebaut werden. Ein Aspekt, der insbesondere unter dem Gesichtspunkt des zirkulären Bauens an Bedeutung gewinnt.

Der Runde Tisch hat sich in diesem Zusammenhang auch mit der Rolle des seriellen Sanierens beschäftigt. Gerade in Bestandsquartieren besteht ein enormes Potenzial, durch typisierte Lösungen energetische Sanierungen effizient durchzuführen. Hier knüpfen die deutschen Aktivitäten, die federführend vom Bundeswirtschaftsministerium und der Deutschen Energie-Agentur (dena) betreut werden, an internationale Programme wie Energiesprong (Niederlande) an.

3. Maßnahmen zur Unterstützung der Bauweisen und zum Abbau von Hemmnissen

Der Runde Tisch hat sich intensiv mit unterschiedlichen Maßnahmen zur Förderung bzw. Unterstützung der seriellen, modularen und systemischen Bauweisen und zum Abbau von Hemmnissen auseinandergesetzt. Eine Teilaufgabe bestand darin, für den Runden Tisch zunächst eine Definition zu erarbeiten, damit die weiteren Vorschläge auf einer einheitlichen Verständnisgrundlage entwickelt werden können.

Im Folgenden wird zunächst die Definition vorgestellt, im Anschluss daran werden nacheinander die zentralen sowie weiteren Maßnahmen zur Unterstützung der Bauweisen betrachtet. Dieser Fachbeitrag befasst sich vor allem mit einer Darstellung der Herausforderungen und Fragestellungen. Derzeit befindet sich ein Arbeitsbericht des Runden Tisches in Vorbereitung, der im Laufe des dritten Quartals 2025 veröffentlicht werden soll. Darin werden die Herangehensweise und Lösungsvorschläge erarbeitet.

3.1 Definition der Bauweisen

Die Definition für das serielle, modulare und systemische Bauen ist in mehreren Arbeitsrunden in intensiven Diskussionen erarbeitet worden. Zielsetzung war es, möglichst alle Facetten der Bauweisen zu umfassen und die Besonderheiten in Abgrenzung zum konventionellen Bauen darzustellen. Durch den kontinuierlichen Verbesserungs- und Transformationsprozess im Bauwesen werden die Konturen zwischen den Bauweisen unscharf, weil auch in traditionellen Bauprozessen vermehrt serielle Bauteile eingesetzt werden.

Die Definition für das serielle, modulare und systemische Bauen, die von der Lenkungsgruppe des Runden Tisches im Juni 2025 beschlossen wurde, besteht aus vier textlichen Absätzen:

„Serielle, modulare und systemische Bauweisen (SMS-Bauweisen) sind grundsätzlich solche, bei denen großteilige Wand-, Decken-, Boden-, Dach-, Fassadenelemente oder raumbildende Module bzw. Raumzellen werkseitig vorgefertigt und auf der Baustelle zusammengefügt oder montiert werden.

Die Vorfertigung zeichnet sich durch standardisierte, (teil-)automatisierte und/oder serielle (wiederholbare) Fertigungsschritte aus, die güteüberwacht sind. Sie findet in der Regel gewerkeübergreifend statt.

Den Bauweisen liegen digitalisierte und integrierte Planungs- und Fertigungsprozesse zugrunde.

Es lassen sich im Neubau sowie bei der Erweiterung und der Sanierung von bestehenden Gebäuden unter Berücksichtigung von Umfeld- und Umweltbedingungen Effizienz-, Qualitäts-, Nachhaltigkeits- und Kostenpotenziale heben."

Der erste Absatz ist der Kern der Definition, der den wesentlichen Unterschied zum konventionellen Bauen enthält: bei SMS-Bauweisen werden grundsätzlich großteilige Bauelemente oder raumbildende Module/Raumzellen eingesetzt, die werkseitig vorgefertigt und auf der Baustelle zusammengefügt oder montiert werden. Wesentlich sind die Großteiligkeit der verwendeten Bauelemente und Module und die Kombination aus werkseitiger Vorfertigung und späterer Zusammenfügung oder Montage auf der Baustelle.

Die nachfolgenden drei Absätze charakterisieren die Planungs- und Fertigungsprozesse der Bauweisen und deren Ergebnisse näher. Sie stellen eine Ergänzung zum Kern der Definition dar. Betrachtet man die Wertschöpfungskette Bau in ihrer Gesamtheit, so treffen nicht alle der genannten Aspekte für jede Facette der SMS-Bauweisen zu. So müssen Wand- oder Deckenelemente nicht gewerkeübergreifend vorgefertigt werden, im raumbildenden Modulbau ist die gewerkeübergreifende Fertigung jedoch die Regel.

Die Befürworter der Bauweisen weisen auf höhere Effizienz, Qualität und Nachhaltigkeit sowie niedrigere Kosten hin. Vertretende des konventionellen Bauens fordern konkrete Nachweise ein, die auf wissenschaftlicher Grundlage und empirisch nicht leicht herauszuarbeiten sind, weil geeignete Vergleichsobjekte schwer zu bestimmen sind. Eine wesentliche Quelle für Vergleichsobjekte wird künftig dieser BKI Sonderband S7 zum modularen Bauen darstellen. Darin beinhaltet sind ausgeführte Beispiele zum modularen und seriellen Bauen, welche ebenfalls für den Vergleich mit dem konventionellen Bauen verwendet werden können.

Die Definition wird im Rahmen der weiteren Arbeit des Runden Tisches um eine erläuternde längere Fassung ergänzt, in der solche Sachverhalte erörtert und einer weiteren Fachdiskussion zugänglich gemacht werden.

Mit dieser Definition wurde nach einheitlicher Einschätzung am Runden Tisch ein Meilenstein für die fachliche Auseinandersetzung und auch die baupolitische Einordnung dieser Bauweisen erreicht.

3.2 Zentrale Maßnahmen zur Unterstützung der Bauweisen

In diesem Unterkapitel werden die zentralen Maßnahmen kurz vorgestellt, die für die Teilnehmenden des Runden Tisches eine große Bedeutung haben.

Vergaberechtliche Aspekte des seriellen, modularen und systemischen Bauens

Aufgrund der Vielfalt der Bauweisen ist unter vergaberechtlichen Aspekten nach dem jeweiligen Ausschreibungsgegenstand zu unterscheiden. Bei raumbildenden Modulen und Raumzellen ist es erforderlich, mit einem Leistungsprogramm auszuschreiben, in dem nicht die einzelnen Leistungen beschrieben werden, sondern das zu erreichende Ziel funktional beschrieben wird. In einem Leistungsprogramm werden die Qualitätsanforderungen, die technischen Rahmenbedingungen, Funktions- und Leistungsanforderungen sowie zu erreichende Mindeststandards vorgegeben. In anderen Fällen können dagegen teilfunktionale oder Ausschreibungen mit Leistungsverzeichnis sinnvoll sein.

Der öffentliche Auftraggeber kann die Leistung mittels Leistungsprogramm beschreiben (sogenannte funktionale Leistungsbeschreibung gemäß § 7c VOB/A). Er hat dabei zusätzlich § 97 Abs. 4 GWB zu beachten, dass mehrere Teil- oder Fachlose nur dann zusammen vergeben werden dürfen, wenn wirtschaftliche oder technische Gründe dies erfordern. Für den jeweiligen Einzelfall wird eine Begründung erforderlich, die für öffentliche Vergabestellen eine Hürde darstellen kann. Die für diese Maßnahme zuständige Arbeits- und Umsetzungsgruppe erarbeitet derzeit eine Leitlinie als Hilfestellung für die Vergabestellen, in welcher der Hintergrund erläutert und eine Vorgehensweise für die Begründung skizziert wird.

Verschiedene Formen der Planungsbeteiligung bei unterschiedlichen Vergabearten aufzeigen

Aus Sicht der Planung und Prozessoptimierung bringt das serielle, modulare und systemische Bauen eine veränderte Herangehensweise an den Bauprozess mit sich. Durch den hohen Vorfertigungsgrad und den Einsatz von Systemkonzepten ist eine frühzeitige Einbindung der Herstellenden wünschenswert, da dies eine Optimierung des Planungs- und Ausführungsprozesses ermöglicht. Dabei wirken sich unterschiedliche Modelle der Planungsbeteiligung und die Definition von Schnittstellen direkt auf die Vergabe aus, deren Konsequenzen nachvollzogen werden müssen.

Im Kern geht es darum, die Rollen der Beteiligten sowohl im Prozess der Auftragsklärung und -vergabe als auch bei der Planung- und Ausführung zu definieren.

Vereinfachung von Bauartgenehmigungen, Verwendbarkeitsnachweisen und bauaufsichtlichen Zulassungen

Beim seriellen, modularen und systemischen Bauen bzw. den angebotenen Produkten und Systemen handelt es sich häufig um nicht geregelte Bauprodukte bzw. Bauarten, für die (bislang) keine technischen Baubestimmungen vorliegen.

Für nicht geregelte Bauprodukte ist ein Verwendbarkeitsnachweis in Form einer allgemeinen bauaufsichtlichen Zulassung (abZ), eines allgemeinen bauaufsichtlichen Prüfzeugnisses (abP, sofern ein anerkanntes Prüfverfahren vorliegt) oder einer Zustimmung im Einzelfall (ZiE) erforderlich.

Für eine ungeregelte Bauart ist die Anwendbarkeit über eine allgemeine Bauartgenehmigung (aBg), ein allgemeines bauaufsichtliches Prüfzeugnis (abP, bei Vorliegen eines anerkannten Prüfverfahrens) oder eine vorhabenbezogene Bauartgenehmigung (vBg) nachzuweisen. Hinsichtlich der abZ ist das Deutsche Institut für Bautechnik (DIBt) nach § 18 MBO für die Erteilung zuständig.

Neben einer abZ können Herstellende auch eine Zustimmung im Einzelfall (ZiE) (nach § 20 MBO) für ihre Bauprodukte einholen. Diese werden durch die obersten Bauaufsichtsbehörden erteilt, erlauben die Verwendung der Bauprodukte aber nur in Bezug auf ein konkretes Projekt, für das die ZiE erteilt wurde, nicht darüber hinaus.

Mehrere Maßnahmen des Runden Tisches beschäftigen sich mit den Zulassungs- und Genehmigungsverfahren und haben Ansatzpunkte erarbeitet, diese Verfahren zu vereinfachen und zu beschleunigen.

Erstellung einer Sammlung von Good-/Best-Practice-Beispielen und Veröffentlichung

Derzeit wird den SMS-Bauweisen oft noch mit einer gewissen Skepsis begegnet. Viele realisierte und teilweise auch prämierte Projekte zeigen, dass sich die Bauweisen bei unterschiedlichen Bauaufgaben bewährt haben.

Daher ist es sinnvoll, die gesamte Bandbreite des seriellen, modularen und systemischen Bauens anhand einer Sammlung und Dokumentation von Good-/Best-Practice-Beispielen zu verdeutlichen und damit Interessierten die Möglichkeit zu eröffnen, die Eignung der Bauweisen für künftige Bauprojekte zu veranschaulichen.

Ein Beispiel für die Sammlung und Dokumentation ausgeführter Beispiele zum modularen und seriellen Bauen ist dieser BKI Sonderband S7.

Regelungen für eine SMSB kompatible Zahlungsweise

Während beim konventionellen Bauen Abschlagszahlungen der Kunden am sichtbaren Baufortschritt auf der Baustelle ausgerichtet sind, liegt der Schwerpunkt beim SMSB auf der werkseitigen Vorfertigung. Da die erbrachten Leistungen häufig erst bei der Endmontage auf der Baustelle sichtbar werden, entfällt die herkömmliche Bewertungsgrundlage für Zahlungen. Dies führt insbesondere bei kleinen und mittleren Anbietern zu erheblichen Finanzierungsproblemen, wenn für bereits fertiggestellte, aber noch im Werk oder Lager befindliche Module keine Abschlagszahlungen erfolgen können.

Um diesen Nachteil auszugleichen, bieten sich individuelle Zahlungspläne und das Instrument der Sicherungsübereignung an, die im Werk fertiggestellte Module als Grundlage für Abschlagszahlungen heranzuziehen. Werkvertrags- und Vergaberecht lassen diese Zahlungen ausdrücklich zu, unabhängig vom Einbau in das Bauwerk. Wichtig ist, dass bereits in der Ausschreibung geregelt wird, dass auch werkseitig erbrachte und zwischengelagerte Leistungen vergütet werden. Der Nachweis kann durch Seriennummern, Fertigstellungsprotokolle, Fotodokumentationen oder Werksbegehungen erfolgen. Manche Auftraggeber verlangen zusätzlich Vorauszahlungsbürgschaften, die aber nicht notwendig sind, da es sich nicht um Vorauszahlungen, sondern um Vergütungen bereits erbrachter Leistungen handelt.

Zur Unterstützung öffentlicher Auftraggeber wird am Runden Tisch eine Arbeitshilfe erarbeitet, die Lösungsansätze, rechtliche Grundlagen sowie Musterdokumente für Sicherungsübereignungen und gegebenenfalls Vorauszahlungsbürgschaften bereitstellt.

Anpassung von Bewertungsmethoden bei seriellen und gesamthaften Sanierungen

Insbesondere bei seriellen Sanierungen, aber auch bei sehr komplexen konventionellen Modernisierungen von Wohnungsbeständen ergeben sich Bewertungsfragen, die in den bestehenden Verfahren zur Immobilienbewertung bislang nicht ausreichend berücksichtigt werden.

Die durch serielle oder umfassende konventionelle Sanierungen erreichte Wertsteigerung alter Gebäude spiegelt sich in der Beleihungswertermittlung bislang nicht angemessen wider. Es wird geprüft, wie die bestehenden Verfahren – insbesondere im Rahmen der ImmoWertV und der Beleihungswertermittlung – so angepasst werden können, dass die geschaffenen Qualitäten bei der Bestimmung der Restnutzungsdauer und der Liegenschaftszinssätze beachtet werden, um dem erreichten Neubaucharakter besser Rechnung zu tragen.

Erhöhung der abstandsflächenrelevanten Stärke von Maßnahmen zum Zwecke der Energieeinsparung und Genehmigungsfreiheit beim seriellen Sanieren

Im Rahmen des Runden Tisches wurden zwei zentrale Hemmnisse für serielle Sanierungen aufgezeigt, die sich durch Anpassungen der Musterbauordnung (MBO) lösen ließen. Zum einen betrifft dies die zulässige Stärke von Maßnahmen zur Energieeinsparung in den Abstandsflächen. Während die MBO aktuell nur bis 25cm außer Betracht lässt, erreichen vorgefertigte Fassadenelemente, in denen zusätzlich technische Komponenten verbaut werden, häufig Stärken von 30 bis 38cm. Das hängt auch mit den jeweiligen Wandgeometrien zusammen.

Daher wurde vorgeschlagen, die Grenze bundesweit auf 40cm anzuheben, wie es bereits in einzelnen Bundesländern üblich ist. Dies würde die serielle Sanierung auf einen größeren Gebäudebestand ausweiten und auch konventionellen Sanierungen zugutekommen.

Zum anderen wird die Genehmigungspflicht beim Austausch von Balkonen und Dächern als Hemmnis gesehen. Obwohl viele Sanierungen genehmigungsfrei erfolgen können, erfordern diese Bauteile ab einer bestimmten Tiefe bislang meist ein Baugenehmigungsverfahren. Die vorgeschlagene Änderung sieht vor, sie grundsätzlich als verfahrensfreie Bauvorhaben zu behandeln, sofern eine statische Unbedenklichkeit durch eine qualifizierte Person nachgewiesen wird. Damit ließen sich Bearbeitungszeiten und bürokratische Hürden erheblich reduzieren.

Kommunikationskonzept und Kampagnenstrategie zum SMSB

Seit Beginn der Arbeit des Runden Tisches wurde deutlich, dass das serielle, modulare und systemische Bauen (SMSB) immer noch mit erheblichen Vorurteilen behaftet ist. Insbesondere das oftmals verwendete Schlagwort „Plattenbau 2.0" verdeutlicht, dass die Potenziale und Qualitäten dieser Bauweise bei Bauherren und Auftraggebern bislang zu wenig bekannt sind. Daraus ergibt sich die Notwendigkeit einer gezielten Information, Sensibilisierung und Kommunikation, um Vertrauen aufzubauen und die Akzeptanz zu erhöhen.

Vor diesem Hintergrund wurde das Thema frühzeitig als zentrales Handlungsfeld identifiziert. Im Mittelpunkt steht die Entwicklung eines Kommunikationskonzepts, das die Basis für eine gemeinsame Öffentlichkeitsarbeit bildet und sowohl Zielgruppen als auch Botschaften und Strategien klar definiert. Ziel ist es, ein konsistentes Bild des SMSB zu vermitteln und dessen Stärken sichtbar zu machen.

Die Aktivitäten reichen von der Entwicklung einer visuellen Identität und eines abgestimmten Corporate Designs über erste Informationsmaterialien bis hin zur Diskussion künftiger Formate und Plattformen für Austausch und Darstellung. Wichtig ist eine langfristig angelegte Kommunikationsstrategie, die Akteure aus unterschiedlichen Bereichen einbindet und das SMSB als moderne, qualitätsvolle und zukunftsfähige Bauweise positioniert.

3.3 Weitere Maßnahmen zur Unterstützung der Bauweisen

Über die oben skizzierten zentralen Maßnahmen hinaus wurde eine Vielzahl weiterer Maßnahmen diskutiert, die im Folgenden jeweils angerissen werden. Sie sind in der Reihenfolge dargestellt, wie sie diskutiert werden.
Der Kurztitel der Maßnahme ist jeweils in einer Klammer nachgestellt.

Die Mitglieder des Runden Tisches sehen die öffentliche Hand als Schlüsselakteur, um serielles, modulares und systemisches Bauen (SMSB) zu etablieren. Bauherren und private Auftraggeber nutzen diese Bauweisen dagegen verhaltener. Fehlendes Wissen, tradierte Entscheidungsstrukturen und unbekannte Best-Practice-Beispiele behindern die Akzeptanz und breite Nutzung. Einrichtungen wie die BImA (Bundesanstalt für Immobilienaufgaben) und Landesbauverwaltungen können durch ihre Vorbildfunktion Vertrauen schaffen, indem sie SMSB anwenden, geeignete Vergabeprozesse demonstrieren und Orientierung bieten (Vorbildfunktion der öffentlichen Hand nutzen).

Der Re-Use-Aspekt des SMSB wird als besondere Qualität hervorgehoben, stößt jedoch auf rechtliche und praktische Hürden. Bei der Versetzung und Nachnutzung ganzer Gebäude ist beispielsweise unklar, ob sie wie Neubauten behandelt und an aktuelle Standards angepasst werden müssen oder ob ein Bestandsschutz gelten kann. Auch bei der Wiederverwendung einzelner Module oder Bauteile besteht rechtlich Handlungsbedarf. Genehmigungspflichten und Standards sollen klarer gefasst werden, damit das Umsetzen von Gebäuden erleichtert wird (Wieder- und Weiterverwendung von Gebäuden und Bauteilen fördern).

Bei Aufstockungen und Nachverdichtungen müssen oft ganze Gebäude an Neubaustandards angepasst werden, obwohl nur Teilbereiche betroffen sind. Diese Pflicht verursacht hohe Zusatzkosten und macht Nachverdichtungen unattraktiv. Mit einem klar formulierten Bestandsschutz, könnten weitere Projekte realisiert werden (Bestandsschutz gewährleisten).

Fehlende Standardisierung in der Dokumentation von Modulen und Bauteilen erschwert die Wiederverwendung dieser Bauteile. Re-Use-Konzepte könnten verstärkt entwickelt werden, wenn Nachhaltigkeits- und Qualitätsstandards klar definiert und dokumentiert würden. (Dokumentation seriell erstellter Bauteile/ Module standardisieren).

Die Digitalisierung im SMSB erfordert verlässliche Standards für den Datenaustausch. Fehlende Schnittstellen und mangelnde Interoperabilität führen noch zu Reibungsverlusten. Klare Vorgaben könnten digitale Prozesse effizienter gestalten und die Zusammenarbeit rollenübergreifend verbessern (Standardisierung von Schnittstellen zum Datenaustausch).

Serielles Sanieren führt derzeit oft noch zu höheren Investitionskosten und erscheint teurer als konventionelle Methoden. Die gesamte Qualität des Ansatzes, etwa Energieeinsparungen und Lebenszykluskosten, werden nicht systematisch betrachtet. Ein Vollvergleich ist methodisch schwierig, könnte aber die Vorteile der seriellen Sanierung herausarbeiten (Vergleich zwischen seriellem und konventionellem Sanieren erarbeiten).

Die Zusammenarbeit zwischen Eigentümern und Anbietern serieller Sanierungen beschränkt sich oft auf Einzelprojekte, wobei die Klimastrategie den gesamten Gebäudebestand in den Fokus nimmt. Die Einzelbetrachtung verhindert größere Skaleneffekte und eine gesicherte Auftragslage, auf die sich die Herstellende einstellen können. Hier gilt es, geeignete Vertragsmodelle für eine langfristige Zusammenarbeit zu entwickeln und in der Praxis zu etablieren (Neue Modelle der Zusammenarbeit erarbeiten).

Der Markt der Anbieter serieller Sanierungen ist sehr dynamisch, sodass es schwerfällt, den Überblick zu bewahren. Bestehende Datenbanken, bspw. der Deutschen Energie-Agentur (dena) leisten gute Arbeiten, sind jedoch noch unvollständig. Mit einer vervollständigten Datenbank würde Bauherren und Planenden die Orientierung erleichtert, damit die Potenziale der Bauweisen ausgeschöpft werden können (Marktüberblick zu Anbietern serieller Sanierungen verbessern).

Technische Eigenheiten von SMSB, wie größere Bauhöhen, kollidieren oft mit Festsetzungen in Bebauungsplänen. Dies behindert Aufstockungen und Nachverdichtungen. Mit einer flexibleren Handhabung der Regelungen können weitere Bauvorhaben realisiert werden (Nachverdichtung in SMS-Bauweise und Bauleitplanung flexibilisieren).

Temporäre Anbauten und Werksunterkünfte in SMSB reagieren auf demografische Veränderungen und den Fachkräftemangel. Sie sind jedoch oft bauplanungsrechtlich unzulässig, besonders in Gewerbe- und Industriegebieten. Hier bestehen Konflikte mit dem Immissionsschutz und der Trennung von Wohn- und Arbeitsnutzung. Eine rein temporäre Nutzung könnte die Wohnungsmärkte entlasten. Die Gebäude könnten später abgebaut und an anderer Stelle wieder aufgebaut werden (Temporäre Anbauten und Werksunterkünfte in SMS-Bauweise).

Hohe Investitionskosten, unsichere Nachfrage und administrative Hemmnisse erschweren die Einführung des SMSB. Insbesondere kleinere Unternehmen stoßen bei der Finanzierung zusätzlicher Kapazitäten an ihre Grenzen. Durch verlässliche Förder- und Rahmenbedingungen kann Planungs- und Investitionssicherheit geschaffen werden (Marktanreizprogramm für SMSB auflegen).

Die Möglichkeit, durch abweichende Lösungen technische Baubestimmungen gleichwertig zu erfüllen, wird kaum genutzt. Mit einer Darstellung der Nachweisführung und Kriterien für alternative Lösungen kann für Planende und Prüfstellen mehr Sicherheit geschaffen werden (Anwendung des § 85a Abs. 1 Satz 3 MBO erleichtern).

Die Fachkräftesicherung ist in der gesamten Baubranche, aber auch im SMSB ein zentrales Problem. Es gilt, die spezifischen Anforderungen serieller und modularer Bauweisen besser abzudecken. Dazu sollen die bestehenden Berufsbilder auf Lücken hin untersucht und diese ggf. ergänzt werden. Darüber hinaus soll für Ergänzungsmodule für das serielle, modulare und systemische Bauen bei Ingenieur- und Architektur-bezogenen Studiengängen geworben werden (Berufsbilder ergänzen und Ausbildungs-/Studieninhalte für SMSB schaffen und schärfen).

Die Förderbedingungen beim seriellen Sanieren können die bauliche Realität nicht in jedem Punkt berücksichtigen. Manche Anforderungen in den Bedingungen führen zum Ausschluss serieller Sanierungen. Mit einem Typologien- und Ausnahmenkatalog soll dargestellt werden, bei welchen Anforderungen eine flexiblere Handhabung oder Ausnahmen dazu beitragen, dass mehr Gebäude seriell saniert werden können und eine Förderung erhalten (Typologien- und Ausnahmenkatalog für serielles Sanieren erstellen).

Die bisherige Kostengliederung nach DIN 276 spiegelt die Besonderheiten in der Planung- und Fertigung serieller Bauweisen nicht bzw. unzureichend wider. Insbesondere die bspw. bei modularer und zumeist gewerkeübergreifender Bauweise anfallenden Lohn- und Gehaltskostenanteile können nicht nach der Systematik der DIN 276 auf einzelne Kostengruppen aufgeschlüsselt werden. Aus dem Blickwinkel der Herstellenden ist das nicht erforderlich, während die Praxis – auch für eine überschlägige Vergleichbarkeit mit dem konventionellen Bauen und in Vergabeverfahren – Wert auf eine Unterteilung zumindest in die Kostengruppen 300 – Baukonstruktionen und 400 – Technische Anlagen (Ausbaugewerke) legt. Häufig ermitteln die Herstellenden eine Kostenaufteilung im Wege einer Schätzung, die auf plausiblen Annahmen beruht, jedoch eher ungenau ist. Der Runde Tisch begrüßt daher den Ansatz, den das Baukosteninformationszentrum (BKI) für eine Zuordnung der Kosten zur Systematik der DIN 276 veröffentlicht hat (Eigenen Standard für Kostendarstellungen im SMSB entwickeln).

Die Förderlandschaft im Bauwesen ist komplex. Für das SMSB ist eine praxisnahe Übersicht wünschenswert, die Bauherren und Unternehmen informiert und bei der Antragstellung unterstützt. Sie soll insbesondere Auskunft über die Kombinierbarkeit unterschiedlicher Förderbausteine geben (Übersicht zu bestehenden Förderprogrammen erstellen).

Beispielhaft sind die Kostenvorteile des SMSB derzeit nicht ausreichend wissenschaftlich untersucht und belegt. Ohne belastbare Daten zu den erzielbaren Skaleneffekten fällt eine Argumentation schwer. Mit einer wissenschaftlichen Evaluation sollen die Bauweisen sowohl unter wirtschaftlichen als auch unter qualitativen und nachhaltigkeitsorientierten Kriterien untersucht werden (Wissenschaftliche Evaluation zu Kostenvorteilen beauftragen).

Typengenehmigungen sollten Genehmigungsprozesse für diese Bauweisen beschleunigen, werden aber derzeit kaum genutzt. Es bestehen Unsicherheiten darüber, wie eine Typengenehmigung aufzubauen ist, damit sie für möglichst viele konkrete Bauaufgaben angewendet werden kann. Herstellende argumentieren mit hohem Aufwand bei vermutet geringer Anwendbarkeit in der Praxis. Ein Forschungs-/Praxisvorhaben entwickelt einen Leitfaden für die Anwendung des Instruments der Typengenehmigung und arbeitet bestehende Hemmnisse heraus (Deutschlandweite Typengenehmigungen einführen).

Der Gebäudetyp E bietet Chancen für kostengünstigeres Bauen, wovon auch SMSB profitieren könnte. Die von der Bundesregierung geschaffene Leitlinie und Prozessempfehlung für den Gebäudetyp E adressiert keine besondere Bauweise, sondern befasst sich allgemein mit seiner Umsetzung. Die Prüfung hat ergeben, dass die Leitlinie und Prozessempfehlung auch auf das SMSB anwendbar ist (Gebäudetyp E und SMSB).

Abb. 2: Wohnheim für Berufsschüler/-innen und Auszubildende der nahe gelegenen Berufsschule mit 19 Wohneinheiten und einem öffentlichen Radhaus in Schorndorf. Errichtet in Holzmodulbauweise im EH-40-Standard und QNG-Zertifizierung. Bauherr: Kreisbaugesellschaft Waiblingen GmbH, Herstellende/Planende: Lechner Cube Holzmodulbau GmbH mit a+b Architekten

Abb. 3: Gebäudeensemble für Mitarbeitende des Klinikums Stuttgart mit 330 Wohneinheiten in Stuttgart. Errichtet in Holzmodulbauweise im EH-40-Standard. Bauherr: Stuttgarter Wohnungs- und Städtebaugesellschaft (SWSG), Herstellende/Planende: AH Aktiv-Haus GmbH mit WOLFF & MÜLLER Hoch und Industriebau GmbH & Co. KG mit Prof. Dr. D. E.h. Dr. h.c. Werner Sobek

4. Fazit und Ausblick

Der Runde Tisch für serielles, modulares und systemisches Bauen hat in den vergangenen rund zwei Jahren 39 Maßnahmen erarbeitet, intensiv darüber diskutiert und mit ihrer Umsetzung begonnen. Mehrere Maßnahmen sind bereits abgeschlossen.

Über den erreichten Stand zu den einzelnen Maßnahmen und die bislang erarbeiteten Ergebnisse wird der Arbeitsbericht des Runden Tisches Auskunft geben, der voraussichtlich im dritten Quartal des Jahres 2025 veröffentlicht werden wird.

Das Format des Runden Tisches mit seiner breit angelegten Akteursstruktur hat eindrucksvoll gezeigt, dass unterschiedliche und zum Teil gegensätzliche Sichtweisen transparent diskutiert werden können und in einem offenen und wertschätzenden Diskurs sinnvolle Lösungen und Kompromisse erarbeitet werden können, um sowohl das serielle, modulare und systemische Bauen zu forcieren als auch den Transformationsprozess in der Bauwirtschaft generell zu flankieren und zu befördern.

Die Beteiligten des Runden Tisches haben sich für eine Fortführung der Aktivitäten in diesem Format ausgesprochen, zumal es notwendig ist, die begonnenen Maßnahmen mit Hochdruck weiter umzusetzen und in der Praxis wirksam werden zu lassen.

Wir erwarten, dass sich der Markt für das serielle, modulare und systemische Bauen in den nächsten Jahren dynamisch entwickeln wird, insbesondere wenn die Maßnahmen des Runden Tisch-Prozesses nach und nach umgesetzt werden. Um den notwendigen zusätzlichen Wohnungsbau zu bewältigen sollte es darum gehen, die SMS-Bauweisen nicht als Konkurrenz, sondern als Ergänzung der konventionellen Bauweisen zu sehen und eine gegenseitige Befruchtung dieser Dimensionen des Bauens zu organisieren. Die Herausforderungen für den bezahlbaren Wohnungsneubau in Deutschland erfordern eine intensive Mobilisierung aller Potenziale zur Beschleunigung und zur Hebung der Produktivität.

Prof. Dr.-Ing. habil. Guido Spars ist Stadt- und Immobilienökonom und Hochschullehrer. Er studierte Volkswirtschaftslehre an der Universität zu Köln, promovierte 2000 an der Technischen Universität Berlin über Bodenmärkte und habilitierte sich dort mit Arbeiten zur Verknüpfung von Stadt- und Regionalökonomie mit der Immobilienwirtschaft. Seit 2006 leitet er das Fachgebiet „Ökonomie des Planens und Bauens" an der Bergischen Universität Wuppertal. Von 2021 bis 2025 war er Gründungsdirektor der Bundesstiftung Bauakademie in Berlin und verantwortete die Entwicklung des inhaltlichen und strategischen Profils der Institution. Er leitete dort u.a. den Runden Tisch zum seriellen, modularen und systemischen Bauen im Auftrag des Bundesbauministeriums (BMWSB). Sein Forschungs- und Beratungsschwerpunkt liegt in den Bereichen Stadtentwicklung, Immobilienwirtschaft sowie der Schnittstelle zwischen Ökonomie und Bauwesen.

Dipl.-Ökonom Michael Neitzel ist ein Experte der Wohnungs- und Immobilienwirtschaft. Nach einer Ausbildung zum Bankkaufmann studierte er Wirtschaftswissenschaften an der Ruhr-Universität Bochum mit den Schwerpunkten Controlling sowie Planung und Organisation. Seit 1996 ist er in der angewandten Forschung und Beratung tätig und leitete von 2001 bis 2023 die InWIS Forschung & Beratung GmbH und ab 2008 zusätzlich das Forschungsinstitut InWIS GmbH als Geschäftsführer. Seit 2023 ist er als geschäftsführender Gesellschafter für Neitzel Consultants tätig. Sein Schwerpunkt liegt auf der Erstellung von Mietspiegeln sowie der praxisnahen Entwicklung von Quartiers-Konzepten für die Wohnungswirtschaft, Portfoliostrategien, Markt- und Kundenanalysen sowie der Begleitung wohnungswirtschaftlicher Transformationsprozesse und Digitalisierung. Seit 2014 befasst er sich mit der Entwicklung von Baukosten und Maßnahmen zu deren Senkung und ist in Projekten zur Förderung des seriellen, modularen und systemischen Bauens tätig, u.a. für den Runden Tisch zum seriellen, modularen und systemischen Bauen für die Bundesstiftung Bauakademie.

Quelle:

[1] Bundesministerium für Wohnen, Stadtentwicklung und Bauwesen (BMWSB, Hrsg.) (2022): Bündnis bezahlbarer Wohnraum. Maßnahmen für eine Bau-, Investitions- und Innovationsinitiative, Berlin, S. 26 ff.

Serielles, modulares und systemisches Bauen (SMSB) ist anders

von Dipl.-Ing. (FH) Architekt David Meuer

Serielles, modulares und systemisches Bauen (SMSB) ist anders

ein Beitrag von David Meuer, Geschäftsführer meuer - planen beraten Architekten GmbH

Einleitung

Unsere Gesellschaft steht aktuell vor vielen großen Herausforderungen. Damit verbunden ist besonders auffallend, dass zu wenige Wohnungen entstehen und die Umsetzung von Infrastrukturprojekten oftmals zu viel Zeit in Anspruch nimmt. Als ein „Gamechanger" wird in diesem Zusammenhang oft und gerne das „modulare und serielle Bauen" (SMSB) ins Spiel gebracht. Aber ist das richtig, und wenn ja, warum?
Serielle, modulare und systemische Bauweisen sind grundsätzlich solche, bei denen großteilige Wand-, Decken-, Boden-, Dach-, Fassadenelemente oder raumbildende Module bzw. Raumzellen werkseitig gewerkeübergreifend vorgefertigt und auf der Baustelle zusammengefügt oder montiert werden.

Trotz ihrer Einfachheit ist diese Definition sehr innovativ, weil die Entscheidung, seriell/modular/systemisch zu bauen, den Planungs- und Bauprozess massiv verändert und damit auch einige Lösungsansätze bietet.

Hinweis: Die Definitionen der im Artikel verwendeten Fachbegriffe sind am Ende des Artikels angegeben.

Fachkräftemangel am Bau

Das serielle, modulare und systemische Bauen (SMSB) verlagert viele handwerkliche Tätigkeiten von der Baustelle in eine Werkshalle und verbessert so die Arbeitsbedingungen der Tätigen enorm. Wind, Wetter, Kälte, Hitze usw. beeinträchtigen die Handwerker nicht und auch Pausenunterkünfte und Sanitäreinrichtungen sind viel attraktiver als Containerlager und Dixi-Toiletten auf der Baustelle. Zudem müssen die Handwerker zur Ausführung von Tätigkeiten nicht auf weiter entfernten Baustellen zusammen mit Arbeitskollegen in Mehrbettzimmern in Monteurunterkünften untergebracht werden. Das erhöht die Attraktivität des Handwerks auch als Ausbildungsberuf. Und wir brauchen weiterhin viele Bauhandwerker, um unsere Bauaufgaben erledigen zu können.

Fachkräftemangel bei freien Architekten und Ingenieuren

Bei SMSB wird die Werkplanung und die Objektüberwachung inkl. Koordination der ausführenden Gewerke an den mit der schlüsselfertigen Erstellung des Gebäudes beauftragten Totalunternehmer (TU) übertragen. Die vom Auftraggeber direkt beauftragten Architekten und Ingenieure werden lediglich mit der Qualitätssicherung in diesen Leistungsphasen beauftragt und haben damit weniger Aufwand. Dafür bekommen Sie zwar etwas geringere Honorare, haben aber mehr freie Kapazitäten, um mehr dieser so dringend benötigten Bauprojekte voranzutreiben.

Fachkräftemangel in der öffentlichen Verwaltung

Bei SMSB wird ein Totalunternehmer mit der schlüsselfertigen Erstellung eines Projektes zu einem Pauschalpreis mit fixem Endtermin beauftragt. Damit muss die Verwaltung des Auftraggebers nur eine Ausschreibung statt – wie bei Einzelgewerksausschreibungen üblich – bis zu 25 solcher Verfahren durchführen. Es sind auch nur ca. acht Abschlagsrechnungen mit einfach zu prüfendem Zahlungsplan statt bis zu 100 (25x4) Abschlagsrechnungen mit aufwendiger Massenprüfung zu bearbeiten. Das entlastet die Verwaltung und ermöglicht die Betreuung einer Vielzahl von Bauvorhaben mit weniger Personal.

Optimierter Materialeinsatz und Transport

Bei SMSB werden viele Arbeiten im Werk im Zuge der Vorfertigung ausgeführt. Dadurch muss das zu verarbeitende Material kürzere Transportwege zurücklegen und kann effizienter eingesetzt werden. Das verringert Abfall und Energieaufwand für den Transport.

Ökologische Bauweise

Bei SMSB können aufgrund systemneutraler Planung und Ausschreibung die Anbieter ökologische Bauweisen in ihren jeweils individuellen Systemen optimiert einplanen und einsetzen. Hier wird den Unternehmern Raum für Innovationen gelassen. Diese Freiheit wird erfahrungsgemäß gerne genutzt.

Kürzere Bauzeiten

Bei SMSB werden großteilige Wand-, Decken-, Boden-, Dach-, Fassadenelemente oder raumbildende Module bzw. Raumzellen werkseitig vorgefertigt und auf der Baustelle zusammengefügt oder montiert. Das verkürzt die tatsächliche Bauzeit vor Ort nachweislich erheblich. Damit werden vor allem die Nachbarn der Baustelle von Baulärm und Einschränkungen im Umfeld der Baustelle entlastet.

Erhöhte Bauqualität

Durch die industrielle Vorfertigung im Werk können viele Gewerke aufgrund der optimierten Rahmenbedingungen in besserer Qualität ausgeführt werden. Dadurch wird die Baustelle sozusagen in die Werkstatt verlegt und es muss nicht bei Wind und Wetter vor Ort gearbeitet werden.

Digitalisierung des Bauwesens (u.a. mit BIM)

Mit der Erstellung der Werkplanung aller Fachbereiche durch den Totalunternehmer und seine Planer in der vom Auftraggeber definierten Tiefe und Qualität können abgestimmte digitale Planungen produktspezifisch und für die Herstellung optimiert ohne Systembrüche erstellt werden. Das beschleunigt sowohl digitale als auch analoge Prozesse.

Baukultur

Im Hinblick auf SMSB wird auch gerne von der „Platte 2.0“ gesprochen. Das impliziert eine sehr geringe Erwartungshaltung hinsichtlich baukultureller Qualität und Individualität.

Diese Gefahr bestünde, wenn der Industrie freie Hand gelassen würde und einfach gleichförmige, eintönige Billigprodukte übers Land verteilt würden. Mit einer individuellen Planung jeder einzelnen Bauaufgabe durch freie Architekten und Ingenieure im direkten Auftrag des Bauherrn kann sichergestellt werden, dass der Bauherr genau das bekommt, was er braucht, und nicht das, was die Anbieter liefern wollen. Zudem gibt es gerade öffentlichen Bauherren mehr Sicherheit im Hinblick auf Termine und Kosten, wenn der Bauauftrag erst vergeben wird, sobald Baurecht geschaffen wurde und die Planung bereits mit den beteiligten Förderstellen abgestimmt ist.

Und wie kommt der (öffentliche) Auftraggeber zum SMSB?

Zunächst einmal muss sich der Auftraggeber dafür entscheiden, ein Gebäude in dieser Art und Weise erstellen zu wollen. Dafür muss er auf Basis der individuellen Rahmenbedingungen festlegen, dass diese Projektabwicklung für das jeweilige Projekt der richtige Weg ist.

Was bedeutet modulares Bauen für Architekten und Planer? Wie verändert sich das Leistungsbild und damit die Honorierung der Planungsleistungen?

Das für die Planung eines SMSB-Gebäudes notwendige Projektteam unterscheidet sich nicht von dem eines konventionell gebauten Bauwerks Warum auch? Zunächst wird das Gebäude passend zum individuellen Grundstück und zu den individuellen Anforderungen des Bauherrn entworfen. Dabei werden selbstverständlich alle Aspekte des Städtebaus und des Entwurfs sowie die gesetzlichen Rahmenbedingungen überprüft und umgesetzt. Zudem ist für die Planung der Grundsatz der Systemoffenheit zu beachten. Jedes der zur Verfügung stehenden SMSB-Bausysteme hat seine eigenen Besonderheiten und Einschränkungen. Daher sollten die Planer die Vorteile und Einschränkungen der verschiedenen SMSB-Bauweisen beachten, um nicht schon durch die Entwurfsplanung eine der möglichen Bauweisen auszuschließen oder in die Unwirtschaftlichkeit zu drängen. SMSB-Gebäude werden daher keineswegs schneller oder einfacher entworfen als Gebäude konventioneller Bauart. Vielmehr ist die Erfahrung des Planerteams mit den verschiedenen SMSB-Bauweisen und ihrer konkreten Umsetzung in Entwurf und Ausführung ausschlaggebend. Der Stahlraumzellenbau wird zum Beispiel ab gewissen Abmessungen oft unwirtschaftlich, weil beim Transport von überbreiten oder überhohen Raummodulen besondere Anforderungen greifen. Auch die notwendigen Geschosshöhen sind bei gleicher lichter Raumhöhe je nach Bausystem sehr unterschiedlich. Wer alle diese Einschränkungen und Notwendigkeiten kennt und sich planerisch in der Schnittmenge aller Bauweisen bewegt, der plant systemoffen. Die Systemoffenheit ist ein wichtiger Faktor für die Wirtschaftlichkeit. Nur wenn viele unterschiedliche Marktteilnehmer wirtschaftliche Angebote abgeben können, wird ein sinnvoller Marktpreis erzielt.

Folgende Projektbeteiligte sind erforderlich:

- Architekten
- Landschaftsarchitekten
- HLS-Planer
- Elektroplaner
- Statiker
- Bauphysiker
- diverse Gutachter und Berater

Wichtig ist es, ein Team zusammenzustellen, das zielstrebig und professionell am gemeinsamen Erfolg arbeitet. Wie überall gilt: Nur wenn alle beteiligten Planer vertrauensvoll und ehrlich kooperieren, kann das Projekt erfolgreich sein. Für Bauherren kann es daher sinnvoll sein, Teams zu beauftragen, die bereits gemeinsam erfolgreich modulare Bauvorhaben begleitet haben.

Nicht zu unterschätzen ist die wichtige Rolle des Bauherrn beziehungsweise dessen Vertreter in der Runde der Projektbeteiligten. Weil SMSB-Bauen sinnvollerweise die Ausschreibung mit funktionaler Leistungsbeschreibung (FLB) erfordert, müssen schon im Zuge der Entwurfsplanung viele Fragen schnell und abschließend geklärt werden. Der Bauherrenvertreter sollte daher unbedingt mit den entsprechenden Entscheidungsvollmachten ausgestattet und entscheidungsfreudig sein.

Leistungs- und Beauftragungsumfang der Projektbeteiligten

LPH 1–4 Grundlagenermittlung bis Genehmigungsplanung

Nachdem sich die Planung eines SMSB-Gebäudes nicht grundsätzlich von einer konventionellen Planung unterscheidet, sind die ersten Leistungsphasen (LPH) in vollem Umfang zu erbringen und daher auch zu beauftragen. Die Genehmigungsplanung wird so erstellt, als handle es sich um ein konventionell gebautes Gebäude. Das betrifft alle baurechtlich relevanten Themen, insbesondere auch den Brandschutz.

Da zum Zeitpunkt der Baueingabe die Art des SMSB-Bausystems in der Regel noch nicht bekannt ist, kann es nach Beauftragung des Totalunternehmers erforderlich werden, aufgrund der systembedingten Konstruktionsarten oder Abweichungen einen Änderungsbauantrag einzureichen.

In der Praxis hat sich bewährt, diesen selbstständig und eigenverantwortlich vom Totalunternehmer erstellen und einreichen zu lassen. Erst ab der Ausführungsplanung (LPH 5 nach HOAI) ergeben sich Änderungen und Verschiebungen im Leistungsumfang gegenüber traditionellen, in Einzelgewerken ausgeschriebenen Bauweisen.

LPH 5 Werkplanung

Nach der Beauftragung erstellt der Totalunternehmer (TU) die Werk- und Detailplanung aller Planungsbereiche (Hochbau, Statik, HLS, ELT usw.) im angeforderten beziehungsweise notwendigen Umfang. Dabei übernimmt er grundsätzlich die der Beauftragung zugrunde liegende Entwurfsplanung und passt diese an sein angebotenes System an. Aus diesem Grund sollte im Entwurf Spielraum für die systembedingten Konstruktionsunterschiede wie Wand- und Deckenstärken gelassen werden, um keine in dieser Hinsicht unlösbaren Probleme zu erzeugen. Die Werk- und Detailplanung des TU wird von den Planern des Bauherrn begleitet und auf Übereinstimmung mit den funktionalen und qualitativen Anforderungen der Funktionalen Leistungsbeschreibung (FLB) hin gesichtet. Für die bautechnisch richtige und normgerechte Ausführung steht der TU als Werkplaner und gleichzeitig ausführende Firma vollumfänglich in der Verantwortung.

Aufgrund dieser lediglich begleitenden Tätigkeit der vom Bauherrn beauftragten Architekten und Planer ist es sinnvoll, diese Tätigkeit als besondere Leistung in der LPH 5 gemäß dem Leistungsbild nach HOAI zu beauftragen.

LPH 6 Vorbereitung der Vergabe (Ausschreibung)

Die Ausschreibung für ein SMSB-Gebäude wird zeitlich nach der Genehmigungsplanung und vor der Ausführungsplanung auf Basis der Entwurfsplanung gemeinsam von allen Planern unter Federführung der Architekten erstellt. Sinnvoll ist hier die Form der funktionalen Leistungsbeschreibung (FLB). Da jeder Anbieter von SMSB-Bauweisen mit anderen Bauteilaufbauten, Leitungsführungen, Detailausbildungen etc. plant, kann der Architekt lediglich die gewünschte Funktion und Qualität der Bauteile beschreiben und fordern. Auch ist ein SMSB-Bau sinnvollerweise als Totalunternehmerleistung auszuschreiben. Die Zulassung diverser Bausysteme, eine gewisse Vorfertigung im Werk und die notwendige Gewährleistung erlauben es oft nicht, einzelne Leistungen im oder am Gebäude von einer separat beauftragten Firma ausführen zu lassen.

LPH 7 Vergabe

Auf Basis der FLB geben die Bieter für ihre Totalunternehmerleistung Festpreisangebote ab. Zusätzlich sollte bereits mit Angebotsabgabe eine Systembeschreibung vorgelegt und vom bewertenden Architekten auf Übereinstimmung mit den Anforderungen des konkreten Projektes sowie der FLB überprüft werden. Es hat sich ebenfalls als sehr sinnvoll erwiesen, besonders wichtige Nachweise schon mit der Angebotsabgabe einzufordern, um ungeeignete Bieter ausschließen zu können. Hier ist vor allem das Thema Brandschutz zu beachten.

LPH 8 Objektüberwachung

Die Koordination der vom TU beteiligten Planer und Firmen (Nachunternehmer) sowie die Überwachung der richtigen und normgerechten Ausführung im Werk und auf der Baustelle obliegt allein dem Totalunternehmer. Die Planer des Bauherrn begleiten die Bauausführung hinsichtlich der in der FLB beschriebenen funktionalen und qualitativen Anforderungen und stellen sicher, dass diese mindestens erfüllt werden.

Die Planer leisten nur die Bestellwerkskontrolle der TU-Leistung hinsichtlich Qualität und Funktionalität. Sie sind nicht für die Überwachung der Ausführung (Details, DIN usw.) verantwortlich. Die Koordinationspflicht besteht lediglich zwischen TU und eventuell erforderlichen Schnittstellengewerken wie Hausanschlussleistungen oder die Freiraumgestaltung.

Erstellen einer funktionalen Leistungsbeschreibung für die Errichtung eines Modulgebäudes

Die funktionale Leistungsbeschreibung (FLB) ist zusammen mit den genehmigten Entwurfsplänen die Grundlage für das Angebot des TU. Das Ziel des Bauherrn, ein Bauvorhaben zu einem Festpreis schlüsselfertig erstellen zu lassen, macht es erforderlich, alle Anforderungen an das Gebäude – sowohl technisch als auch gestalterisch – in der FLB ausreichend zu definieren. Dabei sollte dem Unternehmer die Möglichkeit gegeben werden, wirtschaftlich und einfach zu kalkulieren. Der ausschreibende Architekt sollte

<table>
<tr><th colspan="10">Konzept Vergabesystematik zum seriellen, modularen und systemischen Bauen (SMSB)</th></tr>
<tr><th>Projektvorbereitung</th><th colspan="4">Planungsphase</th><th colspan="3">Ausschreibungsphase</th><th>Realisierungsphase</th><th>Nutzungsphase</th></tr>
<tr><td>Bauherr</td><td colspan="4"></td><td colspan="3"></td><td></td><td></td></tr>
<tr><td>• Bedarfsplanung
• Schnittstellenklärung
• Bestimmung Leistungsumfang
• Klärung Verfahren zur Vergabe der Bauleistungen</td><td colspan="4">Architekt + Fachplanung (FBT)
Grundleistungen (100 % HAOAI)</td><td colspan="3">besondere Leistungen</td><td>besondere Leistungen</td><td>besondere Leistungen</td></tr>
<tr><td>Entscheidung für SMSB bzw. funktionale Ausschreibung!</td><td>LPH 1
Grundlagenermittlung</td><td>LPH 2
Vorplanung</td><td>LPH 3
Entwurf</td><td>LPH 4
Genehmigungsplanung</td><td>LPH 5
Ausführungsplanung</td><td>LPH 6
Vorbereitung vergabe</td><td>LPH 7
Mitwirkung bei Vergabe</td><td>LPH 8
Objektüberwachung</td><td>LPH 9
Objektbetreuung</td></tr>
<tr><td>• Klärung Vergabeverfahren der Architektenleistung</td><td>2 %
(2 %)</td><td>7 %
(7 %)</td><td>15 %
(15 %)</td><td>3 %
(3 %)</td><td>12 %
(25 %)</td><td>9 %
(10 %)</td><td>2,5 %
(4 %)</td><td>20 %
(32 %)</td><td>2 %
(2 %)</td></tr>
<tr><td>Realisierungswettbewerb oder VgV-Verfahren</td><td colspan="4">• Grundlagenermittlung
• Vorplanung
• Klärung Baurecht
• Entwurfsplanung mit Leitdetailerstellung (Systemneutrale, aber modular entwickelte Planung auf Grundlage Marktsondierung)
• Genehmigungsplanung</td><td>z. B. gesonderte Bauteilplanung wie z. B. Fassadendetails Detaillierte Objektbeschreibung als Grundlage für (FLB) Prüfen und Anerkennen der Ausführungsplanung TU</td><td>z. B. Funktionalausschreibung (FLB) mit Definition der Qualitäten mit Bewertungskriterien für qualitätsorientierte SMSB-Vergabe zur Findung eines TU</td><td>z. B. Prüfen und Werten TU-Angebote aus der funktionalen Leistungsbeschreibung einschließlich Preisspiegel Vergabevorschlag</td><td>z. B. Qualitätssicherung für den Bauherrn: Überwachung der Ausführung des Objektes auf Übereinstimmung mit den vertraglich vereinbarten Eigenschaften und Qualitäten</td><td>Objektbetreuung</td></tr>
<tr><td></td><td colspan="4">Beratung durch
Totalunternehmer nach Bedarf
ggf. Anpassung des Entwurfs an System des Bieters</td><td colspan="3">Totalunternehmer
(=mitplanender GU)
Ausführungsplanung (Werk- und Montageplanung für Fertigung)</td><td>Schlüsselfertige Erstellung des Objektes</td><td></td></tr>
</table>

Abb. 1: Darstellung Konzept für Vergabesystematik

wichtige Funktionen und Qualitäten mit ihren Mindestanforderungen beschreiben, statt sich in aufwendigen Details und Sonderkonstruktionen zu verlieren. In den Bereichen, in denen keine besonderen Ansprüche bestehen, sollte auch nichts Besonderes beschrieben werden. Dies ermöglicht dem Bieter eine wirtschaftliche Kalkulation.

Anforderungen statt Ausführungen

In der klassischen Ausschreibung nach Gewerken mit Einzelpositionen und Mengenangaben sind alle Bauleistungen und Bauteile sowohl mit den jeweiligen individuellen Anforderungen als auch deren Zusammenfügung genau zu beschreiben. Für jede einzelne Position kalkuliert der Anbieter dann einen Einheitspreis. Dafür muss jedes Detail auch exakt geplant, konstruiert und bemessen sein, Schnittstellen müssen exakt durchdacht und beschrieben werden. Diese Planungstiefe wird beim modularen Bauen mit Totalunternehmern zum Zeitpunkt der Ausschreibung nicht erreicht.

Ziel ist es also, mittels einer FLB die Anforderungen an ein Gebäude und dessen Bauteile zu beschreiben, ohne notwendigerweise ins Detail zu gehen. Vereinfacht gesagt, kümmert es den Nutzer nicht, auf was für einer Art Geschossdecke er sich bewegt. Diese muss lediglich den Anforderungen u.a. an Schallschutz, Brandschutz und Standfestigkeit entsprechen. Auf welche Art und Weise diese Anforderungen erfüllt werden, das bleibt dem TU überlassen.

Oberflächen statt Konstruktionen

Wichtig für den Nutzer eines Gebäudes sind hauptsächlich die von ihm genutzten Oberflächen der Räume: Böden, Wände, Decken und deren Einbauteile wie Türen und Fenster in einer gewissen Qualität und mit bestimmten Funktionen. Wie jedoch die dazugehörige Unterkonstruktion ausgebildet ist, wie und wann der Einbau stattfindet, und welches Produkt verwendet wird, spielt für den Nutzer selten eine bedeutende Rolle. Daher werden in der FLB intensiv die Qualitäten und Funktionen der Oberflächen beschrieben. Die richtige und normgerechte Ausführung des Einbaus und der dahinterliegenden Konstruktionen werden dem TU überlassen.

Funktionen statt Details

Die Darstellung von Details und die Beschreibung detaillierter Konstruktionen sollte in der FLB die absolute Ausnahme sein und nur bei besonders wichtigen Punkten zum Einsatz kommen. Das Problem bei exakt dargestellten Details ist, dass sie nicht unbedingt zu den Standardsystemen des modular bauenden TU passen. Es besteht die Gefahr, dass diese Details nicht oder nur mit unverhältnismäßig großem Aufwand hergestellt werden können. Die Betrachtung ausschließlich auf die Funktionen zu fokussieren, ermöglicht es allen Anbietern, eine Lösung zu finden, die der geforderten Funktion entspricht und in das individuelle System passt.

Vollständig statt teilweise

In der FLB werden alle notwendigen Anforderungen so pauschal wie möglich und gleichzeitig so exakt wie notwendig beschrieben. Dies ermöglicht den Modulbaufirmen, ein wirtschaftliches Angebot zu erstellen. Wichtig ist, die anzubietende Leistung vollständig zu beschreiben. Der TU wird maximal das liefern, wozu er tatsächlich verpflichtet ist. Vergessene oder zusätzliche Leistungen werden immer zu Nachträgen führen. Auch nachträgliche Änderungen der Leistung, wie Änderungen von Anforderungen, Raumzuschnitten oder Qualitäten, führen schnell zu Nachträgen. Dabei ist zu beachten, dass der Totalunternehmer in der Regel viele Teilleistungen von Subunternehmern einkauft und deren Leistungen mit einem Zuschlag belegt. Dieser Zuschlag kann bis zu 25% betragen. Um den Vorteil der Kostensicherheit bei Totalunternehmerleistungen auch wirklich ausnutzen zu können, ist es wichtig, alles abschließend und kalkulierbar zu beschreiben. Darin liegt die Kunst der Ausschreibung mittels funktionaler Leistungsbeschreibung.

Unterschiedliche Anforderungen durch unterschiedliche Landesbauordnungen

Nicht zu unterschätzen sind die unterschiedlichen Anforderungen an Bauwerke in den einzelnen Landesbauordnungen. Gerade im Umgang mit den Anforderungen an den Brandschutz und mit den Unterschieden in den verschiedenen Normen und Richtlinien liegen interessante Herausforderungen. Es ist daher wichtig, die FLB auch im Hinblick auf die Anforderungen des entsprechenden Bundeslandes zu bearbeiten, in dem ein Gebäude errichtet werden soll.

Der Totalunternehmer als Werkplaner und Ausführender

Die Besonderheit in der Abwicklung modularer Gebäude mit Totalunternehmern ist die eigenverantwortliche Umsetzung der Entwurfsplanung in eine Werkplanung und die dementsprechende Errichtung des Gebäudes. Es liegt in der Verantwortung des TU, die funktionalen und gestalterischen Anforderungen aus der funktionalen Leistungsbeschreibung umzusetzen. Die Planer des Bauherrn begleiten diese Phasen beratend und unterstützend.

Was der Bauherr will, ist nicht zwangsläufig das, was der Totalunternehmer anbietet

Es gibt Bauvorhaben, bei denen die Planer des Bauherrn nur bis zur Beauftragung des TU eingebunden werden. Dieser erstellt dann komplett eigenverantwortlich ohne Mitwirkung des Architekten die Werk- und Detailplanung sowie das schlüsselfertige Gebäude. Davon sei an dieser Stelle abgeraten. Was der Bauherr will, ist nicht unbedingt das, was der TU in Planung und Ausführung umsetzt.

In der FLB werden die qualitativen und funktionalen Mindestanforderungen an Bauteile zwar möglichst umfassend beschrieben. Da bei öffentlichen Ausschreibungen allerdings Produktneutralität geboten ist, gibt es einigen Spielraum für Interpretationen. Damit dies möglichst nicht ausschließlich der Totalunternehmer zu seinen Gunsten ausnutzt, sollte der Bauherr erfahrene Planer in den Entscheidungsphasen einbinden. Aus diesem Grund sollte der planende Architekt besonderen Wert auf einen frühzeitigen und vollumfänglichen Bemusterungstermin legen, bei dem die Modulbaufirma nicht nur die Muster sämtlicher in ihrem Angebot kalkulierten sichtbaren Baustoffe wie Böden, Fenster und Türen vorlegt, sondern auch alle geplanten haustechnisch relevanten Bauteile offenlegt.

„Der Totalunternehmer ist der Werkplaner" – ein Vorteil?

Es stellt sich die Frage, ob es wirklich sinnvoll ist, dass der TU die Werkplanung übernimmt und damit einen entscheidenden Einfluss auf die Gestaltung der Details hat. Der Vorteil der funktionalen Ausschreibung ist, dass die Mindestansprüche des Bauherrn hinsichtlich Gestaltung und Qualität der wichtigen Details festgelegt werden. Damit hat der Bauherr einen Anspruch auf die Ausführung in diesen Qualitäten. Bei der technischen Umsetzung hat jedoch der TU gewisse Freiheiten. Diese erlauben ihm, auf gleichwertige Techniken und/oder Produkte auszuweichen, die ihm einen wirtschaftlichen Vorteil ermöglichen, weil er diese Produkte günstiger einkaufen oder schneller beziehungsweise einfacher verarbeiten kann. Hier haben die Unternehmer also die Möglichkeit, mit guten Ideen Geld zu sparen und damit ein wirtschaftliches Angebot zu unterbreiten. Im Gegensatz zum öffentlichen Bauherrn hat der TU die Freiheit, seine Subunternehmer nach anderen Kriterien als nur nach dem Preis auszusuchen.

Abstimmung der Fachplaner

Für die Umsetzung der Entwurfsplanung in die Werk- und -Detailplanung benötigt der TU eigene Planer. In der Regel werden alle Fachrichtungen, die der Bauherr eingebunden hat, auch seitens des TU beauftragt. Es ist daher sinnvoll, die Planer des Bauherrn und die Planer des TU möglichst schnell zu einem Austausch an einen Tisch zu bringen. In der Praxis haben sich Besprechungen mit allen Beteiligten kurz nach Auftragserteilung bewährt. Dabei können über alle Fachbereiche Interessen und Bedürfnisse hinsichtlich Qualität der Planung und Ausführung ausgetauscht werden. Wichtig ist natürlich darauffolgend die direkte Abstimmung der jeweiligen Fachbereiche untereinander. Die Fachplaner des TU sollten Fragen oder Unklarheiten idealerweise immer direkt mit den Fachplanern des Bauherrn abstimmen. Eine Einbindung des Bauherrn und seiner Architekten ist immer dann nötig, wenn es um Fragen der Gestaltung und Abweichungen zur FLB geht.

Objektüberwachung des Totalunternehmers

Der TU beziehungsweise seine Planer übernehmen die Objektüberwachung analog dem Leistungsbild der HOAI. Sie stellen also sicher, dass die Anforderungen der FLB genauso erfüllt werden wie alle anderen Anforderungen hinsichtlich Technik und Normung. Der TU wickelt also die Baustelle eigenverantwortlich ab. Die Planer des Bauherrn stehen ihm dabei beratend und unterstützend zur Seite. Gleichzeitig überwachen sie den Bau im Hinblick auf die Übereinstimmung mit den geforderten Funktionen und Qualitäten sowie den terminlichen Bauablauf, um den zugesagten Fertigstellungstermin sicherzustellen.

Gesehen oder freigegeben?

Die Planungen des TU sind dem Bauherrn und seinen Planern zur Sichtung vorzulegen. Dabei überprüfen diese die vorgelegte Planung auf Übereinstimmung mit der FLB. Die Prüfung hinsichtlich Normung und Regeln der Technik obliegt dem TU. Die Planung durchläuft also keinen klassischen Freigabeprozess, sondern wird nur von den Planern des Auftraggebers gesichtet. Damit bleibt die komplette Verantwortung für die richtige und normgerechte Ausführung beim TU. Selbstverständlich sollten die Planer des Bauherrn im Sinne einer vertrauensvollen Zusammenarbeit auf etwaige Fehler oder Abweichungen hinweisen und damit nicht erst bis zur Abnahme des Bauwerks warten.

Planungsänderungen und Nachträge

Weil zu Beginn der Vertragsbeziehung zwischen Bauherrn und TU ein Festpreis für ein schlüsselfertig erstelltes Gebäude steht, sollte es idealerweise nach der Beauftragung nicht mehr zu Änderungswünschen des Bauherrn kommen. Nachträgliche Änderungen der Planung beziehungsweise Anforderungen und Qualitäten nach Auftragsvergabe führen grundsätzlich zu Mehrkostenansprüchen des Totalunternehmers. Hier gilt es zu bedenken, dass der TU in der Regel Zuschläge auf Subunternehmer- und Lieferleistungen berechnet.

Andererseits kann eine vom TU vorgeschlagene Änderung sowohl einfacher und besser in der Ausführung als auch preisgünstiger sein. Es ist durchaus verhandelbar, dass der TU dem Bauherrn für die Zustimmung zu einer angepassten Ausführung ein Minderpreisangebot anbietet.

Zuschlagskalkulation

Die Kostenermittlung für SMSB funktioniert grundsätzlich in der Systematik der DIN 276. In den **Tabellen 1a** und **1b** ist ein Beispiel für eine Musterkalkulation lt. DIN 276 innerhalb der Kostengruppen 300 und 400 angegeben.

Sofern in der Planung alle Massen für Elemente und Konstruktionen mit Materialien feststehen, können diese ermittelt werden.

Nachdem aber, um die Vorteile des SMSB so gut wie möglich zu nutzen, eine möglichst systemoffene Planung und damit Ausschreibung erfolgen sollte, stößt die Systematik der DIN 276 an ihre Grenzen, weil die tatsächlichen Ausführungen nicht mehr vergleichbar sind. Wenn es dem Unternehmer überlassen wird, ob Raumzellen oder vorgefertigte Elemente zur Ausführung kommen, um das gewünschte Ergebnis sowohl qualitativ als auch funktional zu erreichen, wird es schwierig.

Ein Weg führt daher weg von der kompletten Massenermittlung und Einzelbepreisung hin zu einer Zuschlagskalkulation. Dabei wird von einem Basispreis je m^2 BGF für die Erstellung eines "Normalgebäudes" ausgegangen. In diesem Basispreis ist alles enthalten, was baurechtlich notwendig ist, um ein Gebäude seiner Bestimmung gemäß herstellen und nutzen zu dürfen. Alle Mindestanforderungen an Standsicherheit, Brandschutz, Schallschutz usw. werden damit eingehalten. Zum Basispreis bekommt der Auftraggeber also ein Gebäude ohne zusätzliche und besondere Ausstattung. Alle darüber hinausgehenden Anforderungen hinsichtlich Qualität und Funktionalität werden mit Zuschlägen (Mehrpreis gegenüber Basisausstattung) belegt.

Ein gutes Beispiel dafür sind Fenster. Im Basispreis sind die günstigsten Kunststofffenster in der einfachsten, noch zulässigen Ausführung ohne Anspruch an optische Qualität enthalten. Möchte der Bauherr stattdessen Holz-Alu-Fenster, so muss dafür ein Aufpreis kalkuliert werden. Dieser Aufpreis könnte über einen Zuschlag auf den m^2-Grundpreis erfolgen, was aber sehr unscharf ist. Hier empfiehlt es sich tatsächlich, Massen zu ermitteln und dann den Aufpreis pro Stück vergleichbares Fenster zu nehmen. Es empfiehlt sich dabei auch immer zu berücksichtigen, dass der TU bei vielen dieser Aspekte mit Subunternehmern und Zulieferern arbeitet, und diese Kosten mit Zuschlägen belegt.

Die gleiche Systematik wird auch für die TGA verwendet.

KG	Maßnahme	Bemerkung	Masse/ Fläche	EP (brutto)	GP (brutto) inkl. TU-Zuschlag 10%
	Modulgebäude				4.428.027,31 €
	Basismodul (BGF) lichte RH 2,75m	3*12,50*38,20m	1.433 m^2	1.900,00 €	2.722.700,00 €
	Zulage Gebäudeklasse 4	5%	1.433 m^2	95,00 €	136.135,00 €
334	Zulage PR-Fassade	Fassade Ost 42m^2, Fassade Nord 14m^2 Fassade West 13m^2	69 m^2	1.000,00 €	69.000,00 €
334	Zulage Metallfenster groß, asymmetrisch geteilt	Dreh-Kipp-Funktion, Fläche 3,30m^2	54 St	351,05 €	18.956,70 €
334	Zulage Metallfenster klein, asymmetrisch geteilt	Dreh-Kipp-Funktion, Fläche 1,14m^2	19 St	196,35 €	3.730,65 €
334	Zulage Außentüren	Nordseite, doppelflüglig, Fläche 4,77m^2	4 St	9.000,00 €	36.000,00 €
334	Zulage Innenfenster Flurwand	1.OG, F30, Größe 1,0*1,50m	7 St	1.700,00 €	11.900,00 €
334	Zulage Automatikschiebetür Haupteingang	in PR-Fassade integriert, Fläche ca. 5m^2	1 St	12.000,00 €	12.000,00 €
335	Zulage Fassade Holz	horizontal, Rhombusschalung, vorvergraut, inkl. UK	1.220 m^2	125,00 €	152.500,00 €
335	Zulage Paneele im Fensterbereich	Fassade Nord, Süd, 60 Stück à 1,11m^2 3 Stück à 1,90m^2, 12 Stück à 0,38m^2	75 St	350,00 €	26.250,00 €
338	Zulage Sonnenschutz Lamellen	Fläche 3,30m^2, nur im Süden 1.und 2.OG	16 St	550,00 €	8.800,00 €
340	Zulage Wandverstärkungen	pro qm BGF	1.433 m^2	5,00 €	7.165,00 €
344	Zulage Innentüren Schallschutz	37dB, alle Räume gem. Angaben Raumbuch	34 St	300,00 €	10.200,00 €
344	Zulage doppelflüglige Innentüren EG	EG PC-Pool, Werkstatt, Größe 1,80*2,26m	4 St	4.500,00 €	18.000,00 €
347	Zulage Blendschutz	Plissee, innenliegend, Norden und Süden	54 St	178,50 €	9.639,00 €
353	Zulage Fliesenbelag 60*60	Haupttreppenhaus, Werkstätten EG	175 m^2	60,00 €	10.500,00 €
362	Zulage RWA / Lichtkuppel	RWA 1,20*1,20m, im Haupttreppenhaus	1 St	6.500,00 €	6.500,00 €
362	Zulage Dachaufstieg innenliegend	feststehende Treppe, Dachausstiegsklappe Fläche 3,85m^2 (2,85*1,40m)	1 St	12.000,00 €	12.000,00 €
364	Zulage außenliegende Entwässerung, Gefälledach	inkl. Notentwässerung über Speier	568 m^2	15,00 €	8.520,00 €
369	Zulage Kollektivschutz Dach	umlaufend	113 m	350,00 €	39.550,00 €

Tab. 1a: Musterkalkulation, Kostengruppe 300 DIN 276 + Basismodule

KG	Maßnahme	Bemerkung	Masse/ Fläche	EP (brutto)	GP (brutto) inkl. TU-Zuschlag 10%
431	Zulage HLS Lüftungsanlage		1 psch	317.000,00 €	317.000,00 €
434	Zulage HLS Kälteanlagen		1 psch	107.850,00 €	107.850,00 €
442	Zulage ELT-Eigenstromversorgungsanlage		1 psch	26.537,00 €	26.537,00 €
446	Zulage Blitzschutzanlage		1 psch	50.872,50 €	50.872,50 €
449	Zulage Starkstromanlagen, Sonstiges		1 psch	38.798,00 €	38.794,00 €
456	Zulage Gefahrenmelde- und Alarmanlagen	BMA-Vollschutz	1 psch	125.240,36 €	125.240,36 €
457	Zulage Übertragungsnetze		1 psch	239.439,90 €	239.439,90 €
461	Zulage Aufzugsanlage		1 psch	71.400,00 €	71.400,00 €
481	Zulage Automationssysteme		1 psch	94.100,00 €	94.100,00 €
484	Raumautomationssysteme		1 psch	36.747,00 €	36.747,20 €

Tab. 1b: Musterkalkulation, Kostengruppe 400 DIN 276

Mit derart ermittelten Baukosten, einem genehmigten Entwurf und einer fertigen funktionalen Leistungsbeschreibung (FLB) kann eine Ausschreibung gemacht werden. Weil die Qualitäten und Funktionen sowie besondere Anforderungen des Auftraggebers genau beschrieben sind, ist es möglich bei der Wertung der Angebote lediglich den Preis zu betrachten. Damit müssen keine in der Regel schwierig zu bewertenden Qualitätskriterien wie z.B. Entwurfsqualität berücksichtigt werden und somit ist eine sehr große Transparenz gewährleistet, weil alle Anbieter mit den von ihnen zulässig angebotenen Bausystemen alle qualitativen und funktionellen Anforderungen erfüllen. Wettbewerber deren Bausystem nicht alle notwendigen Anforderungen erfüllen, können kein gültiges Angebot abgeben. So wird sichergestellt, dass der Auftraggeber wirklich das bekommt, was er will, und nicht das, was der günstigste Anbieter liefern kann.

Die Beschränkung auf zulässige Bausysteme und Baustoffe (z.B. nur Holz- oder Holz-Hybrid-Bau) durch den Auftraggeber aufgrund diverser Motivationen ist zulässig. Zu beachten ist, dass jede Einengung des Marktes durch Ausschluss von Systemen oder Materialien vermutlich höhere Angebotspreise nach sich zieht. Denn je größer der Markt ist, desto günstiger sind in der Regel die Angebote. Hinsichtlich der zu erwartenden Projekt-Laufzeit nach Vergabe an den Totalunternehmer kann erwartet werden, dass diese systemunabhängig ähnlich sind. Lediglich der Zeitraum von Arbeiten auf der Baustelle darf bei Raummodul-Systemen durch den möglichen höheren Vorfertigungsgrad etwas kürzer vermutet werden.

David Meuer, Architekt BDB, Dipl.-Ing. (FH), M.Eng. building project management, Mediator, gründete 2004 das Architekturbüro meuer – planen beraten. Von 2004-2018 hatte er einen Lehrauftrag an der FH Würzburg. David Meuer hat in 2007 sein erstes Schulbauprojekt in modularer Bauweise realisiert. Bis heute hat sein Architekturbüro über 30 Bauvorhaben in serieller/modularer Bauweise für öffentliche Auftraggeber erfolgreich begleitet und sich entsprechend spezialisiert. David Meuer teilt seine Erkenntnisse und Erfahrungen im SMSB in Veröffentlichungen, Fachartikeln, Fachvorträgen und Seminaren. Er brachte sich in mehrere Working Groups des „Runden Tisches SMSB" an der Bundesstiftung Bauakademie ein. Neben seiner beruflichen Tätigkeit ist David Meuer im Vorstand der Bayerischen Architektenkammer, im Vorstand des BDB Bayern sowie weiteren ehrenamtlichen Engagements tätig.

Definitionen:

Raumzellenbau

Raumzellenbau ist eine Bauweise mit einem dreidimensionalen Tragwerk mit Flächenbauteilen aus beidseitig bekleideten oder beplankten Wand-, Boden-, Decken- und Dachelementen, welche unter kontrollierten Bedingungen in einer Fabrik/Produktionsstätte gewerkeübergreifend vorgefertigt und anschließend auf der Baustelle zu einem Gebäude zusammengefügt werden. Diese raumhaltigen Module enthalten Wände, Decken, Böden und Installationen sowie Fenster und Türen und sind oft nahezu fertig ausgebaut. Der hohe Vorfertigungsgrad ermöglicht eine präzise Qualitätskontrolle, eine wetterunabhängige Produktion und eine deutliche Reduktion der Bauzeit vor Ort. Die Besonderheit im Raumzellenbau sind die doppelte Boden- und Deckenkonstruktion, welche bei der Planung in der Gebäudehöhe beachtet werden muss. Diese Konstruktionsart ist mit verschiedenen Materialien (Stahl, Holz, Beton usw.) möglich.

Holz-Tafelbau

Die Holztafelbauweise ist eine Holzbauweise, bei der unter kontrollierten Bedingungen in einer Fabrik/Produktionsstätte gewerkeübergreifend vorgefertigte, flächige und selbsttragende Holzkonstruktionen, sogenannte Holztafeln, als Wand-, Decken- oder Dachelemente verwendet werden. Diese im Werk vorgefertigten Elemente enthalten in der Regel bereits Dämmung, Beplankung, Fenster und Türen. Die Bauweise ist eine Variante des Holzrahmenbaus, zeichnet sich aber durch einen höheren Grad an Vorfertigung aus. Der hohe Vorfertigungsgrad ermöglicht eine präzise Qualitätskontrolle, eine wetterunabhängige Produktion und eine deutliche Reduktion der Bauzeit vor Ort.

Holz-Hybrid-Bau

Die Holz-Hybrid-Bauweise ist eine Baumethode, bei der verschiedene Baustoffe wie z.B. Holz, Beton und Stahl miteinander kombiniert werden, um die jeweiligen Vorteile der Materialien optimal zu nutzen. Der Hauptbaustoff Holz wird in der Regel für die vertikal tragenden Elemente des Traggerüstes verwendet. Dieser wird durch andere Baustoffe (z.B. Beton oder Stahl Elemente) wie Fundamente, Decken, Treppenhäuser oder Aufzugschächte ergänzt. Die Gebäudehülle und Innenwände werden in der Regel mit unter kontrollierten Bedingungen in einer Fabrik/Produktionsstätte gewerkeübergreifend vorgefertigte, flächige und selbsttragende Holzkonstruktionen, sogenannten Holztafeln ausgeführt. Diese im Werk vorgefertigten Elemente enthalten in der Regel bereits Dämmung, Beplankung, Fenster und Türen. Die Bauweise zeichnet sich durch einen hohen Grad an Vorfertigung aus. Der hohe Vorfertigungsgrad ermöglicht eine präzise Qualitätskontrolle, eine wetterunabhängige Produktion und eine deutliche Reduktion der Bauzeit vor Ort.

Generalunternehmer (GU)

Ein Generalunternehmer (GU) erbringt in der Regel sämtliche Bauleistungen für die Errichtung eines Bauwerkes. Das Bauwerk wird somit vom GU meistens schlüsselfertig erstellt. Nicht zum Umfang der GU-Leistung gehören Planungsleistungen. Die Vergabe erfolgt im Regelfall als Einheitspreisvertrag.

Totalunternehmer (TU)

Der Totalunternehmer (TU = mitplanender Generalunternehmer) übernimmt im Rahmen eines Bauvertrages zusätzlich zur Generalunternehmerleistung mindestens wesentliche Planungs- und Ingenieuraufgaben sowie die Bauzwischenfinanzierungsleistungen für ein Bauvorhaben. Die Vergabe erfolgt bei geeigneten Projekten im Regelfall als Globalpauschalvertrag mit Basis Leistungsprogramm.

Funktionale Leistungsbeschreibung (FLB)

Bei einer funktionalen Leistungsbeschreibung (FLB) beschreibt der Auftraggeber das erwartete Ergebnis der Leistung. Sie definiert die Leistung ergebnisorientiert, gibt also hauptsächlich Zielvorgaben (Funktionen und Qualitäten) und Leistungsanforderungen vor, ohne die Art der Durchführung detailliert zu bestimmen. Die konkrete Lösung bleibt hierbei dem Anbieter überlassen.

Bauzeitenvergleich – modulares Bauen vs. konventionelles Bauen

Bauzeitenvergleich – modulares Bauen vs. konventionelles Bauen

Ein Beitrag von BKI

Einleitung

Innerhalb der alternativen Baumethoden gewinnt modulares Bauen immer mehr an Aufmerksamkeit. Das liegt vor allem daran, dass bei der Anwendung dieser Bauweise im Vergleich zu konventionellen Bauweisen deutlich kürzere Bauzeiten erreicht werden können, was auf mehrere Faktoren zurückzuführen ist.

Die industrielle Vorfertigung von Modulen in witterungsunabhängigen Werken ermöglicht eine gleichbleibend hohe Qualität und eine kürzere Bauzeit. Die Herstellung der Module und gleichzeitig die Vorbereitung des Fundaments Vor-Ort ergeben parallele Prozesse, wodurch Projekte deutlich schneller abgeschlossen werden können. Witterungsbedingte Verzögerungen werden dabei nahezu ausgeschlossen.

In **Abb. 1** wurden die Bauzeiten von Objekten in Modulbauweise aus fünf Gebäudearten der mittleren Bauzeit der entsprechenden statistischen Gebäudeart in einer konventionellen Bauweise gegenübergestellt. Innerhalb der statistischen Gebäudeart sind eine Vielzahl von Bauweisen enthalten (z. B. Massivbau, Holzbau, unterkellert, nicht unterkellert, verschiedene Standards, unterschiedliche Gebäudegrößen).

Dieser Vergleich zeigt ein deutliches Ergebnis: im Schnitt ist die Bauzeit von Objekten in Modulbauweise um ca. 50 % schneller als die mittlere Bauzeit der Objekte, die in der Stichprobe der entsprechenden Gebäudeart enthalten sind.

In **Abb. 2** sind die Bauzeiten der Einzelobjekte **in Modulbauweise** der statistischen Bauzeit bei konventioneller Bauweise (nach Gebäudeart) gegenübergestellt und ausgewertet.

Objekte in Modulbauweise im Vergleich zu statistischen Mittelwerten aus BKI Statistik Gebäude

Nr.	Gebäudeart	Ø Bauzeit Modulbauweise [Wochen]	Ø Bauzeit konventionelle Bauweise [Wochen]	Zeitersparnis
1	Büro- und Verwaltungsgebäude	46	74	**37%**
2	Gebäude für Forschung und Lehre	35	60	**41%**
4	Schulen und Kindergärten	24	69	**66%**
6	Wohngebäude	23	52	**56%**
8	Bauwerke für technische Zwecke *	1	9	**89%**

Abb. 1

* Es ist in dieser Gebäudeart nur eine geringe Anzahl an Objekten im Sonderband S7 vorhanden

Objekte in Modulbauweise im Vergleich zu statistischen Mittelwerten aus BKI Statistik Gebäude

Nr.	Objektbezeichnung	Gebäudeart	Bauzeit [Wochen]		Zeit-ersparnis
			Objekt Modulbauweise	Ø konventionelle Bauweise	
1	**Büro- und Verwaltungsgebäude**				
1300-0298	Verwaltungsgebäude, temporär (150 AP)	Büro- und Verwaltungs-gebäude, mittlerer Standard	48	74	**35%**
1300-0328	Büro-/Seminargebäude (52 AP)	Büro- und Verwaltungs-gebäude, mittlerer Standard	44	74	**40%**
2	**Gebäude für Forschung und Lehre**				
2200-0067	Seminargebäude	Schulen, Holzbauweise	26	60	**56%**
2200-0068	Seminar-/Verwaltungsgebäude	Schulen, Holzbauweise	44	60	**26%**
4	**Schulen und Kindergärten**				
4100-0219	Gymnasium (330 Schüler)	Allgemeinbildende Schulen	52	87	**40%**
4100-0221	Interimsgebäude Schule	Allgemeinbildende Schulen	22	87	**75%**
4400-0288	Kinderkrippe (1 Gruppe, 12 Kinder)	Kindergärten, Holzbauweise, nicht unterkellert	9	53	**83%**
4400-0289	Kindergarten (1 Gruppe, 12 Kinder)	Kindergärten, Holzbauweise, nicht unterkellert	9	53	**83%**
4400-0317	Kindertagesstätte (50 Kinder)	Kindergärten, nicht unterkellert, hoher Standard	13	74	**82%**
4400-0385	Kindertagesstätte (2 Gruppen)	Kindergärten, nicht unterkellert, mittlerer Standard	30	61	**51%**
4400-0389	Kindertagesstätte (100 Kinder)	Kindergärten, Holzbauweise, nicht unterkellert	26	53	**51%**
4400-0399	Kindertagesstätte (4 Gruppen)	Kindergärten, nicht unterkellert, mittlerer Standard	22	61	**64%**
4400-0428	Kindertagesstätte (70 Kinder)	Kindergärten, Holzbauweise, nicht unterkellert	30	53	**43%**
6	**Wohngebäude**				
6100-1282	Modulhäuser (34 WE)	Wohnheime und Internate	17	75	**77%**
6100-1446	Singlehaus	Ein- und Zweifamilienhäuser, nicht unterkellert, mittlerer Standard	22	46	**52%**
6100-1641	Doppelgarage, Kellerersatzraum	Einzel- und Doppelgaragen	3	9	**68%**
6100-1642	Fertigteilgarage	Einzel- und Doppelgaragen	2	9	**79%**
6100-1643	Fertigteilgarage	Einzel- und Doppelgaragen	4	9	**57%**
6100-1702	Mini-Wohnhaus	Ein- und Zweifamilienhäuser, Holzbauweise, nicht unterkellert	44	40	**-10%**
6100-1747	Wohnanlage (4 Gebäude, 15 WE), Gemeindesaal (50 Sitzplätze)	Mehrfamilienhäuser, mit 6 bis 19 WE, mittlerer Standard	52	69	**25%**
6200-0135	Übergangswohnheim (48 Betten)	Wohnheime und Internate	31	75	**59%**
6200-0136	Übergangswohnheim (120 Betten)	Wohnheime und Internate	30	75	**60%**
6600-0038	Gästehaus, Seminarhotel (28 Betten)	Hotels	22	71	**69%**
8	**Bauwerke für technische Zwecke**				
8700-0066	Fertigteilgarage	Einzel- und Doppelgaragen	1	9	**89%**

Abb. 2 **Hinweis:** Die Objekte 4100-0256 und 4400-0429 sind Altbau-Objekte und in diesem Bauzeitenvergleich nicht enthalten

Objekte mit hohem Vorfertigungsgrad im Vergleich zu statistischen Mittelwerten aus BKI Statistik Gebäude

Nr.	Objektbezeichnung	Gebäudeart	Bauzeit [Wochen]		Zeit-ersparnis
			Objekt mit hohem Vorfertigungsgrad	Ø konventionelle Bauweise	
1	**Büro- und Verwaltungsgebäude**				
1300-0307	Bürogebäude (15 AP)	Büro- und Verwaltungs-gebäude, hoher Standard	52	76	**32%**
2	**Gebäude für Forschung und Lehre**				
2200-0062	Atelier-/Werkhallen, Veranstal-tungshalle (399 Sitzplätze)	Instituts- und Laborgebäude	57	110	**48%**
4	**Schulen und Kindergärten**				
4300-0026	Förderschule, Erweiterungsbau (2 Klassen, 30 Schüler)	Förder- und Sonderschulen	30	91	**67%**
4400-0358	Schulhort (15 Gruppen, 250 Kinder)	Kindergärten, unterkellert	74	70	**-6%**
4400-0364	Kindertagesstätte (5 Gruppen, 100 Kinder)	Kindergärten, Holzbauweise, nicht unterkellert	70	53	**-33%**
4400-0378	Kindergarten (6 Gruppen, 150 Kinder)	Kindergärten, Holzbauweise, nicht unterkellert	70	53	**-33%**
4400-0407	Kindertagesstätte (4 Gruppen, 90 Kinder)	Kindergärten, Holzbauweise, nicht unterkellert	52	53	**1%**
5	**Sportbauten**				
5100-0131	Sporthalle (Einfeldhalle)	Sporthallen (Einfeldhallen)	57	64	**10%**
5100-0134	Stahlleichtbauhalle (Dreifeldhalle)	Sporthallen (Dreifeldhallen)	13	69	**81%**
5300-0013	Sport- und Vereinsheim	Gaststätten, Kantinen und Mensen	35	64	**45%**
6	**Wohngebäude**				
6100-1604	Doppelhäuser (3 Gebäude), Einfamilienhäuser (3 Gebäude)	Doppel- und Reihenendhäuser, hoher Standard	148	53	**-178%**
6200-0134	Studierendenwohnheim (174 WE, 211 Betten)	Wohnheime und Internate	104	75	**-39%**
6400-0114	Kirchliches Gemeindezentrum	Gemeindezentren, Holzbau-weise	26	56	**54%**
6500-0055	Schulmensa (160 Sitzplätze)	Gaststätten, Kantinen und Mensen	79	64	**-24%**
6600-0039	Boardinghouse (40 Zimmer)	Hotels	100	71	**-42%**
7	**Gewerbegebäude**				
7300-0114	Werkstattgebäude (10 AP)	Betriebs- und Werkstätten, eingeschossig	96	50	**-91%**
9	**Kulturgebäude**				
9100-0225	Konzertsaal (1.956 Sitzplätze)	Theater	78	101	**23%**

Abb. 3

Hinweis: Aufgrund von projektspezifischen Besonderheiten bei den Einzelobjekten kann es im direkten Vergleich zur Statistik der Gebäudearten zu außergewöhnlichen Prozentsätzen kommen.

In **Abb. 3** sind die Bauzeiten der Einzelobjekte **mit hohem Vorfertigungsgrad** der statistischen Bauzeit bei konventioneller Bauweise (nach Gebäudeart) gegenübergestellt und ausgewertet.

Gliederung der Leistungsbereiche nach STLB-Bau
Häufig gestellte Fragen
Abkürzungsverzeichnis

Vollständige Gliederung der Leistungsbereiche nach STLB-Bau

Als Beispiel für eine ausführungsorientierte Ergänzung der Kostengliederung werden im Folgenden die Leistungsbereiche des Standardleistungsbuches für das Bauwesen in einer Übersicht dargestellt.

000 Baustelleneinrichtungen; Verkehrssicherungs- und Sicherheitseinrichtungen
001 Gerüstarbeiten
002 Erdarbeiten
003 Landschaftsbauarbeiten
004 Landschaftsbauarbeiten, Pflanzen
005 Brunnenbauarbeiten und Aufschlussbohrungen
006 Spezialtiefbauarbeiten
007 Untertagebauarbeiten
008 Wasserhaltungsarbeiten
009 Entwässerungskanalarbeiten
010 Drän- und Versickerungsarbeiten
011 Abscheider- und Kleinkläranlagen
012 Mauerarbeiten
013 Betonarbeiten
014 Natur-, Betonwerksteinarbeiten
016 Zimmer- und Holzbauarbeiten
017 Stahlbauarbeiten
018 Abdichtungsarbeiten
019 Kampfmittelräumarbeiten
020 Dachdeckungsarbeiten
021 Dachabdichtungsarbeiten
022 Klempnerarbeiten
023 Putz- und Stuckarbeiten, Wärmedämmsysteme
024 Fliesen- und Plattenarbeiten
025 Estricharbeiten
026 Fenster, Außentüren
027 Tischlerarbeiten
028 Parkettarbeiten, Holzpflasterarbeiten
029 Beschlagarbeiten
030 Rollladenarbeiten
031 Metallbauarbeiten
032 Verglasungsarbeiten
033 Baureinigungsarbeiten
034 Maler- und Lackierarbeiten, Beschichtungen
035 Korrosionsschutzarbeiten an Stahlbauten
036 Bodenbelagsarbeiten
037 Tapezierarbeiten
038 Vorgehängte hinterlüftete Fassaden
039 Trockenbauarbeiten
040 Wärmeversorgungsanlagen - Betriebseinrichtungen
041 Wärmeversorgungsanlagen - Leitungen, Armaturen, Heizflächen
042 Gas- und Wasseranlagen - Leitungen und Armaturen
043 Druckrohrleitungen für Gas, Wasser und Abwasser
044 Abwasseranlagen - Leitung, Abläufe, Armaturen
045 Gas-, Wasser- und Entwässerungsanlagen - Ausstattung, Elemente, Fertigbäder
046 Gas-, Wasser- und Entwässerungsanlagen - Betriebseinrichtungen
047 Dämm- und Brandschutzarbeiten an technischen Anlagen
049 Feuerlöschanlagen, Feuerlöschgeräte
050 Blitzschutz- / Erdungsanlagen, Überspannungsschutz
051 Kabelleitungstiefbauarbeiten
052 Mittelspannungsanlagen
053 Niederspannungsanlagen - Kabel/Leitungen, Verlegesysteme, Installationsgeräte
054 Niederspannungsanlagen - Verteilersysteme und Einbaugeräte
055 Sicherheits- und Ersatzstromversorgungsanlagen
057 Gebäudesystemtechnik
058 Leuchten und Lampen
059 Sicherheitsbeleuchtungsanlagen
060 Such-, Signal-, Zeitdienst-, Antennen-, elektroakustische Anlagen, Medientechnik
061 Kommunikations- und Übertragungsnetze
062 Kommunikationsanlagen
063 Gefahrenmeldeanlagen
064 Zutrittskontroll-, Zeiterfassungssysteme
069 Aufzüge
070 Gebäudeautomation
075 Raumlufttechnische Anlagen
078 Kälteanlagen für raumlufttechnische Anlagen
080 Straßen, Wege, Plätze
081 Betonerhaltungsarbeiten
082 Bekämpfender Holzschutz
084 Abbruch-, Rückbau- und Schadstoffsanierungsarbeiten
085 Rohrvortriebsarbeiten
087 Abfallentsorgung, Verwertung und Beseitigung
090 Baulogistik
091 Stundenlohnarbeiten
096 Bauarbeiten an Bahnübergängen
097 Bauarbeiten an Gleisen und Weichen
098 Witterungsschutzmaßnahmen

Häufig gestellte Fragen

Fragen zur Flächenberechnung (DIN 277):

1. Wie wird die BGF berechnet?	Die Brutto-Grundfläche ist die Summe der Grundflächen aller Grundrissebenen. Nicht dazu gehören die Grundflächen von nicht nutzbaren Dachflächen (Kriechböden) und von konstruktiv bedingten Hohlräumen (z. B. über abgehängter Decke). (DIN 277:2021-08) Bei den Gebäudearten Dachausbau und Aufstockung nur bezogen auf die Grundrissebene des Dachs.
2. Gehört der Keller bzw. eine Tiefgarage mit zur BGF?	Ja, im Gegensatz zur Geschossfläche nach § 20 Baunutzungsverordnung (BauNVo) gehört auch der Keller bzw. die Tiefgarage zur BGF.
3. Wie werden Luftgeschosse (z. B. Züblinhaus) nach DIN 277 berechnet?	Die Rauminhalte der Luftgeschosse zählen zum Regelfall der Raumumschließung (R) BRI (R). Die Grundflächen der untersten Ebene der Luftgeschosse und Stege, Treppen, Galerien etc. innerhalb der Luftgeschosse zählen zur Brutto-Grundfläche BGF (R). Vorsicht ist vor allem bei Kostenermittlungen mit Kostenkennwerten des Brutto-Rauminhalts geboten.
4. Welchen Flächen ist die Garage zuzurechnen?	Die Stellplatzflächen von Garagen werden zur Nutzungsfläche gezählt, die Fahrbahn ist Verkehrsfläche.
5. Wird die Diele oder ein Flur zur Nutzungsfläche gezählt?	Normalerweise nicht, da eine Diele oder ein Flur zur Verkehrsfläche gezählt wird. Wenn die Diele aber als Wohnraum genutzt werden kann, z. B. als Essplatz, wird sie zur Nutzungsfläche gezählt.
6. Zählt eine nicht umschlossene oder nicht überdeckte Terrasse einer Sporthalle, die als Eingang und Fluchtweg dient, zur Nutzungsfläche?	Die Terrasse ist nicht Bestandteil der Grundflächen des Bauwerks nach DIN 277. Sie bildet daher keine BGF und damit auch keine Nutzungsfläche. Die Funktion als Eingang oder Fluchtweg ändert daran nichts.

7. Zählt eine Außentreppe zum Keller zur BGF?	Wenn die Treppe allseitig umschlossen ist, z. B. mit einem Geländer, ist sie als Verkehrsfläche zu werten. Nach DIN 277:2021-08 gilt: Grundflächen und Rauminhalte sind nach ihrer Zugehörigkeit zu den folgenden Bereichen getrennt zu ermitteln: Regelfall der Raumumschließung (R): Räume und Grundflächen, die Nutzungen der Netto-Raumfläche entsprechend Tabelle 1 aufweisen und die bei allen Begrenzungsflächen des Raums (Boden, Decke, Wand) vollständig umschlossen sind. Dazu gehören nicht nur Innenräume, die von der Witterung geschützt sind, sondern auch solche allseitig umschlossenen Räume, die über Öffnungen mit dem Außenklima verbunden sind; Sonderfall der Raumumschließung (S): Räume und Grundflächen, die Nutzungen der Netto-Raumfläche entsprechend Tabelle 1 aufweisen und mit dem Bauwerk konstruktiv verbunden sind, jedoch nicht bei allen Begrenzungsflächen des Raums (Boden, Decke, Wand) vollständig umschlossen sind (z. B. Loggien, Balkone, Terrassen auf Flachdächern, unterbaute Innenhöfe, Eingangsbereiche, Außentreppen). Die Außentreppe stellt also demnach einen Sonderfall der Raumumschließung (S) dar. Wenn die Treppe allerdings über einen Tiefgarten ins UG führt, wird sie zu den Außenanlagen gezählt. Sie bildet dann keine BGF. Die Kosten für den Tiefgarten mit Treppe sind bei den Außenanlagen zu erfassen.
8. Ist eine Abstellkammer mit Heizung eine Technikfläche?	Es kommt auf die überwiegende Nutzung an. Wenn über 50% der Kammer zum Abstellen genutzt werden können, wird sie als Abstellraum gezählt. Es kann also Gebäude ohne Technikfläche geben.
9. Ist die NUF gleich der Wohnfläche?	Nein, die DIN 277 kennt den Begriff Wohnfläche nicht. Zur Nutzungsfläche gehören grundsätzlich keine Verkehrsflächen, während bei der Wohnfläche zumindest die Verkehrsflächen innerhalb der Wohnung hinzugerechnet werden. Die Abweichungen sind dadurch meistens nicht unerheblich.

Fragen zur Wohnflächenberechnung (WoFlV):

10. Wie wird die Wohnfläche (NE: Wohnfläche) bei Wohngebäuden bei BKI berechnet?	Die Berechnung der bei BKI auf der Startseite der Wohngebäude angegebenen "NE: Wohnfläche" erfolgt nach der Wohnflächenberechnung WoFlV.

11. Wird ein Hobbyraum im Keller zur Wohnfläche gezählt?	Wenn der Hobbyraum nicht innerhalb der Wohnung liegt, wird er nicht zur Wohnfläche gezählt. Beim Einfamilienhaus gilt: Das ganze Haus stellt die Wohnung dar. Der Hobbyraum liegt also innerhalb der Wohnung und wird mitgezählt, wenn er die Qualitäten eines Aufenthaltsraums nach LBO aufweist.
12. Wird eine Diele oder ein Flur zur Wohnfläche gezählt?	Wenn die Diele oder der Flur in der Wohnung liegt ja, ansonsten nicht.
13. In welchem Umfang sind Balkone oder Terrassen bei der Wohnfläche zu rechnen?	Balkone und Terrassen werden von BKI zu einem Viertel zur Wohnfläche gerechnet. Die Anrechnung zur Hälfte wird nicht verwendet, da sie in der WoFIV als Ausnahme definiert ist.
14. Zählt eine Empore/Galerie im Zimmer als eigene Wohnfläche oder Nutzungsfläche?	Wenn es sich um ein unlösbar mit dem Baukörper verbundenes Bauteil handelt, zählt die Empore mit. Anders beim nachträglich eingebauten Hochbett, das zählt zum Mobiliar. Für die verbleibende Höhe über der Empore ist die 1 bis 2m Regel nach WoFIV anzuwenden: „Die Grundflächen von Räumen und Raumteilen mit einer lichten Höhe von mindestens zwei Metern sind vollständig, von Räumen und Raumteilen mit einer lichten Höhe von mindestens einem Meter und weniger als zwei Metern sind zur Hälfte anzurechnen."

Fragen zur Kostengruppenzuordnung (DIN 276):

15. Wo werden Abbruchkosten zugeordnet?	Abbruchkosten ganzer Gebäude im Sinne von „Bebaubarkeit des Grundstücks herstellen" werden der KG 212 Abbruchmaßnahmen zugeordnet. Abbruchkosten einzelner Bauteile, insbesondere bei Sanierungen werden den jeweiligen Kostengruppen der 2. oder 3. Ebene (Wände, Decken, Dächer) zugeordnet. Wo diese Aufteilung nicht möglich ist, werden die Abbruchkosten der KG 394 Abbruchmaßnahmen zugeordnet, weil z. B. die Abbruchkosten verschiedenster Bauteile pauschal abgerechnet wurden. Analog gilt dies auch für die Kostengruppen 400 und 500.

16. Wo muss ich die Kosten des Aushubs für Abwasser- oder Wasserleitungen zuordnen?

Diese Kosten werden wie auch alle anderen Rohrgraben- und Schachtaushubskosten der KG 311 zugeordnet, sofern der Aushub unterhalb des Gebäudes anfällt. Die Kosten für Rohrgraben- und Schachtaushub zwischen Gebäudeaußenkante und Grundstücksgrenze gehören in die KG 511. Die Kosten des Rohrgraben- und Schachtaushubs innerhalb von Erschließungsflächen werden der KG 220 ff. oder KG 230 ff. zugeordnet.

17. Wie werden Eigenleistungen bewertet?

Nach DIN 276:2018-12, gilt:
4.2.11 Die Werte von unentgeltlich eingebrachten Gütern und Leistungen (z. B. Materialien, Eigenleistungen) sind den betreffenden Kostengruppen zuzurechnen, aber gesondert auszuweisen. Dafür sind die aktuellen Marktwerte dieser Güter und Leistungen zu ermitteln und einzusetzen.
Nach HOAI §4 (2) gilt: Als anrechenbare Kosten nach Absatz 2 gelten ortsübliche Preise, wenn der Auftraggeber:

- selbst Lieferungen oder Leistungen übernimmt
- von bauausführenden Unternehmern oder von Lieferanten sonst nicht übliche Vergünstigungen erhält
- Lieferungen oder Leistungen in Gegenrechnung ausführt oder
- vorhandene oder vorbeschaffte Baustoffe oder Bauteile einbauen lässt.

Fragen zu Kosteneinflussfaktoren:

18. Welchen Einfluss hat die Konjunktur auf die Baukosten?

Der Einfluss der Konjunktur auf die Baukosten wird häufig überschätzt. Er ist meist geringer als der anderer Kosteneinflussfaktoren. BKI Untersuchungen haben ergeben, dass die Baukosten bei mittlerer Konjunktur manchmal höher sind als bei hoher Konjunktur.

19. Gibt es beim BKI Regionalfaktoren?

Der Anhang dieser Ausgabe enthält eine Liste der Regionalfaktoren aller deutschen Land- und Stadtkreise, sowie für die Nord- und Ostsee-Inseln. Die Faktoren wurden auf Grundlage von Daten aus den statistischen Landesämtern gebildet, die wiederum aus den Angaben der Antragsteller von Bauanträgen entstammen. Die Regionalfaktoren werden von BKI zusätzlich als farbiges Poster im DIN A1 Format angeboten.
Die Faktoren geben Aufschluss darüber, inwiefern die Baukosten in einer bestimmten Region Deutschlands teurer oder günstiger liegen als im Bundesdurchschnitt. Sie können dazu verwendet werden, die BKI Baukosten an das besondere Baupreisniveau einer Region anzupassen.
Die Angaben wurden durch Untersuchungen des BKI weitgehend verifiziert. Dennoch können Abweichungen zu den angegebenen Werten entstehen. In Grenznähe zu einem Land-Stadtkreis mit anderen Baupreisfaktoren sollte dessen Baupreisniveau mit berücksichtigt werden, da die Übergänge zwischen den Land-Stadtkreisen fließend sind. Die Besonderheiten des Einzelfalls können ebenfalls zu Abweichungen führen.
Siehe auch Benutzerhinweise, 6. Regionalisierung der Daten (Seite 11).

20. Standardzuordnung

Einige Gebäudearten werden vom BKI nach ihrem Standard in „einfach", „mittel" und „hoch" unterteilt. Diese Unterteilung wurde immer dann vorgenommen, wenn der Standard als ein wesentlicher Kostenfaktor festgestellt wurde. Grundsätzlich gilt, dass immer mehrere Kosteneinflussfaktoren auf die Kosten und damit auf die Kostenkennwerte einwirken. Einige dieser vielen Faktoren seien hier aufgelistet:

- Zeitpunkt der Ausschreibung
- Art der Ausschreibung
- Regionale Konjunktur
- Gebäudegröße
- Lage der Baustelle, Erreichbarkeit

usw.

Wenn bei einem Gebäude große Mengen an Bauteilen hoher Qualität die übrigen Kosteneinflussfaktoren überlagern, dann wird von einem „hohen Standard" gesprochen.
Für Gebäudearten mit Standardunterteilung gibt es in „BKI Baukosten Gebäude, Statistische Kostenkennwerte" zu Beginn der jeweiligen Gebäudeart ein Arbeitsblatt zur Standardeinordnung.

21. Wie gehe ich mit der aktuellen Baukostenentwicklung um?	Zur Bewertung aktueller Baukostenentwicklungen führen wir zusätzlich Befragungen zur regionalen Baukosten-Niveaus nach Leistungsbereichen durch. Die Ergebnisse stellen wir den Anwender*innen der BKI-Fachbuchreihe zur Verfügung, unter: www.bki.de/baukostenentwicklungen. Damit können die Risiken kurzfristiger Materialpreis- und Lohnkosten-Veränderungen verbessert prognostiziert werden, wie sie die normkonforme Kostenplanung nach DIN 276 verlangt.

Fragen zur Handhabung der von BKI herausgegebenen Bücher:

22. Ist die MwSt. in den Kostenkennwerten enthalten?	Bei allen Kostenkennwerten in „BKI Baukosten" ist die gültige MwSt. enthalten (zum Zeitpunkt der Herausgabe 19%). In „BKI Baukosten Positionen Neubau, Statistische Kostenkennwerte" und „BKI Baukosten Positionen Altbau, Statistische Kostenkennwerte" werden die Kostenkennwerte, wie bei Positionspreisen üblich, zusätzlich ohne MwSt. dargestellt. Kostenstand und MwSt. wird auf jeder Seite als Fußzeile angegeben.
23. Hat das Baujahr der Objekte einen Einfluss auf die angegebenen Kosten?	Nein, alle Kosten wurden über den Baupreisindex auf einen einheitlichen zum Zeitpunkt der Herausgabe aktuellen Kostenstand umgerechnet. Der Kostenstand wird auf jeder Seite als Fußzeile angegeben. Allenfalls sind Korrekturen zwischen dem Kostenstand zum Zeitpunkt der Herausgabe und dem aktuellen Kostenstand durchzuführen.
24. Wo finde ich weitere Informationen zu den einzelnen Objekten einer Gebäudeart?	Alle Objekte einer Gebäudeart sind einzeln mit Kurzbeschreibung, Angabe der BGF und anderer wichtiger Kostenfaktoren aufgeführt. Die Objektdokumentationen sind veröffentlicht in den Fachbüchern „Objektdaten" und können als PDF-Datei unter ihrer Objektnummer bei BKI bestellt werden, Telefon: 0711 954 854-41.
25. Was mache ich, wenn ich keine passende Gebäudeart finde?	In aller Regel findet man verwandte Gebäudearten, deren Kostenkennwerte der 2. Ebene (Grobelemente) wegen ähnlicher Konstruktionsart übernommen werden können.

26. Wo findet man Kostenkennwerte für Abbruch?	Im Fachbuch „BKI Baukosten Gebäude Altbau - Statistische Kostenkennwerte" gibt es Elementarten zu Abbruch und Demontagearbeiten. Im Fachbuch „BKI Baukosten Positionen Altbau - Statistische Kostenkennwerte" gibt es Mustertexte für Teilleistungen zu „LB 384 - Abbruch und Rückbauarbeiten". Im Fachbuch „BKI Baupreise kompakt Altbau" gibt es Positionspreise und Kurztexte zu „LB 384 - Abbruch und Rückbauarbeiten". Die Mustertexte für Teilleistungen zu „LB 384 - Abbruch und Rückbauarbeiten" und deren Positionspreise sind auch bei den BKI Positionen und im BKI Kostenplaner enthalten.
27. Warum ist die Summe der Kostenkennwerte in der Kostengruppen (KG) 310-390 nicht gleich dem Kostenkennwert der KG 300, aber bei der KG 400 ist eine Summenbildung möglich?	In den Kostengruppen 310-390 ändern sich die Einheiten (310 Baugrube/Erdbau gemessen in m^3, 320 Gründung, Unterbau gemessen in m^2); eine Addition der Kostenkennwerte ist nicht möglich. In den Kostengruppen 410-490 ist die Bezugsgröße immer BGF, dadurch ist eine Addition prinzipiell möglich.
28. Manchmal stimmt die Summe der Kostenkennwerte der 2. Ebene der Kostengruppe 400 trotzdem nicht mit dem Kostenkennwert der 1. Ebene überein; warum nicht?	Die Anzahl der Objekte, die auf der 1. Ebene dokumentiert werden, kann von der Anzahl der Objekte der 2. Ebene abweichen. Dann weichen auch die Kostenkennwerte voneinander ab, da es sich um unterschiedliche Stichproben handelt. Es fallen auch nicht bei allen Objekten Kosten in jeder Kostengruppe an (Beispiel KG 461 Aufzugsanlagen).
29. Nutzungskosten, Lebenszykluskosten	Seit 2010 bringt BKI in Zusammenarbeit mit dem Institut für Bauökonomie der Universität Stuttgart ein Fachbuch mit Nutzungskosten ausgewählter Objekte heraus. Die Reihe wird kontinuierlich erweitert. Das Fachbuch Nutzungskosten Gebäude 2020/2021 fasst einzelne Objekte zu statistischen Auswertungen zusammen.
30. Lohn- und Materialkosten	BKI dokumentiert Baukosten nicht getrennt nach Lohn- und Materialanteil.
31. Gibt es Angaben zu Kostenflächenarten?	Nein, BKI hält die Grobelementmethode für geeigneter. Solange Grobelementmengen nicht vorliegen, besteht die Möglichkeit der Ableitung der Grobelementmengen aus den Verhältniszahlen von Vergleichsobjekten (siehe Planungskennwerte und Baukostensimulation).

Fragen zu weiteren BKI Produkten:

32. Sind die Inhalte von „BKI Baukosten Gebäude (Teil 1), Statistische Kostenkennwerte" und „BKI Baukosten Bauelemente (Teil 2), Statistische Kostenkennwerte" auch im Kostenplaner enthalten?

Ja, im BKI Kostenplaner Statistik sind alle Objekte mit den Kosten bis zur 3. Ebene nach DIN 276 enthalten. Im BKI Kostenplaner Statistik plus sind zudem die vom BKI gebildeten Ausführungsklassen und Elementarten enthalten. Darüber hinaus ermöglicht der BKI Kostenplaner den Zugriff auf alle Einzeldokumentationen von tausenden Objekten.

33. Worin unterscheiden sich die Fachbuchreihen „BKI Baukosten" und „BKI Objektdaten"

In der Fachbuchreihe BKI Objektdaten erscheinen abgerechnete Einzelobjekte eines bestimmten Teilbereichs des Bauens (A=Altbau, N=Neubau, E=Energieeffizientes Bauen, IR=Innenräume, F=Freianlagen). In der Fachbuchreihe BKI Baukosten erscheinen hingegen statistische Kostenkennwerte von Gebäudearten, die aus den Einzelobjekten gebildet werden.

Die Kostenplanung mit Einzelobjekten oder mit statistischen Kostenkennwerten haben spezifische Vor- und Nachteile:

Planung mit Objektdaten (BKI Objektdaten):

- Vorteil: Wenn es gelingt ein vergleichbares Einzelobjekt oder passende Bauausführungen zu finden ist die Genauigkeit besser als mit statistischen Kostenkennwerten. Die Unsicherheit, die der Streubereich (von-bis-Werte) mit sich bringt, entfällt.
- Nachteil: Passende Vergleichsobjekte oder Bauausführungen zu finden kann mühsam oder erfolglos sein.

Planung mit statistischen Kostenkennwerten (BKI Baukosten):

- Vorteil: Über die BKI Gebäudearten ist man recht schnell am Ziel, aufwändiges Suchen entfällt.
- Nachteil: Genauere Prüfung, ob die Mittelwerte übernommen werden können oder noch nach oben oder unten angepasst werden müssen, ist unerlässlich.

34. In welchen Produkten dokumentiert BKI Positionspreise?

Preise für Positionen mit statistischer Auswertung werden in „BKI Baukosten Positionen, Statistische Kostenkennwerte Neubau (Teil 3) und Altbau (Teil 5)" und „BKI Baupreise kompakt Neu- und Altbau" herausgegeben.
In Software-Form sind Preise mit den vorformulierten BKI-Mustertexten in der Software „BKI Kostenplaner - Statistik plus [Positionen]" und „BKI Positionen" enthalten.
Ausgewählte Positionspreise enthalten die Fachbücher „Konstruktionsdetails K1 bis K4", „Objektdaten Technische Gebäudeausrüstung G1 bis G7" sowie die BKI „Objektdaten Freianlagen".
Im Sonderband Objektdaten S2 - Barrierefreies Bauen erscheint eine Auswahl von besonderen Positionen zum Barrierefreien Bauen.

35. Worin unterscheiden sich die Bände N1 bis N21 (A1 bis A12)

Die Bücher unterscheiden sich lediglich durch die Auswahl der dokumentierten Einzelobjekte. Der Aufbau der Bände ist gleich. In der BKI Fachbuchreihe Objektdaten erscheinen in unregelmäßigen Abständen Folgebände mit neu dokumentierten Einzelobjekten. Speziell bei den Altbaubänden A1 bis A12 ist es nützlich, alle Bände zu besitzen, da es im Bereich Altbau notwendig ist, mit passenden Vergleichsobjekten zu planen. Je mehr Vergleichsobjekte vorhanden sind, desto höher ist die „Trefferquote". Bände der Fachbuchreihe Objektdaten sollten deshalb langfristig aufbewahrt werden.

BKI plant für zukünftige Ausgaben des vorliegenden Fachbuchs zusätzlich sogenannte Aufwandsdaten zu erfassen. Sofern ausreichend Daten akquiriert werden können, erfolgt die Publikation dieser Daten wie im Folgenden beschrieben:

36. Was ist mit Aufwandsdaten gemeint?	Aufwandsdaten stellen den Zeitaufwand für Produktivleistungen eines Architekturauftrags dar. Als Produktivleistungen gelten: • Beratung bzgl. Planung und die Ausführung des Bauvorhabens • Erstellung von Zeichnungen, Berechnungen und Beschreibungen • Koordination und Integration der Beiträge fachlich Beteiligter • Erstellung von Genehmigungsunterlagen • Vorbereitung und Mitwirken bei der Vergabe • Objektüberwachung und Mitwirken bei der Abnahme u.v.m. Produktivleistungen werden nicht nur von Mitarbeiter*innen, sondern auch von Inhaber*innen/Partner*innen und Dritten erbracht und den Personalaufwendungen zugeordnet. In den BKI-Objektdokumentationen werden – soweit vom Objektplaner angegeben – die Aufwandsdaten für Produktivleistungen der Leistungsphasen 1 bis 8 dargestellt. Die Angabe des Zeitaufwands erfolgt in Arbeitstagen (1 AT = 8 Stunden).

Diese Liste wird laufend erweitert und im Internet unter www.bki.de/faq-kostenplanung.html veröffentlicht.

Abkürzungsverzeichnis

Abkürzung	Bezeichnung
à	zu (je)
a	Jahr (lat. annus)
AF	Außenanlagenfläche
Alu	Aluminium
AP	Arbeitsplätze
APP	Appartement
A/V_e	Verhältnis der wärmeübertragenden Umfassungsfläche (A) eines Gebäudes zum beheizten Gebäudevolumen (V_e)
AWF	Außenwandfläche
BF	Bebaute Fläche
BGF	Brutto-Grundfläche (Summe der Regelfall (R)- und Sonderfall (S)-Flächen nach DIN 277)
BGI	Baugrubeninhalt
BHKW	Blockheizkraftwerk
bis	oberer Grenzwert des Streubereichs um einen Mittelwert
BK	Bodenklasse
BRI	Brutto-Rauminhalt (Summe der Regelfall (R)- und Sonderfall (S)-Rauminhalte nach DIN 277)
BRI/BGF (m)	Verhältnis von Brutto-Rauminhalt zur Brutto-Grundfläche angegeben in Meter
BRI/NUF (m)	Verhältnis von Brutto-Rauminhalt zur Nutzungsfläche angegeben in Meter
BSH	Brettschichtholz
cm / m / m^2 / m^3	Zentimeter / Meter / Quadratmeter / Kubikmeter
CO_2	Kohlendioxid
d	Dicke
dB	Dezibel
dena	Deutsche Energie-Agentur GmbH
DN	Durchmesser Nennmaß
DAF	Dachfläche
DEF	Deckenfläche
DHH	Doppelhaushälfte
DIN 276	Kosten im Bauwesen (DIN 276:2018-12)
DIN 277	Grundflächen und Rauminhalte im Hochbau (DIN 277:2021-08)
DIN EN ISO 6946	Bauteile - Wärmedurchlasswiderstand und Wärmedurchgangskoeffizient - Berechnungsverfahren
EDV	elektronische Datenverarbeitung
EFH	Einfamilienhaus
EG	Erdgeschoss
ELA	elektroakustische Anlage
ELT	Elektrotechnik
ELW	Einliegerwohnung
EnEV	Energieeinsparverordnung
EPDM	Ethylen-Propylen-Dien-Kautschuk
EPS	Expandierter Polystyrol-Hartschaum
ESG	Einscheiben-Sicherheitsglas
ETW	Etagenwohnung
EVA	Ethylenvinylacetatcopolymer
FBH	Fußbodenheizung
Fläche/BGF (%)	Anteil der angegebenen Fläche zur Brutto-Grundfläche in Prozent
Fläche/NUF (%)	Anteil der angegebenen Fläche zur Nutzungsfläche in Prozent
FLB	Funktionale Leistungsbeschreibung
€/Einheit	Spaltenbezeichnung für Mittelwerte zu den Kosten bezogen auf eine Einheit der Bezugsgröße
€/m^2 BGF	Spaltenbezeichnung für Mittelwerte zu den Kosten bezogen auf Brutto-Grundfläche
GE	Gewerbeeinheit
GEG	Gebäudeenergiegesetz

Abkürzungsverzeichnis (Fortsetzung)

Abkürzung	Bezeichnung
gem.	gemäß
GF	Grundstücksfläche oder Gipsfaserplatten
GK	Gipskarton
GRF	Gründungsfläche
GU	Generalunternehmer
h	Stunde
HxBxL	Höhe x Länge x Breite
HF	Holzfaser
HLS	Heizung, Lüftung, Sanitär
HLz	Hochlochziegel
HOAI	Honorarordnung für Architekten und Ingenieure
HPL	Laminatbeschichtung im Hochdruckpressverfahren (eng. High Pressure Laminate)
HT	Hochtemperatur-Abflussrohr
HW	Holzwolle
inkl.	inklusive
IWF	Innenwandfläche
Kfz	Kraftfahrzeug
KG	Kanalgrund(rohr) oder Kostengruppe
kg	Kilogramm
Kita	Kindertagesstätte
KGF	Konstruktions-Grundfläche (Summe der Regelfall (R)- und Sonderfall (S)-Flächen nach DIN 277)
KS	Kalksandstein
KVH	Konstruktionsvollholz
kW	Kilowatt
kWh/(m^2·a)	Kilowattstunden pro Quadratmeter und Jahr
kWh/a	Kilowattstunden pro Jahr
kg/(m^2·a)	Kilogramm pro Quadratmeter und Jahr
KWK	Kraftwärmekopplung
LB	Leistungsbereich
LPH	Leistungsphase
MDF	mitteldichte Faserplatte (Spanplatte)
Menge/BGF	Menge der genannten Kostengruppen-Bezugsgröße bezogen auf die Menge der Brutto-Grundfläche
Menge/NUF	Menge der genannten Kostengruppen-Bezugsgröße bezogen auf die Menge der Nutzungsfläche
MINT-Raum	Mathematik, Informatik, Naturwissenschaft und Technik-Raum
MSR-Technik	Messen, Steuern und Regeln (Teilbereich der Automatisierungstechnik)
MW	Mineralwolle
MwSt.	Mehrwertsteuer
m^{-1}	Einheit für A/V_e-Verhältnis
NE	Nutzeinheit
NF	Nut-Feder
NUF	Nutzungsfläche (Summe der Regelfall (R)- und Sonderfall (S)-Flächen nach DIN 277)
NRF	Netto-Raumfläche (Summe der Regelfall (R)- und Sonderfall (S)-Flächen nach DIN 277)
Obj.-Nr.	Nummer des Objekts in den BKI Baukostendatenbanken
OSB	Grobspanplatten (engl. oriented strand board)
OTS	Obertürschließer
PA	Polyamid
PE	Polyethylen
PP	Polypropylen
PR	Pfosten-Riegel
PS	Polystyrol

Abkürzungsverzeichnis (Fortsetzung)

Abkürzung	Bezeichnung
PHPP	Passivhaus-Projektierungspaket
PIR	Polyisocyanurate
psch	pauschal
PU/PUR	Polyurethan
PV	Photovoltaik
PVC	Polyvinylchlorid
restl.	restlich
RH	Raumhöhe oder Reihenhaus
RWA	Rauch- und Wärmeabzugsanlage
SMSB	Serielles, modulares und systemisches Bauen
STLB	Standardleistungsbuch
St	Stück
Stb	Stahlbeton
Stg	Steigungen/Stufen
STP	Stellplatz
t	Tonnen
T	Tiefe
TF	Technikfläche (Summe der Regelfall (R)- und Sonderfall (S)-Flächen nach DIN 277)
TGA	Technische Gebäudeausrüstung
TU	Totalunternehmer
TG	Tiefgarage
TSD	Trittschalldämmung
TVG	teilvorgespanntes Glas
UF	Unbebaute Fläche
UK	Unterkonstruktion
UP	Unterputz
U-Wert	Wärmedurchgangskoeffizient
U_w / U_g / U_f	U-Wert Fenster (engl. window) / U-Wert Glas (engl. glasing) / U-Wert Fensterflügel oder Rahmen (engl. frame)
VF	Verkehrsfläche (Summe der Regelfall (R)- und Sonderfall (S)-Flächen nach DIN 277)
VIP	Vakuumisolationspaneel
VSG	Verbund-Sicherheitsglas
von	unterer Grenzwert des Streubereichs um einen Mittelwert
WDVS	Wärmedämmverbundsystem
WE	Wohneinheit
WFL	Wohnfläche
WLG	Wärmeleitgruppe
WLS	Wärmeleitfähigkeitsstufe
WoFlV	Verordnung zur Berechnung der Wohnfläche (Wohnflächenverordnung)
WU	wasserundurchlässig (Betonqualität)
WRG	Wärmerückgewinnung
$W/(m^2 \cdot K)$	Watt pro Quadratmeter und Kelvin (Maßeinheit für Wärmedurchgangskoeffizienten)
$W/(m \cdot K)$	Watt pro Meter und Kelvin (Einheit der Wärmeleitfähigkeit (Lambda-Wert))
XPS	Extrudierter Polystyrol-Hartschaum
Ø	Mittelwert
λ	Lambda
%	Prozent
300+400	Zusammenfassung der Kostengruppen Bauwerk-Baukonstruktionen und Bauwerk-Technische Anlagen
% an 300+400	Kostenanteil der jeweiligen Kostengruppe an den Kosten des Bauwerks
% an 300	Kostenanteil der jeweiligen Kostengruppe an der Kostengruppe Bauwerk-Baukonstruktion
% an 400	Kostenanteil der jeweiligen Kostengruppe an der Kostengruppe Bauwerk-Technische Anlagen

Kosten abgerechneter Objekte

Objekte in Modulbauweise

Büro- und Verwaltungsgebäude

1

1100 Parlamentsgebäude
1200 Gerichtsgebäude
• 1300 Bürogebäude

1300-0298
Verwaltungsgebäude
temporär (150 AP)

Kostenkennwerte für die Kosten des Bauwerks (Kostengruppen 300+400 nach DIN 276)

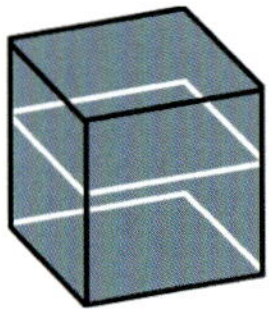

BRI 802 €/m³

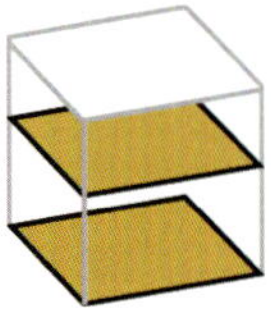

BGF 3.219 €/m²

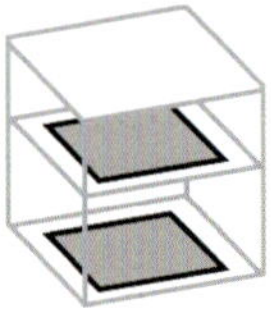

NUF 4.331 €/m²

Holz-Raumzellen
Stahlbeton-Raumzellen
• **Stahl-Raumzellen**
Ziegel-Raumzellen

Konstruktionsart

Objekt:
Kennwerte: 1.Ebene DIN 276
BRI: 9.932 m³
BGF: 2.475 m²
NUF: 1.840 m²
Bauzeit: 48 Wochen
Bauende: 2021
Standard: mittel
Bundesland: Hessen
Kreis: Darmstadt, Stadt

Architekt*in:
grüningerarchitekten I BDA
Havelstraße 16
64295 Darmstadt

Bauherr*in:
Kreisausschuss des
Landkreises
Darmstadt-Dieburg
Jägertorstraße 207
64289 Darmstadt

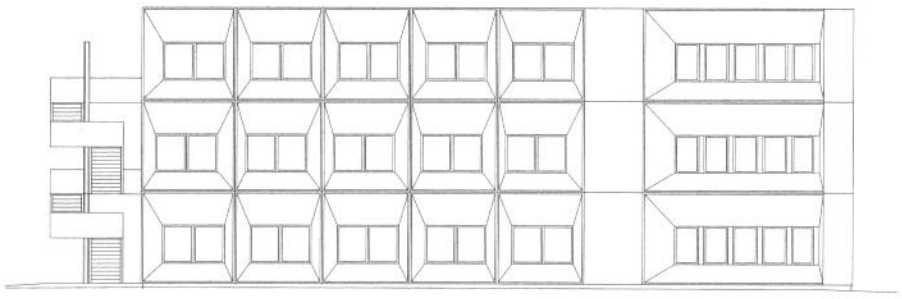

Ansicht Nord

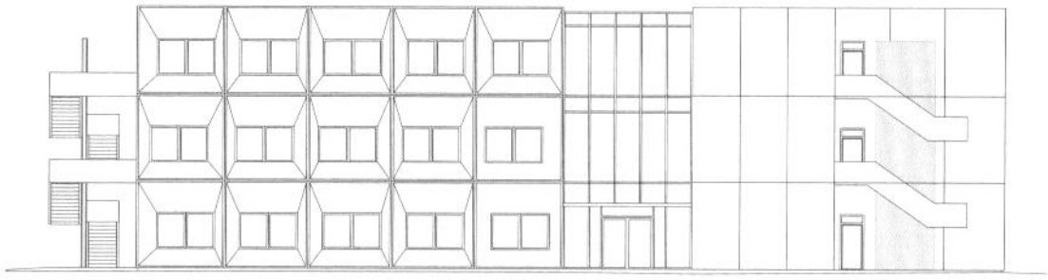

Ansicht Ost

Erdgeschoss

1. -2. Obergeschoss

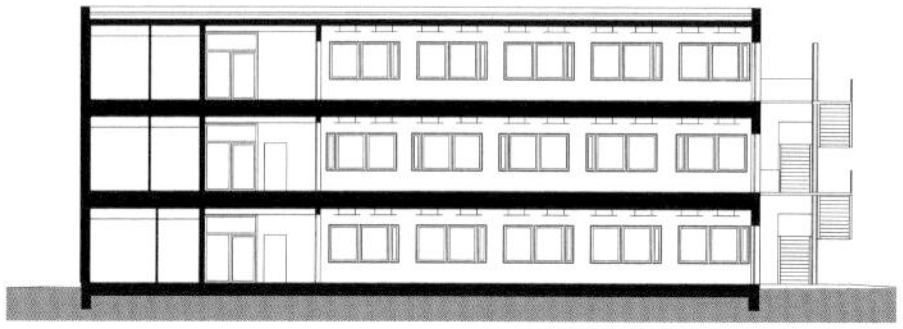

Schnitt A-A

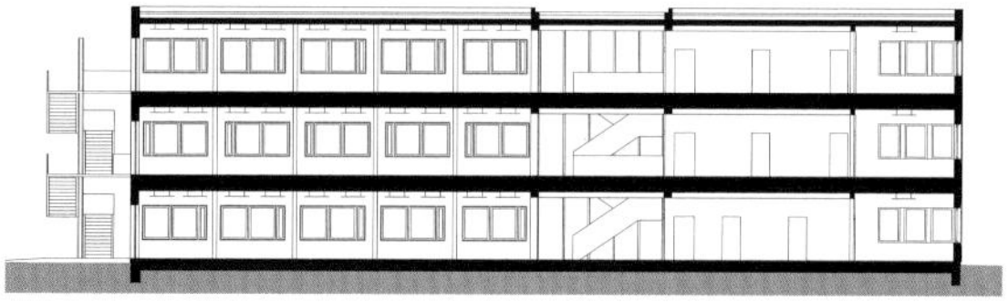

Schnitt B-B

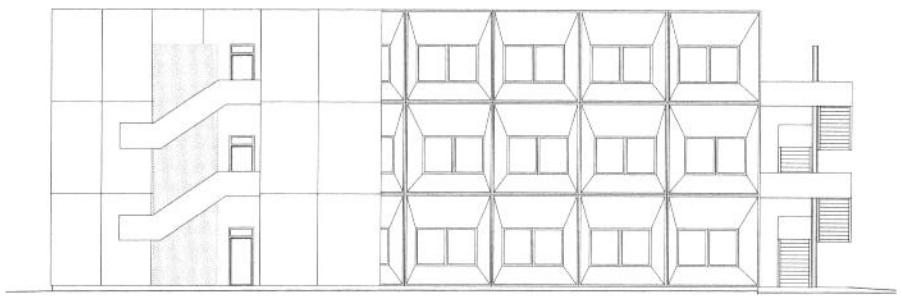

Ansicht Süd

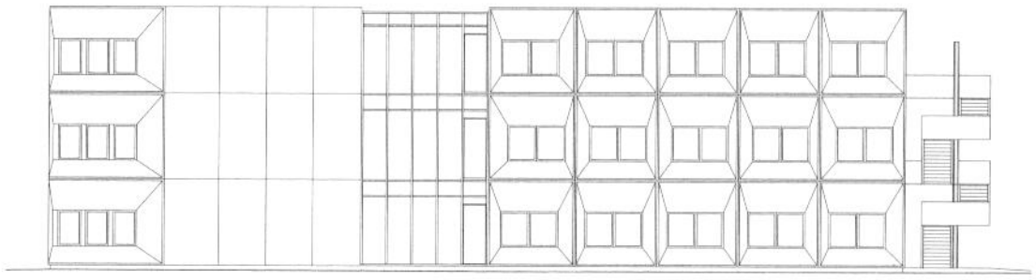

Ansicht West

Objektbeschreibung

Allgemeine Objektinformationen

Die temporäre, L-förmige Pavillonanlage der Kreisverwaltung wurde als System-Modulbau erstellt. Die reliefartige Fassade illustriert den modularen Aufbau des Gebäudes und ergänzt mit ihrer Farbigkeit zeitgemäß die Gestaltung der Bestandsgebäude. Der Baukörper beherbergt insgesamt sechs Büroeinheiten auf drei Geschossen. Hier sollen in den nächsten Jahren flexible und innovative Arbeitskonzepte für den neuen Standort der Kreisverwaltung erprobt werden.

Nutzung

1 Erdgeschoss
Büroräume, Besprechungsraum, Kopier- und Lagerraum, WCs, Haustechnikräume

2 Obergeschosse
Büroräume, Besprechungsraum, Teeküche, Kopierraum, Lagerraum, Putzmittelraum, WCs, Haustechnikräume

Nutzeinheiten

Arbeitsplätze: 150

Grundstück

Bauraum: Freier Bauraum
Neigung: Ebenes Gelände
Bodenklasse: BK 3 bis BK 4

Markt

Hauptvergabezeit: 2. Quartal 2020
Baubeginn: 3. Quartal 2020
Bauende: 3. Quartal 2021
Konjunkturelle Gesamtlage: über Durchschnitt
Regionaler Baumarkt: über Durchschnitt

Baukonstruktion

Zwei dreigeschossige, L-förmig zueinander stehende Gebäudeteile wurden durch einen Erschließungsbau und angrenzenden Kern im Gelenk miteinander verbunden. Der dreigeschossige Neubau ist auf einer lastabtragenden Stahlbeton-Bodenplatte errichtet und mit einer vorgehängten hinterlüfteten Fassade aus Aluminium-Systemteilen bekleidet worden. Teilweise werden Fenster von der vorgehängten Fassade, welche in diesen Bereichen gelocht ist, überspannt, um die Einbruchsicherheit zu gewährleisten.

Technische Anlagen

Der Neubau wurde an das Fernwärmenetz angeschlossen. Alle Räume sind mit Heizkörpern ausgestattet. Das Gebäude wird manuell be- und entlüftet. Für warme Sommermonate ist eine Nachtauskühlung vorgesehen. Innenliegende Räume werden dezentral be- und entlüftet. Die Büroeinheiten erhalten dezentrale Kühlgeräte an der Decke. Die Stromversorgung wird an den Bestand angeschlossen.

Sonstiges

Das Gelände des Kreishauses hat gegenüber des bestehenden Haupteingangs eine neue Zuwegung für Fußgänger und Radfahrer. So soll die Orientierung auf dem Gelände verbessert werden.

Energetische Kennwerte

Gesetzliche Grundlage: EnEV 2013
Gebäudenutzfläche: 2.082,00 m^2
Gebäudevolumen: 7.793,00 m^3
A/V_e-Verhältnis (Kompaktheit): 0,44 m^{-1}
Hüllfläche des beheizten Volumens: 3.422,00 m^2
Spez. Jahresprimärenergiebedarf: 116,25 kWh/($m^2 \cdot a$)
Spez. Jahresendenergiebedarf: 109,34 kWh/($m^2 \cdot a$)
CO_2-Emissionen: 40,52 kg/($m^2 \cdot a$)

Planungskennwerte für Flächen und Rauminhalte nach DIN 277

Flächen des Grundstücks		Menge Einheit	% an GF
BF	Bebaute Fläche	11.924,44 m²	27,5
UF	Unbebaute Fläche	31.428,56 m²	72,5
GF	Grundstücksfläche	43.353,00 m²	100,0

Grundflächen des Bauwerks		Menge Einheit	% an NUF	% an BGF
NUF	Nutzungsfläche	1.840,01 m²	100,0	74,3
TF	Technikfläche	42,82 m²	2,3	1,7
VF	Verkehrsfläche	300,59 m²	16,3	12,1
NRF	Netto-Raumfläche	2.183,42 m²	118,7	88,2
KGF	Konstruktions-Grundfläche	291,91 m²	15,9	11,8
BGF	Brutto-Grundfläche	2.475,33 m²	134,5	100,0

Brutto-Rauminhalt des Bauwerks		Menge Einheit	BRI/NUF (m)	BRI/BGF (m)
BRI	Brutto-Rauminhalt	9.932,05 m³	5,40	4,01

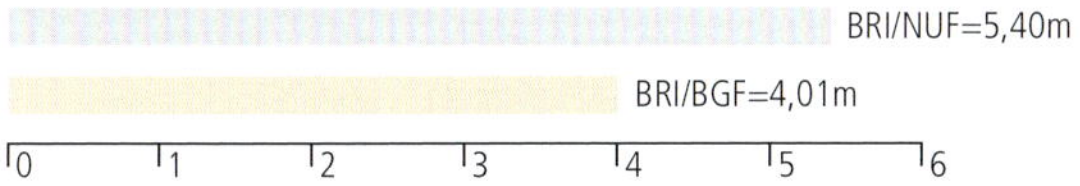

Kostenkennwerte für die Kostengruppen der 1. Ebene DIN 276

KG	Kostengruppen (1. Ebene)	Einheit	Kosten €	€/Einheit	€/m² BGF	€/m³ BRI	% 300+400
100	Grundstück	m² GF	–	–	–	–	–
200	Vorbereitende Maßnahmen	m² GF	156.831	3,62	63,36	15,79	2,0
300	Bauwerk – Baukonstruktionen	m² BGF	6.052.747	2.445,23	2.445,23	609,42	76,0
400	Bauwerk – Technische Anlagen	m² BGF	1.915.900	774,00	774,00	192,90	24,0
	Bauwerk 300+400	**m² BGF**	**7.968.648**	**3.219,23**	**3.219,23**	**802,32**	**100,0**
500	Außenanlagen und Freiflächen	m² AF	–	–	–	–	–
600	Ausstattung und Kunstwerke	m² BGF	890.031	359,56	359,56	89,61	11,2
700	Baunebenkosten	m² BGF	–	–	–	–	–
800	Finanzierung	m² BGF	–	–	–	–	–

KG	Kostengruppe	Menge Einheit	Kosten €	€/Einheit	%
200	**Vorbereitende Maßnahmen**	43.353,00 m² GF	156.831	**3,62**	2,0

Abbruchmaßnahmen, öffentliche Erschließung: Fernwärmeanschluss

KG	Kostengruppe	Menge Einheit	Kosten €	€/Einheit	%
3+4	**Bauwerk**				**100,0**
300	**Bauwerk – Baukonstruktionen**	2.475,33 m² BGF	6.052.747	**2.445,23**	76,0

Baugrubenaushub; Bodenaustausch für Baugrundverbesserung, Stb-Fundamente, Stb-Bodenplatte 30cm, Estrich, Betonwerkstein, Linoleum, Teppichboden, Bodenfliesen, Abdichtung; Stahl-Modulbauwände, Alu-Pfosten-Riegelfassade, Alufenster, Wärmedämmung, vorgehängte hinterlüftete Alu-Kassettenfassade, Gipsfaserbekleidung, elektrische Außenraffstores; Stahl-Modulbauwände, Stb-Wände (Aufzug), GK-Wände, Glaswände, Stahlstützen, Wandfliesen, WC-Trennwände; Stahl-Modulbaudecken, Stb-Fertigteiltreppe, Stahl-Fluchttreppen, Estrich, Betonwerkstein, Linoleum, Teppichboden, Bodenfliesen, teilw. abgehängte GK-Decken, teilw. Schallschutzdecken, Treppengeländer; Stahl-Modulbaudach, Dachausstieg, Dämmung, Abdichtung, Attika, extensive Dachbegrünung, Entwässerung, teilw. abgehängte GK-Decke, teilw. Schallschutzdecke, Eingangsüberdachung; Teeküche

KG	Kostengruppe	Menge Einheit	Kosten €	€/Einheit	%
400	**Bauwerk – Technische Anlagen**	2.475,33 m² BGF	1.915.900	**774,00**	24,0

Gebäudeentwässerung, Kalt- und Warmwasserleitungen, Sanitärobjekte; Fernwärmeversorgung, Plattenheizkörper; kontrollierte Be- und Entlüftung mit Wärmerückgewinnung, Teilklimaanlagen Kühlung, RWA-Anlage; Elektroinstallation, Beleuchtung, Sicherheitsleuchten, Blitzschutzanlage; Datenübertragungsanlage, Telekommunikationsanlage, Zutrittskontrollanlage, Einbruchmeldeanlage, Brandmeldeanlage; Personenaufzug; Erweiterung des vorhandenen MSR-Technikrechners um digitales Regelsystem für Betriebs- und Störmeldungen der Hygienespülungen, des Zentrallüftungsgeräts inkl. Brandmeldeanlage, der Splitgeräte-Außeneinheit, der Fernwärmeübergabestation und der Heizkreise

KG	Kostengruppe	Menge Einheit	Kosten €	€/Einheit	%
600	**Ausstattung und Kunstwerke**	2.475,33 m² BGF	890.031	**359,56**	11,2

Sofas, Sessel, Stühle, Hocker, Sitzsäcke, Schränke, Regale, Garderoben, Kleiderständer, Akustikpaneele, Schreibtische, Besprechungstische, Stehtische, Telefonboxen, Flipcharts, Whiteboards, Blumentöpfe, Vorhänge, Stehleuchten

1300-0328
Büro-/Seminar-
gebäude (52 AP)

Kostenkennwerte für die Kosten der Basismodule, der KG 300+400 + anteilig der KG 700 nach DIN 276

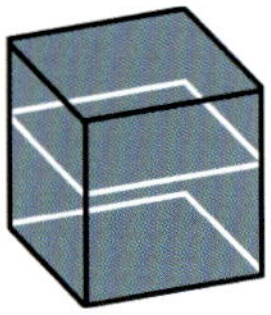

BRI 1.029 €/m³

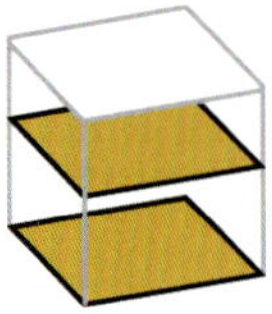

BGF 4.213 €/m²

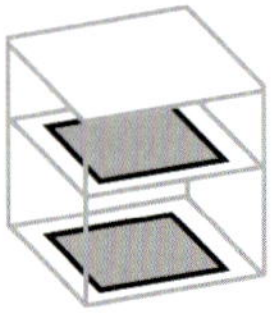

NUF 8.818 €/m²

- **Holz-Raumzellen**

Stahlbeton-Raumzellen
Stahl-Raumzellen
Ziegel-Raumzellen

Konstruktionsart

Objekt:
Kennwerte: 3. Ebene DIN 276
BRI: 6.062 m³
BGF: 1.481 m²
NUF: 708 m²
Bauzeit: 44 Wochen
Bauende: 2024
Standard: mittel
Bundesland: Bayern
Kreis: Regensburg, Stadt

Architekt*in:
meuer - planen beraten
Architekten GmbH
Prinzregentenplatz 14
81675 München

Bauherr*in:
Staatliches Bauamt
Regensburg
Bajuwarenstraße 2d
93053 Regensburg

Hinweis zur Dokumentation:
Für die Kostengliederung der DIN 276 stellen Modulbauten wegen ihrer zwangsläufigen Durchmischung von Kosten der Baukonstruktionen, der technischen Anlagen und der Baunebenkosten einen Sonderfall dar. Abweichend vom BKI-Standard werden die Kosten der Modulbau-Dokumentation deshalb angepasst dargestellt. Die Kosten der Basismodule beinhalten Kosten der KG 300 und KG 400 sowie anteilige Kosten des GU an KG 700. Alle Zulagen zu den Basismodulen werden separat bis zur 2. bzw. 3. Ebene der DIN 276 dokumentiert und als Summe der darunter liegenden Kostengruppen abgebildet.

© Marion Sammet

© Marion Sammet

© Marion Sammet

Ansicht Nord

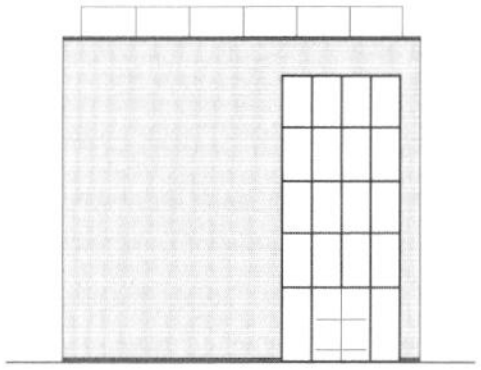

Ansicht Ost

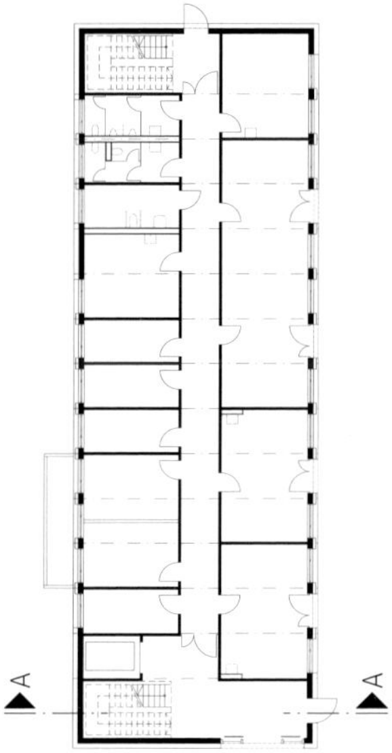

Erdgeschoss

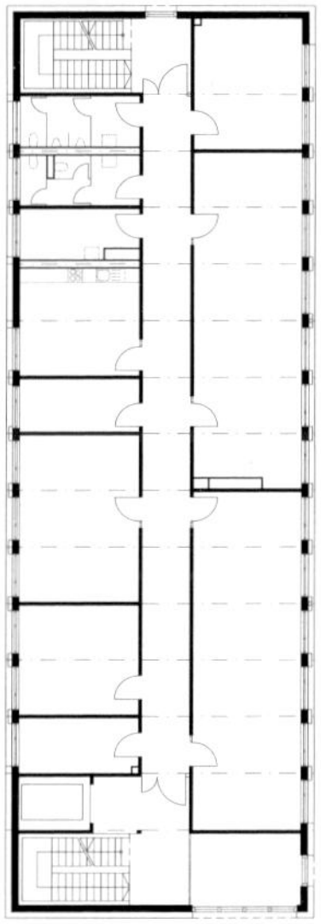

1. Obergeschoss

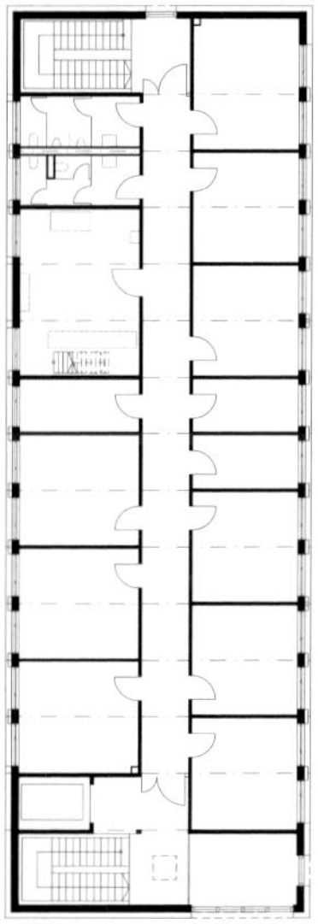

2. Obergeschoss

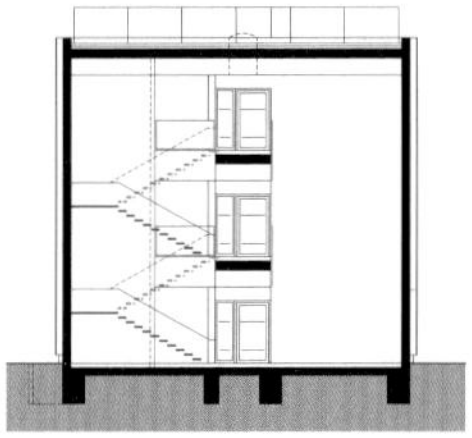

Schnitt A-A

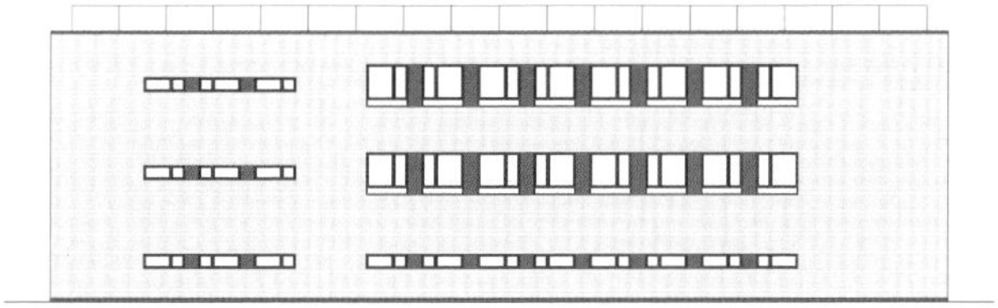

Ansicht Süd

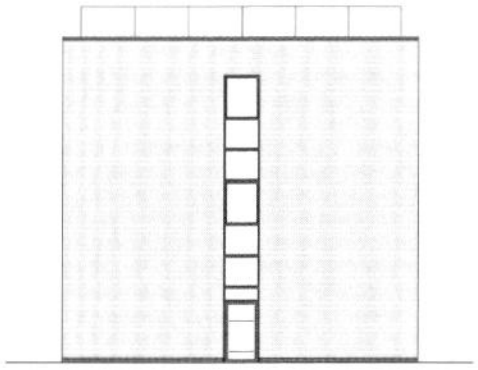

Ansicht West

Objektbeschreibung

Allgemeine Objektinformationen

Das dreigeschossige, nicht unterkellerte Büro- und Seminargebäude wurde im Zuge einer Hightech-Agenda auf dem Campus der Technischen Hochschule errichtet. In den beiden Obergeschossen sind überwiegend Verwaltungsräume vorgesehen, im Erdgeschoss zwei Werkstätten und zwei PC-Pools für den Lehrbetrieb.

Nutzung

1 Erdgeschoss
PC-Pools, Werkstätten, Serverraum, Service/Poststelle

2 Obergeschosse
Büros, Besprechungsräume, Kopierräume

Nutzeinheiten

Arbeitsplätze: 52

Grundstück

Bauraum: Freier Bauraum
Neigung: Ebenes Gelände
Bodenklasse: BK 1 bis BK 5

Markt

Hauptvergabezeit: 1. Quartal 2023
Baubeginn: 4. Quartal 2023
Bauende: 3. Quartal 2024
Konjunkturelle Gesamtlage: über Durchschnitt
Regionaler Baumarkt: über Durchschnitt

Baukonstruktion

Das Gebäude wurde als reine Holzmodulbauweise mit einem Basismodulmaß von 2,40x13,00m auf einer Stahlbeton-Bodenplatte errichtet. Durch einen hohen Vorfertigungsgrad konnte die Bauzeit vor Ort auf ein Minimum reduziert werden. Wegen der schlechten Trag- und Sickerfähigkeit des Baugrunds war ein Bodenaustausch erforderlich. Aufgrund der leichten Holzbauweise konnte auf eine Tiefgründung verzichtet werden. Die Außenfassade ist mit einer vorvergrauten horizontalen Rhombusschalung sowie zwischen den Fenstern mit Paneelen bekleidet. Das Haupttreppenhaus wird über eine Pfosten-Riegelfassade belichtet. Die Eingangstüren sind als Stahl-Glas-Türelemente ausgeführt. Innen sind die Wände beschichtet oder mit Fliesen bekleidet. Die Holztüren wurden teilweise mit erhöhtem Schallschutz ausgeführt. In den Fluren dienen Stahl-Glastüren dem Rauchschutz. Die Böden sind mit Linoleum oder Fliesen belegt. Alle Räume erhielten Akustikdecken. Stahltreppen dienen der Erschließung. Das Dach wurde begrünt.

Technische Anlagen

Der Modulbau wird autark mit Erdwärme beheizt, die Stromerzeugung übernimmt eine Photovoltaikanlage auf dem Flachdach. Die Sanitärbereiche sowie die Besprechungsräume werden jeweils über eine zentrale Lüftungsanlage versorgt. Das Gebäude ist mit einer Blitzschutzanlage, einer Brandmeldeanlage, einem Datenübertragungsnetz sowie Gebäudeautomation ausgerüstet. Alle Geschosse werden über einen Aufzug barrierefrei erschlossen.

Energetische Kennwerte

Gesetzliche Grundlage: GEG 2020
Gebäudenutzfläche: 1.164,00 m^2
Gebäudevolumen: 3.999,00 m^3
A/V_e-Verhältnis (Kompaktheit): 0,58 m^{-1}
Hüllfläche des beheizten Volumens: 2.336,00 m^2
Mittlerer U-Wert (opake Bauteile): 0,15 W/(m^2·K)
Mittlerer U-Wert (transparente Bauteile): 0,95 W/(m^2·K)
Spez. Jahresprimärenergiebedarf: 48,80 kWh/(m^2·a)
Spez. Jahresendenergiebedarf: 27,10 kWh/(m^2·a)
CO_2-Emissionen: 15,20 kg/(m^2·a)

Energetische Angaben zu Außenbauteilen

Bodenplatte

U-Wert: 0,19 W/(m²·K)

Gesamtdicke: 35,72 cm	d [cm]	λ [W/(m·K)]
Linoleum	0,60	0,170
Gipsfaserplatte	2,50	0,320
Holzfaserplatte	1,00	0,050
Dampfsperre	0,02	0,330
Spanplatte	2,20	0,100
Holz	28,00	0,130
Dämmung	28,00	0,035
Holzwerkstoff	1,40	0,230

Außenwand

U-Wert: 0,16 W/(m²·K)

Gesamtdicke: 32,51 cm	d [cm]	λ [W/(m·K)]
GK-Platte	2,50	0,290
Holz	10,00	0,130
Holz	10,00	0,130
Dämmung	10,00	0,035
Holz	10,00	0,130
Dämmung	10,00	0,035
Fassadenbahn	0,01	0,330

Flachdach

U-Wert: 0,14 W/(m²·K)

Gesamtdicke: 40,20 cm	d [cm]	λ [W/(m·K)]
Holz	20,00	0,130
Dampfsperre	0,05	160,000
Dämmung	8,00	0,035
Dämmung	12,00	0,035
Dachdichtungsbahn	0,15	0,330

Planungskennwerte für Flächen und Rauminhalte nach DIN 277

Flächen des Grundstücks		Menge Einheit	% an GF
BF	Bebaute Fläche	612,59 m²	18,6
UF	Unbebaute Fläche	2.687,41 m²	81,4
GF	Grundstücksfläche	3.300,00 m²	100,0

Grundflächen des Bauwerks		Menge Einheit	% an NUF	% an BGF
NUF	Nutzungsfläche	707,57 m²	100,0	47,8
TF	Technikfläche	162,63 m²	23,0	11,0
VF	Verkehrsfläche	364,83 m²	51,6	24,6
NRF	Netto-Raumfläche	1.235,03 m²	174,5	83,4
KGF	Konstruktions-Grundfläche	245,91 m²	34,8	16,6
BGF	Brutto-Grundfläche	1.480,94 m²	209,3	100,0

Brutto-Rauminhalt des Bauwerks		Menge Einheit	BRI/NUF (m)	BRI/BGF (m)
BRI	Brutto-Rauminhalt	6.062,36 m³	8,57	4,09

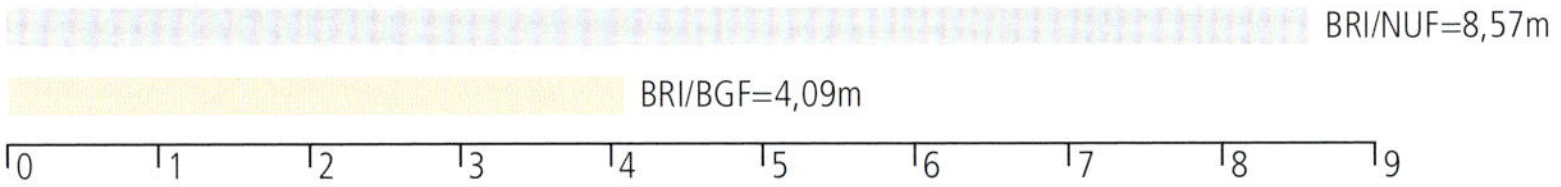

Lufttechnisch behandelte Flächen	Menge Einheit	% an NUF	% an BGF
Entlüftete Fläche	–	–	–
Be- und entlüftete Fläche	–	–	–
Teilklimatisierte Fläche	–	–	–
Klimatisierte Fläche	–	–	–

KG	Kostengruppen (2. Ebene)	Menge Einheit	Menge/NUF	Menge/BGF
310	Baugrube / Erdbau	2.430,00 m³ BGI	3,43	1,64
320	Gründung, Unterbau	478,00 m² GRF	0,68	0,32
330	Außenwände/Vertikale Baukonstruktionen, außen	1.589,80 m² AWF	2,25	1,07
340	Innenwände/Vertikale Baukonstruktionen, innen	1.283,07 m² IWF	1,81	0,87
350	Decken/Horizontale Baukonstruktionen	48,79 m² DEF	0,07	0,03
360	Dächer	573,43 m² DAF	0,81	0,39

Kostenkennwerte für die Kostengruppen der 1.Ebene DIN 276 und der Basismodule

KG	Kostengruppen (1.Ebene)	Einheit	Kosten €	€/Einheit	€/m² BGF	€/m³ BRI	% 300+400 +Basismod.
100	Grundstück	m² GF	–	–	–	–	–
200	Vorbereitende Maßnahmen	m² GF	300.416	91,04	202,86	49,55	4,8
	Basismodule KG 300+400+700	**m² BGF**	**3.666.062**	**2.475,50**	**2.475,50**	**604,73**	**58,7**
300	Bauwerk – Baukonstr. **Zulagen**	m² BGF	1.152.787	778,42	778,42	190,15	18,5
400	Bauwerk – Techn. Anlagen **Zulagen**	m² BGF	1.420.833	959,41	959,41	234,37	22,8
	Basismodule+Zulagen	**m² BGF**	**6.239.682**	**4.213,33**	**4.213,33**	**1.029,25**	**100,0**
500	Außenanlagen und Freiflächen	m² AF	–	–	–	–	–
600	Ausstattung und Kunstwerke	m² BGF	–	–	–	–	–
700	Baunebenkosten	m² BGF	–	–	–	–	–
800	Finanzierung	m² BGF	–	–	–	–	–

Hinweis zur Dokumentation:
Für die Kostengliederung der DIN 276 stellen Modulbauten wegen ihrer zwangsläufigen Durchmischung von Kosten der Baukonstruktionen, der technischen Anlagen und der Baunebenkosten einen Sonderfall dar. Abweichend vom BKI-Standard werden die Kosten der Modulbau-Dokumentation deshalb angepasst dargestellt. Die Kosten der Basismodule beinhalten Kosten der KG 300 und KG 400 sowie anteilige Kosten des GU an KG 700. Alle Zulagen zu den Basismodulen werden separat bis zur 2. bzw. 3. Ebene der DIN 276 dokumentiert und als Summe der darunter liegenden Kostengruppen abgebildet.

	Basismodule	Menge Einheit	Kosten €	€/Einheit	%
	Ausführung	1.480,94 m² BGF	3.666.062	**2.475,50**	58,7

39 Holz-Basismodule 2,40x13,00m, lichte Raumhöhe 2,75m, 6 Module 3,75x13,00m: Modulböden, gedämmt (478m²), Linoleum, Bodenfliesen (416m²), Modul-Außenwände, Dämmkern, außen Profilblechfassade, innen doppelte GK-Bekleidung Q3, Beschichtung (834m²), Fenster, zwei-/dreiteilig, Drehkipp, Festverglasungen, Stahlrohrrahmen-Türelemente, zweiflüglig, Oberlicht, barrierefrei (293m²), Modul-Innenwände, GK-Ständerwände Q3, doppelt beplankt (1.175m²), Holztüren (108m²), GK-Vorsatzschalen (237m²), Beschichtung, Wandfliesen (1.350m²), WC-Trennwände (60m²), Modul-Geschossdecken, gedämmt (838m²), GK-Bekleidung, ab-gehängte Akustik-/GK-Decken, Beschichtung (735m²), Linoleum, Bodenfliesen (735m²), Stahltreppen (51m²), Modul-Flachdach, gedämmt, Dachneigung 3-5%, Abdichtung, innenliegende Entwässerung (503m²), Zulage Gebäudeklasse 4 (psch), Elektroheizungen, Sanitärobjekte

KG	Kostengruppe	Menge Einheit	Kosten €	€/Einheit	%
200	**Vorbereitende Maßnahmen**	3.300,00 m² GF	300.416	**91,04**	4,8

Sicherungsmaßnahmen, Abbruchmaßnahmen, Entsorgung von belastetem Erdreich; Abwasserentsorgung, Wasserversorgung

3+4	**Bauwerk**				**41,3**
300	**Bauwerk – Baukonstruktionen**	1.480,94 m² BGF	1.152.787	**778,42**	18,5

Erdarbeiten; Bodenaustausch, Stb-Bodenplatte, Zulage zum Basismodul für Ausführung mit Bodenfliesen; Metallfenstern, zweiflügligen Außentüren, Holzfassade, Fassadenpaneelen, Pfosten-Riegelfassaden, Sonnenschutz; Wandverstärkungen, Schallschutztüren, zweiflüglige Innentüren, Innenfenster; Dachausstieg, Lichtkuppel, Dachbegrünung, Gefälledach mit außenliegender Dachentwässerung, Kollektivschutz

KG	Kostengruppe	Menge Einheit	Kosten €	€/Einheit	%
400	**Bauwerk – Technische Anlagen**	1.480,94 m² BGF	1.420.833	**959,41**	22,8
	Zulagen zum Basismodul für Lüftungsanlage, Kälteanlagen; Photovoltaikanlage, für Elektroinstallation, Blitzschutzanlage; Brandmeldeanlage, Datenübertragungsnetze; Personenaufzug; Gebäudeautomation				

Kostenkennwerte für die Kostengruppen der 2. Ebene DIN 276

KG	Kostengruppe	Menge Einheit	Kosten €	€/Einheit	%

Hinweis zu den Kostenkennwerten:
Für die Kostengliederung der DIN 276 stellen Modulbauten wegen ihrer zwangsläufigen Durchmischung von Kosten der Baukonstruktionen, der technischen Anlagen und der Baunebenkosten einen Sonderfall dar. Abweichend vom BKI-Standard werden die Kosten der Modulbau-Dokumentation deshalb angepasst dargestellt. Die Kosten der Basismodule werden als übergeordneter Preis nur bei der 1. Ebene dargestellt. **Alle Zulagen zu den Basismodulen werden nachfolgend separat bis zur 2. bzw. 3. Ebene der DIN 276 dokumentiert und abgebildet.**

KG	Kostengruppe	Menge Einheit	Kosten €	€/Einheit	%
200	**Vorbereitende Maßnahmen**				**100,0**
210	**Herrichten**	3.300,00 m²GF	212.575	**64,42**	70,8
	Sicherungsmaßnahmen (psch) * Abbruchmaßnahmen (psch) * Entsorgung von belastetem Erdreich Z1.1-2 (2.880t); Deponiegebühren				
220	**Öffentliche Erschließung**	3.300,00 m²GF	87.842	**26,62**	29,2
	Abwasserentsorgung (psch) * Wasserversorgung (psch), Schieber (3St)				
300	**Bauwerk – Baukonstruktionen**				**100,0**
310	**Baugrube / Erdbau**	2.430,00 m³BGI	41.595	**17,12**	3,6
	Baugrubenaushub, T bis 3,00m, abfahren (2.000m³), lagern, hinterfüllen (430m³)				
320	**Gründung, Unterbau**	478,00 m²GRF	393.638	**823,51**	34,1
	Zulage zum Aushub für Bodenaustausch (1.300m³) * Stb-Bodenplatte, Frostschürzen (478m²) * Zulage zum Basismodul für Ausführung mit Bodenfliesen (126m²)				
330	**Außenwände/Vert. Baukonstrukt., außen**	1.589,80 m²AWF	442.898	**278,59**	38,4
	Zulagen zum Basismodul für Ausführung mit Metallfenstern (200m²), für zweiflüglige Außentüren (19m²) * für Holzfassade (1.220m²), für Fassadenpaneele (77m²) * für Pfosten-Riegelfassaden mit Automatikschiebetür, Eingangstüren (74m²) * für Plissees (178m²), für Sonnenschutzlamellen (53m²) * für Lichtschacht (1St)				
340	**Innenwände/Vert. Baukonstrukt., innen**	1.283,07 m²IWF	60.611	**47,24**	5,3
	Zulage zum Basismodul für Wandverstärkungen (1.175m²) * für Ausführung als Schallschutztüren (81m²), für zweiflüglige Innentüren (16m²), für Innenfenster (11m²)				
350	**Decken/Horizontale Baukonstruktionen**	48,79 m²DEF	3.754	**76,94**	0,3
	Zulage zum Basismodul für Ausführung mit Bodenfliesen (49m²)				
360	**Dächer**	573,43 m²DAF	117.962	**205,71**	10,2
	Zulagen zum Basismodul für Dachausstiegsklappe, freistehende Treppe (4m²), Lichtkuppel (1m²) * für Ausführung mit Dachbegrünung (568m²), für Ausführung als Gefälledach mit außenliegender Dachentwässerung (psch) * für Kollektivschutz (113m)				
390	**Sonst. Maßnahmen für Baukonstrukt.**	1.480,94 m²BGF	92.330	**62,35**	8,0
	Baustelleneinrichtung (psch), Kiesauffüllung (psch)				

KG	Kostengruppe	Menge Einheit	Kosten €	€/Einheit	%
400	**Bauwerk – Technische Anlagen**				**100,0**
430	**Raumlufttechnische Anlagen**	1.480,94 m² BGF	544.812	**367,88**	38,3
	Zulagen zum Basismodul für Lüftungsanlage (psch) * für Kälteanlagen (psch)				
440	**Elektrische Anlagen**	1.480,94 m² BGF	149.015	**100,62**	10,5
	Zulagen zum Basismodul für Photovoltaikanlage (psch) * für Elektroinstallation (psch) * für Blitzschutzanlage (psch)				
450	**Kommunikationstechnische Anlagen**	1.480,94 m² BGF	467.652	**315,78**	32,9
	Zulagen zum Basismodul für Brandmeldeanlage (psch) * für Datenübertragungsnetz (psch)				
460	**Förderanlagen**	1.480,94 m² BGF	91.561	**61,83**	6,4
	Zulagen zum Basismodul für Personenaufzug (1St)				
480	**Gebäude- und Anlagenautomation**	1.480,94 m² BGF	167.793	**113,30**	11,8
	Zulagen zum Basismodul für Gebäudeautomation (psch)				

Kostenkennwerte für die Kostengruppen 300 der 2. und 3.Ebene DIN 276 (Übersicht)

KG	Kostengruppe	Menge Einheit	Kosten €	€/Einheit	% an 3+4 +Basismod.
300	**Bauwerk – Baukonstruktionen**	**1.480,94 m² BGF**	**1.152.787,35**	**778,41**	**18,5**
310	**Baugrube / Erdbau**	**2.430,00 m³ BGI**	**41.594,70**	**17,12**	**0,7**
311	Herstellung	2.430,00 m³ BGI	41.594,70	17,12	0,7
312	Umschließung	–	–	–	–
313	Wasserhaltung	–	–	–	–
314	Vortrieb	–	–	–	–
319	Sonstiges zur KG 310	–	–	–	–
320	**Gründung, Unterbau**	**478,00 m² GRF**	**393.637,72**	**823,51**	**6,3**
321	Baugrundverbesserung	650,00 m²	300.072,74	461,65	4,8
322	Flachgründungen und Bodenplatten	478,00 m²	83.854,16	175,43	1,3
323	Tiefgründungen	–	–	–	–
324	Gründungsbeläge	126,21 m²	9.710,82	76,94	0,2
325	Abdichtungen und Bekleidungen	–	–	–	–
326	Dränagen	–	–	–	–
329	Sonstiges zur KG 320	–	–	–	–
330	**Außenwände/Vert. Baukonstrukt., außen**	**1.589,80 m² AWF**	**442.897,56**	**278,59**	**7,1**
331	Tragende Außenwände	–	–	–	–
332	Nichttragende Außenwände	–	–	–	–
333	Außenstützen	–	–	–	–
334	Außenwandöffnungen	218,94 m²	75.258,45	343,74	1,2
335	Außenwandbekleidungen, außen	1.296,86 m²	229.222,23	176,75	3,7
336	Außenwandbekleidungen, innen	–	–	–	–
337	Element. Außenwandkonstruktionen	74,00 m²	103.871,33	1.403,67	1,7
338	Lichtschutz zur KG 330	231,00 m²	23.645,47	102,36	0,4
339	Sonstiges zur KG 330	1.589,80 m² AWF	10.900,07	6,86	0,2
340	**Innenwände/Vert. Baukonstrukt., innen**	**1.283,07 m² IWF**	**60.610,85**	**47,24**	**1,0**
341	Tragende Innenwände	1.175,39 m²	9.188,13	7,82	0,2
342	Nichttragende Innenwände	–	–	–	–
343	Innenstützen	–	–	–	–
344	Innenwandöffnungen	107,68 m²	51.422,74	477,55	0,8
345	Innenwandbekleidungen	–	–	–	–
346	Elementierte Innenwandkonstruktionen	–	–	–	–
347	Lichtschutz zur KG 340	–	–	–	–
349	Sonstiges zur KG 340	–	–	–	–
350	**Decken/Horizontale Baukonstruktionen**	**48,79 m² DEF**	**3.753,99**	**76,94**	**0,1**
351	Deckenkonstruktionen	–	–	–	–
352	Deckenöffnungen	–	–	–	–
353	Deckenbeläge	48,79 m²	3.753,99	76,94	0,1
354	Deckenbekleidungen	–	–	–	–
355	Elementierte Deckenkonstruktionen	–	–	–	–
359	Sonstiges zur KG 350	–	–	–	–
360	**Dächer**	**573,43 m² DAF**	**117.962,43**	**205,71**	**1,9**
361	Dachkonstruktionen	–	–	–	–
362	Dachöffnungen	5,43 m²	23.723,70	4.369,00	0,4
363	Dachbeläge	568,00 m²	43.521,33	76,62	0,7
364	Dachbekleidungen	–	–	–	–
365	Elementierte Dachkonstruktionen	–	–	–	–
366	Lichtschutz zur KG 360	–	–	–	–
369	Sonstiges zur KG 360	573,43 m² DAF	50.717,42	88,45	0,8
380	**Baukonstruktive Einbauten**	**–**	**–**	**–**	**–**
390	**Sonst. Maßnahmen für Baukonstrukt.**	**1.480,94 m² BGF**	**92.330,07**	**62,35**	**1,5**

Kostenkennwerte für die Kostengruppen 400 der 2. und 3. Ebene DIN 276 (Übersicht)

KG	Kostengruppe	Menge Einheit	Kosten €	€/Einheit	% an 3+4 +Basismod.
400	**Bauwerk – Technische Anlagen**	**1.480,94 m² BGF**	**1.420.832,82**	**959,41**	**22,8**
410	**Abwasser-, Wasser-, Gasanlagen**	**–**	**–**	**–**	**–**
411	Abwasseranlagen	–	–	–	–
412	Wasseranlagen	–	–	–	–
413	Gasanlagen	–	–	–	–
419	Sonstiges zur KG 410	–	–	–	–
420	**Wärmeversorgungsanlagen**	**–**	**–**	**–**	**–**
421	Wärmeerzeugungsanlagen	–	–	–	–
422	Wärmeverteilnetze	–	–	–	–
423	Raumheizflächen	–	–	–	–
424	Verkehrsheizflächen	–	–	–	–
429	Sonstiges zur KG 420	–	–	–	–
430	**Raumlufttechnische Anlagen**	**1.480,94 m² BGF**	**544.811,55**	**367,88**	**8,7**
431	Lüftungsanlagen	1.480,94 m² BGF	406.508,79	274,49	6,5
432	Teilklimaanlagen	–	–	–	–
433	Klimaanlagen	–	–	–	–
434	Kälteanlagen	1.480,94 m² BGF	138.302,76	93,39	2,2
439	Sonstiges zur KG 430	–	–	–	–
440	**Elektrische Anlagen**	**1.480,94 m² BGF**	**149.014,98**	**100,62**	**2,4**
441	Hoch- und Mittelspannungsanlagen	–	–	–	–
442	Eigenstromversorgungsanlagen	1.480,94 m² BGF	34.030,05	22,98	0,6
443	Niederspannungsschaltanlagen	–	–	–	–
444	Niederspannungsinstallationsanlagen	1.480,94 m² BGF	49.747,96	33,59	0,8
445	Beleuchtungsanlagen	–	–	–	–
446	Blitzschutz- und Erdungsanlagen	1.480,94 m² BGF	65.236,97	44,05	1,0
447	Fahrleitungssysteme	–	–	–	–
449	Sonstiges zur KG 440	–	–	–	–
450	**Kommunikationstechnische Anlagen**	**1.480,94 m² BGF**	**467.652,16**	**315,78**	**7,5**
451	Telekommunikationsanlagen	–	–	–	–
452	Such- und Signalanlagen	–	–	–	–
453	Zeitdienstanlagen	–	–	–	–
454	Elektroakustische Anlagen	–	–	–	–
455	Audiovisuelle Medien- u. Antennenanl.	–	–	–	–
456	Gefahrenmelde- und Alarmanlagen	1.480,94 m² BGF	160.603,50	108,45	2,6
457	Datenübertragungsnetze	1.480,94 m² BGF	307.048,66	207,33	4,9
458	Verkehrsbeeinflussungsanlagen	–	–	–	–
459	Sonstiges zur KG 450	–	–	–	–
460	**Förderanlagen**	**1.480,94 m² BGF**	**91.560,66**	**61,83**	**1,5**
461	Aufzugsanlagen	1.480,94 m² BGF	91.560,66	61,83	1,5
462	Fahrtreppen, Fahrsteige	–	–	–	–
463	Befahranlagen	–	–	–	–
464	Transportanlagen	–	–	–	–
465	Krananlagen	–	–	–	–
466	Hydraulikanlagen	–	–	–	–
469	Sonstiges zur KG 460	–	–	–	–
470	**Nutzungsspez. u. verfahrenstechn. Anl.**	**–**	**–**	**–**	**–**
480	**Gebäude- und Anlagenautomation**	**1.480,94 m² BGF**	**167.793,49**	**113,30**	**2,7**
490	**Sonst. Maßnahmen für techn. Anlagen**	**–**	**–**	**–**	**–**

Kostenkennwerte für die Kostengruppen der 3. Ebene DIN 276

KG	Kostengruppe	Menge Einheit	Kosten €	€/Einheit	%

Hinweis zu den Kostenkennwerten:
Für die Kostengliederung der DIN 276 stellen Modulbauten wegen ihrer zwangsläufigen Durchmischung von Kosten der Baukonstruktionen, der technischen Anlagen und der Baunebenkosten einen Sonderfall dar. Abweichend vom BKI-Standard werden die Kosten der Modulbau-Dokumentation deshalb angepasst dargestellt. Die Kosten der Basismodule werden als übergeordneter Preis nur bei der 1. Ebene dargestellt. **Alle Zulagen zu den Basismodulen werden nachfolgend separat bis zur 2. bzw. 3. Ebene der DIN 276 dokumentiert und abgebildet.**

KG	Kostengruppe	Menge Einheit	Kosten €	€/Einheit	%
210	**Herrichten**				**100,0**
211	**Sicherungsmaßnahmen**	3.300,00 m²GF	27.468	**8,32**	12,9
	Sicherungsmaßnahmen (psch)				
212	**Abbruchmaßnahmen**	3.300,00 m²GF	18.312	**5,55**	8,6
	Abbruchmaßnahmen (psch)				
213	**Altlastenbeseitigung**	3.300,00 m²GF	166.794	**50,54**	78,5
	Entsorgung von belastetem Erdreich Z1.1 (1.800t), Z1.2 (720t), Z2 (360t); Deponiegebühren				
220	**Öffentliche Erschließung**				**100,0**
221	**Abwasserentsorgung**	3.300,00 m²GF	76.301	**23,12**	86,9
	Abwasserentsorgung (psch)				
222	**Wasserversorgung**	3.300,00 m²GF	11.541	**3,50**	13,1
	Wasserversorgung (psch), Schieber (3St)				
310	**Baugrube / Erdbau**				**100,0**
311	**Herstellung**	2.430,00 m³BGI	41.595	**17,12**	100,0
	Baugrubenaushub, T bis 3m, abfahren (2.000m³), lagern, hinterfüllen (430m³)				
320	**Gründung, Unterbau**				**100,0**
321	**Baugrundverbesserung**	650,00 m²	300.073	**461,65**	76,2
	Zulage zum Aushub für Bodenaustausch, T=2m, verdichten (1.300m³)				
322	**Flachgründungen und Bodenplatten**	478,00 m²	83.854	**175,43**	21,3
	Stb-Bodenplatte, d=30cm, Schalung, Bewehrung, Frostschürzen (478m²)				
324	**Gründungsbeläge**	126,21 m²	9.711	**76,94**	2,5
	Zulage zum Basismodul für Ausführung mit Bodenfliesen 60x60cm (126m²)				
330	**Außenwände/Vertikale Baukonstruktionen, außen**				**100,0**
334	**Außenwandöffnungen**	218,94 m²	75.258	**343,74**	17,0
	Zulagen zum Basismodul für Ausführung mit Metallfenstern, dreiteilig, Drehkipp, Fest (178m²), zweiteilig, Drehkipp (22m²), für zweiflüglige Außentüren (19m²)				
335	**Außenwandbekleidungen, außen**	1.296,86 m²	229.222	**176,75**	51,8
	Zulagen zum Basismodul für Holzfassade, horizontale Rhombusschalung, vorgegraut, UK (1.220m²), für Fassadenpaneele, zwischen Fenstern (77m²)				

KG	Kostengruppe	Menge Einheit	Kosten €	€/Einheit	%
337	**Element. Außenwandkonstruktionen**	74,00 m²	103.871	**1.403,67**	23,5
	Zulagen zum Basismodul für Pfosten-Riegelfassaden, Festverglasungen, Automatikschiebetür, zweiflüglig (47m²), Festverglasungen, vier Öffnungsflügel, zwei Eingangstüren (27m²)				
338	**Lichtschutz zur KG 330**	231,00 m²	23.645	**102,36**	5,3
	Zulagen zum Basismodul für Plissees, innenliegend (178m²), für Sonnenschutzlamellen (53m²)				
339	**Sonstiges zur KG 330**	1.589,80 m² AWF	10.900	**6,86**	2,5
	Zulagen zum Basismodul für Lichtschacht 4,50x1,80x1,50m, Gitterrostabdeckung, für Kühlgeräte (1St)				
340	**Innenwände/Vertikale Baukonstruktionen, innen**				**100,0**
341	**Tragende Innenwände**	1.175,39 m²	9.188	**7,82**	15,2
	Zulage zum Basismodul für Wandverstärkungen (1.175m²)				
344	**Innenwandöffnungen**	107,68 m²	51.423	**477,55**	84,8
	Zulagen zum Basismodul für Ausführung als Schallschutztüren 37dB (81m²), für zweiflüglige Innentüren (16m²), für Innenfenster (11m²)				
350	**Decken/Horizontale Baukonstruktionen**				**100,0**
353	**Deckenbeläge**	48,79 m²	3.754	**76,94**	100,0
	Zulage zum Basismodul für Ausführung mit Bodenfliesen 60x60cm (49m²)				
360	**Dächer**				**100,0**
362	**Dachöffnungen**	5,43 m²	23.724	**4.369,00**	20,1
	Zulagen zum Basismodul für Dachausstiegsklappe 2,85x1,40m, freistehende Treppe (4m²), Lichtkuppel 120x120cm (1m²)				
363	**Dachbeläge**	568,00 m²	43.521	**76,62**	36,9
	Zulagen zum Basismodul für Ausführung mit Dachbegrünung (568m²), für Ausführung als Gefälledach mit außenliegender Dachentwässerung (psch)				
369	**Sonstiges zur KG 360**	573,43 m² DAF	50.717	**88,45**	43,0
	Zulage zum Basismodul für Kollektivschutz, umlaufend (113m)				
390	**Sonstige Maßnahmen für Baukonstruktionen**				**100,0**
391	**Baustelleneinrichtung**	1.480,94 m² BGF	92.330	**62,35**	100,0
	Baustelleneinrichtung, Kran, Bauzaun, Wasser, WC, Bauschild, Container, Baustromanschluss (psch), Kiesauffüllung in Teilbereichen (psch)				
430	**Raumlufttechnische Anlagen**				**100,0**
431	**Lüftungsanlagen**	1.480,94 m² BGF	406.509	**274,49**	74,6
	Zulagen zum Basismodul für Lüftungsanlage (psch)				
434	**Kälteanlagen**	1.480,94 m² BGF	138.303	**93,39**	25,4
	Zulagen zum Basismodul für Kälteanlagen (psch)				

KG	Kostengruppe	Menge Einheit	Kosten €	€/Einheit	%
440	**Elektrische Anlagen**				**100,0**
442	**Eigenstromversorgungsanlagen**	1.480,94 m² BGF	34.030	**22,98**	22,8
	Zulage zum Basismodul für Photovoltaikanlage (psch)				
444	**Niederspannungsinstallationsanlagen**	1.480,94 m² BGF	49.748	**33,59**	33,4
	Zulage zum Basismodul für Elektroinstallation (psch)				
446	**Blitzschutz- und Erdungsanlagen**	1.480,94 m² BGF	65.237	**44,05**	43,8
	Zulage zum Basismodul für Blitzschutzanlage (psch)				
450	**Kommunikations-, sicherheits- und informationstechnische Anlagen**				**100,0**
456	**Gefahrenmelde- und Alarmanlagen**	1.480,94 m² BGF	160.603	**108,45**	34,3
	Zulage zum Basismodul für Brandmeldeanlage (psch)				
457	**Datenübertragungsnetze**	1.480,94 m² BGF	307.049	**207,33**	65,7
	Zulage zum Basismodul für Datenübertragungsnetz (psch)				
460	**Förderanlagen**				**100,0**
461	**Aufzugsanlagen**	1.480,94 m² BGF	91.561	**61,83**	100,0
	Zulage zum Basismodul für Personenaufzug, drei Haltestellen (1St)				
480	**Gebäude- und Anlagenautomation**				**100,0**
481	**Automationseinrichtungen**	1.480,94 m² BGF	167.793	**113,30**	100,0
	Zulagen zum Basismodul für Gebäudeautomation, Raumautomationssysteme (psch)				

Kostenkennwerte für Leistungsbereiche nach STLB (Bauwerkskosten nach DIN 276 + Basismodule)

Hinweis zu den Leistungsbereichen:
Für die Kostengliederung nach STLB stellen Modulbauten wegen ihrer zwangsläufigen Durchmischung von Kosten der Baukonstruktionen, der technischen Anlagen und der Baunebenkosten einen Sonderfall dar. Abweichend vom BKI-Standard werden die Kosten der Modulbau-Dokumentation deshalb angepasst dargestellt. Die Kosten der Basismodule werden als Gesamtpreis bei dem Leistungsbereich dargestellt, der die Tragkonstruktion bildet. **Alle Zulagen zu den Basismodulen werden separat nach STLB in den einzelnen Leistungsbereichen dokumentiert und abgebildet.**

LB	Leistungsbereiche	Kosten €	€/m² BGF	€/m³ BRI	% an 3+4 +Basismod.
000	Baustellen-, Verkehrssich.- u. Sicherh.einr. inkl. 001	92.330	62,30	15,20	1,5
002	Erdarbeiten	341.667	230,70	56,40	5,5
009	Entwässerungskanalarbeiten inkl. 011	–	–	–	–
012	Mauerarbeiten	–	–	–	–
013	Betonarbeiten	94.754	64,00	15,60	1,5
014	Natur-, Betonwerksteinarbeiten	–	–	–	–
016	Zimmer- und Holzbauarbeiten	9.188	6,20	1,50	0,1
016	Zimmer- und Holzbauarbeiten - **Basismodule**	3.666.062	2.475,50	604,73	58,7
017	Stahlbauarbeiten	–	–	–	–
020	Dachdeckungsarbeiten	–	–	–	–
021	Dachabdichtungsarbeiten	107.037	72,30	17,70	1,7
022	Klempnerarbeiten	10.926	7,40	1,80	0,2
	Rohbau mit Basismodulen	**4.321.964**	**2.918,40**	**712,90**	**69,3**
023	Putz- und Stuckarbeiten, Wärmedämmsysteme	–	–	–	–
024	Fliesen- und Plattenarbeiten	13.465	9,10	2,20	0,2
025	Estricharbeiten	–	–	–	–
026	Fenster, Außentüren inkl. 029, 032	75.258	50,80	12,40	1,2
027	Tischlerarbeiten	51.423	34,70	8,50	0,8
028	Parkett-, Holzpflasterarbeiten	–	–	–	–
030	Rollladenarbeiten	23.645	16,00	3,90	0,4
031	Metallbauarbeiten inkl. 035	103.871	70,10	17,10	1,7
034	Maler- und Lackiererarb. – Beschicht. inkl. 037	–	–	–	–
036	Bodenbelagarbeiten	–	–	–	–
038	Vorgehängte hinterlüftete Fassaden	229.222	154,80	37,80	3,7
039	Trockenbauarbeiten	–	–	–	–
	Ausbau	**496.885**	**335,50**	**82,00**	**8,0**
040	Wärmeversorgungsanl. – Betriebseinr. inkl. 041	–	–	–	–
042	Gas- u. Wasseranl. – Leitung., Armat. inkl. 043	–	–	–	–
044	Abwasseranl. – Leitungen, Abläufe, Armaturen	–	–	–	–
045	Gas, Wasser, Entwässerung – Ausstattung inkl. 046	–	–	–	–
047	Dämm- und Brandschutzarb. an techn. Anlagen	–	–	–	–
049	Feuerlöschanlagen, Feuerlöschgeräte	–	–	–	–
050	Blitzschutz-/Erdungsanlagen, Überspannungssch.	65.237	44,10	10,80	1,0
053	Niederspannungsanl. – Kabel inkl. 052, 054	49.748	33,60	8,20	0,8
055	Sicherheits- u. Ersatzstromversorgungsanl.	34.030	23,00	5,60	0,5
058	Leuchten und Lampen inkl. 059	–	–	–	–
061	Kommunikations- u. Übertragungsnetze inkl. 063	467.652	315,80	77,10	7,5
069	Aufzüge	91.561	61,80	15,10	1,5
070	Gebäudeautomation	167.793	113,30	27,70	2,7
075	Raumlufttechnische Anlagen inkl. 078	544.812	367,90	89,90	8,7
	Gebäudetechnik	**1.420.833**	**959,40**	**234,40**	**22,8**

Gebäude für Forschung und Lehre

2

2100 Hörsaalgebäude
• 2200 Institutsgebäude für Lehre und Forschung
2300 Institutsgebäude für Forschung und Untersuchung

2200-0067
Seminargebäude

Kostenkennwerte für die Kosten der Basismodule, der KG 300+400 + anteilig der KG 700 nach DIN 276

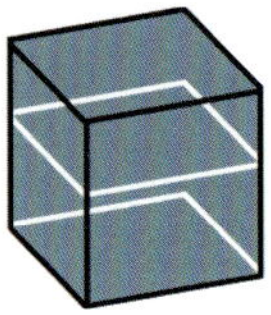

BRI 664 €/m³

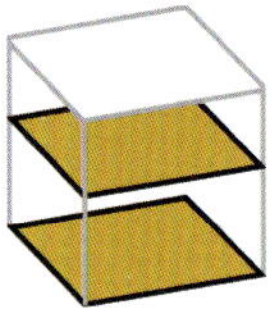

BGF 2.592 €/m²

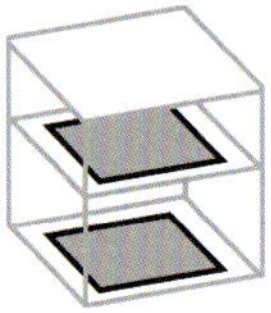

NUF 3.939 €/m²

- **Holz-Raumzellen**
- Stahlbeton-Raumzellen
- Stahl-Raumzellen
- Ziegel-Raumzellen

Konstruktionsart

Objekt:
Kennwerte: 3. Ebene DIN 276
BRI: 8.276 m³
BGF: 2.120 m²
NUF: 1.395 m²
Bauzeit: 26 Wochen
Bauende: 2021
Standard: mittel
Bundesland: Bayern
Kreis: Ingolstadt, Stadt

Architekt*in:
meuer - planen beraten
Architekten GmbH
Prinzregentenplatz 14
81675 München

Bauherr*in:
Technische Hochschule
Ingolstadt
85049 Ingolstadt

Hinweis zur Dokumentation:
Für die Kostengliederung der DIN 276 stellen Modulbauten wegen ihrer zwangsläufigen Durchmischung von Kosten der Baukonstruktionen, der technischen Anlagen und der Baunebenkosten einen Sonderfall dar. Abweichend vom BKI-Standard werden die Kosten der Modulbau-Dokumentation deshalb angepasst dargestellt. Die Kosten der Basismodule beinhalten Kosten der KG 300 und KG 400 sowie anteilige Kosten des GU an KG 700. Alle Zulagen zu den Basismodulen werden separat bis zur 2. bzw. 3. Ebene der DIN 276 dokumentiert und als Summe der darunter liegenden Kostengruppen abgebildet.

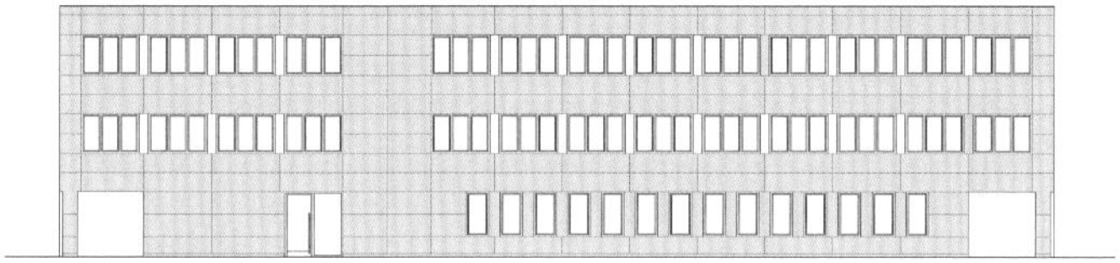

Ansicht West

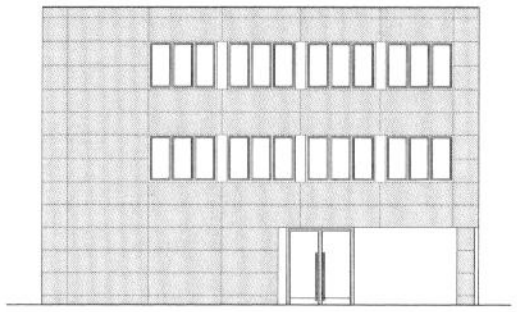

Ansicht Nord

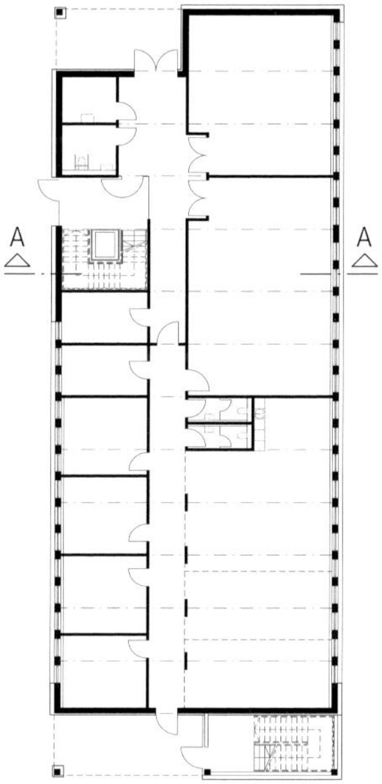

Erdgeschoss

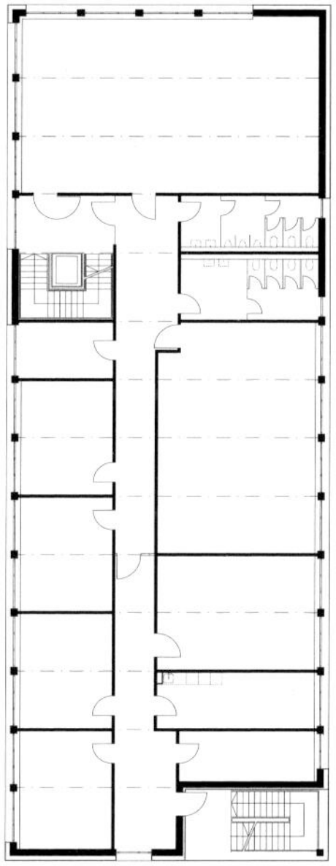

1. Obergeschoss

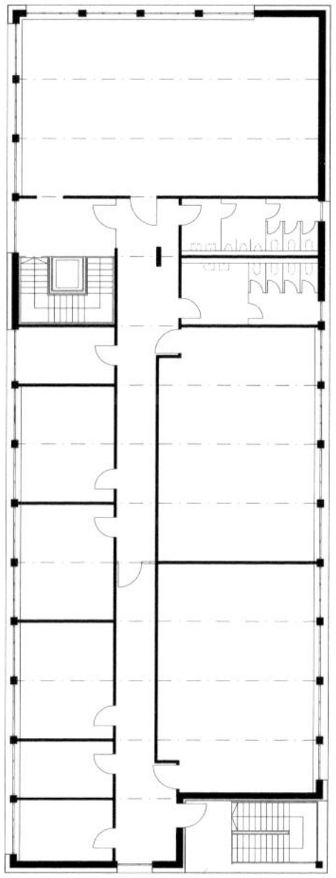

2. Obergeschoss

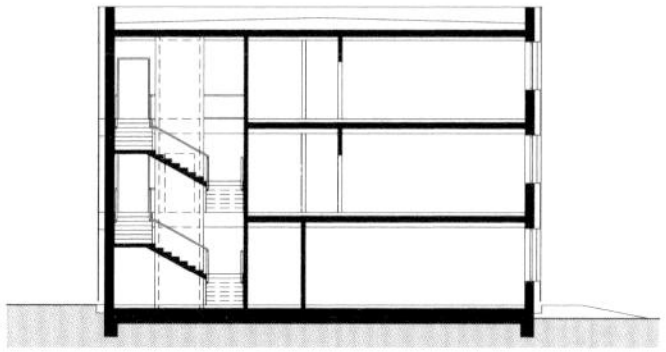

Schnitt A-A

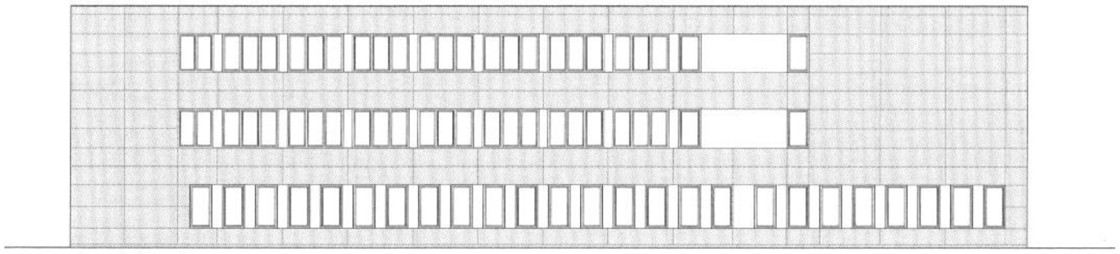

Ansicht Ost

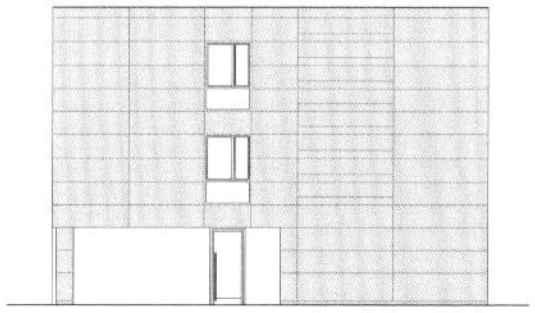

Ansicht Süd

Objektbeschreibung

Allgemeine Objektinformationen

Das dreigeschossige Seminargebäude bietet Hörsäle und Labore für die gestiegenen Studierendenzahlen an der Technischen Hochschule. Zusätzlich gibt es etliche Büroräume für die Verwaltung. Im Erdgeschoss befindet sich ein separat zugänglicher Entrepreneur-Bereich, der Platz für Gründer und Startups bietet und sehr variabel genutzt werden kann. Der Neubau wurde auf Basis eines Raumprogramms mit umfangreichen und detaillierten Anforderungen vor allem an die technische Gebäudeausrüstung systemoffen geplant und ausgeschrieben. Die Ausführung als Holz-Hybrid-Bauweise durch einen Generalunternehmer ergab die wirtschaftlichste Lösung.

Nutzung

1 Erdgeschoss
Labor/PC-Pool, Hörsaal, Entrepreneur-Bereich

2 Obergeschosse
1. OG: Labor/PC-Pool, Hörsaal, Büros
2. OG: Hörsäle, Büros

Nutzeinheiten

Arbeitsplätze: 37
Studierende: 464

Grundstück

Bauraum: Freier Bauraum
Neigung: Ebenes Gelände
Bodenklasse: BK 1 bis BK 4

Markt

Hauptvergabezeit: 2.Quartal 2021
Baubeginn: 2.Quartal 2021
Bauende: 4.Quartal 2021
Konjunkturelle Gesamtlage: über Durchschnitt
Regionaler Baumarkt: über Durchschnitt

Baukonstruktion

Das Gebäude wurde in Holz-Hybrid-Modulbauweise mit einem Basismodulmaß von 3,00x16,00m errichtet. Durch einen hohen Vorfertigungsgrad konnte die Bauzeit vor Ort auf ein Minimum reduziert werden. Das Gebäude ist nicht unterkellert und wurde auf eine vorab durch den Bauherrn errichtete Bodenplatte gestellt. Die Außenfassade ist mit Patina bildenden vorgehängten hinterlüfteten Faserzementtafeln bekleidet. Es kamen Stahl-Glas-Türelemente zum Einbau. Innen sind die Wände beschichtet oder mit Fliesen bekleidet. Die Holztüren wurden teilweise mit erhöhtem Schallschutz ausgeführt. Die Böden sind mit Linoleum oder Fliesen belegt. Alle Räume erhielten Akustikdecken. Stahltreppen dienen der Erschließung. Das Dach wurde bekiest.

Technische Anlagen

Der Modulbau ist an das Fernwärmenetz angeschlossen und wird über Heizkörper erwärmt. Eine Lüftungsanlage gewährleistet den Luftaustausch in den Sanitärräumen. Das Gebäude ist mit einer Blitzschutzanlage, einem Datenübertragungsnetz sowie einer Zeitdienstanlage ausgerüstet und hat einen Anschluss an die Hauptzentrale der Brandmeldeanlage auf dem Campus. Alle Geschosse werden über einen Aufzug barrierefrei erschlossen.

Energetische Kennwerte

Gesetzliche Grundlage: EnEV 2013
Gebäudenutzfläche: 1.779,00 m^2
Gebäudevolumen: 7.361,00 m^3
Hüllfläche des beheizten Volumens: 5.496,00 m^2
Mittlerer U-Wert (opake Bauteile): 0,14 W/(m^2·K)
Mittlerer U-Wert (transparente Bauteile): 0,89 W/(m^2·K)
Spez. Jahresprimärenergiebedarf: 9,20 kWh/(m^2·a)

Energetische Angaben zu Außenbauteilen

Bodenplatte

U-Wert: 0,19 W/(m²·K)

Gesamtdicke: 50,82 cm	d [cm]	λ [W/(m·K)]
Linoleum	0,30	0,170
Estrich	5,50	1,400
PE-Folie	0,02	0,130
Trittschalldämmung	3,00	0,035
Dämmung	4,00	0,035
Abdichtung	1,00	0,230
Stahlbeton	25,00	2,500
Dämmung	12,00	0,041

Außenwand hinterlüftet

U-Wert: 0,16 W/(m²·K)

Gesamtdicke: 29,17 cm	d [cm]	λ [W/(m·K)]
GK-Platte	1,25	0,250
PE-Folie	0,02	0,330
Holzwerkstoffplatte	1,30	0,130
Holz	20,00	0,130
Dämmung	20,00	0,035
Holzwerkstoffplatte	1,60	0,130
Dämmung	5,00	0,035

Decke gegen Außenluft unten

U-Wert: 0,19 W/(m²·K)

Gesamtdicke: 50,82 cm	d [cm]	λ [W/(m·K)]
Linoleum	0,30	0,170
Estrich	5,50	1,400
Dampfsperre	0,02	0,130
Trittschalldämmung	3,00	0,035
Dämmung	4,00	0,035
Abdichtung	1,00	0,230
Stahlbeton	25,00	2,500
Dämmung	12,00	0,041

Dach

U-Wert: 0,16 W/(m²·K)

Gesamtdicke: 40,48 cm	d [cm]	λ [W/(m·K)]
Hohlkörperdecke Beton	18,00	1,130
Dampfsperre	0,40	0,170
Dämmung	22,00	0,038
Abdichtung	0,08	0,170

Planungskennwerte für Flächen und Rauminhalte nach DIN 277

Flächen des Grundstücks		Menge Einheit	% an GF
BF	Bebaute Fläche	726,00 m²	–
UF	Unbebaute Fläche	–	–
GF	Grundstücksfläche	–	–

Grundflächen des Bauwerks		Menge Einheit	% an NUF	% an BGF
NUF	Nutzungsfläche	1.395,13 m²	100,0	65,8
TF	Technikfläche	27,64 m²	2,0	1,3
VF	Verkehrsfläche	400,35 m²	28,7	18,9
NRF	Netto-Raumfläche	1.823,12 m²	130,7	86,0
KGF	Konstruktions-Grundfläche	296,85 m²	21,3	14,0
BGF	Brutto-Grundfläche	2.119,97 m²	152,0	100,0

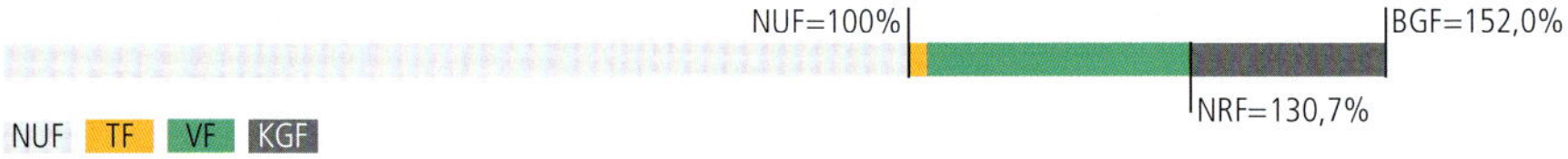

Brutto-Rauminhalt des Bauwerks		Menge Einheit	BRI/NUF (m)	BRI/BGF (m)
BRI	Brutto-Rauminhalt	8.276,40 m³	5,93	3,90

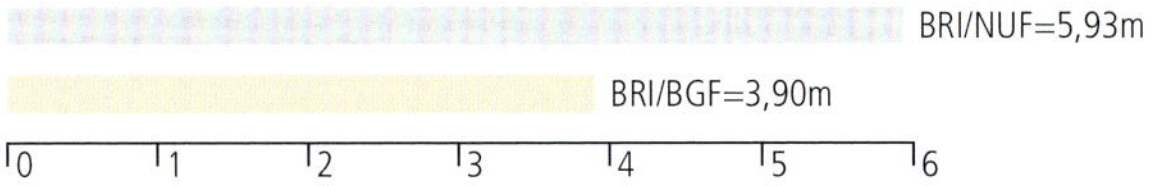

Lufttechnisch behandelte Flächen	Menge Einheit	% an NUF	% an BGF
Entlüftete Fläche	–	–	–
Be- und entlüftete Fläche	–	–	–
Teilklimatisierte Fläche	–	–	–
Klimatisierte Fläche	–	–	–

KG	Kostengruppen (2. Ebene)	Menge Einheit	Menge/NUF	Menge/BGF
310	Baugrube / Erdbau	850,00 m³ BGI	0,61	0,40
320	Gründung, Unterbau	726,00 m² GRF	0,52	0,34
330	Außenwände/Vertikale Baukonstruktionen, außen	1.369,72 m² AWF	0,98	0,65
340	Innenwände/Vertikale Baukonstruktionen, innen	1.403,39 m² IWF	1,01	0,66
350	Decken/Horizontale Baukonstruktionen	1.392,00 m² DEF	1,00	0,66
360	Dächer	726,00 m² DAF	0,52	0,34

Kostenkennwerte für die Kostengruppen der 1.Ebene DIN 276 und der Basismodule

KG	Kostengruppen (1.Ebene)	Einheit	Kosten €	€/Einheit	€/m² BGF	€/m³ BRI	% 300+400 +Basismod.
100	Grundstück	m² GF	–	–	–	–	–
200	Vorbereitende Maßnahmen	m² GF	–	–	–	–	–
	Basismodule KG 300+400+700	**m² BGF**	**4.560.770**	**2.151,34**	**2.151,34**	**551,06**	**83,0**
300	Bauwerk – Baukonstr. **Zulagen**	m² BGF	683.375	322,35	322,35	82,57	12,4
400	Bauwerk – Techn. Anlagen **Zulagen**	m² BGF	250.802	118,30	118,30	30,30	4,6
	Basismodule+Zulagen	**m² BGF**	**5.494.947**	**2.591,99**	**2.591,99**	**663,93**	**100,0**
500	Außenanlagen und Freiflächen	m² AF	–	–	–	–	–
600	Ausstattung und Kunstwerke	m² BGF	–	–	–	–	–
700	Baunebenkosten	m² BGF	–	–	–	–	–
800	Finanzierung	m² BGF	–	–	–	–	–

Hinweis zur Dokumentation:
Für die Kostengliederung der DIN 276 stellen Modulbauten wegen ihrer zwangsläufigen Durchmischung von Kosten der Baukonstruktionen, der technischen Anlagen und der Baunebenkosten einen Sonderfall dar. Abweichend vom BKI-Standard werden die Kosten der Modulbau-Dokumentation deshalb angepasst dargestellt. Die Kosten der Basismodule beinhalten Kosten der KG 300 und KG 400 sowie anteilige Kosten des GU an KG 700. Alle Zulagen zu den Basismodulen werden separat bis zur 2. bzw. 3. Ebene der DIN 276 dokumentiert und als Summe der darunter liegenden Kostengruppen abgebildet.

	Basismodule	Menge Einheit	Kosten €	€/Einheit	%
	Ausführung	2.119,97 m² BGF	4.560.770	**2.151,34**	83,0

35 Holz-Hybrid-Module 3,00x16,00m, 3 Module 3,50x16,00m, 3 Module 3,50x8,84m: Modulböden, gedämmt (615m²), Linoleum (534m²), Bodenfliesen (16m²), Modul-Außenwände, Dämmkern, außen Profilblechfassade, innen doppelte GK-Bekleidung Q3, Beschichtung (846m²), Fenster (317m²), Stahlrohrrahmen-Türelemente, ein-/zweiflüglig, Oberlicht, barrierefrei (26m²), Modul-Innenwände: GK-Ständerwände Q3, doppelt beplankt (1.175m²), Holztüren (98m²), GK-Vorsatzschalen (132m²), Beschichtung, Wandfliesen (2.350m²), WC-Trennwände (103m²), Modul-Geschossdecken, gedämmt, GK-Bekleidung, abgehängte Akustik-/GK-Decken, Beschichtung (1.309m²), Linoleum (1.098m²), Bodenfliesen (80m²), Stahltreppen (62m²), Modul-Flachdach: gedämmt, Dachneigung 3-5%, Abdichtung, innenliegende Entwässerung (699m²), Zulagen für gedrehte Module (304m²), für Rücksprung Eingangsbereiche, einschl. unterseitige Dämmung und Bekleidung (55m²), Elektroheizungen, Sanitärobjekte

KG	Kostengruppe	Menge Einheit	Kosten €	€/Einheit	%
3+4	**Bauwerk**				**17,0**
300	**Bauwerk – Baukonstruktionen**	2.119,97 m² BGF	683.375	**322,35**	12,4

Stb-Flachgründung; Zulagen zum Basismodul für VSG-Verglasung, Faserzementfassade, Sonnenschutzlamellen, Blendschutz; Wandverstärkungen, Schallschutztüren, Stahl-Glas-Brandschutzelemente; Akustikdecken; Kiesdach, außenliegende Dachentwässerung, Dach über Außentreppe

KG	Kostengruppe	Menge Einheit	Kosten €	€/Einheit	%
400	**Bauwerk – Technische Anlagen**	2.119,97 m² BGF	250.802	**118,30**	4,6

Zulagen zum Basismodul für Lüftungsanlage, Blitzschutzanlage; Telekommunikationsanlagen, Such- und Signalanlagen, Zeitdienstanlage, Gefahrenmelde- und Alarmanlage, Datenübertragungsnetze; Personenaufzug

Kostenkennwerte für die Kostengruppen der 2. Ebene DIN 276

KG	Kostengruppe	Menge Einheit	Kosten €	€/Einheit	%

Hinweis zu den Kostenkennwerten:
Für die Kostengliederung der DIN 276 stellen Modulbauten wegen ihrer zwangsläufigen Durchmischung von Kosten der Baukonstruktionen, der technischen Anlagen und der Baunebenkosten einen Sonderfall dar. Abweichend vom BKI-Standard werden die Kosten der Modulbau-Dokumentation deshalb angepasst dargestellt. Die Kosten der Basismodule werden als übergeordneter Preis nur bei der 1. Ebene dargestellt. **Alle Zulagen zu den Basismodulen werden nachfolgend separat bis zur 2. bzw. 3. Ebene der DIN 276 dokumentiert und abgebildet.**

KG	Kostengruppe	Menge Einheit	Kosten €	€/Einheit	%
300	**Bauwerk – Baukonstruktionen**				**100,0**
310	**Baugrube / Erdbau**	850,00 m³ BGI	11.046	**13,00**	1,6
	Baugrubenaushub, abfahren (726m³), lagern hinterfüllen (124m³)				
320	**Gründung, Unterbau**	726,00 m² GRF	89.160	**122,81**	13,0
	Stb-Fundamentplatte (639m²), Stb-Einzelfundamente (4St) * Kieskoffer (726m²)				
330	**Außenwände/Vert. Baukonstrukt., außen**	1.369,72 m² AWF	302.606	**220,93**	44,3
	Zulagen zum Basismodul für Fenster mit VSG-Verglasung (9m²) * für vorgehängte Faserzementfassade (920m²) * für Sonnenschutzlamellen (95St), Blendschutz (7St)				
340	**Innenwände/Vert. Baukonstrukt., innen**	1.403,39 m² IWF	157.461	**112,20**	23,0
	Zulagen zum Basismodul für Wandverstärkungen (1.175m²) * für Ausführung als Schallschutztüren 45dB (64m²) * für Ausführung der Stahl-Glaselemente mit Brandschutzverglasung, VSG, Tür (28m²)				
350	**Decken/Horizontale Baukonstruktionen**	1.392,00 m² DEF	25.429	**18,27**	3,7
	Zulagen zum Basismodul für Akustikdecken (1.102m²)				
360	**Dächer**	726,00 m² DAF	51.889	**71,47**	7,6
	Zulagen zum Basismodul für Ausführung als Kiesdach (696m²), für außenliegende Dachentwässerung (psch) * für Akustikdecken (568m²) * für Dach über Außentreppe (25m²)				
390	**Sonst. Maßnahmen für Baukonstrukt.**	2.119,97 m² BGF	45.784	**21,60**	6,7
	Baustelleneinrichtung (psch), Kiesauffüllung (800m²)				
400	**Bauwerk – Technische Anlagen**				**100,0**
430	**Raumlufttechnische Anlagen**	2.119,97 m² BGF	36.459	**17,20**	14,5
	Zulage zum Basismodul für Lüftungsanlage, für Sanitärräume (psch)				
440	**Elektrische Anlagen**	2.119,97 m² BGF	26.921	**12,70**	10,7
	Zulage zum Basismodul für Blitzschutzanlage (psch)				
450	**Kommunikationstechnische Anlagen**	2.119,97 m² BGF	110.505	**52,13**	44,1
	Zulagen zum Basismodul für Telekommunikationsanlagen (psch) * für Such- und Signalanlagen (psch) * für Zeitdienstanlage (psch) * für Gefahrenmelde- und Alarmanlage (psch) * für Datenübertragungsnetze (psch)				
460	**Förderanlagen**	2.119,97 m² BGF	76.917	**36,28**	30,7
	Zulage zum Basismodul für Personenaufzug (1St)				

Kostenkennwerte für die Kostengruppen 300 der 2. und 3. Ebene DIN 276 (Übersicht)

KG	Kostengruppe	Menge Einheit	Kosten €	€/Einheit	% an 3+4 +Basismod.
300	**Bauwerk – Baukonstruktionen**	**2.119,97 m² BGF**	**683.375,06**	**322,35**	**12,4**
310	**Baugrube / Erdbau**	**850,00 m³ BGI**	**11.046,38**	**13,00**	**0,2**
311	Herstellung	850,00 m³ BGI	11.046,38	13,00	0,2
312	Umschließung	–	–	–	–
313	Wasserhaltung	–	–	–	–
314	Vortrieb	–	–	–	–
319	Sonstiges zur KG 310	–	–	–	–
320	**Gründung, Unterbau**	**726,00 m² GRF**	**89.159,61**	**122,81**	**1,6**
321	Baugrundverbesserung	–	–	–	–
322	Flachgründungen und Bodenplatten	726,00 m²	69.611,22	95,88	1,3
323	Tiefgründungen	–	–	–	–
324	Gründungsbeläge	–	–	–	–
325	Abdichtungen und Bekleidungen	726,00 m²	19.548,39	26,93	0,4
326	Dränagen	–	–	–	–
329	Sonstiges zur KG 320	–	–	–	–
330	**Außenwände/Vert. Baukonstrukt., außen**	**1.369,72 m² AWF**	**302.606,13**	**220,93**	**5,5**
331	Tragende Außenwände	–	–	–	–
332	Nichttragende Außenwände	–	–	–	–
333	Außenstützen	–	–	–	–
334	Außenwandöffnungen	9,30 m²	4.172,77	448,68	< 0,1
335	Außenwandbekleidungen, außen	920,00 m²	259.122,12	281,65	4,7
336	Außenwandbekleidungen, innen	–	–	–	–
337	Element. Außenwandkonstruktionen	–	–	–	–
338	Lichtschutz zur KG 330	317,34 m²	39.311,24	123,88	0,7
339	Sonstiges zur KG 330	–	–	–	–
340	**Innenwände/Vert. Baukonstrukt., innen**	**1.403,39 m² IWF**	**157.461,30**	**112,20**	**2,9**
341	Tragende Innenwände	1.174,86 m²	6.703,05	5,71	0,1
342	Nichttragende Innenwände	–	–	–	–
343	Innenstützen	–	–	–	–
344	Innenwandöffnungen	64,26 m²	75.379,12	1.173,03	1,4
345	Innenwandbekleidungen	–	–	–	–
346	Elementierte Innenwandkonstruktionen	28,00 m²	75.379,12	2.692,11	1,4
347	Lichtschutz zur KG 340	–	–	–	–
349	Sonstiges zur KG 340	–	–	–	–
350	**Decken/Horizontale Baukonstruktionen**	**1.392,00 m² DEF**	**25.428,91**	**18,27**	**0,5**
351	Deckenkonstruktionen	–	–	–	–
352	Deckenöffnungen	–	–	–	–
353	Deckenbeläge	–	–	–	–
354	Deckenbekleidungen	1.102,00 m²	25.428,91	23,08	0,5
355	Elementierte Deckenkonstruktionen	–	–	–	–
359	Sonstiges zur KG 350	–	–	–	–
360	**Dächer**	**726,00 m² DAF**	**51.888,54**	**71,47**	**0,9**
361	Dachkonstruktionen	–	–	–	–
362	Dachöffnungen	–	–	–	–
363	Dachbeläge	696,00 m²	33.012,99	47,43	0,6
364	Dachbekleidungen	568,00 m²	13.106,73	23,08	0,2
365	Elementierte Dachkonstruktionen	–	–	–	–
366	Lichtschutz zur KG 360	25,00 m²	5.768,82	230,75	0,1
369	Sonstiges zur KG 360	–	–	–	–
380	**Baukonstruktive Einbauten**	**–**	**–**	**–**	**–**
390	**Sonst. Maßnahmen für Baukonstrukt.**	**2.119,97 m² BGF**	**45.784,20**	**21,60**	**0,8**

Kostenkennwerte für die Kostengruppen 400 der 2. und 3. Ebene DIN 276 (Übersicht)

KG	Kostengruppe	Menge Einheit	Kosten €	€/Einheit	% an 3+4 +Basismod.
400	**Bauwerk – Technische Anlagen**	**2.119,97 m² BGF**	**250.802,22**	**118,30**	**4,6**
410	**Abwasser-, Wasser-, Gasanlagen**	**–**	**–**	**–**	**–**
411	Abwasseranlagen	–	–	–	–
412	Wasseranlagen	–	–	–	–
413	Gasanlagen	–	–	–	–
419	Sonstiges zur KG 410	–	–	–	–
420	**Wärmeversorgungsanlagen**	**–**	**–**	**–**	**–**
421	Wärmeerzeugungsanlagen	–	–	–	–
422	Wärmeverteilnetze	–	–	–	–
423	Raumheizflächen	–	–	–	–
424	Verkehrsheizflächen	–	–	–	–
429	Sonstiges zur KG 420	–	–	–	–
430	**Raumlufttechnische Anlagen**	**2.119,97 m² BGF**	**36.458,88**	**17,20**	**0,7**
431	Lüftungsanlagen	2.119,97 m² BGF	36.458,88	17,20	0,7
432	Teilklimaanlagen	–	–	–	–
433	Klimaanlagen	–	–	–	–
434	Kälteanlagen	–	–	–	–
439	Sonstiges zur KG 430	–	–	–	–
440	**Elektrische Anlagen**	**2.119,97 m² BGF**	**26.921,11**	**12,70**	**0,5**
441	Hoch- und Mittelspannungsanlagen	–	–	–	–
442	Eigenstromversorgungsanlagen	–	–	–	–
443	Niederspannungsschaltanlagen	–	–	–	–
444	Niederspannungsinstallationsanlagen	–	–	–	–
445	Beleuchtungsanlagen	–	–	–	–
446	Blitzschutz- und Erdungsanlagen	2.119,97 m² BGF	26.921,11	12,70	0,5
447	Fahrleitungssysteme	–	–	–	–
449	Sonstiges zur KG 440	–	–	–	–
450	**Kommunikationstechnische Anlagen**	**2.119,97 m² BGF**	**110.504,76**	**52,13**	**2,0**
451	Telekommunikationsanlagen	2.119,97 m² BGF	2.051,13	0,97	< 0,1
452	Such- und Signalanlagen	2.119,97 m² BGF	538,43	0,25	< 0,1
453	Zeitdienstanlagen	2.119,97 m² BGF	4.615,04	2,18	< 0,1
454	Elektroakustische Anlagen	–	–	–	–
455	Audiovisuelle Medien- u. Antennenanl.	–	–	–	–
456	Gefahrenmelde- und Alarmanlagen	2.119,97 m² BGF	33.751,39	15,92	0,6
457	Datenübertragungsnetze	2.119,97 m² BGF	69.548,77	32,81	1,3
458	Verkehrsbeeinflussungsanlagen	–	–	–	–
459	Sonstiges zur KG 450	–	–	–	–
460	**Förderanlagen**	**2.119,97 m² BGF**	**76.917,47**	**36,28**	**1,4**
461	Aufzugsanlagen	2.119,97 m² BGF	76.917,47	36,28	1,4
462	Fahrtreppen, Fahrsteige	–	–	–	–
463	Befahranlagen	–	–	–	–
464	Transportanlagen	–	–	–	–
465	Krananlagen	–	–	–	–
466	Hydraulikanlagen	–	–	–	–
469	Sonstiges zur KG 460	–	–	–	–
470	**Nutzungsspez. u. verfahrenstechn. Anl.**	**–**	**–**	**–**	**–**
480	**Gebäude- und Anlagenautomation**	**–**	**–**	**–**	**–**
490	**Sonst. Maßnahmen für techn. Anlagen**	**–**	**–**	**–**	**–**

Kostenkennwerte für die Kostengruppen der 3. Ebene DIN 276

KG	Kostengruppe	Menge Einheit	Kosten €	€/Einheit	%

Hinweis zu den Kostenkennwerten:
Für die Kostengliederung der DIN 276 stellen Modulbauten wegen ihrer zwangsläufigen Durchmischung von Kosten der Baukonstruktionen, der technischen Anlagen und der Baunebenkosten einen Sonderfall dar. Abweichend vom BKI-Standard werden die Kosten der Modulbau-Dokumentation deshalb angepasst dargestellt. Die Kosten der Basismodule werden als übergeordneter Preis nur bei der 1. Ebene dargestellt. **Alle Zulagen zu den Basismodulen werden nachfolgend separat bis zur 2. bzw. 3. Ebene der DIN 276 dokumentiert und abgebildet.**

KG	Kostengruppe	Menge Einheit	Kosten €	€/Einheit	%
310	**Baugrube / Erdbau**				**100,0**
311	**Herstellung**	850,00 m³BGI	11.046	**13,00**	100,0
	Baugrubenaushub, T bis 1,00m, abfahren (726m³), lagern hinterfüllen (124m³)				
320	**Gründung, Unterbau**				**100,0**
322	**Flachgründungen und Bodenplatten**	726,00 m²	69.611	**95,88**	78,1
	Stb-Fundamentplatte, Schalung, Bewehrung, Frostschürzen (639m²), Stb-Einzelfundamente (4St)				
325	**Abdichtungen und Bekleidungen**	726,00 m²	19.548	**26,93**	21,9
	Kieskoffer (726m²)				
330	**Außenwände/Vertikale Baukonstruktionen, außen**				**100,0**
334	**Außenwandöffnungen**	9,30 m²	4.173	**448,68**	1,4
	Zulage zum Basismodul für Fenster mit VSG-Verglasung (9m²)				
335	**Außenwandbekleidungen, außen**	920,00 m²	259.122	**281,65**	85,6
	Zulagen zum Basismodul für vorgehängte Faserzementfassade (920m²), in Laibungen (385m²), als Paneele zwischen Fenstern (81St)				
338	**Lichtschutz zur KG 330**	317,34 m²	39.311	**123,88**	13,0
	Zulage zum Basismodul für Sonnenschutzlamellen, vorgesetzt (95St), Blendschutz, innenliegend (7St)				
340	**Innenwände/Vertikale Baukonstruktionen, innen**				**100,0**
341	**Tragende Innenwände**	1.174,86 m²	6.703	**5,71**	4,3
	Zulage zum Basismodul für Wandverstärkungen (1.175m²)				
344	**Innenwandöffnungen**	64,26 m²	75.379	**1.173,03**	47,9
	Zulage zum Basismodul für Ausführung als Schallschutztüren 45dB (64m²)				
346	**Elementierte Innenwandkonstruktionen**	28,00 m²	75.379	**2.692,11**	47,9
	Zulage zum Basismodul für Ausführung der Stahl-Glaselemente mit Brandschutzverglasung, VSG, Tür (28m²)				
350	**Decken/Horizontale Baukonstruktionen**				**100,0**
354	**Deckenbekleidungen**	1.102,00 m²	25.429	**23,08**	100,0
	Zulage zum Basismodul für Akustikdecken (1.102m²)				

KG	Kostengruppe	Menge Einheit	Kosten €	€/Einheit	%
360	**Dächer**				**100,0**
363	**Dachbeläge**	696,00 m²	33.013	**47,43**	63,6
	Zulagen zum Basismodul für Ausführung als Kiesdach (696m²), für außenliegende Dachentwässerung, Fallrohre (psch)				
364	**Dachbekleidungen**	568,00 m²	13.107	**23,08**	25,3
	Zulage zum Basismodul für Akustikdecken (568m²)				
366	**Lichtschutz zur KG 360**	25,00 m²	5.769	**230,75**	11,1
	Zulage zum Basismodul für Dachkonstruktion über Außentreppe, mit Dachbelag, unterseitiger Dämmung und Bekleidung (25m²)				
390	**Sonstige Maßnahmen für Baukonstruktionen**				**100,0**
391	**Baustelleneinrichtung**	2.119,97 m² BGF	45.784	**21,60**	100,0
	Baustelleneinrichtung (psch), Kiesauffüllung in Teilbereichen (800m²)				
430	**Raumlufttechnische Anlagen**				**100,0**
431	**Lüftungsanlagen**	2.119,97 m² BGF	36.459	**17,20**	100,0
	Zulage zum Basismodul für Lüftungsanlage, für Sanitärräume (psch)				
440	**Elektrische Anlagen**				**100,0**
446	**Blitzschutz- und Erdungsanlagen**	2.119,97 m² BGF	26.921	**12,70**	100,0
	Zulagen zum Basismodul für Blitzschutzanlage (psch)				
450	**Kommunikations-, sicherheits- und informationstechnische Anlagen**				**100,0**
451	**Telekommunikationsanlagen**	2.119,97 m² BGF	2.051	**0,97**	1,9
	Zulage zum Basismodul für Telekommunikationsanlagen (psch)				
452	**Such- und Signalanlagen**	2.119,97 m² BGF	538	**0,25**	0,5
	Zulage zum Basismodul für Such- und Signalanlagen (psch)				
453	**Zeitdienstanlagen**	2.119,97 m² BGF	4.615	**2,18**	4,2
	Zulage zum Basismodul für Zeitdienstanlage (psch)				
456	**Gefahrenmelde- und Alarmanlagen**	2.119,97 m² BGF	33.751	**15,92**	30,5
	Zulage zum Basismodul für Gefahrenmelde- und Alarmanlage (psch)				
457	**Datenübertragungsnetze**	2.119,97 m² BGF	69.549	**32,81**	62,9
	Zulage zum Basismodul für Datenübertragungsnetze (psch)				
460	**Förderanlagen**				**100,0**
461	**Aufzugsanlagen**	2.119,97 m² BGF	76.917	**36,28**	100,0
	Zulage zum Basismodul für Personenaufzug, drei Haltestellen (1St)				

Kostenkennwerte für Leistungsbereiche nach STLB (Bauwerkskosten nach DIN 276 + Basismodule)

Hinweis zu den Leistungsbereichen:
Für die Kostengliederung nach STLB stellen Modulbauten wegen ihrer zwangsläufigen Durchmischung von Kosten der Baukonstruktionen, der technischen Anlagen und der Baunebenkosten einen Sonderfall dar. Abweichend vom BKI-Standard werden die Kosten der Modulbau-Dokumentation deshalb angepasst dargestellt. Die Kosten der Basismodule werden als Gesamtpreis bei dem Leistungsbereich dargestellt, der die Tragkonstruktion bildet. **Alle Zulagen zu den Basismodulen werden separat nach STLB in den einzelnen Leistungsbereichen dokumentiert und abgebildet.**

LB	Leistungsbereiche	Kosten €	€/m² BGF	€/m³ BRI	% an 3+4 +Basismod.
000	Baustellen-, Verkehrssich.- u. Sicherh.einr. inkl. 001	45.784	21,60	5,50	0,8
002	Erdarbeiten	11.046	5,20	1,30	0,2
009	Entwässerungskanalarbeiten inkl. 011	–	–	–	–
012	Mauerarbeiten	–	–	–	–
013	Betonarbeiten	89.160	42,10	10,80	1,6
014	Natur-, Betonwerksteinarbeiten	–	–	–	–
016	Zimmer- und Holzbauarbeiten	12.472	5,90	1,50	0,2
016	Zimmer- und Holzbauarbeiten - **Basismodule**	4.560.770	2.151,34	551,06	83,0
017	Stahlbauarbeiten	–	–	–	–
020	Dachdeckungsarbeiten	–	–	–	–
021	Dachabdichtungsarbeiten	22.306	10,50	2,70	0,4
022	Klempnerarbeiten	10.707	5,10	1,30	0,2
	Rohbau mit Basismodulen	**4.752.245**	**2.241,70**	**574,20**	**86,5**
023	Putz- und Stuckarbeiten, Wärmedämmsysteme	–	–	–	–
024	Fliesen- und Plattenarbeiten	–	–	–	–
025	Estricharbeiten	–	–	–	–
026	Fenster, Außentüren inkl. 029, 032	4.173	2,00	0,50	< 0,1
027	Tischlerarbeiten	75.379	35,60	9,10	1,4
028	Parkett-, Holzpflasterarbeiten	–	–	–	–
030	Rollladenarbeiten	39.311	18,50	4,70	0,7
031	Metallbauarbeiten inkl. 035	75.379	35,60	9,10	1,4
034	Maler- und Lackiererarb. – Beschicht. inkl. 037	–	–	–	–
036	Bodenbelagarbeiten	–	–	–	–
038	Vorgehängte hinterlüftete Fassaden	259.122	122,20	31,30	4,7
039	Trockenbauarbeiten	38.536	18,20	4,70	0,7
	Ausbau	**491.900**	**232,00**	**59,40**	**9,0**
040	Wärmeversorgungsanl. – Betriebseinr. inkl. 041	–	–	–	–
042	Gas- u. Wasseranl. – Leitung., Armat. inkl. 043	–	–	–	–
044	Abwasseranl. – Leitungen, Abläufe, Armaturen	–	–	–	–
045	Gas, Wasser, Entwässerung – Ausstattung inkl. 046	–	–	–	–
047	Dämm- und Brandschutzarb. an techn. Anlagen	–	–	–	–
049	Feuerlöschanlagen, Feuerlöschgeräte	–	–	–	–
050	Blitzschutz-/Erdungsanlagen, Überspannungssch.	26.921	12,70	3,30	0,5
053	Niederspannungsanl. – Kabel inkl. 052, 054	–	–	–	–
058	Leuchten und Lampen inkl. 059	–	–	–	–
060	Such, Signal, Zeit, Anten., akust. Anl. inkl. 064	5.153	2,40	0,62	< 0,1
061	Kommunikations- u. Übertragungsnetze inkl. 063	105.351	49,70	12,70	1,9
069	Aufzüge	76.917	36,30	9,30	1,4
070	Gebäudeautomation	–	–	–	–
075	Raumlufttechnische Anlagen inkl. 078	36.459	17,20	4,40	0,7
	Gebäudetechnik	**250.802**	**118,30**	**30,30**	**4,6**

2200-0068
Seminar-/
Verwaltungsgebäude
(17 AP)

Kostenkennwerte für die Kosten der Basismodule, der KG 300+400 + anteilig der KG 700 nach DIN 276

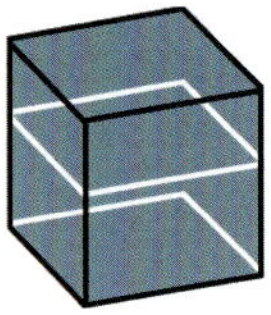

BRI 801 €/m³

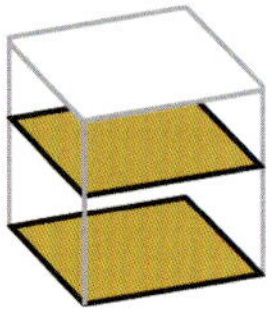

BGF 3.295 €/m²

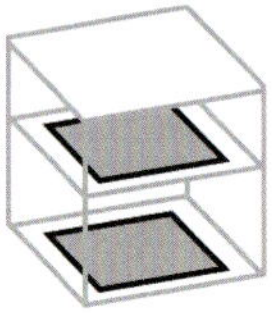

NUF 5.537 €/m²

- **Holz-Raumzellen**

Stahlbeton-Raumzellen
Stahl-Raumzellen
Ziegel-Raumzellen

Konstruktionsart

Objekt:
Kennwerte: 3. Ebene DIN 276
BRI: 3.213 m³
BGF: 781 m²
NUF: 465 m²
Bauzeit: 44 Wochen
Bauende: 2024
Standard: mittel
Bundesland: Bayern
Kreis: Freising

Architekt*in:
meuer - planen beraten
Architekten GmbH
Prinzregentenplatz 14
81675 München

Bauherr*in:
Hochschule
Weihenstephan-Triesdorf
Am Hofgarten 4
85354 Freising

Hinweis zur Dokumentation:
Für die Kostengliederung der DIN 276 stellen Modulbauten wegen ihrer zwangsläufigen Durchmischung von Kosten der Baukonstruktionen, der technischen Anlagen und der Baunebenkosten einen Sonderfall dar. Abweichend vom BKI-Standard werden die Kosten der Modulbau-Dokumentation deshalb angepasst dargestellt. Die Kosten der Basismodule beinhalten Kosten der KG 300 und KG 400 sowie anteilige Kosten des GU an KG 700. Alle Zulagen zu den Basismodulen werden separat bis zur 2. bzw. 3. Ebene der DIN 276 dokumentiert und als Summe der darunter liegenden Kostengruppen abgebildet.

© Marion Sammet

© Marion Sammet

© Marion Sammet

© Marion Sammet

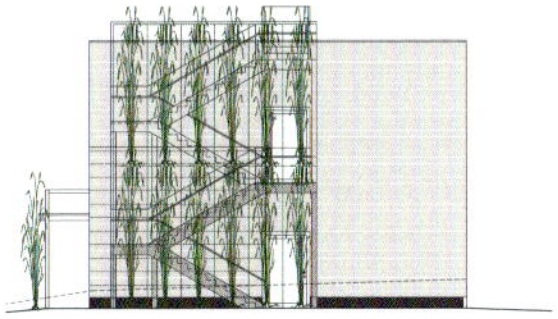

Ansicht Nord

Ansicht Ost

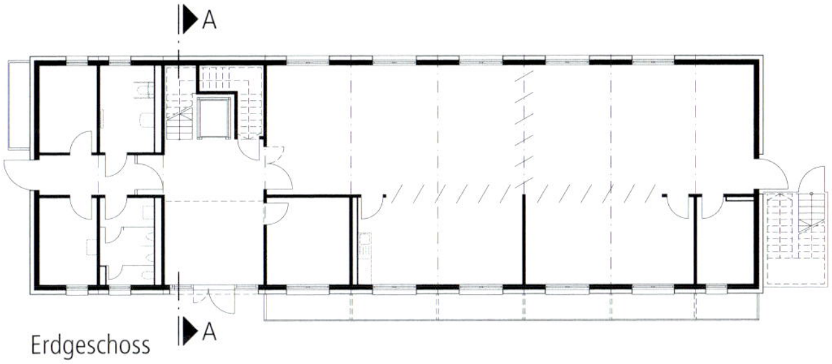

Erdgeschoss

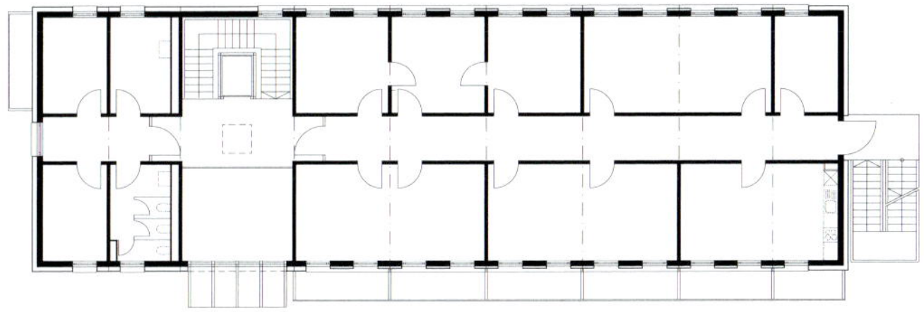

Obergeschoss

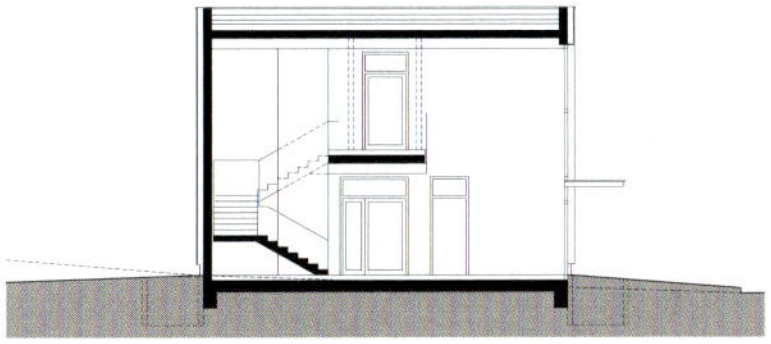

Schnitt A-A

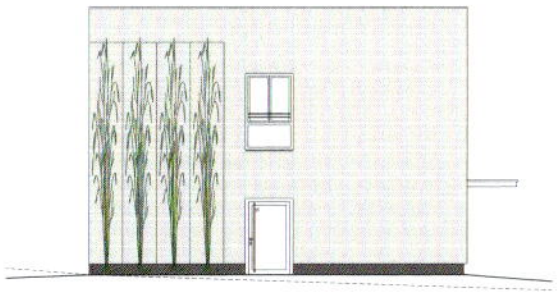

Ansicht Süd

Ansicht West

Objektbeschreibung

Allgemeine Objektinformationen

Das zweigeschossige Seminar- und Verwaltungsgebäude wurde auf einem Hochschulcampus errichtet. Im Erdgeschoss befindet sich ein ca. 200m² großer flexibel unterteilbarer Seminarbereich mit Showküche und digitalem Hörsaal sowie direktem Zugang zur Freifläche. Im Obergeschoss sind Verwaltungsräume und ein Personalbereich untergebracht. Die Dachfläche wird für Forschungszwecke zum Zusammenspiel von Dachbegrünung und Photovoltaik in verschiedenen Ausführungen genutzt. Der Baukörper ist Richtung Süden erweiterbar.

Nutzung

1 Erdgeschoss
Seminarräume, Show-Küche, Besprechungsraum, Digital-Lab, Lager, WCs, Technikräume

1 Obergeschoss
Leitungsbüros, Vorzimmer, Büros, Personalraum, Kopierraum, WC, Putzraum, Technikraum

Nutzeinheiten

Arbeitsplätze: 17

Grundstück

Bauraum: Freier Bauraum
Neigung: Geneigtes Gelände
Bodenklasse: BK 1 bis BK 5

Markt

Hauptvergabezeit: 2. Quartal 2023
Baubeginn: 4. Quartal 2023
Bauende: 3. Quartal 2024
Konjunkturelle Gesamtlage: über Durchschnitt
Regionaler Baumarkt: Durchschnitt

Baukonstruktion

Das Gebäude besteht aus 16 vorgefertigten Holzmodulen auf einer Stahlbeton-Bodenplatte. Dank des hohen Vorfertigungsgrads konnte die Bauzeit vor Ort auf ein Minimum reduziert werden. Boden, Wand und Decke der Module sind aus massiven Brettsperrholzplatten hergestellt. Die Fassade ist mit hinterlüfteter Holzschalung und Faserzementtafeln bekleidet. Metallfenster und eine Pfosten-Riegelfassade im Erschließungsbereich sorgen für natürliche Belichtung. Rankgerüste für die Fassadenbegrünung auf der Süd- und Ostseite dienen der Verschattung sowie dem sommerlichen Wärmeschutz. Innen sind die Wände beschichtet oder gefliest, die Böden mit Linoleum oder Fliesen belegt. Die Holztüren der Büroräume wurden mit erhöhtem Schallschutz ausgeführt. Alle Räume erhielten Akustikdecken. Eine Stahlbetontreppe erschließt das Obergeschoss. Das Flachdach ist extensiv begrünt.

Technische Anlagen

Der Neubau verfügt über eine Regenwassernutzungsanlage. Eine Lüftungsanlage gewährleistet den Luftaustausch in den Sanitärräumen. Die Wärmeversorgung erfolgt über eine Luft-Wärmepumpe in Kombination mit einer Fußbodenheizung. Das Gebäude ist mit einer Beleuchtungsanlage und einer Blitzschutzanlage ausgestattet. Ergänzend wurden eine elektronische Schließanlage, eine Brandmeldeanlage, ein Datennetzwerk sowie zentrale Management- und Bedieneinrichtungen installiert. Die barrierefreie Erschließung erfolgt über einen Hubplattformlift.

Energetische Kennwerte

Gesetzliche Grundlage: GEG 2020
Gebäudenutzfläche: 625,00 m²
Gebäudevolumen: 2.859,00 m³
A/V_e-Verhältnis (Kompaktheit): 0,49 m^{-1}
Hüllfläche des beheizten Volumens: 1.412,00 m²
Mittlerer U-Wert (opake Bauteile): 0,10 W/(m²·K)
Mittlerer U-Wert (transparente Bauteile): 1,00 W/(m²·K)
Mittlerer U-Wert (Vorhangfassade): 1,00 W/(m²·K)
Mittlerer U-Wert (Glasdächer, etc.): 1,30 W/(m²·K)
Spez. Jahresprimärenergiebedarf: 108,40 kWh/(m²·a)
CO_2-Emissionen: 33,70 kg/(m²·a)

Energetische Angaben zu Außenbauteilen

Bodenplatte

U-Wert: 0,14 W/(m²·K)

Gesamtdicke: 52,60 cm	d [cm]	λ [W/(m·K)]
Trockenestrich	1,80	0,250
Trockenestrich	1,80	0,250
Dämmung	7,00	0,028
Holz	12,00	0,120
Dämmung	10,00	0,033
Stahlbeton	20,00	2,300

Außenwand

U-Wert: 0,14 W/(m²·K)

Gesamtdicke: 31,25 cm	d [cm]	λ [W/(m·K)]
GK-Platte	1,25	0,250
Holz	10,00	0,120
Dämmung	20,00	0,033

Dach gegen Außenluft

U-Wert: 0,07 W/(m²·K)

Gesamtdicke: 41,50 cm	d [cm]	λ [W/(m·K)]
Holz	12,00	0,130
Dämmung	24,00	0,023
Dämmung	5,00	0,023
Dachdichtungsbahn	0,50	0,170

Planungskennwerte für Flächen und Rauminhalte nach DIN 277

Flächen des Grundstücks		Menge Einheit	% an GF
BF	Bebaute Fläche	–	–
UF	Unbebaute Fläche	–	–
GF	Grundstücksfläche	–	–

Grundflächen des Bauwerks		Menge Einheit	% an NUF	% an BGF
NUF	Nutzungsfläche	464,71 m²	100,0	59,5
TF	Technikfläche	32,50 m²	7,0	4,2
VF	Verkehrsfläche	157,05 m²	33,8	20,1
NRF	Netto-Raumfläche	654,26 m²	140,8	83,8
KGF	Konstruktions-Grundfläche	126,67 m²	27,3	16,2
BGF	Brutto-Grundfläche	780,93 m²	168,0	100,0

Brutto-Rauminhalt des Bauwerks		Menge Einheit	BRI/NUF (m)	BRI/BGF (m)
BRI	Brutto-Rauminhalt	3.212,80 m³	6,91	4,11

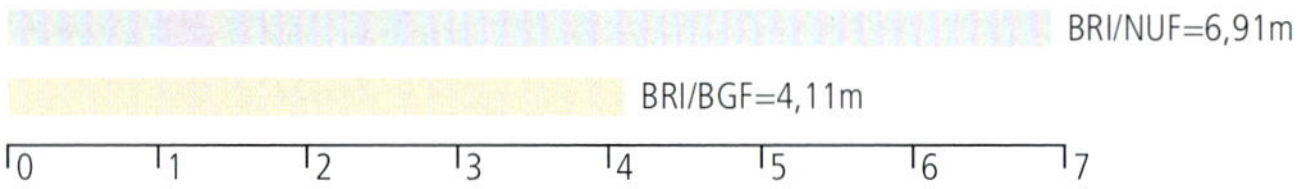

Lufttechnisch behandelte Flächen	Menge Einheit	% an NUF	% an BGF
Entlüftete Fläche	–	–	–
Be- und entlüftete Fläche	–	–	–
Teilklimatisierte Fläche	–	–	–
Klimatisierte Fläche	–	–	–

KG	Kostengruppen (2. Ebene)	Menge Einheit	Menge/NUF	Menge/BGF
310	Baugrube / Erdbau	800,00 m³ BGI	1,72	1,02
320	Gründung, Unterbau	380,00 m² GRF	0,82	0,49
330	Außenwände/Vertikale Baukonstruktionen, außen	710,18 m² AWF	1,53	0,91
340	Innenwände/Vertikale Baukonstruktionen, innen	596,29 m² IWF	1,28	0,76
350	Decken/Horizontale Baukonstruktionen	99,32 m² DEF	0,21	0,13
360	Dächer	381,00 m² DAF	0,82	0,49

Kostenkennwerte für die Kostengruppen der 1.Ebene DIN 276 und der Basismodule

KG	Kostengruppen (1.Ebene)	Einheit	Kosten €	€/Einheit	€/m² BGF	€/m³ BRI	% 300+400 +Basismod.
100	Grundstück	m² GF	–	–	–	–	–
200	Vorbereitende Maßnahmen	m² GF	209.867	–	268,74	65,32	8,2
	Basismodule KG 300+400+700	**m² BGF**	**1.599.184**	**2.047,79**	**2.047,79**	**497,75**	**62,1**
300	Bauwerk – Baukonstr. **Zulagen**	m² BGF	611.021	782,43	782,43	190,18	23,8
400	Bauwerk – Techn. Anlagen **Zulagen**	m² BGF	363.015	464,85	464,85	112,99	14,1
	Basismodule+Zulagen	**m² BGF**	**2.573.220**	**3.295,07**	**3.295,07**	**800,93**	**100,0**
500	Außenanlagen und Freiflächen	m² AF	–	–	–	–	–
600	Ausstattung und Kunstwerke	m² BGF	–	–	–	–	–
700	Baunebenkosten	m² BGF	–	–	–	–	–
800	Finanzierung	m² BGF	–	–	–	–	–

Hinweis zur Dokumentation:
Für die Kostengliederung der DIN 276 stellen Modulbauten wegen ihrer zwangsläufigen Durchmischung von Kosten der Baukonstruktionen, der technischen Anlagen und der Baunebenkosten einen Sonderfall dar. Abweichend vom BKI-Standard werden die Kosten der Modulbau-Dokumentation deshalb angepasst dargestellt. Die Kosten der Basismodule beinhalten Kosten der KG 300 und KG 400 sowie anteilige Kosten des GU an KG 700. Alle Zulagen zu den Basismodulen werden separat bis zur 2. bzw. 3. Ebene der DIN 276 dokumentiert und als Summe der darunter liegenden Kostengruppen abgebildet.

	Basismodule	Menge Einheit	Kosten €	€/Einheit	%
	Ausführung	780,93 m² BGF	1.599.184	**2.047,79**	62,1

10 Holz-Basismodule 4,00x11,20m, lichte Raumhöhe 3,00m, 6 Module 3,00-3,20x11,20m: Modulböden, XPS-Einblasdämmung, d=100mm, Brettsperrholz, d=12cm (363m²), EPS-Dämmung, d=70mm, TSD mit Fußbodenheizung, d=30mm, Trockenestrich, d=36mm, Bodenfliesen (317m²), Modul-Außenwände, Brettsperrholz, d=10cm, Steinwolldämmung, d=200mm, außen Profilblechfassade, innen doppelte GK-Bekleidung Q3, Beschichtung (527m²), Kunststofffenster, Stahlrohrrahmen-Türelemente (160m²), Modul-Innenwände, Brettsperrholz, d=10cm, doppelt beplankt (510m²), Holztüren (63m²), GK-Vorsatzschalen (78m²), Beschichtung, Wandfliesen (1.020m²), WC-Trennwände (26m²), Modul-Geschossdecken, Brettsperrholz, d=8cm, Mineralwolldämmung, d=40mm, Brettsperrholz, d=12cm (326m²), Linoleum, Bodenfliesen (287m²), abgehängte Akustik-/GK-Decken, Beschichtung (287m²), Stahl-/Betontreppe (11m²), Modul-Flachdach, Brettsperrholz, d=12cm, PUR-Dämmung, d=240mm, PUR-Gefälledämmung, d=20-80mm, Dachabdichtung, Retentionselemente, d=10cm, extensive Dachbegrünung, d=15cm, innenliegende Entwässerung (381m²), Zulage für Ausschluss Stahlbau (psch), Elektroheizungen, Sanitärobjekte

KG	Kostengruppe	Menge Einheit	Kosten €	€/Einheit	%
200	**Vorbereitende Maßnahmen**	–	209.867	–	8,2

Wasserversorgung, Strom-/Telekommunikationsanschlüsse

3+4	**Bauwerk**				**37,9**
300	**Bauwerk – Baukonstruktionen**	780,93 m² BGF	611.021	**782,43**	23,8

Stb-Flachgründung; Zulagen zum Basismodul für Metallfenster, für Holzfassade, Faserzementbekleidung, Rankgerüste, Pfosten-Riegelfassade, Sonnenschutz, Absturzsicherungen, Stahl-Glasvordach; Wandverstärkungen, Schallschutztüren, farbige Beschichtung, mobile Trennwände; Bodenfliesen, außenliegende Stahltreppenanlage; RWA-Lichtkuppel, Dachausbildung gemäß Anforderungen Forschungsprojekt, außenliegende Dachentwässerung, Kollektivschutz, Attika-Überstieg; Schriftzug

KG	Kostengruppe	Menge Einheit	Kosten €	€/Einheit	%
400	**Bauwerk – Technische Anlagen**	780,93 m²BGF	363.015	**464,85**	14,1

Zulage zum Basismodul für Lüftungsanlage, WC-Bereiche; Elektroinstallation, Beleuchtung, Blitzschutzanlage; elektronische Schließanlage, Brandmeldeanlage, für Datenübertragungsnetz; Hubplattformlift; Gebäudeautomation

Kostenkennwerte für die Kostengruppen der 2. Ebene DIN 276

Hinweis zu den Kostenkennwerten:
Für die Kostengliederung der DIN 276 stellen Modulbauten wegen ihrer zwangsläufigen Durchmischung von Kosten der Baukonstruktionen, der technischen Anlagen und der Baunebenkosten einen Sonderfall dar. Abweichend vom BKI-Standard werden die Kosten der Modulbau-Dokumentation deshalb angepasst dargestellt. Die Kosten der Basismodule werden als übergeordneter Preis nur bei der 1. Ebene dargestellt. **Alle Zulagen zu den Basismodulen werden nachfolgend separat bis zur 2. bzw. 3. Ebene der DIN 276 dokumentiert und abgebildet.**

KG	Kostengruppe	Menge Einheit	Kosten €	€/Einheit	%
200	**Vorbereitende Maßnahmen**				**100,0**
220	**Öffentliche Erschließung**	–	209.867	–	100,0
	Wasserversorgung (psch) * Strom-/Telekommunikationsanschlüsse (psch)				
300	**Bauwerk – Baukonstruktionen**				**100,0**
310	**Baugrube / Erdbau**	800,00 m³ BGI	19.136	**23,92**	3,1
	Baugrubenaushub, abfahren (383m³), lagern, hinterfüllen (417m³)				
320	**Gründung, Unterbau**	380,00 m² GRF	147.470	**388,08**	24,1
	Stb-Fundamentplatten, Frostschürzen (380m²) * Zulage zum Basismodul für Ausführung mit Bodenfliesen (243m²) * Kieskoffer (513m³)				
330	**Außenwände/Vert. Baukonstrukt., außen**	710,18 m² AWF	242.646	**341,67**	39,7
	Zulagen zum Basismodul für Ausführung als Metallfenster (123m²) * für Holzfassade (515m²), für Faserzementbekleidung (45m²), für Rankgerüste, Stahlrahmen, Stahlseile (175m²) * für Pfosten-Riegelfassade, Automatiktür (27m²) * für Sonnenschutzlamellen, Motorantriebe (106m²) * für Absturzsicherungen (64St), für Stahl-Glasvordach (7m²)				
340	**Innenwände/Vert. Baukonstrukt., innen**	596,29 m² IWF	55.042	**92,31**	9,0
	Zulagen zum Basismodul für Wandverstärkungen (510m²) * für Ausführung als Schallschutztüren (29m²) * für farbige Beschichtung (140m²) * für mobile Trennwände (57m²)				
350	**Decken/Horizontale Baukonstruktionen**	99,32 m² DEF	28.702	**288,98**	4,7
	Zulagen zum Basismodul für Ausführung mit Bodenfliesen (62m²) * für außenliegende Stahltreppenanlage (37m²)				
360	**Dächer**	381,00 m² DAF	56.564	**148,46**	9,3
	Zulagen zum Basismodul für RWA-Lichtkuppel (1m²) * Dachausbildung gemäß Anforderungen Forschungsprojekt, Ausführung mit Unterteilungen, dreilagige Abdichtung (380m²), für außenliegende Dachentwässerung (psch) * für Kollektivschutz, umlaufend (86m), für Attika-Überstieg, Stahlkonstruktion, verzinkt (1St)				
380	**Baukonstruktive Einbauten**	780,93 m² BGF	4.497	**5,76**	0,7
	Zulage zum Basismodul für Schriftzug (psch)				
390	**Sonst. Maßnahmen für Baukonstrukt.**	780,93 m² BGF	56.964	**72,94**	9,3
	Baustelleneinrichtung (psch), Kiesauffüllung (1.000m²)				

KG	Kostengruppe	Menge Einheit	Kosten €	€/Einheit	%
400	**Bauwerk – Technische Anlagen**				**100,0**
430	**Raumlufttechnische Anlagen**	780,93 m²BGF	30.681	**39,29**	8,5
	Zulage zum Basismodul für Lüftungsanlage, WC-Bereiche (psch)				
440	**Elektrische Anlagen**	780,93 m²BGF	146.605	**187,73**	40,4
	Zulagen zum Basismodul für Elektroinstallation (psch) * für Leuchten (psch) * für Blitzschutzanlage (psch)				
450	**Kommunikationstechnische Anlagen**	780,93 m²BGF	103.928	**133,08**	28,6
	Zulagen zum Basismodul für elektronische Schließanlage (psch), für Brandmeldeanlage (psch) * für Datenübertragungsnetz (psch)				
460	**Förderanlagen**	780,93 m²BGF	58.511	**74,92**	16,1
	Zulage zum Basismodul für Hubplattformlift (1St)				
480	**Gebäude- und Anlagenautomation**	780,93 m²BGF	23.290	**29,82**	6,4
	Zulage zum Basismodul für Gebäudeautomation (psch)				

Kostenkennwerte für die Kostengruppen 300 der 2. und 3. Ebene DIN 276 (Übersicht)

KG	Kostengruppe	Menge Einheit	Kosten €	€/Einheit	% an 3+4 +Basismod.
300	**Bauwerk – Baukonstruktionen**	**780,93 m² BGF**	**611.021,08**	**782,43**	**23,7**
310	**Baugrube / Erdbau**	**800,00 m³ BGI**	**19.136,23**	**23,92**	**0,7**
311	Herstellung	800,00 m³ BGI	19.136,23	23,92	0,7
312	Umschließung	–	–	–	–
313	Wasserhaltung	–	–	–	–
314	Vortrieb	–	–	–	–
319	Sonstiges zur KG 310	–	–	–	–
320	**Gründung, Unterbau**	**380,00 m² GRF**	**147.470,33**	**388,08**	**5,7**
321	Baugrundverbesserung	–	–	–	–
322	Flachgründungen und Bodenplatten	380,00 m²	40.538,31	106,68	1,6
323	Tiefgründungen	–	–	–	–
324	Gründungsbeläge	243,00 m²	14.570,75	59,96	0,6
325	Abdichtungen und Bekleidungen	380,00 m²	92.361,27	243,06	3,6
326	Dränagen	–	–	–	–
329	Sonstiges zur KG 320	–	–	–	–
330	**Außenwände/Vert. Baukonstrukt., außen**	**710,18 m² AWF**	**242.646,11**	**341,67**	**9,4**
331	Tragende Außenwände	–	–	–	–
332	Nichttragende Außenwände	–	–	–	–
333	Außenstützen	–	–	–	–
334	Außenwandöffnungen	123,18 m²	16.619,69	134,92	0,6
335	Außenwandbekleidungen, außen	560,00 m²	149.405,07	266,79	5,8
336	Außenwandbekleidungen, innen	–	–	–	–
337	Element. Außenwandkonstruktionen	27,00 m²	38.975,25	1.443,53	1,5
338	Lichtschutz zur KG 330	106,00 m²	18.138,48	171,12	0,7
339	Sonstiges zur KG 330	710,18 m² AWF	19.507,61	27,47	0,8
340	**Innenwände/Vert. Baukonstrukt., innen**	**596,29 m² IWF**	**55.041,62**	**92,31**	**2,2**
341	Tragende Innenwände	509,91 m²	3.807,58	7,47	0,1
342	Nichttragende Innenwände	–	–	–	–
343	Innenstützen	–	–	–	–
344	Innenwandöffnungen	29,38 m²	3.897,54	132,66	0,2
345	Innenwandbekleidungen	140,00 m²	4.328,84	30,92	0,2
346	Elementierte Innenwandkonstruktionen	57,00 m²	43.007,67	754,52	1,7
347	Lichtschutz zur KG 340	–	–	–	–
349	Sonstiges zur KG 340	–	–	–	–
350	**Decken/Horizontale Baukonstruktionen**	**99,32 m² DEF**	**28.701,75**	**288,98**	**1,1**
351	Deckenkonstruktionen	–	–	–	–
352	Deckenöffnungen	–	–	–	–
353	Deckenbeläge	62,00 m²	3.717,64	59,96	0,1
354	Deckenbekleidungen	–	–	–	–
355	Elementierte Deckenkonstruktionen	37,32 m²	24.984,13	669,46	1,0
359	Sonstiges zur KG 350	–	–	–	–
360	**Dächer**	**381,00 m² DAF**	**56.564,06**	**148,46**	**2,2**
361	Dachkonstruktionen	–	–	–	–
362	Dachöffnungen	1,44 m²	6.495,87	4.511,02	0,3
363	Dachbeläge	379,28 m²	14.490,80	38,21	0,6
364	Dachbekleidungen	–	–	–	–
365	Elementierte Dachkonstruktionen	–	–	–	–
366	Lichtschutz zur KG 360	–	–	–	–
369	Sonstiges zur KG 360	381,00 m² DAF	35.577,41	93,38	1,4
380	**Baukonstruktive Einbauten**	**780,93 m² BGF**	**4.497,15**	**5,76**	**0,2**
390	**Sonst. Maßnahmen für Baukonstrukt.**	**780,93 m² BGF**	**56.963,82**	**72,94**	**2,2**

Kostenstand: 2. Quartal 2025, Bundesdurchschnitt, **inkl. 19% MwSt.**

Kostenkennwerte für die Kostengruppen 400 der 2. und 3. Ebene DIN 276 (Übersicht)

KG	Kostengruppe	Menge Einheit	Kosten €	€/Einheit	% an 3+4 +Basismod.
400	**Bauwerk – Technische Anlagen**	**780,93 m² BGF**	**363.014,88**	**464,85**	**14,1**
410	**Abwasser-, Wasser-, Gasanlagen**	**–**	**–**	**–**	**–**
411	Abwasseranlagen	–	–	–	–
412	Wasseranlagen	–	–	–	–
413	Gasanlagen	–	–	–	–
419	Sonstiges zur KG 410	–	–	–	–
420	**Wärmeversorgungsanlagen**	**–**	**–**	**–**	**–**
421	Wärmeerzeugungsanlagen	–	–	–	–
422	Wärmeverteilnetze	–	–	–	–
423	Raumheizflächen	–	–	–	–
424	Verkehrsheizflächen	–	–	–	–
429	Sonstiges zur KG 420	–	–	–	–
430	**Raumlufttechnische Anlagen**	**780,93 m² BGF**	**30.680,51**	**39,29**	**1,2**
431	Lüftungsanlagen	780,93 m² BGF	30.680,51	39,29	1,2
432	Teilklimaanlagen	–	–	–	–
433	Klimaanlagen	–	–	–	–
434	Kälteanlagen	–	–	–	–
439	Sonstiges zur KG 430	–	–	–	–
440	**Elektrische Anlagen**	**780,93 m² BGF**	**146.605,29**	**187,73**	**5,7**
441	Hoch- und Mittelspannungsanlagen	–	–	–	–
442	Eigenstromversorgungsanlagen	–	–	–	–
443	Niederspannungsschaltanlagen	–	–	–	–
444	Niederspannungsinstallationsanlagen	780,93 m² BGF	6.421,91	8,22	0,2
445	Beleuchtungsanlagen	780,93 m² BGF	114.495,70	146,61	4,4
446	Blitzschutz- und Erdungsanlagen	780,93 m² BGF	25.687,68	32,89	1,0
447	Fahrleitungssysteme	–	–	–	–
449	Sonstiges zur KG 440	–	–	–	–
450	**Kommunikationstechnische Anlagen**	**780,93 m² BGF**	**103.928,08**	**133,08**	**4,0**
451	Telekommunikationsanlagen	–	–	–	–
452	Such- und Signalanlagen	–	–	–	–
453	Zeitdienstanlagen	–	–	–	–
454	Elektroakustische Anlagen	–	–	–	–
455	Audiovisuelle Medien- u. Antennenanl.	–	–	–	–
456	Gefahrenmelde- und Alarmanlagen	780,93 m² BGF	47.846,16	61,27	1,9
457	Datenübertragungsnetze	780,93 m² BGF	56.081,91	71,81	2,2
458	Verkehrsbeeinflussungsanlagen	–	–	–	–
459	Sonstiges zur KG 450	–	–	–	–
460	**Förderanlagen**	**780,93 m² BGF**	**58.510,83**	**74,92**	**2,3**
461	Aufzugsanlagen	780,93 m² BGF	58.510,83	74,92	2,3
462	Fahrtreppen, Fahrsteige	–	–	–	–
463	Befahranlagen	–	–	–	–
464	Transportanlagen	–	–	–	–
465	Krananlagen	–	–	–	–
466	Hydraulikanlagen	–	–	–	–
469	Sonstiges zur KG 460	–	–	–	–
470	**Nutzungsspez. u. verfahrenstechn. Anl.**	**–**	**–**	**–**	**–**
480	**Gebäude- und Anlagenautomation**	**780,93 m² BGF**	**23.290,17**	**29,82**	**0,9**
490	**Sonst. Maßnahmen für techn. Anlagen**	**–**	**–**	**–**	**–**

Kostenkennwerte für die Kostengruppen der 3. Ebene DIN 276

Hinweis zu den Kostenkennwerten:
Für die Kostengliederung der DIN 276 stellen Modulbauten wegen ihrer zwangsläufigen Durchmischung von Kosten der Baukonstruktionen, der technischen Anlagen und der Baunebenkosten einen Sonderfall dar. Abweichend vom BKI-Standard werden die Kosten der Modulbau-Dokumentation deshalb angepasst dargestellt. Die Kosten der Basismodule werden als übergeordneter Preis nur bei der 1. Ebene dargestellt. **Alle Zulagen zu den Basismodulen werden nachfolgend separat bis zur 2. bzw. 3. Ebene der DIN 276 dokumentiert und abgebildet.**

KG	Kostengruppe	Menge Einheit	Kosten €	€/Einheit	%
220	**Öffentliche Erschließung**				**100,0**
222	**Wasserversorgung**	–	9.994	–	4,8
	Wasserversorgung (psch)				
225	**Stromversorgung**	–	199.873	–	95,2
	Strom-/Telekommunikationsanschlüsse (psch)				
310	**Baugrube / Erdbau**				**100,0**
311	**Herstellung**	800,00 m³ BGI	19.136	**23,92**	100,0
	Baugrubenaushub, T bis 1,60m, abfahren (383m³), lagern, hinterfüllen (417m³)				
320	**Gründung, Unterbau**				**100,0**
322	**Flachgründungen und Bodenplatten**	380,00 m²	40.538	**106,68**	27,5
	Stb-Fundamentplatten, Schalung, Bewehrung, Frostschürzen (380m²)				
324	**Gründungsbeläge**	243,00 m²	14.571	**59,96**	9,9
	Zulage zum Basismodul für Ausführung mit Bodenfliesen 60x60cm (243m²)				
325	**Abdichtungen und Bekleidungen**	380,00 m²	92.361	**243,06**	62,6
	Kieskoffer (513m³)				
330	**Außenwände/Vertikale Baukonstruktionen, außen**				**100,0**
334	**Außenwandöffnungen**	123,18 m²	16.620	**134,92**	6,8
	Zulage zum Basismodul für Ausführung als Metallfenster (123m²)				
335	**Außenwandbekleidungen, außen**	560,00 m²	149.405	**266,79**	61,6
	Zulagen zum Basismodul für Holzfassade, horizontale Rhombusschalung, unbehandelt, UK (515m²), für Faserzementbekleidung, zwischen Fenstern (45m²), für Rankgerüste, Stahlrahmen, verzinkt, Stahlseile (175m²)				
337	**Element. Außenwandkonstruktionen**	27,00 m²	38.975	**1.443,53**	16,1
	Zulage zum Basismodul für Pfosten-Riegelfassade, Festverglasungen, Automatiktür, zweiflüglig (27m²)				
338	**Lichtschutz zur KG 330**	106,00 m²	18.138	**171,12**	7,5
	Zulage zum Basismodul für Sonnenschutzlamellen, Motorantriebe (106m²)				

KG	Kostengruppe	Menge Einheit	Kosten €	€/Einheit	%
339	**Sonstiges zur KG 330**	710,18 m² AWF	19.508	**27,47**	8,0
	Zulagen zum Basismodul für Absturzsicherungen, je zwei Rundstäbe (64St), für Stahl-Glasvordach 4,10x1,80m (7m²)				
340	**Innenwände/Vertikale Baukonstruktionen, innen**				**100,0**
341	**Tragende Innenwände**	509,91 m²	3.808	**7,47**	6,9
	Zulage zum Basismodul für Wandverstärkungen (510m²)				
344	**Innenwandöffnungen**	29,38 m²	3.898	**132,66**	7,1
	Zulage zum Basismodul für Ausführung als Schallschutztüren 37dB (29m²)				
345	**Innenwandbekleidungen**	140,00 m²	4.329	**30,92**	7,9
	Zulage zum Basismodul für farbige Beschichtung (140m²)				
346	**Elementierte Innenwandkonstruktionen**	57,00 m²	43.008	**754,52**	78,1
	Zulage zum Basismodul für mobile Trennwände (57m²)				
350	**Decken/Horizontale Baukonstruktionen**				**100,0**
353	**Deckenbeläge**	62,00 m²	3.718	**59,96**	13,0
	Zulage zum Basismodul für Ausführung mit Bodenfliesen 60x60cm (62m²)				
355	**Elementierte Deckenkonstruktionen**	37,32 m²	24.984	**669,46**	87,0
	Zulage zum Basismodul für außenliegende Stahltreppenanlage, verzinkt, 44 Stg, vier Podeste, Geländer, Handläufe (37m²)				
360	**Dächer**				**100,0**
362	**Dachöffnungen**	1,44 m²	6.496	**4.511,02**	11,5
	Zulage zum Basismodul für RWA-Lichtkuppel 1,20x1,20m (1m²)				
363	**Dachbeläge**	379,28 m²	14.491	**38,21**	25,6
	Zulagen zum Basismodul für Dachausbildung gemäß Anforderungen Forschungsprojekt, Ausführung mit Unterteilungen, dreilagige Abdichtung (300m²), für außenliegende Dachentwässerung, Speier (psch)				
369	**Sonstiges zur KG 360**	381,00 m² DAF	35.577	**93,38**	62,9
	Zulage zum Basismodul für Attika-Überstieg, Stahlkonstruktion, verzinkt (1St), für Kollektivschutz, umlaufend (86m)				
380	**Baukonstruktive Einbauten**				**100,0**
386	**Orientierungs- und Informationssysteme**	780,93 m² BGF	4.497	**5,76**	100,0
	Zulage zum Basismodul für Schriftzug (psch)				
390	**Sonstige Maßnahmen für Baukonstruktionen**				**100,0**
391	**Baustelleneinrichtung**	780,93 m² BGF	56.964	**72,94**	100,0
	Baustelleneinrichtung, Kran, Bauzaun, Wasser, WC, Bauschild, Container, Baustromanschluss (psch), Kiesauffüllung in Teilbereichen (1.000m²)				

KG	Kostengruppe	Menge Einheit	Kosten €	€/Einheit	%
430	**Raumlufttechnische Anlagen**				**100,0**
431	**Lüftungsanlagen**	780,93 m² BGF	30.681	**39,29**	100,0
	Zulage zum Basismodul für Lüftungsanlage, WC-Bereiche (psch)				
440	**Elektrische Anlagen**				**100,0**
444	**Niederspannungsinstallationsanlagen**	780,93 m² BGF	6.422	**8,22**	4,4
	Zulage zum Basismodul für Elektroinstallation (psch)				
445	**Beleuchtungsanlagen**	780,93 m² BGF	114.496	**146,61**	78,1
	Zulage zum Basismodul für Leuchten (psch)				
446	**Blitzschutz- und Erdungsanlagen**	780,93 m² BGF	25.688	**32,89**	17,5
	Zulage zum Basismodul für Blitzschutzanlage (psch)				
450	**Kommunikations-, sicherheits- und informationstechnische Anlagen**				**100,0**
456	**Gefahrenmelde- und Alarmanlagen**	780,93 m² BGF	47.846	**61,27**	46,0
	Zulagen zum Basismodul für elektronische Schließanlage, teilweise kabelgebunden (psch), für Brandmeldeanlage, Vollschutz (psch)				
457	**Datenübertragungsnetze**	780,93 m² BGF	56.082	**71,81**	54,0
	Zulage zum Basismodul für Datenübertragungsnetz (psch)				
460	**Förderanlagen**				**100,0**
461	**Aufzugsanlagen**	780,93 m² BGF	58.511	**74,92**	100,0
	Zulage zum Basismodul für Hubplattformlift, Förderhöhe 3,70m, Einhausung (1St)				
480	**Gebäude- und Anlagenautomation**				**100,0**
481	**Automationseinrichtungen**	780,93 m² BGF	23.290	**29,82**	100,0
	Zulage zum Basismodul für Gebäudeautomation, Management-/Bedieneinrichtungen (psch)				

Kostenkennwerte für Leistungsbereiche nach STLB (Bauwerkskosten nach DIN 276 + Basismodule)

LB	Leistungsbereiche	Kosten €	€/m² BGF	€/m³ BRI	% an 3+4 +Basismod.

Hinweis zu den Leistungsbereichen:
Für die Kostengliederung nach STLB stellen Modulbauten wegen ihrer zwangsläufigen Durchmischung von Kosten der Baukonstruktionen, der technischen Anlagen und der Baunebenkosten einen Sonderfall dar. Abweichend vom BKI-Standard werden die Kosten der Modulbau-Dokumentation deshalb angepasst dargestellt. Die Kosten der Basismodule werden als Gesamtpreis bei dem Leistungsbereich dargestellt, der die Tragkonstruktion bildet. **Alle Zulagen zu den Basismodulen werden separat nach STLB in den einzelnen Leistungsbereichen dokumentiert und abgebildet.**

LB	Leistungsbereiche	Kosten €	€/m² BGF	€/m³ BRI	% an 3+4 +Basismod.
000	Baustellen-, Verkehrssich.- u. Sicherh.einr. inkl. 001	56.964	72,90	17,70	2,2
002	Erdarbeiten	19.136	24,50	6,00	0,7
003	Landschaftsbauarbeiten	43.722	56,00	13,60	1,7
009	Entwässerungskanalarbeiten inkl. 011	–	–	–	–
012	Mauerarbeiten	–	–	–	–
013	Betonarbeiten	1.732.084	2.218,00	539,10	5,2
014	Natur-, Betonwerksteinarbeiten	–	–	–	–
016	Zimmer- und Holzbauarbeiten	3.808	4,90	1,20	0,1
016	Zimmer- und Holzbauarbeiten - **Basismodule**	1.599.184	2.047,79	497,75	62,1
017	Stahlbauarbeiten	–	–	–	–
020	Dachdeckungsarbeiten	–	–	–	–
021	Dachabdichtungsarbeiten	46.570	59,60	14,50	1,8
022	Klempnerarbeiten	4.497	5,80	1,40	0,2
	Rohbau mit Basismodulen	**1.906.781**	**2.441,68**	**593,50**	**74,1**
023	Putz- und Stuckarbeiten, Wärmedämmsysteme	–	–	–	–
024	Fliesen- und Plattenarbeiten	18.288	23,40	5,70	0,7
025	Estricharbeiten	–	–	–	–
026	Fenster, Außentüren inkl. 029, 032	53.596	68,60	16,70	2,1
027	Tischlerarbeiten	3.898	5,00	1,20	0,2
028	Parkett-, Holzpflasterarbeiten	–	–	–	–
030	Rollladenarbeiten	18.138	23,20	5,60	0,7
031	Metallbauarbeiten inkl. 035	76.971	98,60	24,00	3,0
034	Maler- und Lackiererarb. – Beschicht. inkl. 037	8.826	11,30	2,70	0,3
036	Bodenbelagarbeiten	–	–	–	–
038	Vorgehängte hinterlüftete Fassaden	105.683	135,30	32,90	4,1
039	Trockenbauarbeiten	43.008	55,10	13,40	1,7
	Ausbau	**328.408**	**420,50**	**102,20**	**12,8**
040	Wärmeversorgungsanl. – Betriebseinr. inkl. 041	–	–	–	–
042	Gas- u. Wasseranl. – Leitung., Armat. inkl. 043	–	–	–	–
044	Abwasseranl. – Leitungen, Abläufe, Armaturen	–	–	–	–
045	Gas, Wasser, Entwässerung – Ausstattung inkl. 046	–	–	–	–
047	Dämm- und Brandschutzarb. an techn. Anlagen	–	–	–	–
050	Blitzschutz-/Erdungsanlagen, Überspannungssch.	25.688	32,90	8,00	1,0
053	Niederspannungsanl. – Kabel inkl. 052, 054	6.422	8,20	2,00	0,2
055	Sicherheits- u. Ersatzstromversorgungsanl.	–	–	–	–
058	Leuchten und Lampen inkl. 059	114.496	146,60	35,60	4,4
061	Kommunikations- u. Übertragungsnetze inkl. 063	78.944	101,10	24,60	3,1
069	Aufzüge	58.511	74,90	18,20	2,3
070	Gebäudeautomation	23.290	29,80	7,20	0,9
075	Raumlufttechnische Anlagen inkl. 078	30.681	39,30	9,50	1,2
	Gebäudetechnik	**338.031**	**432,90**	**105,20**	**13,1**

Schulen und Kindergärten

4

- 4100 Allgemeinbildende Schulen
  4200 Berufliche Schulen
  4300 Sonderschulen
- 4400 Kindertagesstätten
  4500 Weiterbildungseinrichtungen

4100-0219
Gymnasium
(12 Klassen)
(330 Schüler)

Kostenkennwerte für die Kosten des Bauwerks (Kostengruppen 300+400 nach DIN 276)

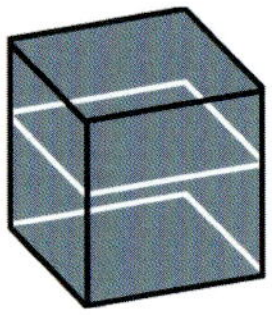

BRI 1.018€/m³

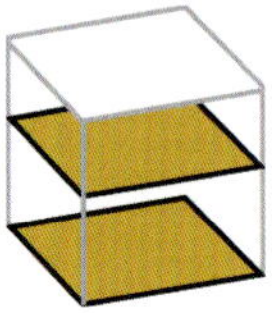

BGF 3.694€/m²

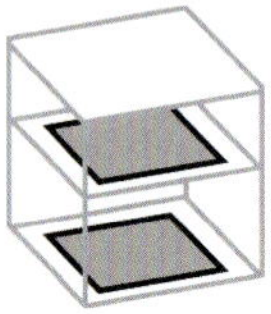

NUF 6.040€/m²

- **Holz-Raumzellen**

  Stahlbeton-Raumzellen

  Stahl-Raumzellen

  Ziegel-Raumzellen

Konstruktionsart

Objekt:
Kennwerte: 1.Ebene DIN 276
BRI: 4.244m³
BGF: 1.170m²
NUF: 716m²
Bauzeit: 52 Wochen
Bauende: 2020
Standard: einfach
Bundesland: Niedersachsen
Kreis: Braunschweig, Stadt

Architekt*in:
werk.um architekten
Rheinstraße 99.4
64295 Darmstadt

Bauherr*in:
Stadt Braunschweig
Ägidienmarkt 6
38100 Braunschweig

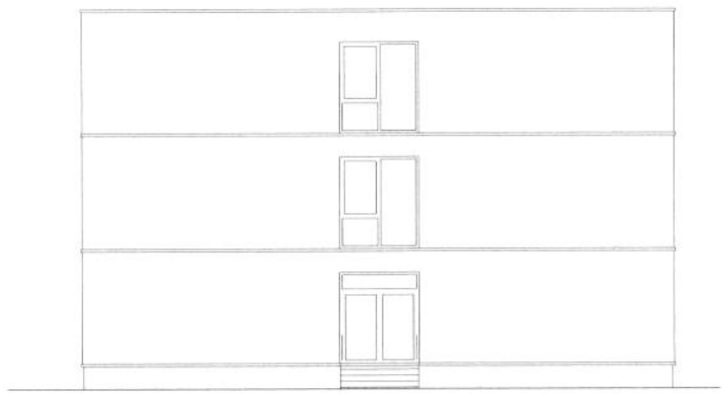

Ansicht Nord

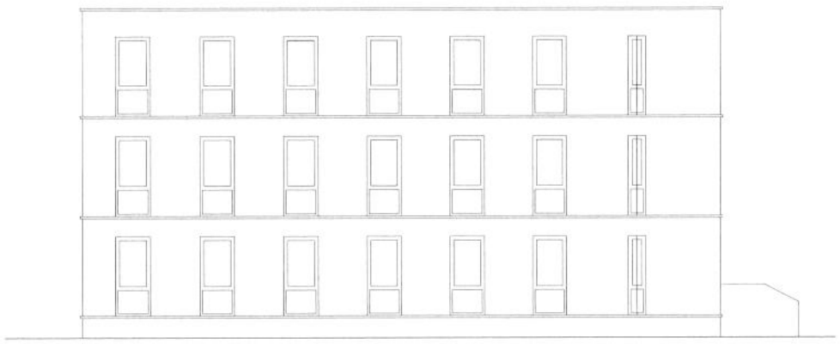

Ansicht Ost

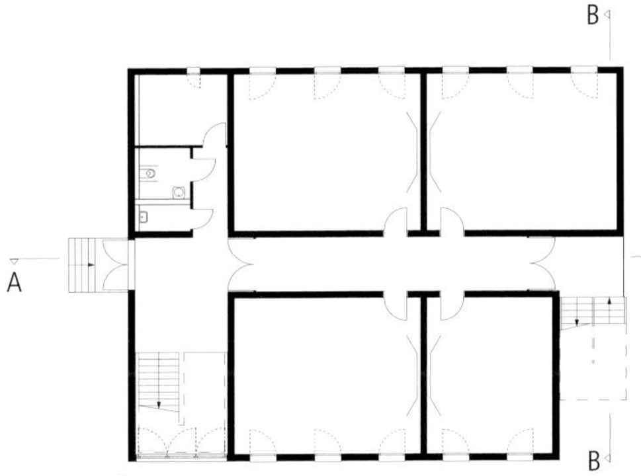

Erdgeschoss

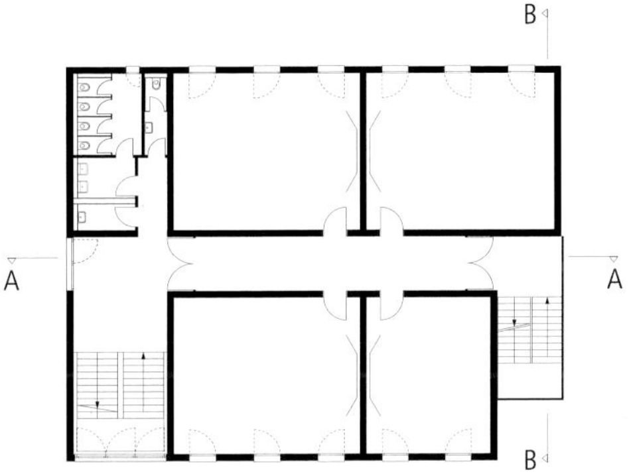

1. Obergeschoss

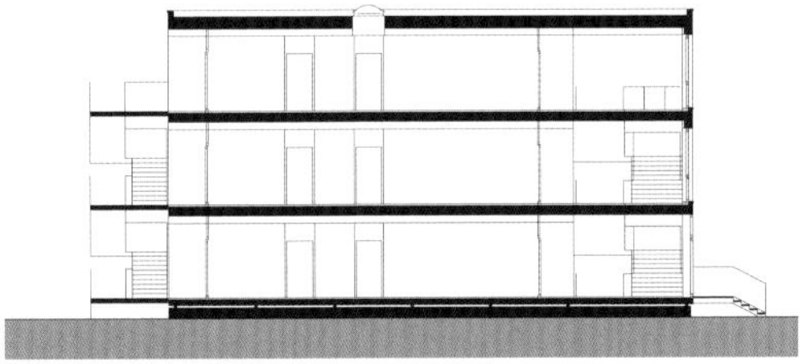

Schnitt A-A

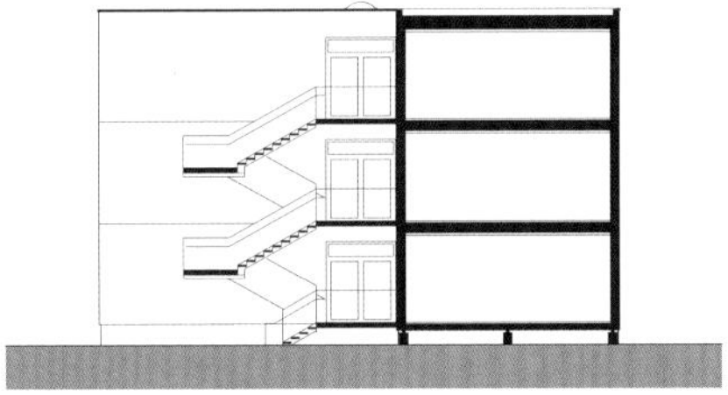

Schnitt B-B

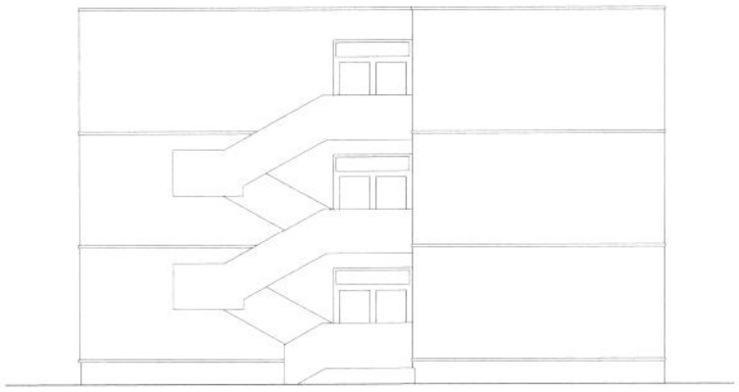

Ansicht Süd

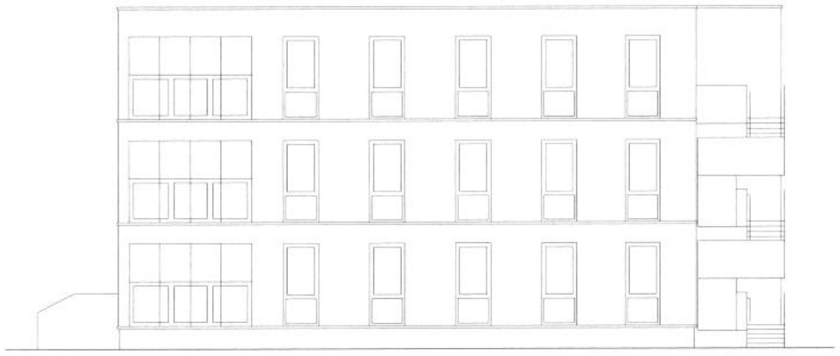

Ansicht West

4100-0219
Gymnasium
(12 Klassen)
(330 Schüler)

Objektbeschreibung

Allgemeine Objektinformationen

Der neu errichtete Erweiterungsbau dient als dreigeschossiges temporäres Schulgebäude und bietet mit zwölf Klassenzimmern neuen Lehrraum für ca. 330 SchülerInnen und ca. 12 Lehrkräfte. Bauweise und Materialien des Holzmodulbaus werden den Ansprüchen eines temporären Erweiterungsbaus gerecht und bieten gleichzeitig eine unbefristete Nutzungszeit. Zukünftig besteht die Möglichkeit, das Gebäude innerhalb weniger Wochen an einen anderen Standort zu versetzen oder umzunutzen.

Nutzung

1 Erdgeschoss
vier Klassenräume, Nebenräume, Sanitärräume, Flur, Treppenhaus, Putzmittelraum, Technikraum

2 Obergeschosse
jeweils vier Klassenräume, Nebenräume, Sanitärräume, Flur, Treppenhaus, Putzmittelraum

Nutzeinheiten

Klassen: 12
Schüler: 330

Grundstück

Bauraum: Freier Bauraum
Neigung: Ebenes Gelände
Bodenklasse: BK 1 bis BK 3

Markt

Hauptvergabezeit: 1.Quartal 2019
Baubeginn: 2.Quartal 2019
Bauende: 2.Quartal 2020
Konjunkturelle Gesamtlage: Durchschnitt
Regionaler Baumarkt: Durchschnitt

Baukonstruktion

Das Gebäude wurde als werkseitig vorgefertigter Holztafelbau in Elementbauweise realisiert. Es ist auf Stb-Streifenfundamenten aufgeständert. Die Bodenplatte, sämtliche Wände, Decken und das Dach bestehen aus Holz. Es kamen Holzfenster und -türen zum Einbau. Raffstores dienen als Sonnenschutz. Innen verbindet eine Holztreppe die Geschosse, außen wurde eine Gerüsttreppe mit Stahlgeländer montiert.

Technische Anlagen

Der Neubau wird durch eine eigene Gas-Brennwerttherme mit Wärme versorgt. Über wandhängende Heizkörper wird die Wärme in den Räumen verteilt. Für die allgemeinen Klassenräume wurden Einzellüftungsanlagen mit Wärmerückgewinnung verwendet. Es wurden eine Brandmelde- und eine elektroakustische Anlage eingebaut.

Sonstiges

Ziel der Bauaufgabe war, einen hohen Grad an Vorfertigung in der Werkstatt zu ermöglichen, um einerseits eine effiziente Produktion und andererseits kurze Montagezeiten auf der Baustelle zu erreichen. So war der Schulbetrieb durch die Baustelle nur sehr kurz eingeschränkt.

Energetische Kennwerte

Gesetzliche Grundlage: EnEV 2013
Hüllfläche des beheizten Volumens: 1.628,60 m^2
Spez. Jahresprimärenergiebedarf: 208,50 kWh/(m^2·a)

Bodenplatte gegen Hohlraum unten

U-Wert: 0,19 W/(m²·K)

Gesamtdicke: 28,25 cm	d [cm]	λ [W/(m·K)]
Linoleum	0,25	0,170
OSB-Platte	1,30	0,130
OSB-Platte	1,30	0,130
Dämmung	2,00	0,042
OSB-Platte	2,20	0,130
Dämmung Zellulose	20,00	0,040
Holz	20,00	0,130
GK-Platte	1,20	0,300

Außenwand hinterlüftet

U-Wert: 0,21 W/(m²·K)

Gesamtdicke: 23,70 cm	d [cm]	λ [W/(m·K)]
OSB-Platte	2,20	0,130
Dämmung Zellulose	20,00	0,040
Holz	20,00	0,130
Holzfaserplatte	1,50	0,090

Dach Klassenraum

U-Wert: 0,10 W/(m²·K)

Gesamtdicke: 46,40 cm	d [cm]	λ [W/(m·K)]
Dämmung	4,00	0,047
Holz	4,00	0,130
Luftschicht ruhend	2,00	0,094
Holz	2,00	1,300
OSB-Platte	2,20	0,130
Dämmung Zellulose	20,00	0,040
Holz	20,00	0,130
OSB-Platte	2,20	0,130
Dämmung	16,00	0,035

Dach

U-Wert: 0,11 W/(m²·K)

Gesamtdicke: 47,65 cm	d [cm]	λ [W/(m·K)]
GK-Platte	1,25	0,210
Luftschicht ruhend	6,00	1,875
Holz	6,00	0,130
OSB-Platte	2,20	0,130
Dämmung Zellulose	20,00	0,040
Holz	20,00	0,130
OSB-Platte	2,20	0,130
Dämmung	16,00	0,037

Planungskennwerte für Flächen und Rauminhalte nach DIN 277

Flächen des Grundstücks		Menge Einheit	% an GF
BF	Bebaute Fläche	–	–
UF	Unbebaute Fläche	–	–
GF	Grundstücksfläche	–	–

Grundflächen des Bauwerks		Menge Einheit	% an NUF	% an BGF
NUF	Nutzungsfläche	715,57 m²	100,0	61,2
TF	Technikfläche	12,74 m²	1,8	1,1
VF	Verkehrsfläche	245,04 m²	34,2	20,9
NRF	Netto-Raumfläche	973,35 m²	136,0	83,2
KGF	Konstruktions-Grundfläche	196,55 m²	27,5	16,8
BGF	Brutto-Grundfläche	1.169,90 m²	163,5	100,0

Brutto-Rauminhalt des Bauwerks		Menge Einheit	BRI/NUF (m)	BRI/BGF (m)
BRI	Brutto-Rauminhalt	4.243,83 m³	5,93	3,63

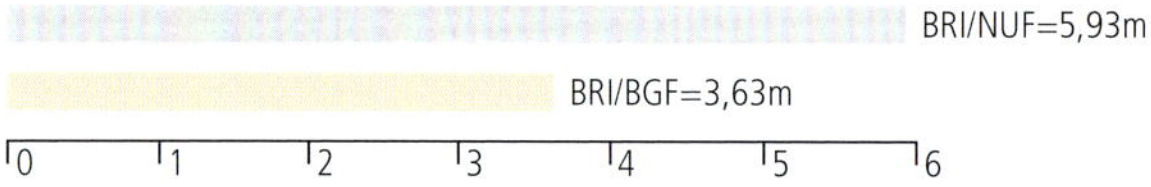

Kostenkennwerte für die Kostengruppen der 1.Ebene DIN 276

KG	Kostengruppen (1.Ebene)	Einheit	Kosten €	€/Einheit	€/m² BGF	€/m³ BRI	% 300+400
100	Grundstück	m² GF	–	–	–	–	–
200	Vorbereitende Maßnahmen	m² GF	–	–	–	–	–
300	Bauwerk – Baukonstruktionen	m² BGF	3.431.798	2.933,41	2.933,41	808,66	79,4
400	Bauwerk – Technische Anlagen	m² BGF	890.391	761,08	761,08	209,81	20,6
	Bauwerk 300+400	**m² BGF**	**4.322.189**	**3.694,49**	**3.694,49**	**1.018,46**	**100,0**
500	Außenanlagen und Freiflächen	m² AF	–	–	–	–	–
600	Ausstattung und Kunstwerke	m² BGF	–	–	–	–	–
700	Baunebenkosten	m² BGF	–	–	–	–	–
800	Finanzierung	m² BGF	–	–	–	–	–

KG	Kostengruppe	Menge Einheit	Kosten €	€/Einheit	%
3+4	**Bauwerk**				**100,0**
300	**Bauwerk – Baukonstruktionen**	1.169,90 m² BGF	3.431.798	**2.933,41**	79,4

Erdarbeiten; Stb-Streifenfundamente, aufgeständerte Bodenplatte in Holztafel-Elementbauweise, d=260mm, Kautschukbelag, Holzsockel; Holztafel-Elementbau-Außenwände mit fertigen Oberflächen und vorinstallierter Technik, Holzfenster und -türen, außen Lärchenholzfassade als vertikale Schalung, innen sichtbare OSB-Oberflächen, Alu-Raffstoreanlagen; Holztafel-Elementbau-Innenwände mit fertigen Oberflächen und vorinstallierter Technik, Holzinnentüren; Holztafel-Elementbaudecken, Holz-Innentreppe, Gerüst-Außentreppe, Splittschüttung, Trockenestrich, Kautschukbelag, Holzsockel, Akustik-Unterdecken als Vollholz-Leistenschalung, Unterdecken Holzwolle-Leichtbauplatten, GK-Decken; Holztafel-Elementbaudach, Lichtkuppel, Gefälledämmung, Dachabdichtung, Dachentwässerung

KG	Kostengruppe	Menge Einheit	Kosten €	€/Einheit	%
400	**Bauwerk – Technische Anlagen**	1.169,90 m² BGF	890.391	**761,08**	20,6

Gebäudeentwässerung, Kalt- und Warmwasserleitungen, Sanitärobjekte; wassergeführte Gasheizung mit Brennwerttechnik, Heizungsrohre, wandhängende Heizkörper; Lüftungsgeräte mit WRG; Elektroinstallation, Beleuchtung, Fluchtwegbeleuchtung, Blitzschutz; Brandmeldeanlage, ELA-Anlage; Serverschrank, Datennetzwerk

4100-0221
Interimsgebäude
Schule
(5 Klassen)
(150 Schüler)

Kostenkennwerte für die Kosten des Bauwerks (Kostengruppen 300+400 nach DIN 276)

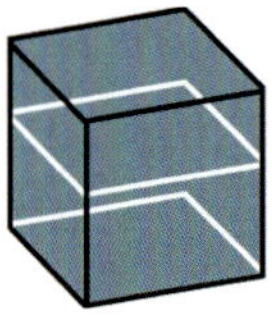
BRI 628 €/m³

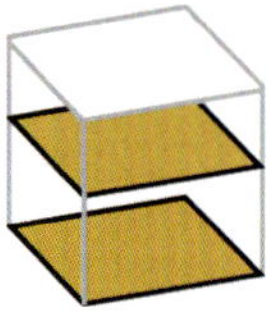
BGF 2.179 €/m²

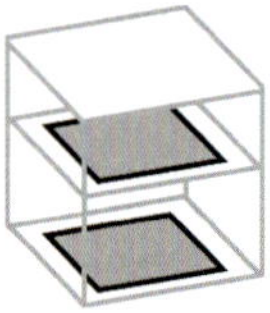
NUF 3.114 €/m²

Holz-Raumzellen
Stahlbeton-Raumzellen
• **Stahl-Raumzellen**
Ziegel-Raumzellen

Konstruktionsart

Objekt:
Kennwerte: 1. Ebene DIN 276
BRI: 2.394 m³
BGF: 690 m²
NUF: 483 m²
Bauzeit: 22 Wochen
Bauende: 2021
Standard: hoch
Bundesland: Sachsen-Anhalt
Kreis: Burgenlandkreis

Architekt*in:
TRÄNKNER ARCHITEKTEN
Jägerstraße 33
06618 Naumburg

Bauherr*in:
Bau- und Liegenschafts-management
Sachsen-Anhalt
An der Fliederwegkaserne 21
06130 Halle (Saale)

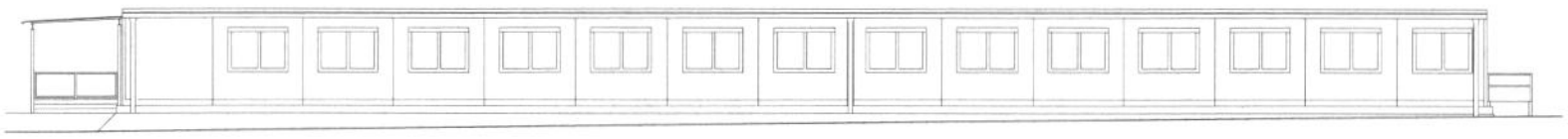

Ansicht Nord

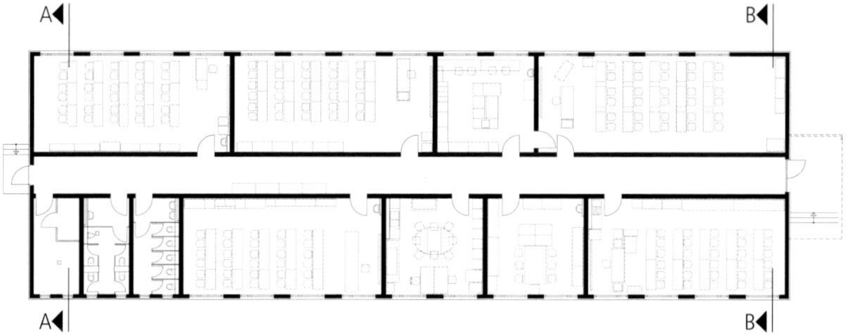

Erdgeschoss

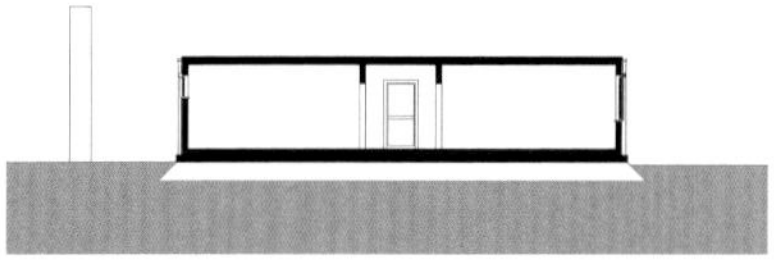

Schnitt A-A

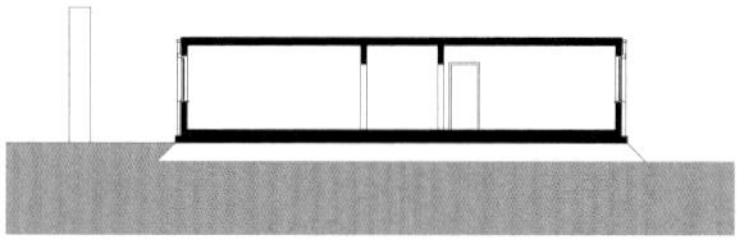

Schnitt B-B

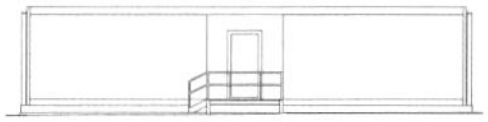

Ansicht West

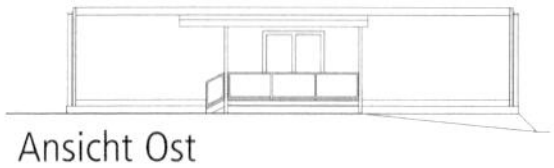

Ansicht Ost

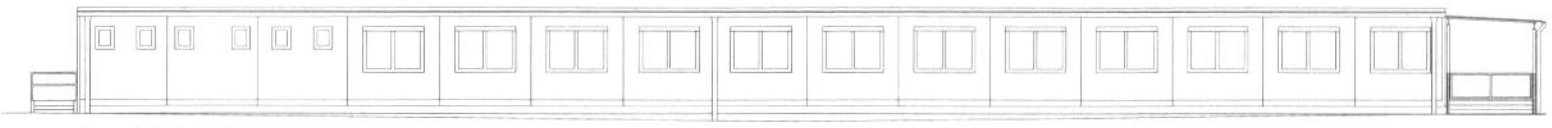

Ansicht Süd

4100-0221
Interimsgebäude
Schule
(5 Klassen)
(150 Schüler)

Objektbeschreibung

Allgemeine Objektinformationen

In Vorbereitung der Sanierung am Schulgebäude wurde ein Konzept zur Aufrechterhaltung des Schulbetriebs erstellt. Im Ergebnis wurde ein Interimsgebäude für den Fachunterricht Physik, Chemie und Biologie in der Nähe des Schulbestands als Mietobjekt errichtet.

Nutzung

1 Erdgeschoss
Fachunterrichtsräume (5St), Vorbereitungsräume (2St), WCs, Technik, Flur

Nutzeinheiten

Klassen: 5
Schüler: 150

Grundstück

Bauraum: Beengter Bauraum
Neigung: Ebenes Gelände
Bodenklasse: BK 3 bis BK 5

Markt

Hauptvergabezeit: 3.Quartal 2020
Baubeginn: 1.Quartal 2021
Bauende: 3.Quartal 2021
Konjunkturelle Gesamtlage: Durchschnitt
Regionaler Baumarkt: Durchschnitt

Baukonstruktion

Es wurde eine vorgefertigte Modulbauweise als Stahlrahmenkonstruktion gewählt, die eine montagebereite Lieferung zur Baustelle, kurze Zeit für den Innenausbau, sowie einen zügigen Rückbau nach Nutzungsende ermöglicht. Die Gründung erfolgte auf Schotterpolster und Betonplattenstreifen ohne Eingriff in den historischen Baugrund.

Technische Anlagen

Die Beheizung des Gebäudes erfolgt über eine Wärmepumpe. Die Fachräume sind mit Medien, Strom, Wasser und Gasen ausgestattet. Das Interimsgebäude entspricht in seinen baukonstruktiven Bauteilen der aktuellen Energieverordnung.

Energetische Kennwerte

Gesetzliche Grundlage: EnEV 2013
Gebäudenutzfläche: 596,00 m^2
Gebäudevolumen: 2.050,00 m^3
Hüllfläche des beheizten Volumens: 1.430,00 m^2
Mittlerer U-Wert (opake Bauteile): 0,23 W/(m^2·K)
Mittlerer U-Wert (transparente Bauteile): 1,10 W/(m^2·K)
Jahresprimärenergie: 69.950,00 kWh/a
Spez. Jahresprimärenergiebedarf: 117,29 kWh/(m^2·a)
Jahresendenergiebedarf: 46.153,00 kWh/a
Spez. Jahresendenergiebedarf: 77,39 kWh/(m^2·a)

Energetische Angaben zu Außenbauteilen

Bodenplatte

U-Wert: 0,26 W/(m²·K)

Gesamtdicke: 21,00 cm	d [cm]	λ [W/(m·K)]
OSB-Platte	3,00	0,130
Dämmung	8,00	0,040
Holz	8,00	0,130
Dämmung	5,00	0,040
Stahl	5,00	50,000
Dämmung PUR	5,00	0,024
Stahlbeton	5,00	50,000

Außenwand

U-Wert: 0,20 W/(m²·K)

Gesamtdicke: 24,25 cm	d [cm]	λ [W/(m·K)]
GK-Platte	1,25	0,290
Dämmung	5,00	0,040
Holz	5,00	0,100
Dämmung	5,00	0,035
Stahl	5,00	50,000
Dämmung	5,00	0,035
Holz	5,00	0,130
Holzfaserplatte	8,00	0,046

Dach

U-Wert: 0,23 W/(m²·K)

Gesamtdicke: 27,40 cm	d [cm]	λ [W/(m·K)]
GK-Platte	1,80	0,350
Dämmung	10,00	0,035
Holz	10,00	0,130
Dämmung	14,00	0,035
Stahl	14,00	50,000
Spanplatte	1,60	0,140

Planungskennwerte für Flächen und Rauminhalte nach DIN 277

Flächen des Grundstücks		Menge Einheit	% an GF
BF	Bebaute Fläche	690,16 m²	26,7
UF	Unbebaute Fläche	1.898,84 m²	73,3
GF	Grundstücksfläche	2.589,00 m²	100,0

Grundflächen des Bauwerks		Menge Einheit	% an NUF	% an BGF
NUF	Nutzungsfläche	482,86 m²	100,0	70,0
TF	Technikfläche	15,60 m²	3,2	2,3
VF	Verkehrsfläche	123,31 m²	25,5	17,9
NRF	Netto-Raumfläche	621,77 m²	128,8	90,1
KGF	Konstruktions-Grundfläche	68,39 m²	14,2	9,9
BGF	Brutto-Grundfläche	690,16 m²	142,9	100,0

Brutto-Rauminhalt des Bauwerks		Menge Einheit	BRI/NUF (m)	BRI/BGF (m)
BRI	Brutto-Rauminhalt	2.393,57 m³	4,96	3,47

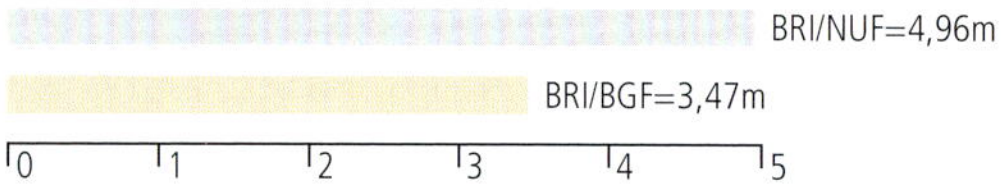

Kostenkennwerte für die Kostengruppen der 1. Ebene DIN 276

KG	Kostengruppen (1. Ebene)	Einheit	Kosten €	€/Einheit	€/m² BGF	€/m³ BRI	% 300+400
100	Grundstück	m² GF	–	–	–	–	–
200	Vorbereitende Maßnahmen	m² GF	–	–	–	–	–
300	Bauwerk – Baukonstruktionen	m² BGF	1.162.785	1.684,81	1.684,81	485,80	77,3
400	Bauwerk – Technische Anlagen	m² BGF	341.063	494,18	494,18	142,49	22,7
	Bauwerk 300+400	**m² BGF**	**1.503.848**	**2.178,98**	**2.178,98**	**628,29**	**100,0**
500	Außenanlagen und Freiflächen	m² AF	208.874	1.989,28	302,65	87,26	13,9
600	Ausstattung und Kunstwerke	m² BGF	–	–	–	–	–
700	Baunebenkosten	m² BGF	–	–	–	–	–
800	Finanzierung	m² BGF	–	–	–	–	–

KG	Kostengruppe	Menge Einheit	Kosten €	€/Einheit	%
3+4	**Bauwerk**				**100,0**
300	**Bauwerk – Baukonstruktionen**	690,16 m² BGF	1.162.785	**1.684,81**	77,3

Frostschutzpolster, Betonstreifenfundamente; Stahltragkonstruktion, Dämmung, Holzwerkstoffplatten, Linoleumbeläge, Fliesenbeläge, Perimeterdämmung; Modulbauplatten: Stahlrahmenkonstruktion, Steinwolldämmung, Kunststofffenster, Dreifachverglasung, Trapezblech, Lärchenholzbekleidung, GK-Bekleidung, Malervlies, Beschichtung, Außenjalousien, Stahlblech-Vordach; Innenwand-Stahlrahmenkonstruktion, Holztüren, beschichtet, Stahlzargen; GK-Bekleidung, beidseitig, Malervlies, Beschichtung; Stahlrahmen-Dachkonstruktion, Dämmung, Holzwerkstoffplatten, EPDM-Abdichtung, Dachentwässerung, Gipsfaserplatten, Malervlies, Beschichtung,

KG	Kostengruppe	Menge Einheit	Kosten €	€/Einheit	%
400	**Bauwerk – Technische Anlagen**	690,16 m² BGF	341.063	**494,18**	22,7

Gebäudeentwässerung, Kalt- und Warmwasserleitungen, Sanitärobjekte; Gas-Brennwertheizung, Wärmepumpe, Heizleitungen, Heizkörper; Splitklimagerät; Elektroinstallation, Beleuchtung, Sicherheitsbeleuchtung, Netzwerkverkabelung, Blitzschutzanlage; Feuerlöscher, Ausstattung Chemie-Fachraum

KG	Kostengruppe	Menge Einheit	Kosten €	€/Einheit	%
500	**Außenanlagen und Freiflächen**	105,00 m² AF	208.874	**1.989,28**	13,9

Erdarbeiten für Medienzuleitungen; Pflasterarbeiten; Doppelstabmattenzaun, Tor

4100-0256
Grundschule
(4 Klassen)
(120 Schüler)

Erweiterung

Kostenkennwerte für die Kosten der Basismodule, der KG 300+400 + anteilig der KG 700 nach DIN 276

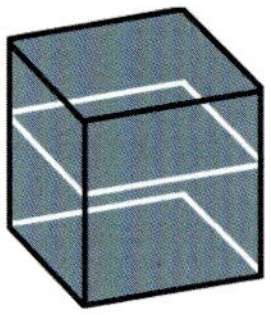

BRI 931 €/m³

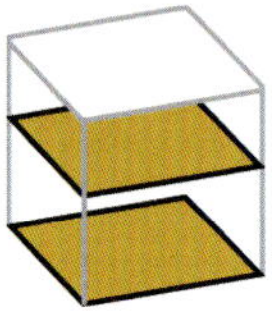

BGF 3.369 €/m²

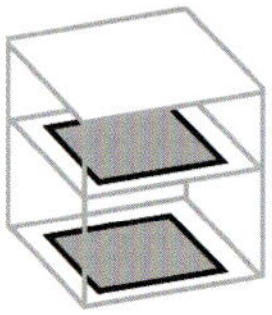

NUF 4.912 €/m²

- **Holz-Raumzellen**
- Stahlbeton-Raumzellen
- Stahl-Raumzellen
- Ziegel-Raumzellen

Konstruktionsart

Objekt:
Kennwerte: 3. Ebene DIN 276
BRI: 2.867 m³
BGF: 793 m²
NUF: 544 m²
Bauzeit: 35 Wochen
Bauende: 2022
Standard: mittel
Bundesland: Bayern
Kreis: Freising

Architekt*in:
meuer - planen beraten
Architekten GmbH
Prinzregentenplatz 14
81675 München

Bauherr*in:
Gemeinde Hallbergmoos
Rathausplatz 1
85399 Hallbergmoos

Hinweis zur Dokumentation:
Für die Kostengliederung der DIN 276 stellen Modulbauten wegen ihrer zwangsläufigen Durchmischung von Kosten der Baukonstruktionen, der technischen Anlagen und der Baunebenkosten einen Sonderfall dar. Abweichend vom BKI-Standard werden die Kosten der Modulbau-Dokumentation deshalb angepasst dargestellt. Die Kosten der Basismodule beinhalten Kosten der KG 300 und KG 400 sowie anteilige Kosten des GU an KG 700. Alle Zulagen zu den Basismodulen werden separat bis zur 2. bzw. 3. Ebene der DIN 276 dokumentiert und als Summe der darunter liegenden Kostengruppen abgebildet.

© Marion Sammet

© Marion Sammet

© Marion Sammet

© Marion Sammet

Kostenstand: 2. Quartal 2025, Bundesdurchschnitt, **inkl. 19% MwSt.**

Ansicht Nord

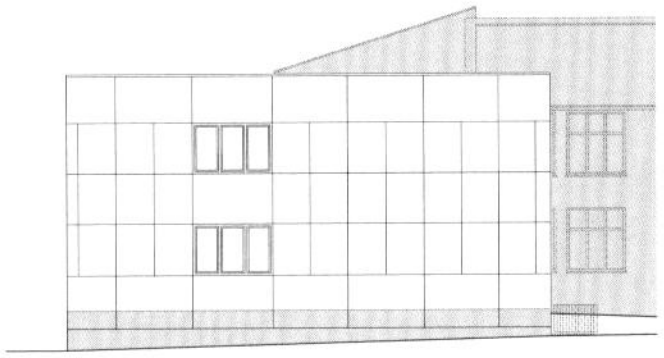

Ansicht West

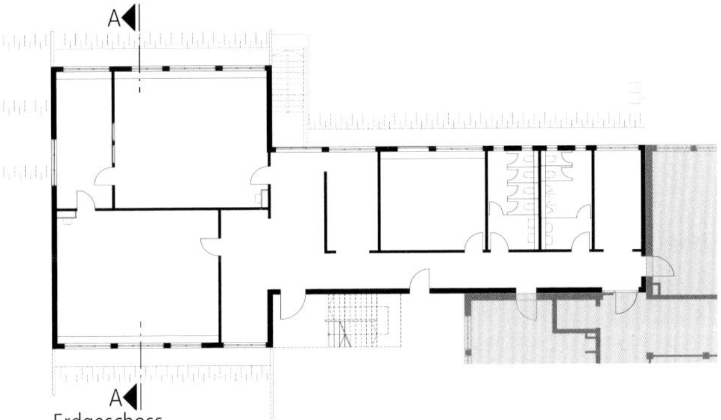

Erdgeschoss

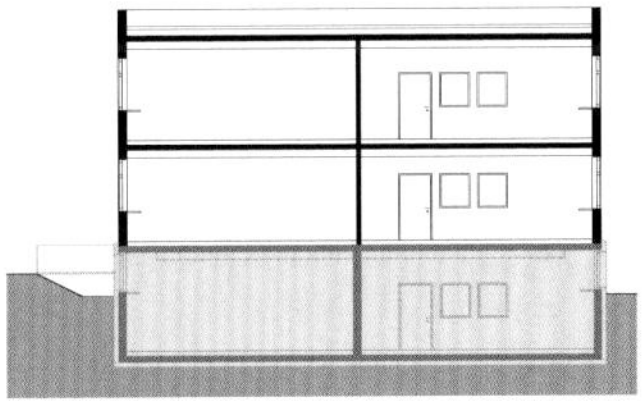

Schnitt A-A

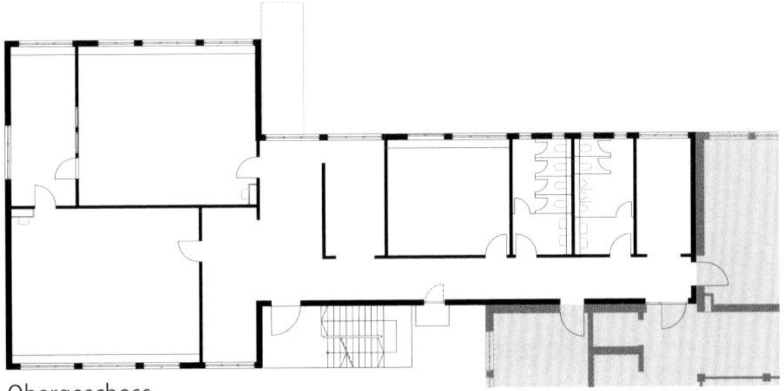

Obergeschoss

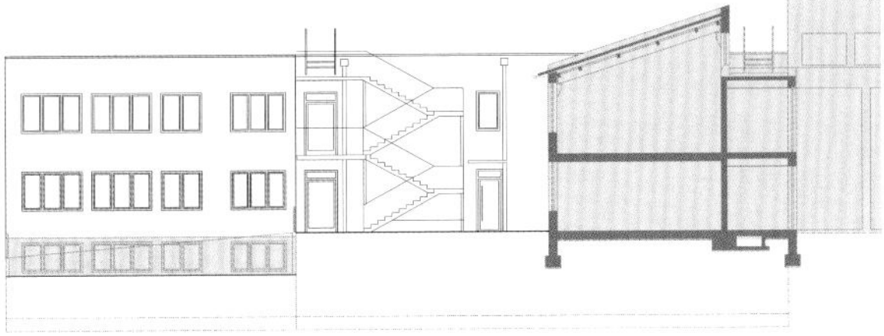

Ansicht Süd

4100-0256
Grundschule
(4 Klassen)
(120 Schüler)

Erweiterung

Objektbeschreibung

Allgemeine Objektinformationen

Die Erweiterung der Grundschule wurde durch die stetig wachsende Schülerzahlen in der Gemeinde notwendig. Die sechs neuen Klassenzimmer und die erforderlichen Nebenräume befinden sich auf drei im Grundriss nahezu identischen Geschossen. Die in dieser Dokumentation erfassten beiden oberen Geschosse sind in Modulbauweise erstellt. Das Untergeschoss mit separatem Zugang wurde als weiße Wanne in Ortbetonbauweise bzw. mit Stahlbetonfertigteilen errichtet und ist in den Kosten nicht enthalten.

Nutzung

1 Untergeschoss
Klassenzimmer (2St), Gruppenräume (2St), Garderoben, Wasch-/Putzraum, Flur

1 Erdgeschoss
Klassenzimmer (2St), Gruppenräume (2St), Garderoben, WCs, Flur

1 Obergeschoss
Klassenzimmer (2St), Gruppenräume (2St), Garderoben, WCs, Flur

Nutzeinheiten

Klassen: 4
Schüler: 120

Grundstück

Bauraum: Beengter Bauraum
Neigung: Ebenes Gelände
Bodenklasse: BK 1 bis BK 4

Markt

Hauptvergabezeit: 2. Quartal 2021
Baubeginn: 4. Quartal 2021
Bauende: 3. Quartal 2022
Konjunkturelle Gesamtlage: über Durchschnitt
Regionaler Baumarkt: unter Durchschnitt

Baubestand

Nutzungsänderung: nein
Nutzung während der Bauzeit: nein

Baukonstruktion

Die beiden Geschosse in Modulbauweise sind ohne zusätzliche Gründung auf die bereits vorhandene Decke des Untergeschosses gestellt. Sämtliche Wände wurden in Holztafelbauweise vorelementiert, einschließlich der Metallfenster mit den Laibungsbekleidungen innen. Die Decke über dem Erdgeschoss und das leicht geneigte Flachdach wurden aus vorgefertigten Spannbetonelementen realisiert. Der Anbau nimmt die Höhen des Bestandsgebäudes auf, die Erschließung erfolgt schwellenlos über den Bestand. Die Fassaden sind verputzt bzw. zum Teil mit vorgehängten hinterlüfteten Faserzementtafeln bekleidet. Es kamen Stahl-Glas-Türelemente zum Einbau. Innen sind die Wände beschichtet oder mit Fliesen bekleidet. Die Holztüren wurden teilweise mit erhöhtem Schallschutz ausgeführt. Die Böden sind mit Linoleum oder Fliesen belegt. Alle Räume erhielten Akustikdecken. Eine außenliegende Stahl-Treppenanlage dient als Fluchtweg. Das Dach wurde extensiv begrünt.

Technische Anlagen

Das Gebäude wurde an die Wärmeversorgung der bestehenden Grundschule angeschlossen. Die Klassen- und Gruppenräume sind mit dezentralen Lüftungsgeräten versehen, um einen ausreichenden Luftaustausch auch ohne Fensterlüftung zu ermöglichen. Zudem wurde das neu errichtete Flachdach mit Photovoltaikmodulen zur Eigenstromversorgung ausgestattet.

Sonstiges

Die Modulbauweise wurde gewählt, um die Bauzeit vor Ort zu reduzieren und die Belastung des Schulbetriebs durch eine Baustelle so gering wie möglich zu halten.

Energetische Kennwerte

Gesetzliche Grundlage: GEG 2020
Gebäudenutzfläche: 1.008,00 m²
Spez. Jahresprimärenergiebedarf: 106,00 kWh/(m²·a)
CO_2-Emissionen: 30,07 kg/(m²·a)

Planungskennwerte für Flächen und Rauminhalte nach DIN 277

Flächen des Grundstücks		Menge Einheit	% an GF
BF	Bebaute Fläche	–	–
UF	Unbebaute Fläche	–	–
GF	Grundstücksfläche	–	–

Grundflächen des Bauwerks		Menge Einheit	% an NUF	% an BGF
NUF	Nutzungsfläche	543,66 m²	100,0	68,6
TF	Technikfläche	–	–	–
VF	Verkehrsfläche	155,62 m²	28,6	19,6
NRF	Netto-Raumfläche	699,28 m²	128,6	88,2
KGF	Konstruktions-Grundfläche	93,26 m²	17,2	11,8
BGF	Brutto-Grundfläche	792,54 m²	145,8	100,0

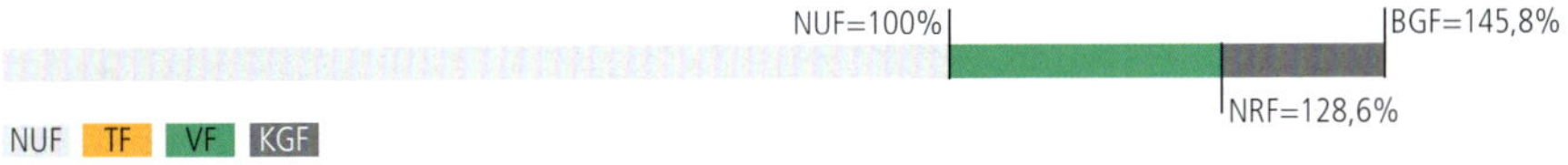

Brutto-Rauminhalt des Bauwerks		Menge Einheit	BRI/NUF (m)	BRI/BGF (m)
BRI	Brutto-Rauminhalt	2.867,36 m³	5,27	3,62

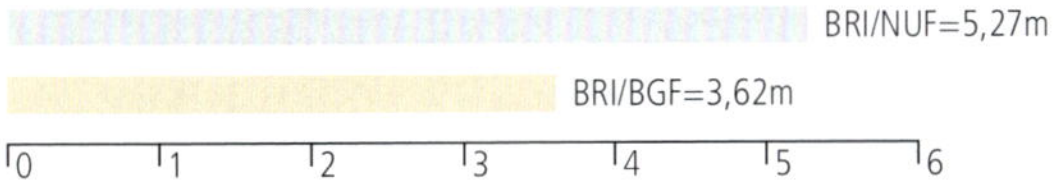

Lufttechnisch behandelte Flächen	Menge Einheit	% an NUF	% an BGF
Entlüftete Fläche	–	–	–
Be- und entlüftete Fläche	–	–	–
Teilklimatisierte Fläche	–	–	–
Klimatisierte Fläche	–	–	–

KG	Kostengruppen (2. Ebene)	Menge Einheit	Menge/NUF	Menge/BGF
310	Baugrube / Erdbau	–	–	–
320	Gründung, Unterbau	–	–	–
330	Außenwände/Vertikale Baukonstruktionen, außen	633,46 m² AWF	1,17	0,80
340	Innenwände/Vertikale Baukonstruktionen, innen	455,41 m² IWF	0,84	0,58
350	Decken/Horizontale Baukonstruktionen	42,76 m² DEF	0,08	0,05
360	Dächer	375,00 m² DAF	0,69	0,47

4100-0256
Grundschule
(4 Klassen)
(120 Schüler)

Erweiterung

Kostenkennwerte für die Kostengruppen der 1. Ebene DIN 276 und der Basismodule

KG	Kostengruppen (1. Ebene)	Einheit	Kosten €	€/Einheit	€/m² BGF	€/m³ BRI	% 300+400 +Basismod.
100	Grundstück	m² GF	–	–	–	–	–
200	Vorbereitende Maßnahmen	m² GF	–	–	–	–	–
	Basismodule KG 300+400+700	**m² BGF**	**2.035.885**	**2.568,84**	**2.568,81**	**710,02**	**76,2**
300	Bauwerk – Baukonstr. **Zulagen**	m² BGF	372.951	470,58	470,58	130,07	14,0
400	Bauwerk – Techn. Anlagen **Zulagen**	m² BGF	261.363	329,78	329,78	91,15	9,8
	Basismodule+Zulagen	**m² BGF**	**2.670.199**	**3.369,17**	**3.369,17**	**931,24**	**100,0**
500	Außenanlagen und Freiflächen	m² AF	–	–	–	–	–
600	Ausstattung und Kunstwerke	m² BGF	–	–	–	–	–
700	Baunebenkosten	m² BGF	–	–	–	–	–
800	Finanzierung	m² BGF	–	–	–	–	–

Hinweis zur Dokumentation:
Für die Kostengliederung der DIN 276 stellen Modulbauten wegen ihrer zwangsläufigen Durchmischung von Kosten der Baukonstruktionen, der technischen Anlagen und der Baunebenkosten einen Sonderfall dar. Abweichend vom BKI-Standard werden die Kosten der Modulbau-Dokumentation deshalb angepasst dargestellt. Die Kosten der Basismodule beinhalten Kosten der KG 300 und KG 400 sowie anteilige Kosten des GU an KG 700. Alle Zulagen zu den Basismodulen werden separat bis zur 2. bzw. 3. Ebene der DIN 276 dokumentiert und als Summe der darunter liegenden Kostengruppen abgebildet.

Basismodule	Menge Einheit	Kosten €	€/Einheit	%
Ausführung	792,54 m² BGF	2.035.885	**2.568,81**	76,2

- Herstellen (Kosten: 100,0%)
  Anbau in Holztafelbauweise, Basisausführung: Holztafel-Außenwände F30, R'w=45dB, Dämmung, beidseitig Holzwerkstoffschalung, außen Profilblechfassade, innen GK-Bekleidung Q3, Beschichtung (511m²), Kunststofffenster, Alu-Fensterbänke (120m²), Stahlrohrrahmen-Türelemente, Oberlichter (22m²), Holztafel-Innenwände F30, R'w=67dB, Dämmung, GK-Beplankung Q3, doppelt beplankt und GK-Wände (442m²), Holztüren (45m²), GK-Vorsatzschalen (34m²), Beschichtung, Wandfliesen (884m²), WC-Trennwände, 16 Türen (87m²), Röhrenspannbeton-Decken (375m²), gebundene Ausgleichsschüttung, PS-TSD, Zementestrich, Bodenfliesen, Linoleum (662m²), GK-Akustikdecken, Beschichtung (662m²), Röhrenspannbeton-Flachdach, Dachneigung 3-5%, Dämmung, Abdichtung, innenliegende Entwässerung (375m²), Elektroheizungen, Sanitärobjekte

KG	Kostengruppe	Menge Einheit	Kosten €	€/Einheit	%
3+4	**Bauwerk**				**23,8**
300	**Bauwerk – Baukonstruktionen**	792,54 m² BGF	372.951	**470,58**	14,0

- Abbrechen (Kosten: 0,4%) — 8.852
  Abbruch von Fluchttreppe; Entsorgung, Deponiegebühren

- Herstellen (Kosten: 99,6%) — 364.100
  Türöffnungen herstellen in Mauerwerk, Zulagen zur Basisausführung für Metallfenster, zusätzliche Öffnungsflügel, Putzfassade, Faserzementfassade, Sonnenschutz, Vordach; Wandverstärkungen, Schallschutztüren; Stahl-Fluchttreppenanlage; Dachbegrünung, Gefälledach mit außenliegender Dachentwässerung, F30-Bekleidung, Fluchtwegführung über Dach

KG	Kostengruppe	Menge Einheit	Kosten €	€/Einheit	%
400	**Bauwerk – Technische Anlagen**	792,54 m²BGF	261.363	**329,78**	9,8
	• Herstellen (Kosten: 100,0%) Zulagen zur Basisausführung für Doppelpumpenanlage, für Umlegung Regenwasserleitung Anschluss Kaltwasserleitung an Bestand; Anschluss Heizleitung an Bestand; Zulage zur Basisausführung für Lüftungsanlage, Klimaanlage, Photovoltaikanlage (psch)		261.363		

Kostenkennwerte für die Kostengruppen der 2. Ebene DIN 276

Hinweis zu den Kostenkennwerten:
Für die Kostengliederung der DIN 276 stellen Modulbauten wegen ihrer zwangsläufigen Durchmischung von Kosten der Baukonstruktionen, der technischen Anlagen und der Baunebenkosten einen Sonderfall dar. Abweichend vom BKI-Standard werden die Kosten der Modulbau-Dokumentation deshalb angepasst dargestellt. Die Kosten der Basismodule werden als übergeordneter Preis nur bei der 1. Ebene dargestellt. **Alle Zulagen zu den Basismodulen werden nachfolgend separat bis zur 2. bzw. 3. Ebene der DIN 276 dokumentiert und abgebildet.**

KG	Kostengruppe	Menge Einheit	Kosten €	€/Einheit	%
300	**Bauwerk – Baukonstruktionen**				**100,0**
330	**Außenwände/Vert. Baukonstrukt., außen**	633,46 m² AWF	156.648	**247,29**	42,0
	• Herstellen (Kosten: 100,0%) Türöffnungen herstellen in Mauerwerk (7m²) * Zulagen zur Basisausführung für Metallfenstern (120m²), für zusätzliche Öffnungsflügel (25St) * für Putzfassade (391m²), für Faserzementfassade (123m²) * für Vorbau-Lamellenstores (78m²) * für Vordach (1St)	633,46 m² AWF	156.648	**247,29**	
340	**Innenwände/Vert. Baukonstrukt., innen**	455,41 m² IWF	6.387	**14,02**	1,7
	• Herstellen (Kosten: 100,0%) Zulage zur Basisausführung für Wandverstärkungen (442m²) * für Schallschutztüren (13m²)	455,41 m² IWF	6.387	**14,02**	
350	**Decken/Horizontale Baukonstruktionen**	42,76 m² DEF	32.456	**759,03**	8,7
	• Abbrechen (Kosten: 27,3%) Abbruch von Fluchttreppe (psch); Entsorgung, Deponiegebühren	–	8.852	–	
	• Herstellen (Kosten: 72,7%) Zulage zur Basisausführung für außenliegende Stahl-Fluchttreppenanlage (43m²)	42,76 m² DEF	23.604	**552,02**	
360	**Dächer**	375,00 m² DAF	150.921	**402,46**	40,5
	• Herstellen (Kosten: 100,0%) Zulagen zur Basisausführung für Dachbegrünung (568m²), für Gefälledach mit außenliegende Dachentwässerung (psch) * für F30-Bekleidung (3301m²) * für Fluchtwegführung über Dach (20m)	375,00 m² DAF	150.921	**402,46**	
390	**Sonst. Maßnahmen für Baukonstrukt.**	792,54 m² BGF	26.539	**33,49**	7,1
	• Herstellen (Kosten: 100,0%) Baustelleneinrichtung (psch), Bauzaun, blickdicht (45m) * provisorische Dachentwässerung (psch)	792,54 m² BGF	26.539	**33,49**	
400	**Bauwerk – Technische Anlagen**				**100,0**
410	**Abwasser-, Wasser-, Gasanlagen**	792,54 m² BGF	12.294	**15,51**	4,7
	• Herstellen (Kosten: 100,0%) Zulagen zur Basisausführung für Doppelpumpenanlage (psch), für Umlegung Regenwasserleitung (psch) * Anschluss Kaltwasserleitung an Bestand (psch)	792,54 m² BGF	12.294	**15,51**	
420	**Wärmeversorgungsanlagen**	792,54 m² BGF	627	**0,79**	0,2
	• Herstellen (Kosten: 100,0%) Anschluss Heizleitung an Bestand (psch)	792,54 m² BGF	627	**0,79**	

KG	Kostengruppe	Menge Einheit	Kosten €	€/Einheit	%
430	**Raumlufttechnische Anlagen**	792,54 m²BGF	218.936	**276,25**	83,8
	• Herstellen (Kosten: 100,0%) Zulage zur Basisausführung für Lüftungsanlage (psch) * Klimaanlage (psch)	792,54 m²BGF	218.936	**276,25**	
440	**Elektrische Anlagen**	792,54 m²BGF	29.506	**37,23**	11,3
	• Herstellen (Kosten: 100,0%) Zulage zur Basisausführung für Photovoltaikanlage (psch)	792,54 m²BGF	29.506	**37,23**	

4100-0256
Grundschule
(4 Klassen)
(120 Schüler)

Erweiterung

Kostenkennwerte für die Kostengruppen 300 der 2. und 3. Ebene DIN 276 (Übersicht)

KG	Kostengruppe	Menge Einheit	Kosten €	€/Einheit	% an 3+4 +Basismod.
300	**Bauwerk – Baukonstruktionen**	**792,54 m² BGF**	**372.951,37**	**470,58**	**14,0**
310	**Baugrube / Erdbau**	**–**	**–**	**–**	**–**
311	Herstellung	–	–	–	–
312	Umschließung	–	–	–	–
313	Wasserhaltung	–	–	–	–
314	Vortrieb	–	–	–	–
319	Sonstiges zur KG 310	–	–	–	–
320	**Gründung, Unterbau**	**–**	**–**	**–**	**–**
321	Baugrundverbesserung	–	–	–	–
322	Flachgründungen und Bodenplatten	–	–	–	–
323	Tiefgründungen	–	–	–	–
324	Gründungsbeläge	–	–	–	–
325	Abdichtungen und Bekleidungen	–	–	–	–
326	Dränagen	–	–	–	–
329	Sonstiges zur KG 320	–	–	–	–
330	**Außenwände/Vert. Baukonstrukt., außen**	**633,46 m² AWF**	**156.648,44**	**247,29**	**5,9**
331	Tragende Außenwände	7,00 m²	23.545,45	3.363,64	0,9
332	Nichttragende Außenwände	–	–	–	–
333	Außenstützen	–	–	–	–
334	Außenwandöffnungen	111,48 m²	48.853,86	438,23	1,8
335	Außenwandbekleidungen, außen	503,48 m²	69.376,82	137,79	2,6
336	Außenwandbekleidungen, innen	–	–	–	–
337	Element. Außenwandkonstruktionen	–	–	–	–
338	Lichtschutz zur KG 330	78,27 m²	11.153,11	142,50	0,4
339	Sonstiges zur KG 330	633,46 m² AWF	3.719,20	5,87	0,1
340	**Innenwände/Vert. Baukonstrukt., innen**	**455,41 m² IWF**	**6.386,82**	**14,02**	**0,2**
341	Tragende Innenwände	442,27 m²	4.156,18	9,40	0,2
342	Nichttragende Innenwände	–	–	–	–
343	Innenstützen	–	–	–	–
344	Innenwandöffnungen	13,14 m²	2.230,62	169,76	< 0,1
345	Innenwandbekleidungen	–	–	–	–
346	Elementierte Innenwandkonstruktionen	–	–	–	–
347	Lichtschutz zur KG 340	–	–	–	–
349	Sonstiges zur KG 340	–	–	–	–
350	**Decken/Horizontale Baukonstruktionen**	**42,76 m² DEF**	**32.456,14**	**759,03**	**1,2**
351	Deckenkonstruktionen	–	–	–	–
352	Deckenöffnungen	–	–	–	–
353	Deckenbeläge	–	–	–	–
354	Deckenbekleidungen	–	–	–	–
355	Elementierte Deckenkonstruktionen	42,76 m²	32.456,14	759,03	1,2
359	Sonstiges zur KG 350	–	–	–	–
360	**Dächer**	**375,00 m² DAF**	**150.921,03**	**402,46**	**5,7**
361	Dachkonstruktionen	–	–	–	–
362	Dachöffnungen	–	–	–	–
363	Dachbeläge	375,00 m²	77.452,14	206,54	2,9
364	Dachbekleidungen	330,85 m²	66.387,55	200,66	2,5
365	Elementierte Dachkonstruktionen	–	–	–	–
366	Lichtschutz zur KG 360	–	–	–	–
369	Sonstiges zur KG 360	375,00 m² DAF	7.081,34	18,88	0,3
380	**Baukonstruktive Einbauten**	**–**	**–**	**–**	**–**
390	**Sonst. Maßnahmen für Baukonstrukt.**	**792,54 m² BGF**	**26.538,95**	**33,49**	**1,0**

Kostenkennwerte für die Kostengruppen 400 der 2. und 3. Ebene DIN 276 (Übersicht)

KG	Kostengruppe	Menge Einheit	Kosten €	€/Einheit	% an 3+4 +Basismod.
400	**Bauwerk – Technische Anlagen**	**792,54 m² BGF**	**261.362,89**	**329,78**	**9,8**
410	**Abwasser-, Wasser-, Gasanlagen**	**792,54 m² BGF**	**12.293,98**	**15,51**	**0,5**
411	Abwasseranlagen	792,54 m² BGF	11.679,28	14,74	0,4
412	Wasseranlagen	792,54 m² BGF	614,70	0,78	< 0,1
413	Gasanlagen	–	–	–	–
419	Sonstiges zur KG 410	–	–	–	–
420	**Wärmeversorgungsanlagen**	**792,54 m² BGF**	**626,98**	**0,79**	**< 0,1**
421	Wärmeerzeugungsanlagen	–	–	–	–
422	Wärmeverteilnetze	792,54 m² BGF	626,98	0,79	< 0,1
423	Raumheizflächen	–	–	–	–
424	Verkehrsheizflächen	–	–	–	–
429	Sonstiges zur KG 420	–	–	–	–
430	**Raumlufttechnische Anlagen**	**792,54 m² BGF**	**218.936,35**	**276,25**	**8,2**
431	Lüftungsanlagen	792,54 m² BGF	213.047,63	268,82	8,0
432	Teilklimaanlagen	–	–	–	–
433	Klimaanlagen	792,54 m² BGF	5.888,72	7,43	0,2
434	Kälteanlagen	–	–	–	–
439	Sonstiges zur KG 430	–	–	–	–
440	**Elektrische Anlagen**	**792,54 m² BGF**	**29.505,57**	**37,23**	**1,1**
441	Hoch- und Mittelspannungsanlagen	–	–	–	–
442	Eigenstromversorgungsanlagen	792,54 m² BGF	29.505,57	37,23	1,1
443	Niederspannungsschaltanlagen	–	–	–	–
444	Niederspannungsinstallationsanlagen	–	–	–	–
445	Beleuchtungsanlagen	–	–	–	–
446	Blitzschutz- und Erdungsanlagen	–	–	–	–
447	Fahrleitungssysteme	–	–	–	–
449	Sonstiges zur KG 440	–	–	–	–
450	**Kommunikationstechnische Anlagen**	**–**	**–**	**–**	**–**
451	Telekommunikationsanlagen	–	–	–	–
452	Such- und Signalanlagen	–	–	–	–
453	Zeitdienstanlagen	–	–	–	–
454	Elektroakustische Anlagen	–	–	–	–
455	Audiovisuelle Medien- u. Antennenanl.	–	–	–	–
456	Gefahrenmelde- und Alarmanlagen	–	–	–	–
457	Datenübertragungsnetze	–	–	–	–
458	Verkehrsbeeinflussungsanlagen	–	–	–	–
459	Sonstiges zur KG 450	–	–	–	–
460	**Förderanlagen**	**–**	**–**	**–**	**–**
461	Aufzugsanlagen	–	–	–	–
462	Fahrtreppen, Fahrsteige	–	–	–	–
463	Befahranlagen	–	–	–	–
464	Transportanlagen	–	–	–	–
465	Krananlagen	–	–	–	–
466	Hydraulikanlagen	–	–	–	–
469	Sonstiges zur KG 460	–	–	–	–
470	**Nutzungsspez. u. verfahrenstechn. Anl.**	**–**	**–**	**–**	**–**
480	**Gebäude- und Anlagenautomation**	**–**	**–**	**–**	**–**
490	**Sonst. Maßnahmen für techn. Anlagen**	**–**	**–**	**–**	**–**

Kostenkennwerte für die Kostengruppen der 3. Ebene DIN 276

KG	Kostengruppe	Menge Einheit	Kosten €	€/Einheit	%

Hinweis zu den Kostenkennwerten:
Für die Kostengliederung der DIN 276 stellen Modulbauten wegen ihrer zwangsläufigen Durchmischung von Kosten der Baukonstruktionen, der technischen Anlagen und der Baunebenkosten einen Sonderfall dar. Abweichend vom BKI-Standard werden die Kosten der Modulbau-Dokumentation deshalb angepasst dargestellt. Die Kosten der Basismodule werden als übergeordneter Preis nur bei der 1. Ebene dargestellt. **Alle Zulagen zu den Basismodulen werden nachfolgend separat bis zur 2. bzw. 3. Ebene der DIN 276 dokumentiert und abgebildet.**

KG	Kostengruppe	Menge Einheit	Kosten €	€/Einheit	%
330	**Außenwände/Vertikale Baukonstruktionen, außen**				**100,0**
331	**Tragende Außenwände**	7,00 m²	23.545	**3.363,64**	15,0
	• Herstellen (Kosten: 100,0%) Türöffnungen herstellen in Mauerwerk (7m²)	7,00 m²	23.545	**3.363,64**	
334	**Außenwandöffnungen**	111,48 m²	48.854	**438,23**	31,2
	• Herstellen (Kosten: 100,0%) Zulagen zur Basisausführung für Metallfenstern, R'w=35dB (120m²), für zusätzliche Öffnungsflügel (25St)	120,32 m²	48.854	**406,03**	
335	**Außenwandbekleidungen, außen**	503,48 m²	69.377	**137,79**	44,3
	• Herstellen (Kosten: 100,0%) Zulagen zur Basisausführung für Putzfassade (391m²), für vorgehängte Faserzementfassade (123m²)	513,14 m²	69.377	**135,20**	
338	**Lichtschutz zur KG 330**	78,27 m²	11.153	**142,50**	7,1
	• Herstellen (Kosten: 100,0%) Zulage zur Basisausführung für Vorbau-Lamellenstores (78m²)	78,27 m²	11.153	**142,50**	
339	**Sonstiges zur KG 330**	633,46 m² AWF	3.719	**5,87**	2,4
	• Herstellen (Kosten: 100,0%) Zulage zur Basisausführung für Vordach 1,60x1,00m (1St)	633,46 m² AWF	3.719	**5,87**	
340	**Innenwände/Vertikale Baukonstruktionen, innen**				**100,0**
341	**Tragende Innenwände**	442,27 m²	4.156	**9,40**	65,1
	• Herstellen (Kosten: 100,0%) Zulage zur Basisausführung für Wandverstärkungen (442m²)	442,27 m²	4.156	**9,40**	
344	**Innenwandöffnungen**	13,14 m²	2.231	**169,76**	34,9
	• Herstellen (Kosten: 100,0%) Zulage zur Basisausführung für Schallschutztüren (13m²)	13,14 m²	2.231	**169,76**	
350	**Decken/Horizontale Baukonstruktionen**				**100,0**
355	**Elementierte Deckenkonstruktionen**	42,76 m²	32.456	**759,03**	100,0
	• Abbrechen (Kosten: 27,3%) Abbruch von Fluchttreppe (psch); Entsorgung, Deponiegebühren	–	8.852	**–**	
	• Herstellen (Kosten: 72,7%) Zulage zur Basisausführung für außenliegende Stahl-Fluchttreppenanlage, verzinkt, 40 Stg, acht Stahlstützen, Stahlträger, vier Gitterrostpodeste, Gitterroststufen, Geländer, Handläufe (43m²)	42,76 m²	23.604	**552,02**	

KG	Kostengruppe	Menge Einheit	Kosten €	€/Einheit	%
360	**Dächer**				**100,0**
363	**Dachbeläge**	375,00 m²	77.452	**206,54**	51,3
	• Herstellen (Kosten: 100,0%)	375,00 m²	77.452	**206,54**	
	Zulagen zur Basisausführung für Dachbegrünung (568m²), für Gefälledach mit außenliegender Dachentwässerung (psch)				
364	**Dachbekleidungen**	330,85 m²	66.388	**200,66**	44,0
	• Herstellen (Kosten: 100,0%)	330,85 m²	66.388	**200,66**	
	Zulage zur Basisausführung für F30-Bekleidung (3301m²)				
369	**Sonstiges zur KG 360**	375,00 m²DAF	7.081	**18,88**	4,7
	• Herstellen (Kosten: 100,0%)	375,00 m²DAF	7.081	**18,88**	
	Zulage zur Basisausführung für Fluchtwegführung über Dach (20m)				
390	**Sonstige Maßnahmen für Baukonstruktionen**				**100,0**
391	**Baustelleneinrichtung**	792,54 m²BGF	25.924	**32,71**	97,7
	• Herstellen (Kosten: 100,0%)	792,54 m²BGF	25.924	**32,71**	
	Baustelleneinrichtung, Kran, Bauzaun, Wasser, WC, Bauschild, Container, Baustromanschluss (psch), Bauzaun, blickdicht (45m)				
398	**Provisorische Baukonstruktionen**	792,54 m²BGF	615	**0,78**	2,3
	• Herstellen (Kosten: 100,0%)	792,54 m²BGF	615	**0,78**	
	Provisorische Dachentwässerung (psch)				
410	**Abwasser-, Wasser-, Gasanlagen**				**100,0**
411	**Abwasseranlagen**	792,54 m²BGF	11.679	**14,74**	95,0
	• Herstellen (Kosten: 100,0%)	792,54 m²BGF	11.679	**14,74**	
	Zulagen zur Basisausführung für Doppelpumpenanlage (psch), für Umlegung Regenwasserleitung (psch)				
412	**Wasseranlagen**	792,54 m²BGF	615	**0,78**	5,0
	• Herstellen (Kosten: 100,0%)	792,54 m²BGF	615	**0,78**	
	Anschluss Kaltwasserleitung an Bestand (psch)				
420	**Wärmeversorgungsanlagen**				**100,0**
422	**Wärmeverteilnetze**	792,54 m²BGF	627	**0,79**	100,0
	• Herstellen (Kosten: 100,0%)	792,54 m²BGF	627	**0,79**	
	Anschluss Heizleitung an Bestand (psch)				
430	**Raumlufttechnische Anlagen**				**100,0**
431	**Lüftungsanlagen**	792,54 m²BGF	213.048	**268,82**	97,3
	• Herstellen (Kosten: 100,0%)	792,54 m²BGF	213.048	**268,82**	
	Zulage zur Basisausführung für Lüftungsanlage (psch)				
433	**Klimaanlagen**	792,54 m²BGF	5.889	**7,43**	2,7
	• Herstellen (Kosten: 100,0%)	792,54 m²BGF	5.889	**7,43**	
	Zulage zur Basisausführung für Klimaanlage (psch)				

4100-0256
Grundschule
(4 Klassen)
(120 Schüler)

Erweiterung

KG	Kostengruppe	Menge Einheit	Kosten €	€/Einheit	%
440	**Elektrische Anlagen**				**100,0**
442	**Eigenstromversorgungsanlagen**	792,54 m2 BGF	29.506	**37,23**	100,0
	• Herstellen (Kosten: 100,0%) Zulage zur Basisausführung für Photovoltaikanlage (psch)	792,54 m2 BGF	29.506	**37,23**	

Kostenkennwerte für Leistungsbereiche nach STLB (Bauwerkskosten nach DIN 276 + Basismodule)

Hinweis zu den Leistungsbereichen:
Für die Kostengliederung nach STLB stellen Modulbauten wegen ihrer zwangsläufigen Durchmischung von Kosten der Baukonstruktionen, der technischen Anlagen und der Baunebenkosten einen Sonderfall dar. Abweichend vom BKI-Standard werden die Kosten der Modulbau-Dokumentation deshalb angepasst dargestellt. Die Kosten der Basismodule werden als Gesamtpreis bei dem Leistungsbereich dargestellt, der die Tragkonstruktion bildet. **Alle Zulagen zu den Basismodulen werden separat nach STLB in den einzelnen Leistungsbereichen dokumentiert und abgebildet.**

LB	Leistungsbereiche	Kosten €	€/m² BGF	€/m³ BRI	% an 3+4 +Basismod.
000	Baustellen-, Verkehrssich.- u. Sicherh.einr. inkl. 001	25.924	32,70	9,00	1,0
002	Erdarbeiten	–	–	–	–
009	Entwässerungskanalarbeiten inkl. 011	3.688	4,70	1,30	0,1
012	Mauerarbeiten	23.545	29,70	8,20	0,9
013	Betonarbeiten	–	–	–	–
014	Natur-, Betonwerksteinarbeiten	–	–	–	–
016	Zimmer- und Holzbauarbeiten	4.156	5,20	1,40	0,2
016	Zimmer- und Holzbauarbeiten - **Basismodule**	2.035.885	2.568,81	710,02	76,2
017	Stahlbauarbeiten	–	–	–	–
020	Dachdeckungsarbeiten	–	–	–	–
021	Dachabdichtungsarbeiten	60.855	76,80	21,20	2,3
022	Klempnerarbeiten	17.212	21,70	6,00	0,6
	Rohbau mit Basismodulen	**2.171.266**	**2.739,60**	**757,20**	**81,3**
023	Putz- und Stuckarbeiten, Wärmedämmsysteme	45.718	57,70	15,90	1,7
024	Fliesen- und Plattenarbeiten	–	–	–	–
025	Estricharbeiten	–	–	–	–
026	Fenster, Außentüren inkl. 029, 032	48.854	61,60	17,00	1,8
027	Tischlerarbeiten	2.231	2,80	0,78	< 0,1
028	Parkett-, Holzpflasterarbeiten	–	–	–	–
030	Rollladenarbeiten	11.153	14,10	3,90	0,4
031	Metallbauarbeiten inkl. 035	34.405	43,40	12,00	1,3
034	Maler- und Lackiererarb. – Beschicht. inkl. 037	–	–	–	–
036	Bodenbelagarbeiten	–	–	–	–
038	Vorgehängte hinterlüftete Fassaden	23.659	29,90	8,30	0,9
039	Trockenbauarbeiten	66.388	83,80	23,20	2,5
	Ausbau	**232.407**	**293,20**	**81,10**	**8,7**
040	Wärmeversorgungsanl. – Betriebseinr. inkl. 041	627	0,79	0,22	< 0,1
042	Gas- u. Wasseranl. – Leitung., Armat. inkl. 043	615	0,78	0,21	< 0,1
044	Abwasseranl. – Leitungen, Abläufe, Armaturen	–	–	–	–
045	Gas, Wasser, Entwässerung – Ausstattung inkl. 046	7.991	10,10	2,80	0,3
047	Dämm- und Brandschutzarb. an techn. Anlagen	–	–	–	–
050	Blitzschutz-/Erdungsanlagen, Überspannungssch.	–	–	–	–
053	Niederspannungsanl. – Kabel inkl. 052, 054	–	–	–	–
055	Sicherheits- u. Ersatzstromversorgungsanl.	29.506	37,20	10,30	1,1
058	Leuchten und Lampen inkl. 059	–	–	–	–
061	Kommunikations- u. Übertragungsnetze inkl. 063	–	–	–	–
070	Gebäudeautomation	–	–	–	–
075	Raumlufttechnische Anlagen inkl. 078	218.936	276,20	76,40	8,2
	Gebäudetechnik	**257.675**	**325,10**	**89,90**	**9,7**
084	Abbruch, Rückbau, Schadstoffsanierung	8.852	11,20	3,10	0,3
	Abbrucharbeiten	**8.852**	**11,20**	**3,10**	**0,3**

4400-0288
Kinderkrippe
(1 Gruppe)
(12 Kinder)

Kostenkennwerte für die Kosten des Bauwerks (Kostengruppen 300+400 nach DIN 276)

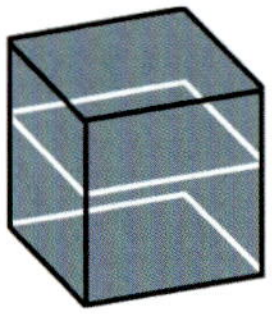

BRI 608 €/m³

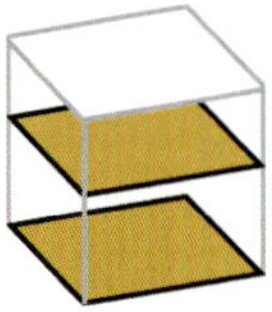

BGF 2.162 €/m²

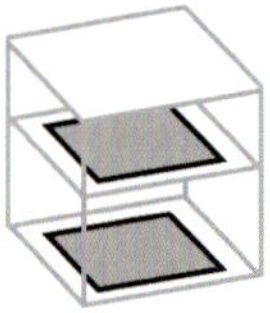

NUF 2.987 €/m²

- **Holz-Raumzellen**
- Stahlbeton-Raumzellen
- Stahl-Raumzellen
- Ziegel-Raumzellen

Konstruktionsart

Objekt:
Kennwerte: 3. Ebene DIN 276
BRI: 480 m³
BGF: 135 m²
NUF: 98 m²
Bauzeit: 9 Wochen
Bauende: 2014
Standard: mittel
Bundesland: Niedersachsen
Kreis: Harburg

Architekt*in:
Bosse Westphal Schäffer
Architekten
Löhnfeld 26
21423 Winsen/Luhe

Bauherr*in:
Stadt Winsen/Luhe
Der Bürgermeister
21423 Winsen/Luhe

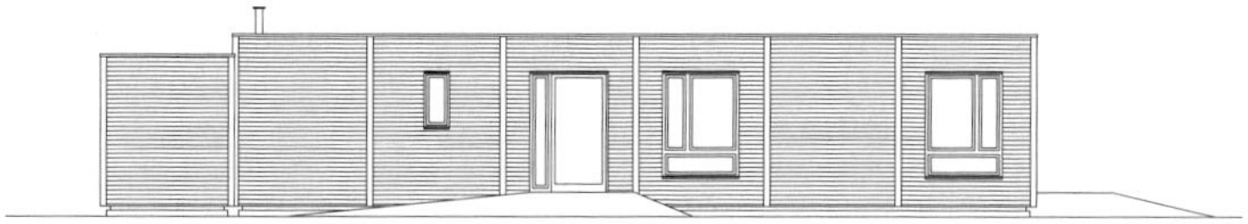

Ansicht Nord

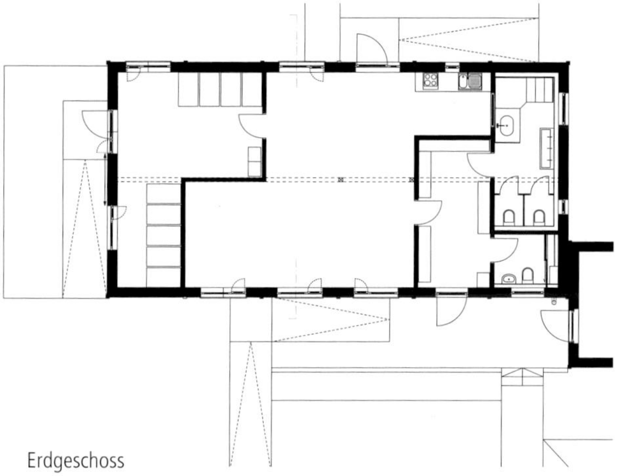

Erdgeschoss

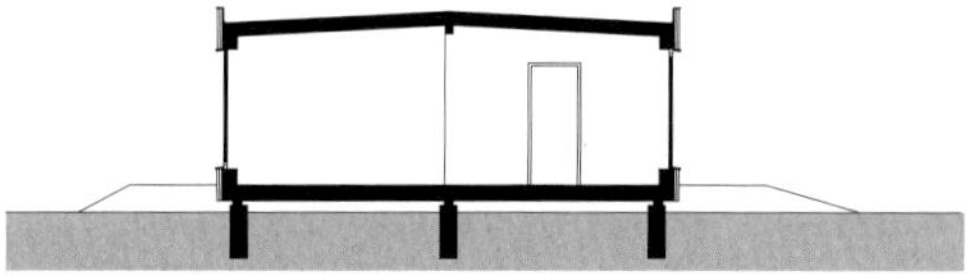

Schnitt

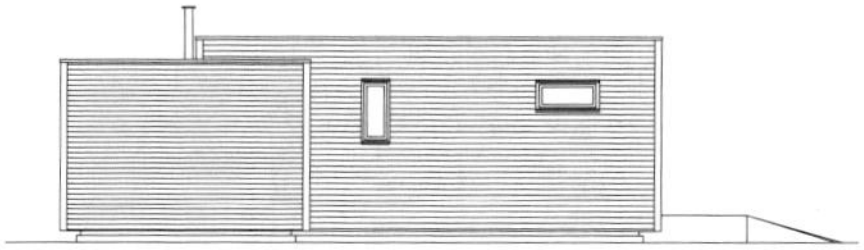

Ansicht Ost

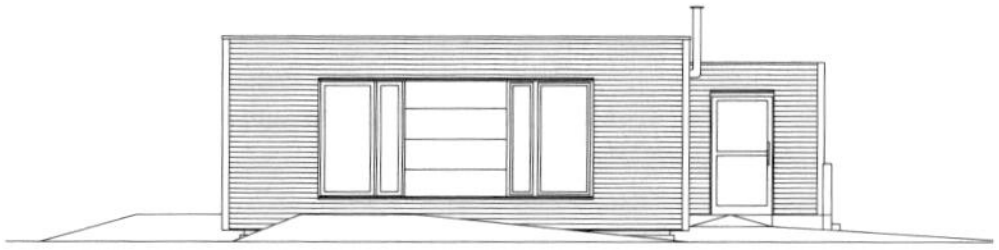

Ansicht West

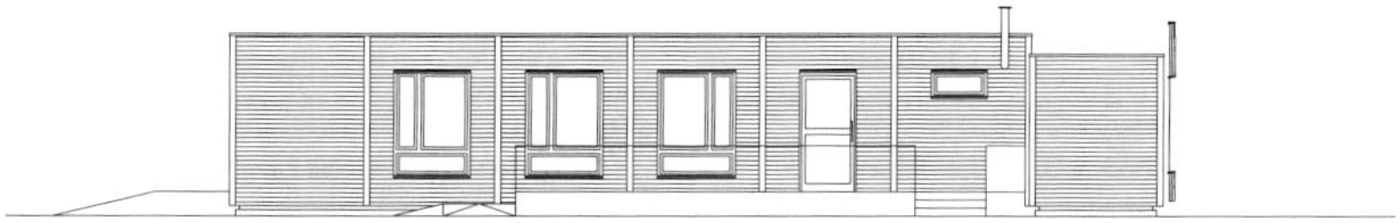

Ansicht Süd

Objektbeschreibung

Allgemeine Objektinformationen

Zum bestehenden Kindergarten wurde ein separat stehendes, eingeschossiges Nebengebäude aus sechs Modulen aufgestellt. Das siebte Modul wurde seitlich angestellt und dient als Abstellfläche für Kinderwägen oder als Lager. Die Module können zu einem späteren Zeitpunkt demontiert und an anderer Stelle wieder aufgestellt werden. In der neuen Kinderkrippe gibt es Platz für einen großen Gruppenraum mit integrierter Küche, einen Schlafraum, einen Eingangsbereich mit Garderobe, ein WC für Kinder mit Säuglingspflegebecken und ein WC für Personal mit integriertem Heizungs- und Putzmittelraum.

Nutzung

1 Erdgeschoss
Eingang/Garderobe, Gruppenraum, Schlafraum, WC-Kinder, WC-Personal, Heizungs- und Putzmittelraum, Kinderwagen/Lager

Nutzeinheiten

Gruppen: 1
Kinder: 12

Grundstück

Bauraum: Freier Bauraum
Neigung: Ebenes Gelände
Bodenklasse: BK 1 bis BK 3

Markt

Hauptvergabezeit: 1. Quartal 2014
Baubeginn: 1. Quartal 2014
Bauende: 2. Quartal 2014
Konjunkturelle Gesamtlage: Durchschnitt
Regionaler Baumarkt: unter Durchschnitt

Baukonstruktion

Die Module bestehen weitgehend aus ökologischen Baustoffen und wurden in Holzrahmenkonstruktion vorgefertigt. Sie wurden komplett geliefert und vor Ort auf einem Schwellenkranz auf Streifenfundamente aufgesetzt und gekoppelt. Die Holzfenster wurden mit Dreifachverglasung ausgeführt. Die Attika wurde durch die Konterlattung der vorgehängten Stülpschalung ausgebildet und verdeckt das Satteldach.

Technische Anlagen

Die Beheizung erfolgt über eine eingebaute Gas-Brennwerttherme. Die Wärme wird über Heizkörper an die Räume abgegeben.

Sonstiges

In den Außenanlagen wurden Wege mit Betonplatten verlegt und die Stellplatzflächen als wassergebundene Decke gestaltet.

Planungskennwerte für Flächen und Rauminhalte nach DIN 277

Flächen des Grundstücks		Menge Einheit	% an GF
BF	Bebaute Fläche	134,87 m²	9,5
UF	Unbebaute Fläche	1.280,13 m²	90,5
GF	Grundstücksfläche	1.415,00 m²	100,0

Grundflächen des Bauwerks		Menge Einheit	% an NUF	% an BGF
NUF	Nutzungsfläche	97,60 m²	100,0	72,4
TF	Technikfläche	0,70 m²	0,7	0,5
VF	Verkehrsfläche	12,53 m²	12,8	9,3
NRF	Netto-Raumfläche	110,83 m²	113,6	82,2
KGF	Konstruktions-Grundfläche	24,04 m²	24,6	17,8
BGF	Brutto-Grundfläche	134,87 m²	138,2	100,0

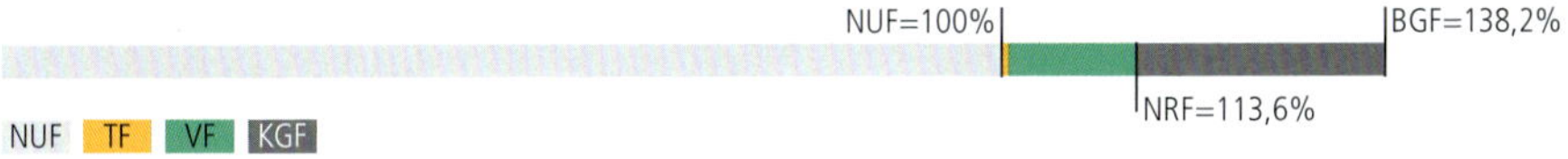

Brutto-Rauminhalt des Bauwerks		Menge Einheit	BRI/NUF (m)	BRI/BGF (m)
BRI	Brutto-Rauminhalt	479,87 m³	4,92	3,56

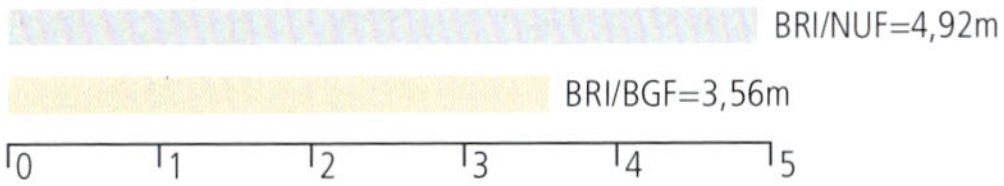

Lufttechnisch behandelte Flächen	Menge Einheit	% an NUF	% an BGF
Entlüftete Fläche	–	–	–
Be- und entlüftete Fläche	–	–	–
Teilklimatisierte Fläche	–	–	–
Klimatisierte Fläche	–	–	–

KG	Kostengruppen (2. Ebene)	Menge Einheit	Menge/NUF	Menge/BGF
310	Baugrube / Erdbau	25,52 m³ BGI	0,26	0,19
320	Gründung, Unterbau	129,62 m² GRF	1,33	0,96
330	Außenwände/Vertikale Baukonstruktionen, außen	167,31 m² AWF	1,71	1,24
340	Innenwände/Vertikale Baukonstruktionen, innen	93,63 m² IWF	0,96	0,69
350	Decken/Horizontale Baukonstruktionen	–	–	–
360	Dächer	131,20 m² DAF	1,34	0,97

Kostenkennwerte für die Kostengruppen der 1. Ebene DIN 276

KG	Kostengruppen (1. Ebene)	Einheit	Kosten €	€/Einheit	€/m² BGF	€/m³ BRI	% 300+400
100	Grundstück	m² GF	–	–	–	–	–
200	Vorbereitende Maßnahmen	m² GF	–	–	–	–	–
300	Bauwerk – Baukonstruktionen	m² BGF	244.465	1.812,60	1.812,60	509,44	83,8
400	Bauwerk – Technische Anlagen	m² BGF	47.114	349,33	349,33	98,18	16,2
	Bauwerk 300+400	**m² BGF**	**291.579**	**2.161,92**	**2.161,92**	**607,62**	**100,0**
500	Außenanlagen und Freiflächen	m² AF	55.446	133,20	411,10	115,54	19,0
600	Ausstattung und Kunstwerke	m² BGF	27.812	206,22	206,22	57,96	9,5
700	Baunebenkosten	m² BGF	–	–	–	–	–
800	Finanzierung	m² BGF	–	–	–	–	–

KG	Kostengruppe	Menge Einheit	Kosten €	€/Einheit	%
3+4	**Bauwerk**				**100,0**
300	**Bauwerk – Baukonstruktionen**	134,87 m² BGF	244.465	**1.812,60**	83,8

Fundamente, Schwellenkranz, Modulboden, Holzrahmenkonstruktion, Dämmung, Parkett, Linoleum; Holzfenster, Eingangstüren, Stülpschalung, HPL-Bekleidung, Modulaußenwände, Holzrahmenkonstruktion; Stützen, Holztüren, Beschichtung, Wandfliesen, Modul-Holzrahmenwände, Trennwandanlagen; Dachabdichtung, Dachentwässerung, Modulsatteldach, Dachbalken; Einbauküche

KG	Kostengruppe	Menge Einheit	Kosten €	€/Einheit	%
400	**Bauwerk – Technische Anlagen**	134,87 m² BGF	47.114	**349,33**	16,2

Gebäudeentwässerung, Kalt- und Warmwasserleitungen, Hygienespülung, Sanitärobjekte; Gas-Brennwerttherme, Gasleitungen, Heizungsrohre, Heizkörper; Elektroinstallation, Beleuchtung, Blitzschutz; Rauchwarn- und Thermomelder, Telefon-Erdkabel

KG	Kostengruppe	Menge Einheit	Kosten €	€/Einheit	%
500	**Außenanlagen und Freiflächen**	416,26 m² AF	55.446	**133,20**	19,0

Bodenarbeiten; Betonplatten, wassergebundene Decke, Gitterroste; Zaun, Blockstufen; Oberflächenentwässerung; Blumenkasten, Spielplatzschild einbauen; Oberboden, Rasen

KG	Kostengruppe	Menge Einheit	Kosten €	€/Einheit	%
600	**Ausstattung und Kunstwerke**	134,87 m² BGF	27.812	**206,22**	9,5

Kindergarteneinrichtung und -ausstattung

Kostenkennwerte für die Kostengruppen der 2.Ebene DIN 276

KG	Kostengruppe	Menge Einheit	Kosten €	€/Einheit	%
300	**Bauwerk – Baukonstruktionen**				**100,0**
310	**Baugrube / Erdbau**	25,52 m³BGI	1.856	**72,71**	0,8
	Rohr- und Leitungsgrabenaushub (26m³)				
320	**Gründung, Unterbau**	129,62 m²GRF	51.682	**398,72**	21,1
	Fundamentaushub BK 3 (30m³), Stb-Streifenfundamente C20/25 (26m³), Schwellenkranz (74m), Modulboden, OSB-Platten, Holzrahmenkonstruktion, Dämmung, d=220mm, Holzfaserdämmplatten, Rauspund (130m²) * Parkett (77m²), Linoleum (35m²)				
330	**Außenwände/Vert. Baukonstrukt., außen**	167,31 m²AWF	102.248	**611,15**	41,8
	Holzfenster, Dreifachverglasung (21m²), Eingangstüren (8m²) * Stülpschalung (181m²), HPL-Bekleidung (4m²), Eckausbildung (25m), Lisenen (34m) * Beschichtung (124m²), Lisenen (31m), Wandfliesen (9m²), Spiegel, flächenbündig (1m²), Vorsatzschalen (9m²) * Modulaußenwände: GF-Beplankung, OSB/3-Platten, Holzrahmenkonstruktion, Dämmung, d=200mm, Holzfaserdämmplatten (139m²)				
340	**Innenwände/Vert. Baukonstrukt., innen**	93,63 m²IWF	27.119	**289,64**	11,1
	Holzstützen (5m) * Holztüren (8m²) * Beschichtung (138m²), Wandfliesen (4m²), Vorsatzschalen (3m²) * Modul-Holzrahmenwände, Dämmung, d=100mm, GF-Beplankung (74m²), Trennwandanlagen (12m²)				
360	**Dächer**	131,20 m²DAF	46.185	**352,02**	18,9
	EVA-Kunststoffabdichtung (156m²), Attika, OSB-Kranz, Unterkonstruktion, Attikaabdeckungen (61m), Wasserspeier (5St), Abläufe (5St) * Beschichtung (112m²), Dachleisten (20m) * Modulsatteldach: GF-Beplankung, Dachbalken, Dämmung, d=200mm, OSB-Platten (131m²) * Dunstrohrhaube (1St)				
380	**Baukonstruktive Einbauten**	134,87 m²BGF	8.992	**66,67**	3,7
	Einbauküche mit Elektrogeräten (psch), nachleuchtende Alu-Rettungswegschilder (2St)				
390	**Sonst. Maßnahmen für Baukonstrukt.**	134,87 m²BGF	6.383	**47,33**	2,6
	Baustelleneinrichtung (psch), Schnurgerüst, Bauzaun (42m)				
400	**Bauwerk – Technische Anlagen**				**100,0**
410	**Abwasser-, Wasser-, Gasanlagen**	134,87 m²BGF	17.180	**127,38**	36,5
	Grundleitung DN100 (14m), Abwasserleitungen DN50-90 (23m) * Druckrohre DN25 (34m), Kalt- und Warmwasserleitungen (36m), Hygienespülung (1St), Waschrinne (1St), Waschbecken (1St), Kinder-WCs (2St), Tiefspül-Wand-WC (1St), Durchlauferhitzer (2St) * Montageelemente (3St)				
420	**Wärmeversorgungsanlagen**	134,87 m²BGF	14.736	**109,26**	31,3
	Gas-Brennwerttherme (1St), Abgassystem (1St), Druckrohre DN25 (31m), Gasleitungen DN20-25 (6m), Gas-Hauseinführungen (2St) * Heizungsrohre (108m) * Heizkörper (7St)				

KG	Kostengruppe	Menge Einheit	Kosten €	€/Einheit	%
440	**Elektrische Anlagen**	134,87 m² BGF	14.647	**108,60**	31,1
	Unterverteiler (1St), Überspannungsableiter (1St), Mantelleitungen (475m), Steckdosen (22St), Schalter (5St), Präsenzmelder (2St), Schlüsselschalter (1St), Lichtsignal (1St) * Leuchten (15St), Rettungszeichenleuchte (1St), Sensorleuchte (1St) * Erdleitungen (64m), Kreuzverbinder (8St), Dachleitungshalter (56St), Erdeinführungsstangen (4St), Runddraht (58m), Potenzialausgleichs-schiene (1St)				
450	**Kommunikationstechnische Anlagen**	134,87 m² BGF	550	**4,08**	1,2
	Rauchwarn- und Thermomelder (3St) * Telefon-Erdkabel (48m)				
500	**Außenanlagen und Freiflächen**				**100,0**
510	**Erdbau**	142,87 m³ EBR	6.726	**47,08**	12,1
	Baugrubenaushub BK 3, t=40cm, abtragen, entsorgen, Grobplanum (117m³), Rohrgraben ausheben und wiederverfüllen (26m²)				
530	**Oberbau, Deckschichten**	242,16 m² BFF	25.597	**105,70**	46,2
	Schottertragschicht, Betonplatten (33m²), hochkant (31m), Füllsand (15m³), Betonrecycling (4m³) * Frostschutzschicht, Natursteinbrechgemisch, wassergebundene Decke (204m²), Bordsteine (60m), Füllsand (88m³) * Gitterroststreifen (22m) * Pflaster im Bereich von Abwasser- und Regenschächten aufnehmen, seitlich lagern, nach Erdarbeiten wieder verlegen (42h)				
540	**Baukonstruktionen**	416,26 m² AF	10.442	**25,08**	18,8
	Gittermattenzaun (96m), Pforte mit Schlosskasten (1St), vorhandenen Zaun einbauen (17m) * Beton-Blockstufen C30/37 (2St)				
550	**Technische Anlagen**	416,26 m² AF	5.899	**14,17**	10,6
	Pflaster aufnehmen, seitlich lagern, nach Erdarbeiten wieder verlegen (42h), KG-Rohre DN100 (46m), Schachtabdeckung (1St), Ausgleichsringe (2St), Mulde (19m²)				
560	**Einbauten Außenanlagen u. Freiflächen**	416,26 m² AF	899	**2,16**	1,6
	Blumenkasten (1St), vorhandenes Spielplatzschild einbauen (1St)				
570	**Vegetationsflächen**	218,20 m² PSF	4.062	**18,61**	7,3
	Oberboden liefern, einbauen (7m³) * Rasenansaat (152m²), Rollrasen (66m²) * Rasenbordsteine C12/15 (13m)				
590	**Sonst. Maßnahmen für Außenanlagen u. Freiflächen**	416,26 m² AF	1.821	**4,37**	3,3
	Abbruch von Betonpflaster, Betonborden, Einfassungen (141m²), Maschendrahtzaun (43m), Holzabfall; Entsorgung, Deponiegebühren				
600	**Ausstattung und Kunstwerke**				**100,0**
610	**Allgemeine Ausstattung**	134,87 m² BGF	9.466	**70,19**	34,0
	Stapelstühle (9St), Sitzhocker (5St), Drehhocker mit Rückenlehne (3St), Rechtecktische 120x60cm, h=46cm (2St), Halbrundtische 120x60cm, h=46cm (2St), Bürotisch (1St), Regalkombinationen (6St), mit Rollcontainerschränken (2St), Aufsatzschränken (2St), Materialschränke (4St), mit Rollcontainer-schränken (1St), Aufsatzschränken (1St), Garderobenbänke, fünf Plätze mit Facheinteilung, Gardero-benablage (3St), Infotheke (1St)				

KG	Kostengruppe	Menge Einheit	Kosten €	€/Einheit	%
620	**Besondere Ausstattung**	134,87 m²BGF	18.346	**136,03**	66,0

Schaumstoffbetten, Matratzen (13St), Reisebetten (2St), Babykörbe mit Schaumpolsterung (2St), Kinderbettdecken, Kopfkissen (18St), Bettwäsche (33St), Wickelkommode (1St), Wickelauflage mit Zubehör (1St), Säuglingspflegebecken (1St), Deckenschrank (1St), Krippenschrank (1St), Spielhaus mit Treppe und Rutsche (1St), Puppenwagen (1St), Puppenbett (1St), Laufauto (1St), Tafel (1St)

Kostenkennwerte für die Kostengruppen 300 der 2. und 3. Ebene DIN 276 (Übersicht)

KG	Kostengruppe	Menge Einheit	Kosten €	€/Einheit	% an 3+4
300	**Bauwerk – Baukonstruktionen**	**134,87 m² BGF**	**244.465,01**	**1.812,60**	**83,8**
310	**Baugrube / Erdbau**	**25,52 m³ BGI**	**1.855,61**	**72,71**	**0,6**
311	Herstellung	25,52 m³ BGI	1.855,61	72,71	0,6
312	Umschließung	–	–	–	–
313	Wasserhaltung	–	–	–	–
314	Vortrieb	–	–	–	–
319	Sonstiges zur KG 310	–	–	–	–
320	**Gründung, Unterbau**	**129,62 m² GRF**	**51.682,25**	**398,72**	**17,7**
321	Baugrundverbesserung	–	–	–	–
322	Flachgründungen und Bodenplatten	129,62 m²	38.531,07	297,26	13,2
323	Tiefgründungen	–	–	–	–
324	Gründungsbeläge	111,92 m²	13.151,18	117,51	4,5
325	Abdichtungen und Bekleidungen	–	–	–	–
326	Dränagen	–	–	–	–
329	Sonstiges zur KG 320	–	–	–	–
330	**Außenwände/Vert. Baukonstrukt., außen**	**167,31 m² AWF**	**102.248,44**	**611,15**	**35,1**
331	Tragende Außenwände	–	–	–	–
332	Nichttragende Außenwände	–	–	–	–
333	Außenstützen	–	–	–	–
334	Außenwandöffnungen	28,51 m²	30.937,62	1.085,34	10,6
335	Außenwandbekleidungen, außen	184,56 m²	26.893,43	145,72	9,2
336	Außenwandbekleidungen, innen	133,59 m²	7.282,28	54,51	2,5
337	Element. Außenwandkonstruktionen	138,80 m²	37.135,11	267,54	12,7
338	Lichtschutz zur KG 330	–	–	–	–
339	Sonstiges zur KG 330	–	–	–	–
340	**Innenwände/Vert. Baukonstrukt., innen**	**93,63 m² IWF**	**27.118,78**	**289,64**	**9,3**
341	Tragende Innenwände	–	–	–	–
342	Nichttragende Innenwände	–	–	–	–
343	Innenstützen	5,30 m	204,57	38,60	< 0,1
344	Innenwandöffnungen	7,64 m²	5.309,73	694,63	1,8
345	Innenwandbekleidungen	141,55 m²	4.038,70	28,53	1,4
346	Elementierte Innenwandkonstruktionen	85,99 m²	17.565,79	204,29	6,0
347	Lichtschutz zur KG 340	–	–	–	–
349	Sonstiges zur KG 340	–	–	–	–
350	**Decken/Horizontale Baukonstruktionen**	**–**	**–**	**–**	**–**
351	Deckenkonstruktionen	–	–	–	–
352	Deckenöffnungen	–	–	–	–
353	Deckenbeläge	–	–	–	–
354	Deckenbekleidungen	–	–	–	–
355	Elementierte Deckenkonstruktionen	–	–	–	–
359	Sonstiges zur KG 350	–	–	–	–
360	**Dächer**	**131,20 m² DAF**	**46.184,54**	**352,02**	**15,8**
361	Dachkonstruktionen	–	–	–	–
362	Dachöffnungen	–	–	–	–
363	Dachbeläge	155,54 m²	16.030,64	103,06	5,5
364	Dachbekleidungen	111,92 m²	2.563,38	22,90	0,9
365	Elementierte Dachkonstruktionen	131,20 m²	27.314,97	208,19	9,4
366	Lichtschutz zur KG 360	–	–	–	–
369	Sonstiges zur KG 360	131,20 m² DAF	275,55	2,10	< 0,1
370	**Infrastrukturanlagen**	**–**	**–**	**–**	**–**
380	**Baukonstruktive Einbauten**	**134,87 m² BGF**	**8.991,98**	**66,67**	**3,1**
390	**Sonst. Maßnahmen für Baukonstrukt.**	**134,87 m² BGF**	**6.383,42**	**47,33**	**2,2**

Kostenkennwerte für die Kostengruppen 400 der 2. und 3. Ebene DIN 276 (Übersicht)

KG	Kostengruppe	Menge Einheit	Kosten €	€/Einheit	% an 3+4
400	**Bauwerk – Technische Anlagen**	**134,87 m²BGF**	**47.113,76**	**349,33**	**16,2**
410	**Abwasser-, Wasser-, Gasanlagen**	**134,87 m²BGF**	**17.180,40**	**127,38**	**5,9**
411	Abwasseranlagen	134,87 m²BGF	2.250,36	16,69	0,8
412	Wasseranlagen	134,87 m²BGF	13.280,50	98,47	4,6
413	Gasanlagen	–	–	–	–
419	Sonstiges zur KG 410	134,87 m²BGF	1.649,54	12,23	0,6
420	**Wärmeversorgungsanlagen**	**134,87 m²BGF**	**14.735,99**	**109,26**	**5,1**
421	Wärmeerzeugungsanlagen	134,87 m²BGF	7.493,50	55,56	2,6
422	Wärmeverteilnetze	134,87 m²BGF	2.771,62	20,55	1,0
423	Raumheizflächen	134,87 m²BGF	4.470,87	33,15	1,5
424	Verkehrsheizflächen	–	–	–	–
429	Sonstiges zur KG 420	–	–	–	–
430	**Raumlufttechnische Anlagen**	**–**	**–**	**–**	**–**
431	Lüftungsanlagen	–	–	–	–
432	Teilklimaanlagen	–	–	–	–
433	Klimaanlagen	–	–	–	–
434	Kälteanlagen	–	–	–	–
439	Sonstiges zur KG 430	–	–	–	–
440	**Elektrische Anlagen**	**134,87 m²BGF**	**14.647,25**	**108,60**	**5,0**
441	Hoch- und Mittelspannungsanlagen	–	–	–	–
442	Eigenstromversorgungsanlagen	–	–	–	–
443	Niederspannungsschaltanlagen	–	–	–	–
444	Niederspannungsinstallationsanlagen	134,87 m²BGF	9.869,60	73,18	3,4
445	Beleuchtungsanlagen	134,87 m²BGF	2.240,65	16,61	0,8
446	Blitzschutz- und Erdungsanlagen	134,87 m²BGF	2.536,99	18,81	0,9
447	Fahrleitungssysteme	–	–	–	–
449	Sonstiges zur KG 440	–	–	–	–
450	**Kommunikationstechnische Anlagen**	**134,87 m²BGF**	**550,12**	**4,08**	**0,2**
451	Telekommunikationsanlagen	–	–	–	–
452	Such- und Signalanlagen	–	–	–	–
453	Zeitdienstanlagen	–	–	–	–
454	Elektroakustische Anlagen	–	–	–	–
455	Audiovisuelle Medien- u. Antennenanl.	–	–	–	–
456	Gefahrenmelde- und Alarmanlagen	134,87 m²BGF	288,77	2,14	< 0,1
457	Datenübertragungsnetze	134,87 m²BGF	261,35	1,94	< 0,1
458	Verkehrsbeeinflussungsanlagen	–	–	–	–
459	Sonstiges zur KG 450	–	–	–	–
460	**Förderanlagen**	**–**	**–**	**–**	**–**
461	Aufzugsanlagen	–	–	–	–
462	Fahrtreppen, Fahrsteige	–	–	–	–
463	Befahranlagen	–	–	–	–
464	Transportanlagen	–	–	–	–
465	Krananlagen	–	–	–	–
466	Hydraulikanlagen	–	–	–	–
469	Sonstiges zur KG 460	–	–	–	–
470	**Nutzungsspez. u. verfahrenstechn. Anl.**	**–**	**–**	**–**	**–**
480	**Gebäude- und Anlagenautomation**	**–**	**–**	**–**	**–**
490	**Sonst. Maßnahmen für techn. Anlagen**	**–**	**–**	**–**	**–**

Kostenkennwerte für die Kostengruppen der 3. Ebene DIN 276

KG	Kostengruppe	Menge Einheit	Kosten €	€/Einheit	%
310	**Baugrube / Erdbau**				**100,0**
311	**Herstellung**	25,52 m³BGI	1.856	**72,71**	100,0
	Rohr- und Leitungsgrabenaushub (26m³)				
320	**Gründung, Unterbau**				**100,0**
322	**Flachgründungen und Bodenplatten**	129,62 m²	38.531	**297,26**	74,6
	Fundamentaushub BK 3, b=50cm, t=1,00m, seitlich lagern (30m³), Stb-Streifenfundamente C20/25, Schalung, Bewehrung (26m³), Schwellenkranz auf Streifenfundament (74m), Modulboden: oberseitig OSB-Platten, Holzrahmenkonstruktion NH S10, Querschnitt 6x22cm, Einblasdämmung WLG 045, d=220mm, unterseitig Holzfaserdämmplatten, d=10mm, Rauspund, d=18mm (130m²)				
324	**Gründungsbeläge**	111,92 m²	13.151	**117,51**	25,4
	Fertigparkett, Eiche, geölt (77m²), Sockelleisten (72m), Linoleum (35m²)				
330	**Außenwände/Vertikale Baukonstruktionen, außen**				**100,0**
334	**Außenwandöffnungen**	28,51 m²	30.938	**1.085,34**	30,3
	Holzfenster, Dreifachverglasung, Uw=0,95W/m²K, einflüglig (11m²), zweiteilig (7m²), festverglast (3m²), Fensterbänke, Alu, außen, Holz, innen (16m), Eingangstüren, Holz, Dreifachverglasung, Uw=0,95W/m²K (8m²)				
335	**Außenwandbekleidungen, außen**	184,56 m²	26.893	**145,72**	26,3
	Stülpschalung, waagrecht, Lärche/Douglasie, Unterkonstruktion, inkl. Verlängerung der Fassadenkonstruktion nach oben als Attika (181m²), HPL-Bekleidung (4m²), Eckausbildung KVH 12x12cm (25m), Lisenen KVH 6-8x12cm (34m), Lüftungsgitter im Sockel- und Attikabereich (161m), Laibungen, Lärche/Douglasie (64m), Sockel-Lüftungsbleche 120x400mm, gelocht (10St)				
336	**Außenwandbekleidungen, innen**	133,59 m²	7.282	**54,51**	7,1
	Spachtelung, Silikatbeschichtung (124m²), Lisenen 24x160mm, geschliffen, geölt (31m), Wandfliesen (9m²), Spiegel, flächenbündig (1m²), Vorsatzschalen (9m²)				
337	**Element. Außenwandkonstruktionen**	138,80 m²	37.135	**267,54**	36,3
	Modulaußenwände: innen GF-Beplankung, OSB/3-Platten, Holzrahmenkonstruktion NH S10, Querschnitt 6x20cm, Einblasdämmung WLG 045, d=200mm, außen Holzfaserdämmplatten WLS 047, d=22mm, Konterlattung (139m²), Verbindungshölzer zwischen Modulen aus KVH 6x20cm (27m)				
340	**Innenwände/Vertikale Baukonstruktionen, innen**				**100,0**
343	**Innenstützen**	5,30 m	205	**38,60**	0,8
	Stützen, Brettschichtholz 14x14cm (5m)				
344	**Innenwandöffnungen**	7,64 m²	5.310	**694,63**	19,6
	Holztüren, Röhrenspan, HPL, Stahlzargen (4m²), mit VSG-Lichtausschnitt (4m²)				
345	**Innenwandbekleidungen**	141,55 m²	4.039	**28,53**	14,9
	Spachtelung, Silikatbeschichtung (138m²), Wandfliesen (4m²), Vorsatzschalen (3m²)				

KG	Kostengruppe	Menge Einheit	Kosten €	€/Einheit	%
346	**Elementierte Innenwandkonstruktionen**	85,99 m²	17.566	**204,29**	64,8
	Modul-Holzrahmenwände KVH 6x10cm, Einblasdämmung WLG 045, d=100mm, GF-Beplankung (74m²), Trennwandanlagen, Frontwand, h=1,55m, zwei Türen, Mittelwand (8m²), Frontwand, h=2,15m, Schiebetür (4m²)				
360	**Dächer**				**100,0**
363	**Dachbeläge**	155,54 m²	16.031	**103,06**	34,7
	EVA-Kunststoffabdichtung, einlagig, bis über Attika (156m²), Attika, OSB-Kranz, Unterkonstruktion, Attikaabdeckungen, Titanzink (61m), Wasserspeier DN50 (5St), Attikaabläufe DN70, Titanzink (5St), Regenfallrohre DN70, Titanzink (14m), Standrohre DN70 (5St), Wasserfangkästen (5St)				
364	**Dachbekleidungen**	111,92 m²	2.563	**22,90**	5,6
	Spachtelung, Silikatbeschichtung (112m²), Dachleisten 24x160mm, geschliffen, geölt (20m)				
365	**Elementierte Dachkonstruktionen**	131,20 m²	27.315	**208,19**	59,1
	Modulsatteldach: Neigung 3°, innen GF-Beplankung, Sparschalung, Dampfbremse, Dachbalken NH S10, Querschnitt 6x20cm, Einblasdämmung WLG 045, d=200mm, außen OSB-Platten (131m²)				
369	**Sonstiges zur KG 360**	131,20 m² DAF	276	**2,10**	0,6
	Dunstrohrhaube DN100 (1St)				
380	**Baukonstruktive Einbauten**				**100,0**
381	**Allgemeine Einbauten**	134,87 m² BGF	8.902	**66,01**	99,0
	Einbauküche mit Unterschränken, Oberschränken, Arbeitsplatte, Besteckeinsätzen, LED-Unterbauleuchten-Set, Geschirrspüler, Kühlschrank, Backofen, Cerankochfeld, Dunstabzugshaube Umluft, Einbauspüle (psch)				
386	**Orientierungs- und Informationssysteme**	134,87 m² BGF	90	**0,66**	1,0
	Nachleuchtende Alu-Rettungswegschilder (2St)				
390	**Sonstige Maßnahmen für Baukonstruktionen**				**100,0**
391	**Baustelleneinrichtung**	134,87 m² BGF	6.383	**47,33**	100,0
	Baustelleneinrichtung (psch), Schnurgerüst, Bauzaun, h=2,00m (42m)				
410	**Abwasser-, Wasser-, Gasanlagen**				**100,0**
411	**Abwasseranlagen**	134,87 m² BGF	2.250	**16,69**	13,1
	KG-Rohre DN100 (14m), PP-Abwasserrohre DN50-90, schalloptimiert (23m)				
412	**Wasseranlagen**	134,87 m² BGF	13.280	**98,47**	77,3
	PE-HD-Druckrohre DN25 (34m), Metallverbundrohre, Formstücke, Rohrdämmung (36m), automatische Hygienespülung (1St), Waschrinne 140x47cm (1St), Waschbecken (1St), Kinder-WCs (2St), Tiefspül-Wand-WC (1St), Durchlauferhitzer (2St)				
419	**Sonstiges zur KG 410**	134,87 m² BGF	1.650	**12,23**	9,6
	Montageelemente für Kinder-WCs (2St), WC (1St)				

KG	Kostengruppe	Menge Einheit	Kosten €	€/Einheit	%
420	**Wärmeversorgungsanlagen**				**100,0**
421	**Wärmeerzeugungsanlagen**	134,87 m² BGF	7.494	**55,56**	50,9
	Gas-Brennwerttherme 2,3-14,7kW (1St), Abgassystem (1St), Gaskugelhahn (1St), Gasströmungswächter (1St), PE-HD-Druckrohre DN25 (31m), Gasleitungen DN20-25 (6m), Gas-Hauseinführungen (2St)				
422	**Wärmeverteilnetze**	134,87 m² BGF	2.772	**20,55**	18,8
	C-Stahlrohre DN12-20, Formstücke (108m)				
423	**Raumheizflächen**	134,87 m² BGF	4.471	**33,15**	30,3
	Kompaktheizkörper, Thermostatköpfe (7St)				
440	**Elektrische Anlagen**				**100,0**
444	**Niederspannungsinstallationsanlagen**	134,87 m² BGF	9.870	**73,18**	67,4
	Unterverteiler (1St), Überspannungsableiter (1St), Kabelkanäle (19m), Mantelleitungen NYM-J (383m), NYY-J (92m), Steckdosen mit Kinderschutz (22St), Schalter (5St), Decken-Präsenzmelder (2St), Schlüsselschalter (1St), Lichtsignal (1St), Herdanschluss (1St)				
445	**Beleuchtungsanlagen**	134,87 m² BGF	2.241	**16,61**	15,3
	Decken- und Wandleuchten (15St), Rettungszeichenleuchte (1St), Sensorleuchte (1St)				
446	**Blitzschutz- und Erdungsanlagen**	134,87 m² BGF	2.537	**18,81**	17,3
	Erdleitungen Rundstahl (64m), Kreuzverbinder (8St), Dachleitungshalter (56St), Erdeinführungsstangen (4St), Alu-Runddraht (58m), Erdbandschellen (3St), Potenzialausgleichsschiene (1St)				
450	**Kommunikations-, sicherheits- und informationstechnische Anlagen**				**100,0**
456	**Gefahrenmelde- und Alarmanlagen**	134,87 m² BGF	289	**2,14**	52,5
	Rauchwarn- und Thermomelder (3St)				
457	**Datenübertragungsnetze**	134,87 m² BGF	261	**1,94**	47,5
	Telefon-Erdkabel (48m)				
510	**Erdbau**				**100,0**
511	**Herstellung**	142,87 m³ EBR	6.726	**47,08**	100,0
	Baugrubenaushub BK 3, t=40cm, abtragen, entsorgen, Grobplanum (117m³), Rohrgraben ausheben und wiederverfüllen (26m²)				
530	**Oberbau, Deckschichten**				**100,0**
531	**Wege**	32,65 m²	7.317	**224,11**	28,6
	Schottertragschicht 0/32mm, d=20cm, Betonplatten (33m²), hochkant (31m), Füllsand (15m³), Betonrecycling (4m³)				
534	**Stellplätze**	204,01 m²	15.028	**73,66**	58,7
	Wassergebundene Decke, Frostschutzschicht 0/32mm, zweilagig, d=10cm, Natursteinbrechgemisch 0/32mm, d=30cm, Deckschicht mit 2-3cm Splitt 0/4mm abstreuen, verdichten, Gefälle 3-5% (204m²), Betonbordsteine (60m), Füllsand (88m³)				

KG	Kostengruppe	Menge Einheit	Kosten €	€/Einheit	%
539	**Sonstiges zur KG 530**	242,16 m²BFF	3.252	**13,43**	12,7
	Gitterroststreifen, b=25cm, Stahlblech, Unterkonstruktion (22m), Füllsand (2m³)				
540	**Baukonstruktionen**				**100,0**
541	**Einfriedungen**	156,39 m²	10.112	**64,66**	96,8
	Gittermattenzaun, h=1,83m (50m), h=1,03m (46m), Pforte mit Schlosskasten, drehbarer Knauf (1St), vorhandenen Zaun, h=1,03m, einbauen (17m)				
544	**Rampen, Treppen, Tribünen**	0,90 m²	330	**366,48**	3,2
	Beton-Blockstufen C30/37, Steigungsverhältnis 15x30cm, Stufenbreite 1,50m (2St)				
550	**Technische Anlagen**				**100,0**
551	**Abwasseranlagen**	416,26 m²AF	5.899	**14,17**	100,0
	Pflaster im Bereich von Abwasser- und Regenschächten aufnehmen, seitlich lagern, nach Erdarbeiten wieder verlegen (42h), KG-Rohre DN100 (46m), Schachtabdeckung (1St), Ausgleichsringe für vorhandenen Schacht (2St), Versickerungsmulde, t=50cm (19m²)				
560	**Einbauten in Außenanlagen und Freiflächen**				**100,0**
561	**Allgemeine Einbauten**	416,26 m²AF	899	**2,16**	100,0
	Blumenkasten, l=155cm, b=30cm, h=27cm (1St), vorhandenes Spielplatzschild einbauen (1St)				
570	**Vegetationsflächen**				**100,0**
571	**Vegetationstechn. Bodenbearbeitung**	23,00 m²	279	**12,11**	6,9
	Oberboden liefern, d bis 30cm, einbauen (7m³)				
574	**Rasen- und Saatflächen**	218,20 m²	3.411	**15,63**	84,0
	Rasenansaat (152m²), Rollrasen (66m²)				
579	**Sonstiges zur KG 570**	218,20 m²PSF	372	**1,70**	9,2
	Rasenbordsteine C12/15 (13m)				
590	**Sonstige Maßnahmen für Außenanlagen und Freiflächen**				**100,0**
594	**Abbruchmaßnahmen**	416,26 m²AF	1.821	**4,37**	100,0
	Abbruch von Betonpflaster, Betonborden, Einfassungen (141m²), Maschendrahtzaun (43m), Holzabfall; Entsorgung, Deponiegebühren				

Kostenkennwerte für Leistungsbereiche nach STLB (Kosten des Bauwerks nach DIN 276)

LB	Leistungsbereiche	Kosten €	€/m² BGF	€/m³ BRI	% an 3+4
000	Baustellen-, Verkehrssich.- u. Sicherh.einr. inkl. 001	5.778	42,80	12,00	2,0
002	Erdarbeiten	1.856	13,80	3,90	0,6
006	Spezialtiefbauarbeiten inkl. 005	–	–	–	–
009	Entwässerungskanalarbeiten inkl. 011	–	–	–	–
010	Drän- und Versickerarbeiten	–	–	–	–
012	Mauerarbeiten	–	–	–	–
013	Betonarbeiten	12.183	90,30	25,40	4,2
014	Natur-, Betonwerksteinarbeiten	–	–	–	–
016	Zimmer- und Holzbauarbeiten	109.251	810,00	227,70	37,5
017	Stahlbauarbeiten	–	–	–	–
018	Abdichtungsarbeiten	–	–	–	–
019	Kampfmittelräumarbeiten	–	–	–	–
020	Dachdeckungsarbeiten	–	–	–	–
021	Dachabdichtungsarbeiten	7.429	55,10	15,50	2,5
022	Klempnerarbeiten	7.633	56,60	15,90	2,6
	Rohbau	**144.131**	**1.068,70**	**300,40**	**49,4**
023	Putz- und Stuckarbeiten, Wärmedämmsysteme	–	–	–	–
024	Fliesen- und Plattenarbeiten	3.957	29,30	8,20	1,4
025	Estricharbeiten	–	–	–	–
026	Fenster, Außentüren inkl. 029, 032	30.938	229,40	64,50	10,6
027	Tischlerarbeiten	5.115	37,90	10,70	1,8
028	Parkett-, Holzpflasterarbeiten	10.006	74,20	20,90	3,4
030	Rollladenarbeiten	–	–	–	–
031	Metallbauarbeiten inkl. 035	–	–	–	–
034	Maler- und Lackiererarb. – Beschicht. inkl. 037	7.765	57,60	16,20	2,7
036	Bodenbelagarbeiten	3.145	23,30	6,60	1,1
038	Vorgehängte hinterlüftete Fassaden	24.460	181,40	51,00	8,4
039	Trockenbauarbeiten	5.351	39,70	11,20	1,8
	Ausbau	**90.737**	**672,80**	**189,10**	**31,1**
040	Wärmeversorgungsanl. – Betriebseinr. inkl. 041	14.639	108,50	30,50	5,0
042	Gas- u. Wasseranl. – Leitung., Armat. inkl. 043	3.287	24,40	6,90	1,1
044	Abwasseranl. – Leitungen, Abläufe, Armaturen	2.250	16,70	4,70	0,8
045	Gas, Wasser, Entwässerung – Ausstattung inkl. 046	11.539	85,60	24,00	4,0
047	Dämm- und Brandschutzarb. an techn. Anlagen	201	1,50	0,42	< 0,1
049	Feuerlöschanlagen, Feuerlöschgeräte	–	–	–	–
050	Blitzschutz-/Erdungsanlagen, Überspannungssch.	2.537	18,80	5,30	0,9
053	Niederspannungsanl. – Kabel inkl. 052, 054	9.870	73,20	20,60	3,4
055	Sicherheits- u. Ersatzstromversorgungsanl.	–	–	–	–
057	Gebäudesystemtechnik	–	–	–	–
058	Leuchten und Lampen inkl. 059	2.241	16,60	4,70	0,8
060	Such, Signal, Zeit, Anten., akust. Anl. inkl. 064	–	–	–	–
061	Kommunikations- u. Übertragungsnetze inkl. 063	550	4,10	1,10	0,2
069	Aufzüge	–	–	–	–
070	Gebäudeautomation	–	–	–	–
075	Raumlufttechnische Anlagen inkl. 078	–	–	–	–
	Gebäudetechnik	**47.114**	**349,30**	**98,20**	**16,2**
084	Abbruch, Rückbau, Schadstoffsanierung	–	–	–	–
	Abbrucharbeiten	**–**	**–**	**–**	**–**
	Sonstige Leistungsbereiche	**9.597**	**71,20**	**20,00**	**3,3**

4400-0289
Kindergarten
(1 Gruppe)
(12 Kinder)

Kostenkennwerte für die Kosten des Bauwerks (Kostengruppen 300+400 nach DIN 276)

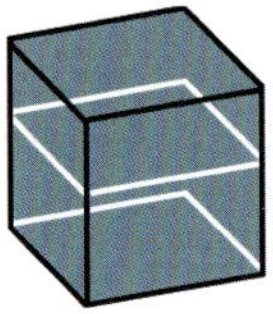

BRI 540 €/m³

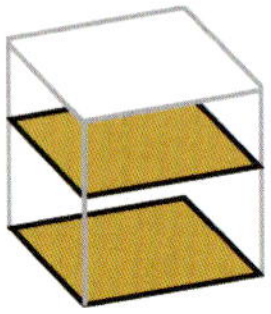

BGF 2.011 €/m²

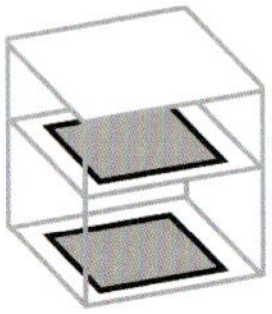

NUF 2.794 €/m²

- **Holz-Raumzellen**
- Stahlbeton-Raumzellen
- Stahl-Raumzellen
- Ziegel-Raumzellen

Konstruktionsart

Objekt:
Kennwerte: 3. Ebene DIN 276
BRI: 386 m³
BGF: 104 m²
NUF: 75 m²
Bauzeit: 9 Wochen
Bauende: 2013
Standard: mittel
Bundesland: Niedersachsen
Kreis: Harburg

Architekt*in:
Bosse Westphal Schäffer
Architekten
Löhnfeld 26
21423 Winsen/Luhe

Bauherr*in:
Stadt Winsen/Luhe
Der Bürgermeister
21423 Winsen/Luhe

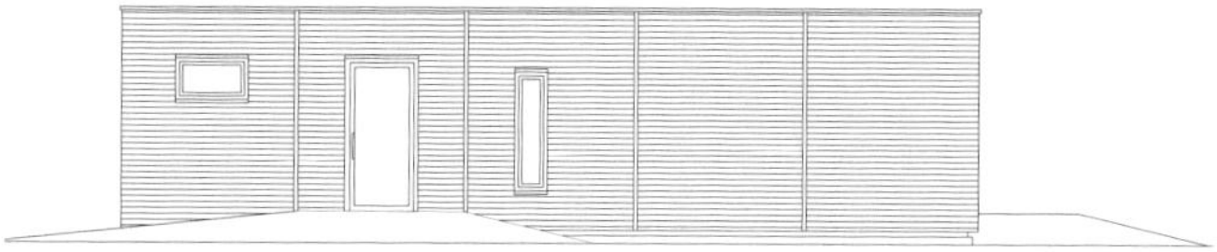

Ansicht West

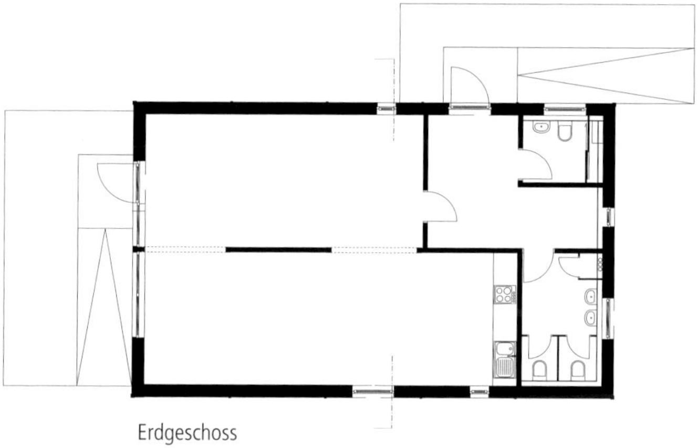

Erdgeschoss

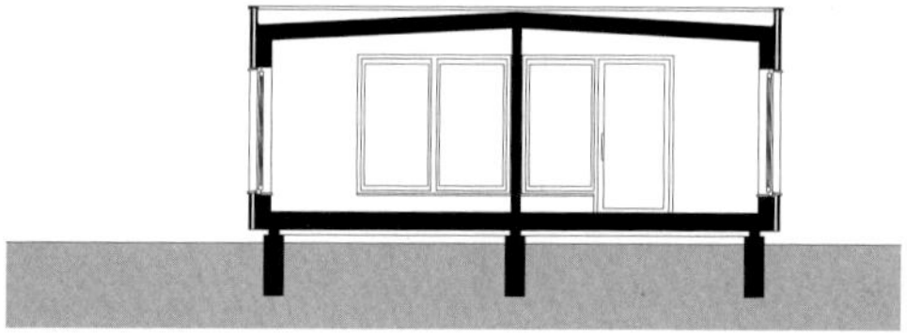

Schnitt

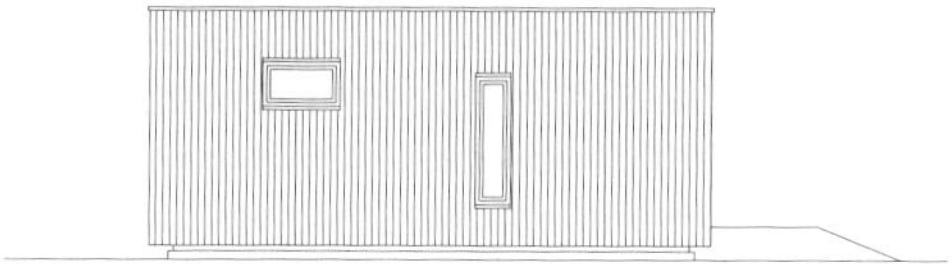

Ansicht Nord

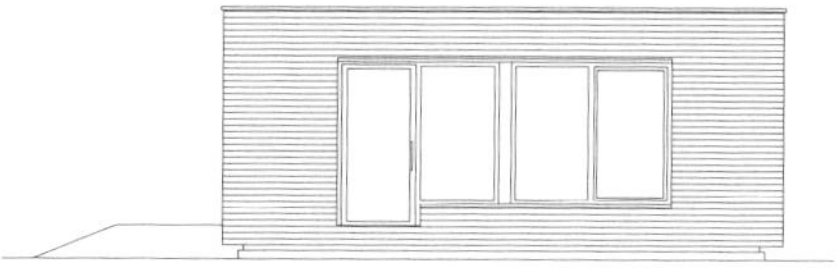

Ansicht Süd

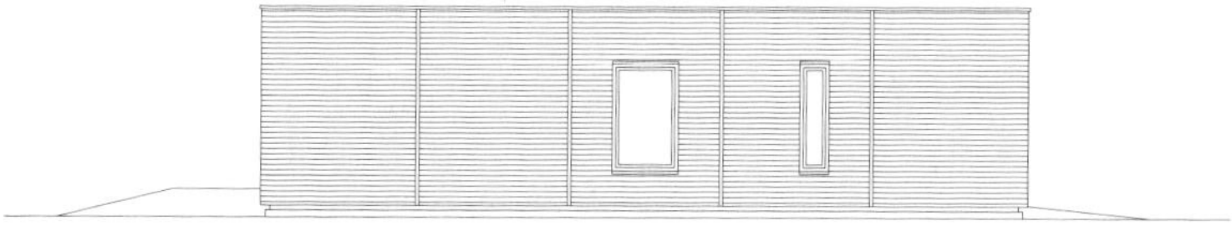

Ansicht Ost

Objektbeschreibung

Allgemeine Objektinformationen

Zum bestehenden Kindergarten wurde ein separat stehendes, eingeschossiges Nebengebäude aus fünf Modulen aufgestellt. Die Module können zu einem späteren Zeitpunkt demontiert und an anderer Stelle wieder aufgestellt werden. Im neuen Kindergarten gibt es Platz für einen großen Gruppenraum mit integrierter Küche, einen Eingangsbereich mit Garderobe, ein WC für Kinder mit integriertem Abstellraum und ein WC für Personal mit integriertem Heizungs- und Putzmittelraum.

Nutzung

1 Erdgeschoss
Eingang/Garderobe, Gruppenraum, WC-Personal, Heizungs- und Putzmittelraum, WC-Kinder, Abstellraum

Nutzeinheiten

Gruppen: 1
Kinder: 12

Grundstück

Bauraum: Freier Bauraum
Neigung: Ebenes Gelände
Bodenklasse: BK 1 bis BK 3

Markt

Hauptvergabezeit: 2.Quartal 2013
Baubeginn: 3.Quartal 2013
Bauende: 3.Quartal 2013
Konjunkturelle Gesamtlage: Durchschnitt
Regionaler Baumarkt: unter Durchschnitt

Baukonstruktion

Die Module bestehen weitgehend aus ökologischen Baustoffen und wurden in Holzrahmenkonstruktion vorgefertigt. Sie wurden in einzelnen Elementen wie Wände, Decken und Bodenplatten geliefert und vor Ort auf einem Schwellenkranz auf Streifenfundamente aufgesetzt und gekoppelt. Die Holzfenster wurden mit Dreifachverglasung ausgeführt. Die Attika wurde durch die Konterlattung der vorgehängten Stülpschalung ausgebildet und verdeckt das Satteldach.

Technische Anlagen

Die Beheizung erfolgt über eine eingebaute Gas-Brennwerttherme. Die Wärme wird über Heizkörper an die Räume abgegeben.

Sonstiges

Es wurden eine Rampe für den Eingang und eine für den Notausgang errichtet. Die Rampen wurden gepflastert, auf den Wegen wurden Betonplatten verlegt.

Planungskennwerte für Flächen und Rauminhalte nach DIN 277

Flächen des Grundstücks		Menge Einheit	% an GF
BF	Bebaute Fläche	103,63 m²	0,9
UF	Unbebaute Fläche	10.813,37 m²	99,1
GF	Grundstücksfläche	10.917,00 m²	100,0

Grundflächen des Bauwerks		Menge Einheit	% an NUF	% an BGF
NUF	Nutzungsfläche	74,59 m²	100,0	72,0
TF	Technikfläche	0,70 m²	0,9	0,7
VF	Verkehrsfläche	12,62 m²	16,9	12,2
NRF	Netto-Raumfläche	87,91 m²	117,9	84,8
KGF	Konstruktions-Grundfläche	15,72 m²	21,1	15,2
BGF	Brutto-Grundfläche	103,63 m²	138,9	100,0

Brutto-Rauminhalt des Bauwerks		Menge Einheit	BRI/NUF (m)	BRI/BGF (m)
BRI	Brutto-Rauminhalt	386,02 m³	5,18	3,73

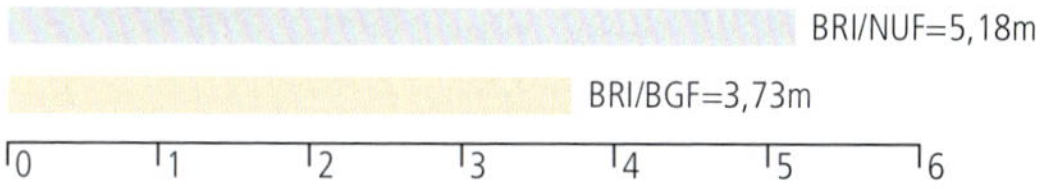

Lufttechnisch behandelte Flächen	Menge Einheit	% an NUF	% an BGF
Entlüftete Fläche	–	–	–
Be- und entlüftete Fläche	–	–	–
Teilklimatisierte Fläche	–	–	–
Klimatisierte Fläche	–	–	–

KG	Kostengruppen (2. Ebene)	Menge Einheit	Menge/NUF	Menge/BGF
310	Baugrube / Erdbau	56,70 m³ BGI	0,76	0,55
320	Gründung, Unterbau	98,90 m² GRF	1,33	0,95
330	Außenwände/Vertikale Baukonstruktionen, außen	116,83 m² AWF	1,57	1,13
340	Innenwände/Vertikale Baukonstruktionen, innen	66,63 m² IWF	0,89	0,64
350	Decken/Horizontale Baukonstruktionen	–	–	–
360	Dächer	99,00 m² DAF	1,33	0,96

Kostenkennwerte für die Kostengruppen der 1. Ebene DIN 276

KG	Kostengruppen (1. Ebene)	Einheit	Kosten €	€/Einheit	€/m² BGF	€/m³ BRI	% 300+400
100	Grundstück	m² GF	–	–	–	–	–
200	Vorbereitende Maßnahmen	m² GF	–	–	–	–	–
300	Bauwerk – Baukonstruktionen	m² BGF	174.617	1.685,00	1.685,00	452,35	83,8
400	Bauwerk – Technische Anlagen	m² BGF	33.804	326,20	326,20	87,57	16,2
	Bauwerk 300+400	**m² BGF**	**208.421**	**2.011,21**	**2.011,21**	**539,92**	**100,0**
500	Außenanlagen und Freiflächen	m² AF	16.788	164,39	162,00	43,49	8,1
600	Ausstattung und Kunstwerke	m² BGF	91	0,88	0,88	0,24	< 0,1
700	Baunebenkosten	m² BGF	–	–	–	–	–
800	Finanzierung	m² BGF	–	–	–	–	–

KG	Kostengruppe	Menge Einheit	Kosten €	€/Einheit	%
3+4	**Bauwerk**				**100,0**
300	**Bauwerk – Baukonstruktionen**	103,63 m² BGF	174.617	**1.685,00**	83,8

Fundamente, Schwellenkranz, Modulboden, Holzrahmenkonstruktion, Dämmung, Parkett, Linoleum; Holzfenster, Eingangstüren, Stülpschalung, HPL-Bekleidung, Beschichtung, Wandfliesen, Modulaußenwände, Holzrahmenkonstruktion; Modul-Holzrahmenwände, Holztüren, Beschichtung, Trennwandanlagen; Modulsatteldach, Dachbalken, Abdichtung, Dachentwässerung; Einbauküche

KG	Kostengruppe	Menge Einheit	Kosten €	€/Einheit	%
400	**Bauwerk – Technische Anlagen**	103,63 m² BGF	33.804	**326,20**	16,2

Gebäudeentwässerung, Kalt- und Warmwasserleitungen, Sanitärobjekte; Gas-Brennwerttherme, Gasleitung, Heizungsrohre, Heizkörper; Elektroinstallation, Beleuchtung, Blitzschutz

KG	Kostengruppe	Menge Einheit	Kosten €	€/Einheit	%
500	**Außenanlagen und Freiflächen**	102,12 m² AF	16.788	**164,39**	8,1

Bodenarbeiten; Betonplatten, Betonpflaster, Schalung, Nadelsperrholzplatte, Gleitschutzroste; Zäune, Rampen; Oberflächenentwässerung; Oberboden, Rasen

KG	Kostengruppe	Menge Einheit	Kosten €	€/Einheit	%
600	**Ausstattung und Kunstwerke**	103,63 m² BGF	91	**0,88**	< 0,1

WC-Papierrollenhalter

Kostenkennwerte für die Kostengruppen der 2.Ebene DIN 276

KG	Kostengruppe	Menge Einheit	Kosten €	€/Einheit	%
300	**Bauwerk – Baukonstruktionen**				**100,0**
310	**Baugrube / Erdbau**	56,70 m³ BGI	1.256	**22,15**	0,7
	Erdgraben für Blitzschutz (57m)				
320	**Gründung, Unterbau**	98,90 m² GRF	38.571	**390,00**	22,1
	Fundamentaushub BK 3 (12m³), Stb-Streifenfundamente C20/25 (17m³), Schwellenkranz (40m), Modulboden, OSB-Platten, Holzrahmenkonstruktion, Dämmung, d=220mm, Holzfaserdämmplatten, Rauspund (99m²) * Parkett (65m²), Linoleum (23m²)				
330	**Außenwände/Vert. Baukonstrukt., außen**	116,83 m² AWF	73.090	**625,63**	41,9
	Holzfenster, Dreifachverglasung (17m²), Eingangstür (3m²) * Stülpschalung (139m²), Alublechstreifen (41m) * Beschichtung (84m²), Lisenen (13m), Wandfliesen (8m²), Vorsatzschalen (15m²) * Modulaußenwände: GF-Beplankung, OSB/3-Platten, Holzrahmenkonstruktion, Dämmung, d=200mm, Holzfaserdämmplatten (96m²)				
340	**Innenwände/Vert. Baukonstrukt., innen**	66,63 m² IWF	22.648	**339,91**	13,0
	Holztüren (6m²) * Beschichtung (99m²) * Modul-Holzrahmenwände, Dämmung, d=100mm, GF-Beplankung (52m²), Trennwandanlagen (9m²)				
360	**Dächer**	99,00 m² DAF	36.413	**367,81**	20,9
	EVA-Kunststoffabdichtung (114m²), Attika, OSB-Kranz, Unterkonstruktion, Attikaabdeckungen (41m), Abläufe (4St), Regenfallrohre * Beschichtung (88m²), Dachleisten (30m) * Modulsatteldach: GK-Beplankung, OSB/3-Platten, Dachbalken, Dämmung, d=200mm, OSB-Platten (99m²)				
390	**Sonst. Maßnahmen für Baukonstrukt.**	103,63 m² BGF	2.639	**25,46**	1,5
	Baustelleneinrichtung (psch), Bauzaun (7m)				
400	**Bauwerk – Technische Anlagen**				**100,0**
410	**Abwasser-, Wasser-, Gasanlagen**	103,63 m² BGF	9.274	**89,50**	27,4
	Grundleitungen DN100 (8m), Abwasserleitungen DN25-100 (23m) * Kalt- und Warmwasserleitungen (22m), Waschbecken (4St), Kinder-WCs (2St), Tiefspül-Wand-WC (1St), Durchlauferhitzer (2St) * Montageelemente (5St)				
420	**Wärmeversorgungsanlagen**	103,63 m² BGF	12.502	**120,64**	37,0
	Gas-Brennwerttherme (1St), Abgassystem (1St), Gasleitung (8m) * Heizungsrohre (94m) * Heizkörper (6St)				
440	**Elektrische Anlagen**	103,63 m² BGF	12.027	**116,06**	35,6
	Unterverteiler (1St), FI-Schutzschalter (2St), Sicherungen (12St), Mantelleitungen (340m), Steckdosen (16St), Schalter (3St), Bewegungsmelder (1St), Schlüsselschalter (1St), Lichtsignal (1St) * Leuchten (9St), Außenleuchte (1St), Sicherheitsbeleuchtung (1St) * Fundamenterder (49m), Erdungsleitungen (51m), Erdeinführungsstangen (4St), Ableitungen (4St), Abfangleitungen (41m), Potenzialausgleichsschiene (1St)				

KG	Kostengruppe	Menge Einheit	Kosten €	€/Einheit	%
500	**Außenanlagen und Freiflächen**				**100,0**
530	**Oberbau, Deckschichten**	24,88 m² BFF	5.694	**228,86**	33,9
	Betonplatten (14m²), Betonpflaster (5m²), Bordsteine (6m), Betonrecycling (1m³), Feinkies (0,30m²) * Gleitschutzroste (5St)				
540	**Baukonstruktionen**	102,12 m² AF	4.501	**44,08**	26,8
	Doppelstabmattenzaun (15m), Zaunlücke mit vorhandener Doppelstabmatte schließen (psch), vorhandenes Zauntor einbauen (1St) * Tragschicht (9m²), Betonpflaster (10m²), Rampeneinfassung (20m)				
550	**Technische Anlagen**	102,12 m² AF	5.326	**52,16**	31,7
	Rigolen-Sickerrohre DN300, Vlies, Kies, Boden (14m), KG-Rohre DN100, Graben wieder verfüllen (26m)				
570	**Vegetationsflächen**	67,60 m² PSF	1.026	**15,17**	6,1
	Oberboden liefern und einbauen für Versickerungsmulden (16m³) * Rasenansaat (68m²)				
590	**Sonst. Maßnahmen für Außenanlagen u. Freiflächen**	102,12 m² AF	240	**2,35**	1,4
	Zaun demontieren, entsorgen (17m), Grüngut entsorgen (0,50m³)				
600	**Ausstattung und Kunstwerke**				**100,0**
610	**Allgemeine Ausstattung**	103,63 m² BGF	91	**0,88**	100,0
	WC-Papierrollenhalter (2St)				

Kostenkennwerte für die Kostengruppen 300 der 2. und 3. Ebene DIN 276 (Übersicht)

KG	Kostengruppe	Menge Einheit	Kosten €	€/Einheit	% an 3+4
300	**Bauwerk – Baukonstruktionen**	**103,63 m² BGF**	**174.617,04**	**1.685,00**	**83,8**
310	**Baugrube / Erdbau**	**56,70 m³ BGI**	**1.255,86**	**22,15**	**0,6**
311	Herstellung	56,70 m³ BGI	1.255,86	22,15	0,6
312	Umschließung	–	–	–	–
313	Wasserhaltung	–	–	–	–
314	Vortrieb	–	–	–	–
319	Sonstiges zur KG 310	–	–	–	–
320	**Gründung, Unterbau**	**98,90 m² GRF**	**38.571,23**	**390,00**	**18,5**
321	Baugrundverbesserung	–	–	–	–
322	Flachgründungen und Bodenplatten	98,90 m²	29.150,75	294,75	14,0
323	Tiefgründungen	–	–	–	–
324	Gründungsbeläge	87,88 m²	9.420,47	107,20	4,5
325	Abdichtungen und Bekleidungen	–	–	–	–
326	Dränagen	–	–	–	–
329	Sonstiges zur KG 320	–	–	–	–
330	**Außenwände/Vert. Baukonstrukt., außen**	**116,83 m² AWF**	**73.089,50**	**625,63**	**35,1**
331	Tragende Außenwände	–	–	–	–
332	Nichttragende Außenwände	–	–	–	–
333	Außenstützen	–	–	–	–
334	Außenwandöffnungen	20,53 m²	24.152,60	1.176,68	11,6
335	Außenwandbekleidungen, außen	139,34 m²	21.952,12	157,54	10,5
336	Außenwandbekleidungen, innen	91,48 m²	5.267,26	57,58	2,5
337	Element. Außenwandkonstruktionen	96,30 m²	21.717,53	225,52	10,4
338	Lichtschutz zur KG 330	–	–	–	–
339	Sonstiges zur KG 330	–	–	–	–
340	**Innenwände/Vert. Baukonstrukt., innen**	**66,63 m² IWF**	**22.648,33**	**339,91**	**10,9**
341	Tragende Innenwände	–	–	–	–
342	Nichttragende Innenwände	–	–	–	–
343	Innenstützen	–	–	–	–
344	Innenwandöffnungen	5,58 m²	7.522,16	1.348,54	3,6
345	Innenwandbekleidungen	99,20 m²	2.159,98	21,77	1,0
346	Elementierte Innenwandkonstruktionen	61,05 m²	12.966,19	212,38	6,2
347	Lichtschutz zur KG 340	–	–	–	–
349	Sonstiges zur KG 340	–	–	–	–
350	**Decken/Horizontale Baukonstruktionen**	**–**	**–**	**–**	**–**
351	Deckenkonstruktionen	–	–	–	–
352	Deckenöffnungen	–	–	–	–
353	Deckenbeläge	–	–	–	–
354	Deckenbekleidungen	–	–	–	–
355	Elementierte Deckenkonstruktionen	–	–	–	–
359	Sonstiges zur KG 350	–	–	–	–
360	**Dächer**	**99,00 m² DAF**	**36.413,35**	**367,81**	**17,5**
361	Dachkonstruktionen	–	–	–	–
362	Dachöffnungen	–	–	–	–
363	Dachbeläge	113,84 m²	14.333,25	125,91	6,9
364	Dachbekleidungen	87,88 m²	2.297,28	26,14	1,1
365	Elementierte Dachkonstruktionen	99,00 m²	19.782,81	199,83	9,5
366	Lichtschutz zur KG 360	–	–	–	–
369	Sonstiges zur KG 360	–	–	–	–
370	**Infrastrukturanlagen**	**–**	**–**	**–**	**–**
380	**Baukonstruktive Einbauten**	**–**	**–**	**–**	**–**
390	**Sonst. Maßnahmen für Baukonstrukt.**	**103,63 m² BGF**	**2.638,78**	**25,46**	**1,3**

Kostenkennwerte für die Kostengruppen 400 der 2. und 3. Ebene DIN 276 (Übersicht)

KG	Kostengruppe	Menge Einheit	Kosten €	€/Einheit	% an 3+4
400	**Bauwerk – Technische Anlagen**	**103,63 m²BGF**	**33.804,17**	**326,20**	**16,2**
410	**Abwasser-, Wasser-, Gasanlagen**	**103,63 m²BGF**	**9.274,39**	**89,50**	**4,4**
411	Abwasseranlagen	103,63 m²BGF	1.893,25	18,27	0,9
412	Wasseranlagen	103,63 m²BGF	5.695,40	54,96	2,7
413	Gasanlagen	–	–	–	–
419	Sonstiges zur KG 410	103,63 m²BGF	1.685,74	16,27	0,8
420	**Wärmeversorgungsanlagen**	**103,63 m²BGF**	**12.502,31**	**120,64**	**6,0**
421	Wärmeerzeugungsanlagen	103,63 m²BGF	6.277,44	60,58	3,0
422	Wärmeverteilnetze	103,63 m²BGF	3.170,85	30,60	1,5
423	Raumheizflächen	103,63 m²BGF	3.054,02	29,47	1,5
424	Verkehrsheizflächen	–	–	–	–
429	Sonstiges zur KG 420	–	–	–	–
430	**Raumlufttechnische Anlagen**	**–**	**–**	**–**	**–**
431	Lüftungsanlagen	–	–	–	–
432	Teilklimaanlagen	–	–	–	–
433	Klimaanlagen	–	–	–	–
434	Kälteanlagen	–	–	–	–
439	Sonstiges zur KG 430	–	–	–	–
440	**Elektrische Anlagen**	**103,63 m²BGF**	**12.027,47**	**116,06**	**5,8**
441	Hoch- und Mittelspannungsanlagen	–	–	–	–
442	Eigenstromversorgungsanlagen	–	–	–	–
443	Niederspannungsschaltanlagen	–	–	–	–
444	Niederspannungsinstallationsanlagen	103,63 m²BGF	7.127,84	68,78	3,4
445	Beleuchtungsanlagen	103,63 m²BGF	1.863,27	17,98	0,9
446	Blitzschutz- und Erdungsanlagen	103,63 m²BGF	3.036,36	29,30	1,5
447	Fahrleitungssysteme	–	–	–	–
449	Sonstiges zur KG 440	–	–	–	–
450	**Kommunikationstechnische Anlagen**	**–**	**–**	**–**	**–**
451	Telekommunikationsanlagen	–	–	–	–
452	Such- und Signalanlagen	–	–	–	–
453	Zeitdienstanlagen	–	–	–	–
454	Elektroakustische Anlagen	–	–	–	–
455	Audiovisuelle Medien- u. Antennenanl.	–	–	–	–
456	Gefahrenmelde- und Alarmanlagen	–	–	–	–
457	Datenübertragungsnetze	–	–	–	–
458	Verkehrsbeeinflussungsanlagen	–	–	–	–
459	Sonstiges zur KG 450	–	–	–	–
460	**Förderanlagen**	**–**	**–**	**–**	**–**
461	Aufzugsanlagen	–	–	–	–
462	Fahrtreppen, Fahrsteige	–	–	–	–
463	Befahranlagen	–	–	–	–
464	Transportanlagen	–	–	–	–
465	Krananlagen	–	–	–	–
466	Hydraulikanlagen	–	–	–	–
469	Sonstiges zur KG 460	–	–	–	–
470	**Nutzungsspez. u. verfahrenstechn. Anl.**	**–**	**–**	**–**	**–**
480	**Gebäude- und Anlagenautomation**	**–**	**–**	**–**	**–**
490	**Sonst. Maßnahmen für techn. Anlagen**	**–**	**–**	**–**	**–**

Kostenkennwerte für die Kostengruppen der 3.Ebene DIN 276

KG	Kostengruppe	Menge Einheit	Kosten €	€/Einheit	%
310	**Baugrube / Erdbau**				**100,0**
311	**Herstellung**	56,70 m³BGI	1.256	**22,15**	100,0
	Erdgraben für Blitzschutz (57m)				
320	**Gründung, Unterbau**				**100,0**
322	**Flachgründungen und Bodenplatten**	98,90 m²	29.151	**294,75**	75,6
	Fundamentaushub BK 3, b=30cm, t=80cm, seitlich lagern (12m³), Stb-Streifenfundamente C20/25, Schalung, Bewehrung (17m³), Schwellenkranz auf Streifenfundament (40m), Modulboden: oberseitig OSB-Platten, Holzrahmenkonstruktion NH S10, Querschnitt 6x22cm, Einblasdämmung WLG 045, d=220mm, unterseitig Holzfaserdämmplatten, d=10mm, Rauspund, d=18mm (99m²)				
324	**Gründungsbeläge**	87,88 m²	9.420	**107,20**	24,4
	Fertigparkett, Eiche, geölt (65m²), Sockelleisten (37m), Linoleum (23m²)				
330	**Außenwände/Vertikale Baukonstruktionen, außen**				**100,0**
334	**Außenwandöffnungen**	20,53 m²	24.153	**1.176,68**	33,0
	Holzfenster, Dreifachverglasung, Uw=0,95W/m²K, zweiteilig (10m²), einflüglig (6m²), Kippfenster, Kurbelantrieb, einflüglig (1m²), Fensterbänke, Alu, außen, Holz, innen (8m), Eingangstür, Holz, Zweifachverglasung, Uw=0,95W/m²K (3m²)				
335	**Außenwandbekleidungen, außen**	139,34 m²	21.952	**157,54**	30,0
	Stülpschalung, waagrecht, Lärche/Douglasie, Eckausbildung (139m²), Lüftungsgitter im Sockel- und Attikabereich (82m), unterer Fassadenabschluss aus Alublechstreifen (41m), Laibungen, Lärche/Douglasie (39m)				
336	**Außenwandbekleidungen, innen**	91,48 m²	5.267	**57,58**	7,2
	Spachtelung, Silikatbeschichtung (84m²), Lisenen 20x60mm, geschliffen, geölt (13m), Wandfliesen (8m²), Vorsatzschalen (15m²)				
337	**Element. Außenwandkonstruktionen**	96,30 m²	21.718	**225,52**	29,7
	Modulaußenwände: innen GF-Beplankung, OSB/3-Platten, Holzrahmenkonstruktion NH S10, Querschnitt 6x20cm, Einblasdämmung WLS 039, d=200mm, Holzfaserdämmplatten WLS 047, d=22mm, Konterlattung (96m²)				
340	**Innenwände/Vertikale Baukonstruktionen, innen**				**100,0**
344	**Innenwandöffnungen**	5,58 m²	7.522	**1.348,54**	33,2
	Holztüren, Röhrenspan, HPL, Stahlzargen (4m²), mit VSG-Lichtausschnitt (2m²), Türstopper (2St), Fingerschutz				
345	**Innenwandbekleidungen**	99,20 m²	2.160	**21,77**	9,5
	Spachtelung, Silikatbeschichtung (99m²)				

KG	Kostengruppe	Menge Einheit	Kosten €	€/Einheit	%
346	**Elementierte Innenwandkonstruktionen**	61,05 m²	12.966	**212,38**	57,3
	Modul-Holzrahmenwände NH S10, Querschnitt 6x10cm, Einblasdämmung WLG 045, d=100mm, GF-Beplankung (52m²), Trennwandanlagen, Frontwand, zwei Türen, Mittelwand (6m²), Frontwand, Tür, Seitenwand (3m²)				
360	**Dächer**				**100,0**
363	**Dachbeläge**	113,84 m²	14.333	**125,91**	39,4
	EVA-Kunststoffabdichtung, zweilagig, bis über Attika (114m²), Attikaabdeckungen, Titanzink (41m), Attikaabläufe (4St), Attika, OSB-Kranz, Unterkonstruktion (41m), Regenfallrohre DN100, Titanzink (13m)				
364	**Dachbekleidungen**	87,88 m²	2.297	**26,14**	6,3
	Spachtelung, Beschichtung (88m²), Dachleisten 20x60mm, geschliffen, geölt (30m)				
365	**Elementierte Dachkonstruktionen**	99,00 m²	19.783	**199,83**	54,3
	Modulsatteldach: Neigung 3°, innen GK-Beplankung, OSB/3-Platten, Dampfbremse, Dachbalken NH S10, Querschnitt 6x20cm, Einblasdämmung WLS 039, d=200mm, außen OSB-Platten (99m²)				
390	**Sonstige Maßnahmen für Baukonstruktionen**				**100,0**
391	**Baustelleneinrichtung**	103,63 m² BGF	2.639	**25,46**	100,0
	Baustelleneinrichtung (psch), Bauzaun, h=2,00m (7m)				
410	**Abwasser-, Wasser-, Gasanlagen**				**100,0**
411	**Abwasseranlagen**	103,63 m² BGF	1.893	**18,27**	20,4
	KG-Rohre DN100 (8m), HT-Abwasserrohre DN50-100, Formstücke (16m), PE-Rohre DN25 (7m)				
412	**Wasseranlagen**	103,63 m² BGF	5.695	**54,96**	61,4
	Kupferrohre, Formstücke, Rohrdämmung (22m), Waschbecken (4St), Kinder-WCs (2St), Tiefspül-Wand-WC (1St), Durchlauferhitzer (2St)				
419	**Sonstiges zur KG 410**	103,63 m² BGF	1.686	**16,27**	18,2
	Montageelemente für Waschbecken (2St), WCs (2St), Waschtisch mit WC (1St)				
420	**Wärmeversorgungsanlagen**				**100,0**
421	**Wärmeerzeugungsanlagen**	103,63 m² BGF	6.277	**60,58**	50,2
	Gas-Brennwerttherme 14kW (1St), Abgassystem (1St), Gaskugelhahn (1St), Gasströmungswächter (1St), Gasleitung (8m)				
422	**Wärmeverteilnetze**	103,63 m² BGF	3.171	**30,60**	25,4
	Kupferrohre, Formstücke (94m)				
423	**Raumheizflächen**	103,63 m² BGF	3.054	**29,47**	24,4
	Ventilheizkörper (5St), Kompaktheizkörper (1St), Thermostatköpfe (6St)				

KG	Kostengruppe	Menge Einheit	Kosten €	€/Einheit	%
440	**Elektrische Anlagen**				**100,0**
444	**Niederspannungsinstallationsanlagen**	103,63 m² BGF	7.128	**68,78**	59,3
	Unterverteiler (1St), FI-Schutzschalter (2St), Sicherungen (12St), Kabelkanäle (28m), Mantelleitungen NYM-J (310m), NYY-J (30m), Steckdosen mit Kinderschutz (16St), Schalter (3St), Bewegungsmelder (1St), Schlüsselschalter (1St), Lichtsignal (1St), Herdanschluss (1St)				
445	**Beleuchtungsanlagen**	103,63 m² BGF	1.863	**17,98**	15,5
	Leuchten mit Leuchtmittel (9St), Außenleuchte (1St), Sicherheitsbeleuchtung (1St)				
446	**Blitzschutz- und Erdungsanlagen**	103,63 m² BGF	3.036	**29,30**	25,2
	Fundamenterder (49m), Erdungsleitungen (51m), Verbinder (16St), Anschlussfahnen (4St), Erdeinführungsstangen (4St), Ableitungen (4St), Abfangleitungen (41m), Potenzialausgleichsschiene (1St)				
530	**Oberbau, Deckschichten**				**100,0**
531	**Wege**	18,88 m²	2.725	**144,32**	47,9
	Betonplatten (14m²), Betonpflaster (5m²), Betonbordsteine (6m), Betonrecycling 0/32mm (1m³), Feinkies (0,30m²)				
539	**Sonstiges zur KG 530**	24,88 m² BFF	2.969	**119,35**	52,1
	Gleitschutzroste, Unterkonstruktion (6m²)				
540	**Baukonstruktionen**				**100,0**
541	**Einfriedungen**	19,45 m²	1.934	**99,43**	43,0
	Doppelstabmattenzaun, h=1,23m (15m), Endpfosten (1St), Eckausbildung (1St), Zaunlücke mit vorhandener Doppelstabmatte schließen, Matte auf Länge kürzen, mit Laschen an Außenwand anbringen (psch), vorhandenes Zauntor einbauen (1St)				
544	**Rampen, Treppen, Tribünen**	9,64 m²	2.568	**266,34**	57,0
	Tragschicht, d=10-20cm (9m²), Betonpflaster (10m²), Rampeneinfassung aus vorhandenen Betonplatten (20m)				
550	**Technische Anlagen**				**100,0**
551	**Abwasseranlagen**	102,12 m² AF	5.326	**52,16**	100,0
	Rigolen-Sickerrohre DN300, Übergang auf DN100, Vlies, Kies 16/32mm, Boden, d=30cm (14m), KG-Rohre DN100, ab Fallrohre bis Rigole einbauen, Graben wieder verfüllen (26m)				
570	**Vegetationsflächen**				**100,0**
571	**Vegetationstechn. Bodenbearbeitung**	67,60 m²	935	**13,83**	91,1
	Oberboden liefern und einbauen für Versickerungsmulden (16m³), von Hand (3m³)				
574	**Rasen- und Saatflächen**	67,60 m²	91	**1,35**	8,9
	Rasenansaat (68m²)				
590	**Sonstige Maßnahmen für Außenanlagen und Freiflächen**				**100,0**
594	**Abbruchmaßnahmen**	102,12 m² AF	240	**2,35**	100,0
	Zaun demontieren, entsorgen (17m), Grüngut entsorgen (0,50m³)				

Kostenkennwerte für Leistungsbereiche nach STLB (Kosten des Bauwerks nach DIN 276)

LB	Leistungsbereiche	Kosten €	€/m² BGF	€/m³ BRI	% an 3+4
000	Baustellen-, Verkehrssich.- u. Sicherh.einr. inkl. 001	1.461	14,10	3,80	0,7
002	Erdarbeiten	1.092	10,50	2,80	0,5
006	Spezialtiefbauarbeiten inkl. 005	–	–	–	–
009	Entwässerungskanalarbeiten inkl. 011	–	–	–	–
010	Drän- und Versickerarbeiten	–	–	–	–
012	Mauerarbeiten	–	–	–	–
013	Betonarbeiten	10.840	104,60	28,10	5,2
014	Natur-, Betonwerksteinarbeiten	–	–	–	–
016	Zimmer- und Holzbauarbeiten	75.696	730,40	196,10	36,3
017	Stahlbauarbeiten	–	–	–	–
018	Abdichtungsarbeiten	–	–	–	–
019	Kampfmittelräumarbeiten	–	–	–	–
020	Dachdeckungsarbeiten	–	–	–	–
021	Dachabdichtungsarbeiten	7.381	71,20	19,10	3,5
022	Klempnerarbeiten	4.376	42,20	11,30	2,1
	Rohbau	**100.846**	**973,10**	**261,20**	**48,4**
023	Putz- und Stuckarbeiten, Wärmedämmsysteme	–	–	–	–
024	Fliesen- und Plattenarbeiten	1.712	16,50	4,40	0,8
025	Estricharbeiten	–	–	–	–
026	Fenster, Außentüren inkl. 029, 032	25.721	248,20	66,60	12,3
027	Tischlerarbeiten	5.579	53,80	14,50	2,7
028	Parkett-, Holzpflasterarbeiten	7.138	68,90	18,50	3,4
030	Rollladenarbeiten	–	–	–	–
031	Metallbauarbeiten inkl. 035	–	–	–	–
034	Maler- und Lackiererarb. – Beschicht. inkl. 037	6.217	60,00	16,10	3,0
036	Bodenbelagarbeiten	2.282	22,00	5,90	1,1
038	Vorgehängte hinterlüftete Fassaden	18.021	173,90	46,70	8,6
039	Trockenbauarbeiten	5.845	56,40	15,10	2,8
	Ausbau	**72.515**	**699,80**	**187,90**	**34,8**
040	Wärmeversorgungsanl. – Betriebseinr. inkl. 041	12.502	120,60	32,40	6,0
042	Gas- u. Wasseranl. – Leitung., Armat. inkl. 043	1.829	17,70	4,70	0,9
044	Abwasseranl. – Leitungen, Abläufe, Armaturen	1.893	18,30	4,90	0,9
045	Gas, Wasser, Entwässerung – Ausstattung inkl. 046	5.312	51,30	13,80	2,5
047	Dämm- und Brandschutzarb. an techn. Anlagen	240	2,30	0,62	0,1
049	Feuerlöschanlagen, Feuerlöschgeräte	–	–	–	–
050	Blitzschutz-/Erdungsanlagen, Überspannungssch.	4.292	41,40	11,10	2,1
053	Niederspannungsanl. – Kabel inkl. 052, 054	7.128	68,80	18,50	3,4
055	Sicherheits- u. Ersatzstromversorgungsanl.	–	–	–	–
057	Gebäudesystemtechnik	–	–	–	–
058	Leuchten und Lampen inkl. 059	1.863	18,00	4,80	0,9
060	Such, Signal, Zeit, Anten., akust. Anl. inkl. 064	–	–	–	–
061	Kommunikations- u. Übertragungsnetze inkl. 063	–	–	–	–
069	Aufzüge	–	–	–	–
070	Gebäudeautomation	–	–	–	–
075	Raumlufttechnische Anlagen inkl. 078	–	–	–	–
	Gebäudetechnik	**35.060**	**338,30**	**90,80**	**16,8**
084	Abbruch, Rückbau, Schadstoffsanierung	–	–	–	–
	Abbrucharbeiten	**–**	**–**	**–**	**–**
	Sonstige Leistungsbereiche	**–**	**–**	**–**	**–**

Kostenstand: 2. Quartal 2025, Bundesdurchschnitt, **inkl. 19% MwSt.**

4400-0317
Kindertagesstätte
(3 Gruppen)
(50 Kinder)

Kostenkennwerte für die Kosten des Bauwerks (Kostengruppen 300+400 nach DIN 276)

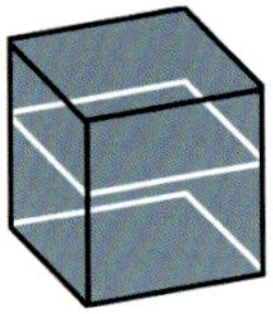

BRI 1.202 €/m³

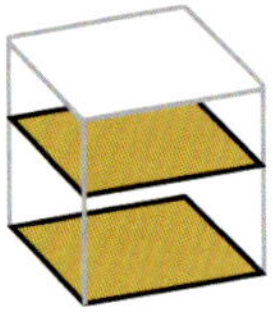

BGF 4.342 €/m²

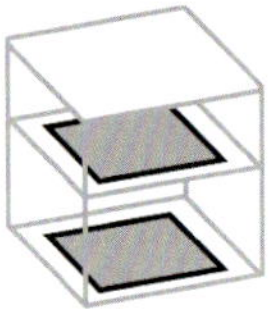

NUF 6.000 €/m²

Holz-Raumzellen
Stahlbeton-Raumzellen
• **Stahl-Raumzellen**
Ziegel-Raumzellen

Konstruktionsart

Objekt:
Kennwerte: 1. Ebene DIN 276
BRI: 1.223 m³
BGF: 338 m²
NUF: 245 m²
Bauzeit: 13 Wochen
Bauende: 2016
Standard: hoch
Bundesland: Niedersachsen
Kreis: Osnabrück, Stadt

Architekt*in:
Lüttmann
Generalplaner GmbH
Zur Gräfte 2
48346 Ostbevern

Bauherr*in:
Staatliches Baumanagement
Osnabrück Emsland
49186 Bad Iburg

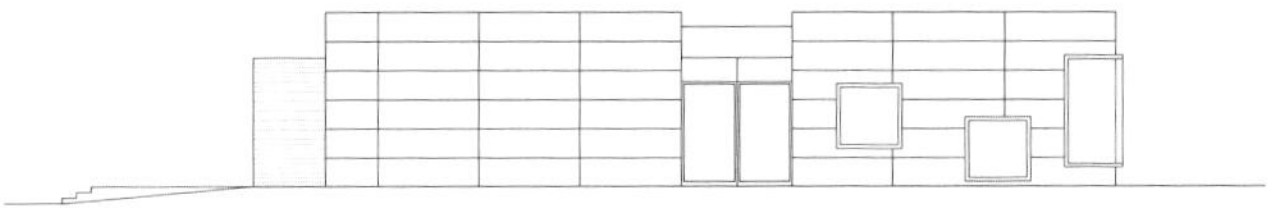

Ansicht Süd

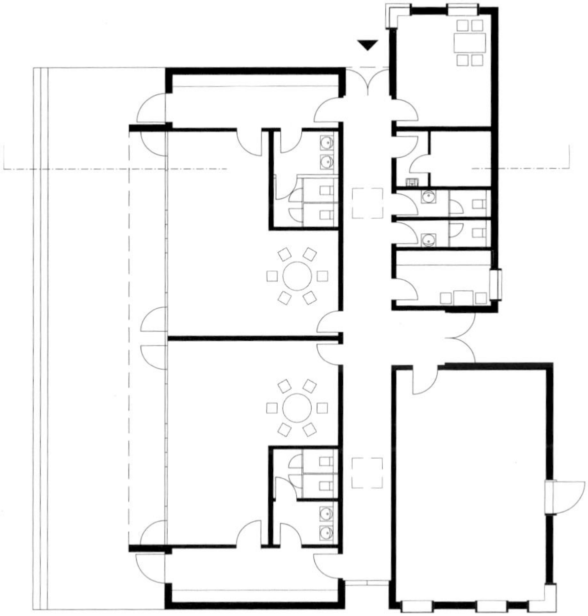

Erdgeschoss

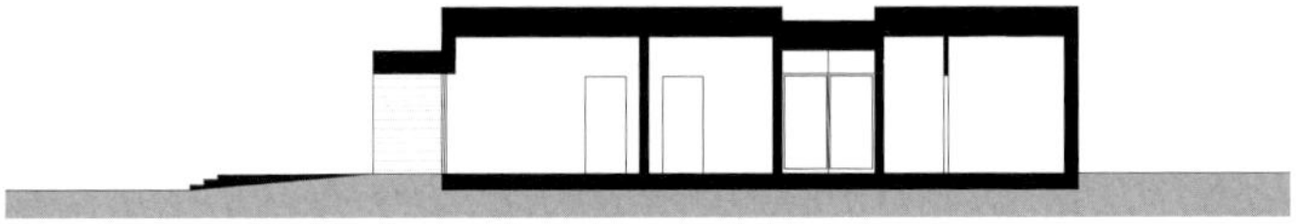

Schnitt

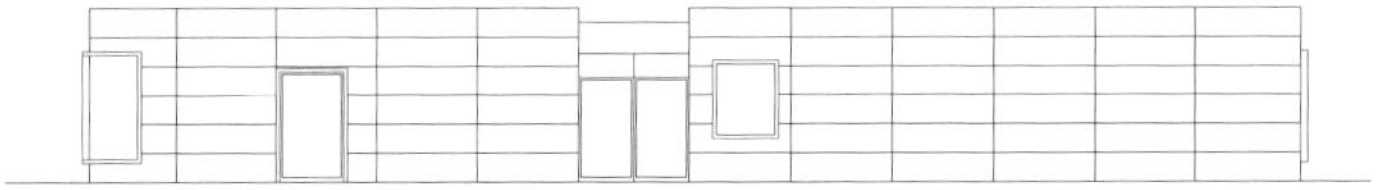

Ansicht Ost

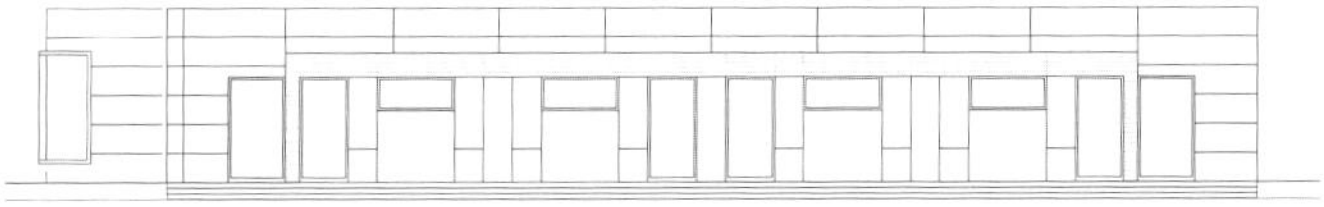

Ansicht West

Objektbeschreibung

Allgemeine Objektinformationen

Neben einer Erstaufnahmeeinrichtung für Asylsuchende wurde eine Kinderbetreuungseinrichtung gebaut. Den oft von Kriegen und Flucht traumatisierten Kindern soll dadurch ein Stück normale Kindheit ermöglicht werden. Der eingeschossige Baukörper setzt sich aus drei quaderförmigen Modulen zusammen.

Nutzung

1 Erdgeschoss
Gruppenräume (3St), Garderobe, Sanitärräume, Mitarbeiterraum, Lager, Küche, Hausanschlussraum

Nutzeinheiten

Gruppen: 3
Kinder: 50

Grundstück

Bauraum: Freier Bauraum
Neigung: Ebenes Gelände
Bodenklasse: BK 1 bis BK 4

Markt

Hauptvergabezeit: 3. Quartal 2016
Baubeginn: 3. Quartal 2016
Bauende: 4. Quartal 2016
Konjunkturelle Gesamtlage: über Durchschnitt
Regionaler Baumarkt: über Durchschnitt

Baukonstruktion

Das Gebäude wurde in Modulbauweise erstellt und gründet auf einer Stahlträgerkonstruktion auf Streifenfundamenten. Die tragende Wand- und Deckenkonstruktion besteht aus korrosionsgeschütztem Profilstahl. Es wurde eine hinterlüftete, wärmegedämmte Vorhangfassade mit Faserzementplatten ausgeführt. Die Terrassenüberdachung besteht aus kanadischem Lärchenholz. Fenster und Türen sind aus Aluprofilen mit Isolierverglasung bzw. Sonnenschutzverglasung. Die Fensterboxen wurden innenseitig mit Holzwerkstoff bekleidet. Nicht tragende Innenwände sind in Trockenbauweise erstellt. Die Flachdachdeckung besteht aus Stahl-Trapezblech mit Abdichtung und Kiesschüttung. Die Attikaabdeckung wurde aus Zinkblech angefertigt. Zur Optimierung der Belichtung wurden der Flur und ein Gruppenraum mit Lichtkuppeln ausgestattet.

Technische Anlagen

Der Neubau wurde an das bestehende Trink- und Abwassernetz angeschlossen. Die Wärmeversorgung erfolgt über eine Luft-Wasser-Wärmepumpe. Das Gebäude wird über Fußbodenheizung beheizt. Innenliegende Sanitärbereiche und Räume wurden mit Einzelraumlüftern ausgestattet.

Sonstiges

Die Flexibilität einer Modulbauweise war wichtig, damit eine schnelle Erstellungszeit von nur drei Monaten gewährleistet werden konnte.

Energetische Kennwerte

Gesetzliche Grundlage: EnEV 2013
Gebäudenutzfläche: 358,00 m^2
Gebäudevolumen: 1.119,00 m^3
A/V_e-Verhältnis (Kompaktheit): 0,32 m^{-1}
Hüllfläche des beheizten Volumens: 1.045,00 m^2
Jahresprimärenergie: 36.920,00 kWh/a
Spez. Jahresprimärenergiebedarf: 123,77 kWh/(m^2·a)
Jahresendenergiebedarf: 20.511,00 kWh/a
Spez. Jahresendenergiebedarf: 68,76 kWh/(m^2·a)
CO_2-Emissionen: 43,50 kg/(m^2·a)

Planungskennwerte für Flächen und Rauminhalte nach DIN 277

Flächen des Grundstücks		Menge Einheit	% an GF
BF	Bebaute Fläche	–	–
UF	Unbebaute Fläche	–	–
GF	Grundstücksfläche	–	–

Grundflächen des Bauwerks		Menge Einheit	% an NUF	% an BGF
NUF	Nutzungsfläche	244,95 m²	100,0	72,4
TF	Technikfläche	8,74 m²	3,6	2,6
VF	Verkehrsfläche	45,66 m²	18,6	13,5
NRF	Netto-Raumfläche	299,35 m²	122,2	88,4
KGF	Konstruktions-Grundfläche	39,14 m²	16,0	11,6
BGF	Brutto-Grundfläche	338,49 m²	138,2	100,0

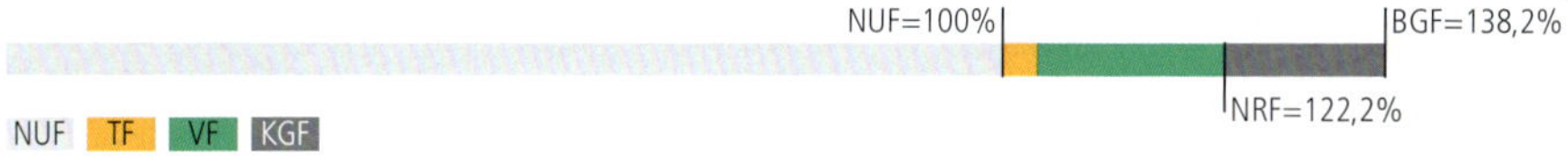

Brutto-Rauminhalt des Bauwerks		Menge Einheit	BRI/NUF (m)	BRI/BGF (m)
BRI	Brutto-Rauminhalt	1.222,80 m³	4,99	3,61

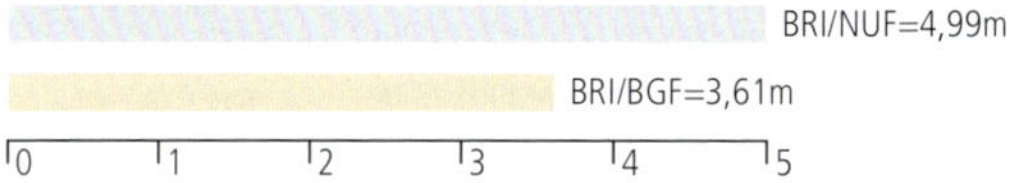

Kostenkennwerte für die Kostengruppen der 1. Ebene DIN 276

KG	Kostengruppen (1. Ebene)	Einheit	Kosten €	€/Einheit	€/m² BGF	€/m³ BRI	% 300+400
100	Grundstück	m² GF	–	–	–	–	–
200	Vorbereitende Maßnahmen	m² GF	43.847	–	129,54	35,86	3,0
300	Bauwerk – Baukonstruktionen	m² BGF	1.212.314	3.581,54	3.581,54	991,42	82,5
400	Bauwerk – Technische Anlagen	m² BGF	257.450	760,59	760,59	210,54	17,5
	Bauwerk 300+400	**m² BGF**	**1.469.765**	**4.342,12**	**4.342,12**	**1.201,97**	**100,0**
500	Außenanlagen und Freiflächen	m² AF	–	–	–	–	–
600	Ausstattung und Kunstwerke	m² BGF	–	–	–	–	–
700	Baunebenkosten	m² BGF	–	–	–	–	–
800	Finanzierung	m² BGF	–	–	–	–	–

KG	Kostengruppe	Menge Einheit	Kosten €	€/Einheit	%
200	**Vorbereitende Maßnahmen**	–	43.847	**–**	3,0

Rückbau von Hubschrauberlandeplatz

KG	Kostengruppe	Menge Einheit	Kosten €	€/Einheit	%
3+4	**Bauwerk**				**100,0**
300	**Bauwerk – Baukonstruktionen**	338,49 m² BGF	1.212.314	**3.581,54**	82,5

Stb-Streifenfundamente, Stahlträgerkonstruktion, Abdichtung, Dämmung, Estrich, Linoleum, Bodenfliesen; Stahlrahmenkonstruktion (Modulbaukonstruktion), Außenwände in Trockenbauweise, Doppelbeplankung, Alutüren, Alufenster, Isolierverglasung, teilw. Sonnenschutzverglasung, Dämmung, hinterlüftete Faserzementplatten, hinterlüftete Lärchenholzbekleidung (Terrassenbereich), Wandbeläge; Trockenbauwände, Doppelbeplankung, Holztüren, Stahlzargen, Malervlies, Beschichtung, Wandfliesen, WC-Trennwände; Flachdach-Stahlkonstruktion, Trapezblechdeckung, Lichtkuppeln, Dämmung, Abdichtung, Kiesschüttung, Attikaabdeckung, Zinkblech, abgehängte Mineralwoll-Rasterdecke, abgehängte GK-Decken (Sanitärbereich)

KG	Kostengruppe	Menge Einheit	Kosten €	€/Einheit	%
400	**Bauwerk – Technische Anlagen**	338,49 m² BGF	257.450	**760,59**	17,5

Gebäudeentwässerung, Kalt- und Warmwasserleitungen, Sanitärobjekte, Durchlauferhitzer; Luft-Wasser Wärmepumpe, Fußbodenheizung; Einzelraumlüfter; Elektroinstallation, Beleuchtung, Blitzschutz; Telekommunikationsanlage, Klingelanlage, Rauchmelder, Netzwerkverkabelung

4400-0385
Kindertagesstätte
(2 Gruppen)
(50 Kinder)

Kostenkennwerte für die Kosten des Bauwerks (Kostengruppen 300+400 nach DIN 276)

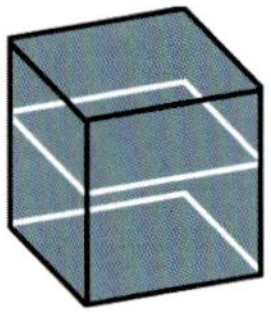

BRI 1.131 €/m³

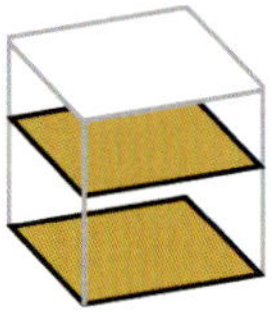

BGF 3.541 €/m²

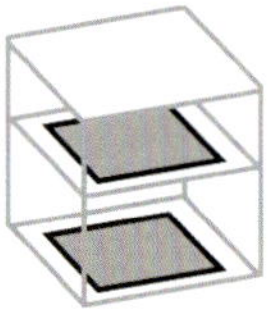

NUF 4.629 €/m²

Holz-Raumzellen
Stahlbeton-Raumzellen
• **Stahl-Raumzellen**
Ziegel-Raumzellen

Konstruktionsart

Objekt:
Kennwerte: 1. Ebene DIN 276
BRI: 1.089 m³
BGF: 348 m²
NUF: 266 m²
Bauzeit: 30 Wochen
Bauende: 2022
Standard: mittel
Bundesland: Niedersachsen
Kreis: Osnabrück, Stadt

Architekt*in:
Plan.Concept
Architekten GmbH
Blumenmorgen 2
49090 Osnabrück

Bauherr*in:
Stadt Osnabrück
Bierstraße 33-36
49074 Osnabrück

© Plan.Concept Architekten

© Plan.Concept Architekten

© Plan.Concept Architekten

Zeichnungen

Ansicht Nord-West

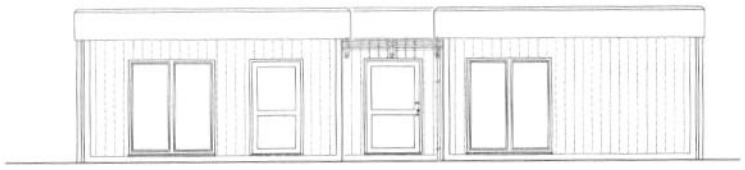

Ansicht Süd-West

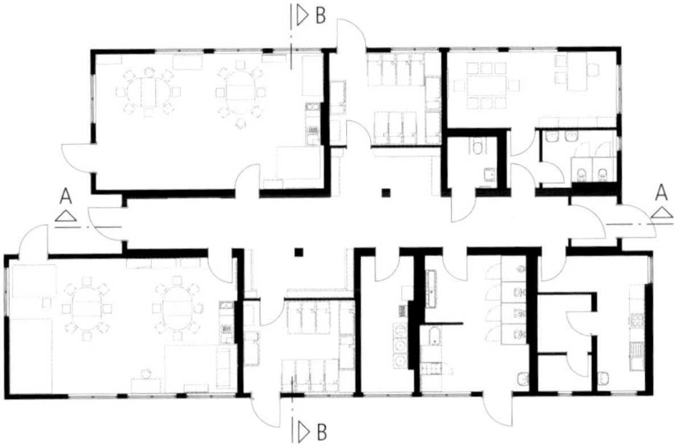

Erdgeschoss

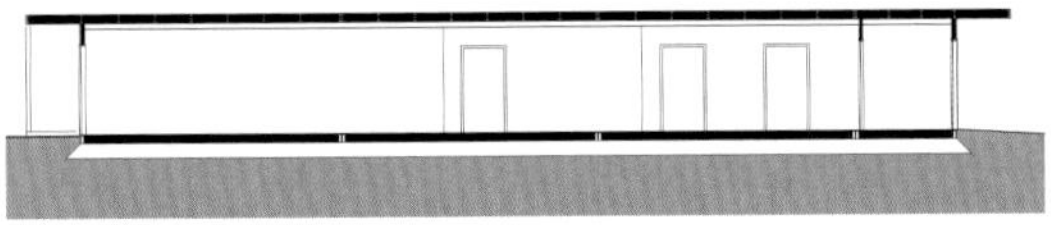

Schnitt A-A

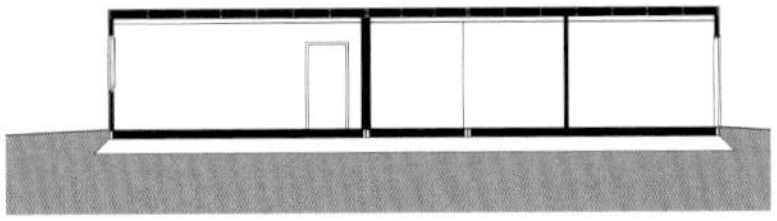

Schnitt B-B

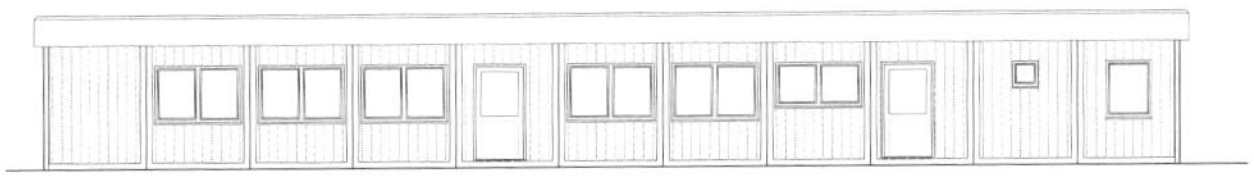

Ansicht Nord-Ost

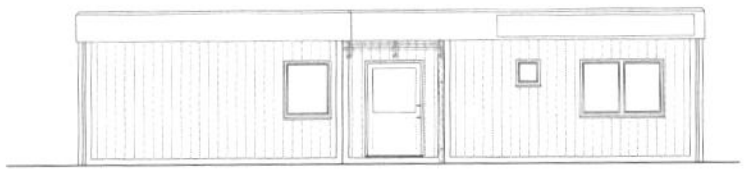

Ansicht Süd-Ost

Objektbeschreibung

Allgemeine Objektinformationen

Die Kindertagesstätte ist in Modulbauweise errichtet und ist als Ausweichfläche für Kitas gedacht, deren Bestandsgebäude saniert wird. Bis zu zwei Kindergartengruppen mit insgesamt 50 Kindern finden hier ihren Platz.

Nutzung

1 Erdgeschoss
Gruppenräume, Spielflur, Ruheräume, Ausgabeküche, Personal, Garderoben, WC- und Waschraum, Lager, Hausanschlussraum

Nutzeinheiten

Gruppen: 2
Kinder: 50

Grundstück

Bauraum: Freier Bauraum
Neigung: Ebenes Gelände
Bodenklasse: BK 3 bis BK 4

Markt

Hauptvergabezeit: 3.Quartal 2021
Baubeginn: 4.Quartal 2021
Bauende: 2.Quartal 2022
Konjunkturelle Gesamtlage: über Durchschnitt
Regionaler Baumarkt: Durchschnitt

Baukonstruktion

Aufgrund der kurzen Planungs- und Bauzeit wurde ein Modulbau gewählt. Die Kita besteht aus 23 Kaufcontainern mit Einzelmaßen von 2,50x6,00m. Sie gründen auf Betonplatten zur Lastverteilung auf einer verdichteten Schotterschicht. Die Außenwand- und Dachkonstruktionen bestehen aus einer Stehfalz-Außenschicht vor einer Mineralfaserdämmplatte und einer Spanplatte auf der Innenseite. Die Böden wurden auf zementgebundenen Spanplatten mit Linoleum belegt. Es wurden Kunststofffenster mit einer Dreifachverglasung eingebaut.

Technische Anlagen

Eine Luft-Wärmepumpe mit Deckeneinbaugeräten beheizt und kühlt das Gebäude. Für die Warmwasserversorgung sind dezentrale Elektroboiler mit Verbrühschutz eingebaut. In den Gruppenräumen wurden dimmbare LED-Leuchten eingebaut. Die Container sind flächendeckend mit Rauchmeldern ausgestattet.

Sonstiges

Der Flur- und Garderobenbereich dient auch als Spielfläche für die Kinder. Die Kita wurde nach den Vorgaben des Gebäudeenergiegesetzes 2020 erstellt. Um die Anforderungen einzuhalten, sind die Module zusätzlich wärmegedämmt. Für die Regenwasserableitung erhielt das Gebäude ein Zusatzdach als Kaltdach.

Energetische Angaben zu Außenbauteilen

Bodenplatte

U-Wert: 0,24 W/(m²·K)

Gesamtdicke: 16,97 cm	d [cm]	λ [W/(m·K)]
Linoleum	0,20	0,170
Estrich	2,20	1,400
Dampfsperre	0,02	2,300
Dämmung	8,00	0,035
Dämmung	6,00	0,035
Stahl	0,55	50,000

Außenwand hinterlüftet

U-Wert: 0,20 W/(m²·K)

Gesamtdicke: 19,60 cm	d [cm]	λ [W/(m·K)]
Spanplatte	1,00	0,140
Dampfbremse	0,10	2,300
Dämmung	18,00	0,039
Stahl	0,50	50,000

Dach

U-Wert: 0,19 W/(m²·K)

Gesamtdicke: 20,25 cm	d [cm]	λ [W/(m·K)]
Dampfbremse	0,10	2,300
Dämmung	20,00	0,039
Dachdichtungsbahn	0,15	0,200

Planungskennwerte für Flächen und Rauminhalte nach DIN 277

Flächen des Grundstücks		Menge Einheit	% an GF
BF	Bebaute Fläche	347,67 m²	15,5
UF	Unbebaute Fläche	1.900,33 m²	84,5
GF	Grundstücksfläche	2.248,00 m²	100,0

Grundflächen des Bauwerks		Menge Einheit	% an NUF	% an BGF
NUF	Nutzungsfläche	265,93 m²	100,0	76,5
TF	Technikfläche	3,23 m²	1,2	0,9
VF	Verkehrsfläche	25,78 m²	9,7	7,4
NRF	Netto-Raumfläche	294,94 m²	110,9	84,8
KGF	Konstruktions-Grundfläche	52,73 m²	19,8	15,2
BGF	Brutto-Grundfläche	347,67 m²	130,7	100,0

Brutto-Rauminhalt des Bauwerks		Menge Einheit	BRI/NUF (m)	BRI/BGF (m)
BRI	Brutto-Rauminhalt	1.088,91 m³	4,10	3,13

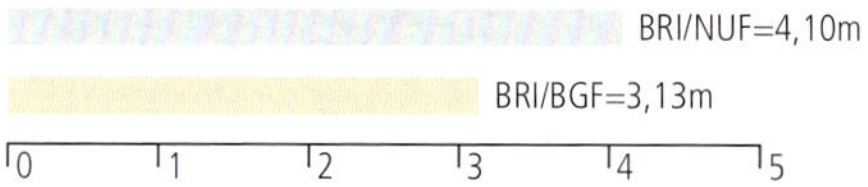

Kostenkennwerte für die Kostengruppen der 1.Ebene DIN 276

KG	Kostengruppen (1.Ebene)	Einheit	Kosten €	€/Einheit	€/m² BGF	€/m³ BRI	% 300+400
100	Grundstück	m² GF	–	–	–	–	–
200	Vorbereitende Maßnahmen	m² GF	–	–	–	–	–
300	Bauwerk – Baukonstruktionen	m² BGF	956.577	2.751,39	2.751,39	878,47	77,7
400	Bauwerk – Technische Anlagen	m² BGF	274.539	789,65	789,65	252,12	22,3
	Bauwerk 300+400	**m² BGF**	**1.231.115**	**3.541,05**	**3.541,05**	**1.130,59**	**100,0**
500	Außenanlagen und Freiflächen	m² AF	341.556	566,93	982,41	313,67	27,7
600	Ausstattung und Kunstwerke	m² BGF	–	–	–	–	–
700	Baunebenkosten	m² BGF	–	–	–	–	–
800	Finanzierung	m² BGF	–	–	–	–	–

KG	Kostengruppe	Menge Einheit	Kosten €	€/Einheit	%
3+4	**Bauwerk**				**100,0**
300	**Bauwerk – Baukonstruktionen**	347,67 m² BGF	956.577	**2.751,39**	77,7

Stb-Einzelfundamente, Stahl-Ausgleichsplatten, Metall-Blindboden, Dämmung, Zementestrich, Linoleum, Bodenfliesen; Stahlrahmenkonstruktion (Container), Kunststofffenster, Dreifachverglasung, Wärmedämmung, Metallfassade, Gipsfaserbekleidung, Rollläden; GK-Wände, Holztüren, Stahlzargen, Wandfliesen, Beschichtung, WC-Trennwände; Stahlrahmen-Dachkonstruktion (Container), Dämmung, Abdichtung, zusätzliches Holzleimbinder-Dach, Trapezblech, Attika, außenliegende Dachentwässerung, abgehängte GK-Rasterdecken, Schallschutzdecken, Eingangsüberdachungen; Ausgabeküche

KG	Kostengruppe	Menge Einheit	Kosten €	€/Einheit	%
400	**Bauwerk – Technische Anlagen**	347,67 m² BGF	274.539	**789,65**	22,3

Gebäudeentwässerung, Kalt- und Warmwasserleitungen, Sanitärobjekte, dezentrale Elektroboiler mit Verbrühschutz; Luft-Wasser-Wärmepumpe mit Deckeneinbaugeräten zum Heizen und Kühlen; Einzelraumlüfter; Elektroinstallation, LED-Beleuchtung, Sicherheitsleuchten, Blitzschutzanlage; Datenübertragungsanlage, Rauchmelder; Feuerlöscher, elektronische Zugangskontrolle mit Chipkarten

KG	Kostengruppe	Menge Einheit	Kosten €	€/Einheit	%
500	**Außenanlagen und Freiflächen**	602,47 m² AF	341.556	**566,93**	27,7

Erdarbeiten, Geländemodellierung; Pflasterflächen; Einfriedung Stabgitterzaun, Sonnensegel, Gerätehäuschen; Außenmöblierung, Spielgeräte; Oberbodenbearbeitung, Bepflanzung, Hecken, Rasen

4400-0389
Kindertagesstätte
(6 Gruppen)
(100 Kinder)

Kostenkennwerte für die Kosten des Bauwerks (Kostengruppen 300+400 nach DIN 276)

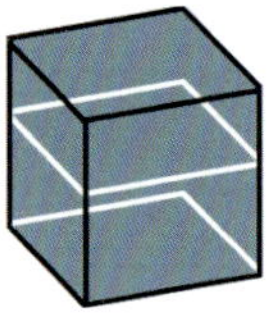

BRI 844 €/m³

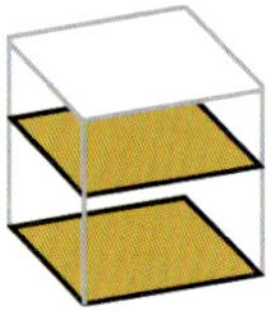

BGF 3.715 €/m²

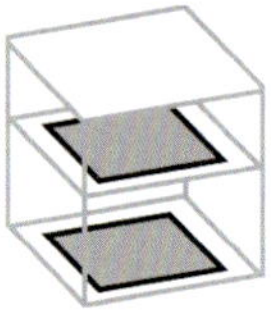

NUF 5.016 €/m²

- **Holz-Raumzellen**

Stahlbeton-Raumzellen
Stahl-Raumzellen
Ziegel-Raumzellen

Konstruktionsart

Objekt:
Kennwerte: 3.Ebene DIN 276
BRI: 7.264 m³
BGF: 1.651 m²
NUF: 1.223 m²
Bauzeit: 26 Wochen
Bauende: 2022
Standard: hoch
Bundesland: Baden-Württemberg
Kreis: Heidelberg, Stadt

Architekt*in:
Entwurf des
Modulbaukastens:
Stadt Heidelberg
Hochbauamt

Grundstücksbezogene
Planerleistungen:
AAg Architekten GmbH
Eppelheimer Straße 46
69115 Heidelberg

Bauherr*in:
Stadt Heidelberg
Hochbauamt
Römerstraße 5
69115 Heidelberg

Ausführung:
KAUFMANN
BAUSYSTEME
Baien 115
A-6870 Reuthe

© Thilo Ross Fotografie

© Thilo Ross Fotografie

© Thilo Ross Fotografie

© Thilo Ross Fotografie

Kostenstand: 2. Quartal 2025, Bundesdurchschnitt, **inkl. 19% MwSt.**

Zeichnungen

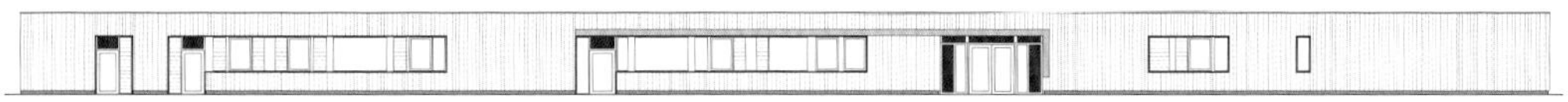

Ansicht West

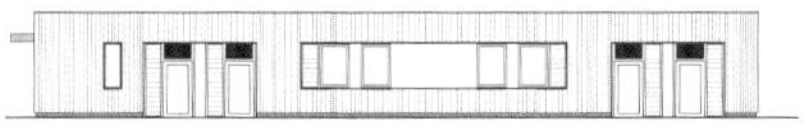

Ansicht Süd

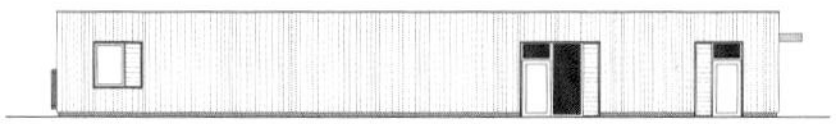

Ansicht Nord

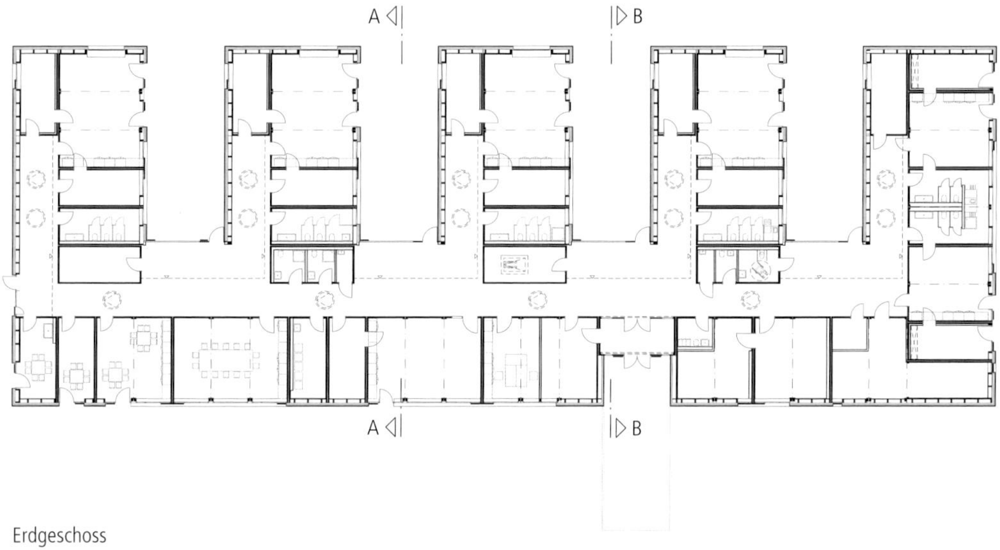

Erdgeschoss

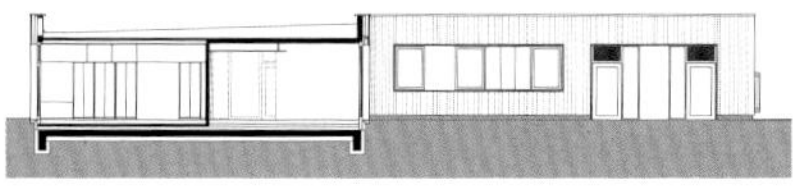

Schnitt A-A

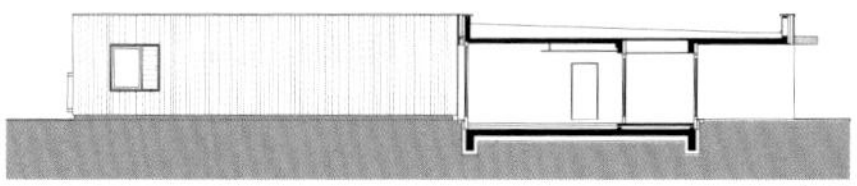

Schnitt B-B

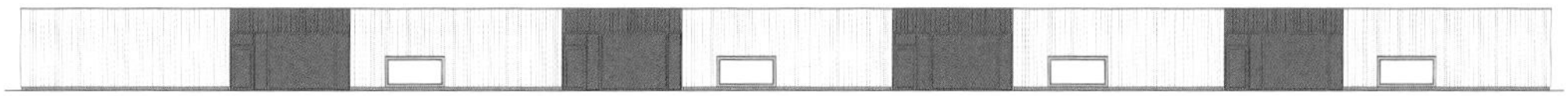

Ansicht Ost

Objektbeschreibung

Allgemeine Objektinformationen

Als erstes Projekt einer Reihe von Kindertagesstätten in Modulbauweise wurde ein sechsgruppiger Kindergarten mit vier Kita- und zwei Krippengruppen in Niedrigenergiebauweise umgesetzt. Zur Ausführung kam eine Kammstruktur, die den Kitagruppen jeweils einen eigenen intimen Außenspielbereich bietet. Im linearen Verbindungstrakt sind die Verwaltungs- und Servicebereiche sowie Personal- und Mehrzweckraum untergebracht. Die Wände, Decken und Trennwände der Sanitärbereiche wurden jeweils unterschiedlich monochrom gestaltet und dienen zur Identifikationssteigerung der Kinder mit „ihrer" Gruppe.

Nutzung

1 Erdgeschoss
vier Gruppen Ü3: Gruppenräume, Schlafräume, Intensivräume, Garderoben, Sanitärräume, Spielflure
zwei Gruppen U3: Gruppenräume, Schlafräume, Garderoben, Sanitärräume, Materialräume, WCs/Duschen, Putzmittelräume, Besucher-WC, barrierefreies WC, Personalraum, Technikräume, Aufwärmküche, Küchenlager, Umkleideraum, Windfang, Kinderwagenraum, Büroleitung, Mehrzweckraum, Geräteraum, HWR, Besprechungsraum, Bildungsangebotsräume, Werkraum, Flur

Besonderer Kosteneinfluss Nutzung
Energiekonzeption Stadt Heidelberg

Nutzeinheiten

Gruppen: 6
Kinder: 100

Grundstück

Bauraum: Freier Bauraum
Neigung: Ebenes Gelände
Bodenklasse: BK 1 bis BK 5

Markt

Hauptvergabezeit: 2. Quartal 2021
Baubeginn: 3. Quartal 2021
Bauende: 1. Quartal 2022
Konjunkturelle Gesamtlage: über Durchschnitt
Regionaler Baumarkt: Durchschnitt

Baukonstruktion

Alle 60 Module des Kindergartens wurden aus Brettsperrholz einschließlich Außenwanddämmung in einer Montagehalle innerhalb eines Monats vorgefertigt. Die Raumeinheiten mit einem Modulmaß von 2,89x6,75m sind nahezu vollständig ausgebaut und oberflächenfertig geliefert. Die Montage der Module an der Baustelle erfolgte innerhalb weniger Tage auf die zuvor konventionell erstellte Stahlbetonbodenpatte. Der Boden und das Dach im Flurbereich bestehen aus Brettsperrholzelementen. Vor Ort wurde ein schwimmender Estrich eingebracht. Ebenso sind die Außenfassaden aus Lärchenholz und die Dachabdichtung samt Begrünung an der Baustelle montiert. Die sichtbaren Holzoberflächen wurden lasiert, die Böden sind mit Linoleum oder Fliesen belegt

Technische Anlagen

Das Gebäude ist an das Fernwärmenetz angeschlossen. Die gesamte Heizungs-, Sanitär-, Lüftungs- und Elektroinstallation wurde bereits in den Modulen vorinstalliert angeliefert und vor Ort endmontiert. Sämtliche Sanitärobjekte, Leuchten und Heizkörper werden bereits in der Montagehalle montiert.

Sonstiges

Um eine möglichst schnelle und sehr wirtschaftliche Umsetzung von Kindertagesstätten zu ermöglichen, hat das Heidelberger Hochbauamt in Zusammenarbeit mit Modulbaufirmen ein serielles Baukastensystem für Kindertagesstätten in Holzmodulbauweise entwickelt. Mit diesem lassen sich eine Vielzahl von ein- und zweigeschossigen Gebäudetypen mit differenzierten Grundrisstypologien realisieren. Das kleinteilige Modulraster kann flexibel auf unterschiedliche Rahmenbedingungen reagieren.

Energetische Kennwerte

Gesetzliche Grundlage: GEG 2020
Gebäudenutzfläche: 1.514,00 m^2
Gebäudevolumen: 5.354,00 m^3
A/V_e-Verhältnis (Kompaktheit): 0,77 m^{-1}
Hüllfläche des beheizten Volumens: 4.098,00 m^2
Mittlerer U-Wert (opake Bauteile): 0,09 $W/(m^2 \cdot K)$
Mittlerer U-Wert (transparente Bauteile): 0,80 $W/(m^2 \cdot K)$
Mittlerer U-Wert (Glasdächer, etc.): 0,80 $W/(m^2 \cdot K)$
Spez. Jahresprimärenergiebedarf: 51,80 $kWh/(m^2 \cdot a)$
CO_2-Emissionen: 26,65 $kg/(m^2 \cdot a)$

Energetische Angaben zu Außenbauteilen

Bodenplatte

U-Wert: 0,10 W/(m²·K)

Gesamtdicke: 78,50 cm	d [cm]	λ [W/(m·K)]
Estrich	6,50	1,400
Dämmung	3,00	0,035
Dämmung	3,00	0,035
Schüttung	3,00	0,110
Holz	10,00	13,000
Dämmung	10,00	0,035
Stahlbeton	25,00	2,100
Dämmung	18,00	0,037

Außenwand hinterlüftet

U-Wert: 0,11 W/(m²·K)

Gesamtdicke: 40,75 cm	d [cm]	λ [W/(m·K)]
GK-Platte	1,25	0,360
OSB-Platte	1,50	0,130
Holz	28,00	0,130
Dämmung	28,00	0,032
Holzfaserplatte	10,00	0,042

Dach

U-Wert: 0,09 W/(m²·K)

Gesamtdicke: 43,25 cm	d [cm]	λ [W/(m·K)]
Holz	9,00	0,692
Bitumenbahn	0,25	0,170
Dämmung	34,00	0,032

Planungskennwerte für Flächen und Rauminhalte nach DIN 277

Flächen des Grundstücks		Menge Einheit	% an GF
BF	Bebaute Fläche	1.651,00 m²	25,0
UF	Unbebaute Fläche	4.950,00 m²	75,0
GF	Grundstücksfläche	6.601,00 m²	100,0

Grundflächen des Bauwerks		Menge Einheit	% an NUF	% an BGF
NUF	Nutzungsfläche	1.223,00 m²	100,0	74,1
TF	Technikfläche	50,12 m²	4,1	3,0
VF	Verkehrsfläche	95,00 m²	7,8	5,8
NRF	Netto-Raumfläche	1.368,12 m²	111,9	82,9
KGF	Konstruktions-Grundfläche	282,88 m²	23,1	17,1
BGF	Brutto-Grundfläche	1.651,00 m²	135,0	100,0

Brutto-Rauminhalt des Bauwerks		Menge Einheit	BRI/NUF (m)	BRI/BGF (m)
BRI	Brutto-Rauminhalt	7.264,40 m³	5,94	4,40

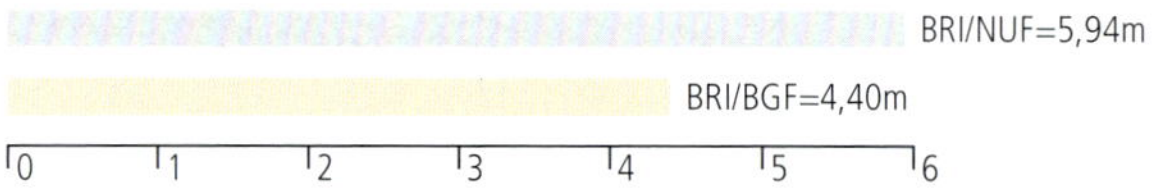

Lufttechnisch behandelte Flächen	Menge Einheit	% an NUF	% an BGF
Entlüftete Fläche	–	–	–
Be- und entlüftete Fläche	–	–	–
Teilklimatisierte Fläche	–	–	–
Klimatisierte Fläche	–	–	–

KG	Kostengruppen (2. Ebene)	Menge Einheit	Menge/NUF	Menge/BGF
310	Baugrube / Erdbau	1.619,60 m³ BGI	1,32	0,98
320	Gründung, Unterbau	1.504,55 m² GRF	1,23	0,91
330	Außenwände/Vertikale Baukonstruktionen, außen	1.385,00 m² AWF	1,13	0,84
340	Innenwände/Vertikale Baukonstruktionen, innen	1.341,00 m² IWF	1,10	0,81
350	Decken/Horizontale Baukonstruktionen	–	–	–
360	Dächer	1.570,00 m² DAF	1,28	0,95

Kostenkennwerte für die Kostengruppen der 1.Ebene DIN 276

KG	Kostengruppen (1.Ebene)	Einheit	Kosten €	€/Einheit	€/m² BGF	€/m³ BRI	% 300+400
100	Grundstück	m² GF	–	–	–	–	–
200	Vorbereitende Maßnahmen	m² GF	104.399	15,82	63,23	14,37	1,7
300	Bauwerk – Baukonstruktionen	m² BGF	4.597.440	2.784,64	2.784,64	632,87	75,0
400	Bauwerk – Technische Anlagen	m² BGF	1.536.519	930,66	930,66	211,51	25,0
	Bauwerk 300+400	**m² BGF**	**6.133.959**	**3.715,30**	**3.715,30**	**844,39**	**100,0**
500	Außenanlagen und Freiflächen	m² AF	176.308	35,62	106,79	24,27	2,9
600	Ausstattung und Kunstwerke	m² BGF	2.605	1,58	1,58	0,36	< 0,1
700	Baunebenkosten	m² BGF	–	–	–	–	–
800	Finanzierung	m² BGF	–	–	–	–	–

KG	Kostengruppe	Menge Einheit	Kosten €	€/Einheit	%
200	**Vorbereitende Maßnahmen**	6.601,00 m² GF	104.399	**15,82**	1,7

Fläche freimachen, Grasnarbe abschieben; Abwasserentsorgung, Wasserversorgung, Stromversorgung

KG	Kostengruppe	Menge Einheit	Kosten €	€/Einheit	%
3+4	**Bauwerk**				**100,0**
300	**Bauwerk – Baukonstruktionen**	1.651,00 m² BGF	4.597.440	**2.784,64**	75,0

Stb-Flachgründung, Abdichtung, EPS-Dämmung, Brettsperrholz-Modulböden, TSD, Estrich, Linoleum, Bodenfliesen, Perimeterdämmung; Holzrahmen/Brettsperrholz-Modulaußenwände, innen Wohnsicht, lasiert, außen hinterlüftete Holzschalung, Holz-Alufenster, Sonnenschutz; Brettsperrholz-Modulinnenwände, Wohnsicht, lasiert, teilweise Industriesicht, Vorsatzschalen, Beschichtung; Brettsperrholz-Modulflachdach, Brettsperrholz-Flachdach, Gefälledämmung, Abdichtung, Dachbegrünung, Dachentwässerung, abgehängte Akustikdecken, Lasur, GK-Decken; Einbaumöbel, Spanplatte: Einbauschränke, WC-Regale, Garderoben, Wickeltische, WC-Trennwandsysteme, Teeküche, Rettungswegpläne, Briefkasten

KG	Kostengruppe	Menge Einheit	Kosten €	€/Einheit	%
400	**Bauwerk – Technische Anlagen**	1.651,00 m² BGF	1.536.519	**930,66**	25,0

Gebäudeentwässerung, Anschlusskasten für Fettabscheider, Kaltwasserleitungen, Sanitärobjekte, Durchlauferhitzer; Fernwärmeanschluss, Heizungsrohre, Heizkörper; Kompaktlüftungsgeräte mit WRG, Küchenlüftungsgerät, Einzelraumlüfter; Elektroinstallation, Blitzschutzanlage, Erdung; Brandmeldeanlage, Datenübertragungsnetz; Aufwärmküche, Feuerlöscher; Gebäudeautomation

KG	Kostengruppe	Menge Einheit	Kosten €	€/Einheit	%
500	**Außenanlagen und Freiflächen**	4.950,00 m² AF	176.308	**35,62**	2,9

Grabenaushub; Fettabscheider, Doppelpumpenstation, Gebäudeentwässerung, Betonschächte; Kabelschutzrohre, Kabelzugschacht; Schließanlage Außenzäune

KG	Kostengruppe	Menge Einheit	Kosten €	€/Einheit	%
600	**Ausstattung und Kunstwerke**	1.651,00 m² BGF	2.605	**1,58**	< 0,1

Sanitärausstattung; Beschilderung

Kostenkennwerte für die Kostengruppen der 2. Ebene DIN 276

KG	Kostengruppe	Menge Einheit	Kosten €	€/Einheit	%
200	**Vorbereitende Maßnahmen**				**100,0**
210	**Herrichten**	6.601,00 m² GF	13.066	**1,98**	12,5
	Fläche freimachen, Gräser und Büsche roden (1.414m²), Grasnarbe abschieben, abfahren, entsorgen (1.414m²)				
220	**Öffentliche Erschließung**	6.601,00 m² GF	91.333	**13,84**	87,5
	Abwasserentsorgung (psch), Wasserversorgung (psch), Stromversorgung (psch)				
300	**Bauwerk – Baukonstruktionen**				**100,0**
310	**Baugrube / Erdbau**	1.619,60 m³ BGI	221.406	**136,70**	4,8
	Baugrubenaushub BK 3-4, t=50cm, abfahren (1.435m³), Zulage Laga Z1.1 (733m³), Grabenaushub BK 3-4, T bis 125cm, abfahren (184m³), Verfüllung mit Boden, Lagermaterial (373m³), mit KFT-Schotter (449m³), Planum (2.252m²)				
320	**Gründung, Unterbau**	1.504,55 m² GRF	1.412.846	**939,05**	30,7
	Fundamentaushub (447m³), Stb-Streifenfundamente (101m³), Stb-Bodenplatte (1.505m²) * Abdichtung, EPS-Dämmung (1.593m²), Brettsperrholz-Modulböden (972m²), Ausgleichsdämmung (397m²), TSD, Estrich (1.368m²), Linoleum (1.238m²), Bodenfliesen (130m²) * Geotextil (1.455m²), KFT-Schotter (323m³), Sauberkeitsschicht (1.233m²), XPS-Dämmung (1.554m²), vertikal (618m²), Noppenbahn (518m²)				
330	**Außenwände/Vert. Baukonstrukt., außen**	1.385,00 m² AWF	1.050.300	**758,34**	22,8
	Modulaußenwände, Holzrahmen, KVH 28x10cm, Mineralwolldämmung WLG 035, d=3x100mm, innen teilweise Brettsperrholz, d=8cm, teilweise Furnierschichtholz, d=2,5cm, Wohnsicht, lasiert, außen Hinterlüftungslattung, d=10cm, Traglattung, d=4cm, Wechselfalzschalung, Fichte, d=2cm, vorvergraut (875m²), Holz-Alu-Fensterelemente, Dreifachverglasung, Nachtlüftungsklappen mit integrierten Wetterschutzlamellen und Fliegengitter (331m²), Faserzement-Sockelbekleidungen (178m²), Raffstores, Motorantrieb (psch), Plissees (psch)				
340	**Innenwände/Vert. Baukonstrukt., innen**	1.341,00 m² IWF	803.766	**599,38**	17,5
	Brettsperrholz-Modulinnenwände, d=10cm, Wohnsicht, lasiert (1.149m²), Industriesicht (213m²), GK-Vorsatzschalen, Dispersionsbeschichtung (527m²), Vorsatzschalen, Dreischichtplatten, lasiert, Alu-UK, Mineralwolldämmung, d=40mm (192m²)				
360	**Dächer**	1.570,00 m² DAF	512.735	**326,58**	11,2
	Brettsperrholz-Modulflachdach, d=9cm (847m²), mit Industriesicht (125m²), Brettsperrholz-Flachdach, d=20cm (389m²), mit Wohnsicht (209m²), Lichtkuppeln (psch) * Bitumendampfsperre, EPS-Dämmung WLS 038, d=14cm, EPS-Gefälledämmung, d i.M. 18cm, Kunststoffabdichtung, Filterschicht, Substrat, Dachbegrünung (1.570m²), Dachentwässerung (psch) * Holzwolle-Akustikdecken, d=2,5cm, Holz-UK, d=12-39,5cm, Mineralwolldämmung, d=60mm (915m²), Lasur (209m²), GK-Decken, Holz-UK, d=14cm, Mineralwolldämmung, d=60mm, Dispersionsbeschichtung (119m²)				

KG	Kostengruppe	Menge Einheit	Kosten €	€/Einheit	%
380	**Baukonstruktive Einbauten**	1.651,00 m²BGF	302.483	**183,21**	6,6
	Einbaumöbel, Spanplatte: Einbauschränke, Oberfläche furniert (10St), WC-Regale, Oberfläche HPL (6St), Garderoben, Oberfläche furniert (5St), Wickeltische, Oberfläche HPL (2St), WC-Trennwand-systeme, HPL (6St), Teeküche, Mikrowelle (psch) * Rettungswegpläne (psch) * Briefkasten (psch)				
390	**Sonst. Maßnahmen für Baukonstrukt.**	1.651,00 m²BGF	293.903	**178,02**	6,4
	Baustelleneinrichtung (psch), Sanitärcontainer (psch), Bürocontainer (psch), Schnurgerüst (psch), Baustrom (psch), Bauwasser (psch) * Gerüste (psch) * Baureinigung (psch) * Schließanlage (psch)				
400	**Bauwerk – Technische Anlagen**				**100,0**
410	**Abwasser-, Wasser-, Gasanlagen**	1.651,00 m²BGF	327.603	**198,43**	21,3
	KG-Grundleitungen DN110-160, Formstücke (222m), Anschlusskasten für Fettabscheider (1St), Pumpensteuerung (1St), Hochdruckschlauch (20m), Abwasserleitungen im Gebäude (psch) * Kaltwasserleitungen, Sanitärobjekte, Durchlauferhitzer (psch)				
420	**Wärmeversorgungsanlagen**	1.651,00 m²BGF	285.702	**173,05**	18,6
	Fernwärmeanschluss (psch) * Heizungsrohre (psch) * Heizkörper (psch)				
430	**Raumlufttechnische Anlagen**	1.651,00 m²BGF	188.407	**114,12**	12,3
	Kompaktlüftungsgeräte mit Wärmerückgewinnung (13St), Küchenlüftungsgerät (1St), Einzelraum-lüfter (18St), Lüftungsrohre, Luftdurchlässe (psch)				
440	**Elektrische Anlagen**	1.651,00 m²BGF	624.857	**378,47**	40,7
	Verteiler (psch), Mantelleitungen (psch), Installationsgeräte (psch), inklusive Brandmeldeanlage, Datenübertragungsnetz und MRS-Gebäudeautomation * Blitzschutzanlage (psch), Ringerder (740m), Ableitungen (340m), Klemmen (354St)				
470	**Nutzungsspez. u. verfahrenstechn. Anl.**	1.651,00 m²BGF	109.949	**66,60**	7,2
	Aufwärmküche (psch) * Feuerlöscher (psch)				
500	**Außenanlagen und Freiflächen**				**100,0**
510	**Erdbau**	256,66 m³EBR	19.271	**75,08**	10,9
	Grabenaushub BK 3-4, lagern, verfüllen (257m³)				
550	**Technische Anlagen**	4.950,00 m²AF	145.895	**29,47**	82,7
	PE-Fettabscheider 930l, Fettspeichervolumen 270l, Schlammfangvolumen 460l, Aufsatzsystem, Abdeckung (1St), Probenahmeschacht (1St), Fettschichtdicken-Messgerät (1St), PE-Doppelpumpen-station 900l, Nutzvolumen 270l, Abdeckung (1St), Tauchpumpen (2St), Lufteinperlung (1St), PP-Rohre DN110-160, Formstücke, Sandbett (187m), DN200-250 (56m), HDPE-Rohre DN100, Rohrstücke (37m), Betonschächte DN1.000, Abdeckungen (12St) * Kabelschutzrohre, Sandbett (196m), Kabel-zugschacht (1St)				
590	**Sonst. Maßnahmen für Außenanlagen u. Freiflächen**	4.950,00 m²AF	11.143	**2,25**	6,3
	Baustelleneinrichtung (psch) * Schließanlage Außenzäune (psch)				

KG	Kostengruppe	Menge Einheit	Kosten €	€/Einheit	%
600	**Ausstattung und Kunstwerke**				**100,0**
610	**Allgemeine Ausstattung**	1.651,00 m² BGF	2.246	**1,36**	86,2
	Sanitärausstattung (psch)				
630	**Informationstechnische Ausstattung**	1.651,00 m² BGF	358	**0,22**	13,8
	Warnschilder, Flucht- und Rettungspläne (psch)				

Kostenkennwerte für die Kostengruppen 300 der 2. und 3. Ebene DIN 276 (Übersicht)

KG	Kostengruppe	Menge Einheit	Kosten €	€/Einheit	% an 3+4
300	**Bauwerk – Baukonstruktionen**	**1.651,00 m² BGF**	**4.597.439,80**	**2.784,64**	**75,0**
310	**Baugrube / Erdbau**	**1.619,60 m³ BGI**	**221.406,45**	**136,70**	**3,6**
311	Herstellung	–	–	–	–
312	Umschließung	–	–	–	–
313	Wasserhaltung	–	–	–	–
314	Vortrieb	–	–	–	–
319	Sonstiges zur KG 310	–	–	–	–
320	**Gründung, Unterbau**	**1.504,55 m² GRF**	**1.412.846,14**	**939,05**	**23,0**
321	Baugrundverbesserung	–	–	–	–
322	Flachgründungen und Bodenplatten	1.504,55 m²	169.048,73	112,36	2,8
323	Tiefgründungen	–	–	–	–
324	Gründungsbeläge	1.368,12 m²	1.071.172,28	782,95	17,5
325	Abdichtungen und Bekleidungen	2.122,45 m²	172.625,14	81,33	2,8
326	Dränagen	–	–	–	–
329	Sonstiges zur KG 320	–	–	–	–
330	**Außenwände/Vert. Baukonstrukt., außen**	**1.385,00 m² AWF**	**1.050.300,26**	**758,34**	**17,1**
331	Tragende Außenwände	–	–	–	–
332	Nichttragende Außenwände	–	–	–	–
333	Außenstützen	–	–	–	–
334	Außenwandöffnungen	–	–	–	–
335	Außenwandbekleidungen, außen	–	–	–	–
336	Außenwandbekleidungen, innen	–	–	–	–
337	Element. Außenwandkonstruktionen	–	–	–	–
338	Lichtschutz zur KG 330	–	–	–	–
339	Sonstiges zur KG 330	–	–	–	–
340	**Innenwände/Vert. Baukonstrukt., innen**	**1.341,00 m² IWF**	**803.765,58**	**599,38**	**13,1**
341	Tragende Innenwände	–	–	–	–
342	Nichttragende Innenwände	–	–	–	–
343	Innenstützen	–	–	–	–
344	Innenwandöffnungen	–	–	–	–
345	Innenwandbekleidungen	–	–	–	–
346	Elementierte Innenwandkonstruktionen	–	–	–	–
347	Lichtschutz zur KG 340	–	–	–	–
349	Sonstiges zur KG 340	–	–	–	–
350	**Decken/Horizontale Baukonstruktionen**	**–**	**–**	**–**	**–**
351	Deckenkonstruktionen	–	–	–	–
352	Deckenöffnungen	–	–	–	–
353	Deckenbeläge	–	–	–	–
354	Deckenbekleidungen	–	–	–	–
355	Elementierte Deckenkonstruktionen	–	–	–	–
359	Sonstiges zur KG 350	–	–	–	–
360	**Dächer**	**1.570,00 m² DAF**	**512.734,87**	**326,58**	**8,4**
361	Dachkonstruktionen	–	–	–	–
362	Dachöffnungen	–	–	–	–
363	Dachbeläge	–	–	–	–
364	Dachbekleidungen	–	–	–	–
365	Elementierte Dachkonstruktionen	–	–	–	–
366	Lichtschutz zur KG 360	–	–	–	–
369	Sonstiges zur KG 360	–	–	–	–
370	**Infrastrukturanlagen**	**–**	**–**	**–**	**–**
380	**Baukonstruktive Einbauten**	**1.651,00 m² BGF**	**302.483,22**	**183,21**	**4,9**
390	**Sonst. Maßnahmen für Baukonstrukt.**	**1.651,00 m² BGF**	**293.903,28**	**178,02**	**4,8**

Kostenkennwerte für die Kostengruppen 400 der 2. und 3. Ebene DIN 276 (Übersicht)

KG	Kostengruppe	Menge Einheit	Kosten €	€/Einheit	% an 3+4
400	**Bauwerk – Technische Anlagen**	**1.651,00 m² BGF**	**1.536.519,18**	**930,66**	**25,0**
410	**Abwasser-, Wasser-, Gasanlagen**	**1.651,00 m² BGF**	**327.603,30**	**198,43**	**5,3**
411	Abwasseranlagen	–	–	–	–
412	Wasseranlagen	–	–	–	–
413	Gasanlagen	–	–	–	–
419	Sonstiges zur KG 410	–	–	–	–
420	**Wärmeversorgungsanlagen**	**1.651,00 m² BGF**	**285.702,05**	**173,05**	**4,7**
421	Wärmeerzeugungsanlagen	–	–	–	–
422	Wärmeverteilnetze	–	–	–	–
423	Raumheizflächen	–	–	–	–
424	Verkehrsheizflächen	–	–	–	–
429	Sonstiges zur KG 420	–	–	–	–
430	**Raumlufttechnische Anlagen**	**1.651,00 m² BGF**	**188.407,29**	**114,12**	**3,1**
431	Lüftungsanlagen	–	–	–	–
432	Teilklimaanlagen	–	–	–	–
433	Klimaanlagen	–	–	–	–
434	Kälteanlagen	–	–	–	–
439	Sonstiges zur KG 430	–	–	–	–
440	**Elektrische Anlagen**	**1.651,00 m² BGF**	**624.857,21**	**378,47**	**10,2**
441	Hoch- und Mittelspannungsanlagen	–	–	–	–
442	Eigenstromversorgungsanlagen	–	–	–	–
443	Niederspannungsschaltanlagen	–	–	–	–
444	Niederspannungsinstallationsanlagen	–	–	–	–
445	Beleuchtungsanlagen	–	–	–	–
446	Blitzschutz- und Erdungsanlagen	–	–	–	–
447	Fahrleitungssysteme	–	–	–	–
449	Sonstiges zur KG 440	–	–	–	–
450	**Kommunikationstechnische Anlagen**	**–**	**–**	**–**	**–**
451	Telekommunikationsanlagen	–	–	–	–
452	Such- und Signalanlagen	–	–	–	–
453	Zeitdienstanlagen	–	–	–	–
454	Elektroakustische Anlagen	–	–	–	–
455	Audiovisuelle Medien- u. Antennenanl.	–	–	–	–
456	Gefahrenmelde- und Alarmanlagen	–	–	–	–
457	Datenübertragungsnetze	–	–	–	–
458	Verkehrsbeeinflussungsanlagen	–	–	–	–
459	Sonstiges zur KG 450	–	–	–	–
460	**Förderanlagen**	**–**	**–**	**–**	**–**
461	Aufzugsanlagen	–	–	–	–
462	Fahrtreppen, Fahrsteige	–	–	–	–
463	Befahranlagen	–	–	–	–
464	Transportanlagen	–	–	–	–
465	Krananlagen	–	–	–	–
466	Hydraulikanlagen	–	–	–	–
469	Sonstiges zur KG 460	–	–	–	–
470	**Nutzungsspez. u. verfahrenstechn. Anl.**	**1.651,00 m² BGF**	**109.949,33**	**66,60**	**1,8**
480	**Gebäude- und Anlagenautomation**	**–**	**–**	**–**	**–**
490	**Sonst. Maßnahmen für techn. Anlagen**	**–**	**–**	**–**	**–**

Kostenkennwerte für die Kostengruppen der 3.Ebene DIN 276

KG	Kostengruppe	Menge Einheit	Kosten €	€/Einheit	%
320	**Gründung, Unterbau**				**100,0**
322	**Flachgründungen und Bodenplatten**	1.504,55 m²	169.049	**112,36**	12,0
	Fundamentaushub, BK 3-4 (447m³), Stb-Streifenfundamente, Schalung, Bewehrung (101m³), Stb-Bodenplatte, d=20cm, Randschalung, Bewehrung (1.505m²)				
324	**Gründungsbeläge**	1.368,12 m²	1.071.172	**782,95**	75,8
	Bitumenabdichtung, EPS-Dämmung, d=100mm (1.593m²), Brettsperrholz-Modulböden, d=8cm, Schwellen, d=2cm (972m²), Ausgleichsdämmung, d=100mm (397m²), TSD, d=20-30mm, Estrich, d=60-65mm (1.368m²), Linoleum (1.238m²), Abdichtung, Bodenfliesen (130m²)				
325	**Abdichtungen und Bekleidungen**	2.122,45 m²	172.625	**81,33**	12,2
	Geotextil (1.455m²), KFT-Schotter 0/45mm, d=20cm (323m³), Sauberkeitsschicht C8/10, d=5cm (1.233m²), PE-Folie (1.428m²), XPS-Dämmung WLS 039, d=240mm (1.428m²), d=140mm, unter Fundamenten (126m²), vertikal (618m²), Noppenbahn (518m²)				

4400-0389
Kindertagesstätte
(6 Gruppen)
(100 Kinder)

Kostenkennwerte für Leistungsbereiche nach STLB (Kosten des Bauwerks nach DIN 276)

LB	Leistungsbereiche	Kosten €	€/m² BGF	€/m³ BRI	% an 3+4
000	Baustellen-, Verkehrssich.- u. Sicherh.einr. inkl. 001	255.579	154,80	35,20	4,2
002	Erdarbeiten	244.031	147,80	33,60	4,0
006	Spezialtiefbauarbeiten inkl. 005	–	–	–	–
009	Entwässerungskanalarbeiten inkl. 011	16.732	10,10	2,30	0,3
010	Drän- und Versickerarbeiten	–	–	–	–
012	Mauerarbeiten	–	–	–	–
013	Betonarbeiten	177.754	107,70	24,50	2,9
014	Natur-, Betonwerksteinarbeiten	–	–	–	–
016	Zimmer- und Holzbauarbeiten	2.364.429	1.432,10	325,50	38,5
017	Stahlbauarbeiten	–	–	–	–
018	Abdichtungsarbeiten	211.320	128,00	29,10	3,4
019	Kampfmittelräumarbeiten	–	–	–	–
020	Dachdeckungsarbeiten	–	–	–	–
021	Dachabdichtungsarbeiten	–	–	–	–
022	Klempnerarbeiten	–	–	–	–
	Rohbau	**3.269.845**	**1.980,50**	**450,10**	**53,3**
023	Putz- und Stuckarbeiten, Wärmedämmsysteme	–	–	–	–
024	Fliesen- und Plattenarbeiten	–	–	–	–
025	Estricharbeiten	–	–	–	–
026	Fenster, Außentüren inkl. 029, 032	29.736	18,00	4,10	0,5
027	Tischlerarbeiten	408.550	247,50	56,20	6,7
028	Parkett-, Holzpflasterarbeiten	–	–	–	–
030	Rollladenarbeiten	2.114	1,30	0,29	< 0,1
031	Metallbauarbeiten inkl. 035	–	–	–	–
034	Maler- und Lackiererarb. – Beschicht. inkl. 037	249	0,15	0,03	< 0,1
036	Bodenbelagarbeiten	1.001.148	606,40	137,80	16,3
038	Vorgehängte hinterlüftete Fassaden	–	–	–	–
039	Trockenbauarbeiten	–	–	–	–
	Ausbau	**1.441.797**	**873,30**	**198,50**	**23,5**
040	Wärmeversorgungsanl. – Betriebseinr. inkl. 041	285.702	173,00	39,30	4,7
042	Gas- u. Wasseranl. – Leitung., Armat. inkl. 043	308.583	186,90	42,50	5,0
044	Abwasseranl. – Leitungen, Abläufe, Armaturen	–	–	–	–
045	Gas, Wasser, Entwässerung – Ausstattung inkl. 046	1.434	0,87	0,20	< 0,1
047	Dämm- und Brandschutzarb. an techn. Anlagen	–	–	–	–
049	Feuerlöschanlagen, Feuerlöschgeräte	2.300	1,40	0,32	< 0,1
050	Blitzschutz-/Erdungsanlagen, Überspannungssch.	24.625	14,90	3,40	0,4
053	Niederspannungsanl. – Kabel inkl. 052, 054	600.427	363,70	82,70	9,8
055	Sicherheits- u. Ersatzstromversorgungsanl.	–	–	–	–
057	Gebäudesystemtechnik	–	–	–	–
058	Leuchten und Lampen inkl. 059	–	–	–	–
060	Such, Signal, Zeit, Anten., akust. Anl. inkl. 064	–	–	–	–
061	Kommunikations- u. Übertragungsnetze inkl. 063	659	0,40	0,09	< 0,1
069	Aufzüge	–	–	–	–
070	Gebäudeautomation	–	–	–	–
075	Raumlufttechnische Anlagen inkl. 078	188.407	114,10	25,90	3,1
	Gebäudetechnik	**1.412.138**	**855,30**	**194,40**	**23,0**
084	Abbruch, Rückbau, Schadstoffsanierung	–	–	–	–
	Abbrucharbeiten	**–**	**–**	**–**	**–**
	Sonstige Leistungsbereiche	**10.180**	**6,20**	**1,40**	**0,2**

4400-0399
Kindertagesstätte
(4 Gruppen)
(100 Kinder)

Kostenkennwerte für die Kosten des Bauwerks (Kostengruppen 300+400 nach DIN 276)

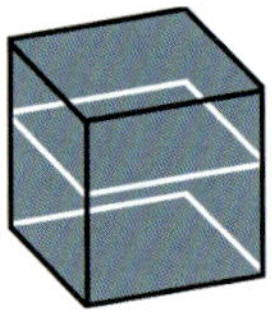

BRI 1.020 €/m^3

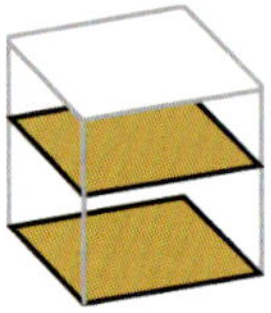

BGF 3.920 €/m^2

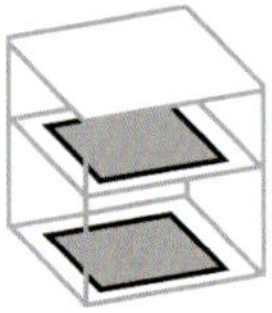

NUF 6.829 €/m^2

Holz-Raumzellen
Stahlbeton-Raumzellen
• **Stahl-Raumzellen**
Ziegel-Raumzellen

Konstruktionsart

Objekt:
Kennwerte: 1. Ebene DIN 276
BRI: 4.089 m^3
BGF: 1.064 m^2
NUF: 611 m^2
Bauzeit: 22 Wochen
Bauende: 2021
Standard: mittel
Bundesland: Hessen
Kreis: Groß-Gerau

Architekt*in:
raum-z architekten gmbh
Hanauer Landstraße 189
60314 Frankfurt am Main

Bauherr*in:
gewobau Gesellschaft
für Wohnen und Bauen
Rüsselsheim mbH
Marktstraße 40
65428 Rüsselsheim

Ausführung:
ALHO
Systembau GmbH
Hammer 1
51598 Friesenhagen

© Thomas Ott, www.o2t.de

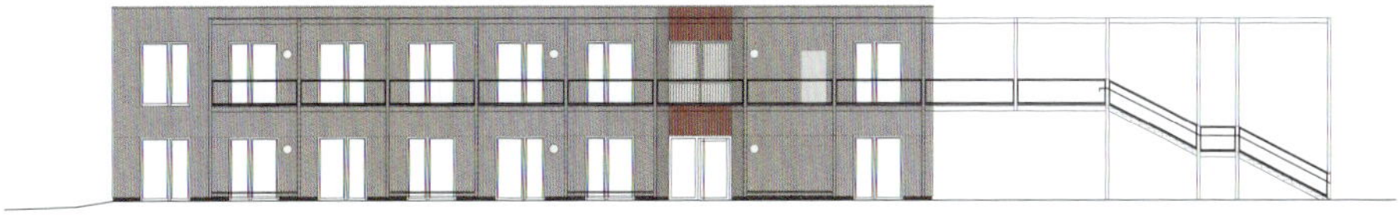
Ansicht Nord

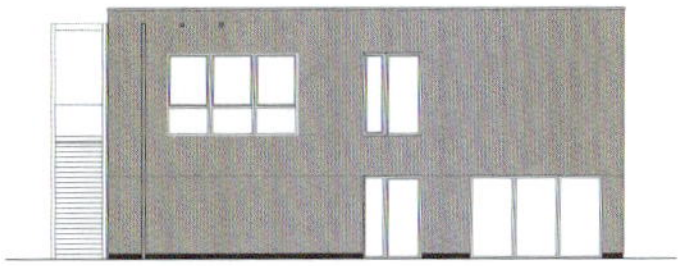
Ansicht West

Ansicht Ost

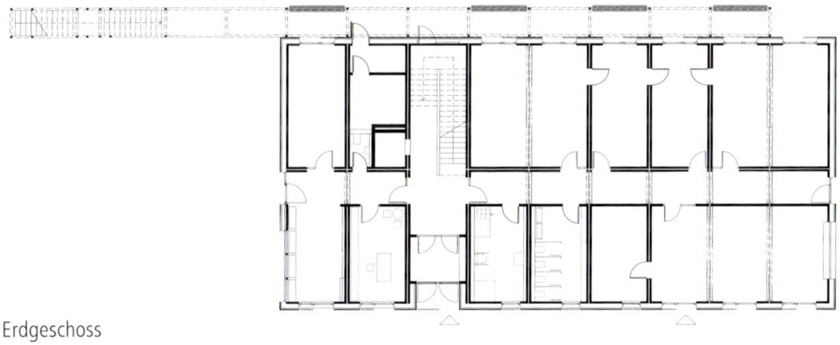
Erdgeschoss

Längsschnitt

Ansicht Süd

Objektbeschreibung

Allgemeine Objektinformationen

Der zweigeschossige Neubau wurde als länglicher, rechteckiger Baukörper in Stahlmodulbauweise erstellt. Er bietet einer viergruppigen Kindertagesstätte Platz für 100 Kinder. Auf der gesamten Längsseite erstreckt sich ein Fluchtbalkon, der über eine einläufige Treppe die Verbindung zum Garten herstellt.

Nutzung

1 Erdgeschoss
Windfang, Matschschleuse, Gruppenräume, Nebenräume, Multifunktionsräume, Büro, Garderoben, WCs, Wickelraum/ Dusche, Lager, Hausanschlussraum, Technik

1 Obergeschoss
Gruppenräume, Nebenräume, Multifunktionsräume, Küche, Hauswirtschaftsraum, Umkleide, Lager, Personalraum, WCs, Abstellräume, Technik

Nutzeinheiten

Gruppen: 4
Kinder: 100

Grundstück

Bauraum: Freier Bauraum
Neigung: Ebenes Gelände
Bodenklasse: BK 3 bis BK 4

Markt

Hauptvergabezeit: 1.Quartal 2021
Baubeginn: 2.Quartal 2021
Bauende: 4.Quartal 2021
Konjunkturelle Gesamtlage: über Durchschnitt
Regionaler Baumarkt: Durchschnitt

Baukonstruktion

Auf betonierten Streifenfundamenten wurden 18 Raummodule in Stahlmodulbauweise montiert. Die einzelnen Module bestehen aus Boden- und Dachstahlrahmen, welche durch biegesteif angeschlossene Stützen miteinander verbunden sind. Die Fassade ist als vorgehängte, hinterlüftete Fassade mit vertikaler Holzschalung bekleidet. Die Kunststofffenster sind mit Dreifachverglasung ausgestattet. Das Flachdach wurde als Gründach ausgeführt. Der Fluchtbalkon und die Brüstungen sind in einer leichten Stahlbauweise mit einem Gitterrost als Laufbelag ausgeführt und vor das Gebäude gestellt.

Technische Anlagen

Eine Luft-Wasser-Wärmepumpe versorgt das Gebäude mit Heizwärme und Warmwasser. Eine Fußbodenheizung verteilt die Wärme in den Räumen. Auf dem Flachdach sind 24 Photovoltaik-Module mit einer Leistung von je 320 Watt Peak und einer Gesamtleistung von ca. 7,7kW Peak aufgestellt. Zusätzlich ist ein Lüftungsgeräte zur ganzheitlichen, kontrollierten Raumlüftung mit Wärmerückgewinnung auf dem Dach platziert. Für die Küche wurde ein separates Lüftungsgerät installiert.

Sonstiges

Die vorgehängte hinterlüftete Fassade mit vertikaler Holzschalung ist so ausgeführt, dass in wenigen Sonderbereichen jede zweite Latte der sichtbaren Fassadenkonstruktion entfällt, wie z.B. vor Fenstern in untergeordneten Räumen.

Energetische Kennwerte

Gesetzliche Grundlage: EnEV 2013
Gebäudenutzfläche: 808,90 m^2
Gebäudevolumen: 2.097,60 m^3
Hüllfläche des beheizten Volumens: 1.575,40 m^2
Spez. Transmissionswärmeverlust: 0,35 W/(m^2·K)
Mittlerer U-Wert (opake Bauteile): 0,15 W/(m^2·K)
Mittlerer U-Wert (transparente Bauteile): 1,10 W/(m^2·K)
Mittlerer U-Wert (Glasdächer, etc.): 1,80 W/(m^2·K)
Jahresprimärenergie: 83.741,57 kWh/a
Spez. Jahresprimärenergiebedarf: 103,52 kWh/(m^2·a)
Jahresendenergiebedarf: 46.523,09 kWh/a
Spez. Jahresendenergiebedarf: 57,51 kWh/(m^2·a)
CO_2-Emissionen: 38,00 kg/(m^2·a)

Energetische Angaben zu Außenbauteilen

Bodenplatte

U-Wert: 0,21 W/(m²·K)

Gesamtdicke: 34,00 cm	d [cm]	λ [W/(m·K)]
Linoleum	0,50	0,170
Estrich	6,00	1,400
Dämmung	3,00	0,045
Dämmung	5,00	0,040
Stahl	0,10	50,000
Ruhende Luftschicht	2,00	0,088
PE-Folie	0,10	0,170
Stahl	17,00	50,000
Dämmung	17,00	0,040
Stahl	0,30	50,000

Außenwand

U-Wert: 0,17 W/(m²·K)

Gesamtdicke: 31,10 cm	d [cm]	λ [W/(m·K)]
GK-Platte	1,25	0,210
GK-Platte	1,25	0,210
PE-Folie	0,10	0,170
Metall	10,00	50,000
Dämmung	10,00	0,040
Gipsfaserplatte	1,25	0,360
Gipsfaserplatte	1,25	0,360
Dämmung	16,00	0,040

Dach

U-Wert: 0,15 W/(m²·K)

Gesamtdicke: 33,20 cm	d [cm]	λ [W/(m·K)]
GK-Platte	1,25	0,250
GK-Platte	1,25	0,250
PE-Folie	0,10	0,170
Stahl	12,00	50,000
Dämmung	12,00	0,040
Stahl	0,10	50,000
Ruhende Luftschicht	2,00	0,156
Dachdichtungsbahn	0,10	0,250
Dämmung	16,00	0,035
Bitumenbahn	0,40	0,170

Planungskennwerte für Flächen und Rauminhalte nach DIN 277

Flächen des Grundstücks		Menge Einheit	% an GF
BF	Bebaute Fläche	1.354,45 m²	15,9
UF	Unbebaute Fläche	7.151,55 m²	84,1
GF	Grundstücksfläche	8.506,00 m²	100,0

Grundflächen des Bauwerks		Menge Einheit	% an NUF	% an BGF
NUF	Nutzungsfläche	610,67 m²	100,0	57,4
TF	Technikfläche	28,49 m²	4,7	2,7
VF	Verkehrsfläche	228,13 m²	37,4	21,4
NRF	Netto-Raumfläche	867,29 m²	142,0	81,5
KGF	Konstruktions-Grundfläche	196,47 m²	32,2	18,5
BGF	Brutto-Grundfläche	1.063,76 m²	174,2	100,0

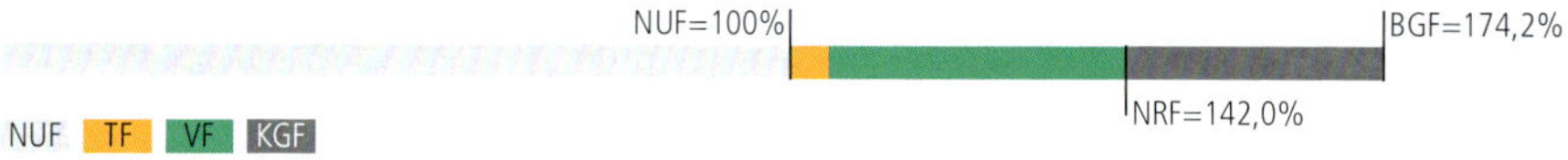

Brutto-Rauminhalt des Bauwerks		Menge Einheit	BRI/NUF (m)	BRI/BGF (m)
BRI	Brutto-Rauminhalt	4.088,86 m³	6,70	3,84

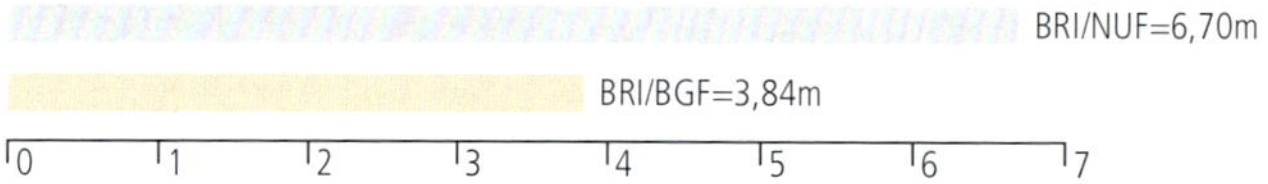

Kostenkennwerte für die Kostengruppen der 1.Ebene DIN 276

KG	Kostengruppen (1.Ebene)	Einheit	Kosten €	€/Einheit	€/m² BGF	€/m³ BRI	% 300+400
100	Grundstück	m² GF	–	–	–	–	–
200	Vorbereitende Maßnahmen	m² GF	–	–	–	–	–
300	Bauwerk – Baukonstruktionen	m² BGF	2.813.865	2.645,21	2.645,21	688,18	67,5
400	Bauwerk – Technische Anlagen	m² BGF	1.356.334	1.275,04	1.275,04	331,71	32,5
	Bauwerk 300+400	**m² BGF**	**4.170.200**	**3.920,24**	**3.920,24**	**1.019,89**	**100,0**
500	Außenanlagen und Freiflächen	m² AF	413.774	57,86	388,97	101,20	9,9
600	Ausstattung und Kunstwerke	m² BGF	–	–	–	–	–
700	Baunebenkosten	m² BGF	–	–	–	–	–
800	Finanzierung	m² BGF	–	–	–	–	–

KG	Kostengruppe	Menge Einheit	Kosten €	€/Einheit	%
3+4	**Bauwerk**				**100,0**
300	**Bauwerk – Baukonstruktionen**	1.063,76 m² BGF	2.813.865	**2.645,21**	67,5

Stb-Fundamente, Heiz-Trockenestrich, Linoleum, Bodenfliesen, Abdichtung; Stahlmodulbauwände, Kunststofffenster, Dreifachverglasung, Wärmedämmung, hinterlüftete Holzfassade, Gipsfaser-Bekleidung, Stoffsonnenschutz in Führungsschienen; Stahlmodulbauwände, GK-Wände, Glaswände, Wandfliesen, Beschichtung, WC-Trennwände; Stahlmodulbaudecken, Stb-Treppe, Stahlfluchttreppe, Heizestrich, Linoleum, Bodenfliesen, abgehängte GK-Decken, Schallschutzdecken, vorgesetzte Stahl-Fluchtbalkone mit Gitterrostbelag, Stahlgeländer, Handläufe, Treppengeländer; Stahlmodulbaudach, Dämmung, Zinkdeckung, Abdichtung, Attika, extensive Dachbegrünung, Entwässerung, abgehängte GK-Decken, Schallschutzdecken; Garderoben, Wickeltische

KG	Kostengruppe	Menge Einheit	Kosten €	€/Einheit	%
400	**Bauwerk – Technische Anlagen**	1.063,76 m² BGF	1.356.334	**1.275,04**	32,5

Gebäudeentwässerung, Kalt- und Warmwasserleitungen, Sanitärobjekte, Fettabscheider; Luft-Wasser-Wärmepumpe, Fußbodenheizung; automatische Raumbelüftung, Küchenabluftanlage, RWA-Anlage; PV-Anlage (39m²), Elektroinstallation, Beleuchtung, Sicherheitsleuchten; Antennenanlage, Rauchmelder, Datenverkabelung; Personenaufzug; küchentechnische Anlage, Feuerlöscher

KG	Kostengruppe	Menge Einheit	Kosten €	€/Einheit	%
500	**Außenanlagen und Freiflächen**	7.151,55 m² AF	413.774	**57,86**	9,9

Oberbodenarbeiten, Bodenarbeiten; Wege, Feuerwehrzufahrt, Plätze, betonierte Flächen, Spielplatzflächen; Zäune; Sitzbänke, Fahrradständer, Spielgeräte, Klettereinrichtungen; Oberbodenauftrag, Gehölze, Stauden, Rasen

4400-0428
Kindertagesstätte
(4 Gruppen)
(70 Kinder)

Kostenkennwerte für die Kosten des Bauwerks (Kostengruppen 300+400 nach DIN 276)

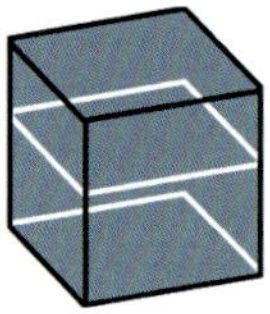

BRI 965 €/m³

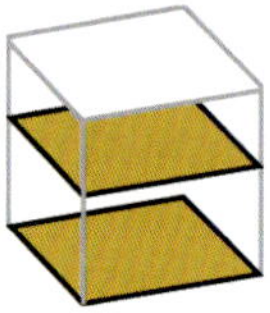

BGF 3.459 €/m²

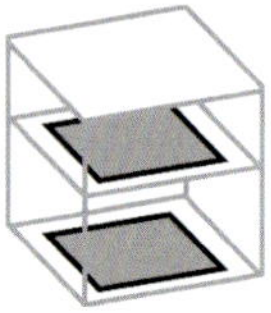

NUF 5.886 €/m²

- **Holz-Raumzellen**
- Stahlbeton-Raumzellen
- Stahl-Raumzellen
- Ziegel-Raumzellen

Konstruktionsart

Objekt:
Kennwerte: 1.Ebene DIN 276
BRI: 4.981 m³
BGF: 1.390 m²
NUF: 817 m²
Bauzeit: 30 Wochen
Bauende: 2024
Standard: hoch
Bundesland: Baden-Württemberg
Kreis: Heidelberg, Stadt

Architekt*in:
Entwurf des
Modulbaukastens:
Stadt Heidelberg
Hochbauamt

Grundstücksbezogene
Planerleistungen:
AAg Architekten GmbH
Eppelheimer Straße 46
69115 Heidelberg

Bauherr*in:
Stadt Heidelberg
Hochbauamt
Römerstraße 5
69115 Heidelberg

Ausführung:
KAUFMANN
BAUSYSTEME
Baien 115
A-6870 Reuthe

© Leon Schuch

© Leon Schuch

© Leon Schuch

© Leon Schuch

Kostenstand: 2. Quartal 2025, Bundesdurchschnitt, **inkl. 19% MwSt.**

Zeichnungen

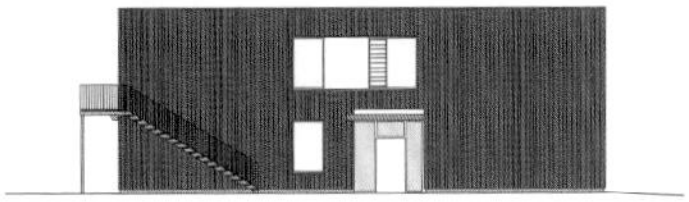
Ansicht Nord

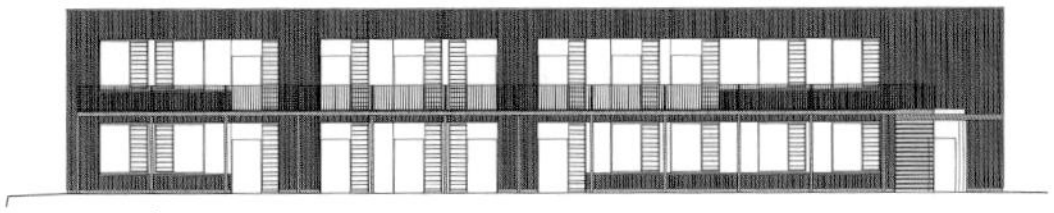
Ansicht Ost

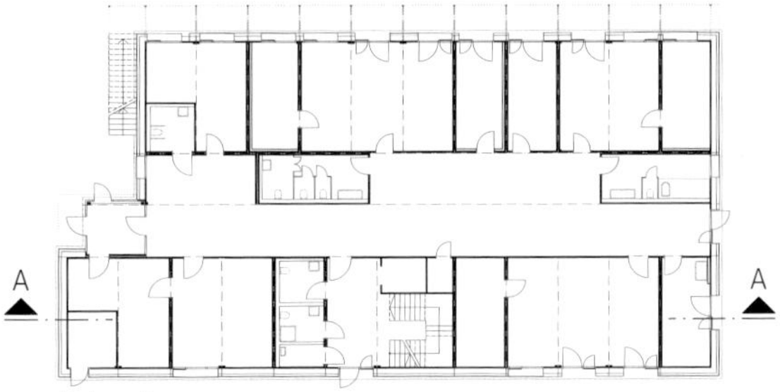

Erdgeschoss

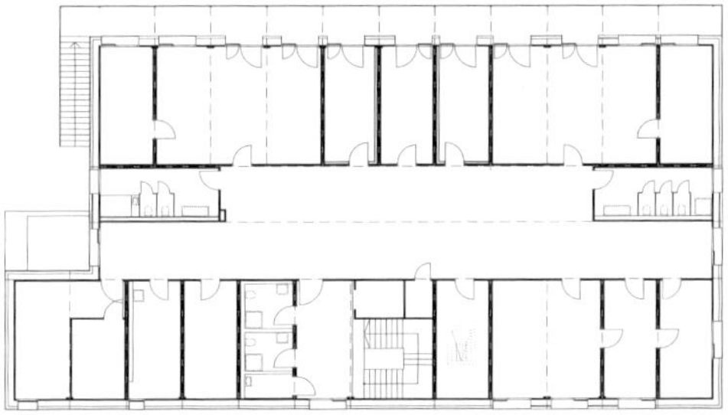
Obergeschoss

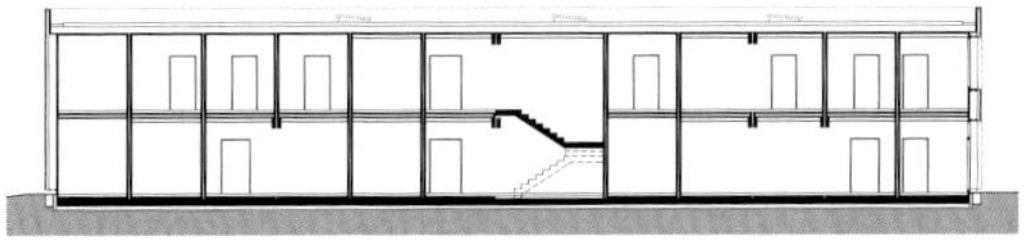
Schnitt A-A

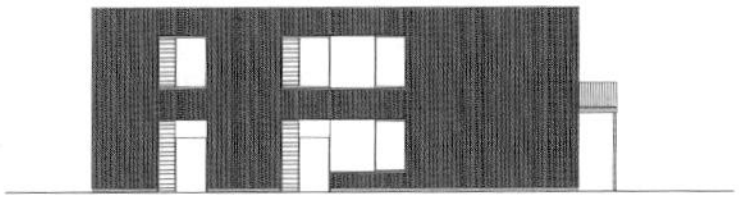
Ansicht Süd

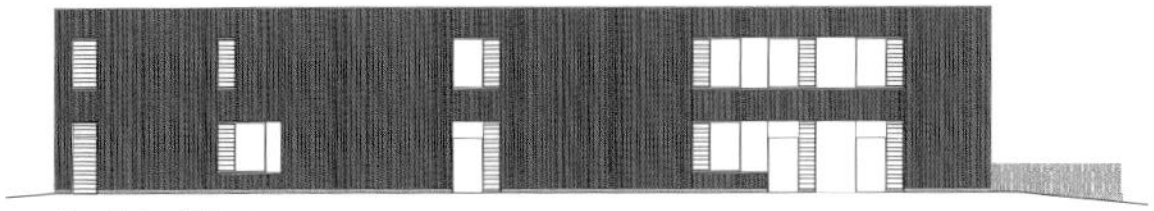
Ansicht West

Objektbeschreibung

Allgemeine Objektinformationen

Die zweigeschossige Kindertagesstätte für eine Krippen- und drei Kitagruppen mit insgesamt 70 Betreuungsplätzen ist das dritte Projekt in innovativer Modulbauweise des Baukastensystems der Stadt Heidelberg. Die Gruppenräume und der Großteil der Aufenthaltsräume der Kinder orientieren sich nach Südosten zur Außenanlage. Die Wände, Decken und Trennwände der Sanitärbereiche wurden jeweils unterschiedlich monochrom gestaltet und dienen zur Identifikationssteigerung der Kinder mit ihrer Gruppe.

Nutzung

1 Erdgeschoss
eine Gruppe Ü3: Gruppenraum, Intensivraum, Sanitärraum, eine Gruppe U3: Gruppenraum, Schlafraum, Sanitärraum, Garderoben/Spielflur, Schlafraum, Foyer, Windfang, Flur, Besucher-WC, Leitung, Küche, Küchenlager, Technik, Personal-WC, Umkleide, Putzraum, Mehrzweckraum, Geräteraum, Werkraum, Bildungsraum

1 Obergeschoss
zwei Gruppen Ü3: Gruppenräume, Intensivräume, Sanitärräume, Garderoben/Spielflur, Schlafräume, Materialräume, Flur, Personalduschen/WCs, Putzraum, Personalräume, Bildungsraum, Technikräume

Nutzeinheiten

Gruppen: 4
Kinder: 70

Grundstück

Bauraum: Freier Bauraum
Neigung: Ebenes Gelände
Bodenklasse: BK 3 bis BK 5

Markt

Hauptvergabezeit: 4.Quartal 2023
Baubeginn: 1.Quartal 2024
Bauende: 3.Quartal 2024
Konjunkturelle Gesamtlage: über Durchschnitt
Regionaler Baumarkt: über Durchschnitt

Baukonstruktion

Die Stahlbeton-Bodenplatte wurde aufgrund der Eigenschaften des Bodens mit Betonplomben ausgeführt. In insgesamt zwei Wochen erfolgte die Errichtung der 60 vorgefertigten Holzmodule; diese waren bereits fest mit allen Einbauten wie Sanitärgegenständen, Trennwänden, Leuchten und Endbeschichtung versehen. Der weitere Innenausbau bis Fertigstellung dauerte nochmals ca. 3 Monate. Der Boden, die Decke und das Dach im Flurbereich bestehen aus Brettsperrholzelementen. Vor Ort wurde ein schwimmender Estrich eingebracht. Ebenso sind die Außenfassaden aus Lärchenholz und die Dachabdichtung samt Begrünung an der Baustelle montiert. Die sichtbaren Holzoberflächen wurden lasiert, die Böden sind mit Linoleum oder Fliesen belegt. Sämtliche Einbaumöbel wurden ebenfalls durch den Holzbau-Generalunternehmer realisiert, sodass sich ein ausgesprochen harmonisches Bild durch die Verwendung identischer Hölzer ergibt.

Technische Anlagen

Das Gebäude ist an das Fernwärmenetz angeschlossen. Die gesamte Heizungs-, Sanitär-, Lüftungs- und Elektroinstallation wurde bereits in den Modulen vorinstalliert angeliefert und vor Ort endmontiert. Sämtliche Sanitärobjekte, Leuchten und Heizkörper werden bereits in der Montagehalle montiert. Die Kindertagesstätte ist mit dezentralen Lüftungsgeräten ausgestattet. Über einbruchsichere Lüftungsklappen erfolgt eine Nachtabkühlung. Die Kindertagesstätte ist mit einer Photovoltaikanlage und einem Aufzug ausgestattet.

Sonstiges

Um eine möglichst schnelle und sehr wirtschaftliche Umsetzung von Kindertagesstätten zu ermöglichen, hat das Heidelberger Hochbauamt in Zusammenarbeit mit Modulbaufirmen ein serielles Baukastensystem für Kindertagesstätten in Holzmodulbauweise entwickelt. Mit diesem lässt sich eine Vielzahl von ein- und zweigeschossigen Gebäudetypen mit differenzierten Grundrisstypologien realisieren. Das kleinteilige Modulraster kann flexibel auf unterschiedliche Rahmenbedingungen reagieren. Das energetische Konzept des Gebäudes entspricht dem Passivhaus-Standard.

Energetische Kennwerte

Gesetzliche Grundlage: GEG 2020
Gebäudenutzfläche: 1.189,00 m^2
Spez. Jahresprimärenergiebedarf: 32,71 kWh/(m^2·a)
CO_2-Emissionen: 12,66 kg/(m^2·a)

Planungskennwerte für Flächen und Rauminhalte nach DIN 277

Flächen des Grundstücks		Menge Einheit	% an GF
BF	Bebaute Fläche	731,09 m²	38,8
UF	Unbebaute Fläche	1.153,91 m²	61,2
GF	Grundstücksfläche	1.885,00 m²	100,0

Grundflächen des Bauwerks		Menge Einheit	% an NUF	% an BGF
NUF	Nutzungsfläche	816,80 m²	100,0	58,8
TF	Technikfläche	47,10 m²	5,8	3,4
VF	Verkehrsfläche	334,02 m²	40,9	24,0
NRF	Netto-Raumfläche	1.197,92 m²	146,7	86,2
KGF	Konstruktions-Grundfläche	191,81 m²	23,5	13,8
BGF	Brutto-Grundfläche	1.389,73 m²	170,1	100,0

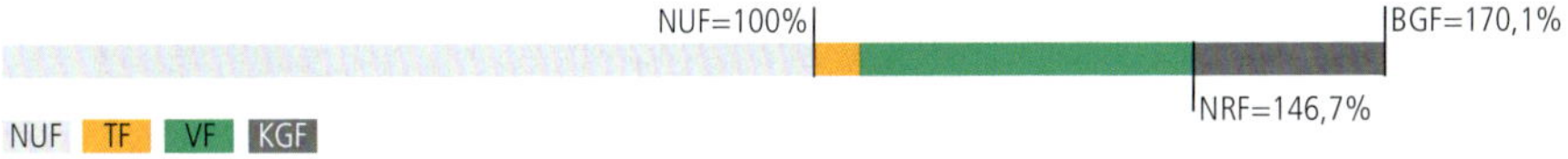

Brutto-Rauminhalt des Bauwerks		Menge Einheit	BRI/NUF (m)	BRI/BGF (m)
BRI	Brutto-Rauminhalt	4.981,39 m³	6,10	3,58

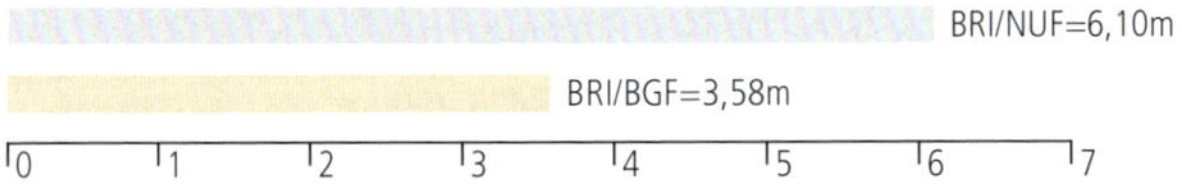

Kostenkennwerte für die Kostengruppen der 1. Ebene DIN 276

KG	Kostengruppen (1. Ebene)	Einheit	Kosten €	€/Einheit	€/m² BGF	€/m³ BRI	% 300+400
100	Grundstück	m² GF	–	–	–	–	–
200	Vorbereitende Maßnahmen	m² GF	206.990	109,81	148,94	41,55	4,3
300	Bauwerk – Baukonstruktionen	m² BGF	3.574.418	2.572,02	2.572,02	717,55	74,3
400	Bauwerk – Technische Anlagen	m² BGF	1.233.177	887,35	887,35	247,56	25,7
	Bauwerk 300+400	**m² BGF**	**4.807.595**	**3.459,37**	**3.459,37**	**965,11**	**100,0**
500	Außenanlagen und Freiflächen	m² AF	144.335	–	103,86	28,97	3,0
600	Ausstattung und Kunstwerke	m² BGF	–	–	–	–	–
700	Baunebenkosten	m² BGF	–	–	–	–	–
800	Finanzierung	m² BGF	–	–	–	–	–

KG	Kostengruppe	Menge Einheit	Kosten €	€/Einheit	%
200	**Vorbereitende Maßnahmen**	1.885,00 m² GF	206.990	**109,81**	4,3
	Baufeldräumung, Abtrag Haufwerk; Abwasserentsorgung, Wasserversorgung, Stromversorgung				
3+4	**Bauwerk**				**100,0**
300	**Bauwerk – Baukonstruktionen**	1.389,73 m² BGF	3.574.418	**2.572,02**	74,3
	Stb-Bodenplatte, Betonplomben, Abdichtung, EPS-Dämmung, Brettsperrholz-Modulböden, TSD, Estrich, Linoleum, Bodenfliesen, Perimeterdämmung; Brettsperrholz-Modulaußenwände, innen Wohnsicht, lasiert, außen hinterlüftete Holzschalung, Holz-Alufenster, Sonnenschutz; Brettsperrholz-Modulinnenwände, Wohnsicht, lasiert, teilweise Industriesicht, Vorsatzschalen, Beschichtung; Brettsperrholz-Moduldecke, Brettsperrholz-Decke (Flure), Stb-FT-Treppen, TSD, Estrich, Linoleum, Bodenfliesen, Linoleum, Bodenfliesen, abgehängte Akustikdecken; Brettsperrholz-Modulflachdach, Brettsperrholz-Flachdach (Flure), Gefälledämmung, Abdichtung, Dachbegrünung, Dachentwässerung, abgehängte Akustikdecken, Lasur, GK-Decken; Einbaumöbel, Spanplatte: Einbauschränke, WC-Regale, Wickeltische, WC-Trennwandsysteme, Teeküche, Rettungswegpläne, Briefkasten; Schließanlage				
400	**Bauwerk – Technische Anlagen**	1.389,73 m² BGF	1.233.177	**887,35**	25,7
	Gebäudeentwässerung, Steuerung/Überwachung Fettabscheider, Kaltwasserleitungen, Sanitärobjekte, Durchlauferhitzer; Fernwärmeanschluss, Heizungsrohre, Heizkörper; Kompaktlüftungsgeräte mit WRG (12St), Küchenlüftungsgerät; Photovoltaikanlage, Elektroinstallation, elektr. Jalousieanlage, Beleuchtung, Fluchtwegbeleuchtung, Blitzschutzanlage, Erdung; Brandwarnanlage ohne Feuerwehraufschaltung, Datenübertragungsnetz; Feuerlöscher; Gebäudeautomation				
500	**Außenanlagen und Freiflächen**	–	144.335	–	3,0
	Rohrgraben-/Schachtaushub, Grabenverbau; Abwasserleitungen, Revisionsschächte, Fettabscheider, Hebeanlage, Versorgungsleitungen, Kabelschutzrohre				

4400-0429
Kindertagesstätte
(2 Gruppen)
(40 Kinder)

Erweiterung

Kostenkennwerte für die Kosten des Bauwerks (Kostengruppen 300+400 nach DIN 276)

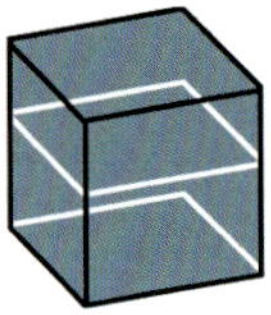

BRI 1.076 €/m³

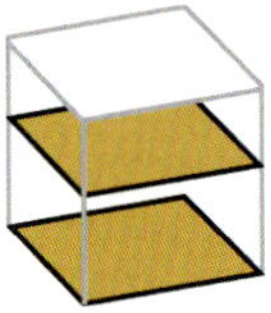

BGF 4.397 €/m²

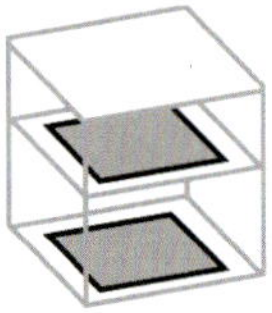

NUF 6.855 €/m²

- **Holz-Raumzellen**
- Stahlbeton-Raumzellen
- Stahl-Raumzellen
- Ziegel-Raumzellen

Konstruktionsart

Objekt:
Kennwerte: 1. Ebene DIN 276
BRI: 1.813 m³
BGF: 444 m²
NUF: 285 m²
Bauzeit: 56 Wochen
Bauende: 2023
Standard: hoch
Bundesland: Baden-Württem-berg
Kreis: Heidelberg, Stadt

Architekt*in:
Entwurf des Modulbaukastens:
Stadt Heidelberg
Hochbauamt

Grundstücksbezogene Planerleistungen:
AAg Architekten GmbH
Eppelheimer Straße 46
69115 Heidelberg

Bauherr*in:
Stadt Heidelberg
Hochbauamt
Römerstraße 5
69115 Heidelberg

Ausführung:
KAUFMANN BAUSYSTEME
Baien 115
A-6870 Reuthe

Ansicht Nord

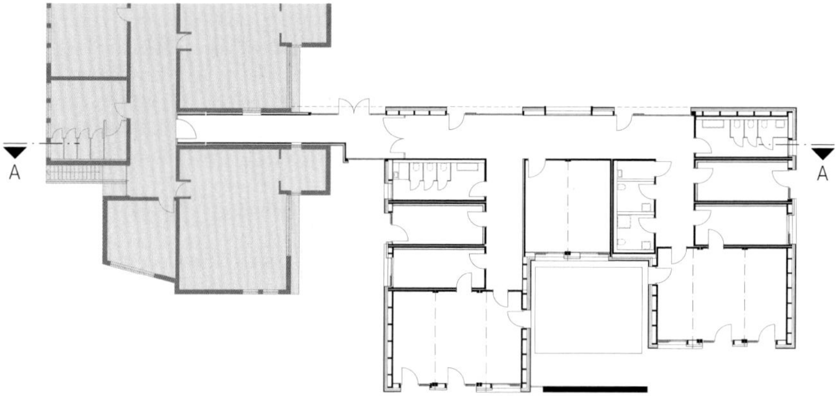

Erdgeschoss

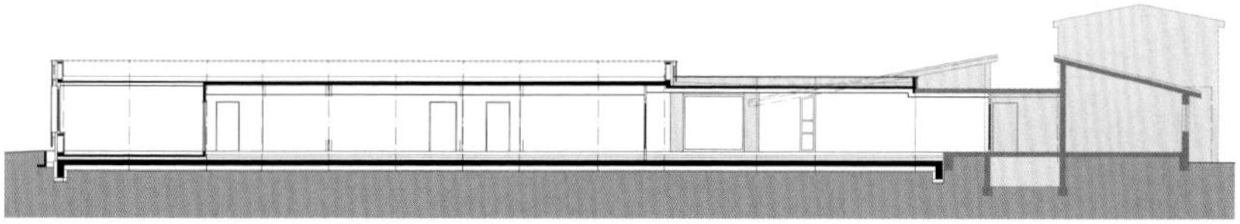

Schnitt A-A

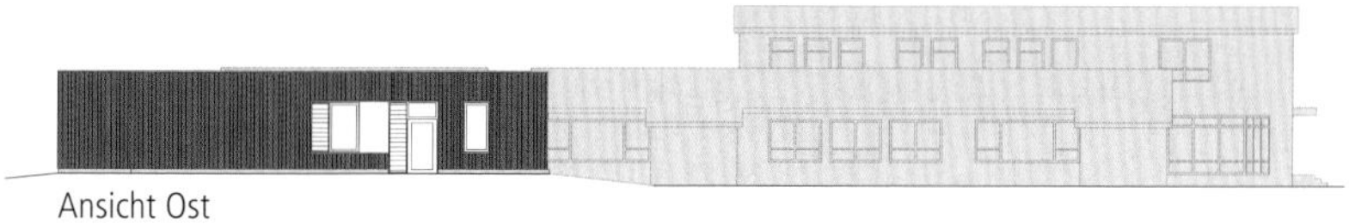

Ansicht Ost

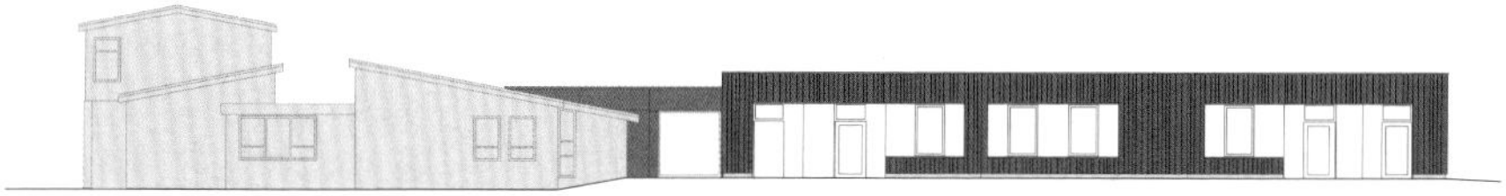

Ansicht Süd

4400-0429
Kindertagesstätte
(2 Gruppen)
(40 Kinder)

Erweiterung

Objektbeschreibung

Allgemeine Objektinformationen

Der eingeschossige Erweiterungsbau einer Kindertagesstätte ist das zweite Projekt in innovativer Modulbauweise des Baukastensystems der Stadt Heidelberg. Der Anbau schafft Raum für zwei weitere Kita-Gruppen mit insgesamt 40 Betreuungsplätzen. Die Gruppenräume, Schlafräume, Räume für Förderangebote und Sanitärräume sind über einen Spielflur miteinander verbunden. Die Sanitärbereich wurden jeweils unterschiedlich monochrom gestaltet und dienen zur Identifikationssteigerung der Kinder. Der Neubau ist mittels eines Spielflures an den Bestandraum angeschlossen.

Nutzung

1 Erdgeschoss
Zwei Gruppen: Gruppenräume, Schlafräume, Intensivräume, Sanitärräume, Garderoben/Flure, Personal-/Besprechungsraum, Personal-WCs, Putzraum

Nutzeinheiten

Gruppen: 2
Kinder: 40

Grundstück

Bauraum: Beengter Bauraum
Neigung: Ebenes Gelände
Bodenklasse: BK 3 bis BK 5

Markt

Hauptvergabezeit: 4. Quartal 2021
Baubeginn: 1. Quartal 2022
Bauende: 1. Quartal 2023
Konjunkturelle Gesamtlage: über Durchschnitt
Regionaler Baumarkt: über Durchschnitt

Baubestand

Baujahr: 1993
Bauzustand: gut
Aufwand: niedrig
Grundrissänderungen: wenige
Nutzungsänderung: nein
Nutzung während der Bauzeit: ja

Baukonstruktion

Nach dem Einbau der Beton-Bodenplatte erfolgte die Errichtung der 15 vorgefertigten Module in insgesamt einer Woche; diese waren bereits mit allen Einbauten, Trennwänden bis hin zur Endbeschichtung versehen. Der weitere Innenausbau bis Fertigstellung dauerte nochmals ca. vier Monate. Der Boden und das Dach im Flurbereich bestehen aus Brettsperrholzelementen. Vor Ort wurde ein schwimmender Estrich eingebracht. Ebenso sind die Außenfassaden aus Lärchenholz und die Dachabdichtung samt Begrünung an der Baustelle montiert. Die sichtbaren Holzoberflächen wurden lasiert, die Böden sind mit Linoleum oder Fliesen belegt. Sämtliche Einbaumöbel wurden ebenfalls durch den Holzbau-Generalunternehmer realisiert, sodass sich ein ausgesprochen harmonisches Bild durch die Verwendung identischer Hölzer ergibt.

Technische Anlagen

Das Gebäude ist an die Gebäudetechnik des Bestands angeschlossen. Die gesamte Heizungs-, Sanitär-, Lüftungs- und Elektroinstallation ist bereits in den Modulen vorinstalliert angeliefert und vor Ort endmontiert. Sämtliche Sanitärobjekte, Leuchten und Heizkörper wurden in der Montagehalle montiert. Die Kindertagesstätte ist mit dezentralen Lüftungsgeräten ausgestattet. Über einbruchsichere Lüftungsklappen erfolgt eine Nachtabkühlung. Auf dem Dach ist eine Photovoltaikanlage installiert.

Sonstiges

Um eine möglichst schnelle und sehr wirtschaftliche Umsetzung von Kindertagesstätten zu ermöglichen, hat das Heidelberger Hochbauamt in Zusammenarbeit mit Modulbaufirmen ein serielles Baukastensystem für Kindertagesstätten in Holzmodulbauweise entwickelt. Mit diesem lassen sich eine Vielzahl von ein- und zweigeschossigen Gebäudetypen mit differenzierten Grundrisstypologien realisieren. Das kleinteilige Modulraster kann flexibel auf unterschiedliche Rahmenbedingungen reagieren. Das energetische Konzept des Gebäudes entspricht dem Passivhaus-Standard.

Energetische Kennwerte

Gesetzliche Grundlage: GEG 2020
Gebäudenutzfläche: 341,00 m^2
Spez. Jahresprimärenergiebedarf: 59,36 kWh/(m^2·a)
CO_2-Emissionen: 28,09 kg/(m^2·a)

Planungskennwerte für Flächen und Rauminhalte nach DIN 277

Flächen des Grundstücks		Menge Einheit	% an GF
BF	Bebaute Fläche	1.055,73 m²	39,9
UF	Unbebaute Fläche	1.590,72 m²	60,1
GF	Grundstücksfläche	2.646,45 m²	100,0

Grundflächen des Bauwerks		Menge Einheit	% an NUF	% an BGF
NUF	Nutzungsfläche	284,59 m²	100,0	64,1
TF	Technikfläche	–	–	–
VF	Verkehrsfläche	71,34 m²	25,1	16,1
NRF	Netto-Raumfläche	355,93 m²	125,1	80,2
KGF	Konstruktions-Grundfläche	87,77 m²	30,8	19,8
BGF	Brutto-Grundfläche	443,70 m²	155,9	100,0

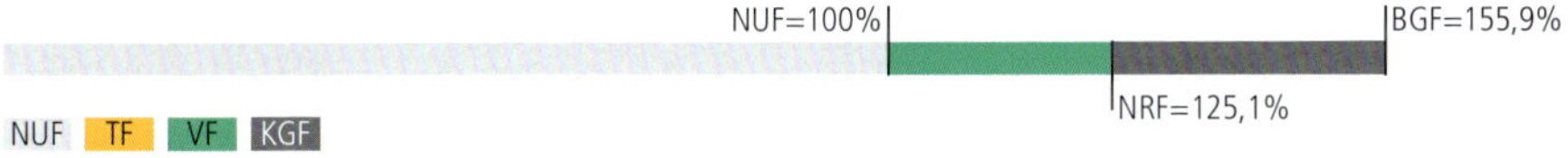

Brutto-Rauminhalt des Bauwerks		Menge Einheit	BRI/NUF (m)	BRI/BGF (m)
BRI	Brutto-Rauminhalt	1.812,51 m³	6,37	4,09

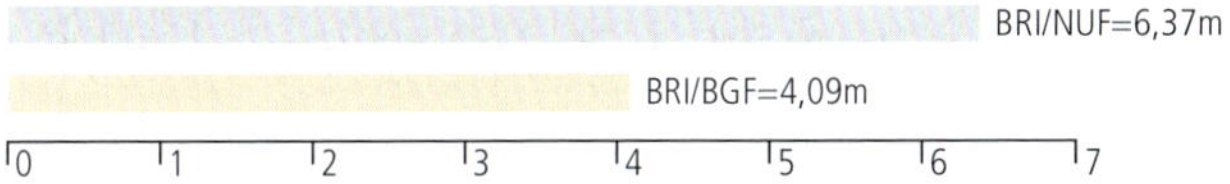

4400-0429
Kindertagesstätte
(2 Gruppen)
(40 Kinder)

Erweiterung

Kostenkennwerte für die Kostengruppen der 1. Ebene DIN 276

KG	Kostengruppen (1. Ebene)	Einheit	Kosten €	€/Einheit	€/m² BGF	€/m³ BRI	% 300+400
100	Grundstück	m² GF	–	–	–	–	–
200	Vorbereitende Maßnahmen	m² GF	5.233	1,98	11,79	2,89	0,3
300	Bauwerk – Baukonstruktionen	m² BGF	1.532.519	3.453,95	3.453,95	845,52	78,6
400	Bauwerk – Technische Anlagen	m² BGF	418.380	942,93	942,93	230,83	21,4
	Bauwerk 300+400	**m² BGF**	**1.950.899**	**4.396,89**	**4.396,89**	**1.076,35**	**100,0**
500	Außenanlagen und Freiflächen	m² AF	43.610	–	98,29	24,06	2,2
600	Ausstattung und Kunstwerke	m² BGF	59.141	133,29	133,29	32,63	3,0
700	Baunebenkosten	m² BGF	–	–	–	–	–
800	Finanzierung	m² BGF	–	–	–	–	–

KG	Kostengruppe	Menge Einheit	Kosten €	€/Einheit	%
200	**Vorbereitende Maßnahmen**	2.646,45 m² GF	5.233	**1,98**	0,3

- Herstellen
  Herrichten

KG	Kostengruppe	Menge Einheit	Kosten €	€/Einheit	%
3+4	**Bauwerk**				**100,0**
300	**Bauwerk – Baukonstruktionen**	443,70 m² BGF	1.532.519	**3.453,95**	78,6

- Herstellen
  Stb-Flachgründung, Abdichtung, EPS-Dämmung, Brettsperrholz-Modulböden, EPS-Dämmung (Flure), TSD, Estrich, Linoleum, Bodenfliesen, Perimeterdämmung; Holzrahmen/Brettsperrholz-Modulaußenwände, innen Wohnsicht, lasiert, außen hinterlüftete Holzschalung, Holz-Alufenster, Sonnenschutz; Brettsperrholz-Modulinnenwände, Wohnsicht, lasiert, teilweise Industriesicht, Vorsatzschalen, Beschichtung; Brettsperrholz-Modulflachdach, Brettsperrholz-Flachdach (Flure), Gefälledämmung, Abdichtung, Dachbegrünung, Dachentwässerung, abgehängte Akustikdecken, Lasur, GK-Decken; Einbaumöbel, Spanplatte: Einbauschränke, WC-Regale, Garderoben, Wickeltische, WC-Trennwandsystem; Schließanlage

KG	Kostengruppe	Menge Einheit	Kosten €	€/Einheit	%
400	**Bauwerk – Technische Anlagen**	443,70 m² BGF	418.380	**942,93**	21,4

- Herstellen
  Gebäudeentwässerung, Kaltwasserleitungen, Sanitärobjekte, Durchlauferhitzer; Heizungsrohre, Heizkörper; Kompaktlüftungsgeräte mit WRG, Einzelraumlüfter; Elektroinstallation, Blitzschutzanlage, Erdung; Brandwarnanlage, Datenübertragungsnetz; Feuerlöscher, Gebäudeautomation

KG	Kostengruppe	Menge Einheit	Kosten €	€/Einheit	%
500	**Außenanlagen und Freiflächen**	–	43.610	–	2,2

- Abbrechen
  Abbruch von Abwasserleitungen, Kontrollschacht, Kastenrinne
- Herstellen
  Rohrgraben-/Schachtaushub; Grundleitungen, Schächte, Kanalanschlüsse

KG	Kostengruppe	Menge Einheit	Kosten €	€/Einheit	%
600	**Ausstattung und Kunstwerke**	443,70 m² BGF	59.141	**133,29**	3,0

- Herstellen
  Kindergartenmöblierung/-ausstattung

Wohngebäude

6

- 6100 Wohnhäuser
- 6200 Wohnheime
  6300 Gemeinschaftsunterkünfte
  6400 Betreuungseinrichtungen
  6500 Verpflegungseinrichtungen
- 6600 Beherbergungsstätten

6100-1282
Modulhäuser
(34 WE)

Kostenkennwerte für die Kosten des Bauwerks (Kostengruppen 300+400 nach DIN 276)

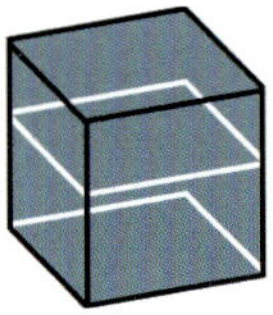

BRI 324 €/m³

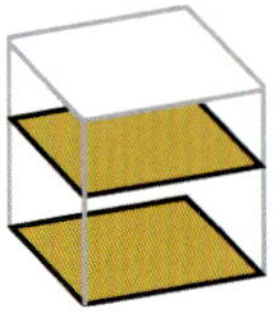

BGF 1.264 €/m²

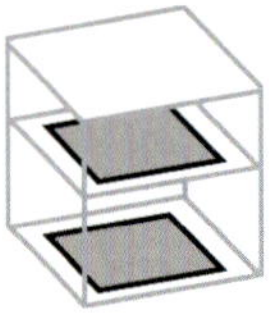

NUF 2.129 €/m²

Holz-Raumzellen
Stahlbeton-Raumzellen
• **Stahl-Raumzellen**
Ziegel-Raumzellen

Konstruktionsart

Objekt:
Kennwerte: 3.Ebene DIN 276
BRI: 12.674 m³
BGF: 3.247 m²
NUF: 1.929 m²
Bauzeit: 17 Wochen
Bauende: 2015
Standard: einfach
Bundesland: Hamburg
Kreis: Hamburg, Stadt

Architekt*in:
Plan-R-Architektenbüro
Helenenstraße 14
22765 Hamburg

Bauherr*in:
fördern & wohnen AöR
Grüner Deich 17
20097 Hamburg

© Plan-R-Architektenbüro

© Plan-R-Architektenbüro

Lageplan

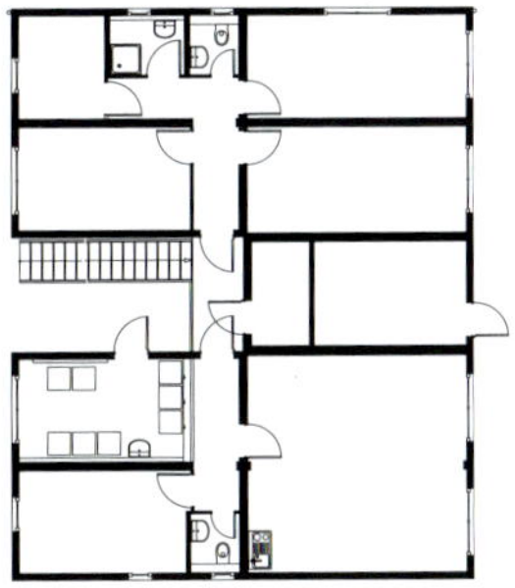

Erdgeschoss Haus 1 + 9

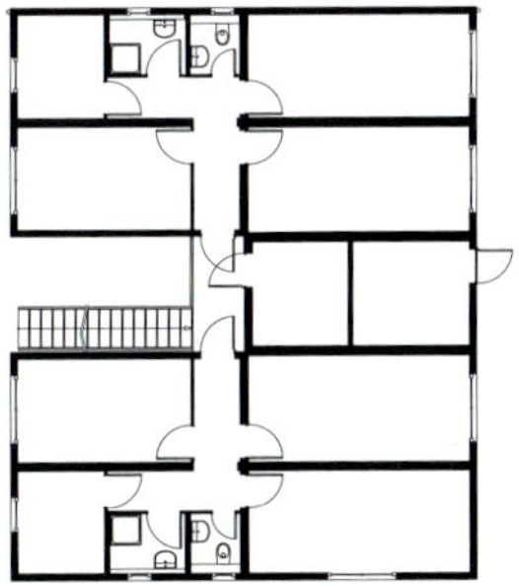

Erdgeschoss Haus 2 - 8

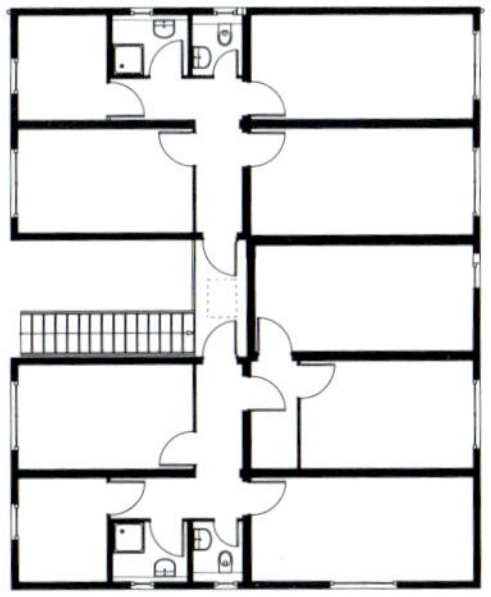

Obergeschoss Haus 1 - 9

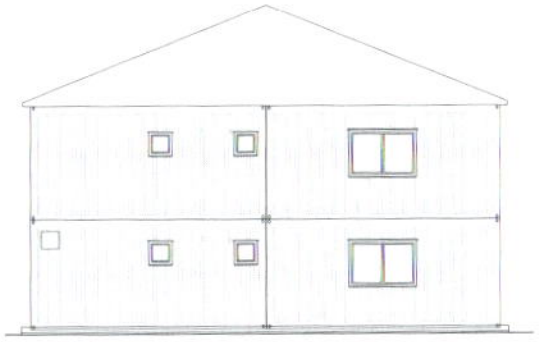

Ansicht 1

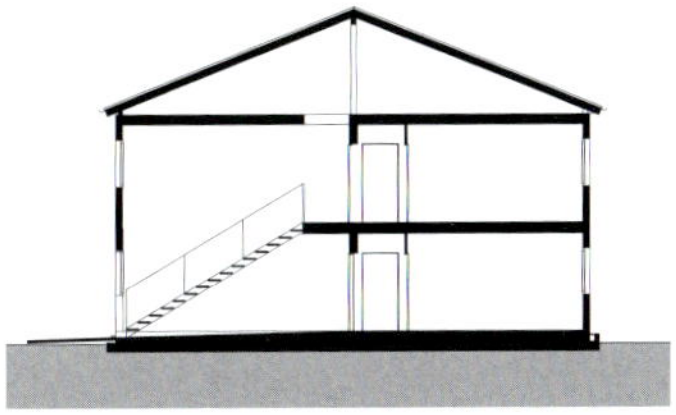

Querschnitt

Ansicht 2

Objektbeschreibung

Allgemeine Objektinformationen

Aufgrund des großen Bedarfs zur öffentlich-rechtlichen Unterbringung wurde zur temporären Nutzung eine Anlage mit neun zweigeschossigen Gebäuden errichtet. Trotz der temporären Containerbauweise sollten die Gebäude aussehen wie richtige Häuser und nicht diskriminierend wirken. Plan-R-Architekten entwickelten für fördern & wohnen die Modulhäuser, von denen in Hamburg und Norderstedt an 17 Standorten insgesamt 167 Häuser in kleinen Nachbarschaften erstellt wurden.

Nutzung

9 Erdgeschosse
16 Wohnungen, Büros

9 Obergeschosse
18 Wohnungen

Nutzeinheiten

Bürofläche: 136 m²
Wohneinheiten: 34
Wohnfläche: 2.267 m²

Grundstück

Bauraum: Freier Bauraum
Neigung: Ebenes Gelände
Bodenklasse: BK 1 bis BK 5

Markt

Hauptvergabezeit: 1. Quartal 2015
Baubeginn: 2. Quartal 2015
Bauende: 3. Quartal 2015
Konjunkturelle Gesamtlage: Durchschnitt
Regionaler Baumarkt: über Durchschnitt

Baukonstruktion

Die freistehenden Containerhäuser bestehen aus insgesamt 34 Wohneinheiten mit je drei bis vier Zimmern, Küche, Bad und WC sowie drei Büroräumen. Sie werden über ein zentrales offenes Treppenhaus erschlossen und verfügen über Loggien in den Eingangsbereichen. Ihre Satteldächer bestehen aus Holzstahlkonstruktionen und wurden mit einer Dachneigung von 22° ausgeführt. Die Häuser sind jeweils paarweise giebelständig angeordnet. Eine feuerverzinkte Grundkonstruktion mit Mineralwolldämmung bildet die Außenwände. Die Giebelbekleidungen sowie die Dacheindeckungen sind in verzinktem Stahlblech ausgeführt. Es kamen doppelt verglaste zweiflüglige Fenster zum Einbau. Eine Stahltreppe mit Podest führt jeweils in das obere Stockwerk, die Dachböden sind über eine Einschubtreppe zugänglich. Von innen sind die Wände beschichtet und teilweise mit Fliesen belegt. Alle Containerhäuser wurden mit Einbauküchen ausgestattet.

Technische Anlagen

Die Häuser entsprechen der EnEV 2009. Zur Beheizung und Warmwasserbereitung dient je Gebäude eine Gaszentralheizung mit Brennwerttechnik. Die Wärmeverteilung erfolgt über Heizkörper. Die Elektro-, Wasser- und Abwasserinstallationen sind als Hinterwandkonstruktion ausgeführt. Klingelanlagen sowie über Bewegungsmelder gesteuerte Außenbeleuchtungen wurden installiert.

Sonstiges

In dem farblich abgesetzten Eingangsgebäude befinden sich neben zwei Wohneinheiten die Verwaltung sowie eine zentrale Waschküche und ein Gemeinschaftsraum. Das Zentrum der Containerwohnanlage bilden Spiel- und Freizeitflächen.

Planungskennwerte für Flächen und Rauminhalte nach DIN 277

Flächen des Grundstücks		Menge Einheit	% an GF
BF	Bebaute Fläche	1.702,05 m²	35,5
UF	Unbebaute Fläche	3.097,95 m²	64,5
GF	Grundstücksfläche	4.800,00 m²	100,0

Grundflächen des Bauwerks		Menge Einheit	% an NUF	% an BGF
NUF	Nutzungsfläche	1.928,67 m²	100,0	59,4
TF	Technikfläche	66,56 m²	3,5	2,0
VF	Verkehrsfläche	447,60 m²	23,2	13,8
NRF	Netto-Raumfläche	2.442,83 m²	126,7	75,2
KGF	Konstruktions-Grundfläche	804,20 m²	41,7	24,8
BGF	Brutto-Grundfläche	3.247,03 m²	168,4	100,0

Brutto-Rauminhalt des Bauwerks		Menge Einheit	BRI/NUF (m)	BRI/BGF (m)
BRI	Brutto-Rauminhalt	12.674,14 m³	6,57	3,90

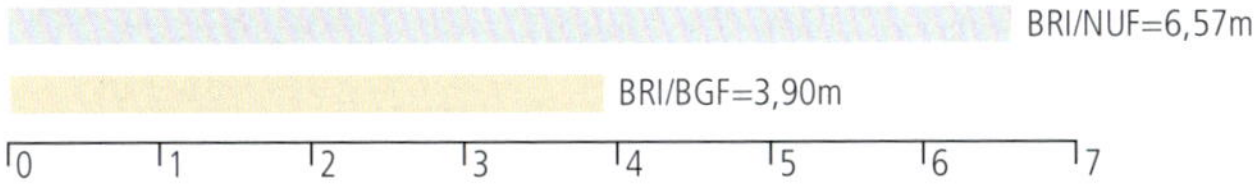

Lufttechnisch behandelte Flächen	Menge Einheit	% an NUF	% an BGF
Entlüftete Fläche	–	–	–
Be- und entlüftete Fläche	–	–	–
Teilklimatisierte Fläche	–	–	–
Klimatisierte Fläche	–	–	–

KG	Kostengruppen (2. Ebene)	Menge Einheit	Menge/NUF	Menge/BGF
310	Baugrube / Erdbau	–	–	–
320	Gründung, Unterbau	1.687,85 m² GRF	0,88	0,52
330	Außenwände/Vertikale Baukonstruktionen, außen	–	–	–
340	Innenwände/Vertikale Baukonstruktionen, innen	–	–	–
350	Decken/Horizontale Baukonstruktionen	–	–	–
360	Dächer	–	–	–

Kostenkennwerte für die Kostengruppen der 1. Ebene DIN 276

KG	Kostengruppen (1. Ebene)	Einheit	Kosten €	€/Einheit	€/m² BGF	€/m³ BRI	% 300+400
100	Grundstück	m² GF	–	–	–	–	–
200	Vorbereitende Maßnahmen	m² GF	135.319	28,19	41,67	10,68	3,3
300	Bauwerk – Baukonstruktionen	m² BGF	4.079.503	1.256,38	1.256,38	321,88	99,4
400	Bauwerk – Technische Anlagen	m² BGF	25.710	7,92	7,92	2,03	0,6
	Bauwerk 300+400	**m² BGF**	**4.105.213**	**1.264,30**	**1.264,30**	**323,90**	**100,0**
500	Außenanlagen und Freiflächen	m² AF	558.456	184,69	171,99	44,06	13,6
600	Ausstattung und Kunstwerke	m² BGF	–	–	–	–	–
700	Baunebenkosten	m² BGF	–	–	–	–	–
800	Finanzierung	m² BGF	–	–	–	–	–

KG	Kostengruppe	Menge Einheit	Kosten €	€/Einheit	%
200	**Vorbereitende Maßnahmen**	4.800,00 m² GF	135.319	**28,19**	3,3
	Abbruch von Steinzeugrohren; Bewuchs abmähen, Grasnarbe abschälen, Oberboden abtragen; Kampfmittelsondierung				
3+4	**Bauwerk**				**100,0**
300	**Bauwerk – Baukonstruktionen**	3.247,03 m² BGF	4.079.503	**1.256,38**	99,4
	Bodenverbesserung, Stb-Flachgründung, Betonpflaster; Wohnhäuser in Modulbauweise mit Satteldach				
400	**Bauwerk – Technische Anlagen**	3.247,03 m² BGF	25.710	**7,92**	0,6
	Gebäudeentwässerung, Trinkwasserhausanschluss, Gashauptabsperrhahn; Verteilerkästen, Erdung				
500	**Außenanlagen und Freiflächen**	3.023,71 m² AF	558.456	**184,69**	13,6
	Grabenaushub, Wasserhaltung, Grundwasserabsenkung; Bodenverbesserung; Betonpflaster, Rasenwabensteine, wassergebundene Deckschicht, Sand, Fallschutzkies; Stabgitterzaun, Fertiggarage; Entwässerung, Kalt- und Warmwasserleitungen, Gasleitungen, Erdkabel; Außenmöblierung; Oberboden, Bepflanzung, Rasenansaat				

Kostenkennwerte für die Kostengruppen der 2. Ebene DIN 276

KG	Kostengruppe	Menge Einheit	Kosten €	€/Einheit	%
200	**Vorbereitende Maßnahmen**				**100,0**
210	**Herrichten**	4.800,00 m² GF	135.319	**28,19**	100,0
	Abbruch von Steinzeugrohren DN100-150 (35m) * Bewuchs abmähen, Grasnarbe abschälen (4.339m²), Oberboden abtragen (2.590m³) * Kampfmittelsondierung (psch)				
300	**Bauwerk – Baukonstruktionen**				**100,0**
320	**Gründung, Unterbau**	1.687,85 m² GRF	263.385	**156,05**	6,5
	Boden mit Steinen abtragen, entsorgen, Sand einbauen, verdichten, d=25cm (1.688m²) * Stb-Fundamentplatten, d=25cm (1.688m²) * Betonpflaster, d=8cm (167m²), Fußabtrittroste (29St) * Lochblech, verzinkt (462m)				
380	**Baukonstruktive Einbauten**	3.247,03 m² BGF	4.593	**1,41**	0,1
	Briefkastenfüße, Stahl, verzinkt (9St)				
390	**Sonst. Maßnahmen für Baukonstrukt.**	3.247,03 m² BGF	3.811.526	**1.173,85**	93,4
	Baustelleneinrichtung (psch), Baustraße (344m²) * Entsorgung von Restmüll (2m³) * Neun Wohnhäuser in Modulbauweise: feuerverzinkte Grundkonstruktion, GK-Vorsatzschalen, Wohnungstrennwände, Wandfliesen, Beschichtungen, Fenster, Stahltüren, Holztüren, Giebelbekleidungen, Stahlblech verzinkt, Stahltreppe mit Podest, PVC-Beläge, Bodenfliesen, Einschubtreppe, Holz-Stahl Satteldach, Dachdeckung aus verzinktem Stahlblech, Schneefanggitter, Einbauküchen, WCs, Waschtische, Duschkabinen, Abwasserleitungen, Gaszentralheizung, Heizkörper, Elektroinstallation, Außenlampen, Bewegungsmelder, Klingelanlagen, Antennenanlage, EDV-Anlage				
400	**Bauwerk – Technische Anlagen**				**100,0**
410	**Abwasser-, Wasser-, Gasanlagen**	3.247,03 m² BGF	18.999	**5,85**	73,9
	KG-Rohre DN100-125 (175m) * Trinkwasserhausanschluss (1St), Absperrhähne (9St) * Gasabsperrhahn (1St)				
440	**Elektrische Anlagen**	3.247,03 m² BGF	6.711	**2,07**	26,1
	Verteilerkästen (2St) * Fundamenterder, Flachstahl (489m)				
500	**Außenanlagen und Freiflächen**				**100,0**
510	**Erdbau**	671,45 m³ EBR	156.485	**233,06**	28,0
	Rohrgrabenaushub, t=1,00-1,50m, lagern, wieder verfüllen (445m³), abfahren, entsorgen (229m³), liefern, verfüllen (161m³), Kabelgrabenaushub, t=30cm, wieder verfüllen (6m³) * offene Wasserhaltung (1St), Grundwasserabsenkung (1St)				
520	**Gründung, Unterbau**	3.023,71 m² AF	15.862	**5,25**	2,8
	Boden mit Steinen abtragen, entsorgen, Sand einbauen, d=30cm, verdichten (1.990m²)				
530	**Oberbau, Deckschichten**	1.174,28 m² BFF	100.197	**85,33**	17,9
	Schottertragschicht STS, d=25cm (633m²), Betonpflaster, d=8cm (501m²), Rasenwabensteine, d=18cm (133m²) * STS, d=25cm, Betonpflaster, d=8cm (36m²) * STS, d=25cm, wassergebundene Deckschicht (232m²), Betontiefbordsteine (62m) * Rasenkantensteine (40m), Betonplatten als Einfassung (11m²), Sand (4m³), Fallschutzkies (95m³) * Traufstreifen (340m)				

KG	Kostengruppe	Menge Einheit	Kosten €	€/Einheit	%
540	**Baukonstruktionen**	3.023,71 m² AF	43.186	**14,28**	7,7
	Stabgitterzaun, h=2,50m (198m) * Fertiggarage aus Stahlbeton (14m²)				
550	**Technische Anlagen**	3.023,71 m² AF	146.251	**48,37**	26,2
	KG-Rohre DN100-300 (519m), Kontrollschächte DN1.000, t=2,70m (2St), DN600, t=2,80m (7St), DN400, t=3,00m (4St) * PE-Rohre DN32-50 (280m) * PE-HD Rohre DN40-65 (247m) * Erdkabel NYY (241m) * Fernmelde-Erdkabel (643m), Erdkabel NYY (435m), Kabelabzweigkästen (2St)				
560	**Einbauten Außenanlagen u. Freiflächen**	3.023,71 m² AF	63.220	**20,91**	11,3
	Bänke, Metall (10St), Fahrradanlehnbügel (43St), Abfallbehälter (3St), Absperrpoller (2St) * Wackelbienen (3St), Doppelschaukel (1St), Spielturm mit Rutsche (1St), Sandkastenumrandung (13m), Balancierbalken (5St), Basketballkorbanlage (1St), Streethockeytor (1St) * Hinweisschild, Feuerwehrzufahrt (1St)				
570	**Vegetationsflächen**	1.762,43 m² PSF	21.621	**12,27**	3,9
	Oberboden einarbeiten, d=20cm (1.675m²) * Weißdornhecke (68m), Ligusterhecke (35m), Laubbäume (2St) * Rasenansaat (1.675m²)				
590	**Sonst. Maßnahmen für Außenanlagen u. Freiflächen**	3.023,71 m² AF	11.633	**3,85**	2,1
	Baustelleneinrichtung (psch), Baustraße (344m²)				

Kostenkennwerte für die Kostengruppen 300 der 2. und 3. Ebene DIN 276 (Übersicht)

KG	Kostengruppe	Menge Einheit	Kosten €	€/Einheit	% an 3+4
300	**Bauwerk – Baukonstruktionen**	**3.247,03 m² BGF**	**4.079.503,10**	**1.256,38**	**99,4**
310	**Baugrube / Erdbau**	**–**	**–**	**–**	**–**
311	Herstellung	–	–	–	–
312	Umschließung	–	–	–	–
313	Wasserhaltung	–	–	–	–
314	Vortrieb	–	–	–	–
319	Sonstiges zur KG 310	–	–	–	–
320	**Gründung, Unterbau**	**1.687,85 m² GRF**	**263.384,74**	**156,05**	**6,4**
321	Baugrundverbesserung	1.687,85 m²	11.987,61	7,10	0,3
322	Flachgründungen und Bodenplatten	1.687,85 m²	214.731,75	127,22	5,2
323	Tiefgründungen	–	–	–	–
324	Gründungsbeläge	167,40 m²	16.818,26	100,47	0,4
325	Abdichtungen und Bekleidungen	1.687,85 m²	19.847,12	11,76	0,5
326	Dränagen	–	–	–	–
329	Sonstiges zur KG 320	–	–	–	–
330	**Außenwände/Vert. Baukonstrukt., außen**	**–**	**–**	**–**	**–**
331	Tragende Außenwände	–	–	–	–
332	Nichttragende Außenwände	–	–	–	–
333	Außenstützen	–	–	–	–
334	Außenwandöffnungen	–	–	–	–
335	Außenwandbekleidungen, außen	–	–	–	–
336	Außenwandbekleidungen, innen	–	–	–	–
337	Element. Außenwandkonstruktionen	–	–	–	–
338	Lichtschutz zur KG 330	–	–	–	–
339	Sonstiges zur KG 330	–	–	–	–
340	**Innenwände/Vert. Baukonstrukt., innen**	**–**	**–**	**–**	**–**
341	Tragende Innenwände	–	–	–	–
342	Nichttragende Innenwände	–	–	–	–
343	Innenstützen	–	–	–	–
344	Innenwandöffnungen	–	–	–	–
345	Innenwandbekleidungen	–	–	–	–
346	Elementierte Innenwandkonstruktionen	–	–	–	–
347	Lichtschutz zur KG 340	–	–	–	–
349	Sonstiges zur KG 340	–	–	–	–
350	**Decken/Horizontale Baukonstruktionen**	**–**	**–**	**–**	**–**
351	Deckenkonstruktionen	–	–	–	–
352	Deckenöffnungen	–	–	–	–
353	Deckenbeläge	–	–	–	–
354	Deckenbekleidungen	–	–	–	–
355	Elementierte Deckenkonstruktionen	–	–	–	–
359	Sonstiges zur KG 350	–	–	–	–
360	**Dächer**	**–**	**–**	**–**	**–**
361	Dachkonstruktionen	–	–	–	–
362	Dachöffnungen	–	–	–	–
363	Dachbeläge	–	–	–	–
364	Dachbekleidungen	–	–	–	–
365	Elementierte Dachkonstruktionen	–	–	–	–
366	Lichtschutz zur KG 360	–	–	–	–
369	Sonstiges zur KG 360	–	–	–	–
370	**Infrastrukturanlagen**	**–**	**–**	**–**	**–**
380	**Baukonstruktive Einbauten**	**3.247,03 m² BGF**	**4.592,67**	**1,41**	**0,1**
390	**Sonst. Maßnahmen für Baukonstrukt.**	**3.247,03 m² BGF**	**3.811.525,69**	**1.173,85**	**92,8**

Kostenkennwerte für die Kostengruppen 400 der 2. und 3. Ebene DIN 276 (Übersicht)

KG	Kostengruppe	Menge Einheit	Kosten €	€/Einheit	% an 3+4
400	**Bauwerk – Technische Anlagen**	**3.247,03 m² BGF**	**25.709,81**	**7,92**	**0,6**
410	**Abwasser-, Wasser-, Gasanlagen**	**3.247,03 m² BGF**	**18.998,60**	**5,85**	**0,5**
411	Abwasseranlagen	3.247,03 m² BGF	9.783,72	3,01	0,2
412	Wasseranlagen	3.247,03 m² BGF	2.835,99	0,87	< 0,1
413	Gasanlagen	3.247,03 m² BGF	6.378,90	1,96	0,2
419	Sonstiges zur KG 410	–	–	–	–
420	**Wärmeversorgungsanlagen**	**–**	**–**	**–**	**–**
421	Wärmeerzeugungsanlagen	–	–	–	–
422	Wärmeverteilnetze	–	–	–	–
423	Raumheizflächen	–	–	–	–
424	Verkehrsheizflächen	–	–	–	–
429	Sonstiges zur KG 420	–	–	–	–
430	**Raumlufttechnische Anlagen**	**–**	**–**	**–**	**–**
431	Lüftungsanlagen	–	–	–	–
432	Teilklimaanlagen	–	–	–	–
433	Klimaanlagen	–	–	–	–
434	Kälteanlagen	–	–	–	–
439	Sonstiges zur KG 430	–	–	–	–
440	**Elektrische Anlagen**	**3.247,03 m² BGF**	**6.711,21**	**2,07**	**0,2**
441	Hoch- und Mittelspannungsanlagen	–	–	–	–
442	Eigenstromversorgungsanlagen	–	–	–	–
443	Niederspannungsschaltanlagen	–	–	–	–
444	Niederspannungsinstallationsanlagen	3.247,03 m² BGF	569,00	0,18	< 0,1
445	Beleuchtungsanlagen	–	–	–	–
446	Blitzschutz- und Erdungsanlagen	3.247,03 m² BGF	6.142,20	1,89	0,1
447	Fahrleitungssysteme	–	–	–	–
449	Sonstiges zur KG 440	–	–	–	–
450	**Kommunikationstechnische Anlagen**	**–**	**–**	**–**	**–**
451	Telekommunikationsanlagen	–	–	–	–
452	Such- und Signalanlagen	–	–	–	–
453	Zeitdienstanlagen	–	–	–	–
454	Elektroakustische Anlagen	–	–	–	–
455	Audiovisuelle Medien- u. Antennenanl.	–	–	–	–
456	Gefahrenmelde- und Alarmanlagen	–	–	–	–
457	Datenübertragungsnetze	–	–	–	–
458	Verkehrsbeeinflussungsanlagen	–	–	–	–
459	Sonstiges zur KG 450	–	–	–	–
460	**Förderanlagen**	**–**	**–**	**–**	**–**
461	Aufzugsanlagen	–	–	–	–
462	Fahrtreppen, Fahrsteige	–	–	–	–
463	Befahranlagen	–	–	–	–
464	Transportanlagen	–	–	–	–
465	Krananlagen	–	–	–	–
466	Hydraulikanlagen	–	–	–	–
469	Sonstiges zur KG 460	–	–	–	–
470	**Nutzungsspez. u. verfahrenstechn. Anl.**	**–**	**–**	**–**	**–**
480	**Gebäude- und Anlagenautomation**	**–**	**–**	**–**	**–**
490	**Sonst. Maßnahmen für techn. Anlagen**	**–**	**–**	**–**	**–**

Kostenkennwerte für die Kostengruppen der 3.Ebene DIN 276

KG	Kostengruppe	Menge Einheit	Kosten €	€/Einheit	%
210	**Herrichten**				**100,0**
212	**Abbruchmaßnahmen**	4.800,00 m²GF	99	**0,02**	< 0,1
	Abbruch von Steinzeugrohren DN100-150, Entsorgung, Deponiegebühren (35m)				
214	**Herrichten der Geländeoberfläche**	4.800,00 m²GF	130.084	**27,10**	96,1
	Bewuchs abmähen, Grasnarbe abschälen; Entsorgung, Deponiegebühren (4.339m²), Oberboden abtragen, Entsorgung, Deponiegebühren (2.590m³)				
215	**Kampfmittelräumung**	4.800,00 m²GF	5.136	**1,07**	3,8
	Kampfmittelsondierung (psch)				
320	**Gründung, Unterbau**				**100,0**
321	**Baugrundverbesserung**	1.687,85 m²	11.988	**7,10**	4,6
	Boden mit Steinen abtragen, entsorgen, Sand einbauen, verdichten, d=25cm (1.688m²)				
322	**Flachgründungen und Bodenplatten**	1.687,85 m²	214.732	**127,22**	81,5
	Stb-Fundamentplatten C25/35, WU, d=25cm, Randschalung, Bewehrung (1.688m²)				
324	**Gründungsbeläge**	167,40 m²	16.818	**100,47**	6,4
	Betonpflaster, d=8cm, Splittbett (167m²), Fußabtrittrost, Bodenwannen 40x60cm (29St)				
325	**Abdichtungen und Bekleidungen**	1.687,85 m²	19.847	**11,76**	7,5
	Lochblech, verzinkt, zwischen Bodenplatte und Wohngebäude als Belüftung der Container (462m)				
380	**Baukonstruktive Einbauten**				**100,0**
389	**Sonstiges zur KG 380**	3.247,03 m²BGF	4.593	**1,41**	100,0
	Briefkastenfüße, Stahl, verzinkt (9St)				
390	**Sonstige Maßnahmen für Baukonstruktionen**				**100,0**
391	**Baustelleneinrichtung**	3.247,03 m²BGF	60.074	**18,50**	1,6
	Baustelleneinrichtung (psch), Baustraße (344m²)				
396	**Materialentsorgung**	3.247,03 m²BGF	377	**0,12**	< 0,1
	Entsorgung von Restmüll (2m³)				
399	**Sonstiges zur KG 390**	3.247,03 m²BGF	3.751.074	**1.155,23**	98,4
	Neun Wohnhäuser in Modulbauweise: feuerverzinkte Grundkonstruktion, Mineralwolldämmung, GK-Vorsatzschalen F30, Wohnungstrennwände F90, Wandfliesen, Beschichtungen, zweiflüglige Fenster, Doppelverglasung, Stahltüren F30, Holztüren HPL, Giebelbekleidungen, Stahlblech verzinkt, Stahltreppe mit Podest, PVC-Beläge, Bodenfliesen, Einschubtreppe, Holz-Stahl Satteldach, Dachdeckung aus verzinktem Stahlblech, Schneefanggitter, Einbauküchen, WCs, Waschtische, Duschkabinen, Bodenabläufe, Abwasserleitungen, Gaszentralheizung, Brennwerttechnik, Rohrleitungen, Kupfer, Heizkörper, Elektroanlage als Hinterwandinstallation, Revisionsschächte, Hauptschalter, Zählervorrichtungen (Zähler bauseitig), Außenlampen, Bewegungsmelder, Klingelanlagen, Antennenkabel, Anschlussdosen, EDV-Anlage				

KG	Kostengruppe	Menge Einheit	Kosten €	€/Einheit	%
410	**Abwasser-, Wasser-, Gasanlagen**				**100,0**
411	**Abwasseranlagen**	3.247,03 m² BGF	9.784	**3,01**	51,5
	KG-Rohre DN100-125, Formstücke (175m)				
412	**Wasseranlagen**	3.247,03 m² BGF	2.836	**0,87**	14,9
	Trinkwasserhausanschluss (1St), Absperrhähne (9St)				
413	**Gasanlagen**	3.247,03 m² BGF	6.379	**1,96**	33,6
	Gasabsperrhahn (1St)				
440	**Elektrische Anlagen**				**100,0**
444	**Niederspannungsinstallationsanlagen**	3.247,03 m² BGF	569	**0,18**	8,5
	Verteilerkästen (2St)				
446	**Blitzschutz- und Erdungsanlagen**	3.247,03 m² BGF	6.142	**1,89**	91,5
	Fundamenterder, Flachstahl 30x3,5mm (489m), Anschlussfahnen V2A (9St)				
510	**Erdbau**				**100,0**
511	**Herstellung**	671,45 m³ EBR	139.262	**207,40**	89,0
	Rohrgrabenaushub, t=1,00-1,50m, transportieren, lagern, wieder verfüllen (445m³), abfahren, entsorgen (229m³), liefern, verfüllen (161m³), Kabelgrabenaushub, t=30cm, wieder verfüllen (6m³)				
513	**Wasserhaltung**	–	17.223	–	11,0
	Offene Wasserhaltung (1St), Grundwasserabsenkung, Vakuumverfahren (1St)				
520	**Gründung, Unterbau**				**100,0**
521	**Baugrundverbesserung**	1.989,71 m²	15.862	**7,97**	100,0
	Boden mit Steinen abtragen, entsorgen, Sand einbauen, d=30cm, verdichten (1.990m²)				
530	**Oberbau, Deckschichten**				**100,0**
531	**Wege**	633,33 m²	64.954	**102,56**	64,8
	Schottertragschicht 0/32mm, d=25cm (633m²), Betonpflaster, d=8cm, Sandbett (501m²), Rasenwabensteine, d=18cm, Sandbett 0/2mm (133m²)				
533	**Plätze, Höfe, Terrassen**	35,65 m²	2.160	**60,59**	2,2
	Schottertragschicht 0/32mm, d=25cm, Betonpflaster, d=8cm, Sandbett (36m²)				
535	**Sportplatzflächen**	231,84 m²	8.850	**38,17**	8,8
	Schottertragschicht 0/32mm, d=25cm, wassergebundene Deckschicht (232m²), Betontiefbordsteine (62m)				
536	**Spielplatzflächen**	273,46 m²	7.434	**27,18**	7,4
	Rasenkantensteine 50x20x5cm (40m), Betonplatten 50x50x7cm, als Einfassung (11m²), Sand 0/2mm (4m³), Fallschutzkies 1/3mm (95m³)				
539	**Sonstiges zur KG 530**	1.174,28 m² BFF	16.799	**14,31**	16,8
	Traufstreifen, Kies 2/8mm (340m)				

KG	Kostengruppe	Menge Einheit	Kosten €	€/Einheit	%
540	**Baukonstruktionen**				**100,0**
541	**Einfriedungen**	495,00 m²	34.592	**69,88**	80,1
	Stabgitterzaun, h=2,50m (198m)				
545	**Überdachungen**	14,20 m²	8.594	**605,24**	19,9
	Fertiggarage aus Stahlbeton 5,30x2,68m (14m²)				
550	**Technische Anlagen**				**100,0**
551	**Abwasseranlagen**	3.023,71 m² AF	59.847	**19,79**	40,9
	KG-Rohre DN100-300, Formstücke, Sandbett (519m), Kontrollschächte DN1.000, t=2,70m (2St), DN600, t=2,80m (7St), DN400, t=3,00m (4St), Straßenabläufe (3St)				
552	**Wasseranlagen**	3.023,71 m² AF	25.976	**8,59**	17,8
	PE-Rohre DN32-50, Formstücke (280m)				
553	**Anlagen für Gase und Flüssigkeiten**	3.023,71 m² AF	11.307	**3,74**	7,7
	PE-HD Rohre DN40-65, Formstücke (247m)				
556	**Elektrische Anlagen**	3.023,71 m² AF	26.626	**8,81**	18,2
	Erdkabel NYY, Kabelschutzrohr DN110 (241m), Tiefenerder (9St)				
557	**Kommunikationstechnische Anlagen**	3.023,71 m² AF	22.495	**7,44**	15,4
	Fernmelde-Erdkabel A-2Y(L)2Y (643m), Erdkabel NYY für Sat-Anlagen (435m), Kabelschutzrohr DN110 (123m), Kabelabzweigkästen (2St)				
560	**Einbauten in Außenanlagen und Freiflächen**				**100,0**
561	**Allgemeine Einbauten**	3.023,71 m² AF	28.398	**9,39**	44,9
	Bänke, Metall (10St), Fahrradanlehnbügel (43St), Abfallbehälter, Stahlblech (3St), Absperrpoller, herausnehmbar, mit Schloss (2St)				
562	**Besondere Einbauten**	3.023,71 m² AF	34.500	**11,41**	54,6
	Wackelbienen (3St), Doppelschaukel (1St), Spielturm mit Rutsche (1St), Sandkastenumrandung, Holz (13m), Balancierbalken (5St), Basketballkorbanlage, Stahl (1St), Streethockeytor (1St)				
563	**Orientierungs- und Informationssysteme**	3.023,71 m² AF	322	**0,11**	0,5
	Hinweisschild, Feuerwehrzufahrt mit Fundament und Halterung, verzinkt (1St)				
570	**Vegetationsflächen**				**100,0**
571	**Vegetationstechn. Bodenbearbeitung**	1.762,43 m²	9.412	**5,34**	43,5
	Oberboden einarbeiten, fräsen, d=20cm (1.762m²)				
573	**Pflanzflächen**	87,00 m²	6.713	**77,16**	31,0
	Weißdornhecke (68m), Ligusterhecke (35m), Laubbäume (2St)				
574	**Rasen- und Saatflächen**	1.675,43 m²	5.497	**3,28**	25,4
	Feinplanum, Rasenansaat (1.675m²)				

KG	Kostengruppe	Menge Einheit	Kosten €	€/Einheit	%
590	**Sonstige Maßnahmen für Außenanlagen und Freiflächen**				**100,0**
591	**Baustelleneinrichtung**	3.023,71 m² AF	11.633	**3,85**	100,0

Baustelleneinrichtung (psch), Baustraße (344m²)

Kostenkennwerte für Leistungsbereiche nach STLB (Kosten des Bauwerks nach DIN 276)

LB	Leistungsbereiche	Kosten €	€/m² BGF	€/m³ BRI	% an 3+4
000	Baustellen-, Verkehrssich.- u. Sicherh.einr. inkl. 001	48.840	15,00	3,90	1,2
002	Erdarbeiten	11.988	3,70	0,95	0,3
006	Spezialtiefbauarbeiten inkl. 005	–	–	–	–
009	Entwässerungskanalarbeiten inkl. 011	9.784	3,00	0,77	0,2
010	Drän- und Versickerarbeiten	–	–	–	–
012	Mauerarbeiten	–	–	–	–
013	Betonarbeiten	249.776	76,90	19,70	6,1
014	Natur-, Betonwerksteinarbeiten	–	–	–	–
016	Zimmer- und Holzbauarbeiten	–	–	–	–
017	Stahlbauarbeiten	–	–	–	–
018	Abdichtungsarbeiten	–	–	–	–
019	Kampfmittelräumarbeiten	–	–	–	–
020	Dachdeckungsarbeiten	–	–	–	–
021	Dachabdichtungsarbeiten	–	–	–	–
022	Klempnerarbeiten	6.514	2,00	0,51	0,2
	Rohbau	**326.901**	**100,70**	**25,80**	**8,0**
023	Putz- und Stuckarbeiten, Wärmedämmsysteme	–	–	–	–
024	Fliesen- und Plattenarbeiten	–	–	–	–
025	Estricharbeiten	–	–	–	–
026	Fenster, Außentüren inkl. 029, 032	–	–	–	–
027	Tischlerarbeiten	–	–	–	–
028	Parkett-, Holzpflasterarbeiten	–	–	–	–
030	Rollladenarbeiten	–	–	–	–
031	Metallbauarbeiten inkl. 035	4.593	1,40	0,36	0,1
034	Maler- und Lackiererarb. – Beschicht. inkl. 037	–	–	–	–
036	Bodenbelagarbeiten	–	–	–	–
038	Vorgehängte hinterlüftete Fassaden	–	–	–	–
039	Trockenbauarbeiten	–	–	–	–
	Ausbau	**4.593**	**1,40**	**0,36**	**0,1**
040	Wärmeversorgungsanl. – Betriebseinr. inkl. 041	–	–	–	–
042	Gas- u. Wasseranl. – Leitung., Armat. inkl. 043	17.669	5,40	1,40	0,4
044	Abwasseranl. – Leitungen, Abläufe, Armaturen	–	–	–	–
045	Gas, Wasser, Entwässerung – Ausstattung inkl. 046	–	–	–	–
047	Dämm- und Brandschutzarb. an techn. Anlagen	–	–	–	–
049	Feuerlöschanlagen, Feuerlöschgeräte	–	–	–	–
050	Blitzschutz-/Erdungsanlagen, Überspannungssch.	–	–	–	–
053	Niederspannungsanl. – Kabel inkl. 052, 054	569	0,18	0,04	< 0,1
055	Sicherheits- u. Ersatzstromversorgungsanl.	–	–	–	–
057	Gebäudesystemtechnik	–	–	–	–
058	Leuchten und Lampen inkl. 059	–	–	–	–
060	Such, Signal, Zeit, Anten., akust. Anl. inkl. 064	–	–	–	–
061	Kommunikations- u. Übertragungsnetze inkl. 063	–	–	–	–
069	Aufzüge	–	–	–	–
070	Gebäudeautomation	–	–	–	–
075	Raumlufttechnische Anlagen inkl. 078	–	–	–	–
	Gebäudetechnik	**18.238**	**5,60**	**1,40**	**0,4**
084	Abbruch, Rückbau, Schadstoffsanierung	–	–	–	–
	Abbrucharbeiten	**–**	**–**	**–**	**–**
	Sonstige Leistungsbereiche	**3.755.481**	**1.156,60**	**296,30**	**91,5**

Kostenstand: 2. Quartal 2025, Bundesdurchschnitt, **inkl. 19% MwSt.**

6100-1446
Singlehaus

Kostenkennwerte für die Kosten des Bauwerks (Kostengruppen 300+400 nach DIN 276)

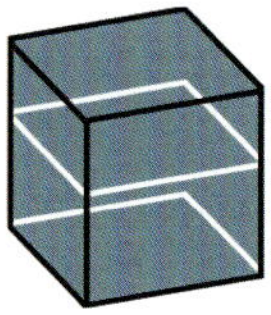

BRI 1.545 €/m³

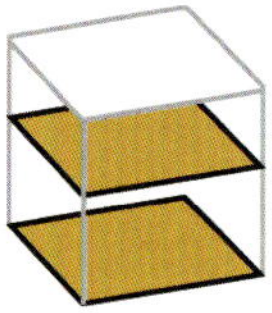

BGF 5.301 €/m²

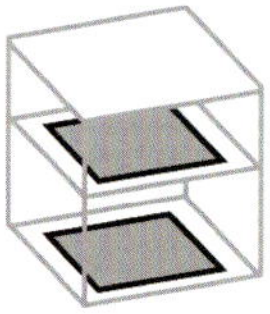

NUF 6.696 €/m²

- **Holz-Raumzellen**
- Stahlbeton-Raumzellen
- Stahl-Raumzellen
- Ziegel-Raumzellen

Konstruktionsart

Objekt:
Kennwerte: 1.Ebene DIN 276
BRI: 216 m³
BGF: 63 m²
NUF: 50 m²
Bauzeit: 22 Wochen
Bauende: 2018
Standard: mittel
Bundesland: Brandenburg
Kreis: Potsdam-Mittelmark

Architekt*in:
Dipl.-Ing. (FH) Architektin
Franca Wacker
SchwörerHaus KG
Hans-Schwörer-Straße 8
72531 Hohenstein

Bauherr*in:
SchwörerHaus KG

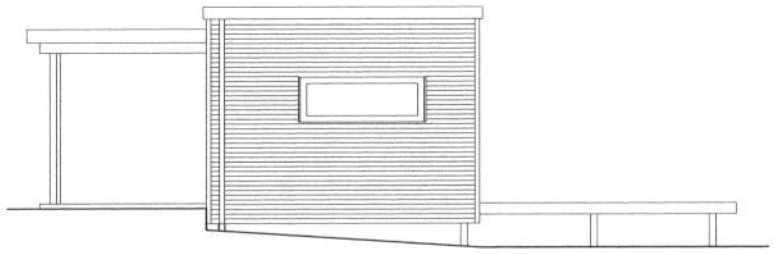

Ansicht Nord

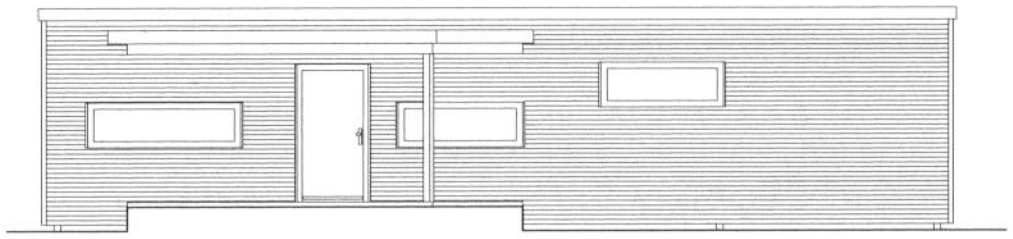

Ansicht Ost

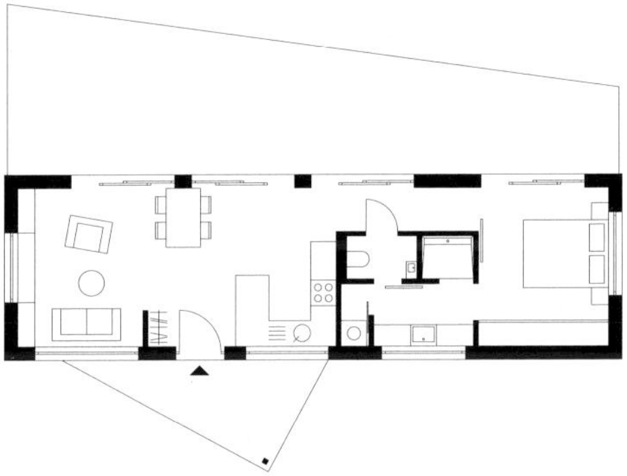

Erdgeschoss

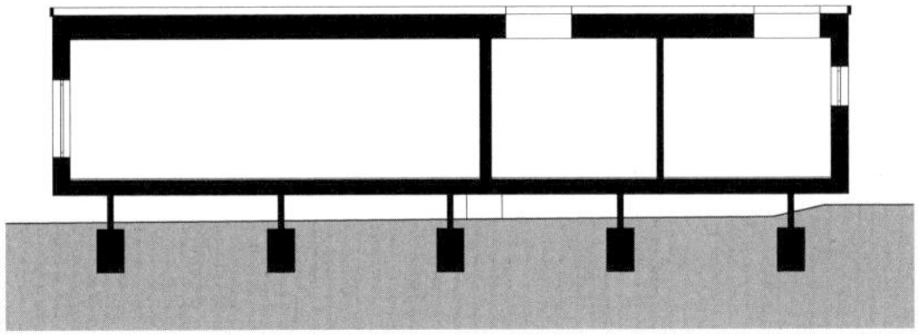

Längsschnitt

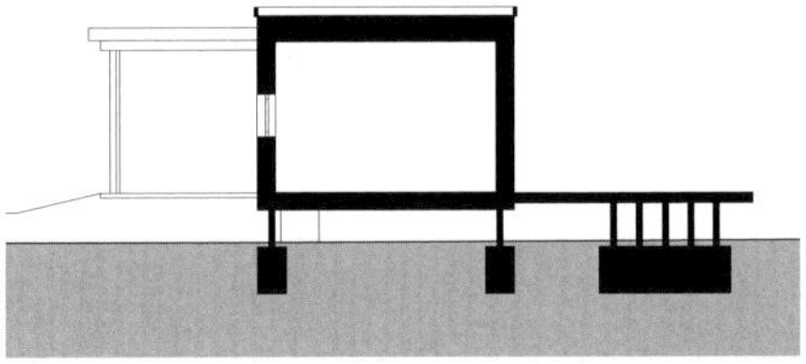

Querschnitt

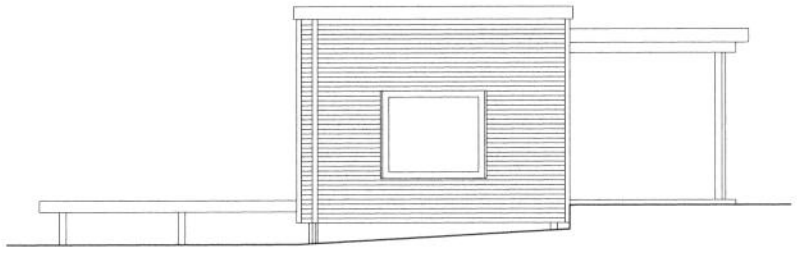

Ansicht Süd

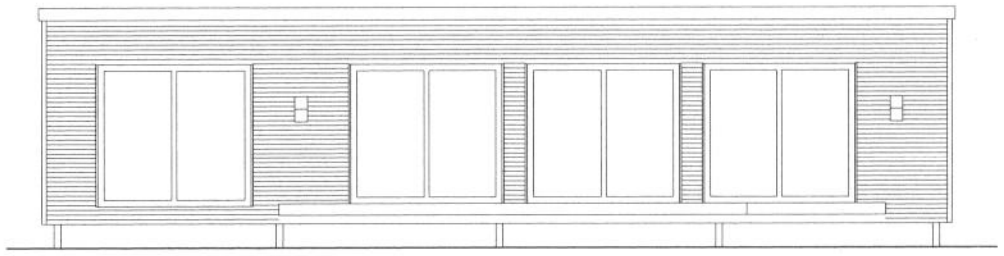

Ansicht West

Objektbeschreibung

Allgemeine Objektinformationen

Das Singlehaus vernetzt kompaktes Wohnen mit Garten und gesund Leben in den eigenen vier Wänden. Das Raummodul mit den Abmessungen 14,50m x 4,35m und einer Wohnflä-che von ca. 50m² ist ein flexibel nutzbarer offener Wohnraum mit unterschiedlich definierten Zonen. Das eingeschossige Wohngebäude gliedert sich in einen großzügigen Eingangsbereich, einen offenen Wohn-Essbereich mit Küche, einen Sanitärbereich mit WC und Duschbad sowie einen abgrenzbaren Schlafbereich. Große Fensterflächen mit vielen Hebeschiebeelementen erweitern den Wohnraum auf die Terrasse und in den Garten. Lichtkuppeln über dem Bett und im WC öffnen den Blick in den Himmel.

Nutzung

1 Erdgeschoss
Wohnen, Essen, Küche, Schlafen, Bad, WC

Nutzeinheiten

Wohneinheiten: 1
Wohnfläche: 50m²

Grundstück

Bauraum: Freier Bauraum
Neigung: Ebenes Gelände
Bodenklasse: BK 1 bis BK 4

Markt

Hauptvergabezeit: 3.Quartal 2017
Baubeginn: 4.Quartal 2017
Bauende: 2.Quartal 2018
Konjunkturelle Gesamtlage: Durchschnitt
Regionaler Baumarkt: Durchschnitt

Baukonstruktion

Das Wohnhaus wurde in Holztafelbauweise komplett im Werk gefertigt, schlüsselfertig angeliefert und innerhalb eines Tages aufgestellt. Große Eingriffe in die Umgebung waren nicht notwendig, da das Wohnhaus auf Punktfundamenten gründet. Das gesamte Wohnhaus steht auf Stahlstützen.
Die Holztafelelemente haben eine 24cm starke mineralische Dämmung. Kunststofffenster mit Dreifachverglasung gestalten die mit Fichtenholzlamellen bekleidete Fassade. Im Inneren des Hauses kamen Holzrahmenwände sowie Holztüren zum Einbau. Sämtliche Wände wurden innen mit Gipskartonplatten beplankt und gestrichen. Die Böden sind mit Holzparkett belegt. Ein Flachdach mit 24cm Dämmung und Bekiesung bildet den oberen Abschluss des Gebäudes.

Technische Anlagen

Eine kontrollierte Lüftung mit Wärmerückgewinnung in Verbindung mit Direktheizelementen in Form von Infrarotheizstrahler sowie elektrischer Fußbodenheizung versorgt das Wohnhaus mit Wärme. Für die Beleuchtung wurden Einbaustrahler gewählt. Über eine intelligente Haussteuerung lassen sich die eingebauten Technikmodule per App regeln.

Sonstiges

Da das Minihaus eine Wohnfläche von 50m² nicht überschreitet, ist kein Energiesparnachweis nach EnEV erforderlich.

Planungskennwerte für Flächen und Rauminhalte nach DIN 277

Flächen des Grundstücks		Menge Einheit	% an GF
BF	Bebaute Fläche	63,07 m²	8,9
UF	Unbebaute Fläche	645,93 m²	91,1
GF	Grundstücksfläche	709,00 m²	100,0

Grundflächen des Bauwerks		Menge Einheit	% an NUF	% an BGF
NUF	Nutzungsfläche	49,93 m²	100,0	79,2
TF	Technikfläche	–	–	–
VF	Verkehrsfläche	–	–	–
NRF	Netto-Raumfläche	49,93 m²	100,0	79,2
KGF	Konstruktions-Grundfläche	13,14 m²	26,3	20,8
BGF	Brutto-Grundfläche	63,07 m²	126,3	100,0

Brutto-Rauminhalt des Bauwerks		Menge Einheit	BRI/NUF (m)	BRI/BGF (m)
BRI	Brutto-Rauminhalt	216,35 m³	4,33	3,43

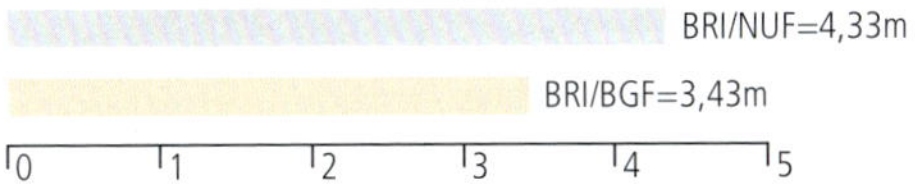

Kostenkennwerte für die Kostengruppen der 1. Ebene DIN 276

KG	Kostengruppen (1. Ebene)	Einheit	Kosten €	€/Einheit	€/m² BGF	€/m³ BRI	% 300+400
100	Grundstück	m² GF	–	–	–	–	–
200	Vorbereitende Maßnahmen	m² GF	–	–	–	–	–
300	Bauwerk – Baukonstruktionen	m² BGF	294.302	4.666,27	4.666,27	1.360,30	88,0
400	Bauwerk – Technische Anlagen	m² BGF	40.038	634,82	634,82	185,06	12,0
	Bauwerk 300+400	**m² BGF**	**334.340**	**5.301,09**	**5.301,09**	**1.545,36**	**100,0**
500	Außenanlagen und Freiflächen	m² AF	–	–	–	–	–
600	Ausstattung und Kunstwerke	m² BGF	–	–	–	–	–
700	Baunebenkosten	m² BGF	–	–	–	–	–
800	Finanzierung	m² BGF	–	–	–	–	–

KG	Kostengruppe	Menge Einheit	Kosten €	€/Einheit	%
3+4	**Bauwerk**				**100,0**
300	**Bauwerk – Baukonstruktionen**	63,07 m² BGF	294.302	**4.666,27**	88,0

Stahlstützen, Holzboden, Dämmung, Trockenestrich, Heizestrich, Parkett, Fliesen; Holztafelbauweise 32cm Wandstärke, mineralische Dämmung 24cm, Kunststofffenster, Dreifachverglasung, Fichtenbekleidung; Holzrahmenwände, Holztüren, GK-Platten, Anstrich; Flachdach mit 24cm Dämmung, Abdichtung, Bekiesung, Dachentwässerung

KG	Kostengruppe	Menge Einheit	Kosten €	€/Einheit	%
400	**Bauwerk – Technische Anlagen**	63,07 m² BGF	40.038	**634,82**	12,0

Gebäudentwässerung, Kaltwasserleitungen, Durchlauferhitzer, Sanitärobjekte; Elektroheizung, elektrische Fußbodenheizung, Infarotelemente Heizstrahler; kontrollierte Lüftung mit Wärmerückgewinnung; Elektroinstallation, Einbauleuchten, Smart-Home-Technik

6100-1641
Doppelgarage
Kellerersatzraum

Kostenkennwerte für die Kosten des Bauwerks (Kostengruppen 300+400 nach DIN 276)

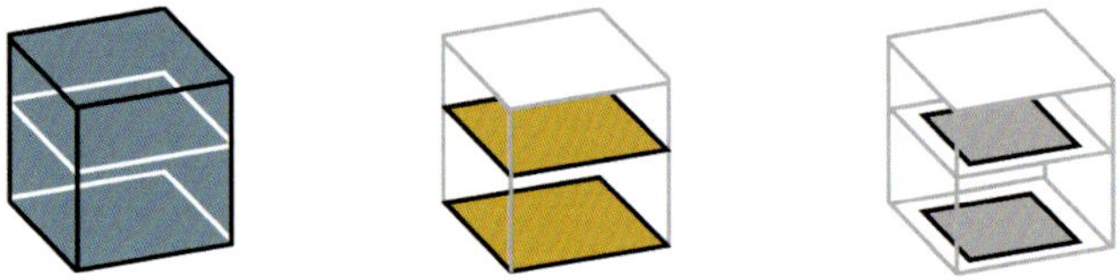

BRI 454 €/m³ | BGF 1.237 €/m² | NUF 1.340 €/m²

Holz-Raumzellen
• **Stahlbeton-Raumzellen**
Stahl-Raumzellen
Ziegel-Raumzellen

Konstruktionsart

Objekt:
Kennwerte: 3. Ebene DIN 276
BRI: 147 m³
BGF: 54 m²
NUF: 50 m²
Bauzeit: 3 Wochen
Bauende: 2011
Standard: einfach
Bundesland: Bayern
Kreis: Aichach-Friedberg

Architekt*in:
Architekturbüro Friedl
Dr. Werner Friedl
Bergstraße 12
86559 Adelzhausen

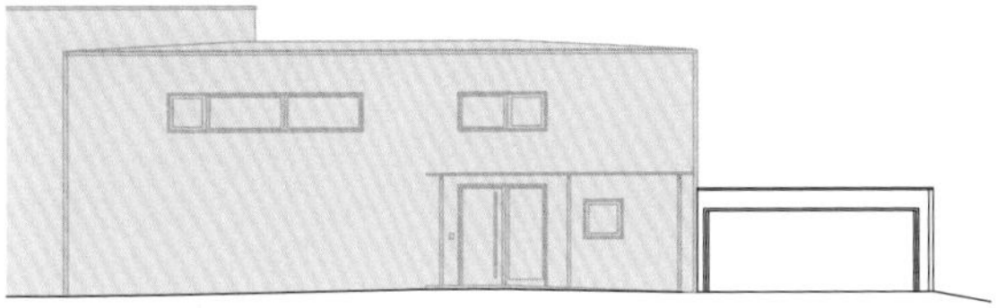

Ansicht Nord-Ost

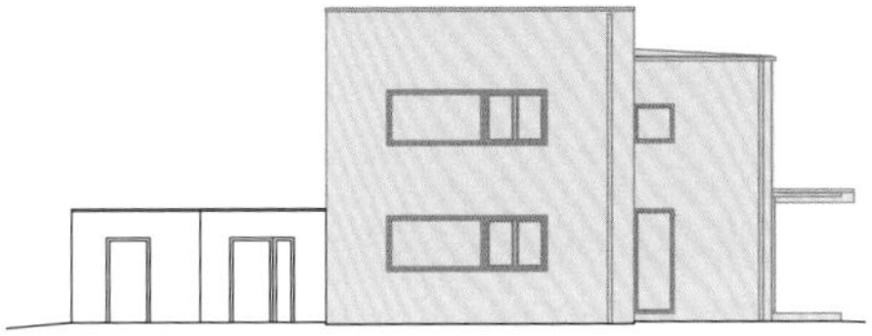

Ansicht Süd-Ost

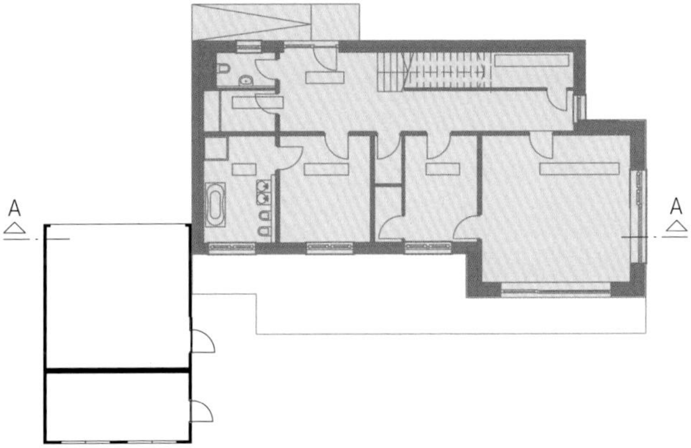

Erdgeschoss

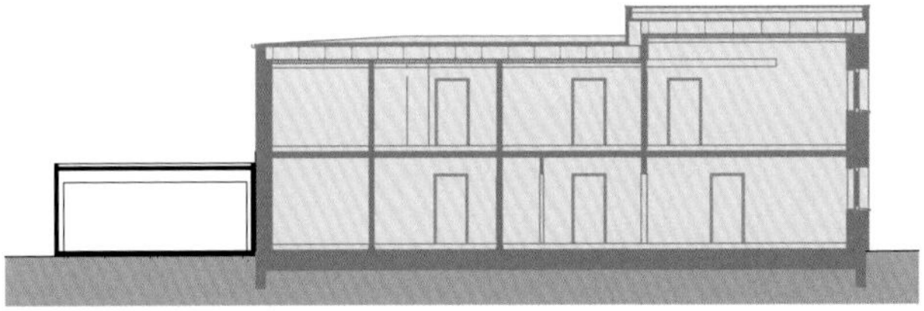

Schnitt A-A

Ansicht Süd-West

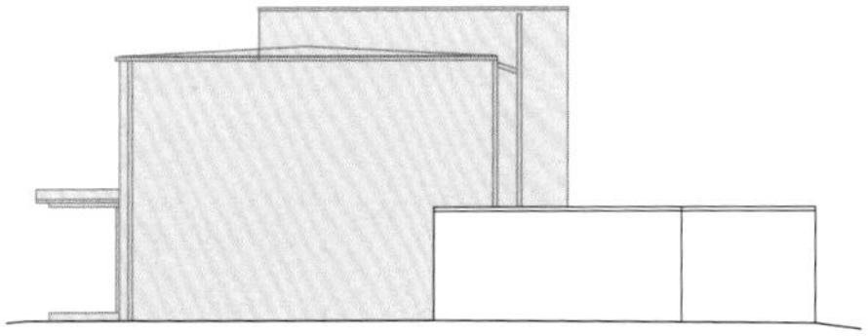

Ansicht Nord-West

Objektbeschreibung

Allgemeine Objektinformationen

Die Doppelgarage mit Kellerersatzraum wurde im Zuge der Errichtung eines Einfamilienhauses gebaut.

Nutzung

1 Erdgeschoss
Doppelgarage, Kellerersatzraum

Nutzeinheiten

Stellplätze: 2

Grundstück

Bauraum: Beengter Bauraum
Neigung: Ebenes Gelände
Bodenklasse: BK 1 bis BK 5

Markt

Hauptvergabezeit: 1.Quartal 2010
Baubeginn: 1.Quartal 2011
Bauende: 1.Quartal 2011
Konjunkturelle Gesamtlage: über Durchschnitt
Regionaler Baumarkt: Durchschnitt

Baukonstruktion

Die Garage und der Kellerersatzraum wurden als zwei separate Stahlbetonfertigteile geliefert und auf Stahlbetonfundamente gesetzt. Ein Schwingtor und eine Tür mit seitlicher Verglasung sind eingebaut. Der Kellerersatzraum verfügt über eine Tür und zwei Fenster.

Technische Anlagen

Keine technische Anlagen vorhanden.

Sonstiges

Das dazugehörende Einfamilienhaus wurde unter der Objektnummer 6100-0986 dokumentiert.

Planungskennwerte für Flächen und Rauminhalte nach DIN 277

Flächen des Grundstücks		Menge Einheit	% an GF
BF	Bebaute Fläche	221,00 m²	29,3
UF	Unbebaute Fläche	534,00 m²	70,7
GF	Grundstücksfläche	755,00 m²	100,0

Grundflächen des Bauwerks		Menge Einheit	% an NUF	% an BGF
NUF	Nutzungsfläche	49,88 m²	100,0	92,4
TF	Technikfläche	–	–	–
VF	Verkehrsfläche	–	–	–
NRF	Netto-Raumfläche	49,88 m²	100,0	92,4
KGF	Konstruktions-Grundfläche	4,12 m²	8,3	7,6
BGF	Brutto-Grundfläche	54,00 m²	108,3	100,0

Brutto-Rauminhalt des Bauwerks		Menge Einheit	BRI/NUF (m)	BRI/BGF (m)
BRI	Brutto-Rauminhalt	147,15 m³	2,95	2,73

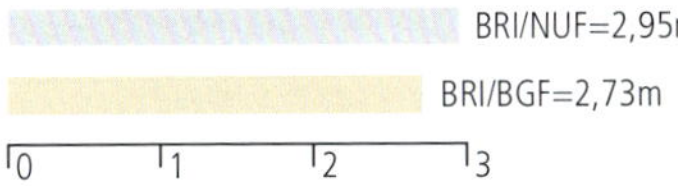

Lufttechnisch behandelte Flächen	Menge Einheit	% an NUF	% an BGF
Entlüftete Fläche	–	–	–
Be- und entlüftete Fläche	–	–	–
Teilklimatisierte Fläche	–	–	–
Klimatisierte Fläche	–	–	–

KG	Kostengruppen (2. Ebene)	Menge Einheit	Menge/NUF	Menge/BGF
310	Baugrube / Erdbau	–	–	–
320	Gründung, Unterbau	54,00 m² GRF	1,08	1,00
330	Außenwände/Vertikale Baukonstruktionen, außen	–	–	–
340	Innenwände/Vertikale Baukonstruktionen, innen	–	–	–
350	Decken/Horizontale Baukonstruktionen	–	–	–
360	Dächer	–	–	–

Kostenkennwerte für die Kostengruppen der 1. Ebene DIN 276

KG	Kostengruppen (1. Ebene)	Einheit	Kosten €	€/Einheit	€/m² BGF	€/m³ BRI	% 300+400
100	Grundstück	m² GF	–	–	–	–	–
200	Vorbereitende Maßnahmen	m² GF	–	–	–	–	–
300	Bauwerk – Baukonstruktionen	m² BGF	66.819	1.237,39	1.237,39	454,09	100,0
400	Bauwerk – Technische Anlagen	m² BGF	–	–	–	–	–
	Bauwerk 300+400	**m² BGF**	**66.819**	**1.237,39**	**1.237,39**	**454,09**	**100,0**
500	Außenanlagen und Freiflächen	m² AF	–	–	–	–	–
600	Ausstattung und Kunstwerke	m² BGF	–	–	–	–	–
700	Baunebenkosten	m² BGF	–	–	–	–	–
800	Finanzierung	m² BGF	–	–	–	–	–

KG	Kostengruppe	Menge Einheit	Kosten €	€/Einheit	%
3+4	**Bauwerk**				**100,0**
300	**Bauwerk – Baukonstruktionen**	54,00 m² BGF	66.819	**1.237,39**	100,0

Streifenfundamente, Kiesschicht; Stb-Fertigteil-Doppelgarage, Stb-Fertigteil-Kellerersatzraum

Kostenkennwerte für die Kostengruppen der 2.Ebene DIN 276

KG	Kostengruppe	Menge Einheit	Kosten €	€/Einheit	%
300	**Bauwerk – Baukonstruktionen**				**100,0**
320	**Gründung, Unterbau**	54,00 m^2 GRF	11.270	**208,70**	16,9
	Streifenfundamente (19m^3) * Kies-Sand-Gemisch (51m^2)				
390	**Sonst. Maßnahmen für Baukonstrukt.**	54,00 m^2 BGF	55.549	**1.028,69**	83,1
	Stb-Fertigteil-Doppelgarage, Schwingtor, Gartenausgangstür (1St), Stb-Fertigteil-Kellerersatzraum, Tür, zwei Fenster (1St)				

Kostenkennwerte für die Kostengruppen 300 der 2. und 3.Ebene DIN 276 (Übersicht)

KG	Kostengruppe	Menge Einheit	Kosten €	€/Einheit	% an 3+4
300	**Bauwerk – Baukonstruktionen**	**54,00 m² BGF**	**66.819,24**	**1.237,39**	**100,0**
310	**Baugrube / Erdbau**	**–**	**–**	**–**	**–**
311	Herstellung	–	–	–	–
312	Umschließung	–	–	–	–
313	Wasserhaltung	–	–	–	–
314	Vortrieb	–	–	–	–
319	Sonstiges zur KG 310	–	–	–	–
320	**Gründung, Unterbau**	**54,00 m² GRF**	**11.269,83**	**208,70**	**16,9**
321	Baugrundverbesserung	–	–	–	–
322	Flachgründungen und Bodenplatten	54,00 m²	10.400,80	192,61	15,6
323	Tiefgründungen	–	–	–	–
324	Gründungsbeläge	–	–	–	–
325	Abdichtungen und Bekleidungen	54,00 m²	869,03	16,09	1,3
326	Dränagen	–	–	–	–
329	Sonstiges zur KG 320	–	–	–	–
330	**Außenwände/Vert. Baukonstrukt., außen**	**–**	**–**	**–**	**–**
331	Tragende Außenwände	–	–	–	–
332	Nichttragende Außenwände	–	–	–	–
333	Außenstützen	–	–	–	–
334	Außenwandöffnungen	–	–	–	–
335	Außenwandbekleidungen, außen	–	–	–	–
336	Außenwandbekleidungen, innen	–	–	–	–
337	Element. Außenwandkonstruktionen	–	–	–	–
338	Lichtschutz zur KG 330	–	–	–	–
339	Sonstiges zur KG 330	–	–	–	–
340	**Innenwände/Vert. Baukonstrukt., innen**	**–**	**–**	**–**	**–**
341	Tragende Innenwände	–	–	–	–
342	Nichttragende Innenwände	–	–	–	–
343	Innenstützen	–	–	–	–
344	Innenwandöffnungen	–	–	–	–
345	Innenwandbekleidungen	–	–	–	–
346	Elementierte Innenwandkonstruktionen	–	–	–	–
347	Lichtschutz zur KG 340	–	–	–	–
349	Sonstiges zur KG 340	–	–	–	–
350	**Decken/Horizontale Baukonstruktionen**	**–**	**–**	**–**	**–**
351	Deckenkonstruktionen	–	–	–	–
352	Deckenöffnungen	–	–	–	–
353	Deckenbeläge	–	–	–	–
354	Deckenbekleidungen	–	–	–	–
355	Elementierte Deckenkonstruktionen	–	–	–	–
359	Sonstiges zur KG 350	–	–	–	–
360	**Dächer**	**–**	**–**	**–**	**–**
361	Dachkonstruktionen	–	–	–	–
362	Dachöffnungen	–	–	–	–
363	Dachbeläge	–	–	–	–
364	Dachbekleidungen	–	–	–	–
365	Elementierte Dachkonstruktionen	–	–	–	–
366	Lichtschutz zur KG 360	–	–	–	–
369	Sonstiges zur KG 360	–	–	–	–
370	**Infrastrukturanlagen**	**–**	**–**	**–**	**–**
380	**Baukonstruktive Einbauten**	**–**	**–**	**–**	**–**
390	**Sonst. Maßnahmen für Baukonstrukt.**	**54,00 m² BGF**	**55.549,42**	**1.028,69**	**83,1**

Kostenstand: 2. Quartal 2025, Bundesdurchschnitt, **inkl. 19% MwSt.**

Kostenkennwerte für die Kostengruppen 400 der 2. und 3. Ebene DIN 276 (Übersicht)

KG	Kostengruppe	Menge Einheit	Kosten €	€/Einheit	% an 3+4
400	**Bauwerk – Technische Anlagen**	**–**	**–**	**–**	**–**
410	**Abwasser-, Wasser-, Gasanlagen**	**–**	**–**	**–**	**–**
411	Abwasseranlagen	–	–	–	–
412	Wasseranlagen	–	–	–	–
413	Gasanlagen	–	–	–	–
419	Sonstiges zur KG 410	–	–	–	–
420	**Wärmeversorgungsanlagen**	**–**	**–**	**–**	**–**
421	Wärmeerzeugungsanlagen	–	–	–	–
422	Wärmeverteilnetze	–	–	–	–
423	Raumheizflächen	–	–	–	–
424	Verkehrsheizflächen	–	–	–	–
429	Sonstiges zur KG 420	–	–	–	–
430	**Raumlufttechnische Anlagen**	**–**	**–**	**–**	**–**
431	Lüftungsanlagen	–	–	–	–
432	Teilklimaanlagen	–	–	–	–
433	Klimaanlagen	–	–	–	–
434	Kälteanlagen	–	–	–	–
439	Sonstiges zur KG 430	–	–	–	–
440	**Elektrische Anlagen**	**–**	**–**	**–**	**–**
441	Hoch- und Mittelspannungsanlagen	–	–	–	–
442	Eigenstromversorgungsanlagen	–	–	–	–
443	Niederspannungsschaltanlagen	–	–	–	–
444	Niederspannungsinstallationsanlagen	–	–	–	–
445	Beleuchtungsanlagen	–	–	–	–
446	Blitzschutz- und Erdungsanlagen	–	–	–	–
447	Fahrleitungssysteme	–	–	–	–
449	Sonstiges zur KG 440	–	–	–	–
450	**Kommunikationstechnische Anlagen**	**–**	**–**	**–**	**–**
451	Telekommunikationsanlagen	–	–	–	–
452	Such- und Signalanlagen	–	–	–	–
453	Zeitdienstanlagen	–	–	–	–
454	Elektroakustische Anlagen	–	–	–	–
455	Audiovisuelle Medien- u. Antennenanl.	–	–	–	–
456	Gefahrenmelde- und Alarmanlagen	–	–	–	–
457	Datenübertragungsnetze	–	–	–	–
458	Verkehrsbeeinflussungsanlagen	–	–	–	–
459	Sonstiges zur KG 450	–	–	–	–
460	**Förderanlagen**	**–**	**–**	**–**	**–**
461	Aufzugsanlagen	–	–	–	–
462	Fahrtreppen, Fahrsteige	–	–	–	–
463	Befahranlagen	–	–	–	–
464	Transportanlagen	–	–	–	–
465	Krananlagen	–	–	–	–
466	Hydraulikanlagen	–	–	–	–
469	Sonstiges zur KG 460	–	–	–	–
470	**Nutzungsspez. u. verfahrenstechn. Anl.**	**–**	**–**	**–**	**–**
480	**Gebäude- und Anlagenautomation**	**–**	**–**	**–**	**–**
490	**Sonst. Maßnahmen für techn. Anlagen**	**–**	**–**	**–**	**–**

Kostenkennwerte für die Kostengruppen der 3. Ebene DIN 276

KG	Kostengruppe	Menge Einheit	Kosten €	€/Einheit	%
320	**Gründung, Unterbau**				**100,0**
322	**Flachgründungen und Bodenplatten**	54,00 m²	10.401	**192,61**	92,3
	Fundamentaushub, Streifenfundamente C25/30, unbewehrt (19m³)				
325	**Abdichtungen und Bekleidungen**	54,00 m²	869	**16,09**	7,7
	Kies-Sand-Gemisch, Schutzvlies (51m²)				
390	**Sonstige Maßnahmen für Baukonstruktionen**				**100,0**
399	**Sonstiges zur KG 390**	54,00 m² BGF	55.549	**1.028,69**	100,0
	Stb-Fertigteil-Doppelgarage 6,00x6,00m, Schwingtor, Gartenausgangstür (1St), Stb-Fertigteil-Kellerersatzraum 6,00x3,00x2,82m, Tür, zwei Fenster (1St)				

Kostenkennwerte für Leistungsbereiche nach STLB (Kosten des Bauwerks nach DIN 276)

LB	Leistungsbereiche	Kosten €	€/m² BGF	€/m³ BRI	% an 3+4
000	Baustellen-, Verkehrssich.- u. Sicherh.einr. inkl. 001	–	–	–	–
002	Erdarbeiten	2.485	46,00	16,90	3,7
006	Spezialtiefbauarbeiten inkl. 005	–	–	–	–
009	Entwässerungskanalarbeiten inkl. 011	–	–	–	–
010	Drän- und Versickerarbeiten	–	–	–	–
012	Mauerarbeiten	–	–	–	–
013	Betonarbeiten	64.334	1.191,40	437,20	96,3
014	Natur-, Betonwerksteinarbeiten	–	–	–	–
016	Zimmer- und Holzbauarbeiten	–	–	–	–
017	Stahlbauarbeiten	–	–	–	–
018	Abdichtungsarbeiten	–	–	–	–
019	Kampfmittelräumarbeiten	–	–	–	–
020	Dachdeckungsarbeiten	–	–	–	–
021	Dachabdichtungsarbeiten	–	–	–	–
022	Klempnerarbeiten	–	–	–	–
	Rohbau	**66.819**	**1.237,40**	**454,10**	**100,0**
023	Putz- und Stuckarbeiten, Wärmedämmsysteme	–	–	–	–
024	Fliesen- und Plattenarbeiten	–	–	–	–
025	Estricharbeiten	–	–	–	–
026	Fenster, Außentüren inkl. 029, 032	–	–	–	–
027	Tischlerarbeiten	–	–	–	–
028	Parkett-, Holzpflasterarbeiten	–	–	–	–
030	Rollladenarbeiten	–	–	–	–
031	Metallbauarbeiten inkl. 035	–	–	–	–
034	Maler- und Lackiererarb. – Beschicht. inkl. 037	–	–	–	–
036	Bodenbelagarbeiten	–	–	–	–
038	Vorgehängte hinterlüftete Fassaden	–	–	–	–
039	Trockenbauarbeiten	–	–	–	–
	Ausbau	**–**	**–**	**–**	**–**
040	Wärmeversorgungsanl. – Betriebseinr. inkl. 041	–	–	–	–
042	Gas- u. Wasseranl. – Leitung., Armat. inkl. 043	–	–	–	–
044	Abwasseranl. – Leitungen, Abläufe, Armaturen	–	–	–	–
045	Gas, Wasser, Entwässerung – Ausstattung inkl. 046	–	–	–	–
047	Dämm- und Brandschutzarb. an techn. Anlagen	–	–	–	–
049	Feuerlöschanlagen, Feuerlöschgeräte	–	–	–	–
050	Blitzschutz-/Erdungsanlagen, Überspannungssch.	–	–	–	–
053	Niederspannungsanl. – Kabel inkl. 052, 054	–	–	–	–
055	Sicherheits- u. Ersatzstromversorgungsanl.	–	–	–	–
057	Gebäudesystemtechnik	–	–	–	–
058	Leuchten und Lampen inkl. 059	–	–	–	–
060	Such, Signal, Zeit, Anten., akust. Anl. inkl. 064	–	–	–	–
061	Kommunikations- u. Übertragungsnetze inkl. 063	–	–	–	–
069	Aufzüge	–	–	–	–
070	Gebäudeautomation	–	–	–	–
075	Raumlufttechnische Anlagen inkl. 078	–	–	–	–
	Gebäudetechnik	**–**	**–**	**–**	**–**
084	Abbruch, Rückbau, Schadstoffsanierung	–	–	–	–
	Abbrucharbeiten	**–**	**–**	**–**	**–**
	Sonstige Leistungsbereiche	**–**	**–**	**–**	**–**

6100-1642
Fertigteilgarage

Kostenkennwerte für die Kosten des Bauwerks (Kostengruppen 300+400 nach DIN 276)

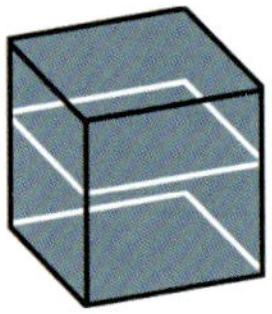

BRI 246 €/m³

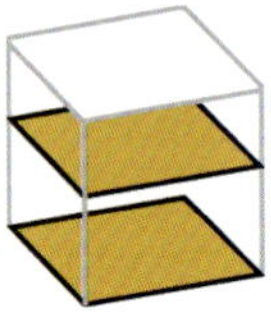

BGF 605 €/m²

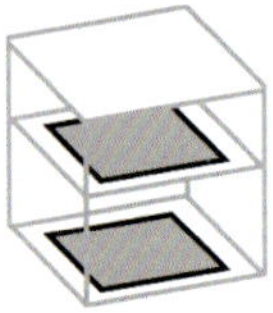

NUF 664 €/m²

Holz-Raumzellen
• **Stahlbeton-Raumzellen**
Stahl-Raumzellen
Ziegel-Raumzellen

Konstruktionsart

Objekt:
Kennwerte: 3. Ebene DIN 276
BRI: 35 m³
BGF: 14 m²
NUF: 13 m²
Bauzeit: 2 Wochen
Bauende: 2015
Standard: einfach
Bundesland: Hamburg
Kreis: Hamburg, Stadt

Architekt*in:
Plan-R-Architektenbüro
Helenenstraße 14
22765 Hamburg

Bauherr*in:
fördern & wohnen AöR
Grüner Deich 17
20097 Hamburg

© Plan-R-Architektenbüro

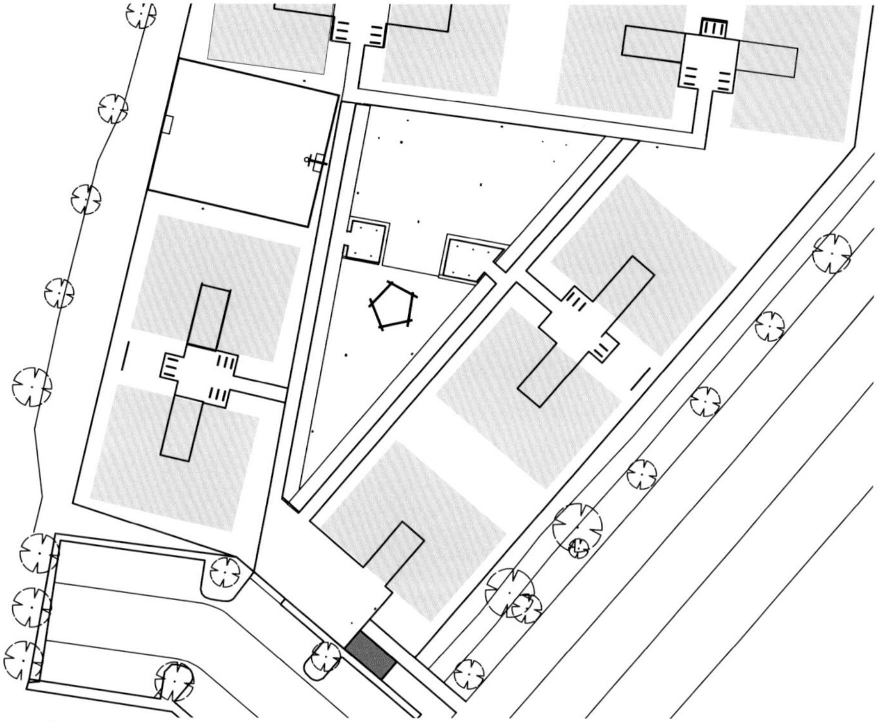

Lageplan

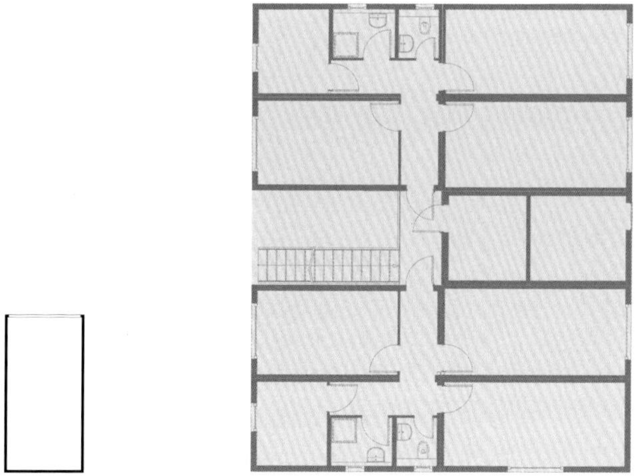

Erdgeschoss

Objektbeschreibung

Allgemeine Objektinformationen

Die neue Fertigteilgarage wurde im Zuge der Errichtung einer aus Stahlmodulen errichteten Wohnanlage gebaut.

Nutzung

1 Erdgeschoss
Garage

Nutzeinheiten

Stellplätze: 1

Grundstück

Bauraum: Freier Bauraum
Neigung: Ebenes Gelände
Bodenklasse: BK 1 bis BK 5

Markt

Hauptvergabezeit: 1. Quartal 2015
Baubeginn: 3. Quartal 2015
Bauende: 3. Quartal 2015
Konjunkturelle Gesamtlage: Durchschnitt
Regionaler Baumarkt: über Durchschnitt

Baukonstruktion

Die Garage wurde als Stahlbetonfertigteil geliefert und auf Stahlbetonfundamente gesetzt. Sie verfügt über ein Schwingtor.

Technische Anlagen

Keine technische Anlagen vorhanden.

Sonstiges

Die dazugehörenden Modulhäuser wurden unter der Objektnummer 6100-1282 dokumentiert.

Planungskennwerte für Flächen und Rauminhalte nach DIN 277

Flächen des Grundstücks		Menge Einheit	% an GF
BF	Bebaute Fläche	1.702,05 m²	35,5
UF	Unbebaute Fläche	3.097,95 m²	64,5
GF	Grundstücksfläche	4.800,00 m²	100,0

Grundflächen des Bauwerks		Menge Einheit	% an NUF	% an BGF
NUF	Nutzungsfläche	12,95 m²	100,0	91,2
TF	Technikfläche	–	–	–
VF	Verkehrsfläche	–	–	–
NRF	Netto-Raumfläche	12,95 m²	100,0	91,2
KGF	Konstruktions-Grundfläche	1,25 m²	9,7	8,8
BGF	Brutto-Grundfläche	14,20 m²	109,7	100,0

Brutto-Rauminhalt des Bauwerks		Menge Einheit	BRI/NUF (m)	BRI/BGF (m)
BRI	Brutto-Rauminhalt	34,94 m³	2,70	2,46

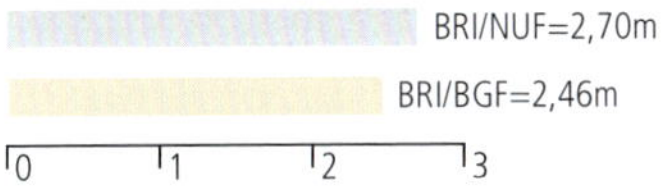

Lufttechnisch behandelte Flächen	Menge Einheit	% an NUF	% an BGF
Entlüftete Fläche	–	–	–
Be- und entlüftete Fläche	–	–	–
Teilklimatisierte Fläche	–	–	–
Klimatisierte Fläche	–	–	–

KG	Kostengruppen (2. Ebene)	Menge Einheit	Menge/NUF	Menge/BGF
310	Baugrube / Erdbau	–	–	–
320	Gründung, Unterbau	–	–	–
330	Außenwände/Vertikale Baukonstruktionen, außen	–	–	–
340	Innenwände/Vertikale Baukonstruktionen, innen	–	–	–
350	Decken/Horizontale Baukonstruktionen	–	–	–
360	Dächer	–	–	–

Kostenkennwerte für die Kostengruppen der 1. Ebene DIN 276

KG	Kostengruppen (1. Ebene)	Einheit	Kosten €	€/Einheit	€/m² BGF	€/m³ BRI	% 300+400
100	Grundstück	m² GF	–	–	–	–	–
200	Vorbereitende Maßnahmen	m² GF	–	–	–	–	–
300	Bauwerk – Baukonstruktionen	m² BGF	8.594	605,24	605,24	245,96	100,0
400	Bauwerk – Technische Anlagen	m² BGF	–	–	–	–	–
	Bauwerk 300+400	**m² BGF**	**8.594**	**605,24**	**605,24**	**245,96**	**100,0**
500	Außenanlagen und Freiflächen	m² AF	–	–	–	–	–
600	Ausstattung und Kunstwerke	m² BGF	–	–	–	–	–
700	Baunebenkosten	m² BGF	–	–	–	–	–
800	Finanzierung	m² BGF	–	–	–	–	–

KG	Kostengruppe	Menge Einheit	Kosten €	€/Einheit	%
3+4	**Bauwerk**				**100,0**
300	**Bauwerk – Baukonstruktionen**	14,20 m² BGF	8.594	**605,24**	100,0

Stb-Streifenfundamente, l=3,00m, t=0,80m, Fundamentaushub (2St), Stb-Fertigteilgarage 5,30x2,68x2,46m, mit Boden, Stahlschwingtor, Lüftungsgitter (14m²)

Hinweis: Die Inhalte (Beschreibung, Kostenkennwerte und Mengenangaben) aus KG 390 und 399 entsprechen bei diesem Objekt dem Inhalt der KG 300.

Kostenkennwerte für Leistungsbereiche nach STLB (Kosten des Bauwerks nach DIN 276)

LB	Leistungsbereiche	Kosten €	€/m² BGF	€/m³ BRI	% an 3+4
000	Baustellen-, Verkehrssich.- u. Sicherh.einr. inkl. 001	–	–	–	–
002	Erdarbeiten	–	–	–	–
006	Spezialtiefbauarbeiten inkl. 005	–	–	–	–
009	Entwässerungskanalarbeiten inkl. 011	–	–	–	–
010	Drän- und Versickerarbeiten	–	–	–	–
012	Mauerarbeiten	–	–	–	–
013	Betonarbeiten	8.594	605,20	246,00	100,0
014	Natur-, Betonwerksteinarbeiten	–	–	–	–
016	Zimmer- und Holzbauarbeiten	–	–	–	–
017	Stahlbauarbeiten	–	–	–	–
018	Abdichtungsarbeiten	–	–	–	–
019	Kampfmittelräumarbeiten	–	–	–	–
020	Dachdeckungsarbeiten	–	–	–	–
021	Dachabdichtungsarbeiten	–	–	–	–
022	Klempnerarbeiten	–	–	–	–
	Rohbau	**8.594**	**605,20**	**246,00**	**100,0**
023	Putz- und Stuckarbeiten, Wärmedämmsysteme	–	–	–	–
024	Fliesen- und Plattenarbeiten	–	–	–	–
025	Estricharbeiten	–	–	–	–
026	Fenster, Außentüren inkl. 029, 032	–	–	–	–
027	Tischlerarbeiten	–	–	–	–
028	Parkett-, Holzpflasterarbeiten	–	–	–	–
030	Rollladenarbeiten	–	–	–	–
031	Metallbauarbeiten inkl. 035	–	–	–	–
034	Maler- und Lackiererarb. – Beschicht. inkl. 037	–	–	–	–
036	Bodenbelagarbeiten	–	–	–	–
038	Vorgehängte hinterlüftete Fassaden	–	–	–	–
039	Trockenbauarbeiten	–	–	–	–
	Ausbau	**–**	**–**	**–**	**–**
040	Wärmeversorgungsanl. – Betriebseinr. inkl. 041	–	–	–	–
042	Gas- u. Wasseranl. – Leitung., Armat. inkl. 043	–	–	–	–
044	Abwasseranl. – Leitungen, Abläufe, Armaturen	–	–	–	–
045	Gas, Wasser, Entwässerung – Ausstattung inkl. 046	–	–	–	–
047	Dämm- und Brandschutzarb. an techn. Anlagen	–	–	–	–
049	Feuerlöschanlagen, Feuerlöschgeräte	–	–	–	–
050	Blitzschutz-/Erdungsanlagen, Überspannungssch.	–	–	–	–
053	Niederspannungsanl. – Kabel inkl. 052, 054	–	–	–	–
055	Sicherheits- u. Ersatzstromversorgungsanl.	–	–	–	–
057	Gebäudesystemtechnik	–	–	–	–
058	Leuchten und Lampen inkl. 059	–	–	–	–
060	Such, Signal, Zeit, Anten., akust. Anl. inkl. 064	–	–	–	–
061	Kommunikations- u. Übertragungsnetze inkl. 063	–	–	–	–
069	Aufzüge	–	–	–	–
070	Gebäudeautomation	–	–	–	–
075	Raumlufttechnische Anlagen inkl. 078	–	–	–	–
	Gebäudetechnik	**–**	**–**	**–**	**–**
084	Abbruch, Rückbau, Schadstoffsanierung	–	–	–	–
	Abbrucharbeiten	**–**	**–**	**–**	**–**
	Sonstige Leistungsbereiche	**–**	**–**	**–**	**–**

Kostenkennwerte für die Kosten des Bauwerks (Kostengruppen 300+400 nach DIN 276)

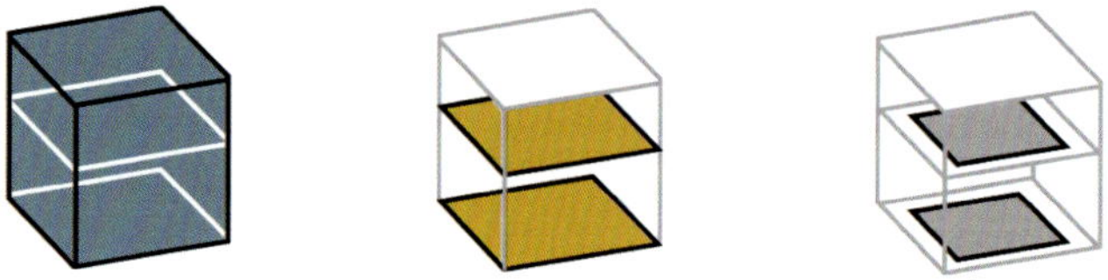

BRI 414 €/m³ | BGF 1.048 €/m² | NUF 1.138 €/m²

Holz-Raumzellen
• **Stahlbeton-Raumzellen**
Stahl-Raumzellen
Ziegel-Raumzellen

Konstruktionsart

Objekt:
Kennwerte: 3. Ebene DIN 276
BRI: 45 m³
BGF: 18 m²
NUF: 16 m²
Bauzeit: 4 Wochen
Bauende: 2015
Standard: mittel
Bundesland: Nordrhein-Westfalen
Kreis: Viersen

Architekt*in:
bau grün ! gmbh
energieeffiziente Gebäude
Architekt Daniel Finocchiaro
Fuchshütter Weg 60a
41066 Mönchengladbach

Bauherr*in:
Melanie und Dirk Brocker

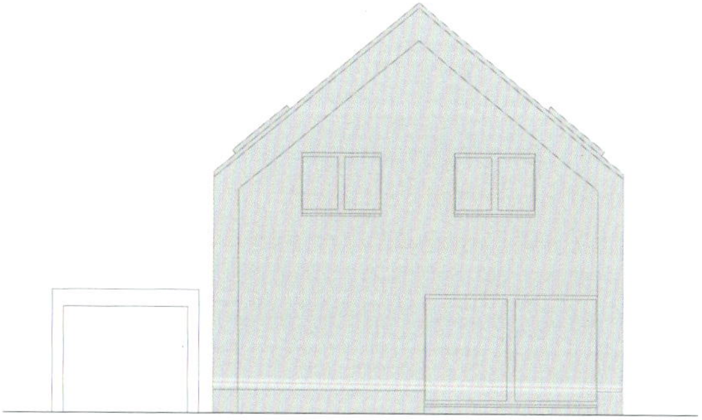

Ansicht Süd

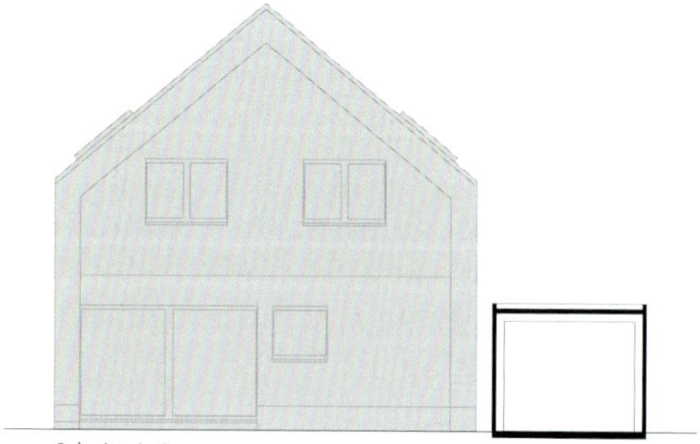

Schnitt A-A

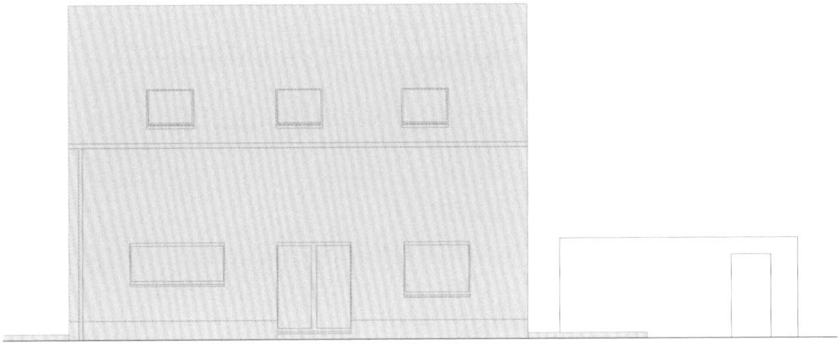

Ansicht Ost

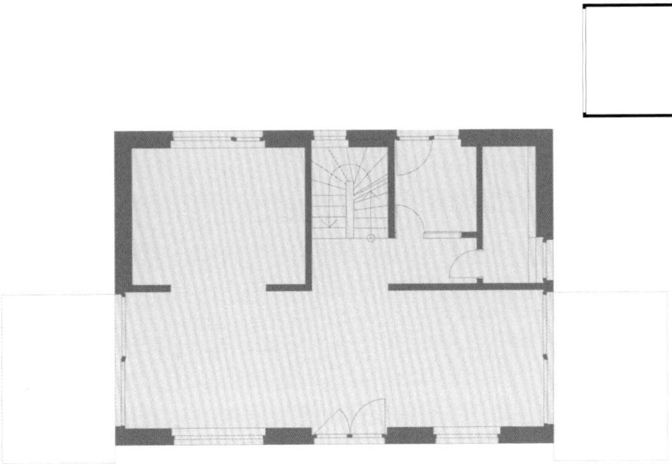

Erdgeschoss

Objektbeschreibung

Allgemeine Objektinformationen

Die freistehende Fertigteilgarage wurde im Zuge des Neubaus eines Einfamilienhauses errichtet. Aufgrund der räumlich engen Situation erfolgte die Anlieferung bereits nach der Fertigstellung des Kellers.

Nutzung

1 Erdgeschoss
Garage

Nutzeinheiten

Stellplätze: 1

Grundstück

Bauraum: Beengter Bauraum
Neigung: Ebenes Gelände
Bodenklasse: BK 1 bis BK 4

Markt

Hauptvergabezeit: 2. Quartal 2015
Baubeginn: 3. Quartal 2015
Bauende: 3. Quartal 2015
Konjunkturelle Gesamtlage: Durchschnitt
Regionaler Baumarkt: unter Durchschnitt

Baukonstruktion

Die Garage wurde als Stahlbetonfertigteil geliefert und auf Stahlbetonfundamente gesetzt. Sie verfügt über ein Schwingtor und eine seitliche Ausgangstür.

Technische Anlagen

Schalter und Steckdosen wurden installiert.

Sonstiges

Das dazugehörende Einfamilienhaus wurde unter der Objektnummer 6100-1289 dokumentiert.

Planungskennwerte für Flächen und Rauminhalte nach DIN 277

Flächen des Grundstücks		Menge Einheit	% an GF
BF	Bebaute Fläche	106,91 m²	25,9
UF	Unbebaute Fläche	306,09 m²	74,1
GF	Grundstücksfläche	413,00 m²	100,0

Grundflächen des Bauwerks		Menge Einheit	% an NUF	% an BGF
NUF	Nutzungsfläche	16,30 m²	100,0	92,1
TF	Technikfläche	–	–	–
VF	Verkehrsfläche	–	–	–
NRF	Netto-Raumfläche	16,30 m²	100,0	92,1
KGF	Konstruktions-Grundfläche	1,40 m²	8,6	7,9
BGF	Brutto-Grundfläche	17,70 m²	108,6	100,0

Brutto-Rauminhalt des Bauwerks		Menge Einheit	BRI/NUF (m)	BRI/BGF (m)
BRI	Brutto-Rauminhalt	44,78 m³	2,75	2,53

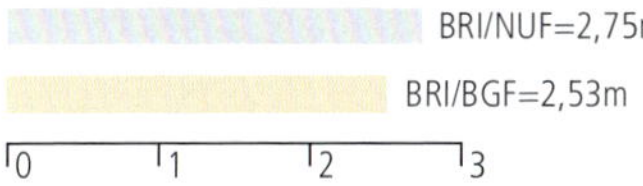

Lufttechnisch behandelte Flächen	Menge Einheit	% an NUF	% an BGF
Entlüftete Fläche	–	–	–
Be- und entlüftete Fläche	–	–	–
Teilklimatisierte Fläche	–	–	–
Klimatisierte Fläche	–	–	–

KG	Kostengruppen (2. Ebene)	Menge Einheit	Menge/NUF	Menge/BGF
310	Baugrube / Erdbau	–	–	–
320	Gründung, Unterbau	17,70 m² GRF	1,09	1,00
330	Außenwände/Vertikale Baukonstruktionen, außen	–	–	–
340	Innenwände/Vertikale Baukonstruktionen, innen	–	–	–
350	Decken/Horizontale Baukonstruktionen	–	–	–
360	Dächer	–	–	–

Kostenkennwerte für die Kostengruppen der 1. Ebene DIN 276

KG	Kostengruppen (1. Ebene)	Einheit	Kosten €	€/Einheit	€/m² BGF	€/m³ BRI	% 300+400
100	Grundstück	m² GF	–	–	–	–	–
200	Vorbereitende Maßnahmen	m² GF	–	–	–	–	–
300	Bauwerk – Baukonstruktionen	m² BGF	17.342	979,75	979,75	387,26	93,5
400	Bauwerk – Technische Anlagen	m² BGF	1.209	68,28	68,28	26,99	6,5
	Bauwerk 300+400	**m² BGF**	**18.550**	**1.048,03**	**1.048,03**	**414,25**	**100,0**
500	Außenanlagen und Freiflächen	m² AF	265	1,80	15,00	5,93	1,4
600	Ausstattung und Kunstwerke	m² BGF	–	–	–	–	–
700	Baunebenkosten	m² BGF	–	–	–	–	–
800	Finanzierung	m² BGF	–	–	–	–	–

KG	Kostengruppe	Menge Einheit	Kosten €	€/Einheit	%
3+4	**Bauwerk**				**100,0**
300	**Bauwerk – Baukonstruktionen**	17,70 m² BGF	17.342	**979,75**	93,5
	Streifenfundamente; Stb-Fertigteilgarage				
400	**Bauwerk – Technische Anlagen**	17,70 m² BGF	1.209	**68,28**	6,5
	Elektroinstallation				
500	**Außenanlagen und Freiflächen**	147,30 m² AF	265	**1,80**	1,4
	Erdkabel				

Kostenkennwerte für die Kostengruppen der 2.Ebene DIN 276

KG	Kostengruppe	Menge Einheit	Kosten €	€/Einheit	%
300	**Bauwerk – Baukonstruktionen**				**100,0**
320	**Gründung, Unterbau**	17,70 m²GRF	2.609	**147,38**	15,0
	Stb-Streifenfundamente, h=100cm (psch)				
390	**Sonst. Maßnahmen für Baukonstrukt.**	17,70 m²BGF	14.733	**832,36**	85,0
	Stb-Fertigteilgarage, Sektionaltor, Stahltür, Außenputz, Innenbeschichtung, Kunststoff-Dachabdichtung (18m²)				
400	**Bauwerk – Technische Anlagen**				**100,0**
440	**Elektrische Anlagen**	17,70 m²BGF	1.209	**68,28**	100,0
	Erdkabel NYY (22m), Steckdosen (2St), zweifach (2St), Schalter (2St)				
500	**Außenanlagen und Freiflächen**				**100,0**
550	**Technische Anlagen**	147,30 m²AF	265	**1,80**	100,0
	Erdkabel NYY (30m)				

Kostenkennwerte für die Kostengruppen 300 der 2. und 3. Ebene DIN 276 (Übersicht)

KG	Kostengruppe	Menge Einheit	Kosten €	€/Einheit	% an 3+4
300	**Bauwerk – Baukonstruktionen**	**17,70 m² BGF**	**17.341,50**	**979,75**	**93,5**
310	**Baugrube / Erdbau**	**–**	**–**	**–**	**–**
311	Herstellung	–	–	–	–
312	Umschließung	–	–	–	–
313	Wasserhaltung	–	–	–	–
314	Vortrieb	–	–	–	–
319	Sonstiges zur KG 310	–	–	–	–
320	**Gründung, Unterbau**	**17,70 m² GRF**	**2.608,70**	**147,38**	**14,1**
321	Baugrundverbesserung	–	–	–	–
322	Flachgründungen und Bodenplatten	17,70 m²	2.608,70	147,38	14,1
323	Tiefgründungen	–	–	–	–
324	Gründungsbeläge	–	–	–	–
325	Abdichtungen und Bekleidungen	–	–	–	–
326	Dränagen	–	–	–	–
329	Sonstiges zur KG 320	–	–	–	–
330	**Außenwände/Vert. Baukonstrukt., außen**	**–**	**–**	**–**	**–**
331	Tragende Außenwände	–	–	–	–
332	Nichttragende Außenwände	–	–	–	–
333	Außenstützen	–	–	–	–
334	Außenwandöffnungen	–	–	–	–
335	Außenwandbekleidungen, außen	–	–	–	–
336	Außenwandbekleidungen, innen	–	–	–	–
337	Element. Außenwandkonstruktionen	–	–	–	–
338	Lichtschutz zur KG 330	–	–	–	–
339	Sonstiges zur KG 330	–	–	–	–
340	**Innenwände/Vert. Baukonstrukt., innen**	**–**	**–**	**–**	**–**
341	Tragende Innenwände	–	–	–	–
342	Nichttragende Innenwände	–	–	–	–
343	Innenstützen	–	–	–	–
344	Innenwandöffnungen	–	–	–	–
345	Innenwandbekleidungen	–	–	–	–
346	Elementierte Innenwandkonstruktionen	–	–	–	–
347	Lichtschutz zur KG 340	–	–	–	–
349	Sonstiges zur KG 340	–	–	–	–
350	**Decken/Horizontale Baukonstruktionen**	**–**	**–**	**–**	**–**
351	Deckenkonstruktionen	–	–	–	–
352	Deckenöffnungen	–	–	–	–
353	Deckenbeläge	–	–	–	–
354	Deckenbekleidungen	–	–	–	–
355	Elementierte Deckenkonstruktionen	–	–	–	–
359	Sonstiges zur KG 350	–	–	–	–
360	**Dächer**	**–**	**–**	**–**	**–**
361	Dachkonstruktionen	–	–	–	–
362	Dachöffnungen	–	–	–	–
363	Dachbeläge	–	–	–	–
364	Dachbekleidungen	–	–	–	–
365	Elementierte Dachkonstruktionen	–	–	–	–
366	Lichtschutz zur KG 360	–	–	–	–
369	Sonstiges zur KG 360	–	–	–	–
370	**Infrastrukturanlagen**	**–**	**–**	**–**	**–**
380	**Baukonstruktive Einbauten**	**–**	**–**	**–**	**–**
390	**Sonst. Maßnahmen für Baukonstrukt.**	**17,70 m² BGF**	**14.732,81**	**832,36**	**79,4**

Kostenkennwerte für die Kostengruppen 400 der 2. und 3. Ebene DIN 276 (Übersicht)

KG	Kostengruppe	Menge Einheit	Kosten €	€/Einheit	% an 3+4
400	**Bauwerk – Technische Anlagen**	**17,70 m² BGF**	**1.208,58**	**68,28**	**6,5**
410	**Abwasser-, Wasser-, Gasanlagen**	**–**	**–**	**–**	**–**
411	Abwasseranlagen	–	–	–	–
412	Wasseranlagen	–	–	–	–
413	Gasanlagen	–	–	–	–
419	Sonstiges zur KG 410	–	–	–	–
420	**Wärmeversorgungsanlagen**	**–**	**–**	**–**	**–**
421	Wärmeerzeugungsanlagen	–	–	–	–
422	Wärmeverteilnetze	–	–	–	–
423	Raumheizflächen	–	–	–	–
424	Verkehrsheizflächen	–	–	–	–
429	Sonstiges zur KG 420	–	–	–	–
430	**Raumlufttechnische Anlagen**	**–**	**–**	**–**	**–**
431	Lüftungsanlagen	–	–	–	–
432	Teilklimaanlagen	–	–	–	–
433	Klimaanlagen	–	–	–	–
434	Kälteanlagen	–	–	–	–
439	Sonstiges zur KG 430	–	–	–	–
440	**Elektrische Anlagen**	**17,70 m² BGF**	**1.208,58**	**68,28**	**6,5**
441	Hoch- und Mittelspannungsanlagen	–	–	–	–
442	Eigenstromversorgungsanlagen	–	–	–	–
443	Niederspannungsschaltanlagen	–	–	–	–
444	Niederspannungsinstallationsanlagen	17,70 m² BGF	1.208,58	68,28	6,5
445	Beleuchtungsanlagen	–	–	–	–
446	Blitzschutz- und Erdungsanlagen	–	–	–	–
447	Fahrleitungssysteme	–	–	–	–
449	Sonstiges zur KG 440	–	–	–	–
450	**Kommunikationstechnische Anlagen**	**–**	**–**	**–**	**–**
451	Telekommunikationsanlagen	–	–	–	–
452	Such- und Signalanlagen	–	–	–	–
453	Zeitdienstanlagen	–	–	–	–
454	Elektroakustische Anlagen	–	–	–	–
455	Audiovisuelle Medien- u. Antennenanl.	–	–	–	–
456	Gefahrenmelde- und Alarmanlagen	–	–	–	–
457	Datenübertragungsnetze	–	–	–	–
458	Verkehrsbeeinflussungsanlagen	–	–	–	–
459	Sonstiges zur KG 450	–	–	–	–
460	**Förderanlagen**	**–**	**–**	**–**	**–**
461	Aufzugsanlagen	–	–	–	–
462	Fahrtreppen, Fahrsteige	–	–	–	–
463	Befahranlagen	–	–	–	–
464	Transportanlagen	–	–	–	–
465	Krananlagen	–	–	–	–
466	Hydraulikanlagen	–	–	–	–
469	Sonstiges zur KG 460	–	–	–	–
470	**Nutzungsspez. u. verfahrenstechn. Anl.**	**–**	**–**	**–**	**–**
480	**Gebäude- und Anlagenautomation**	**–**	**–**	**–**	**–**
490	**Sonst. Maßnahmen für techn. Anlagen**	**–**	**–**	**–**	**–**

Kostenkennwerte für die Kostengruppen der 3. Ebene DIN 276

KG	Kostengruppe	Menge Einheit	Kosten €	€/Einheit	%
320	**Gründung, Unterbau**				**100,0**
322	**Flachgründungen und Bodenplatten**	17,70 m²	2.609	**147,38**	100,0
	Stb-Streifenfundamente, h=100cm, Schalung, Bewehrung (psch)				
390	**Sonstige Maßnahmen für Baukonstruktionen**				**100,0**
399	**Sonstiges zur KG 390**	17,70 m² BGF	14.733	**832,36**	100,0
	Stb-Fertigteilgarage 5,98x2,96x2,53m, Sektionaltor, Motorantrieb, Stahltür, Außenputz, Innenbeschichtung, Kunststoff-Dachabdichtung (18m²)				
440	**Elektrische Anlagen**				**100,0**
444	**Niederspannungsinstallationsanlagen**	17,70 m² BGF	1.209	**68,28**	100,0
	Erdkabel NYY (22m), Steckdosen (2St), zweifach (2St), Schalter (2St)				
550	**Technische Anlagen**				**100,0**
556	**Elektrische Anlagen**	147,30 m² AF	265	**1,80**	100,0
	Erdkabel NYY (30m)				

Kostenkennwerte für Leistungsbereiche nach STLB (Kosten des Bauwerks nach DIN 276)

LB	Leistungsbereiche	Kosten €	€/m² BGF	€/m³ BRI	% an 3+4
000	Baustellen-, Verkehrssich.- u. Sicherh.einr. inkl. 001	–	–	–	–
002	Erdarbeiten	–	–	–	–
006	Spezialtiefbauarbeiten inkl. 005	–	–	–	–
009	Entwässerungskanalarbeiten inkl. 011	–	–	–	–
010	Drän- und Versickerarbeiten	–	–	–	–
012	Mauerarbeiten	–	–	–	–
013	Betonarbeiten	17.341	979,70	387,30	93,5
014	Natur-, Betonwerksteinarbeiten	–	–	–	–
016	Zimmer- und Holzbauarbeiten	–	–	–	–
017	Stahlbauarbeiten	–	–	–	–
018	Abdichtungsarbeiten	–	–	–	–
019	Kampfmittelräumarbeiten	–	–	–	–
020	Dachdeckungsarbeiten	–	–	–	–
021	Dachabdichtungsarbeiten	–	–	–	–
022	Klempnerarbeiten	–	–	–	–
	Rohbau	**17.341**	**979,70**	**387,30**	**93,5**
023	Putz- und Stuckarbeiten, Wärmedämmsysteme	–	–	–	–
024	Fliesen- und Plattenarbeiten	–	–	–	–
025	Estricharbeiten	–	–	–	–
026	Fenster, Außentüren inkl. 029, 032	–	–	–	–
027	Tischlerarbeiten	–	–	–	–
028	Parkett-, Holzpflasterarbeiten	–	–	–	–
030	Rollladenarbeiten	–	–	–	–
031	Metallbauarbeiten inkl. 035	–	–	–	–
034	Maler- und Lackiererarb. – Beschicht. inkl. 037	–	–	–	–
036	Bodenbelagarbeiten	–	–	–	–
038	Vorgehängte hinterlüftete Fassaden	–	–	–	–
039	Trockenbauarbeiten	–	–	–	–
	Ausbau	**–**	**–**	**–**	**–**
040	Wärmeversorgungsanl. – Betriebseinr. inkl. 041	–	–	–	–
042	Gas- u. Wasseranl. – Leitung., Armat. inkl. 043	–	–	–	–
044	Abwasseranl. – Leitungen, Abläufe, Armaturen	–	–	–	–
045	Gas, Wasser, Entwässerung – Ausstattung inkl. 046	–	–	–	–
047	Dämm- und Brandschutzarb. an techn. Anlagen	–	–	–	–
049	Feuerlöschanlagen, Feuerlöschgeräte	–	–	–	–
050	Blitzschutz-/Erdungsanlagen, Überspannungssch.	–	–	–	–
053	Niederspannungsanl. – Kabel inkl. 052, 054	1.209	68,30	27,00	6,5
055	Sicherheits- u. Ersatzstromversorgungsanl.	–	–	–	–
057	Gebäudesystemtechnik	–	–	–	–
058	Leuchten und Lampen inkl. 059	–	–	–	–
060	Such, Signal, Zeit, Anten., akust. Anl. inkl. 064	–	–	–	–
061	Kommunikations- u. Übertragungsnetze inkl. 063	–	–	–	–
069	Aufzüge	–	–	–	–
070	Gebäudeautomation	–	–	–	–
075	Raumlufttechnische Anlagen inkl. 078	–	–	–	–
	Gebäudetechnik	**1.209**	**68,30**	**27,00**	**6,5**
084	Abbruch, Rückbau, Schadstoffsanierung	–	–	–	–
	Abbrucharbeiten	**–**	**–**	**–**	**–**
	Sonstige Leistungsbereiche	**–**	**–**	**–**	**–**

Kostenstand: 2. Quartal 2025, Bundesdurchschnitt, **inkl. 19% MwSt.**

Kostenkennwerte für die Kosten des Bauwerks (Kostengruppen 300+400 nach DIN 276)

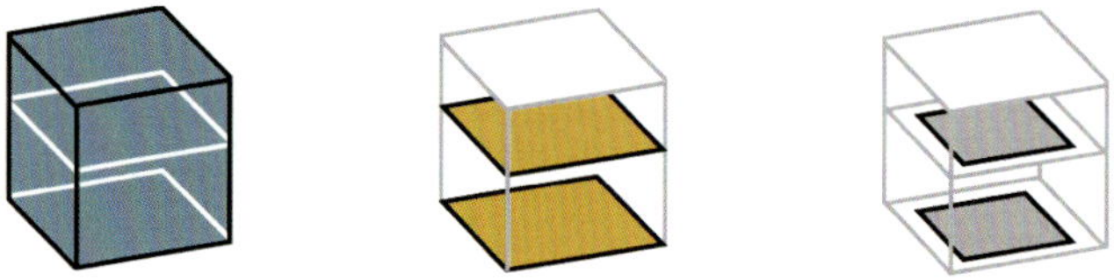

BRI 1.183 €/m³ | BGF 3.647 €/m² | NUF 5.328 €/m²

Konstruktionsart

- **Holz-Raumzellen**
- Stahlbeton-Raumzellen
- Stahl-Raumzellen
- Ziegel-Raumzellen

Objekt:
Kennwerte: 1.Ebene DIN 276
BRI: 198 m³
BGF: 64 m²
NUF: 44 m²
Bauzeit: 44 Wochen
Bauende: 2021
Standard: hoch
Bundesland: Bayern
Kreis: Ebersberg

Architekt*in:
Peter Gröbmayr GmbH & Co.KG
Schlacht 3
85625 Glonn

Bauherr*in:
Peter Gröbmayr
Feldkirchener Straße 3c
85625 Glonn

© Vera Gröbmayr

© Vera Gröbmayr

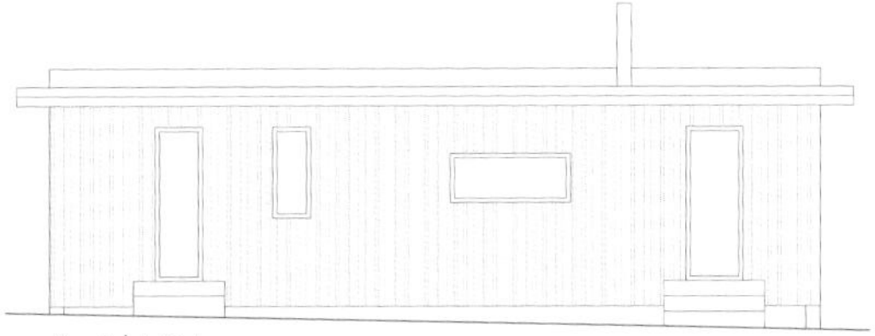

Ansicht Ost

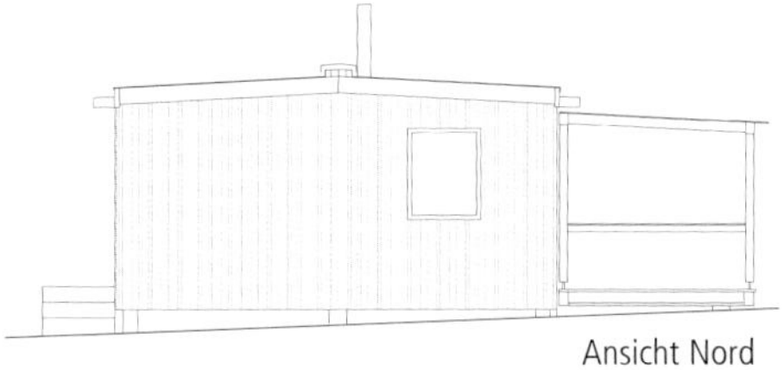

Ansicht Nord

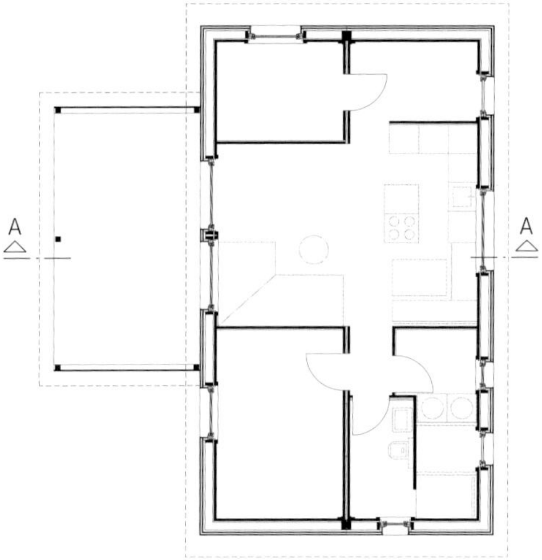

Erdgeschoss

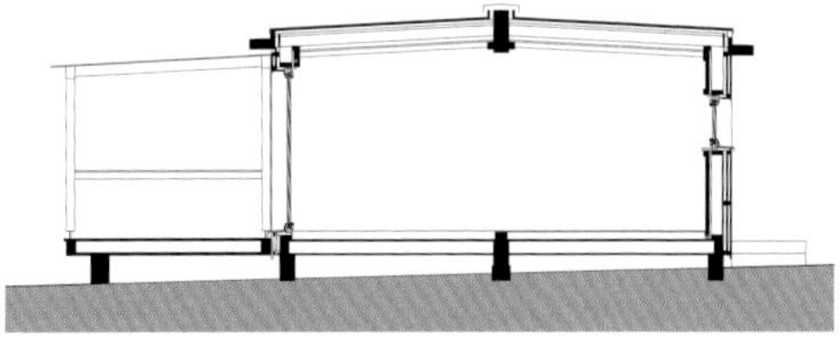

Schnitt A-A

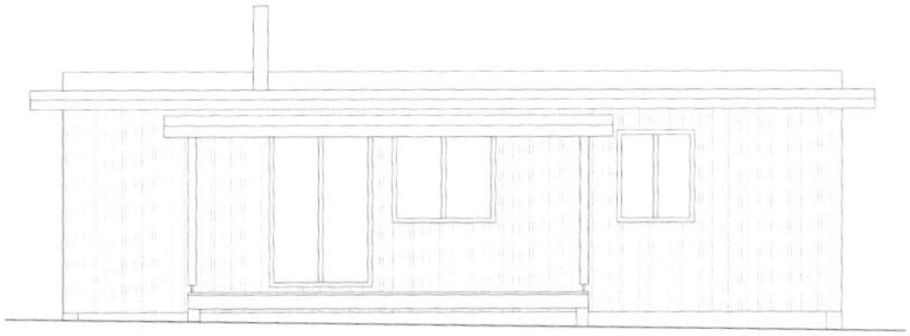

Ansicht West

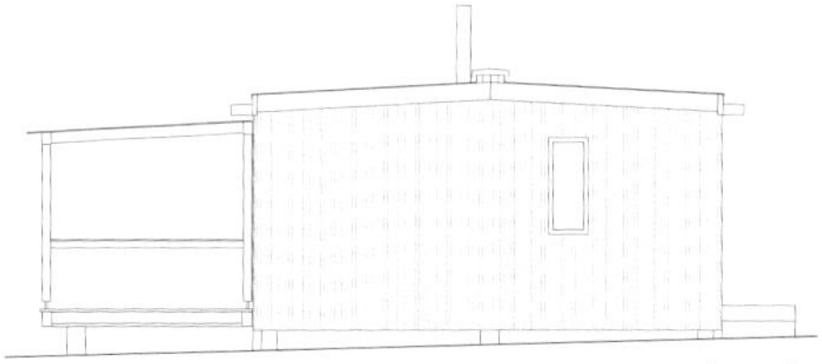

Ansicht Süd

Objektbeschreibung

Allgemeine Objektinformationen

Das Minihaus steht auf einem Grundstück mitten im Ortsgebiet. Die Baugenehmigung wurde nur temporär für zehn Jahre erteilt. Da das kleine Haus transportabel, und somit nicht ortsgebunden ist, kann es danach wieder an einem anderen Ort aufgestellt werden.

Nutzung

1 Erdgeschoss
Garderobe/Flur, offener Wohnbereich mit Küche, Schlafen, Bad, Kinderzimmer, Technik, Terrasse

Nutzeinheiten

Wohneinheiten: 1
Wohnfläche: 50 m²

Grundstück

Bauraum: Freier Bauraum
Neigung: Ebenes Gelände
Bodenklasse: BK 3 bis BK 4

Markt

Hauptvergabezeit: 1. Quartal 2020
Baubeginn: 2. Quartal 2020
Bauende: 1. Quartal 2021
Konjunkturelle Gesamtlage: über Durchschnitt
Regionaler Baumarkt: unter Durchschnitt

Baukonstruktion

Das Haus ist in Massivholzbauweise gefertigt, wobei Fichtenbohlen und teilweise Zirbenbohlen verwendet wurden. Das Gebäude gründet auf neun Punktfundamenten. Der gesamte Boden ist mit massiven Eichenbohlen belegt. Zur Dämmung wurden ausschließlich Holzfaserdämmstoffe in Wänden und Decke verwendet. Die moderne Fassade besteht aus Leisten in Lärchenholz. Im Badezimmer und im Eingangsbereich sind die Wände mit Gipskarton bekleidet. Das Flachdach ist mit einer speziellen Abdichtung versehen. Die Terrasse hat ein Glasdach und kann seitlich mit Planen verschlossen werden.

Technische Anlagen

Für die Beheizung des Hauses dient eine elektrische Fußbodenheizung, die mit einer 12kWp Photovoltaikanlage auf dem Dach und einem 8kWh Batteriespeicher betrieben wird. Zusätzlich steht noch ein 5,5kW Holzofen mit Kamin zur Verfügung.

Planungskennwerte für Flächen und Rauminhalte nach DIN 277

Flächen des Grundstücks		Menge Einheit	% an GF
BF	Bebaute Fläche	80,73 m²	10,3
UF	Unbebaute Fläche	704,27 m²	89,7
GF	Grundstücksfläche	785,00 m²	100,0

Grundflächen des Bauwerks		Menge Einheit	% an NUF	% an BGF
NUF	Nutzungsfläche	43,97 m²	100,0	68,4
TF	Technikfläche	1,19 m²	2,7	1,9
VF	Verkehrsfläche	5,75 m²	13,1	9,0
NRF	Netto-Raumfläche	50,91 m²	115,8	79,2
KGF	Konstruktions-Grundfläche	13,33 m²	30,3	20,8
BGF	Brutto-Grundfläche	64,24 m²	146,1	100,0

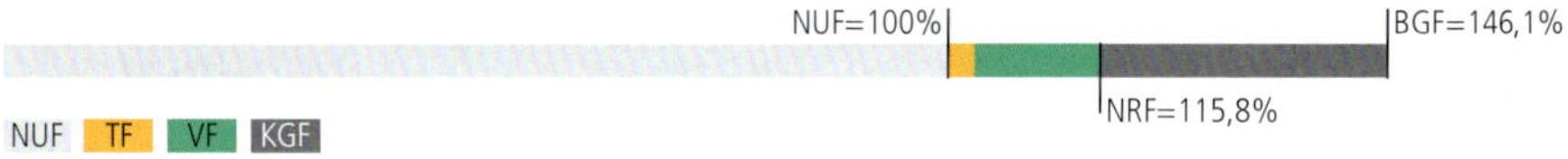

Brutto-Rauminhalt des Bauwerks		Menge Einheit	BRI/NUF (m)	BRI/BGF (m)
BRI	Brutto-Rauminhalt	198,00 m³	4,50	3,08

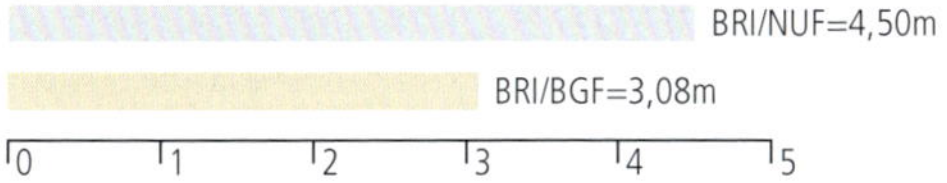

Kostenkennwerte für die Kostengruppen der 1. Ebene DIN 276

KG	Kostengruppen (1. Ebene)	Einheit	Kosten €	€/Einheit	€/m² BGF	€/m³ BRI	% 300+400
100	Grundstück	m² GF	–	–	–	–	–
200	Vorbereitende Maßnahmen	m² GF	–	–	–	–	–
300	Bauwerk – Baukonstruktionen	m² BGF	148.127	2.305,84	2.305,84	748,12	63,2
400	Bauwerk – Technische Anlagen	m² BGF	86.148	1.341,03	1.341,03	435,09	36,8
	Bauwerk 300+400	**m² BGF**	**234.275**	**3.646,87**	**3.646,87**	**1.183,21**	**100,0**
500	Außenanlagen und Freiflächen	m² AF	–	–	–	–	–
600	Ausstattung und Kunstwerke	m² BGF	–	–	–	–	–
700	Baunebenkosten	m² BGF	–	–	–	–	–
800	Finanzierung	m² BGF	–	–	–	–	–

KG	Kostengruppe	Menge Einheit	Kosten €	€/Einheit	%
3+4	**Bauwerk**				**100,0**
300	**Bauwerk – Baukonstruktionen**	64,24 m² BGF	148.127	**2.305,84**	63,2

Stb-Einzelfundamente, Holzträger, Schalung, Holzfaserdämmung, Heizestrich, Massivholz-Eichenbohlen; Holzwände, Holzfaserdämmung, Holzfenster, Dreifachverglasung, Holz-Eingangstür in Lärchenholz, UK, Lärchenholzleisten, GK-Bekleidung, Beschichtung, Holzbekleidung, Wandfliesen; Massivholz-Bohlenwände, Innentüren, Fichtenholz, GK-Bekleidung, Beschichtung, Wandfliesen; Dachbalken, Schalung, Holzfaserdämmung, Folienabdichtung, Dachentwässerung

KG	Kostengruppe	Menge Einheit	Kosten €	€/Einheit	%
400	**Bauwerk – Technische Anlagen**	64,24 m² BGF	86.148	**1.341,03**	36,8

Gebäudeentwässerung, Kalt- und Warmwasserleitungen, Wasserspeicher 80l, Sanitärobjekte; elektrische Fußbodenheizung, Holzofen; Photovoltaikanlage 12kWp, Batteriespeicher 8kWh, Elektroinstallation, Deckeneinbauleuchten; Telefonanschluss, Rauchmelder, Datenübertragungsnetz

6100-1747
Wohnanlage
(4 Gebäude, 15 WE)
Gemeindesaal
(50 Sitzplätze)

Kostenkennwerte für die Kosten der Basismodule, der KG 300+400 + anteilig der KG 700 nach DIN 276

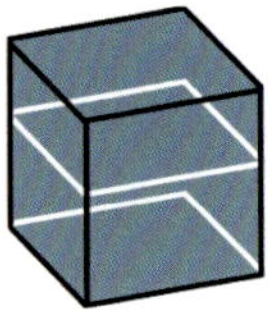

BRI 515 €/m³

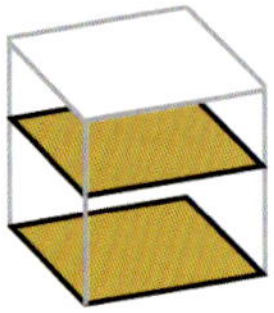

BGF 1.745 €/m²

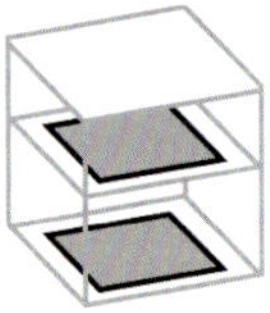

NUF 2.790 €/m²

Holz-Raumzellen
Stahlbeton-Raumzellen
Stahl-Raumzellen
• **Ziegel-Raumzellen**

Konstruktionsart

Objekt:
Kennwerte: 3. Ebene DIN 276
BRI: 5.397 m³
BGF: 1.593 m²
NUF: 996 m²
Bauzeit: 52 Wochen
Bauende: 2024
Standard: mittel
Bundesland: Bayern
Kreis: München, Stadt

Architekt*in:
meuer - planen beraten
Architekten GmbH
Prinzregentenplatz 14
81675 München

Bauherr*in:
Evang.-Lutherischer
Dekanatsbezirk München
Landwehrstraße 11
80336 München

Hinweis zur Dokumentation:
Für die Kostengliederung der DIN 276 stellen Modulbauten wegen ihrer zwangsläufigen Durchmischung von Kosten der Baukonstruktionen, der technischen Anlagen und der Baunebenkosten einen Sonderfall dar. Abweichend vom BKI-Standard werden die Kosten der Modulbau-Dokumentation deshalb angepasst dargestellt. Die Kosten der Basismodule beinhalten Kosten der KG 300 und KG 400 sowie anteilige Kosten des GU an KG 700. Alle Zulagen zu den Basismodulen werden separat bis zur 2. bzw. 3. Ebene der DIN 276 dokumentiert und als Summe der darunter liegenden Kostengruppen abgebildet.

© Marion Sammet

Ansicht Nord-Ost

Haus 3 Haus 2 Haus 1 Gemeindesaal

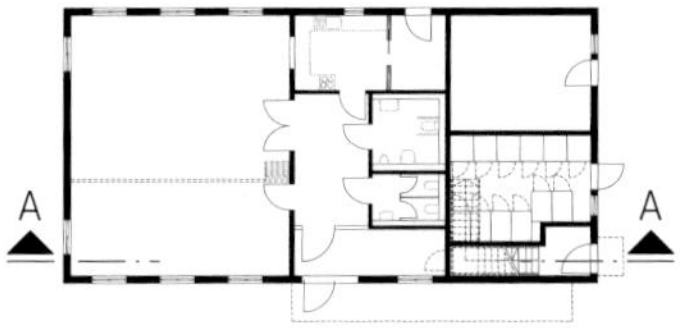

Erdgeschoss - Gemeindesaal

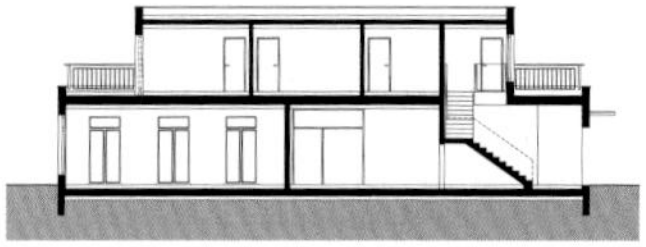

Schnitt A-A - Gemeindesaal

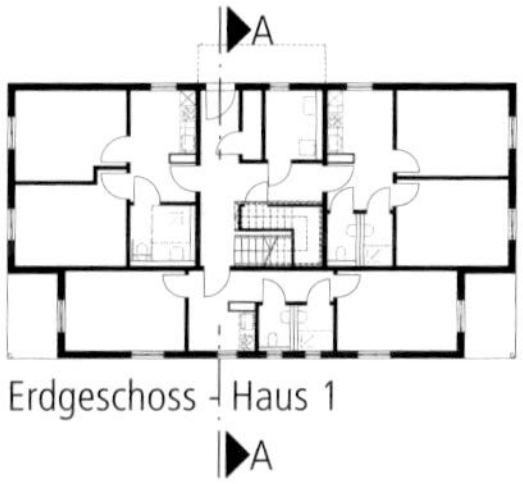

Erdgeschoss - Haus 1

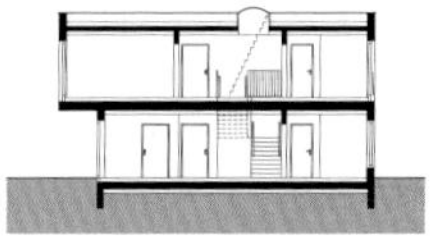

Schnitt A-A - Haus 1

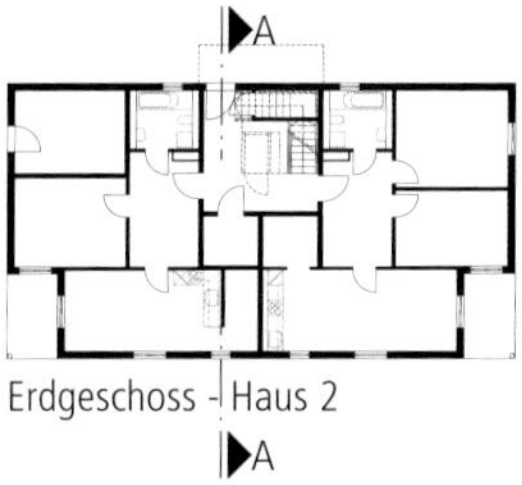

Erdgeschoss - Haus 2

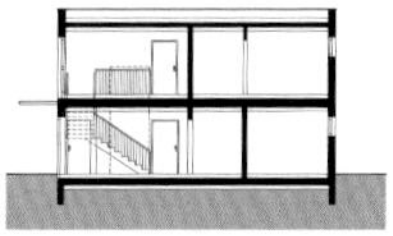

Schnitt A-A - Haus 2

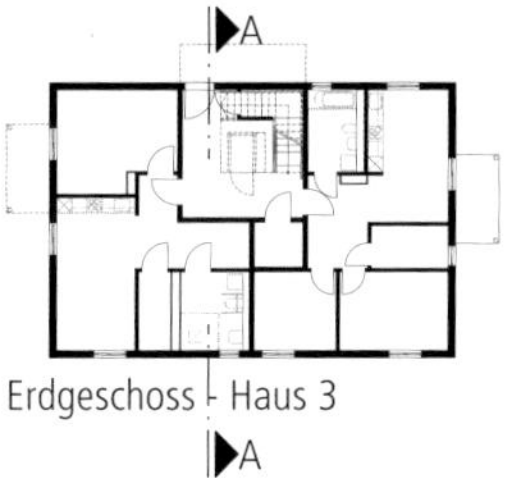

Erdgeschoss - Haus 3

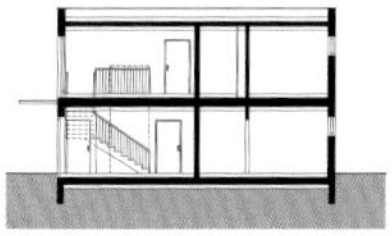

Schnitt A-A - Haus 3

Ansicht Süd-West

Gemeindesaal Haus 1 Haus 2 Haus 3

6100-1747
Wohnanlage
(4 Gebäude, 15 WE)
Gemeindesaal
(50 Sitzplätze)

Objektbeschreibung

Allgemeine Objektinformationen

Die kleine Wohnanlage für den sozialen Wohnungsbau besteht aus vier zweigeschossigen, nicht unterkellerten Gebäuden mit insgesamt 15 Wohnungen, jeweils mit Balkonen bzw. Terrassen oder Dachterrasse. Im Erdgeschoss eines der vier Gebäude befindet sich ein Gemeindesaal der Evangelischen Kirche sowie die zugehörigen Nebenräume. Bei maximaler Ausnutzung des Baurechts fügt sich die Wohnanlage gut in die umliegende Bebauung ein. Der alte Baumbestand wurde so gut wie möglich erhalten.

Nutzung

1 Erdgeschoss
Gemeindesaal, Küche, Vorrat, Abstellraum, WCs, Wohnungen (7 WE)

1 Obergeschoss
Wohnungen (8 WE)

Nutzeinheiten

Gebäude: 4
Sitzplätze: 50
Wohneinheiten: 15
Wohnfläche: 899 m²

Grundstück

Bauraum: Beengter Bauraum
Neigung: Ebenes Gelände
Bodenklasse: BK 1 bis BK 4

Markt

Hauptvergabezeit: 4. Quartal 2022
Baubeginn: 2. Quartal 2023
Bauende: 2. Quartal 2024
Konjunkturelle Gesamtlage: über Durchschnitt
Regionaler Baumarkt: über Durchschnitt

Baukonstruktion

Die Gebäude wurden in Modulbauweise auf Bodenplatten aus wasserundurchlässigem Stahlbeton errichtet. Wände und Decken wurden vorgefertigt und auf der Baustelle zusammengesetzt. Dadurch konnte die Bauzeit vor Ort auf ein Minimum reduziert werden. Pro Woche wurde der Rohbau für ein Geschoss fertiggestellt. Die tragenden Außen-und Innenmauertafeln bestehen aus Hochlochziegeln, die Wohnungstrennwände sind als Stahlbeton-Elementwände ausgeführt. Das diffusionsoffene Wärmedämmverbundsystem erhielt einen mineralischen Oberputz. Die Kunststofffenster und Stahl-Glaselemente wurden auf der Baustelle eingesetzt. Die Geschossdecken und Flachdächer sind als Stahlbeton-Elementdecken realisiert. Der schwimmende Zementestrich ist mit Linoleum, Bodenfliesen und Parkett belegt. In den Nassräumen sind abgehängte Decken eingebaut, im Gemeindesaal ist eine Akustikdecke ausgeführt. Das Flachdach ist extensiv begrünt.

Technische Anlagen

Die Neubauten werden redundant mit einer Luft-Wärmepumpe sowie einer Gas-Brennwerttherme beheizt. Fußbodenheizungen geben die Wärme an die Räume ab. Photovoltaikmodule auf den Flachdächern erzeugen Strom. Im Gemeindesaal sorgen zwei dezentrale Lüftungsgeräte für den Luftaustausch, sodass Veranstaltungen auch bei geschlossenen Fenstern stattfinden können, um die Nachbarn nicht mit Lärm zu belästigen.

Energetische Kennwerte

Gesetzliche Grundlage: GEG 2020
Gebäudenutzfläche: 1.651,00 m²
Gebäudevolumen: 5.159,23 m³
A/V_e-Verhältnis (Kompaktheit): 0,61 m⁻¹
Hüllfläche des beheizten Volumens: 3.143,60 m²
Spez. Transmissionswärmeverlust: 0,23 W/(m²·K)
Spez. Jahresprimärenergiebedarf: 33,16 kWh/(m²·a)
Spez. Jahresendenergiebedarf: 21,00 kWh/(m²·a)

Planungskennwerte für Flächen und Rauminhalte nach DIN 277

Flächen des Grundstücks		Menge Einheit	% an GF
BF	Bebaute Fläche	897,41 m²	28,3
UF	Unbebaute Fläche	2.271,59 m²	71,7
GF	Grundstücksfläche	3.169,00 m²	100,0

Grundflächen des Bauwerks		Menge Einheit	% an NUF	% an BGF
NUF	Nutzungsfläche	996,33 m²	100,0	62,5
TF	Technikfläche	48,72 m²	4,9	3,1
VF	Verkehrsfläche	279,89 m²	28,1	17,6
NRF	Netto-Raumfläche	1.324,94 m²	133,0	83,2
KGF	Konstruktions-Grundfläche	268,11 m²	26,9	16,8
BGF	Brutto-Grundfläche	1.593,05 m²	159,9	100,0

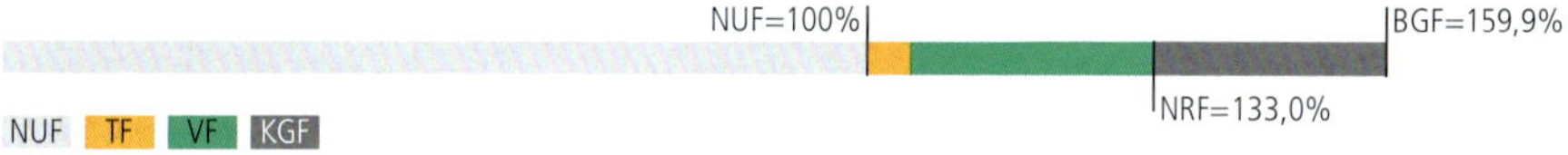

Brutto-Rauminhalt des Bauwerks		Menge Einheit	BRI/NUF (m)	BRI/BGF (m)
BRI	Brutto-Rauminhalt	5.397,11 m³	5,42	3,39

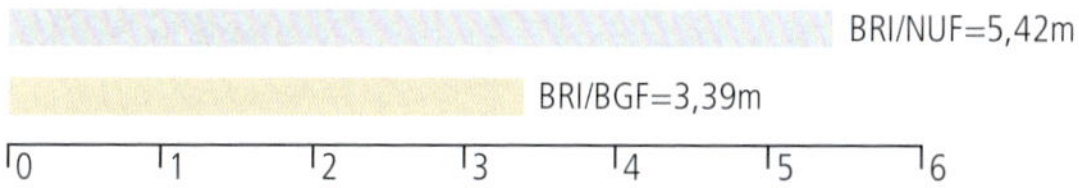

Lufttechnisch behandelte Flächen	Menge Einheit	% an NUF	% an BGF
Entlüftete Fläche	–	–	–
Be- und entlüftete Fläche	–	–	–
Teilklimatisierte Fläche	–	–	–
Klimatisierte Fläche	–	–	–

KG	Kostengruppen (2. Ebene)	Menge Einheit	Menge/NUF	Menge/BGF
310	Baugrube / Erdbau	250,00 m³ BGI	0,25	0,16
320	Gründung, Unterbau	813,00 m² GRF	0,82	0,51
330	Außenwände/Vertikale Baukonstruktionen, außen	1.583,00 m² AWF	1,59	0,99
340	Innenwände/Vertikale Baukonstruktionen, innen	258,38 m² IWF	0,26	0,16
350	Decken/Horizontale Baukonstruktionen	46,20 m² DEF	0,05	0,03
360	Dächer	708,62 m² DAF	0,71	0,45

Objekte
3. Ebene
Positionen Neubau

Kostenkennwerte für die Kostengruppen der 1. Ebene DIN 276 und der Basismodule

KG	Kostengruppen (1. Ebene)	Einheit	Kosten €	€/Einheit	€/m² BGF	€/m³ BRI	% 300+400 +Basismod.
100	Grundstück	m² GF	–	–	–	–	–
200	Vorbereitende Maßnahmen	m² GF	65.461	20,66	41,09	12,13	2,4
	Basismodule KG 300+400+700	**m² BGF**	**2.317.467**	**1.454,74**	**1.454,74**	**429,39**	**83,4**
300	Bauwerk – Baukonstr. **Zulagen**	m² BGF	360.039	226,01	226,01	66,71	12,9
400	Bauwerk – Techn. Anlagen **Zulagen**	m² BGF	101.884	63,96	63,96	18,88	3,7
	Basismodule+Zulagen	**m² BGF**	**2.779.390**	**1.744,70**	**1.744,70**	**514,98**	**100,0**
500	Außenanlagen und Freiflächen	m² AF	499.258	219,78	313,40	92,50	18,0
600	Ausstattung und Kunstwerke	m² BGF	–	–	–	–	–
700	Baunebenkosten	m² BGF	–	–	–	–	–
800	Finanzierung	m² BGF	–	–	–	–	–

Hinweis zur Dokumentation:
Für die Kostengliederung der DIN 276 stellen Modulbauten wegen ihrer zwangsläufigen Durchmischung von Kosten der Baukonstruktionen, der technischen Anlagen und der Baunebenkosten einen Sonderfall dar. Abweichend vom BKI-Standard werden die Kosten der Modulbau-Dokumentation deshalb angepasst dargestellt. Die Kosten der Basismodule beinhalten Kosten der KG 300 und KG 400 sowie anteilige Kosten des GU an KG 700. Alle Zulagen zu den Basismodulen werden separat bis zur 2. bzw. 3. Ebene der DIN 276 dokumentiert und als Summe der darunter liegenden Kostengruppen abgebildet.

	Basismodule	Menge Einheit	Kosten €	€/Einheit	%
	Ausführung	1.593,05 m² BGF	3.328.275	**2.089,25**	83,4

Vier Gebäude in Ziegeltafelbauweise, lichte Raumhöhe 2,50m, Basisausführung: Stb-Bodenplatten, WU, Stb-Streifenfundamente, Frostschürzen, XPS-Perimeterdämmung (813m²), schwimmender Estrich, Bodenfliesen, Linoleum, Parkett (676m²), HLz-Außenmauertafeln, Dämmung, Stahlblechfassade, Putz, Beschichtung (1.251m²), Kunststofffenster (202m²), Stahl-Glas-Eingangstürelemente, barrierefrei (25m²), HLz-Innenmauertafeln/GK-Wände Q3 (1.299m²), Holztüren (103m²), Stahl-Glastürelemente (21m²), GK-Vorsatzschalen (391m²), Beschichtung, Wandfliesen (2.598m²), mobile Trennwand (28m²), WC-Trennwände (7m²), Stb-Elementdecken, d=20-24cm (672m²), schwimmender Estrich, Linoleum, Bodenfliesen (561m²), abgehängte Akustik-/GK-Decken (138m²), Beschichtung (618m²), Stahltreppen, Geländer (25m²), Stb-Elementdächer, Abdichtung, Dämmung, innenliegende Entwässerung (820m²), abgehängte GK-Decken (47m²), Beschichtung (662m²), Zulagen für Ausführung mit lichter Raumhöhe 3,00m (229m²), für Auskragung (8m²), Fußbodenheizungen, Sanitärobjekte

KG	Kostengruppe	Menge Einheit	Kosten €	€/Einheit	%
200	**Vorbereitende Maßnahmen**	3.169,00 m² GF	65.461	**20,66**	2,4

Oberbodenabtrag, Zulage für Kampfmittelräumung; Hausanschlüsse für Abwasser, Wasser, Strom, Telekommunikation

3+4	**Bauwerk**				**100,0**
300	**Bauwerk – Baukonstruktionen**	1.593,05 m² BGF	360.039	**226,01**	12,9

Stb-Flachgründung; Zulagen zur Basisausführung für Putzfassade, Absturzsicherungen, Wandverstärkungen, mobile Trennwand; Stahlbalkone; Vordächer, Dachausstiege, extensive Begrünung, Dachterrasse, Stahlgeländer

KG	Kostengruppe	Menge Einheit	Kosten €	€/Einheit	%
400	**Bauwerk – Technische Anlagen**	1.593,05 m² BGF	101.884	**63,96**	3,7
	Zulagen zur Basisausführung für Wasser-Wasser-Wärmepumpe; für Lüftungsanlagen; für RWA-Anlage				
500	**Außenanlagen und Freiflächen**	2.271,59 m² AF	499.258	**219,78**	18,0
	Bodenarbeiten; Oberbau, Deckschichten; Einfriedungen, Überdachung; Gebäudeentwässerung, Oberflächenentwässerung, Brunnenanlage für Wärmepumpe, Starkstromanlagen; Fahrradständer, Müllhäuschen, Sitzblöcke, Spielplatz; Vegetationsflächen				

Kostenkennwerte für die Kostengruppen der 2. Ebene DIN 276

KG	Kostengruppe	Menge Einheit	Kosten €	€/Einheit	%

Hinweis zu den Kostenkennwerten:
Für die Kostengliederung der DIN 276 stellen Modulbauten wegen ihrer zwangsläufigen Durchmischung von Kosten der Baukonstruktionen, der technischen Anlagen und der Baunebenkosten einen Sonderfall dar. Abweichend vom BKI-Standard werden die Kosten der Modulbau-Dokumentation deshalb angepasst dargestellt. Die Kosten der Basismodule werden als übergeordneter Preis nur bei der 1. Ebene dargestellt. **Alle Zulagen zu den Basismodulen werden nachfolgend separat bis zur 2. bzw. 3. Ebene der DIN 276 dokumentiert und abgebildet.**

KG	Kostengruppe	Menge Einheit	Kosten €	€/Einheit	%
200	**Vorbereitende Maßnahmen**				**100,0**
210	**Herrichten**	3.169,00 m²GF	11.522	**3,64**	17,6
	Oberboden abtragen, entsorgen (500m²) * Zulage für Kampfmittelräumung (psch)				
220	**Öffentliche Erschließung**	3.169,00 m²GF	53.939	**17,02**	82,4
	Hausanschlüsse für Abwasser (psch) * Wasser (psch) * Strom (psch) * Telekommunikation (psch)				
300	**Bauwerk – Baukonstruktionen**				**100,0**
310	**Baugrube / Erdbau**	250,00 m³BGI	13.561	**54,24**	3,8
	Baugrubenaushub, abfahren (200m³), lagern, hinterfüllen (50m³) * Zulage für Bauwasserhaltung (psch)				
320	**Gründung, Unterbau**	813,00 m²GRF	94.502	**116,24**	26,2
	Stb-Fundamentplatten (813m²) * Kieskoffer (813m²)				
330	**Außenwände/Vert. Baukonstrukt., außen**	1.583,00 m²AWF	100.927	**63,76**	28,0
	Zulagen zur Basisausführung für Putzfassade (1.583m²) * für Stahl-Absturzsicherungen (18St)				
340	**Innenwände/Vert. Baukonstrukt., innen**	258,38 m²IWF	13.332	**51,60**	3,7
	Zulagen zur Basisausführung für Wandverstärkungen (230m²) * für mobile Trennwand (28m²)				
350	**Decken/Horizontale Baukonstruktionen**	46,20 m²DEF	15.702	**339,88**	4,4
	Zulagen zur Basisausführung für vorgestellte Stahlbalkone (46m²)				
360	**Dächer**	708,62 m²DAF	93.975	**132,62**	26,1
	Zulagen zur Basisausführung für Stahl-Vordächer (33m²) * für Dachausstiege (4St) * für extensive Begrünung, Kiesschüttung (651m²), für Dachterrasse (21m²) * für Stahlgeländer (48m)				
390	**Sonst. Maßnahmen für Baukonstrukt.**	1.593,05 m²BGF	28.040	**17,60**	7,8
	Baustelleneinrichtung (psch), Kiesauffüllung (500m²)				
400	**Bauwerk – Technische Anlagen**				**100,0**
420	**Wärmeversorgungsanlagen**	1.593,05 m²BGF	72.224	**45,34**	70,9
	Zulagen zur Basisausführung für Wasser-Wasser-Wärmepumpe (psch)				
430	**Raumlufttechnische Anlagen**	1.593,05 m²BGF	27.233	**17,09**	26,7
	Zulagen zur Basisausführung für Lüftungsanlagen (psch)				

KG	Kostengruppe	Menge Einheit	Kosten €	€/Einheit	%
450	**Kommunikationstechnische Anlagen**	1.593,05 m²BGF	2.427	**1,52**	2,4
	Zulagen zur Basisausführung für RWA-Anlage (1St)				
500	**Außenanlagen und Freiflächen**				**100,0**
510	**Erdbau**	–	49.196	–	9,9
	Bodenarbeiten (2.272m²)				
530	**Oberbau, Deckschichten**	–	70.715	–	14,2
	Oberbau, Deckschichten (psch)				
540	**Baukonstruktionen**	2.271,59 m²AF	37.614	**16,56**	7,5
	Einfriedungen, Überdachung (psch)				
550	**Technische Anlagen**	2.271,59 m²AF	176.030	**77,49**	35,3
	Gebäudeentwässerung, Oberflächenentwässerung (psch) * Brunnenanlage für Wärmepumpe (psch) * Starkstromanlagen (psch)				
560	**Einbauten Außenanlagen u. Freiflächen**	2.271,59 m²AF	40.520	**17,84**	8,1
	Fahrradständer, Müllhäuschen, Sitzblöcke, Spielplatz (psch)				
570	**Vegetationsflächen**	–	82.337	–	16,5
	Vegetationsflächen (psch)				
590	**Sonst. Maßnahmen für Außenanlagen u. Freiflächen**	2.271,59 m²AF	42.846	**18,86**	8,6
	Baustelleneinrichtung (psch)				

6100-1747
Wohnanlage
(4 Gebäude, 15 WE)
Gemeindesaal
(50 Sitzplätze)

Kostenkennwerte für die Kostengruppen 300 der 2. und 3. Ebene DIN 276 (Übersicht)

KG	Kostengruppe	Menge Einheit	Kosten €	€/Einheit	% an 3+4 +Basismod.
300	**Bauwerk – Baukonstruktionen**	**1.593,05 m² BGF**	**360.039,19**	**226,01**	**13,0**
310	**Baugrube / Erdbau**	**250,00 m³ BGI**	**13.561,16**	**54,24**	**0,5**
311	Herstellung	250,00 m³ BGI	3.364,80	13,46	0,1
312	Umschließung	–	–	–	–
313	Wasserhaltung	250,00 m³	10.196,36	40,79	0,4
314	Vortrieb	–	–	–	–
319	Sonstiges zur KG 310	–	–	–	–
320	**Gründung, Unterbau**	**813,00 m² GRF**	**94.502,09**	**116,24**	**3,4**
321	Baugrundverbesserung	–	–	–	–
322	Flachgründungen und Bodenplatten	813,00 m²	73.780,09	90,75	2,7
323	Tiefgründungen	–	–	–	–
324	Gründungsbeläge	–	–	–	–
325	Abdichtungen und Bekleidungen	813,00 m²	20.721,99	25,49	0,7
326	Dränagen	–	–	–	–
329	Sonstiges zur KG 320	–	–	–	–
330	**Außenwände/Vert. Baukonstrukt., außen**	**1.583,00 m² AWF**	**100.927,15**	**63,76**	**3,6**
331	Tragende Außenwände	–	–	–	–
332	Nichttragende Außenwände	–	–	–	–
333	Außenstützen	–	–	–	–
334	Außenwandöffnungen	–	–	–	–
335	Außenwandbekleidungen, außen	1.583,00 m²	91.750,41	57,96	3,3
336	Außenwandbekleidungen, innen	–	–	–	–
337	Element. Außenwandkonstruktionen	–	–	–	–
338	Lichtschutz zur KG 330	–	–	–	–
339	Sonstiges zur KG 330	1.583,00 m² AWF	9.176,74	5,80	0,3
340	**Innenwände/Vert. Baukonstrukt., innen**	**258,38 m² IWF**	**13.331,76**	**51,60**	**0,5**
341	Tragende Innenwände	230,00 m²	586,29	2,55	< 0,1
342	Nichttragende Innenwände	–	–	–	–
343	Innenstützen	–	–	–	–
344	Innenwandöffnungen	–	–	–	–
345	Innenwandbekleidungen	–	–	–	–
346	Elementierte Innenwandkonstruktionen	28,38 m²	12.745,47	449,10	0,5
347	Lichtschutz zur KG 340	–	–	–	–
349	Sonstiges zur KG 340	–	–	–	–
350	**Decken/Horizontale Baukonstruktionen**	**46,20 m² DEF**	**15.702,42**	**339,88**	**0,6**
351	Deckenkonstruktionen	–	–	–	–
352	Deckenöffnungen	–	–	–	–
353	Deckenbeläge	–	–	–	–
354	Deckenbekleidungen	–	–	–	–
355	Elementierte Deckenkonstruktionen	46,20 m²	15.702,42	339,88	0,6
359	Sonstiges zur KG 350	–	–	–	–
360	**Dächer**	**708,62 m² DAF**	**93.974,58**	**132,62**	**3,4**
361	Dachkonstruktionen	33,00 m²	11.216,02	339,88	0,4
362	Dachöffnungen	3,84 m²	4.078,55	1.062,12	0,1
363	Dachbeläge	671,78 m²	72.562,18	108,01	2,6
364	Dachbekleidungen	–	–	–	–
365	Elementierte Dachkonstruktionen	–	–	–	–
366	Lichtschutz zur KG 360	–	–	–	–
369	Sonstiges zur KG 360	708,62 m² DAF	6.117,82	8,63	0,2
380	**Baukonstruktive Einbauten**	**–**	**–**	**–**	**–**
390	**Sonst. Maßnahmen für Baukonstrukt.**	**1.593,05 m² BGF**	**28.040,03**	**17,60**	**1,0**

Kostenstand: 2. Quartal 2025, Bundesdurchschnitt, **inkl. 19% MwSt.**

Kostenkennwerte für die Kostengruppen 400 der 2. und 3.Ebene DIN 276 (Übersicht)

KG	Kostengruppe	Menge Einheit	Kosten €	€/Einheit	% an 3+4 +Basismod.
400	**Bauwerk – Technische Anlagen**	**1.593,05 m²BGF**	**101.883,90**	**63,96**	**3,7**
410	**Abwasser-, Wasser-, Gasanlagen**	**–**	**–**	**–**	**–**
411	Abwasseranlagen	–	–	–	–
412	Wasseranlagen	–	–	–	–
413	Gasanlagen	–	–	–	–
419	Sonstiges zur KG 410	–	–	–	–
420	**Wärmeversorgungsanlagen**	**1.593,05 m²BGF**	**72.224,35**	**45,34**	**2,6**
421	Wärmeerzeugungsanlagen	1.593,05 m²BGF	72.224,35	45,34	2,6
422	Wärmeverteilnetze	–	–	–	–
423	Raumheizflächen	–	–	–	–
424	Verkehrsheizflächen	–	–	–	–
429	Sonstiges zur KG 420	–	–	–	–
430	**Raumlufttechnische Anlagen**	**1.593,05 m²BGF**	**27.232,82**	**17,09**	**1,0**
431	Lüftungsanlagen	1.593,05 m²BGF	27.232,82	17,09	1,0
432	Teilklimaanlagen	–	–	–	–
433	Klimaanlagen	–	–	–	–
434	Kälteanlagen	–	–	–	–
439	Sonstiges zur KG 430	–	–	–	–
440	**Elektrische Anlagen**	**–**	**–**	**–**	**–**
441	Hoch- und Mittelspannungsanlagen	–	–	–	–
442	Eigenstromversorgungsanlagen	–	–	–	–
443	Niederspannungsschaltanlagen	–	–	–	–
444	Niederspannungsinstallationsanlagen	–	–	–	–
445	Beleuchtungsanlagen	–	–	–	–
446	Blitzschutz- und Erdungsanlagen	–	–	–	–
447	Fahrleitungssysteme	–	–	–	–
449	Sonstiges zur KG 440	–	–	–	–
450	**Kommunikationstechnische Anlagen**	**1.593,05 m²BGF**	**2.426,74**	**1,52**	**0,1**
451	Telekommunikationsanlagen	–	–	–	–
452	Such- und Signalanlagen	–	–	–	–
453	Zeitdienstanlagen	–	–	–	–
454	Elektroakustische Anlagen	–	–	–	–
455	Audiovisuelle Medien- u. Antennenanl.	–	–	–	–
456	Gefahrenmelde- und Alarmanlagen	1.593,05 m²BGF	2.426,74	1,52	0,1
457	Datenübertragungsnetze	–	–	–	–
458	Verkehrsbeeinflussungsanlagen	–	–	–	–
459	Sonstiges zur KG 450	–	–	–	–
460	**Förderanlagen**	**–**	**–**	**–**	**–**
461	Aufzugsanlagen	–	–	–	–
462	Fahrtreppen, Fahrsteige	–	–	–	–
463	Befahranlagen	–	–	–	–
464	Transportanlagen	–	–	–	–
465	Krananlagen	–	–	–	–
466	Hydraulikanlagen	–	–	–	–
469	Sonstiges zur KG 460	–	–	–	–
470	**Nutzungsspez. u. verfahrenstechn. Anl.**	**–**	**–**	**–**	**–**
480	**Gebäude- und Anlagenautomation**	**–**	**–**	**–**	**–**
490	**Sonst. Maßnahmen für techn. Anlagen**	**–**	**–**	**–**	**–**

Kostenkennwerte für die Kostengruppen der 3. Ebene DIN 276

Hinweis zu den Kostenkennwerten:
Für die Kostengliederung der DIN 276 stellen Modulbauten wegen ihrer zwangsläufigen Durchmischung von Kosten der Baukonstruktionen, der technischen Anlagen und der Baunebenkosten einen Sonderfall dar. Abweichend vom BKI-Standard werden die Kosten der Modulbau-Dokumentation deshalb angepasst dargestellt. Die Kosten der Basismodule werden als übergeordneter Preis nur bei der 1. Ebene dargestellt. **Alle Zulagen zu den Basismodulen werden nachfolgend separat bis zur 2. bzw. 3. Ebene der DIN 276 dokumentiert und abgebildet.**

KG	Kostengruppe	Menge Einheit	Kosten €	€/Einheit	%
210	**Herrichten**				**100,0**
214	**Herrichten der Geländeoberfläche**	3.169,00 m² GF	6.424	**2,03**	55,8
	Oberboden abtragen, d=10cm, entsorgen, belastet Z1.2 (500m²)				
215	**Kampfmittelräumung**	3.169,00 m² GF	5.098	**1,61**	44,2
	Zulage für Kampfmittelräumung (psch)				
220	**Öffentliche Erschließung**				**100,0**
221	**Abwasserentsorgung**	3.169,00 m² GF	1.190	**0,38**	2,2
	Kanalanschluss (psch)				
222	**Wasserversorgung**	3.169,00 m² GF	10.281	**3,24**	19,1
	Baukostenzuschuss, Netzanschlusspauschale, Stilllegung, Inbetriebnahme (psch)				
225	**Stromversorgung**	3.169,00 m² GF	36.401	**11,49**	67,5
	Stromanschluss (psch)				
226	**Telekommunikation**	3.169,00 m² GF	6.067	**1,91**	11,2
	Telekommunikationsanschlüsse (psch)				
310	**Baugrube / Erdbau**				**100,0**
311	**Herstellung**	250,00 m³ BGI	3.365	**13,46**	24,8
	Baugrubenaushub, T bis 1,00m, abfahren (200m³), lagern, hinterfüllen (50m³)				
313	**Wasserhaltung**	250,00 m³	10.196	**40,79**	75,2
	Zulage für Bauwasserhaltung (psch)				
320	**Gründung, Unterbau**				**100,0**
322	**Flachgründungen und Bodenplatten**	813,00 m²	73.780	**90,75**	78,1
	Stb-Fundamentplatten, Schalung, Bewehrung, Frostschürzen (813m²)				
325	**Abdichtungen und Bekleidungen**	813,00 m²	20.722	**25,49**	21,9
	Kieskoffer (813m²)				
330	**Außenwände/Vertikale Baukonstruktionen, außen**				**100,0**
335	**Außenwandbekleidungen, außen**	1.583,00 m²	91.750	**57,96**	90,9
	Zulagen zur Basisausführung für Putzfassade (933m²), mit intensiven Farben (650m²)				

KG	Kostengruppe	Menge Einheit	Kosten €	€/Einheit	%
339	**Sonstiges zur KG 330**	1.583,00 m² AWF	9.177	**5,80**	9,1
	Zulagen zur Basisausführung für Stahl-Absturzsicherungen, Flachstahlrahmen, Füllstäbe, lackiert (18St)				
340	**Innenwände/Vertikale Baukonstruktionen, innen**				**100,0**
341	**Tragende Innenwände**	230,00 m²	586	**2,55**	4,4
	Zulage zur Basisausführung für Wandverstärkungen (230m²)				
346	**Elementierte Innenwandkonstruktionen**	28,38 m²	12.745	**449,10**	95,6
	Zulage zur Basisausführung für mobile Trennwand (28m²)				
350	**Decken/Horizontale Baukonstruktionen**				**100,0**
355	**Elementierte Deckenkonstruktionen**	46,20 m²	15.702	**339,88**	100,0
	Zulagen zur Basisausführung für vorgestellte Stahlbalkone, Stützen, Flachstahlrahmen, Stahlgeländer (46m²)				
360	**Dächer**				**100,0**
361	**Dachkonstruktionen**	33,00 m²	11.216	**339,88**	11,9
	Zulagen zur Basisausführung für Stahl-Vordächer (33m²)				
362	**Dachöffnungen**	3,84 m²	4.079	**1.062,12**	4,3
	Zulagen zur Basisausführung für Dachausstiege (4St)				
363	**Dachbeläge**	671,78 m²	72.562	**108,01**	77,2
	Zulagen zur Basisausführung für extensive Begrünung, Kiesschüttung (651m²), für Dachterrasse (21m²)				
369	**Sonstiges zur KG 360**	708,62 m² DAF	6.118	**8,63**	6,5
	Zulagen zur Basisausführung für Stahlgeländer, Flachstahlrahmen, Füllstäbe, lackiert (48m)				
390	**Sonstige Maßnahmen für Baukonstruktionen**				**100,0**
391	**Baustelleneinrichtung**	1.593,05 m² BGF	28.040	**17,60**	100,0
	Baustelleneinrichtung (psch), Kiesauffüllung in Teilbereichen (500m²)				
420	**Wärmeversorgungsanlagen**				**100,0**
421	**Wärmeerzeugungsanlagen**	1.593,05 m² BGF	72.224	**45,34**	100,0
	Zulagen zur Basisausführung für Wasser-Wasser-Wärmepumpe (psch)				
430	**Raumlufttechnische Anlagen**				**100,0**
431	**Lüftungsanlagen**	1.593,05 m² BGF	27.233	**17,09**	100,0
	Zulagen zur Basisausführung für Lüftungsanlagen, für Gemeindesaal (psch), für innenliegende Bäder (psch)				
450	**Kommunikations-, sicherheits- und informationstechnische Anlagen**				**100,0**
456	**Gefahrenmelde- und Alarmanlagen**	1.593,05 m² BGF	2.427	**1,52**	100,0
	Zulagen zur Basisausführung für RWA-Anlage, für Haus 1, Treppenhaus (1St)				

6100-1747
Wohnanlage
(4 Gebäude, 15 WE)
Gemeindesaal
(50 Sitzplätze)

KG	Kostengruppe	Menge Einheit	Kosten €	€/Einheit	%
510	**Erdbau**				**100,0**
511	**Herstellung**	–	49.196	**–**	100,0
	Bodenarbeiten (2.272m²)				
530	**Oberbau, Deckschichten**				**100,0**
533	**Plätze, Höfe, Terrassen**	–	70.715	**–**	100,0
	Oberbau, Deckschichten (psch)				
550	**Technische Anlagen**				**100,0**
551	**Abwasseranlagen**	2.271,59 m²AF	106.117	**46,71**	60,3
	Gebäudeentwässerung, Oberflächenentwässerung (psch)				
554	**Wärmeversorgungsanlagen**	2.271,59 m²AF	56.250	**24,76**	32,0
	Brunnenanlage für Wärmepumpe (psch)				
556	**Elektrische Anlagen**	2.271,59 m²AF	13.663	**6,01**	7,8
	Starkstromanlagen (psch)				
590	**Sonstige Maßnahmen für Außenanlagen und Freiflächen**				**100,0**
591	**Baustelleneinrichtung**	2.271,59 m²AF	42.846	**18,86**	100,0
	Baustelleneinrichtung (psch)				

Kostenkennwerte für Leistungsbereiche nach STLB (Bauwerkskosten nach DIN 276 + Basismodule)

Hinweis zu den Leistungsbereichen:
Für die Kostengliederung nach STLB stellen Modulbauten wegen ihrer zwangsläufigen Durchmischung von Kosten der Baukonstruktionen, der technischen Anlagen und der Baunebenkosten einen Sonderfall dar. Abweichend vom BKI-Standard werden die Kosten der Modulbau-Dokumentation deshalb angepasst dargestellt. Die Kosten der Basismodule werden als Gesamtpreis bei dem Leistungsbereich dargestellt, der die Tragkonstruktion bildet. **Alle Zulagen zu den Basismodulen werden separat nach STLB in den einzelnen Leistungsbereichen dokumentiert und abgebildet.**

LB	Leistungsbereiche	Kosten €	€/m² BGF	€/m³ BRI	% an 3+4 +Basismod.
000	Baustellen-, Verkehrssich.- u. Sicherh.einr. inkl. 001	28.040	17,60	5,20	1,0
002	Erdarbeiten	3.365	2,10	0,62	0,1
008	Wassererhaltungsarbeiten	14.644	9,20	2,70	0,4
009	Entwässerungskanalarbeiten inkl. 011	–	–	–	–
010	Drän- und Versickerarbeiten	–	–	–	–
012	Mauerarbeiten	586	0,37	0,11	< 0,1
012	Mauerarbeiten - **Basismodule**	2.317.467	1.454,74	429,39	83,4
013	Betonarbeiten	94.502	59,30	17,50	3,4
014	Natur-, Betonwerksteinarbeiten	–	–	–	–
016	Zimmer- und Holzbauarbeiten	–	–	–	–
017	Stahlbauarbeiten	–	–	–	–
020	Dachdeckungsarbeiten	–	–	–	–
021	Dachabdichtungsarbeiten	76.641	48,10	14,20	2,8
022	Klempnerarbeiten	–	–	–	–
	Rohbau mit Basismodulen	**2.530.797**	**1.588,60**	**468,90**	**91,1**
023	Putz- und Stuckarbeiten, Wärmedämmsysteme	91.750	57,60	17,00	3,3
024	Fliesen- und Plattenarbeiten	–	–	–	–
025	Estricharbeiten	–	–	–	–
026	Fenster, Außentüren inkl. 029, 032	–	–	–	–
027	Tischlerarbeiten	–	–	–	–
028	Parkett-, Holzpflasterarbeiten	–	–	–	–
030	Rollladenarbeiten	–	–	–	–
031	Metallbauarbeiten inkl. 035	42.213	26,50	7,80	1,5
034	Maler- und Lackiererarb. – Beschicht. inkl. 037	–	–	–	–
036	Bodenbelagarbeiten	–	–	–	–
038	Vorgehängte hinterlüftete Fassaden	–	–	–	–
039	Trockenbauarbeiten	12.745	8,00	2,40	0,5
	Ausbau	**146.709**	**92,10**	**27,20**	**5,3**
040	Wärmeversorgungsanl. – Betriebseinr. inkl. 041	72.224	45,30	13,40	2,6
042	Gas- u. Wasseranl. – Leitung., Armat. inkl. 043	–	–	–	–
044	Abwasseranl. – Leitungen, Abläufe, Armaturen	–	–	–	–
045	Gas, Wasser, Entwässerung – Ausstattung inkl. 046	–	–	–	–
047	Dämm- und Brandschutzarb. an techn. Anlagen	–	–	–	–
050	Blitzschutz-/Erdungsanlagen, Überspannungssch.	–	–	–	–
053	Niederspannungsanl. – Kabel inkl. 052, 054	–	–	–	–
055	Sicherheits- u. Ersatzstromversorgungsanl.	–	–	–	–
058	Leuchten und Lampen inkl. 059	–	–	–	–
061	Kommunikations- u. Übertragungsnetze inkl. 063	2.427	1,50	0,45	< 0,1
070	Gebäudeautomation	–	–	–	–
075	Raumlufttechnische Anlagen inkl. 078	27.233	17,10	5,00	1,0
	Gebäudetechnik	**101.884**	**64,00**	**18,90**	**3,7**

6200-0135
Übergangswohnheim
(48 Betten)

Kostenkennwerte für die Kosten des Bauwerks (Kostengruppen 300+400 nach DIN 276)

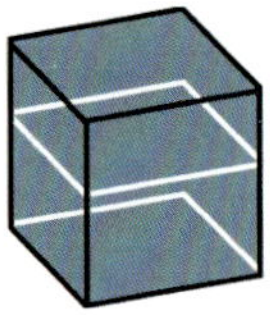

BRI 1.029 €/m³

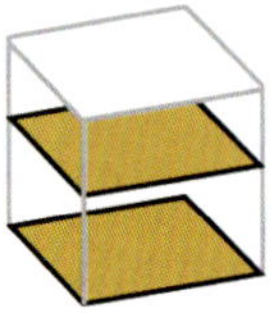

BGF 3.323 €/m²

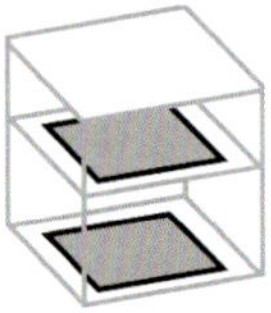

NUF 4.366 €/m²

- **Holz-Raumzellen**
  Stahlbeton-Raumzellen
  Stahl-Raumzellen
  Ziegel-Raumzellen

Konstruktionsart

Objekt:
Kennwerte: 1.Ebene DIN 276
BRI: 2.559 m³
BGF: 792 m²
NUF: 603 m²
Bauzeit: 31 Wochen
Bauende: 2023
Standard: mittel
Bundesland: Nordrhein-Westfalen
Kreis: Viersen

Architekt*in:
W. u. J. Derix
GmbH & Co.
Dam 63
41372 Niederkrüchten

Bauherr*in:
Gemeinde Schwalmtal
Markt 20
41366 Schwalmtal

Ausführung:
W. u. J. Derix
GmbH & Co.
Dam 63
41372 Niederkrüchten

Zeichnungen

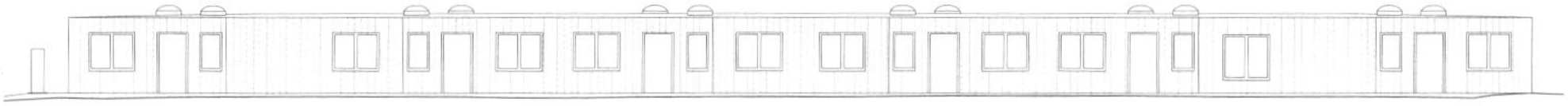

Ansicht West

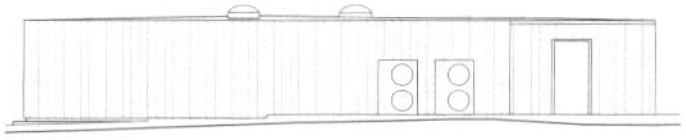

Ansicht Nord

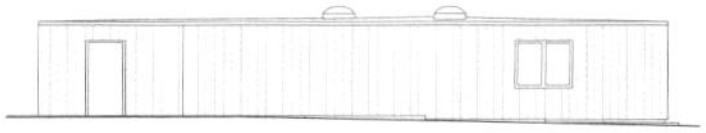

Ansicht Süd

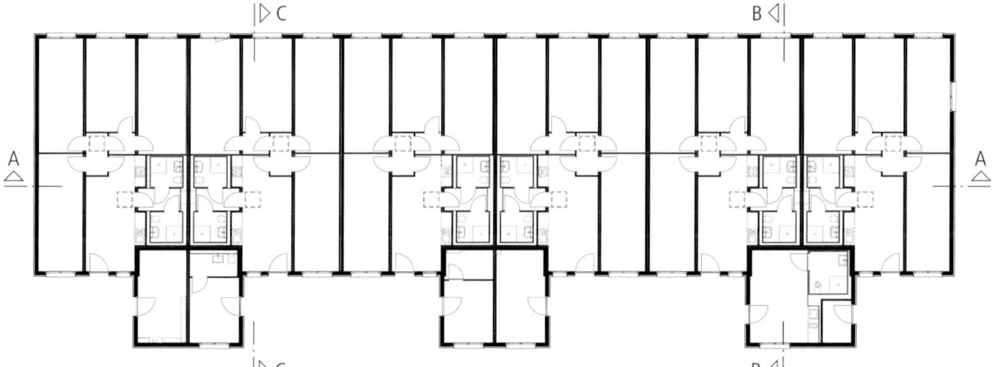

Erdgeschoss

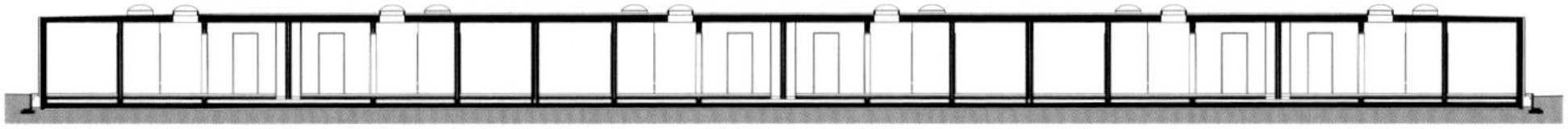

Schnitt A-A

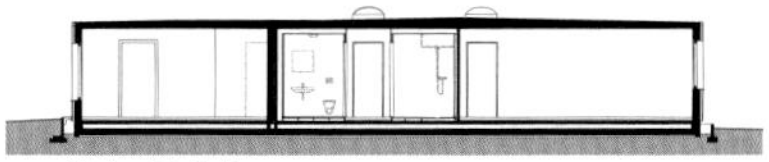

Schnitt B-B

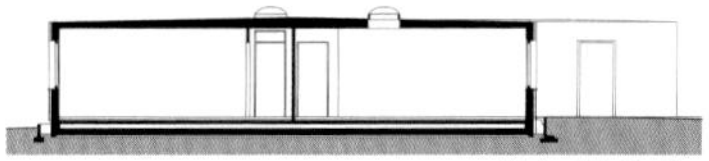

Schnitt C-C

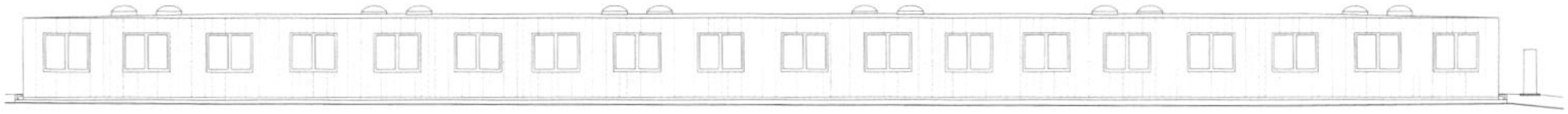

Ansicht Ost

Objektbeschreibung

Allgemeine Objektinformationen

Das eingeschossige Unterkunftsgebäude mit 48 Betten wurde parallel zu einem Bestandgebäude mit 44 Betten auf dem Grundstück positioniert. Das Gebäude hat eine Größe von ca. 52x13 bzw. 17m. Die sechs Wohnungen sind paarweise gespiegelt und haben einen zentralen Aufenthaltsraum mit Küche, von dem jeweils vier Zimmer und zwei Bäder abgehen. Die östliche Gebäudeseite wird zur Erschließung der Wohnungen genutzt und ist durch die hervorstehenden Nebenräume zoniert. Entlang des Fußwegs sind zudem die Fahrrad- und Mopedstellplätze sowie der Grillplatz und die Tischgruppen mit Überdachung angeordnet.

Nutzung

1 Erdgeschoss
Wohnräume, Aufenthaltsräume, Hausmeisterräume, Bäder, Wasch- und Trockenräume, Lagerräume, Hausanschlussraum, Technikräume

Nutzeinheiten

Betten: 48
Wohneinheiten: 6
Wohnfläche: 613 m^2

Grundstück

Bauraum: Freier Bauraum
Neigung: Ebenes Gelände
Bodenklasse: BK 1 bis BK 4

Markt

Hauptvergabezeit: 2. Quartal 2022
Baubeginn: 2. Quartal 2023
Bauende: 4. Quartal 2023
Konjunkturelle Gesamtlage: Durchschnitt
Regionaler Baumarkt: unter Durchschnitt

Baukonstruktion

Das Gebäude besteht aus 24 Holzmodulen, hergestellt aus Brettsperrholz und Brettschichtholz. Die Gründung erfolgt über eine Stahlbetonbodenplatte. Zwischen der Stb-Bodenplatte und den Holzmodulen wurde ein Nivellement hergestellt, welches gleichzeitig als Dämm- und Installationsebene dient. Die Holzmodule sind zu ca. 80% im Werk vorgefertigt, inklusive Fertigbädern, vorinstallierter Elektroinstallation inkl. Leuchten, Schaltern und Steckdosen sowie Fenstern und der Fassade. Die für den Transport witterungsgeschützten Module wurden vor Ort nur noch platziert. Im Anschluss fand die Montage der Dachkonstruktion über alle Module hinweg statt, die Fugen zwischen den Modulen wurden geschlossen und die Fassadenhölzer ergänzt. Im Innenraum wurden alle Medien verbunden und ein Fußbodenaufbau hergestellt. Die Wand- und Deckenoberflächen sind in allen Bereichen - außer den Nassbereichen - als Sichtholzoberflächen ausgeführt. Es sind Holzfenster mit elektrischen Rollläden verbaut.

Technische Anlagen

Die zentrale Haustechnik ist im Hausanschlussraum aufgestellt und über Trassen auf der Stb-Bodenplatte in die einzelnen Wohnungen geführt. Die Wärmeerzeugung für Heizungswärme und Brauchwasser wird durch Luft-Wasser-Wärmepumpen und Elektrospeicher gewährleistet. Die Wärmeverteilung erfolgt über eine Fußbodenheizung im Nassestrich in den Wohnräumen und in den Fertigbädern mit elektrischen Handtuchheizkörpern. Jede Wohnung besitzt eine eigene Elektro-Unterverteilung. Die Beleuchtung erfolgt über LED-Deckenlampen im Innen- und Wandleuchten im Außenbereich. Auf der Dachfläche wurde eine PV-Anlage in Ost/West Ausrichtung mit einer Leistung von 90kWp mit 32kWh Batteriespeicher montiert.

Sonstiges

Der Modulhersteller wurde als Totalunternehmer mit der Planung und Ausführung des Bauvorhabens beauftragt.

Energetische Kennwerte

Gesetzliche Grundlage: GEG 2020
Gebäudevolumen: 2.363,01 m^3
A/V_e-Verhältnis (Kompaktheit): 0,87 m^{-1}
Hüllfläche des beheizten Volumens: 2.049,71 m^2
Spez. Transmissionswärmeverlust: 0,31 W/($m^2 \cdot K$)
Spez. Jahresprimärenergiebedarf: 33,90 kWh/($m^2 \cdot a$)
CO_2-Emissionen: 10,50 kg/($m^2 \cdot a$)

Planungskennwerte für Flächen und Rauminhalte nach DIN 277

Flächen des Grundstücks		Menge Einheit	% an GF
BF	Bebaute Fläche	792,29 m^2	19,6
UF	Unbebaute Fläche	3.258,71 m^2	80,4
GF	Grundstücksfläche	4.051,00 m^2	100,0

Grundflächen des Bauwerks		Menge Einheit	% an NUF	% an BGF
NUF	Nutzungsfläche	603,01 m^2	100,0	76,1
TF	Technikfläche	23,03 m^2	3,8	2,9
VF	Verkehrsfläche	48,18 m^2	8,0	6,1
NRF	Netto-Raumfläche	674,22 m^2	111,8	85,1
KGF	Konstruktions-Grundfläche	118,07 m^2	19,6	14,9
BGF	Brutto-Grundfläche	792,29 m^2	131,4	100,0

Brutto-Rauminhalt des Bauwerks		Menge Einheit	BRI/NUF (m)	BRI/BGF (m)
BRI	Brutto-Rauminhalt	2.559,10 m^3	4,24	3,23

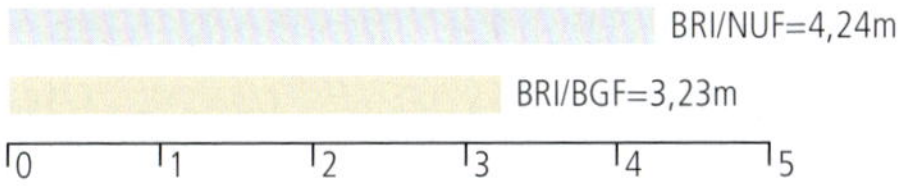

Objekte
3. Ebene
Positionen Neubau

Kostenkennwerte für die Kostengruppen der 1. Ebene DIN 276

KG	Kostengruppen (1. Ebene)	Einheit	Kosten €	€/Einheit	€/m² BGF	€/m³ BRI	% 300+400
100	Grundstück	m² GF	–	–	–	–	–
200	Vorbereitende Maßnahmen	m² GF	–	–	–	–	–
300	Bauwerk – Baukonstruktionen	m² BGF	1.805.085	2.278,31	2.278,31	705,36	68,6
400	Bauwerk – Technische Anlagen	m² BGF	827.502	1.044,44	1.044,44	323,36	31,4
	Bauwerk 300+400	**m² BGF**	**2.632.587**	**3.322,76**	**3.322,76**	**1.028,72**	**100,0**
500	Außenanlagen und Freiflächen	m² AF	–	–	–	–	–
600	Ausstattung und Kunstwerke	m² BGF	–	–	–	–	–
700	Baunebenkosten	m² BGF	–	–	–	–	–
800	Finanzierung	m² BGF	–	–	–	–	–

KG	Kostengruppe	Menge Einheit	Kosten €	€/Einheit	%
3+4	**Bauwerk**				**100,0**
300	**Bauwerk – Baukonstruktionen**	792,29 m² BGF	1.805.085	**2.278,31**	68,6

Baugrubenaushub; Stb-Bodenplatte, Heizestrich, Linoleum, Abdichtung, Kiesfilterschicht, Dämmung; Modulbauelemente in Brettschichtholz und Brettsperrholzplatten, Holzfenster, Wärmedämmung, hinterlüftete Lärchenholzfassade, elektrische Rollläden; Innenwände als Modulbauelemente in Brettschichtholz und Brettsperrholzplatten, Bäder als Fertignasszellen; Modulbauelemente mit Brettsperrholz-Stapeldach, Oberlichter, Gefälledämmung, Abdichtung, außenliegende Entwässerung; Warn- und Hinweisschilder

KG	Kostengruppe	Menge Einheit	Kosten €	€/Einheit	%
400	**Bauwerk – Technische Anlagen**	792,29 m² BGF	827.502	**1.044,44**	31,4

Gebäudeentwässerung, Kalt- und Warmwasserleitungen, Sanitärobjekte; Luft-Wasser-Wärmepumpe, Fußbodenheizung, zentrale elektrische Warmwasserbereitung; mechanische Be- und Entlüftung; Elektroinstallation, PV-Anlage mit Batteriespeicher, Beleuchtung, Blitzschutzanlage; Satellitenanlage; Feuerlöscher

6200-0136
Übergangswohnheim
(120 Betten)

Kostenkennwerte für die Kosten des Bauwerks (Kostengruppen 300+400 nach DIN 276)

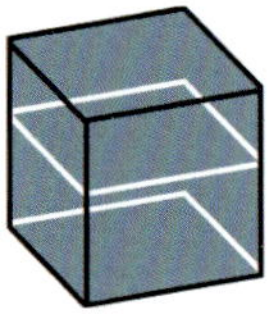

BRI 741 €/m³

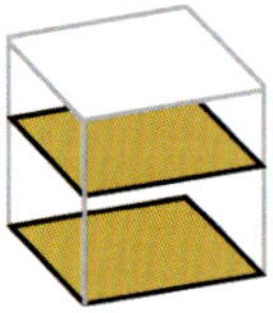

BGF 2.504 €/m²

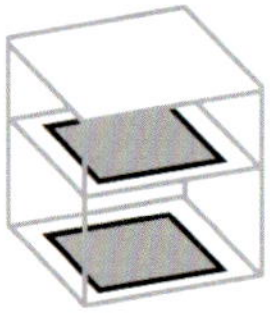

NUF 3.487 €/m²

- **Holz-Raumzellen**

Stahlbeton-Raumzellen
Stahl-Raumzellen
Ziegel-Raumzellen

Konstruktionsart

Objekt:
Kennwerte: 1.Ebene DIN 276
BRI: 4.223 m³
BGF: 1.250 m²
NUF: 898 m²
Bauzeit: 30 Wochen
Bauende: 2024
Standard: mittel
Bundesland: Nordrhein-Westfalen
Kreis: Wesel

Architekt*in:
LPH 1-4
Dienstleistungsbetrieb
Stadt Xanten
Karthaus 2
46509 Xanten

LPH 5-9
W. u. J. Derix
GmbH & Co.
Dam 63
41372 Niederkrüchten

Bauherr*in:
Dienstleistungsbetrieb
Stadt Xanten
Karthaus 2
46509 Xanten

Ausführung:
W. u. J. Derix
GmbH & Co
Dam 63
41372 Niederkrüchten

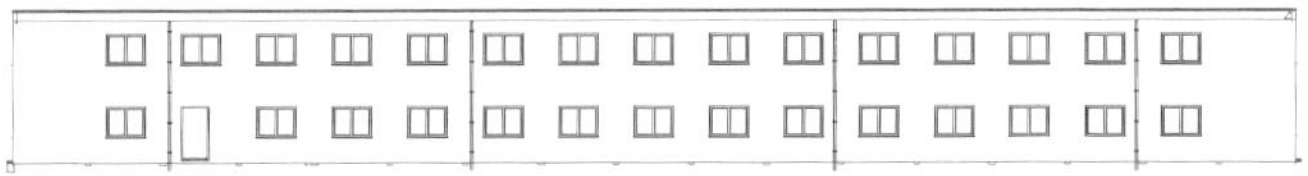
Ansicht Nord

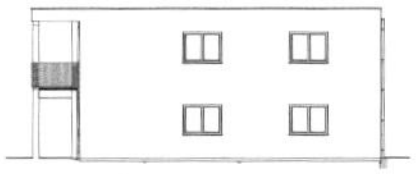
Ansicht Ost

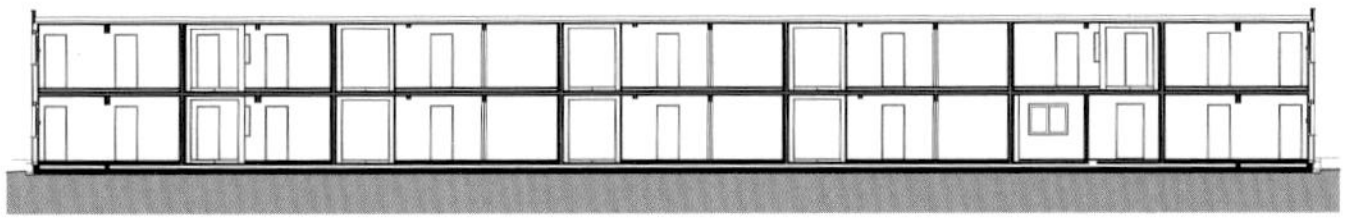
Schnitt A-A

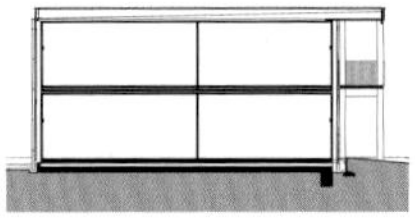
Schnitt C-C

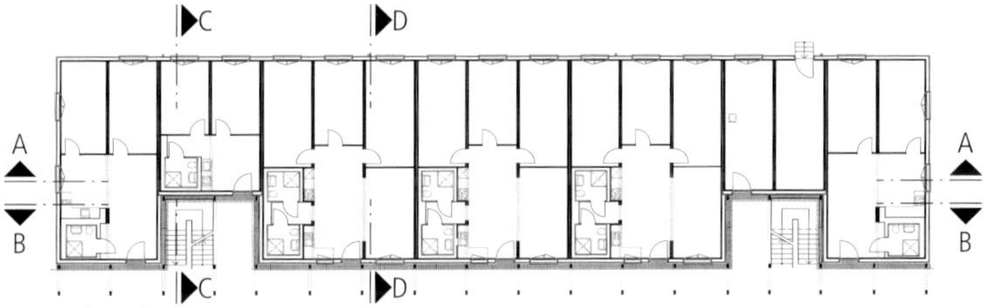

Erdgeschoss

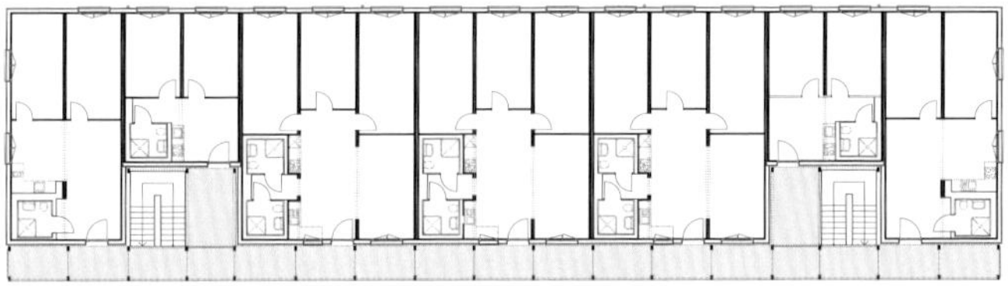
Obergeschoss

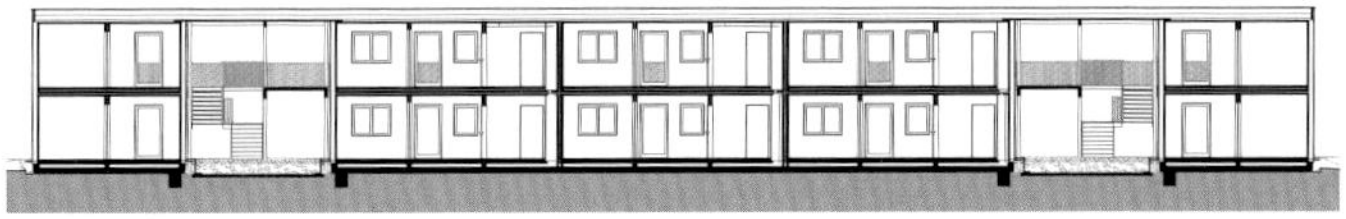
Schnitt B-B

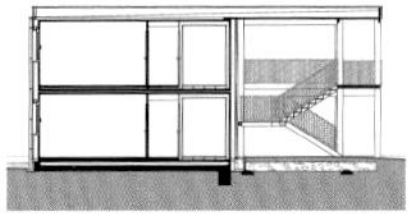
Schnitt D-D

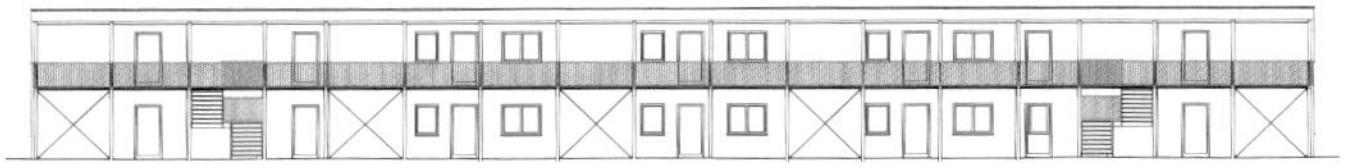
Ansicht Süd

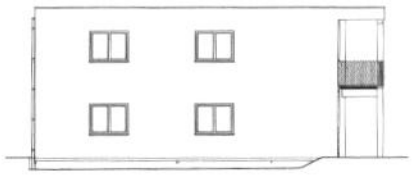
Ansicht West

Objektbeschreibung

Allgemeine Objektinformationen

Das Gebäude (Grundfläche 51x12m) ist zweigeschossig und erhielt zwei außenliegende Treppen und einen Laubengang, der zur Erschließung der oberen Wohnungen dient. Alle Wohnungen werden direkt vom Freien aus erschlossen. Die 2-4 Zimmerwohnungen verfügen über Wohnbereiche, Küchen und Bäder sowie Schlafräume für die Bewohner. Der Hausanschluss- und Technikraum sind von der Rückseite erdgeschossig zugänglich.

Nutzung

1 Erdgeschoss
Wohnräume, Aufenthaltsräume, Büroräume, Bäder, Waschraum, Hausanschlussraum, Treppen

1 Obergeschoss
Wohnräume, Aufenthaltsräume, Bäder, Laubengang

Nutzeinheiten

Betten: 120
Wohnfläche: 898 m^2

Grundstück

Bauraum: Freier Bauraum
Neigung: Ebenes Gelände
Bodenklasse: BK 1 bis BK 4

Markt

Hauptvergabezeit: 2. Quartal 2023
Baubeginn: 3. Quartal 2023
Bauende: 2. Quartal 2024
Konjunkturelle Gesamtlage: Durchschnitt
Regionaler Baumarkt: Durchschnitt

Baukonstruktion

Das Gebäude besteht aus 34 Holzmodulen, hergestellt aus Brettsperrholz und Brettschichtholz. Alle tragenden Bauteile sind gemäß „Anforderungen an den Brandschutz bei der Unterbringung von Flüchtlingen in Raumzellengebäuden in Holzbauweise" in der Gebäudeklasse 3 feuerhemmend ausgeführt. Es wurde auf einer Stb-Bodenplatte gegründet und ist barrierefrei zugänglich. Zwischen der Bodenplatte und den Holzmodulen wurde ein Nivellement hergestellt, welches gleichzeitig als Dämm- und Installationsebene dient. Die Holzmodule wurden im Werk zu ca. 70% vorgefertigt. Der Ausbau beinhaltet den Einbau vorgefertigter Bäder, vorinstallierte Elektroinstallationen inkl. Leuchten, Schalter und Steckdosen sowie Fenster und Dämmebene.

Technische Anlagen

Die zentrale Haustechnik wurde im HA-Raum aufgestellt und über Trassen und in Vertikalschächten in die einzelnen Wohnungen geführt. Die Wärmeerzeugung für die Heizungswärme und das Brauchwasser erfolgt durch Fernwärme, eine Fußbodenheizung verteilt die Wärme in den Wohnräumen. In den Bädern hängen zusätzlich elektrische Wandheizkörper. Die Bäder wurden bereits im Werk so vormontiert, dass vor Ort nur noch die Medien angeschlossen werden mussten. Jede Wohneinheit besitzt eine eigene Elektro-Unterverteilung.

Sonstiges

Die für den Transport witterungsgeschützten Module wurden vor Ort nur noch platziert. Nach erfolgter Montage wurden alle Stoßbereiche zwischen den Modulen geschlossen und die Fassadenbekleidung aus Mineralwolleplatten ergänzt. Die Dachkonstruktion wurde im Anschluss über alle Module hinweg montiert. Im Innenraum wurden alle Medien verbunden und der Fußbodenaufbau hergestellt. Auf der Dachfläche kann nachträglich ein PV-Anlage installiert werden.

Energetische Kennwerte

Gesetzliche Grundlage: GEG 2020
Gebäudenutzfläche: 1.058,40 m^2
Gebäudevolumen: 3.307,60 m^3
A/V_e-Verhältnis (Kompaktheit): 0,59 m^{-1}
Hüllfläche des beheizten Volumens: 1.946,00 m^2
Spez. Transmissionswärmeverlust: 0,33 W/(m^2·K)
Spez. Jahresprimärenergiebedarf: 42,70 kWh/(m^2·a)
CO_2-Emissionen: 12,15 kg/(m^2·a)

Energetische Angaben zu Außenbauteilen

Bodenplatte ohne Keller

U-Wert: 0,21 W/(m²·K)

Gesamtdicke: 52,51 cm	d [cm]	λ [W/(m·K)]
Estrich	7,00	1,400
PE-Folie	0,01	2,300
Dämmung	3,00	0,040
Brettsperrholz	10,00	0,130
Holz	12,00	0,130
Dämmung	12,00	0,035
Abdichtung	0,50	0,170
Stahlbeton	20,00	2,300

Außenwand hinterlüftet

U-Wert: 0,21 W/(m²·K)

Gesamtdicke: 24,02 cm	d [cm]	λ [W/(m·K)]
Brettsperrholz	8,00	0,130
Holz	16,00	0,130
Dämmung	16,00	0,035
Fassadenbahn	0,02	0,170

Dach

U-Wert: 0,24 W/(m²·K)

Gesamtdicke: 20,90 cm	d [cm]	λ [W/(m·K)]
Brettsperrholz	8,00	0,130
Dampfsperre	0,40	0,170
Dämmung	12,00	0,035
Abdichtung	0,50	0,170

6200-0136
Übergangswohnheim
(120 Betten)

Planungskennwerte für Flächen und Rauminhalte nach DIN 277

Flächen des Grundstücks		Menge Einheit	% an GF
BF	Bebaute Fläche	2.801,31 m²	17,6
UF	Unbebaute Fläche	13.140,69 m²	82,4
GF	Grundstücksfläche	15.942,00 m²	100,0

Grundflächen des Bauwerks		Menge Einheit	% an NUF	% an BGF
NUF	Nutzungsfläche	897,80 m²	100,0	71,8
TF	Technikfläche	20,49 m²	2,3	1,6
VF	Verkehrsfläche	156,87 m²	17,5	12,5
NRF	Netto-Raumfläche	1.075,16 m²	119,8	86,0
KGF	Konstruktions-Grundfläche	175,22 m²	19,5	14,0
BGF	Brutto-Grundfläche	1.250,38 m²	139,3	100,0

Brutto-Rauminhalt des Bauwerks		Menge Einheit	BRI/NUF (m)	BRI/BGF (m)
BRI	Brutto-Rauminhalt	4.223,00 m³	4,70	3,38

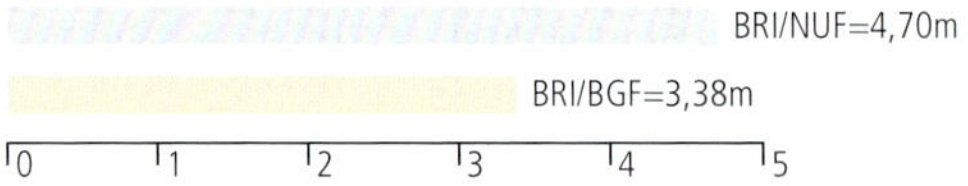

Kostenkennwerte für die Kostengruppen der 1. Ebene DIN 276

KG	Kostengruppen (1. Ebene)	Einheit	Kosten €	€/Einheit	€/m² BGF	€/m³ BRI	% 300+400
100	Grundstück	m² GF	–	–	–	–	–
200	Vorbereitende Maßnahmen	m² GF	–	–	–	–	–
300	Bauwerk – Baukonstruktionen	m² BGF	2.490.698	1.991,95	1.991,95	589,79	79,6
400	Bauwerk – Technische Anlagen	m² BGF	640.000	511,84	511,84	151,55	20,4
	Bauwerk 300+400	**m² BGF**	**3.130.698**	**2.503,80**	**2.503,80**	**741,34**	**100,0**
500	Außenanlagen und Freiflächen	m² AF	–	–	–	–	–
600	Ausstattung und Kunstwerke	m² BGF	–	–	–	–	–
700	Baunebenkosten	m² BGF	–	–	–	–	–
800	Finanzierung	m² BGF	–	–	–	–	–

KG	Kostengruppe	Menge Einheit	Kosten €	€/Einheit	%
3+4	**Bauwerk**				**100,0**
300	**Bauwerk – Baukonstruktionen**	1.250,38 m² BGF	2.490.698	**1.991,95**	79,6

Baugrubenaushub; Stb-Bodenplatte, Dämmung, Heizestrich, Vinyl, Abdichtung, Kiesfilterschicht, Dämmung; Modulbauelemente in Brettschichtholz/Brettsperrholzplatten, Holzfenster, Eingangstüre, verglast, Wärmedämmung, hinterlüftete HPL-Vorhangfassade, Rollläden; Innenwände als Modulbauelemente in Brettschichtholz/Brettsperrholzplatten, Oberflächenfertig, Holztüren, Stahlumfassungszargen, Fertignasszellen; vorgestellte Stahlkonstruktion als Laubengang mit Beton-Lauffläche, Stahltreppe; Modulbauelemente mit Brettsperrholzdach, Oberlichter, Gefälledämmung, Abdichtung, außenliegende Dachentwässerung; Einbauküchen

KG	Kostengruppe	Menge Einheit	Kosten €	€/Einheit	%
400	**Bauwerk – Technische Anlagen**	1.250,38 m² BGF	640.000	**511,84**	20,4

Gebäudeentwässerung, Kalt- und Warmwasserleitungen, Sanitärobjekte; Fernwärme, Fußbodenheizung, Badheizkörper; mechanische Be- und Entlüftung; Elektroinstallation, Beleuchtung, Blitzschutzanlage; Satellitenanlage; Brandwarnanlage

6600-0038
Gästehaus
Seminarhotel
(28 Betten)

Kostenkennwerte für die Kosten des Bauwerks (Kostengruppen 300+400 nach DIN 276)

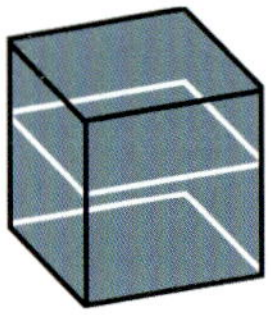

BRI 825 €/m³

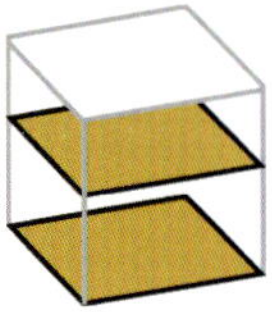

BGF 2.618 €/m²

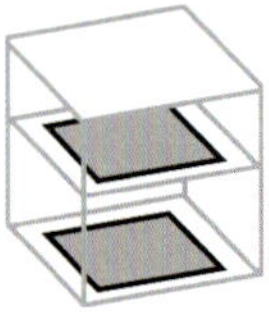

NUF 3.572 €/m²

- **Holz-Raumzellen**
- Stahlbeton-Raumzellen
- Stahl-Raumzellen
- Ziegel-Raumzellen

Konstruktionsart

Objekt:
Kennwerte: 1.Ebene DIN 276
BRI: 2.463 m³
BGF: 776 m²
NUF: 569 m²
Bauzeit: 22 Wochen
Bauende: 2024
Standard: mittel
Bundesland: Hessen
Kreis: Rheingau-Taunus-Kreis

Architekt*in:
A-Z Architekten BDA
Schwalbacher Str. 93
65183 Wiesbaden

Bauherr*in:
Caroline Engel
Schulstraße 4
65388 Schlangenbad

© A-Z Architekten BDA

© A-Z Architekten BDA

© A-Z Architekten BDA

© A-Z Architekten BDA

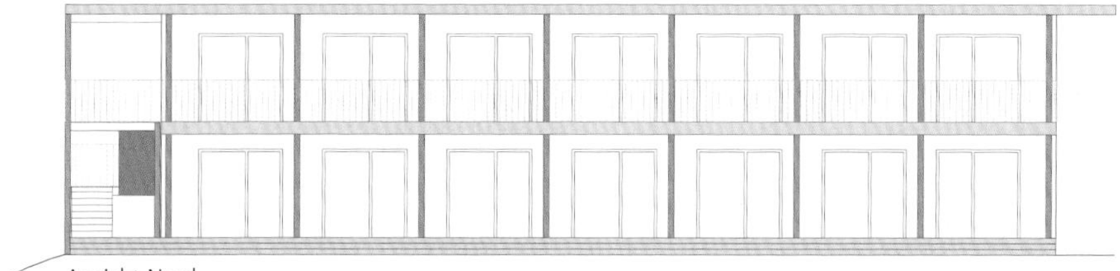

Ansicht Nord

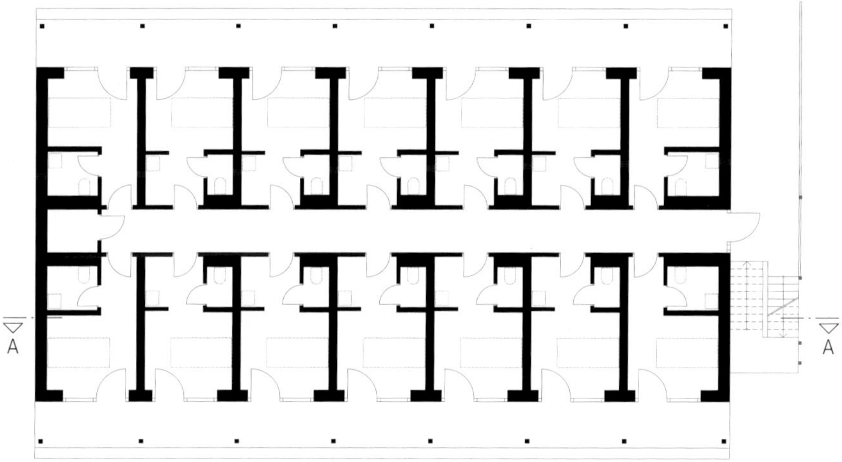

Erdgeschoss

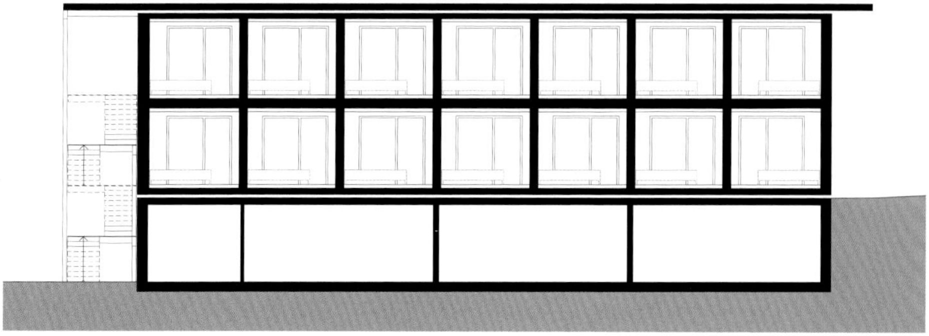

Schnitt A-A

Objektbeschreibung

Allgemeine Objektinformationen

Das nachhaltige Gästehaus mit 28 Betten aus vorgefertigten Holzmodulen ist eine Erweiterung des langjährig genutzten Seminarhauses und bietet nun ausreichend Platz für Interessierte. Die Wirtschaftlichkeit der Vorfertigung machte sich bei diesem Projekt besonders bemerkbar. Innerhalb weniger Monate konnte der gesamte Neubau fertiggestellt werden.

Nutzung

1 Untergeschoss
Duschen, WCs, Waschraum, Lagerräume, Hausanschlussraum

1 Erdgeschoss
Gästezimmer mit Bädern, Hauswirtschaftsraum, Terrassen

1 Obergeschoss
Gästezimmer mit Bädern, Hauswirtschaftsraum, Balkone

Nutzeinheiten

Betten: 28

Grundstück

Bauraum: Beengter Bauraum
Neigung: Geneigtes Gelände
Bodenklasse: BK 5

Markt

Hauptvergabezeit: 4. Quartal 2022
Baubeginn: 3. Quartal 2023
Bauende: 1. Quartal 2024
Konjunkturelle Gesamtlage: unter Durchschnitt
Regionaler Baumarkt: unter Durchschnitt

Baukonstruktion

Das Gebäude wurde im UG mit Beton-Fertigteilen errichtet, die auf der Baustelle fertig montiert wurden. Die aufgehenden Geschosse sind in Holzmodulbauweise errichtet, bei der jeweils zwei Einzelzimmer pro Modul errichtet wurden. Die Holzmodule wurden in der Werkhalle vorgefertigt, auf der Baustelle montiert und angeschlossen.

Technische Anlagen

Das Gebäude wird mit einer Luft-Wasser-Split-Wärmepumpe beheizt. Zusätzlich wurde eine PV-Anlage mit 35,64 kWp (88 Module) ausgeführt, ein Energiespeicher, ein Batteriespeicher, eine Fußbodenheizung sowie ein Gas-Brennwertgerät zur Unterstützung bei der Warmwasserbereitung.

Sonstiges

Durch die Vorfertigung der Module war es nach zweiwöchiger Montage vor Ort möglich, alle Elektro- und Sanitärarbeiten zu erledigen. Die gesamte Möblierung, die sanitären Anlagen und Leerrohre für Elektro und Sanitär wurden ebenfalls mit den Modulen aus der Werkstatt an die Baustelle transportiert und mussten vor Ort lediglich installiert werden.

Energetische Kennwerte

Gesetzliche Grundlage: GEG 2020
Gebäudenutzfläche: 485,00 m^2
Gebäudevolumen: 1.515,04 m^3
A/V_e-Verhältnis (Kompaktheit): 0,63 m^{-1}
Hüllfläche des beheizten Volumens: 947,40 m^2
Mittlerer U-Wert (opake Bauteile): 0,15 $W/(m^2 \cdot K)$
Mittlerer U-Wert (transparente Bauteile): 0,95 $W/(m^2 \cdot K)$
Mittlerer U-Wert (Glasdächer, etc.): 1,10 $W/(m^2 \cdot K)$
Spez. Jahresprimärenergiebedarf: 86,64 $kWh/(m^2 \cdot a)$

Energetische Angaben zu Außenbauteilen

Bodenplatte

U-Wert: 0,19 W/(m²·K)

Gesamtdicke: 26,55 cm	d [cm]	λ [W/(m·K)]
OSB-Platte	1,50	0,130
Dampfbremse	0,05	0,500
Dämmung	25,00	0,040
Holz	25,00	0,130

Außenwand

U-Wert: 0,18 W/(m²·K)

Gesamtdicke: 29,05 cm	d [cm]	λ [W/(m·K)]
GK-Platte	1,25	0,250
GK-Platte	1,25	0,250
Dämmung	5,00	0,035
Holz	5,00	0,130
Dampfbremse	0,05	0,500
OSB-Platte	1,50	0,130
Dämmung	15,00	0,040
Holz	15,00	0,130
Holzfaserplatte	4,00	0,045
Außenputz	1,00	1,000

Dach

U-Wert: 0,15 W/(m²·K)

Gesamtdicke: 38,00 cm	d [cm]	λ [W/(m·K)]
GK-Platte	1,25	0,250
Luftschicht	6,00	1,875
GK-Platte	1,25	0,250
GK-Platte	1,25	0,250
Dämmung	7,00	0,035
Holz	7,00	0,130
Dampfbremse	0,05	0,500
Dämmung	20,00	0,035
Holz	20,00	0,130
OSB-Platte	1,20	0,130

Planungskennwerte für Flächen und Rauminhalte nach DIN 277

Flächen des Grundstücks		Menge Einheit	% an GF
BF	Bebaute Fläche	306,19 m²	6,7
UF	Unbebaute Fläche	4.234,01 m²	93,3
GF	Grundstücksfläche	4.540,20 m²	100,0

Grundflächen des Bauwerks		Menge Einheit	% an NUF	% an BGF
NUF	Nutzungsfläche	568,96 m²	100,0	73,3
TF	Technikfläche	28,59 m²	5,0	3,7
VF	Verkehrsfläche	62,64 m²	11,0	8,1
NRF	Netto-Raumfläche	660,19 m²	116,0	85,1
KGF	Konstruktions-Grundfläche	115,96 m²	20,4	14,9
BGF	Brutto-Grundfläche	776,15 m²	136,4	100,0

Brutto-Rauminhalt des Bauwerks		Menge Einheit	BRI/NUF (m)	BRI/BGF (m)
BRI	Brutto-Rauminhalt	2.463,00 m³	4,33	3,17

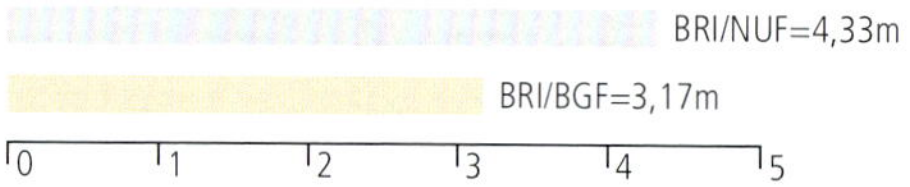

Kostenkennwerte für die Kostengruppen der 1.Ebene DIN 276

KG	Kostengruppen (1.Ebene)	Einheit	Kosten €	€/Einheit	€/m² BGF	€/m³ BRI	% 300+400
100	Grundstück	m² GF	–	–	–	–	–
200	Vorbereitende Maßnahmen	m² GF	–	–	–	–	–
300	Bauwerk – Baukonstruktionen	m² BGF	1.817.292	2.341,42	2.341,42	737,84	89,4
400	Bauwerk – Technische Anlagen	m² BGF	214.984	276,99	276,99	87,29	10,6
	Bauwerk 300+400	**m² BGF**	**2.032.276**	**2.618,41**	**2.618,41**	**825,12**	**100,0**
500	Außenanlagen und Freiflächen	m² AF	–	–	–	–	–
600	Ausstattung und Kunstwerke	m² BGF	–	–	–	–	–
700	Baunebenkosten	m² BGF	–	–	–	–	–
800	Finanzierung	m² BGF	–	–	–	–	–

KG	Kostengruppe	Menge Einheit	Kosten €	€/Einheit	%
3+4	**Bauwerk**				**100,0**
300	**Bauwerk – Baukonstruktionen**	776,15 m² BGF	1.817.292	**2.341,42**	89,4

Baugrubenaushub, Baugrubenverbau, Wasserhaltung; Baugrundverbesserung, Stb-Stützenfundamente, Stb-Fundamentplatte WU-Beton, Beschichtung, Abdichtung, Kiesfilterschicht, Perimeterdämmung, Dränage; Stb-Wände in WU-Sichtbeton (KG), Holzmodulbau-Wände, Stahlstützen, Alufenster, Dreifachverglasung, teilw. Schallschutzverglasung, Wärmedämmung, Putzfassade, hinterlüftete Lärchenholzfassade, Gipsfaserbekleidung, teilw. textiler Sonnenschutz; Stb-Wände in Sichtbeton (KG), Holzmodulbau-Trennwände, GK-Wände, Wandfliesen; Stb-Decke in Sichtbeton (KG), Holz-Brettstapel-Modulbau-Decken, Stahl-Außentreppen, Estrich, Heizestrich, Natursteinbelag (Treppen), Parkett, Teppichboden, Bodenfliesen, Holzbelag (Balkone), Stahlgeländer, Treppengeländer; Holz-Brettstapel-Moduldach, Dämmung, Abdichtung, Attika, Dachentwässerung, Eingangsüberdachung; Einbauschränke, Garderoben, Einbauregale

KG	Kostengruppe	Menge Einheit	Kosten €	€/Einheit	%
400	**Bauwerk – Technische Anlagen**	776,15 m² BGF	214.984	**276,99**	10,6

Gebäudeentwässerung, Kalt- und Warmwasserleitungen, Sanitärobjekte; Gas-Brennwerttherme, Luft-Wasser-Wärmepumpe, Fußbodenheizung; Einzelraumlüfter, kontrollierte Be- und Entlüftung mit Wärmerückgewinnung; Elektroinstallation, Beleuchtung, Sicherheitsleuchten; Rauchmelder; Feuerlöscher, elektronische Zugangskontrolle mit Chipkarten

Bauwerke für technische Zwecke

8

8100 Bauwerke für Energieerzeugung
8200 Bauwerke für Lenkung, Steuerung, Überwachung
8300 Versorgung mit Elektrizität, Wärme, Kälte, Gas, Öl
8400 Bauwerke und Anlagen für Versorgung mit Wasser
8500 Bauwerke und Anlagen für Abwasserbeseitigung
8600 Bauwerke für Abfallbeseitigung
• 8700 Straßen, Wege, Plätze, Gehwege
8800 Wasserbauten, Hafenanlagen
8900 Sonderbauwerke, Lärmschutzbauwerke

8700-0066
Fertigteilgarage

Kostenkennwerte für die Kosten des Bauwerks (Kostengruppen 300+400 nach DIN 276)

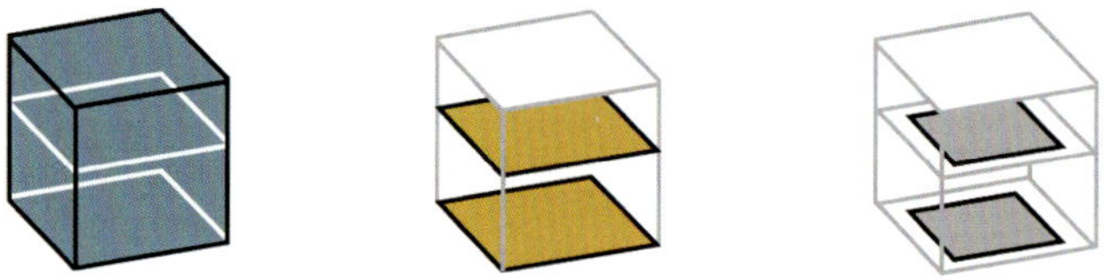

BRI 494 €/m³ | BGF 1.236 €/m² | NUF 1.341 €/m²

Holz-Raumzellen
• **Stahlbeton-Raumzellen**
Stahl-Raumzellen
Ziegel-Raumzellen

Konstruktionsart

Objekt:
Kennwerte: 3. Ebene DIN 276
BRI: 45 m³
BGF: 18 m²
NUF: 17 m²
Bauzeit: 7 Tage
Bauende: 2009
Standard: mittel
Bundesland: Brandenburg
Kreis: Potsdam, Stadt

Bauherr*in:
Stadtverwaltung Potsdam
FB Grün- und Verkehrsflächen
Stephensonstraße 27
14482 Potsdam

Garten- und Landschafts-architekt*in:
Planungsgruppe
Grün der Zeit
Forststraße 126a
14471 Potsdam

© Planungsgruppe Grün der Zeit

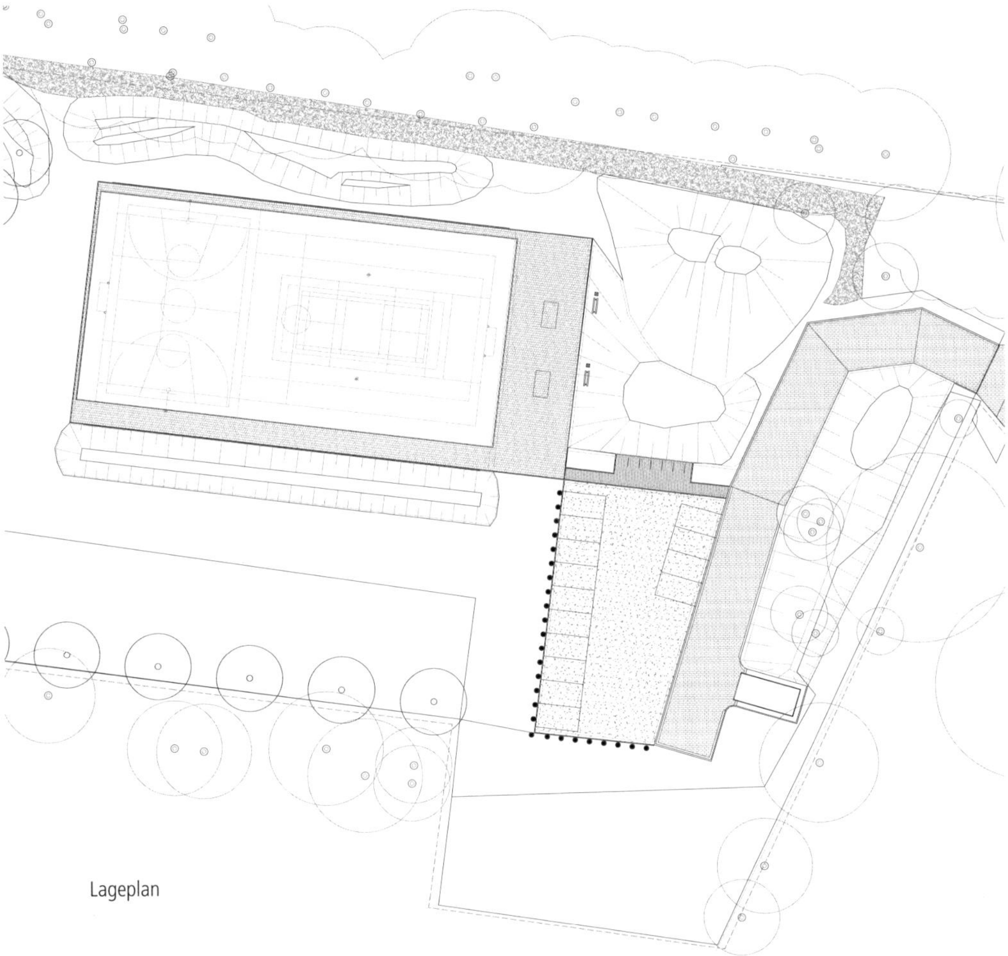

Lageplan

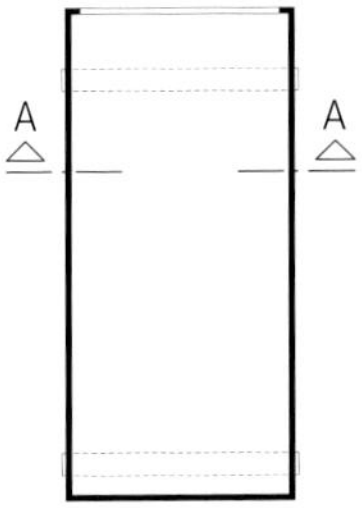

Erdgeschoss

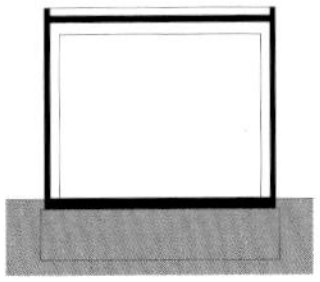

Schnitt A-A

Ansicht West

Ansicht Süd

Objektbeschreibung

Allgemeine Objektinformationen

Die Fertigteilgarage ist Teil einer neu gestalteten Freizeitsportfläche und dient der Lagerung von Sport- und Spielgeräten.

Nutzung

1 Erdgeschoss
Garage

Nutzeinheiten

Stellplätze: 1

Grundstück

Bauraum: Freier Bauraum
Neigung: Ebenes Gelände
Bodenklasse: BK 1 bis BK 4

Markt

Hauptvergabezeit: 4. Quartal 2009
Baubeginn: 4. Quartal 2009
Bauende: 4. Quartal 2009
Konjunkturelle Gesamtlage: über Durchschnitt
Regionaler Baumarkt: Durchschnitt

Baukonstruktion

Die Garage wurde als Fertigteil geliefert und auf Stahlbetonfundamente gesetzt.

Technische Anlagen

Keine technische Anlagen vorhanden.

Sonstiges

Die dazugehörende Freizeitsportanlage wurde unter der Objektnummer 8700-0029 dokumentiert.

Planungskennwerte für Flächen und Rauminhalte nach DIN 277

Flächen des Grundstücks		Menge Einheit	% an GF
BF	Bebaute Fläche	17,97 m^2	0,2
UF	Unbebaute Fläche	9.285,03 m^2	99,8
GF	Grundstücksfläche	9.303,00 m^2	100,0

Grundflächen des Bauwerks		Menge Einheit	% an NUF	% an BGF
NUF	Nutzungsfläche	16,56 m^2	100,0	92,2
TF	Technikfläche	–	–	–
VF	Verkehrsfläche	–	–	–
NRF	Netto-Raumfläche	16,56 m^2	100,0	92,2
KGF	Konstruktions-Grundfläche	1,41 m^2	8,5	7,8
BGF	Brutto-Grundfläche	17,97 m^2	108,5	100,0

Brutto-Rauminhalt des Bauwerks		Menge Einheit	BRI/NUF (m)	BRI/BGF (m)
BRI	Brutto-Rauminhalt	44,93 m^3	2,71	2,50

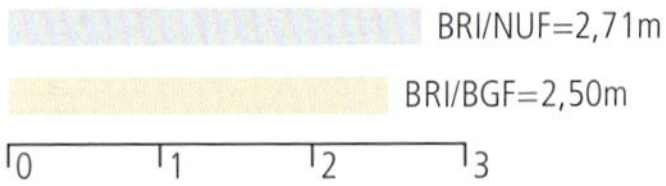

Lufttechnisch behandelte Flächen	Menge Einheit	% an NUF	% an BGF
Entlüftete Fläche	–	–	–
Be- und entlüftete Fläche	–	–	–
Teilklimatisierte Fläche	–	–	–
Klimatisierte Fläche	–	–	–

KG	Kostengruppen (2. Ebene)	Menge Einheit	Menge/NUF	Menge/BGF
310	Baugrube / Erdbau	–	–	–
320	Gründung, Unterbau	–	–	–
330	Außenwände/Vertikale Baukonstruktionen, außen	–	–	–
340	Innenwände/Vertikale Baukonstruktionen, innen	–	–	–
350	Decken/Horizontale Baukonstruktionen	–	–	–
360	Dächer	–	–	–

Kostenkennwerte für die Kostengruppen der 1. Ebene DIN 276

KG	Kostengruppen (1. Ebene)	Einheit	Kosten €	€/Einheit	€/m² BGF	€/m³ BRI	% 300+400
100	Grundstück	m² GF	–	–	–	–	–
200	Vorbereitende Maßnahmen	m² GF	–	–	–	–	–
300	Bauwerk – Baukonstruktionen	m² BGF	22.202	1.235,53	1.235,53	494,21	100,0
400	Bauwerk – Technische Anlagen	m² BGF	–	–	–	–	–
	Bauwerk 300+400	**m² BGF**	**22.202**	**1.235,53**	**1.235,53**	**494,21**	**100,0**
500	Außenanlagen und Freiflächen	m² AF	–	–	–	–	–
600	Ausstattung und Kunstwerke	m² BGF	–	–	–	–	–
700	Baunebenkosten	m² BGF	–	–	–	–	–
800	Finanzierung	m² BGF	–	–	–	–	–

KG	Kostengruppe	Menge Einheit	Kosten €	€/Einheit	%
3+4	**Bauwerk**				**100,0**
300	**Bauwerk – Baukonstruktionen**	17,97 m² BGF	22.202	**1.235,53**	100,0

Streifenfundamente, Fertigteilgarage für Sport- und Spielgeräte (1St)

Hinweis: Die Inhalte (Beschreibung, Kostenkennwerte und Mengenangaben) aus KG 390 und 399 entsprechen bei diesem Objekt dem Inhalt der KG 300.

Kostenkennwerte für Leistungsbereiche nach STLB (Kosten des Bauwerks nach DIN 276)

LB	Leistungsbereiche	Kosten €	€/m² BGF	€/m³ BRI	% an 3+4
000	Baustellen-, Verkehrssich.- u. Sicherh.einr. inkl. 001	–	–	–	–
002	Erdarbeiten	–	–	–	–
006	Spezialtiefbauarbeiten inkl. 005	–	–	–	–
009	Entwässerungskanalarbeiten inkl. 011	–	–	–	–
010	Drän- und Versickerarbeiten	–	–	–	–
012	Mauerarbeiten	–	–	–	–
013	Betonarbeiten	–	–	–	–
014	Natur-, Betonwerksteinarbeiten	–	–	–	–
016	Zimmer- und Holzbauarbeiten	–	–	–	–
017	Stahlbauarbeiten	–	–	–	–
018	Abdichtungsarbeiten	–	–	–	–
019	Kampfmittelräumarbeiten	–	–	–	–
020	Dachdeckungsarbeiten	–	–	–	–
021	Dachabdichtungsarbeiten	–	–	–	–
022	Klempnerarbeiten	–	–	–	–
	Rohbau	**–**	**–**	**–**	**–**
023	Putz- und Stuckarbeiten, Wärmedämmsysteme	–	–	–	–
024	Fliesen- und Plattenarbeiten	–	–	–	–
025	Estricharbeiten	–	–	–	–
026	Fenster, Außentüren inkl. 029, 032	2.028	112,90	45,20	9,1
027	Tischlerarbeiten	–	–	–	–
028	Parkett-, Holzpflasterarbeiten	–	–	–	–
030	Rollladenarbeiten	–	–	–	–
031	Metallbauarbeiten inkl. 035	–	–	–	–
034	Maler- und Lackiererarb. – Beschicht. inkl. 037	–	–	–	–
036	Bodenbelagarbeiten	–	–	–	–
038	Vorgehängte hinterlüftete Fassaden	–	–	–	–
039	Trockenbauarbeiten	–	–	–	–
	Ausbau	**2.028**	**112,90**	**45,20**	**9,1**
040	Wärmeversorgungsanl. – Betriebseinr. inkl. 041	–	–	–	–
042	Gas- u. Wasseranl. – Leitung., Armat. inkl. 043	–	–	–	–
044	Abwasseranl. – Leitungen, Abläufe, Armaturen	–	–	–	–
045	Gas, Wasser, Entwässerung – Ausstattung inkl. 046	–	–	–	–
047	Dämm- und Brandschutzarb. an techn. Anlagen	–	–	–	–
049	Feuerlöschanlagen, Feuerlöschgeräte	–	–	–	–
050	Blitzschutz-/Erdungsanlagen, Überspannungssch.	–	–	–	–
053	Niederspannungsanl. – Kabel inkl. 052, 054	–	–	–	–
055	Sicherheits- u. Ersatzstromversorgungsanl.	–	–	–	–
057	Gebäudesystemtechnik	–	–	–	–
058	Leuchten und Lampen inkl. 059	–	–	–	–
060	Such, Signal, Zeit, Anten., akust. Anl. inkl. 064	–	–	–	–
061	Kommunikations- u. Übertragungsnetze inkl. 063	–	–	–	–
069	Aufzüge	–	–	–	–
070	Gebäudeautomation	–	–	–	–
075	Raumlufttechnische Anlagen inkl. 078	–	–	–	–
	Gebäudetechnik	**–**	**–**	**–**	**–**
084	Abbruch, Rückbau, Schadstoffsanierung	–	–	–	–
	Abbrucharbeiten	**–**	**–**	**–**	**–**
	Sonstige Leistungsbereiche	**20.174**	**1.122,70**	**449,10**	**90,9**

Kosten abgerechneter Objekte

Objekte mit hohem Vorfertigungsgrad

Büro- und Verwaltungsgebäude

1

1100 Parlamentsgebäude
1200 Gerichtsgebäude
• 1300 Bürogebäude

1300-0307
Bürogebäude (15 AP)

Kostenkennwerte für die Kosten des Bauwerks (Kostengruppen 300+400 nach DIN 276)

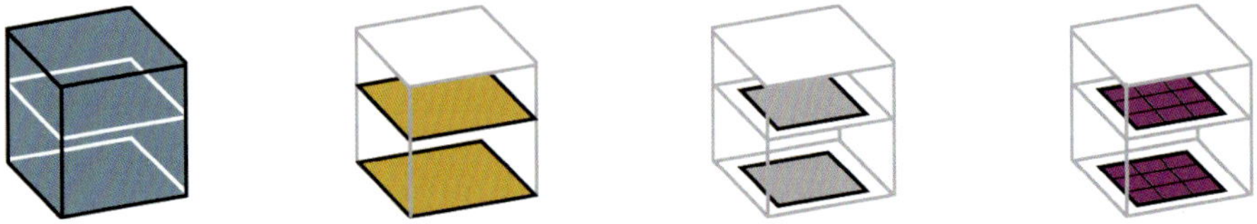

BRI	BGF	NUF	NE
896 €/m³	4.546 €/m²	6.554 €/m²	182.474 €/NE
			NE: Arbeitsplätze

Objekt:
Kennwerte: 1.Ebene DIN 276
BRI: 2.851 m³
BGF: 562 m²
NUF: 390 m²
Bauzeit: 52 Wochen
Bauende: 2020
Standard: hoch
Bundesland: Schleswig-Holstein
Kreis: Dithmarschen

Architekt*in:
Steinwender
Architekten GmbH
Loher Weg 37
25746 Lohe-Rickelshof

© Nina Struve

© Nina Struve

© Nina Struve

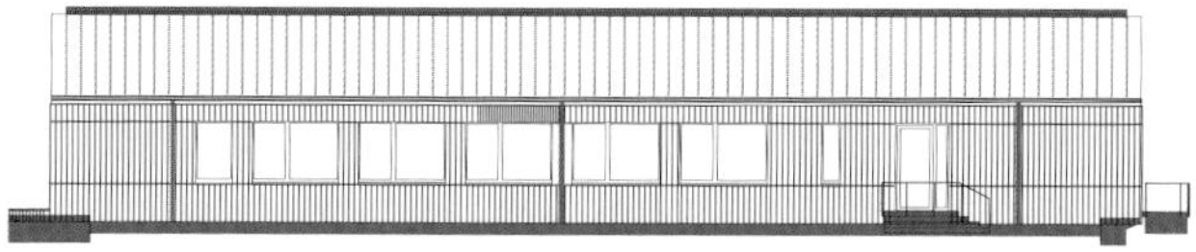

Ansicht Nord

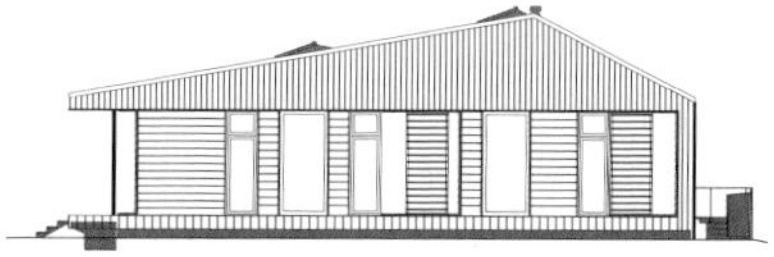

Ansicht Ost

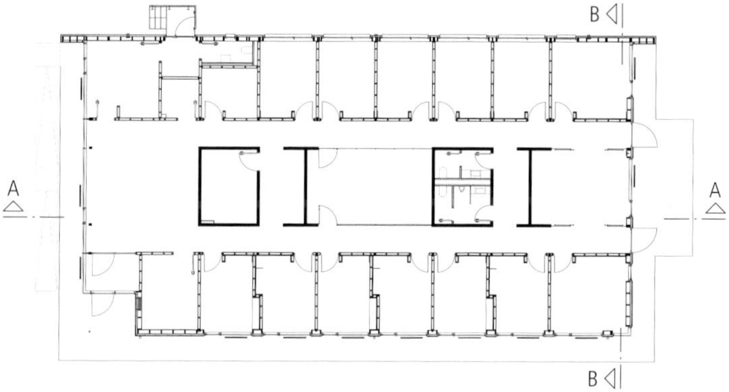

Erdgeschoss

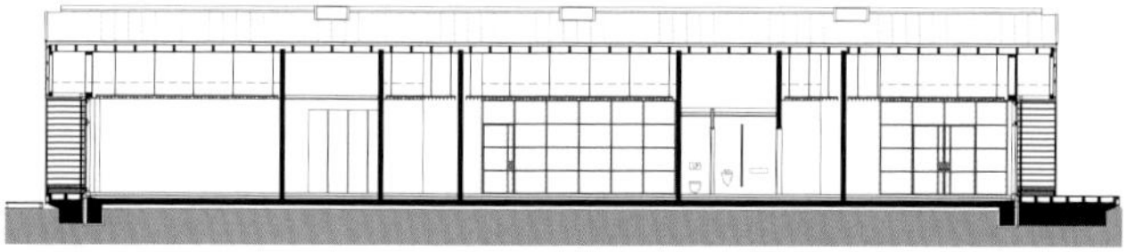

Schnitt A-A

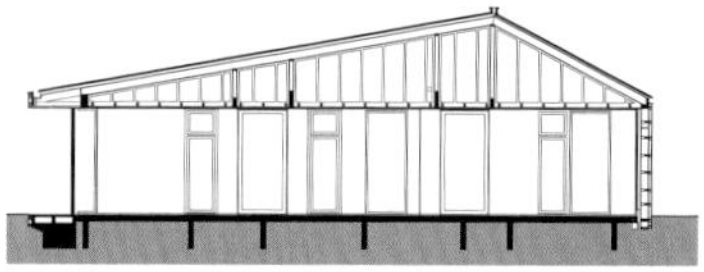

Schnitt B-B

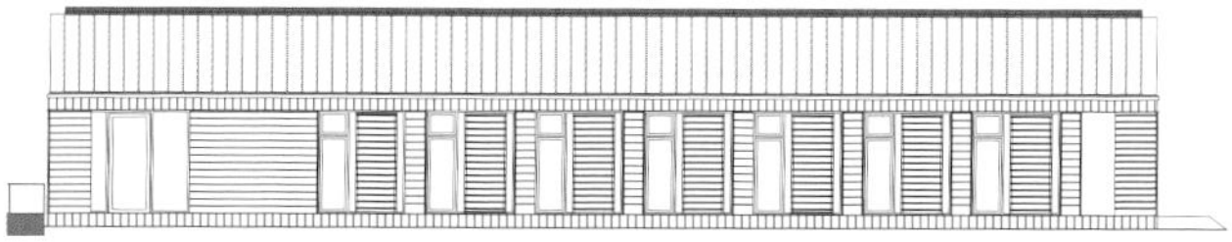

Ansicht Süd

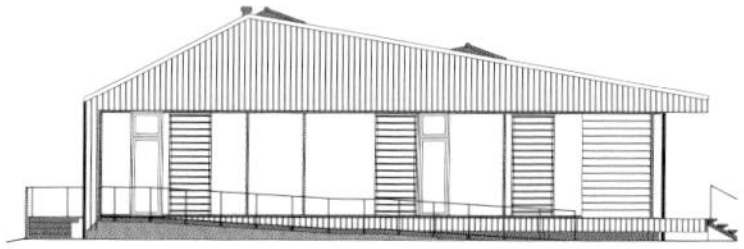

Ansicht West

Objektbeschreibung

Allgemeine Objektinformationen

Das eingeschossige Gebäude ist gegenüber dem Gelände um ca. 60cm angehoben, was dem Gebäude einen schwebenden Eindruck verleiht. Die mittige Kernzone nimmt neben Empfang und Besprechungsraum auch Nebenflächen auf und wird durch transparente Industrie-Glasfassaden abgetrennt. Es entsteht eine freundliche, transparente und von Tageslicht durchflutete Bürolandschaft.

Nutzung

1 Erdgeschoss
Foyer, Büros, Besprechungsraum, Kopierraum, Teeküche mit Aufenthaltsraum, Archiv, Umkleide, Dusche, WCs, Technikraum, Terrassen

Nutzeinheiten

Arbeitsplätze: 14

Grundstück

Bauraum: Beengter Bauraum
Neigung: Ebenes Gelände
Bodenklasse: BK 1 bis BK 3

Markt

Hauptvergabezeit: 3.Quartal 2019
Baubeginn: 3.Quartal 2019
Bauende: 3.Quartal 2020
Konjunkturelle Gesamtlage: über Durchschnitt
Regionaler Baumarkt: unter Durchschnitt

Baukonstruktion

Das Gebäude wurde in Mischbauweise errichtet und besteht aus zwei massiven, aussteifenden Kernen in Sichtbeton. Die Gründung erfolgte auf Fundamenten und einer Bodenplatte. Dach und Bürotrennwände sowie die geschlossenen Außenwände wurden aus vorgefertigten Holztafelelementen hergestellt. Die Fassade besteht im transparenten Bereich aus einer Alu-Pfosten-Riegelfassade mit dreifacher Sonnenschutzverglasung. Die geschlossenen Fassadenbereiche sind mit einer Lärchenholzschalung und Alu-Aufsatzplatten bekleidet. Die Bauweise mit Holzrahmenwänden ermöglichte eine sehr kurze Bauzeit, da sich alle Fassadenelemente parallel zur Rohbauerstellung vorfertigen ließen. Das asymmetrische Satteldach erhielt eine metallische Eindeckung und überdeckt den umlaufenden Steg, der auf drei Seiten Schutz vor Sonne und Regen bietet. Der sommerliche Wärmeschutz wird durch öffenbare, einbruchsichere Fassadenelemente und Dachflächenfenster sichergestellt (Nachtabkühlung). Die auskragenden Dachelemente verhindern, zusammen mit den verschiebbaren Horizontallamellen ein Aufheizen des Gebäudes im Sommer.

Technische Anlagen

Die Beheizung des Gebäudes erfolgt durch eine Luftwärmepumpe in Kombination mit einer Fußbodenheizung. Der Aufenthalts- und Besprechungsraum sind mit einer Kühlungsanlage ausgestattet.

Energetische Kennwerte

Gesetzliche Grundlage: EnEV 2013
Gebäudenutzfläche: 819,10 m^2
Gebäudevolumen: 2.457,30 m^3
A/V_e-Verhältnis (Kompaktheit): 0,53 m^{-1}
Hüllfläche des beheizten Volumens: 1.301,30 m^2
Mittlerer U-Wert (opake Bauteile): 0,17 $W/(m^2 \cdot K)$
Mittlerer U-Wert (transparente Bauteile): 1,20 $W/(m^2 \cdot K)$
Mittlerer U-Wert (Glasdächer, etc.): 1,30 $W/(m^2 \cdot K)$
Spez. Jahresprimärenergiebedarf: 96,50 $kWh/(m^2 \cdot a)$

Energetische Angaben zu Außenbauteilen

Bodenplatte

U-Wert: 0,21 W/(m²·K)

Gesamtdicke: 42,25 cm	d [cm]	λ [W/(m·K)]
Estrich	6,00	1,400
Trittschalldämmung	4,00	0,040
Bitumenbahn	0,25	0,170
Stahlbeton	20,00	2,100
Dämmung	12,00	0,035

Außenwand

U-Wert: 0,12 W/(m²·K)

Gesamtdicke: 63,50 cm	d [cm]	λ [W/(m·K)]
GK-Platte	12,50	0,210
OSB-Platte	15,00	0,130
Dämmung	20,00	0,035
Holz	20,00	0,130
Holzfaserplatte	16,00	0,070

Dach

U-Wert: 0,14 W/(m²·K)

Gesamtdicke: 50,70 cm	d [cm]	λ [W/(m·K)]
GK-Platte	12,50	0,210
OSB-Platte	2,20	0,130
Dämmung MW	20,00	0,035
Holz	20,00	0,130
Holzfaserplatte	16,00	0,070

Planungskennwerte für Flächen und Rauminhalte nach DIN 277

Flächen des Grundstücks		Menge Einheit	% an GF
BF	Bebaute Fläche	577,00 m²	31,2
UF	Unbebaute Fläche	1.271,00 m²	68,8
GF	Grundstücksfläche	1.848,00 m²	100,0

Grundflächen des Bauwerks		Menge Einheit	% an NUF	% an BGF
NUF	Nutzungsfläche	389,80 m²	100,0	69,4
TF	Technikfläche	11,90 m²	3,1	2,1
VF	Verkehrsfläche	103,30 m²	26,5	18,4
NRF	Netto-Raumfläche	505,00 m²	129,6	89,9
KGF	Konstruktions-Grundfläche	57,00 m²	14,6	10,1
BGF	Brutto-Grundfläche	562,00 m²	144,2	100,0

Brutto-Rauminhalt des Bauwerks		Menge Einheit	BRI/NUF (m)	BRI/BGF (m)
BRI	Brutto-Rauminhalt	2.851,00 m³	7,31	5,07

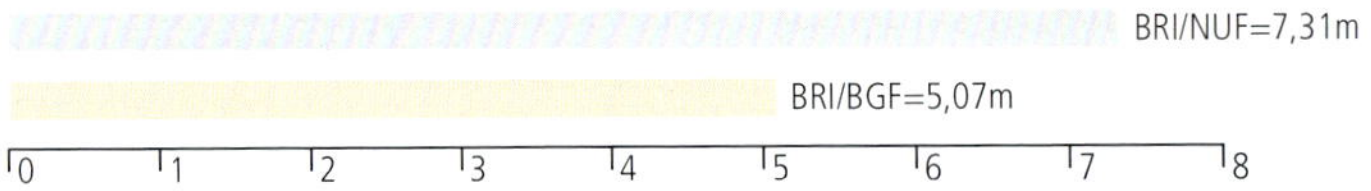

Kostenkennwerte für die Kostengruppen der 1. Ebene DIN 276

KG	Kostengruppen (1. Ebene)	Einheit	Kosten €	€/Einheit	€/m² BGF	€/m³ BRI	% 300+400
100	Grundstück	m² GF	–	–	–	–	–
200	Vorbereitende Maßnahmen	m² GF	–	–	–	–	–
300	Bauwerk – Baukonstruktionen	m² BGF	2.026.122	3.605,20	3.605,20	710,67	79,3
400	Bauwerk – Technische Anlagen	m² BGF	528.516	940,42	940,42	185,38	20,7
	Bauwerk 300+400	**m² BGF**	**2.554.638**	**4.545,62**	**4.545,62**	**896,05**	**100,0**
500	Außenanlagen und Freiflächen	m² AF	95.779	191,56	170,43	33,60	3,7
600	Ausstattung und Kunstwerke	m² BGF	–	–	–	–	–
700	Baunebenkosten	m² BGF	–	–	–	–	–
800	Finanzierung	m² BGF	–	–	–	–	–

KG	Kostengruppe	Menge Einheit	Kosten €	€/Einheit	%
3+4	**Bauwerk**				**100,0**
300	**Bauwerk – Baukonstruktionen**	562,00 m² BGF	2.026.122	**3.605,20**	79,3

Baugrubenaushub, Wasserhaltung; Bodenaustausch, Stb-Fundamente, Stb-Bodenplatte, Heizestrich, Fließestrich, Holzdielen, Teppichboden, Bodenfliesen, Abdichtung, Dämmung, Perimeterdämmung, Dränage, Terrassendielen; Holzrahmenbauwände, Stahlstützen, Alu-Pfosten-Riegel-Fassade, Alufenster, Dreifachverglasung, Sonnenschutzverglasung, Wärmedämmung, hinterlüftete Blechfassade, Lärchenholzfassade, textiler Sonnenschutz, Holz-Sonnenschutzlamellen; Stb-Wände, Sichtbeton, Holzrahmenbauwände, Glaswände, Holz-Stützen, Innenfenster, Ganzglastüren, Wandfliesen, Akustikelemente; Holzbalkendach, Dachfenster, Dämmung, Stehfalzdeckung, innenliegende Dachentwässerung, abgehängte GK-Akustikdecken, abgehängte Holzlamellendecken, Lärchenholzunterdecke; Teeküchen, Einbauschränke, Empfangstresen, Garderoben, Einbauregale, Akustikvorhang

KG	Kostengruppe	Menge Einheit	Kosten €	€/Einheit	%
400	**Bauwerk – Technische Anlagen**	562,00 m² BGF	528.516	**940,42**	20,7

Gebäudeentwässerung, Kalt- und Warmwasserleitungen, Sanitärobjekte; Luft-Wasser-Wärmepumpe, Fußbodenheizung; kontrollierte Be- und Entlüftung mit Wärmerückgewinnung, Klimaanlagen; Elektroinstallation, Beleuchtung, Sicherheitsleuchten; Datenübertragungsanlage; elektronische Zugangskontrolle

KG	Kostengruppe	Menge Einheit	Kosten €	€/Einheit	%
500	**Außenanlagen und Freiflächen**	500,00 m² AF	95.779	**191,56**	3,7

Oberbodenarbeiten; Wege, Stellplätze; Zäune, Treppen, Rampe; Regenrückhaltesystem; Fahrradständer, Müllplatzeinhausung; Bodenverbesserung, Gehölze, Rollrasen, Fertigstellungspflege

Gebäude für Forschung und Lehre

2

2100 Hörsaalgebäude
• 2200 Institutsgebäude für Lehre und Forschung
2300 Institutsgebäude für Forschung und Untersuchung

2200-0062
Atelier-/Werkhallen
Veranstaltungshalle
(399 Sitzplätze)

Kostenkennwerte für die Kosten des Bauwerks (Kostengruppen 300+400 nach DIN 276)

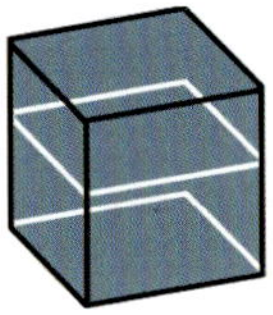
BRI 368 €/m³

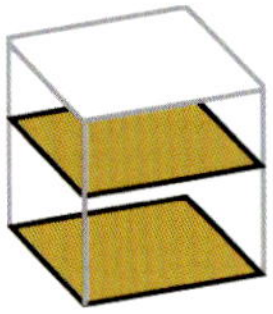
BGF 2.819 €/m²

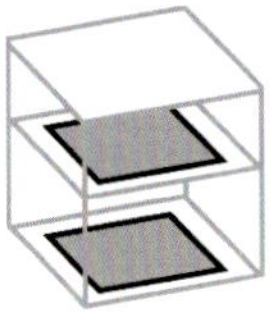
NUF 3.698 €/m²

Objekt:
Kennwerte: 1. Ebene DIN 276
BRI: 15.576 m³
BGF: 2.033 m²
NUF: 1.550 m²
Bauzeit: 57 Wochen
Bauende: 2021
Standard: einfach
Bundesland: Bremen
Kreis: Bremen, Stadt

Architekt*in:
GSP Gerlach Schneider
Partner Architekten mbB
Am Speicher XI, Segment 6
28217 Bremen

Bauherr*in:
Portinvest GmbH
Bleicherstraße 7
28203 Bremen

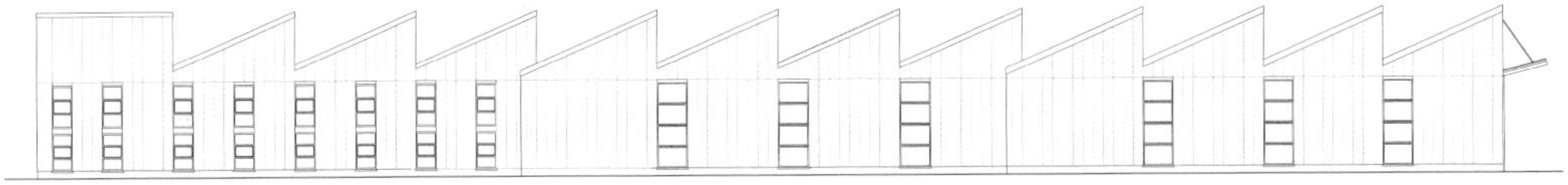

Ansicht Nord

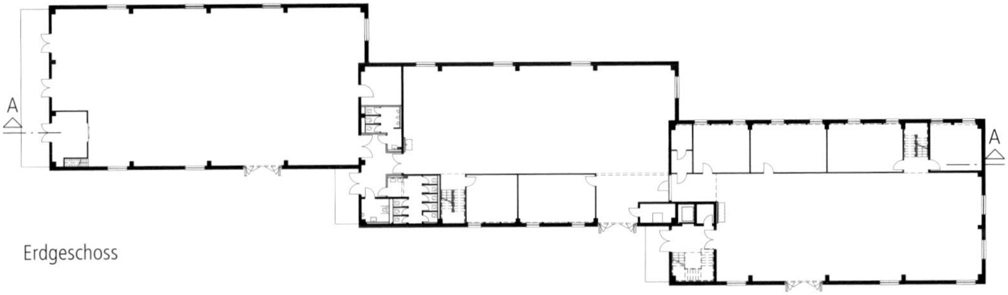

Erdgeschoss

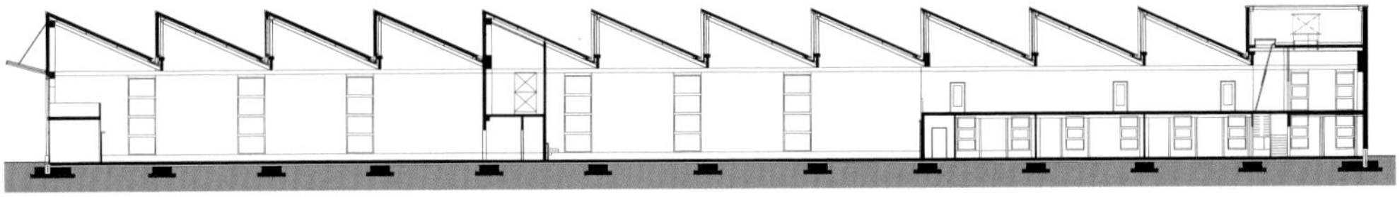

Schnitt A-A

Ansicht West

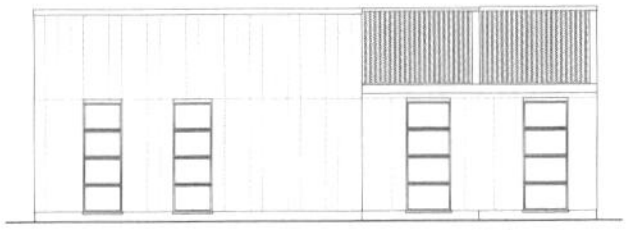

Ansicht Ost

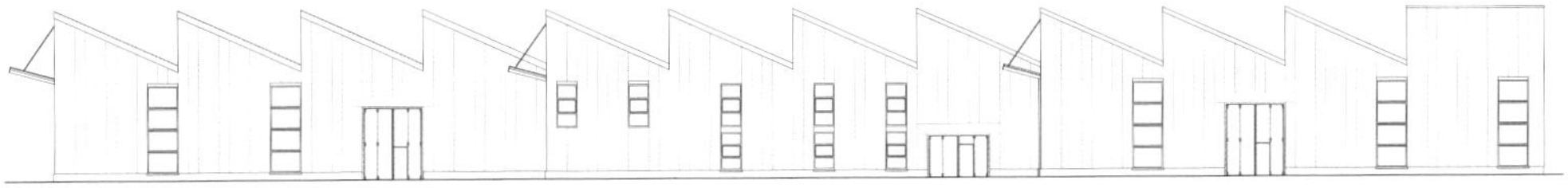

Ansicht Süd

Objektbeschreibung

Allgemeine Objektinformationen

Der Neubau der Atelier- und Werkhallen für eine Kunsthochschule nimmt Bezug auf einen angrenzenden historischen Speicher. Die zweigeschossige Halle besteht aus drei versetzten Baukörpern mit einer Multifunktions- und zwei Werkhallen. Große, vertikale Fensterelemente und verglaste Oberlichter in den Sheddächern sorgen für viel Tageslichteinfall in den Hallen. Der Haupteingang führt direkt in die Multifunktionshalle und öffnet sich zum Vorplatz nach Westen hin.

Nutzung

1 Erdgeschoss
Drei Hallen, Backstagebereich, Lagerräume, Vorbereitung, WCs, Technikraum, Windfang, Flure, Treppen, Aufzug

1 Obergeschoss
Luftraum Hallen, Galerien, Werkbüros, Aufenthaltsraum mit Teeküche, WCs, Dusche, Technikraum, Treppen, Aufzug

Nutzeinheiten

Sitzplätze: 399

Grundstück

Bauraum: Freier Bauraum
Neigung: Ebenes Gelände
Bodenklasse: BK 3 bis BK 4

Markt

Hauptvergabezeit: 2. Quartal 2020
Baubeginn: 4. Quartal 2020
Bauende: 4. Quartal 2021
Konjunkturelle Gesamtlage: Durchschnitt
Regionaler Baumarkt: über Durchschnitt

Baukonstruktion

Das Gebäude ist in modularer Bauweise mit Porenbetonwänden und Brettsperrholzdecken erstellt worden. Die Innenwände wurden ebenfalls aus Brettsperrholz in Sichtqualität und Porenbeton ausgeführt. Das Dach wurde in einer Mischkonstruktion aus Stb-Fertigteilbindern mit Stahlträgern und -pfetten sowie kerngedämmten Sandwich-Dachpaneelen errichtet. Für die Bodenbeläge wurde die Betonsohle mit einer Hartstoffeinstreuung behandelt und die Oberflächen flügelgeglättet. Die Galerien im Obergeschoss wurden in Brettsperrholz ausgeführt. Sowohl die Böden als auch die Brüstungen wurden in Holz oberflächenfertig belassen.

Technische Anlagen

Das Gebäude wird über Fernwärme beheizt und erhielt eine Industriefußbodenheizung. Die Trinkwassererwärmung erfolgt dezentral über elektrische Warmwasserbereiter. Die Hallen und auch einige Nebenräume erhielten zwei RLT-Geräte mit Wärmerückgewinnung. Der Farben-Vorbereitungsraum erhielt einen dezentralen Ventilator. Sämtliche Installationen wurden sichtbar verlegt.

Planungskennwerte für Flächen und Rauminhalte nach DIN 277

Flächen des Grundstücks		Menge Einheit	% an GF
BF	Bebaute Fläche	1.593,00 m²	41,0
UF	Unbebaute Fläche	2.289,00 m²	59,0
GF	Grundstücksfläche	3.882,00 m²	100,0

Grundflächen des Bauwerks		Menge Einheit	% an NUF	% an BGF
NUF	Nutzungsfläche	1.549,60 m²	100,0	76,2
TF	Technikfläche	86,77 m²	5,6	4,3
VF	Verkehrsfläche	167,03 m²	10,8	8,2
NRF	Netto-Raumfläche	1.803,40 m²	116,4	88,7
KGF	Konstruktions-Grundfläche	229,63 m²	14,8	11,3
BGF	Brutto-Grundfläche	2.033,03 m²	131,2	100,0

Brutto-Rauminhalt des Bauwerks		Menge Einheit	BRI/NUF (m)	BRI/BGF (m)
BRI	Brutto-Rauminhalt	15.575,63 m³	10,05	7,66

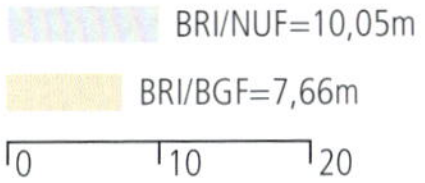

Objekte
3. Ebene
Positionen Neubau

Kostenkennwerte für die Kostengruppen der 1. Ebene DIN 276

KG	Kostengruppen (1. Ebene)	Einheit	Kosten €	€/Einheit	€/m² BGF	€/m³ BRI	% 300+400
100	Grundstück	m² GF	–	–	–	–	–
200	Vorbereitende Maßnahmen	m² GF	–	–	–	–	–
300	Bauwerk – Baukonstruktionen	m² BGF	4.398.001	2.163,27	2.163,27	282,36	76,7
400	Bauwerk – Technische Anlagen	m² BGF	1.332.315	655,33	655,33	85,54	23,3
	Bauwerk 300+400	**m² BGF**	**5.730.315**	**2.818,61**	**2.818,61**	**367,90**	**100,0**
500	Außenanlagen und Freiflächen	m² AF	–	–	–	–	–
600	Ausstattung und Kunstwerke	m² BGF	–	–	–	–	–
700	Baunebenkosten	m² BGF	–	–	–	–	–
800	Finanzierung	m² BGF	–	–	–	–	–

KG	Kostengruppe	Menge Einheit	Kosten €	€/Einheit	%
3+4	**Bauwerk**				**100,0**
300	**Bauwerk – Baukonstruktionen**	2.033,03 m² BGF	4.398.001	**2.163,27**	76,7

Baugrubenaushub; kerngedämmte Stb-Sandwichfertigteile, Stb-Köcherfundamente, Stb-Bodenplatte 25cm, Hartstoffeinstreuung, Oberfläche flügelgeglättet, Perimeterdämmung; Porenbeton-Fertigteilwandelemente, Stb-Fertigteilstützen, Kunststofffenster, Stahltüren, Alu-Falttore, Sichtbeton, Beschichtungen, außenliegender Sonnenschutz, Vollverdunklungsscreens; Porenbetonwände, Brettsperrholzwände in Sichtqualität, GK-Wände, Wandfliesen, WC-Trennwände, mobile Trennwände; Brettsperrholzdecken, Stb-Fertigteiltreppe, Holztreppe, Holz-Leitertreppe, Holzmehrschichtplatten-Belag, abgehängte GK-Decken, Brettsperrholz-Brüstung, Treppengeländer; Sheddach: Stb-Fertigteilbinder, Stahlträger, Stahlpfetten, kerngedämmte Sandwich-Dachpaneele, Alu-Glas-Oberlichter, Polycarbonat-Lichtbauelemente, Flachdach: Dämmung, Folienabdichtung, Dachentwässerung, Stahl- Eingangsüberdachungen

KG	Kostengruppe	Menge Einheit	Kosten €	€/Einheit	%
400	**Bauwerk – Technische Anlagen**	2.033,03 m² BGF	1.332.315	**655,33**	23,3

Gebäudeentwässerung, Kaltwasserleitungen, Sanitärobjekte; Fernwärmeversorgung, elektrische Warmwasserbereiter, Fußbodenheizung, Heizkörper; Einzelraumlüfter, kontrollierte Be- und Entlüftung mit Wärmerückgewinnung, RWA-Anlage; Elektroinstallation, LED-Beleuchtung, Sicherheitsleuchten; Datenübertragungsanlage, Brandmeldeanlage; Personenaufzug

Schulen und Kindergärten

4

4100 Allgemeinbildende Schulen
4200 Berufliche Schulen
• 4300 Sonderschulen
• 4400 Kindertagesstätten
4500 Weiterbildungseinrichtungen

4300-0026
Förderschule
Erweiterungsbau
(2 Klassen)
(30 Schüler)

Kostenkennwerte für die Kosten des Bauwerks (Kostengruppen 300+400 nach DIN 276)

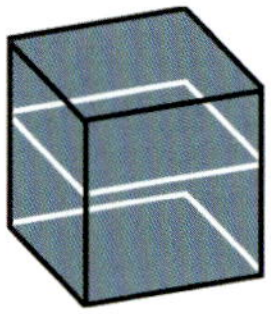

BRI 521 €/m³

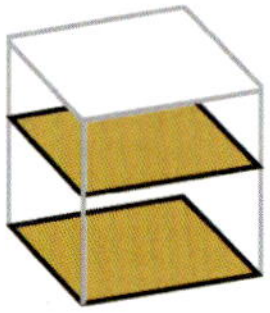

BGF 1.827 €/m²

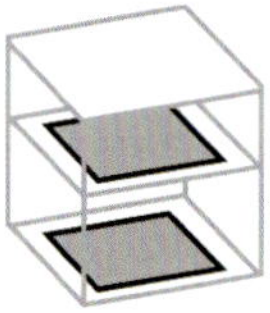

NUF 2.107 €/m²

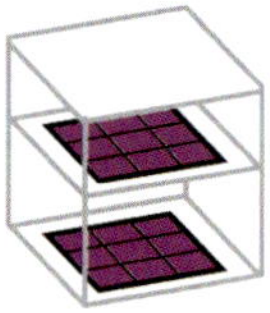

NE 19.427 €/NE

NE: Schüler

Objekt:
Kennwerte: 1.Ebene DIN 276
BRI: 1.119 m³
BGF: 319 m²
NUF: 277 m²
Bauzeit: 30 Wochen
Bauende: 2021
Standard: hoch
Bundesland: Bayern
Kreis: Freising

Architekt*in:
hiendl_schineis architekten
projektleitung regina schineis
Lederergasse 2
94032 Passau

Bauherr*in:
Landkreis Freising
Landshuter Straße 31
85356 Freising

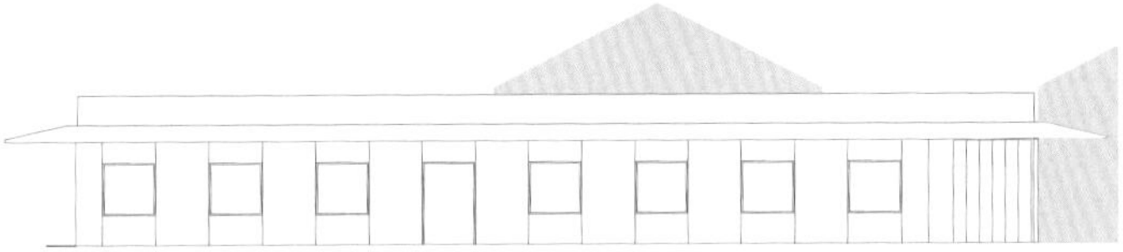

Ansicht Nord-Ost

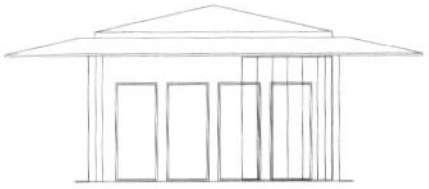

Ansicht Nord-West

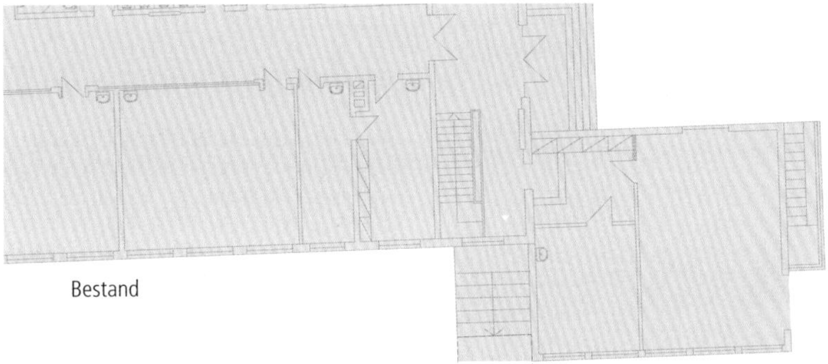

Bestand

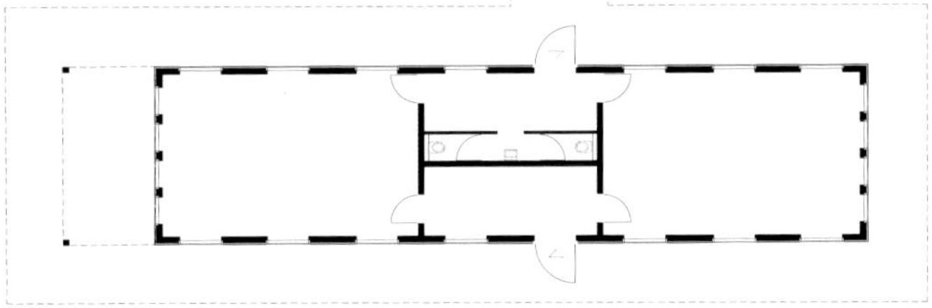

Erdgeschoss

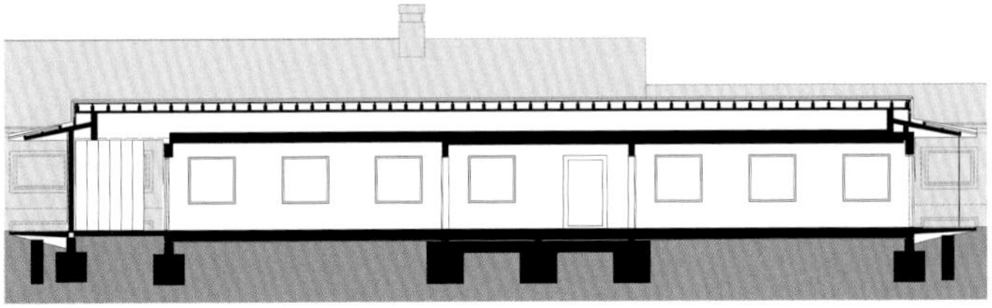

Schnitt A-A

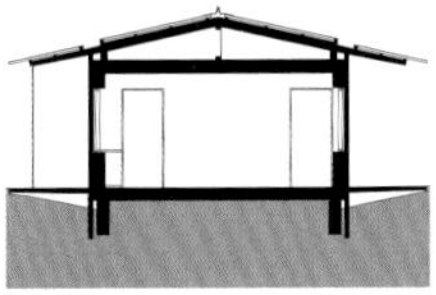

Schnitt B-B

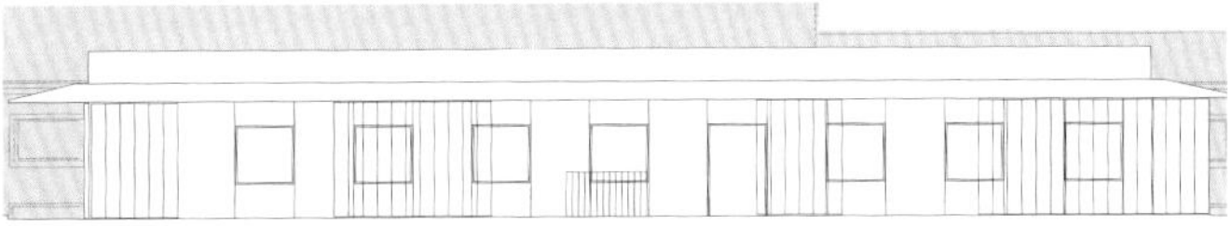

Ansicht Süd-West

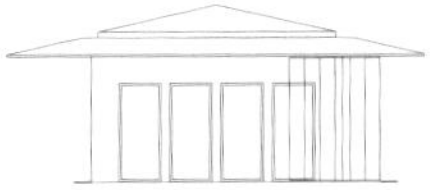

Ansicht Süd-Ost

Objektbeschreibung

Allgemeine Objektinformationen

Der Erweiterungsbau für das Sonderschulförderzentrum befindet sich frei eingestellt im Garten. Ein Schulpavillon, allseitig umgeben von einer umlaufenden Terrasse. Das weit auskragende Dach mit roter Welle schützt den hölzernen Umgang und gibt dem Garten einen Teil seiner Fläche mit neuer Qualität zurück. Kriterien der Nachhaltigkeit der gewählten Materialien, eine durchgängige Detailqualität, ein zurückhaltendes und helles Erscheinungsbild im Inneren sowie eine sich zurücknehmende Farbgebung der äußeren Hülle prägen den Pavillon.

Nutzung

1 Erdgeschoss
zwei Klassenräume, Garderobe, Sanitär, Technik, Flur

Nutzeinheiten

Klassen: 2
Schüler: 30

Grundstück

Bauraum: Beengter Bauraum
Neigung: Ebenes Gelände
Bodenklasse: BK 1 bis BK 3

Markt

Hauptvergabezeit: 2. Quartal 2020
Baubeginn: 3. Quartal 2020
Bauende: 1. Quartal 2021
Konjunkturelle Gesamtlage: Durchschnitt
Regionaler Baumarkt: Durchschnitt

Baukonstruktion

Der Neubau wurde mit vorgefertigten Holzelementen für Boden, Wände und Decken in neun Modulen vor Ort zusammengefügt. Punktfundamente tragen die Module. Ein Sparrendachtragwerk, eingedeckt mit Faserzementwellplatten, bietet Witterungsschutz. Die Fassadenplatten aus Dreischichtholz sind rot lasiert verkleidet, die Holz-Alu-Kippfenster und Terrassentüren bündig eingesetzt. Innen bleiben die tragenden Massivholzelemente unbehandelt und sichtbar. Der Boden ist mit einem Naturkautschukbelag, robust und farbgebend, belegt.

Technische Anlagen

Die Wärmeerzeugung des Pavillons erfolgt über eine Luft-Wasser-Wärmepumpe, wodurch das Gebäude unabhängig von fossilen Brennstoffen geheizt werden kann. Die Wärme wird mittels einer Fußbodenheizung in die Räume übertragen. Natürliche und an die Nutzerwünsche und das Nutzerverhalten angepasste Lüftungskonzepte durch Drehkippfenster und Fenstertüren zur Querlüftung sorgen für die gewünschte Raumluftqualität.

Sonstiges

Der nachwachsende Rohstoff Holz ist überall zu finden: Holzelementwände, Holzdecken, Holztüren, Holzmöbel, Holzfaserdämmung. Die Wände und Decken atmen diffusionsoffen. Das Gebäude ist durch Nullenergie und CO_2-Neutralität zukunftsweisend und ökonomisch. Trotz beengter räumlicher Verhältnisse ist ein eingeschossiger Pavillon mit hoher Qualität entstanden.

Energetische Kennwerte

Gesetzliche Grundlage: EnEV 2013
Gebäudenutzfläche: 122,00 m²
Spez. Jahresprimärenergiebedarf: 88,30 kWh/(m²·a)

Planungskennwerte für Flächen und Rauminhalte nach DIN 277

Flächen des Grundstücks		Menge Einheit	% an GF
BF	Bebaute Fläche	319,00 m²	14,2
UF	Unbebaute Fläche	1.920,00 m²	85,8
GF	Grundstücksfläche	2.239,00 m²	100,0

Grundflächen des Bauwerks		Menge Einheit	% an NUF	% an BGF
NUF	Nutzungsfläche	276,60 m²	100,0	86,7
TF	Technikfläche	1,00 m²	0,4	0,3
VF	Verkehrsfläche	10,83 m²	3,9	3,4
NRF	Netto-Raumfläche	288,43 m²	104,3	90,4
KGF	Konstruktions-Grundfläche	30,57 m²	11,1	9,6
BGF	Brutto-Grundfläche	319,00 m²	115,3	100,0

Brutto-Rauminhalt des Bauwerks		Menge Einheit	BRI/NUF (m)	BRI/BGF (m)
BRI	Brutto-Rauminhalt	1.119,17 m³	4,05	3,51

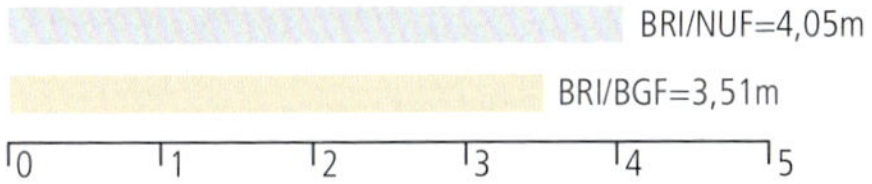

4300-0026
Förderschule
Erweiterungsbau
(2 Klassen)
(30 Schüler)

Kostenkennwerte für die Kostengruppen der 1. Ebene DIN 276

KG	Kostengruppen (1. Ebene)	Einheit	Kosten €	€/Einheit	€/m² BGF	€/m³ BRI	% 300+400
100	Grundstück	m² GF	–	–	–	–	–
200	Vorbereitende Maßnahmen	m² GF	18.282	8,17	57,31	16,34	3,1
300	Bauwerk – Baukonstruktionen	m² BGF	400.768	1.256,33	1.256,33	358,09	68,8
400	Bauwerk – Technische Anlagen	m² BGF	182.042	570,66	570,66	162,66	31,2
	Bauwerk 300+400	**m² BGF**	**582.810**	**1.826,99**	**1.826,99**	**520,75**	**100,0**
500	Außenanlagen und Freiflächen	m² AF	84.142	–	263,77	75,18	14,4
600	Ausstattung und Kunstwerke	m² BGF	27.712	86,87	86,87	24,76	4,8
700	Baunebenkosten	m² BGF	–	–	–	–	–
800	Finanzierung	m² BGF	–	–	–	–	–

KG	Kostengruppe	Menge Einheit	Kosten €	€/Einheit	%
200	**Vorbereitende Maßnahmen**	2.239,00 m² GF	18.282	**8,17**	3,1
	Anschlüsse für Abwasserentsorgung, Wasserversorgung, Stromversorgung				
3+4	**Bauwerk**				**100,0**
300	**Bauwerk – Baukonstruktionen**	319,00 m² BGF	400.768	**1.256,33**	68,8
	Baugrubenaushub; Stb-Einzelfundamente, Stb-Fundamenbalken, KVH-Bodenplatte, Holzfaserdämmung, OSB-Platte, Stahlkonstruktion für umlaufenden Terrassensteg, Kautschukbelag, Thermoesche, Schottertragschicht, PE-Folie, Sauberkeitsschicht; Brettsperrholzwände, Holzfaserdämmung, Dreischicht-Holzplatten, Oberfläche lasiert, Holzstützen, Holz-Alufenster, Dreifachverglasung, Haustürelement Holz; Brettsperrholzwände, Trockenbau, Holztüren mit Stahlzargen, Beschichtung wasserdicht in WCs; zimmermannsmäßiges Holzsparrendach, Dämmung, Wellplatten, abgehängte Akustikplatten, Dachentwässerung; Garderobenschränke, Regale Klassenzimmer, Schrank Nebenraum als Holzeinbauten, Vorhänge innen vor Fenstertüren mit Deckenschiene, Sonnenschutz-Außenvorhang mit Deckenschiene, Blendschutzverdunkelung innen				
400	**Bauwerk – Technische Anlagen**	319,00 m² BGF	182.042	**570,66**	31,2
	Gebäudeentwässerung, Kalt- und Warmwasserleitungen, Sanitärobjekte; Luft-Wasser-Wärmepumpe, Fußbodenheizung; Einzelraumlüfter; Elektroinstallation, Sicherheitsbeleuchtung, Blitzschutz; Gegensprechanlage				
500	**Außenanlagen und Freiflächen**	–	84.142	–	14,4
	Grasnarbe abtragen und entsorgen, Oberboden abtragen und zwischenlagern; Asphaltbelag ausbauen, zerkleinern und entsorgen; Brücke; Abwasseranlagen, Wasseranlagen, Wärmeversorgungsanlagen, Demontage Heiztank; Oberboden andecken, fräsen, feinplanieren, Extensivbepflanzung mit Sträuchern, Heister, Rindenmulch, Rasenansaat				
600	**Ausstattung und Kunstwerke**	319,00 m² BGF	27.712	**86,87**	4,8
	Lehrerpulte, Lehrerstühle, Schülertische, Stühle, Whiteboard-Tafeln, Tischkameras, PCs, Beamer				

4400-0358
Schulhort
(15 Gruppen)
(250 Kinder)

Kostenkennwerte für die Kosten des Bauwerks (Kostengruppen 300+400 nach DIN 276)

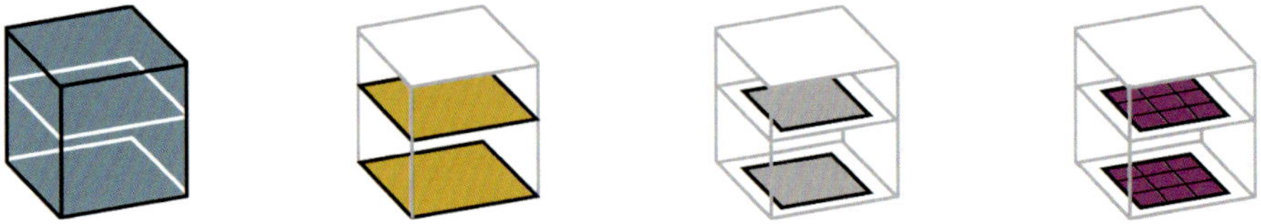

BRI 774 €/m³ | **BGF** 2.972 €/m² | **NUF** 3.935 €/m² | **NE** 25.087 €/NE

NE: Kinder

Objekt:
Kennwerte: 1.Ebene DIN 276
BRI: 8.106 m³
BGF: 2.110 m²
NUF: 1.594 m²
Bauzeit: 74 Wochen
Bauende: 2021
Standard: mittel
Bundesland: Brandenburg
Kreis: Teltow-Fläming

Architekt*in:
°pha design
Banniza, Hermann,
Öchsner und Partner
Holzmarktstraße 11
14467 Potsdam

Bauherr*in:
Stadt Luckenwalde
14943 Luckenwalde

© °pha Architekten BDA

© °pha Architekten BDA

© Leon Lenk

© Leon Lenk

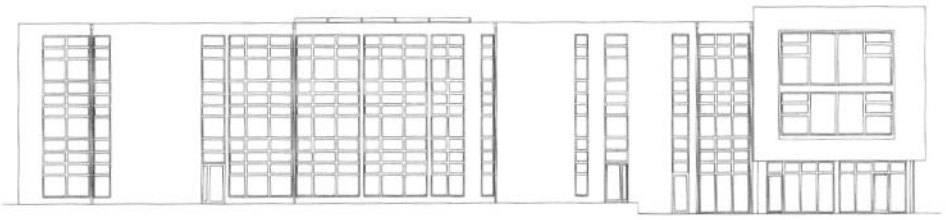

Ansicht Nord

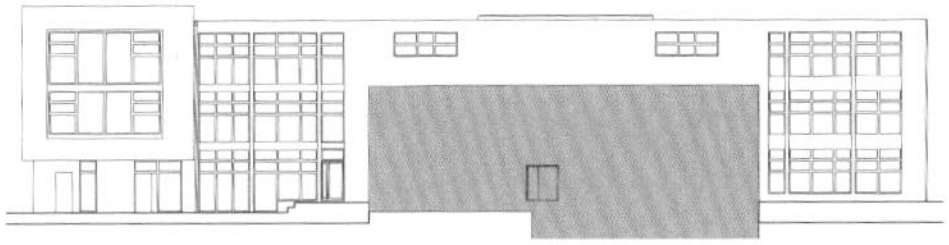

Ansicht Süd

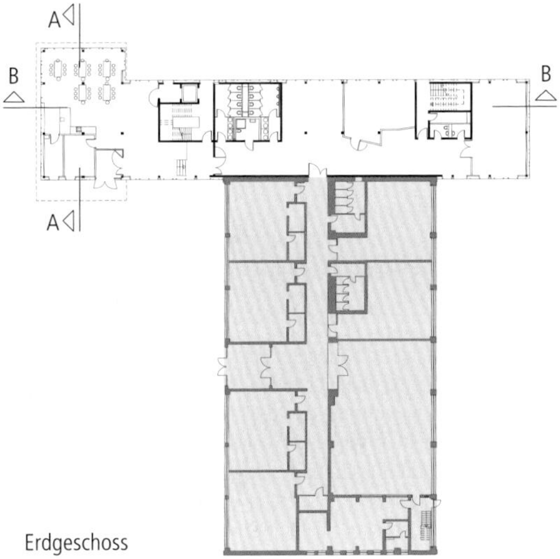

Erdgeschoss

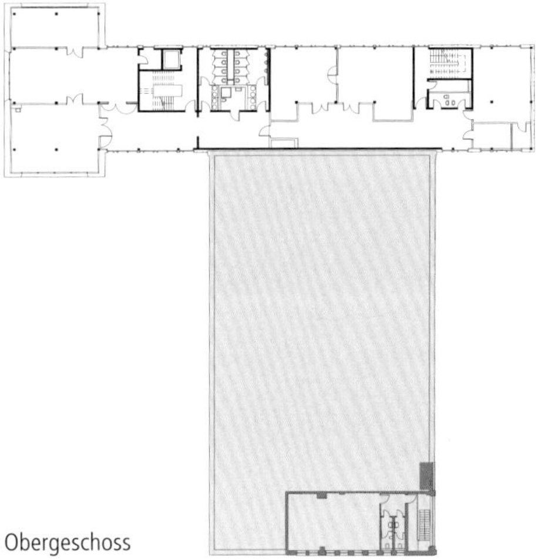

Obergeschoss

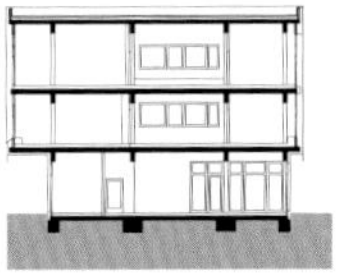

Schnitt A-A

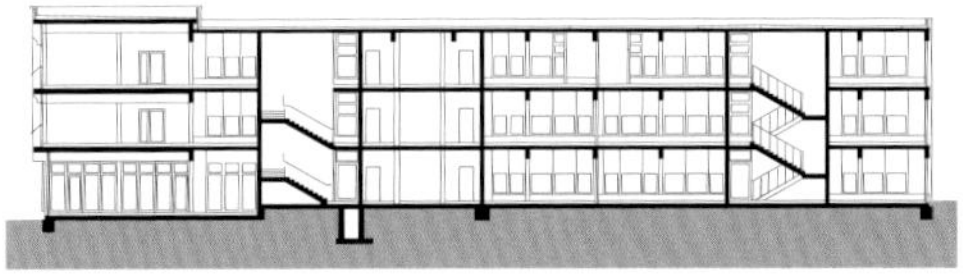

Schnitt B-B

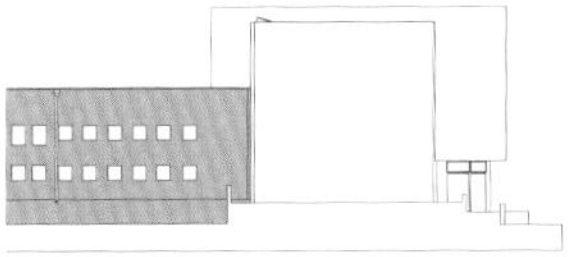

Ansicht Ost

Ansicht West

Objektbeschreibung

Allgemeine Objektinformationen

Neubau eines dreigeschossigen Hortgebäudes als Anbau an eine Grundschule mit Mensa. Hort mit offenem Konzept ohne Flure und feste Gruppenzuordnungen.

Nutzung

1 Untergeschoss
Mediengänge

1 Erdgeschoss
Horträume, Multifunktionsraum, Bewegungsraum, Küche, Büro, Sanitärräume, Garderobe, Technikraum

2 Obergeschosse
Horträume, Experimentierräume, Malwerkstatt, offene Werkstatt, Töpfern, Musikwerkstatt, Lernwerkstatt, offene Bibliothek, Klubraum, Rückzugsräume, Teamraum, Besprechungsraum, Kopierraum, Sanitärräume, Technikraum

Nutzeinheiten

Gruppen: 15
Kinder: 250

Grundstück

Bauraum: Beengter Bauraum
Neigung: Ebenes Gelände
Bodenklasse: BK 1 bis BK 3

Markt

Hauptvergabezeit: 2.Quartal 2020
Baubeginn: 3.Quartal 2020
Bauende: 4.Quartal 2021
Konjunkturelle Gesamtlage: über Durchschnitt
Regionaler Baumarkt: Durchschnitt

Besonderer Kosteneinfluss Markt
Durch die Covid-Pandemie Lieferengpässe in der Bauzeit.

Baukonstruktion

Das Gebäude gründet auf Stahlbeton-Streifenfundamenten. Die Bodenplatte besteht aus Stahlbeton. Die tragenden Außenwände wurden in Holz-Massivbauweise mit vorgefertigten Elementen ausgeführt. Zur Aussteifung dienen Stahlbeton-Treppenkerne, die ebenfalls vorgefertigt sind. Auch Stützen und Unterzüge wurden in Holz ausgeführt. Die Außenwände sind mit einer vorgehängten Lärchenholzfassade bekleidet. Alle Fenster sind aus Holz und haben absturzsichernde Wärme- und Sonnenschutzverglasungen erhalten. Teilweise gibt es Fenster-Sitzbänke mit Raumakustikfunktion. Innentüren sind aus Holz oder als Alu-Glasrahmenelemente ausgeführt. Die Decken sind als Massivholzdecken mit unterseitigen Holz-Akustikdecken ausgebildet. Im Innenbereich wurden die Stb-Wände mit Sichtoberflächen ausgeführt. Ansonsten sind die Wände mit Dispersionsfarbe beschichtet. Die Innenmöblierung aus Holz und Polsterelementen wurde individuell und regional gefertigt.

Technische Anlagen

Der Hort wird mit Fernwärme beheizt, die Wärmeübertragung erfolgt über eine Fußbodenheizung. Auch das Warmwasser wird mit Fernwärme erhitzt. Die Lüftung erfolgt kontrolliert durch computergestütztes Öffnen von ca. 120 Oberlicht-Fensterflügeln. In mehreren individuellen Lüftungszonen wird die natürliche Lüftung mit einseitiger Lüftung oder Querlüftung umgesetzt und Nachtauskühlung im Sommer ermöglicht. Außerdem sind die Räume mit LED-Einzelleuchten, einer Brandmeldeanlage, Sicherheitsbeleuchtung und Netzwerkverkabelung ausgestattet.

Planungskennwerte für Flächen und Rauminhalte nach DIN 277

Flächen des Grundstücks		Menge Einheit	% an GF
BF	Bebaute Fläche	720,00 m²	9,2
UF	Unbebaute Fläche	7.080,00 m²	90,8
GF	Grundstücksfläche	7.800,00 m²	100,0

Grundflächen des Bauwerks		Menge Einheit	% an NUF	% an BGF
NUF	Nutzungsfläche	1.593,99 m²	100,0	75,5
TF	Technikfläche	15,42 m²	1,0	0,7
VF	Verkehrsfläche	171,85 m²	10,8	8,1
NRF	Netto-Raumfläche	1.781,26 m²	111,7	84,4
KGF	Konstruktions-Grundfläche	328,86 m²	20,6	15,6
BGF	Brutto-Grundfläche	2.110,12 m²	132,4	100,0

Brutto-Rauminhalt des Bauwerks		Menge Einheit	BRI/NUF (m)	BRI/BGF (m)
BRI	Brutto-Rauminhalt	8.106,00 m³	5,09	3,84

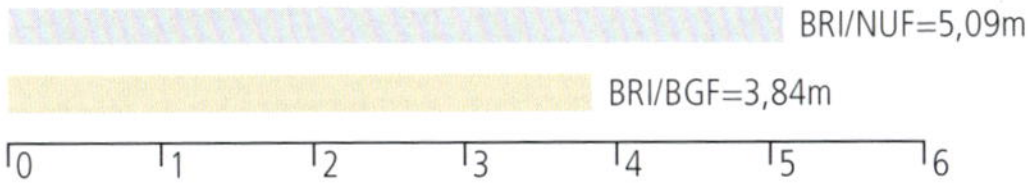

Kostenkennwerte für die Kostengruppen der 1. Ebene DIN 276

KG	Kostengruppen (1. Ebene)	Einheit	Kosten €	€/Einheit	€/m² BGF	€/m³ BRI	% 300+400
100	Grundstück	m² GF	–	–	–	–	–
200	Vorbereitende Maßnahmen	m² GF	–	–	–	–	–
300	Bauwerk – Baukonstruktionen	m² BGF	4.913.296	2.328,44	2.328,44	606,13	78,3
400	Bauwerk – Technische Anlagen	m² BGF	1.358.446	643,78	643,78	167,59	21,7
	Bauwerk 300+400	**m² BGF**	**6.271.742**	**2.972,22**	**2.972,22**	**773,72**	**100,0**
500	Außenanlagen und Freiflächen	m² AF	–	–	–	–	–
600	Ausstattung und Kunstwerke	m² BGF	569.609	269,94	269,94	70,27	9,1
700	Baunebenkosten	m² BGF	–	–	–	–	–
800	Finanzierung	m² BGF	–	–	–	–	–

KG	Kostengruppe	Menge Einheit	Kosten €	€/Einheit	%
3+4	**Bauwerk**				**100,0**
300	**Bauwerk – Baukonstruktionen**	2.110,12 m² BGF	4.913.296	**2.328,44**	78,3

Stb-Bodenplatte, Stb-Streifenfundamente, Abdichtung, Wärmedämmung, Zement-Heizestrich, Epoxidharzbeschichtung, Perimeterdämmung, Sauberkeitsschicht; vorgefertigte Massivholzwände, Stb-Wände mit Sichtoberflächen, Holzstützen, Holzfenster mit Wärme- und Sonnenschutzverglasungen, vorgehängte Lärchenholzfassade, Dispersionsbeschichtung, WC-Trennwände, Alu-Jalousien außen als Sonnenschutz; Stb-Innenwände, GK-Metallständerwände, Holztüren, Alu-Glasrahmentüren, Wandfliesen; Massivholzdecken, Unterdecken als Holz-Akustikdecken; Flachdach aus Brettsperrholz, Abdichtung, Wärmedämmung, Dachabdichtung, innenliegende Dachentwässerung

KG	Kostengruppe	Menge Einheit	Kosten €	€/Einheit	%
400	**Bauwerk – Technische Anlagen**	2.110,12 m² BGF	1.358.446	**643,78**	21,7

Gebäudeentwässerung, Kalt- und Warmwasserleitungen, Sanitärobjekte; Fernwärmeanschluss, Heizungsrohre, Fußbodenheizung; Elektroinstallation, LED-Einzelleuchten, Sicherheitsbeleuchtung, Blitzschutz; Brandmeldeanlage, Netzwerkverkabelung

KG	Kostengruppe	Menge Einheit	Kosten €	€/Einheit	%
600	**Ausstattung und Kunstwerke**	2.110,12 m² BGF	569.609	**269,94**	9,1

Innenmöblierung aus Holz und Polsterelementen

4400-0364
Kindertagesstätte
(5 Gruppen)
(100 Kinder)

Kostenkennwerte für die Kosten des Bauwerks (Kostengruppen 300+400 nach DIN 276)

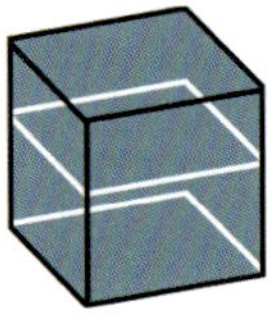

BRI 907 €/m³

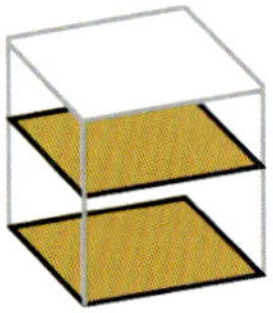

BGF 3.287 €/m²

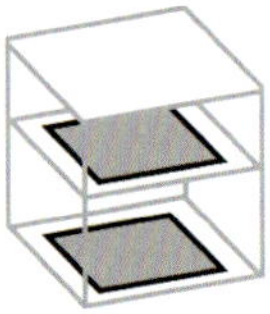

NUF 4.797 €/m²

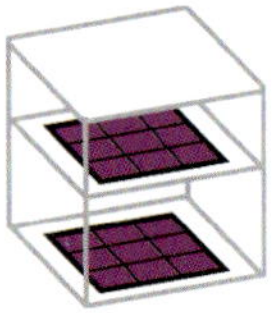

NE 36.472 €/NE

NE: Kinder

Objekt:
Kennwerte: 1. Ebene DIN 276
BRI: 4.022 m³
BGF: 1.109 m²
NUF: 760 m²
Bauzeit: 70 Wochen
Bauende: 2021
Standard: mittel
Bundesland: Rheinland-Pfalz
Kreis: Alzey-Worms

Architekt*in:
werk.um architekten
Rheinstraße 99.4
64295 Darmstadt

Bauherr*in:
Stadtverwaltung Alzey
Ernst-Ludwig-Straße 42
55232 Alzey

Ansicht Nord

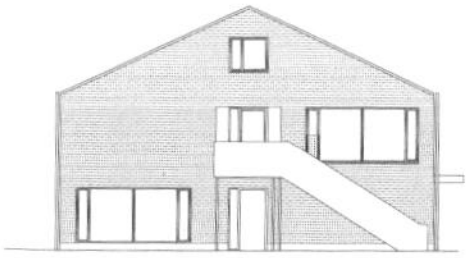
Ansicht Ost

Erdgeschoss

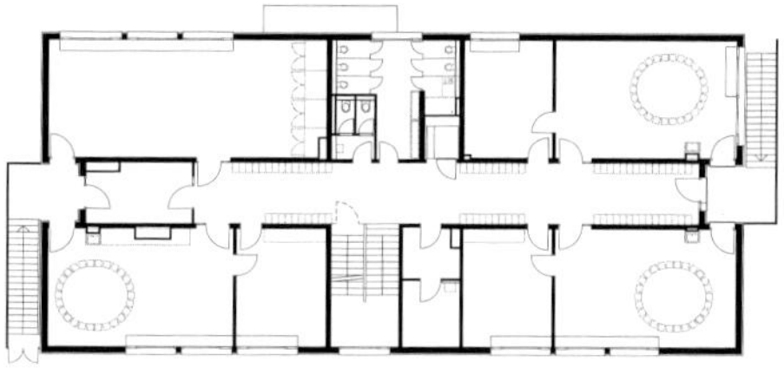
1. Obergeschoss

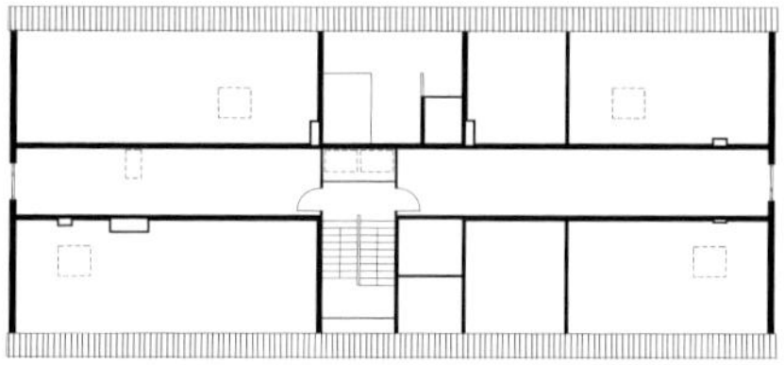
Dachgeschoss

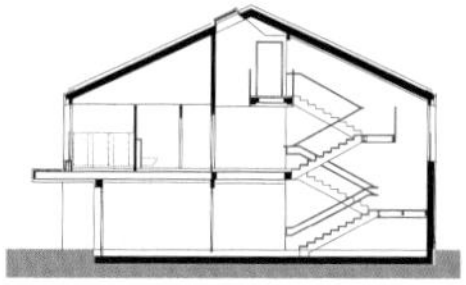
Schnitt C-C

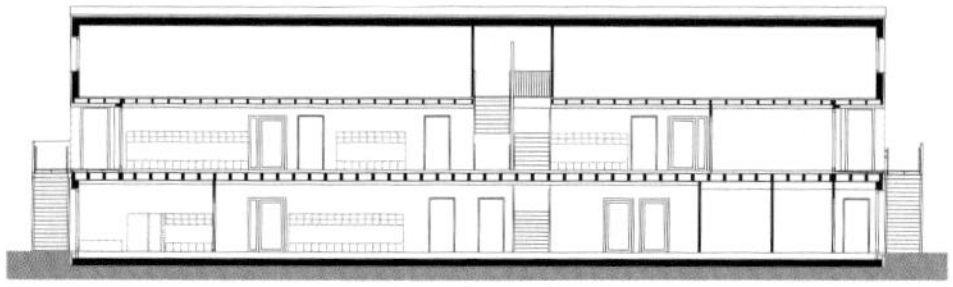
Schnitt A-A

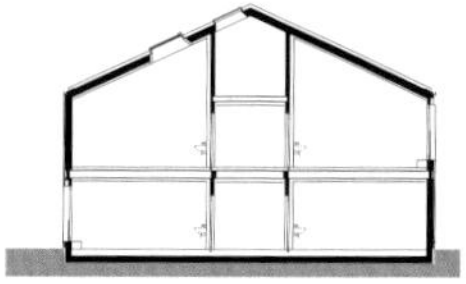
Schnitt B-B

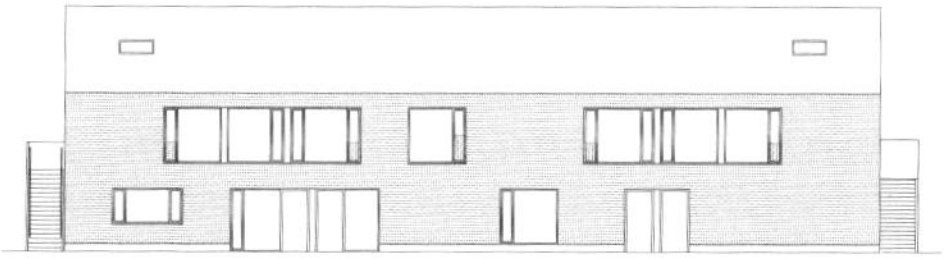
Ansicht Süd

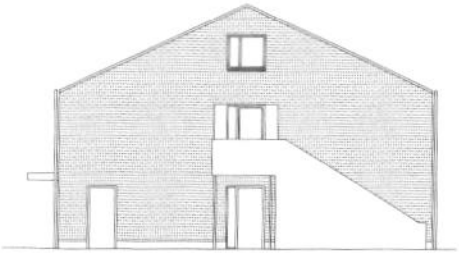
Ansicht West

Objektbeschreibung

Allgemeine Objektinformationen

Die neue Kindertagesstätte bietet Platz für fünf Gruppen und ist in Holzbauweise errichtet. Im EG befinden sich die U3-Gruppenräume, im OG die Ü3-Räume sowie ein Bewegungsraum. Die Räume im OG haben auf Grund des Satteldachs eine größere Raumhöhe, das Dachgeschoss beschränkt sich auf den mittleren Gebäudeteil und enthält nur Nebenräume. Zwei Flucht-Außentreppen sind an den Giebelseiten angeordnet.

Nutzung

1 Erdgeschoss
Foyer, Küche, Hauswirtschaftsraum, Funktionsraum mit Kinderküche, Gruppenräume, Ruheräume, Büro, Personal, Garderoben, WCs, Umkleide, Lager, Hausanschlussraum

1 Obergeschoss
Gruppenräume, Bewegungsraum, Ruheräume, Spielflur, Garderoben, WCs, Lager

1 Dachgeschoss
Lagerraum, Technikraum

Nutzeinheiten

Gruppen: 5
Kinder: 100

Grundstück

Bauraum: Freier Bauraum
Neigung: Ebenes Gelände
Bodenklasse: BK 3 bis BK 4

Markt

Hauptvergabezeit: 3.Quartal 2019
Baubeginn: 4.Quartal 2019
Bauende: 1.Quartal 2021
Konjunkturelle Gesamtlage: Durchschnitt
Regionaler Baumarkt: Durchschnitt

Baukonstruktion

Die Außenwände wurden als vorgefertigte Holztafelkonstruktion mit ausgefachter Zwischendämmung erstellt. Die Fassade besteht aus einer hinterlüfteten Vorhangfassade aus Lärchenholz. Die Decken wurden als vorgefertigte Holzbalkendecken mit Splittfüllung ausgeführt und erhielten oberseitig einen schwimmenden Zementestrich, unterseitig Holz-Akustikelemente. Durch die einfache Grundrissgestaltung spannen die Decken als Dreifeldträger über die komplette Gebäudebreite. Das Holzsparren-Satteldach hat eine Neigung von 25°. Die Beton-Sohlplatte wurde oberseitig 18cm dick gedämmt.

Technische Anlagen

Die Beheizung erfolgt über eine Luft-Wasser-Wärmepumpe sowie einen Gas-Brennwertkessel. Über eine Fußbodenheizung wird die Wärme verteilt. Die zentrale Warmwasserbereitung wird über eine an einen Pufferspeicher angeschlossene Frischwasserstation mit Zirkulationssystem gewährleistet. Dezentrale Lüftungsgeräte mit Wärmerückgewinnung stellen den Mindestluftwechsel sicher. Auch eine Fensterlüftung ist möglich. Die Nachtauskühlung erfolgt über Fensterflügel mit Witterungsschutz aus Streckmetall.

Sonstiges

Ein Schwerpunkt liegt auf dem Thema Ernährung: In der Küche wird frisch gekocht. Es gibt außerdem eine separate Kinderküche. Kosteneinsparungen erfolgten durch die Mehrfachnutzung von Räumen. So wird z.B. der Speisesaal auch als Raum für pädagogische Arbeit genutzt und die Flure als Garderoben.

Energetische Kennwerte

Gesetzliche Grundlage: EnEV 2013
Gebäudenutzfläche: 925,90 m^2
Gebäudevolumen: 3.973,90 m^3
Spez. Transmissionswärmeverlust: 0,38 $W/(m^2 \cdot K)$
Mittlerer U-Wert (opake Bauteile): 0,15 $W/(m^2 \cdot K)$
Mittlerer U-Wert (transparente Bauteile): 1,30 $W/(m^2 \cdot K)$
Spez. Jahresprimärenergiebedarf: 92,70 $kWh/(m^2 \cdot a)$

Energetische Angaben zu Außenbauteilen

Bodenplatte

U-Wert: 0,19 W/(m²·K)

Gesamtdicke: 50,03 cm	d [cm]	λ [W/(m·K)]
Estrich	7,00	1,400
Dämmung EPS	1,00	0,035
Trittschalldämmung	3,00	0,040
Dämmung	14,00	0,035
Dampfsperre	0,03	0,200
Stahlbeton	25,00	2,300

Außenwand

U-Wert: 0,18 W/(m²·K)

Gesamtdicke: 28,35 cm	d [cm]	λ [W/(m·K)]
GK-Platte	1,25	0,210
OSB-Platte	1,50	0,130
Dämmung Zellulose	24,00	0,040
Holz	24,00	0,130
Holzfaserplatte	1,60	0,130

Decke gegen Außenluft oben

U-Wert: 0,14 W/(m²·K)

Gesamtdicke: 35,80 cm	d [cm]	λ [W/(m·K)]
Holzfaserplatte	1,60	0,130
Dämmung MW	28,00	0,035
Holz	28,00	0,130
OSB-Platte	2,20	0,130
Dämmung PS	4,00	0,035

Decke gegen Außenluft unten EG

U-Wert: 0,15 W/(m²·K)

Gesamtdicke: 42,80 cm	d [cm]	λ [W/(m·K)]
Estrich	7,00	1,400
Dämmung EPS	1,00	0,035
Trittschalldämmung	3,00	0,040
OSB-Platte	2,20	0,130
Dämmung MW	28,00	0,035
Holz	28,00	0,130
Holzfaserplatte	1,60	0,130

Decke gegen Außenluft unten OG

U-Wert: 0,25 W/(m²·K)

Gesamtdicke: 21,60 cm	d [cm]	λ [W/(m·K)]
OSB-Platte	1,80	0,130
Dämmung	18,00	0,035
Holz	18,00	0,130
OSB-Platte	1,80	0,130

Dach

U-Wert: 0,16 W/(m²·K)

Gesamtdicke: 31,10 cm	d [cm]	λ [W/(m·K)]
OSB-Platte	1,50	0,130
Dämmung MW	28,00	0,035
Holz	28,00	0,130
Holzfaserplatte	1,60	0,130

Planungskennwerte für Flächen und Rauminhalte nach DIN 277

Flächen des Grundstücks		Menge Einheit	% an GF
BF	Bebaute Fläche	501,03 m²	22,9
UF	Unbebaute Fläche	1.683,97 m²	77,1
GF	Grundstücksfläche	2.185,00 m²	100,0

Grundflächen des Bauwerks		Menge Einheit	% an NUF	% an BGF
NUF	Nutzungsfläche	760,27 m²	100,0	68,5
TF	Technikfläche	46,18 m²	6,1	4,2
VF	Verkehrsfläche	136,33 m²	17,9	12,3
NRF	Netto-Raumfläche	942,78 m²	124,0	85,0
KGF	Konstruktions-Grundfläche	166,71 m²	21,9	15,0
BGF	Brutto-Grundfläche	1.109,49 m²	145,9	100,0

Brutto-Rauminhalt des Bauwerks		Menge Einheit	BRI/NUF (m)	BRI/BGF (m)
BRI	Brutto-Rauminhalt	4.022,00 m³	5,29	3,63

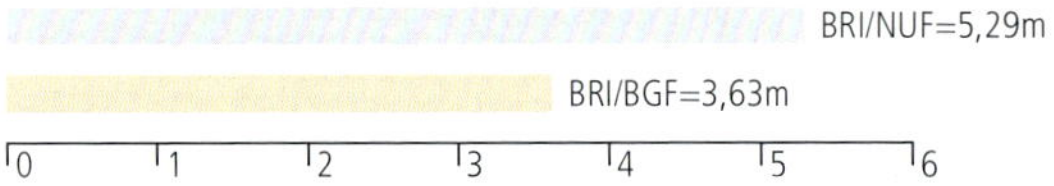

Kostenkennwerte für die Kostengruppen der 1.Ebene DIN 276

KG	Kostengruppen (1.Ebene)	Einheit	Kosten €	€/Einheit	€/m² BGF	€/m³ BRI	% 300+400
100	Grundstück	m² GF	–	–	–	–	–
200	Vorbereitende Maßnahmen	m² GF	–	–	–	–	–
300	Bauwerk – Baukonstruktionen	m² BGF	2.394.036	2.157,78	2.157,78	595,24	65,6
400	Bauwerk – Technische Anlagen	m² BGF	1.253.202	1.129,53	1.129,53	311,59	34,4
	Bauwerk 300+400	**m² BGF**	**3.647.238**	**3.287,31**	**3.287,31**	**906,82**	**100,0**
500	Außenanlagen und Freiflächen	m² AF	–	–	–	–	–
600	Ausstattung und Kunstwerke	m² BGF	–	–	–	–	–
700	Baunebenkosten	m² BGF	–	–	–	–	–
800	Finanzierung	m² BGF	–	–	–	–	–

KG	Kostengruppe	Menge Einheit	Kosten €	€/Einheit	%
3+4	**Bauwerk**				**100,0**
300	**Bauwerk – Baukonstruktionen**	1.109,49 m² BGF	2.394.036	**2.157,78**	65,6

Baugrubenaushub; Stb-Bodenplatte WU-Beton, Abdichtung, Dämmung, Heizestrich, Kautschukbelag, Bodenfliesen; Holzrahmenwände, Holzfenster, Dreifachverglasung, hinterlüftete Lärchenholzfassade, Alu-Sonnenschutzlamellen; Holzständerwände, Wandfliesen, WC-Trennwände; Holzbalkendecke mit Kiesschüttung, Holztreppen, Heizestrich, Kautschukbelag, Bodenfliesen, Holzlamellen-Akustikdecken; Holz-Sparrendach, Dachfenster, Dachziegel, außenliegende Dachentwässerung, Eingangsüberdachung, Sonnenschutz, Holzlamellen-Akustikdecken; Einbauschränke, Garderoben, Wickeltische, Sitzbänke vor den Fenstern, Kinderküche

KG	Kostengruppe	Menge Einheit	Kosten €	€/Einheit	%
400	**Bauwerk – Technische Anlagen**	1.109,49 m² BGF	1.253.202	**1.129,53**	34,4

Gebäudeentwässerung, Fettabscheider, Hebeanlage, Kalt- und Warmwasserleitungen, Sanitärobjekte; Gas-Brennwerttherme, Luft-Wasser-Wärmepumpe, Fußbodenheizung; Einzelraumlüfter, kontrollierte Be- und Entlüftung mit Wärmerückgewinnung dezentral pro Gruppe; Elektroinstallation, Beleuchtung, Sicherheitsleuchten, Blitzschutzanlage; Brandmeldeanlage; Personenaufzug als Plattformlift, Gewerbeküche

4400-0378
Kindergarten
(6 Gruppen)
(150 Kinder)

Kostenkennwerte für die Kosten des Bauwerks (Kostengruppen 300+400 nach DIN 276)

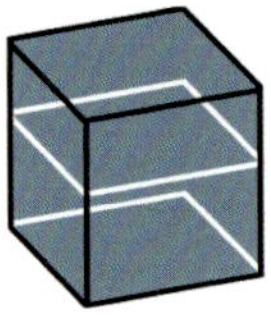
BRI 595 €/m³

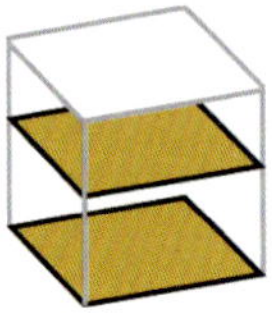
BGF 3.198 €/m²

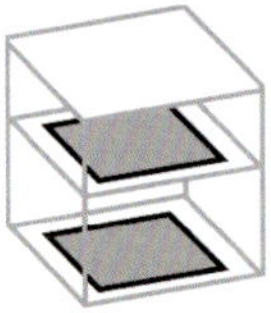
NUF 4.683 €/m²

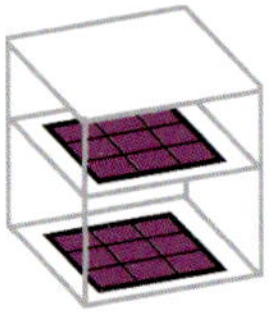
NE 34.901 €/NE
NE: Kinder

Objekt:
Kennwerte: 1.Ebene DIN 276
BRI: 8.792 m³
BGF: 1.637 m²
NUF: 1.118 m²
Bauzeit: 70 Wochen
Bauende: 2022
Standard: mittel
Bundesland: Bayern
Kreis: Pfaffenhofen a.d.Ilm

Architekt*in:
Architekturbüro
Obereisenbuchner
Schulstraße 13
85276 Pfaffenhofen

Bauherr*in:
Katholische Kirchenstiftung
Verklärung Christi
Kirchweg 3
85296 Rohrbach a.d.Ilm

Kostenstand: 2. Quartal 2025, Bundesdurchschnitt, **inkl. 19% MwSt.**

Zeichnungen

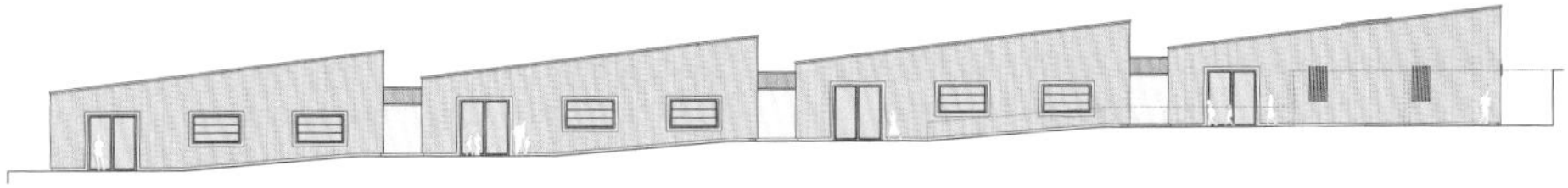

Ansicht Nord

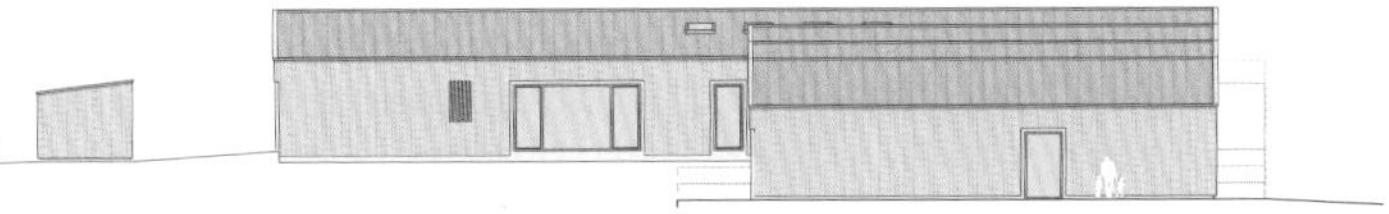

Ansicht Ost

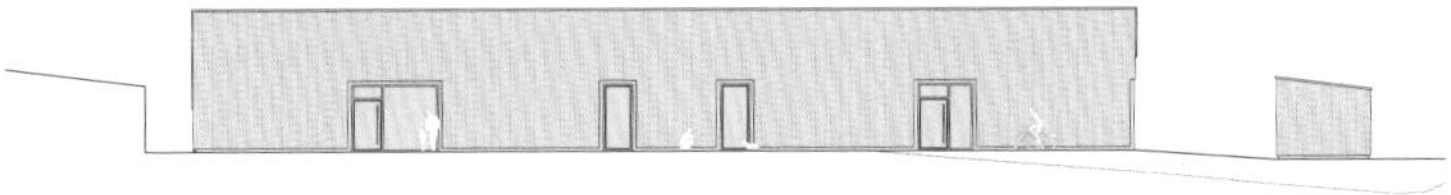

Ansicht West

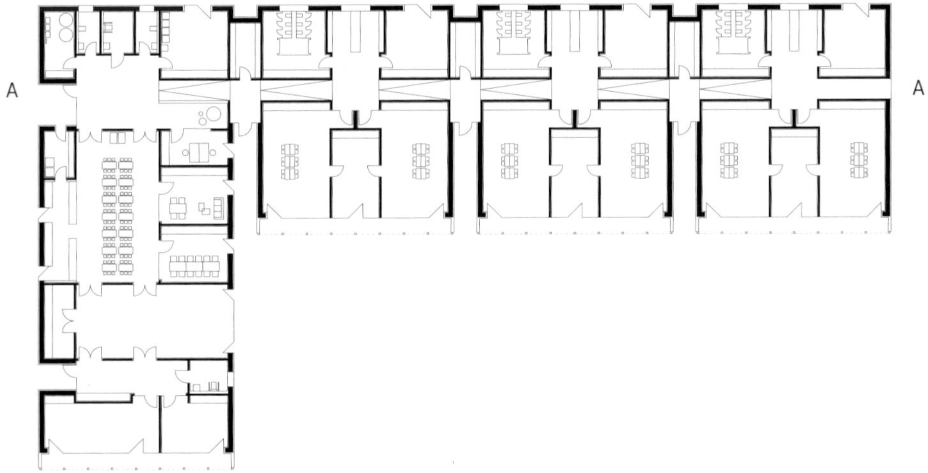

Erdgeschoss

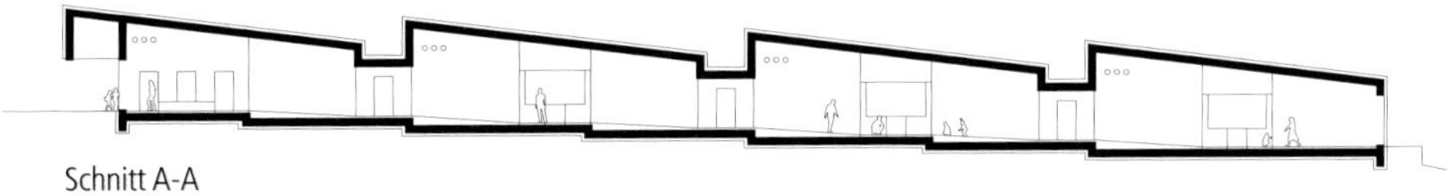

Schnitt A-A

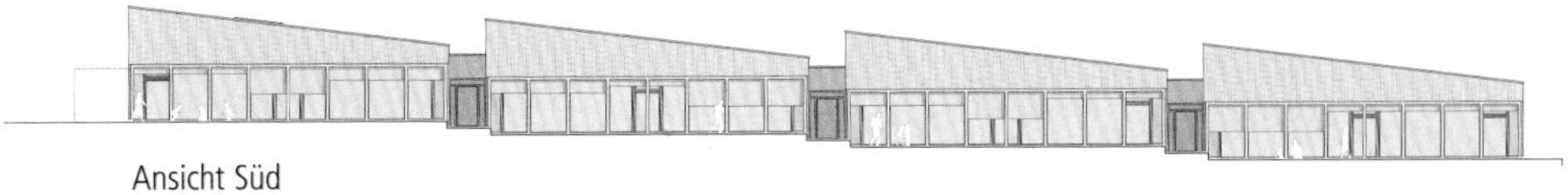

Ansicht Süd

Objektbeschreibung

Allgemeine Objektinformationen

Das L-förmige, eingeschossige Gebäude, wird durch drei Einschnitte in vier Baukörper gegliedert, welche sich entlang einer starken Hanglage kaskadenartig dem Gelände anpassen. Die innere Erschließung erfolgt entsprechend über sechs Rampen, wodurch eine umfassende Barrierefreiheit für die Inklusionseinrichtung geschaffen werden konnte.

Nutzung

1 Erdgeschoss
Gruppenräume, Garderoben, Nebenräume, Therapieraum, WCs, Personalräume, Küche, Speiseraum, Mehrzweckraum, Besprechung, Büroräume, Verwaltungsräume der Pfarrei, Technik, Flure

Nutzeinheiten

Gruppen: 6
Kinder: 150

Grundstück

Bauraum: Freier Bauraum
Neigung: Hanglage
Bodenklasse: BK 1 bis BK 5

Markt

Hauptvergabezeit: 3. Quartal 2020
Baubeginn: 1. Quartal 2021
Bauende: 3. Quartal 2022
Konjunkturelle Gesamtlage: über Durchschnitt
Regionaler Baumarkt: unter Durchschnitt

Baukonstruktion

Das Gebäude gründet auf einer Stahlbetonbodenplatte. Der vorgefundene Baugrund musste mittels Trockenmörtelsäulen verbessert werden. Die Wände wurden in Holzrahmenbauweise vorgefertigt und auf die Baustelle gebracht, darauf wurde eine hinterlüftete Holzschalung mit Holzfaserdämmung montiert. Die Fassadenschalung aus Fichtenholz mit mineralischer Beschichtung zur Vorvergrauung unterstützt die zurückhaltende äußere Erscheinung des Gebäudes in seinem Umfeld. Die Holz-Alufenster sind dreifachverglast und können mit Senkrechtmarkisen verschattet werden. Alle Konstruktionselemente sind in Holzrahmenbauweise vorgefertigt und mit Wärme- bzw. Schalldämmung aus Holzfaserplatten erstellt. Das Pultdach als Sparrendach wurde mit einer Doppelstehfalzdeckung gedeckt. Die Böden sind mit Linoleum und Fliesen belegt. Die Wände wurden nach der Installation mit GK bekleidet und beschichtet.

Technische Anlagen

Die Wärmeerzeugung erfolgt durch eine Luft-Wärmepumpe, eine Fußbodenheizung verteilt die Wärme in den Räumen. In den vier Baukörpern wurde jeweils eine mechanische Lüftungsanlage mit Wärmerückgewinnung verbaut. Auf den Dachflächen wurde eine PV-Anlage installiert.

Sonstiges

Südlich des Neubaus schließen Räume für die örtliche Pfarrei an. Trotz den individuellen, funktionalen und lokalen Anforderungen konnte der Baukörper durch eine hohe Vorfertigung aller Wand- und Dachelemente in kurzer Bauzeit realisiert werden.

Energetische Kennwerte

Gesetzliche Grundlage: EnEV 2013
Gebäudenutzfläche: 1.331,00 m^2
Gebäudevolumen: 7.662,50 m^3
A/V_e-Verhältnis (Kompaktheit): 0,60 m^{-1}
Hüllfläche des beheizten Volumens: 4.604,60 m^2
Mittlerer U-Wert (opake Bauteile): 0,13 $W/(m^2 \cdot K)$
Mittlerer U-Wert (transparente Bauteile): 0,96 $W/(m^2 \cdot K)$
Spez. Jahresprimärenergiebedarf: 124,90 $kWh/(m^2 \cdot a)$
CO_2-Emissionen: 38,80 $kg/(m^2 \cdot a)$

Energetische Angaben zu Außenbauteilen

Bodenplatte

U-Wert: 0,18 W/(m²·K)

Gesamtdicke: 54,00 cm	d [cm]	λ [W/(m·K)]
Estrich	8,00	1,400
Dämmung	3,00	0,045
Dämmung	8,00	0,040
Stahlbeton	25,00	2,300
Dämmung	10,00	0,041

Außenwand gegen Erdreich

U-Wert: 0,26 W/(m²·K)

Gesamtdicke: 43,50 cm	d [cm]	λ [W/(m·K)]
GK-Platte	2,50	0,250
Luftschicht ruhend	4,00	0,088
Holz	4,00	0,130
Stahlbeton	25,00	2,300
Dämmung	12,00	0,039

Außenwand hinterlüftet

U-Wert: 0,12 W/(m²·K)

Gesamtdicke: 45,00 cm	d [cm]	λ [W/(m·K)]
GK-Platte	2,50	0,250
Luftschicht ruhend	4,00	0,088
Holz	4,00	0,130
OSB-Platte	2,50	0,130
Dämmung	30,00	0,040
Holz	30,00	0,130
Holzfaserplatte	6,00	0,055

Dach hinterlüftet

U-Wert: 0,16 W/(m²·K)

Gesamtdicke: 34,50 cm	d [cm]	λ [W/(m·K)]
OSB-Platte	2,50	0,250
Dämmung	26,00	0,040
Holz	26,00	0,130
Holzfaserplatte	6,00	0,055

Planungskennwerte für Flächen und Rauminhalte nach DIN 277

Flächen des Grundstücks		Menge Einheit	% an GF
BF	Bebaute Fläche	1.570,89 m²	29,9
UF	Unbebaute Fläche	3.683,11 m²	70,1
GF	Grundstücksfläche	5.254,00 m²	100,0

Grundflächen des Bauwerks		Menge Einheit	% an NUF	% an BGF
NUF	Nutzungsfläche	1.117,90 m²	100,0	68,3
TF	Technikfläche	13,95 m²	1,2	0,9
VF	Verkehrsfläche	251,43 m²	22,5	15,4
NRF	Netto-Raumfläche	1.383,28 m²	123,7	84,5
KGF	Konstruktions-Grundfläche	253,81 m²	22,7	15,5
BGF	Brutto-Grundfläche	1.637,09 m²	146,4	100,0

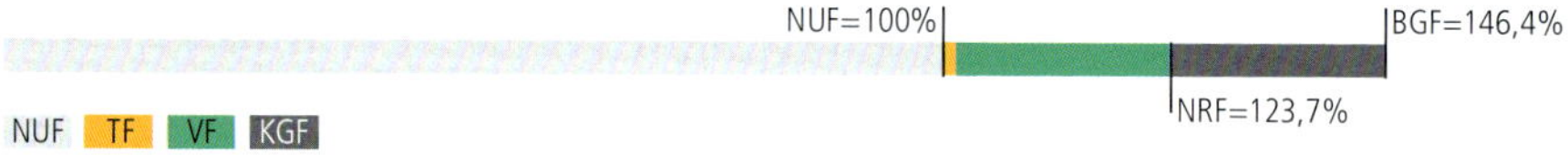

Brutto-Rauminhalt des Bauwerks		Menge Einheit	BRI/NUF (m)	BRI/BGF (m)
BRI	Brutto-Rauminhalt	8.791,92 m³	7,87	5,37

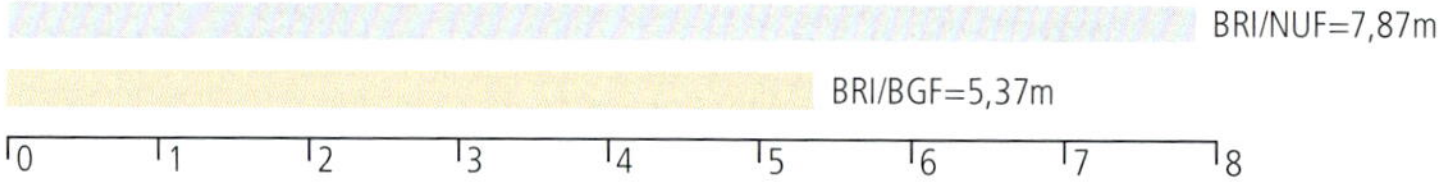

Kostenkennwerte für die Kostengruppen der 1.Ebene DIN 276

KG	Kostengruppen (1.Ebene)	Einheit	Kosten €	€/Einheit	€/m² BGF	€/m³ BRI	% 300+400
100	Grundstück	m² GF	–	–	–	–	–
200	Vorbereitende Maßnahmen	m² GF	–	–	–	–	–
300	Bauwerk – Baukonstruktionen	m² BGF	4.170.488	2.547,50	2.547,50	474,35	79,7
400	Bauwerk – Technische Anlagen	m² BGF	1.064.628	650,32	650,32	121,09	20,3
	Bauwerk 300+400	**m² BGF**	**5.235.116**	**3.197,82**	**3.197,82**	**595,45**	**100,0**
500	Außenanlagen und Freiflächen	m² AF	–	–	–	–	–
600	Ausstattung und Kunstwerke	m² BGF	–	–	–	–	–
700	Baunebenkosten	m² BGF	–	–	–	–	–
800	Finanzierung	m² BGF	–	–	–	–	–

KG	Kostengruppe	Menge Einheit	Kosten €	€/Einheit	%
3+4	**Bauwerk**				**100,0**
300	**Bauwerk – Baukonstruktionen**	1.637,09 m² BGF	4.170.488	**2.547,50**	79,7

Baugrubenaushub, Baugrundverbesserung mittels Trockenmörtelsäulen, Stb-Streifenfundamente, Stb-Bodenplatten, Stb-Rampen, Dämmung, Heizestrich, Linoleum, Bodenfliesen, Sauberlaufmatten, Sauberkeitsschicht, Perimeterdämmung; Stb-Aufkantung, Holzrahmenwände, Holzstützen, Holzfaserdämmung, Holz-Alufenster, -türen, hinterlüftete Fichtenholzschalung, GK-Installationsebenen, Beschichtung, Wandfliesen, Senkrechtmarkisen; Holzrahmen-Innenwände, Holzfaserdämmplatten, Holztüren, GK-Vorsatzschalen; Pfettendach (Pultdach), Holzrahmenelemente, Holzfaserdämmung, Dachflächenfenster, Metalldeckung Doppelstehfalz, Dachentwässerung, Akustikdecken, Beschichtung; Einbauschränke, Einbauküchen, Garderoben, Möbel

KG	Kostengruppe	Menge Einheit	Kosten €	€/Einheit	%
400	**Bauwerk – Technische Anlagen**	1.637,09 m² BGF	1.064.628	**650,32**	20,3

Gebäudeentwässerung, Kalt- und Warmwasserleitungen, Sanitärobjekte; Luft-Wärmepumpe, Fußbodenheizung, Durchlauferhitzer; dezentrale Lüftungsanlagen mit Wärmerückgewinnung (4St); Photovoltaikanlage, Elektroinstallation, Blitzschutzanlage, Beleuchtung; Datennetzwerk, Sprechanlage, Brandmeldeanlage; Küchengeräte

4400-0407
Kindertagesstätte
(4 Gruppen)
(90 Kinder)

Kostenkennwerte für die Kosten des Bauwerks (Kostengruppen 300+400 nach DIN 276)

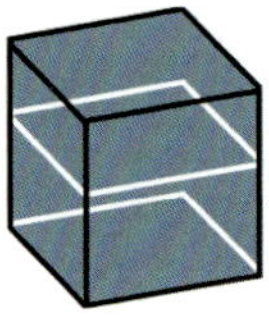

BRI 807 €/m³

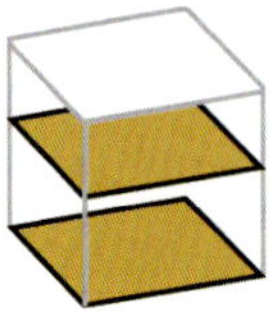

BGF 3.417 €/m²

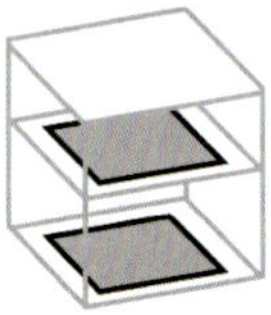

NUF 5.273 €/m²

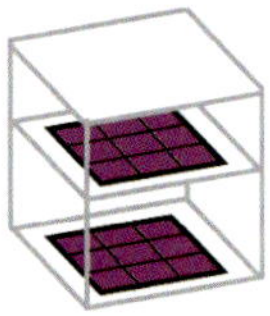

NE 41.994 €/NE

NE: Kinder

Objekt:
Kennwerte: 1.Ebene DIN 276
BRI: 4.681 m³
BGF: 1.106 m²
NUF: 717 m²
Bauzeit: 52 Wochen
Bauende: 2020
Standard: hoch
Bundesland: Niedersachsen
Kreis: Hannover, Region

Architekt*in:
ra plus | mevißen hillmann
harder hille
architektenpartnerschaft mbB
Eleonorenstraße 18
30449 Hannover

Bauherr*in:
Gemeinde Wedemark
Fritz-Sennheiser-Platz 1
30900 Wedemark

© Mario Wezel / ra plus

© Mario Wezel / ra plus

© Mario Wezel / ra plus

© Mario Wezel / ra plus

Kostenstand: 2. Quartal 2025, Bundesdurchschnitt, **inkl. 19% MwSt.**

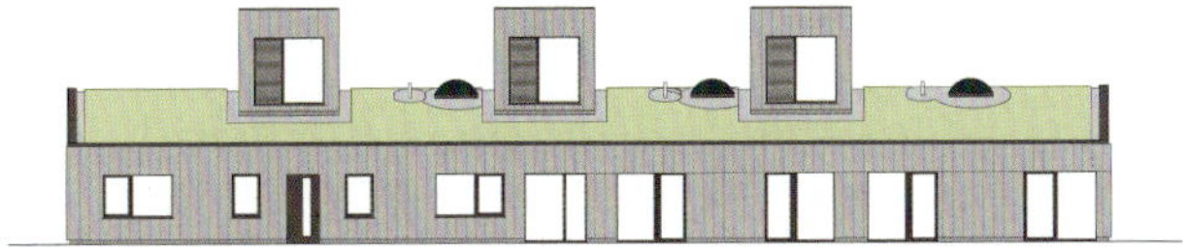

Ansicht West

Ansicht Süd

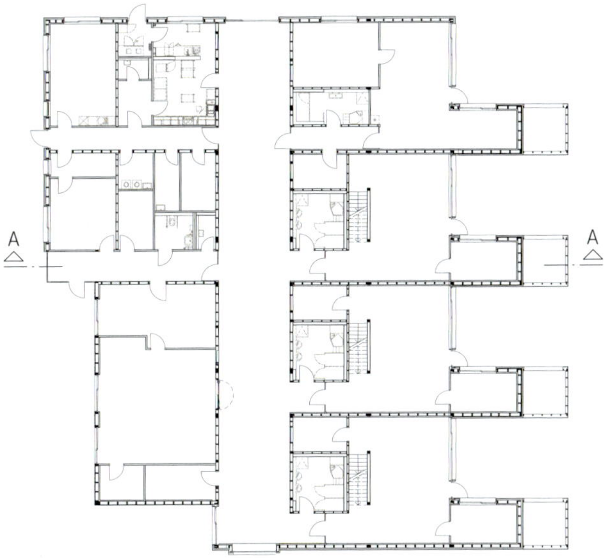

Erdgeschoss

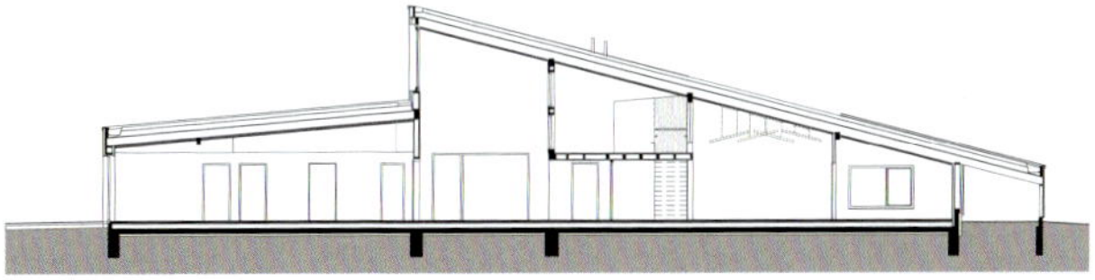

Schnitt A-A

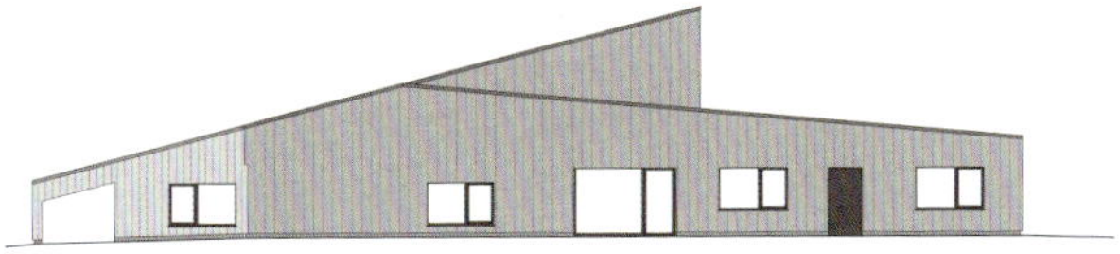

Ansicht Nord

4400-0407
Kindertagesstätte
(4 Gruppen)
(90 Kinder)

Objektbeschreibung

Allgemeine Objektinformationen

Das eingeschossige Gebäude entstand in Holzrahmenbauweise, um eine möglichst schnelle Bauzeit durch ein hohes Maß an Vorfertigung realisieren zu können. Die Gruppenräume für 90 Kinder reihen sich an einen zentralen, großzügigen Spielflur. Durch zwei sich verschneidende, unterschiedlich geneigte Dachflächen ergeben sich in deren Schnittpunkte Lichtgauben und Hochebenen, durch diese konnten zusätzliche Spielbereiche gewonnen werden.

Nutzung

1 Erdgeschoss
Gruppenräume, Bewegungsraum, Differenzierungsraum, Schlafraum, Ruheräume, Spielflure, Küche, Spülküche, Vorräte, Hauswirtschaftsraum, Büro, Personal, Garderoben, WCs, Bäder, Lager, Abstellraum, Hausanschlussraum

1 Dachgeschoss
Spielebenen

Nutzeinheiten

Gruppen: 4
Kinder: 90

Grundstück

Bauraum: Freier Bauraum
Neigung: Geneigtes Gelände
Bodenklasse: BK 3

Markt

Hauptvergabezeit: 4. Quartal 2019
Baubeginn: 4. Quartal 2019
Bauende: 4. Quartal 2020
Konjunkturelle Gesamtlage: Durchschnitt
Regionaler Baumarkt: unter Durchschnitt

Baukonstruktion

Das barrierefreie Gebäude steht auf einer Stahlbetonsohle. Die vorgefertigten Holzrahmenwände und das Dach wurden innerhalb von wenigen Tagen aufgerichtet und vor Ort mit Zellulose gedämmt. Die Fassaden sind mit einer senkrechten Holzverschalung bekleidet, die Kunststofffenster mit Dreifachverglasung können mit Raffstores verschattet werden. Die 5° und 15° geneigten Dachflächen sind extensiv begrünt und bieten auf über 800m² Lebensräume für Insekten, Bienen und andere Lebewesen. Innenwände wurden in Trockenbau hergestellt und teilweise, für eine bessere Raumakustik, mit Holzwolleleichtbauplatten bekleidet. Die Böden sind mit Linoleum und Bodenfliesen belegt.

Technische Anlagen

Die Wärmeerzeugung erfolgt über eine Sole-Wasser-Wärmepumpe. Das warme Brauchwasser wird bedarfsgerecht über eine elektrische, dezentrale Warmwasserbereitung erzeugt. Eine Lüftungsanlage mit Wärmerückgewinnung kam aus Schallschutzgründen nur im Krippenbereich zum Einsatz; ansonsten sorgen kleine, dezentrale Lüfter in den WC-Bereichen für den Luftwechsel. Eine Nachtauskühlung über die Dachgauben sorgt für eine Verbesserung des Raumklimas, auch ohne Einsatz aufwendiger Lüftungstechnik.

Sonstiges

Zentrale Entwurfsidee ist ein Spielflur, der als gemeinsame Erschließungs- und Spielfläche zwischen den einzelnen Gruppenräumen im Osten und den Sonder- und Verwaltungsräumen im Westen fungiert. Die Verwaltungsräume verstehen sich hier auch als baulicher Puffer zwischen Bahntrasse im Westen und den Gruppenräumen der Kinder.

Energetische Kennwerte

Gesetzliche Grundlage: EnEV 2013
Gebäudenutzfläche: 973,90 m^2
Gebäudevolumen: 4.472,80 m^3
A/V_e-Verhältnis (Kompaktheit): 0,63 m^{-1}
Hüllfläche des beheizten Volumens: 2.824,80 m^2
Mittlerer U-Wert (opake Bauteile): 0,15 $W/(m^2 \cdot K)$
Mittlerer U-Wert (transparente Bauteile): 1,00 $W/(m^2 \cdot K)$
Mittlerer U-Wert (Glasdächer, etc.): 2,00 $W/(m^2 \cdot K)$
Spez. Jahresprimärenergiebedarf: 196,70 $kWh/(m^2 \cdot a)$

Planungskennwerte für Flächen und Rauminhalte nach DIN 277

Flächen des Grundstücks		Menge Einheit	% an GF
BF	Bebaute Fläche	1.492,00 m²	27,7
UF	Unbebaute Fläche	3.886,00 m²	72,3
GF	Grundstücksfläche	5.378,00 m²	100,0

Grundflächen des Bauwerks		Menge Einheit	% an NUF	% an BGF
NUF	Nutzungsfläche	716,72 m²	100,0	64,8
TF	Technikfläche	9,54 m²	1,3	0,9
VF	Verkehrsfläche	193,18 m²	27,0	17,5
NRF	Netto-Raumfläche	919,44 m²	128,3	83,1
KGF	Konstruktions-Grundfläche	186,49 m²	26,0	16,9
BGF	Brutto-Grundfläche	1.105,93 m²	154,3	100,0

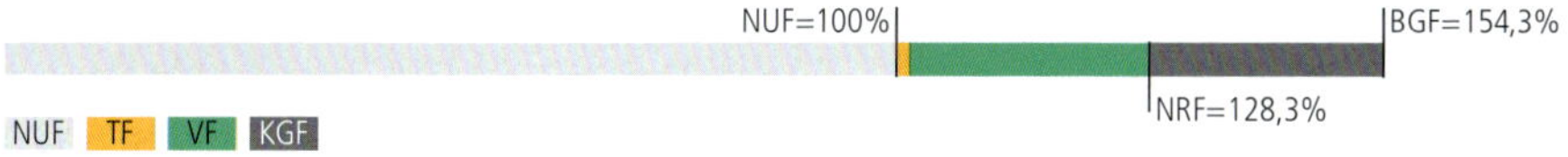

Brutto-Rauminhalt des Bauwerks		Menge Einheit	BRI/NUF (m)	BRI/BGF (m)
BRI	Brutto-Rauminhalt	4.681,00 m³	6,53	4,23

Objekte
3. Ebene
Positionen Neubau

Kostenkennwerte für die Kostengruppen der 1. Ebene DIN 276

KG	Kostengruppen (1. Ebene)	Einheit	Kosten €	€/Einheit	€/m² BGF	€/m³ BRI	% 300+400
100	Grundstück	m² GF	–	–	–	–	–
200	Vorbereitende Maßnahmen	m² GF	–	–	–	–	–
300	Bauwerk – Baukonstruktionen	m² BGF	2.886.935	2.610,41	2.610,41	616,73	76,4
400	Bauwerk – Technische Anlagen	m² BGF	892.514	807,03	807,03	190,67	23,6
	Bauwerk 300+400	**m² BGF**	**3.779.450**	**3.417,44**	**3.417,44**	**807,40**	**100,0**
500	Außenanlagen und Freiflächen	m² AF	–	–	–	–	–
600	Ausstattung und Kunstwerke	m² BGF	–	–	–	–	–
700	Baunebenkosten	m² BGF	–	–	–	–	–
800	Finanzierung	m² BGF	–	–	–	–	–

KG	Kostengruppe	Menge Einheit	Kosten €	€/Einheit	%
3+4	**Bauwerk**				**100,0**
300	**Bauwerk – Baukonstruktionen**	1.105,93 m² BGF	2.886.935	**2.610,41**	76,4

Baugrubenaushub; Stb-Fundamente, Stb-Bodenplatte, Heizestrich, Linoleum, Bodenfliesen, Abdichtung, Sauberkeitsschicht, Dämmung; Holzrahmenwände, Kunststofffenster, Sonnenschutzverglasung, Zellulosedämmung, hinterlüftete Holzfassade, Gipsfaser-Bekleidung, Raffstores; Holzrahmenwände, GK-Wände, Holztüren, Wandfliesen, WC-Trennwände; Holzbalkendecken, Holztreppen, Holztafeln, Linoleum, abgehängte GK-Decken, Schallschutzdecken, Holzwolleleichtbauplatten, Handläufe; Holzbalkendach, Oberlichter, Zellulosedämmung, Abdichtung, extensive Dachbegrünung, außenliegende Dachentwässerung, abgehängte GK-Decken, Schallschutzdecken; Garderoben, Einbau-Spielmöbel

KG	Kostengruppe	Menge Einheit	Kosten €	€/Einheit	%
400	**Bauwerk – Technische Anlagen**	1.105,93 m² BGF	892.514	**807,03**	23,6

Gebäudeentwässerung, Kalt- und Warmwasserleitungen, Sanitärobjekte; Sole-Wasser-Wärmepumpe, dezentrale Warmwassergeräte, Fußbodenheizung; Abluftanlagen, Lüftungsanlage mit Wärmerückgewinnung (Krippe); Elektroinstallation, Beleuchtung; Fernseh- und Antennenanlagen, Rauchmelder; Installationen für Aufwärmküche, Feuerlöscher

Sportbauten

5

- • 5100 Hallen (ohne Schwimmhallen)
- 5200 Schwimmhallen
- • 5300 Gebäude für Sportplatz und Freibadanlagen
- 5400 Sportplatzanlagen (Außenanlagen)
- 5500 Freibadanlagen (Außenanlagen)
- 5600 Sondersportanlagen

5100-0131
Sporthalle
(Einfeldhalle)

Kostenkennwerte für die Kosten des Bauwerks (Kostengruppen 300+400 nach DIN 276)

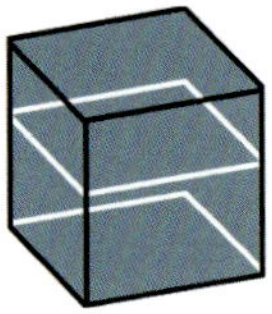
BRI 568 €/m³

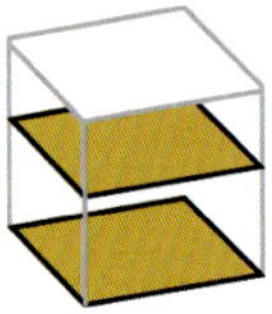
BGF 3.935 €/m²

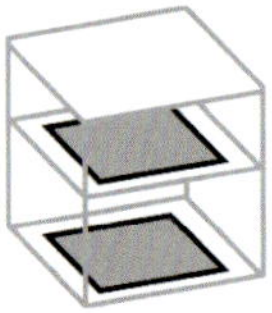
NUF 5.611 €/m²

Objekt:
Kennwerte: 1.Ebene DIN 276
BRI: 5.854 m³
BGF: 845 m²
NUF: 592 m²
Bauzeit: 57 Wochen
Bauende: 2018
Standard: hoch
Bundesland: Bayern
Kreis: Dingolfing-Landau

Architekt*in:
Wagner Architekten
Lederergasse 16
84130 Dingolfing

Bauherr*in:
Landkreis Dingolfing-Landau
Obere Stadt 1
84130 Dingolfing

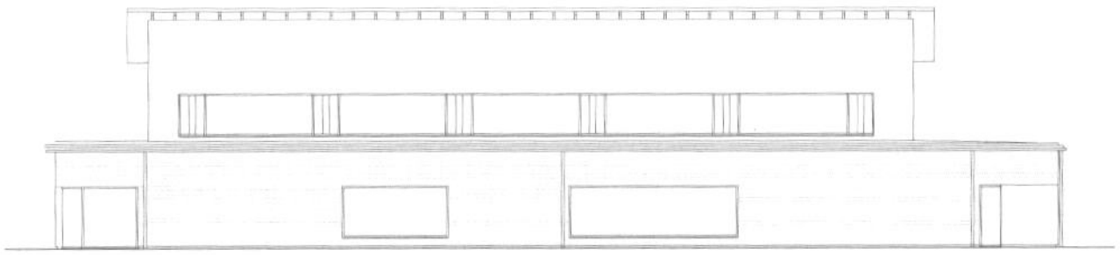

Ansicht West

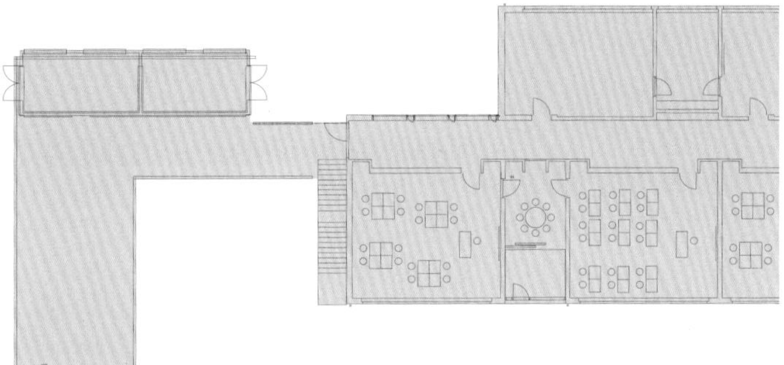
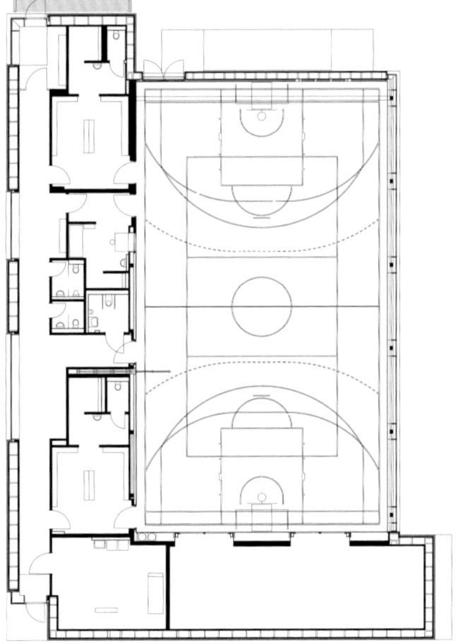

Erdgeschoss

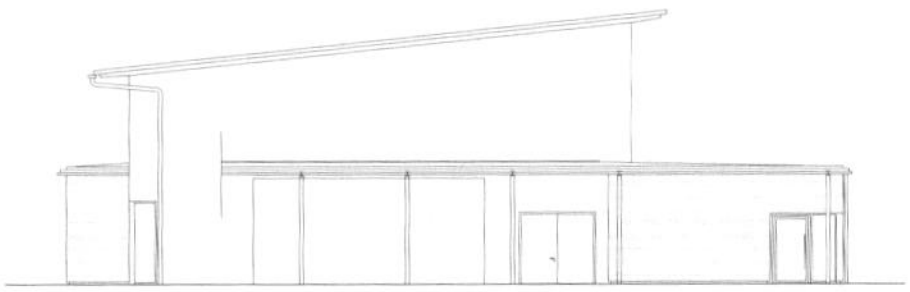

Ansicht Nord

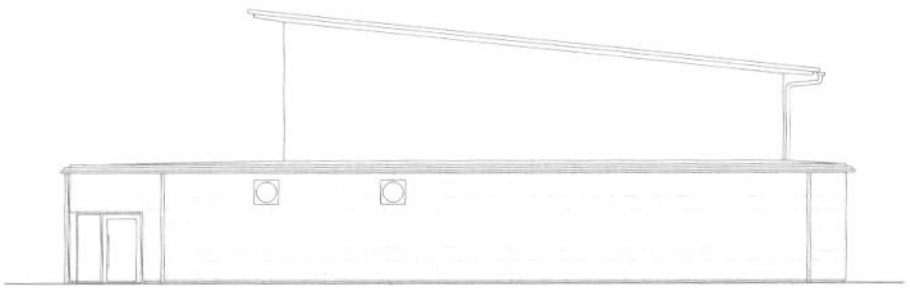

Ansicht Süd

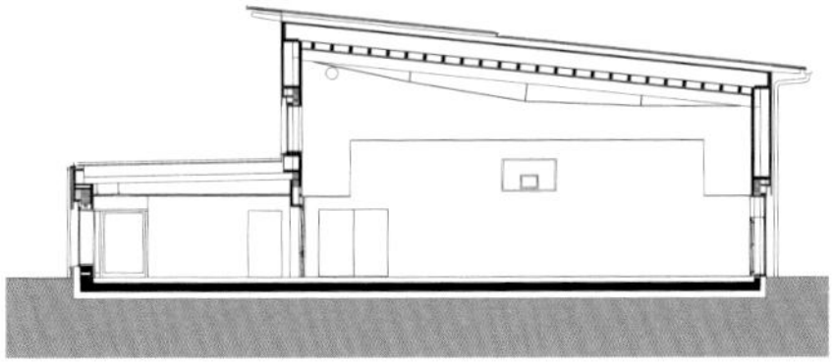

Schnitt

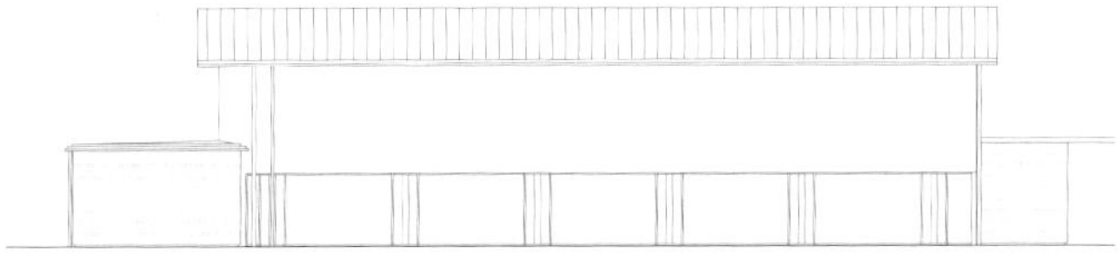

Ansicht Ost

Objektbeschreibung

Allgemeine Objektinformationen

Der Neubau der Einfeldhalle dient als Erweiterung einer bestehenden Schule. Die Halle definiert mit dem Schulgebäude einen Hof und ist in Form einer durchgehenden Überdachung mit dem Bestand verbunden. Die Fassadengestaltung orientiert sich ebenfalls am Bestandsbaukörper, sodass die beiden Gebäude optisch eine Einheit bilden.

Nutzung

1 Erdgeschoss
Sporthalle, Umkleideräume, WCs, Duschen, Technikraum

Nutzeinheiten

Hallenfelder: 1
Hallenfläche: 405 m²

Grundstück

Bauraum: Freier Bauraum
Neigung: Ebenes Gelände
Bodenklasse: BK 1 bis BK 4

Markt

Hauptvergabezeit: 3. Quartal 2017
Baubeginn: 3. Quartal 2017
Bauende: 3. Quartal 2018
Konjunkturelle Gesamtlage: über Durchschnitt
Regionaler Baumarkt: unter Durchschnitt

Baukonstruktion

Die eingeschossige Sporthalle gründet auf einer Stahlbetonbodenplatte und ist in vorgefertigter Holzbauweise hergestellt. Vor Ort wurden die Bauteile mit Zellulosedämmung ausgeflockt. Die Fassade der Halle ist verputzt, die Nebenräume sind mit einer Lärchenholzschalung bekleidet. Die innenliegenden Holzständerwände sind beschichtet und teilweise mit Fliesen belegt. Sämtliche Verglasungen sind Pfosten-Riegel-Festverglasungen. Das Hauptdach der Halle wurde als flachgeneigtes Pultdach mit Edelstahl- Stehfalzdeckung ausgeführt. Für den Anbau mit Nebenräumen wurde ein Flachdach mit extensiver Begrünung gewählt. In der Halle wurde ein flächenelastischer Sportboden eingebaut und mit Linoleum belegt, die Nebenräume sind mit Fliesenbelag auf Trockenestrich ausgestattet.

Technische Anlagen

Über das städtische Fernwärmenetz wird die Turnhalle durch ein nahegelegenes Kraftwerk versorgt. Der Hallenboden ist nicht beheizbar, in den Nebenräumen wurde eine Fußbodenheizung eingebaut. Der Strombedarf wird über eine eigene Photovoltaikanlage gedeckt. Sämtliche Räume sind mit LED-Beleuchtung und Bewegungsmeldern ausgestattet. Für die Warmwasserbereitung wurden dezentrale Frischwasserstationen in den Duschen installiert. Im Sommer wird die Turnhalle durch Nachtauskühlung temperiert. Die Belüftung erfolgt mechanisch.

Energetische Kennwerte

Gesetzliche Grundlage: EnEV 2013
Gebäudenutzfläche: 707,00 m²
Spez. Jahresprimärenergiebedarf: 40,00 kWh/(m²·a)
Spez. Jahresheizwärmebedarf: 14,00 kWh/(m²·a)
Differenzdruck-Messverfahren: 0,30 h^{-1}

Energetische Angaben zu Außenbauteilen

Bodenplatte Halle

U-Wert: 0,09 W/(m²·K)

Gesamtdicke: 72,00 cm	d [cm]	λ [W/(m·K)]
Sportboden	4,50	0,170
Dämmung EPS	12,00	0,035
Schüttung	1,00	0,100
Abdichtung	0,50	0,170
Stahlbeton	30,00	2,400
Dämmung XPS	24,00	0,037

Bodenplatte Nebenflächen

U-Wert: 0,10 W/(m²·K)

Gesamtdicke: 72,30 cm	d [cm]	λ [W/(m·K)]
Bodenbelag	1,00	1,000
GF-Platte	3,80	0,250
Dämmung EPS	3,00	0,035
Dämmung EPS	8,00	0,035
Schüttung	2,00	0,100
Abdichtung	0,50	0,170
Sauberkeitsschicht	30,00	2,400
Dämmung XPS	24,00	0,037

Außenwand Halle

U-Wert: 0,09 W/(m²·K)

Gesamtdicke: 54,50 cm	d [cm]	λ [W/(m·K)]
Beplankung	1,30	0,360
Dämmung	6,00	0,040
Holz	6,00	0,130
OSB-Platte	2,20	0,130
Dämmung	36,00	0,040
Holz	36,00	0,130
Holzfaserplatte	2,00	0,100
Putzträgerplatte	6,00	0,042
Außenputz	1,00	0,870

Außenwand Nebenfläche

U-Wert: 0,10 W/(m²·K)

Gesamtdicke: 51,50 cm	d [cm]	λ [W/(m·K)]
Beplankung	1,30	0,360
Dämmung	6,00	0,040
Holz	6,00	0,130
OSB-Platte	2,20	0,130
Dämmung	40,00	0,042
Holz	40,00	0,130
Holzfaserplatte	2,00	0,100

Dach Halle

U-Wert: 0,06 W/(m²·K)

Gesamtdicke: 84,80 cm	d [cm]	λ [W/(m·K)]
HWL-Platte	2,50	0,130
Dämmung	22,00	0,035
Holz	22,00	0,130
OSB-Platte	2,20	0,130
Dämmung	52,00	0,040
Holz	52,00	0,130
Dämmung	6,00	0,046
Abdichtung	0,10	0,170

Dach Nebenflächen

U-Wert: 0,10 W/(m²·K)

Gesamtdicke: 60,00 cm	d [cm]	λ [W/(m·K)]
Brettstapel	21,00	0,130
Dampfsperre	0,20	0,170
Dämmung	38,00	0,040
Holz	38,00	0,130
Abdichtung	0,70	0,170
Abdichtung	0,10	0,170

Planungskennwerte für Flächen und Rauminhalte nach DIN 277

Flächen des Grundstücks		Menge Einheit	% an GF
BF	Bebaute Fläche	844,67 m²	14,9
UF	Unbebaute Fläche	4.842,36 m²	85,1
GF	Grundstücksfläche	5.687,03 m²	100,0

Grundflächen des Bauwerks		Menge Einheit	% an NUF	% an BGF
NUF	Nutzungsfläche	592,38 m²	100,0	70,1
TF	Technikfläche	36,97 m²	6,2	4,4
VF	Verkehrsfläche	91,70 m²	15,5	10,9
NRF	Netto-Raumfläche	721,05 m²	121,7	85,4
KGF	Konstruktions-Grundfläche	123,62 m²	20,9	14,6
BGF	Brutto-Grundfläche	844,67 m²	142,6	100,0

Brutto-Rauminhalt des Bauwerks		Menge Einheit	BRI/NUF (m)	BRI/BGF (m)
BRI	Brutto-Rauminhalt	5.854,41 m³	9,88	6,93

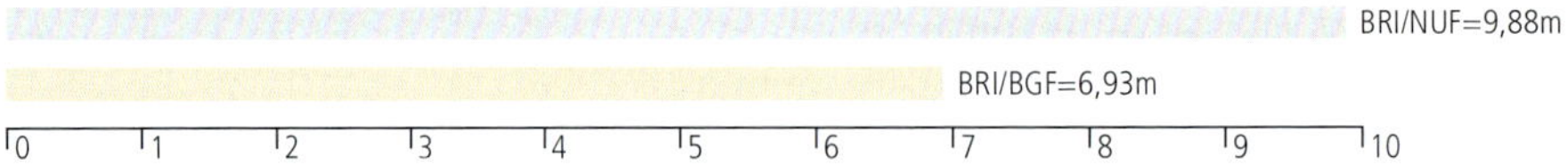

Kostenkennwerte für die Kostengruppen der 1. Ebene DIN 276

KG	Kostengruppen (1. Ebene)	Einheit	Kosten €	€/Einheit	€/m² BGF	€/m³ BRI	% 300+400
100	Grundstück	m² GF	–	–	–	–	–
200	Vorbereitende Maßnahmen	m² GF	214.598	37,73	254,06	36,66	6,5
300	Bauwerk – Baukonstruktionen	m² BGF	2.307.001	2.731,25	2.731,25	394,06	69,4
400	Bauwerk – Technische Anlagen	m² BGF	1.016.877	1.203,88	1.203,88	173,69	30,6
	Bauwerk 300+400	**m² BGF**	**3.323.879**	**3.935,12**	**3.935,12**	**567,76**	**100,0**
500	Außenanlagen und Freiflächen	m² AF	956.622	199,98	1.132,54	163,40	28,8
600	Ausstattung und Kunstwerke	m² BGF	168.253	199,19	199,19	28,74	5,1
700	Baunebenkosten	m² BGF	–	–	–	–	–
800	Finanzierung	m² BGF	–	–	–	–	–

KG	Kostengruppe	Menge Einheit	Kosten €	€/Einheit	%
200	**Vorbereitende Maßnahmen**	5.687,03 m² GF	214.598	**37,73**	6,5

Abbruch alter Sportgeräte und Zaunanlagen, Bodenaustausch, Vorbereitung Parkplatz und Allwettersportplatz; Anschlüsse Abwasser, Trinkwasser, Fernwärme, Elektro

KG	Kostengruppe	Menge Einheit	Kosten €	€/Einheit	%
3+4	**Bauwerk**				**100,0**
300	**Bauwerk – Baukonstruktionen**	844,67 m² BGF	2.307.001	**2.731,25**	69,4

Stb-Fundamentplatte, Trockenestrich, Kalziumsilikat-Dämmplatten, flächenelastischer Sportboden, Linoleum, Bodenfliesen, XPS-Dämmung, Sauberkeitsschicht, Dampfsperre; vorgefertigte Holzständerwände, Pfosten-Riegel-Fassade, Außentüren, Zelluloseflockung vor Ort, Holzvertäfelung, Holzfaserdämmung, teilw. Lärchenverschalung, Putz (Halle), Lärchenholzbekleidung (Anbau), Holzfaserdämmung, GK-Bekleidung, Dispersionsbeschichtung; Holzständerwände, Innentüren, Dispersionsbeschichtung, Wandfliesen; vorgefertigte Dachelemente, massive Brettstapeldecke, Zelluloseflockung, Aufdachdämmung, Abdichtung, hinterlüftete Edelstahl-Stehfalzdeckung (Halle), extensive Dachbegrünung mit Leckageortung (Anbau), Dachentwässerung, Akustikdecke, Holzwolleplatten, Dämmung zur Schallabsorption

KG	Kostengruppe	Menge Einheit	Kosten €	€/Einheit	%
400	**Bauwerk – Technische Anlagen**	844,67 m² BGF	1.016.877	**1.203,88**	30,6

Gebäudeentwässerung, Kalt- und Warmwasserleitungen, Frischwasser-Stationen, Sanitärobjekte; Fernwärme, dezentrale Warmwasserbereitung, Deckenstrahler, Fußbodenheizung; Belüftung mit Nachtauskühlung; Photovoltaikanlage, Elektroinstallation, Bewegungsmelder, LED-Beleuchtung, Außenbeleuchtung, Blitzschutzanlage

KG	Kostengruppe	Menge Einheit	Kosten €	€/Einheit	%
500	**Außenanlagen und Freiflächen**	4.783,51 m² AF	956.622	**199,98**	28,8

Wege, Asphalt (Fahrgasse), Pflasterbeläge (Stellplätze), Kunststoff-Hartplatz (Außensportplatz); Zaunanlagen; Rigolen; Bäume, Sträucher, Rasen

KG	Kostengruppe	Menge Einheit	Kosten €	€/Einheit	%
600	**Ausstattung und Kunstwerke**	844,67 m² BGF	168.253	**199,19**	5,1

Umkleiden, Sportgeräte (Innen und Außen), Boulderwand (Nordfassade); Wandgestaltung mit Piktogrammen (Flur)

Kostenkennwerte für die Kosten des Bauwerks (Kostengruppen 300+400 nach DIN 276)

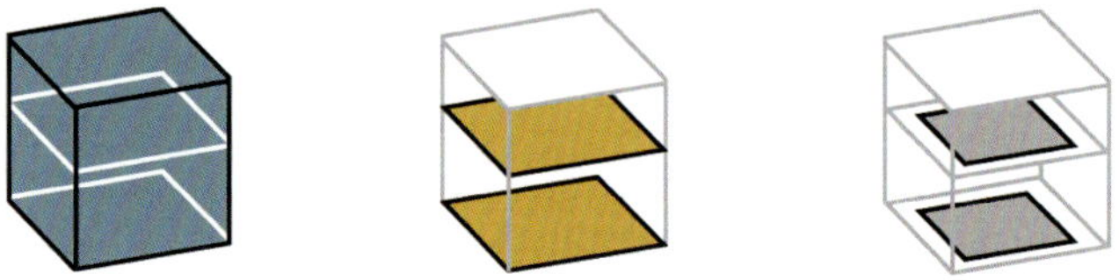

BRI 99 €/m³ BGF 822 €/m² NUF 841 €/m²

Objekt:
Kennwerte: 1. Ebene DIN 276
BRI: 10.723 m³
BGF: 1.289 m²
NUF: 1.260 m²
Bauzeit: 13 Wochen
Bauende: 2020
Standard: einfach
Bundesland: Rheinland-Pfalz
Kreis: Trier-Saarburg

Architekt*in:
Dillig Architekten GmbH
Bahnhofplatz 5
55469 Simmern

Bauherr*in:
Verbandsgemeinde-
verwaltung Schweich
An der Roemischen
Weinstraße
54334 Schweich

© Dillig Architekten GmbH

© Dillig Architekten GmbH

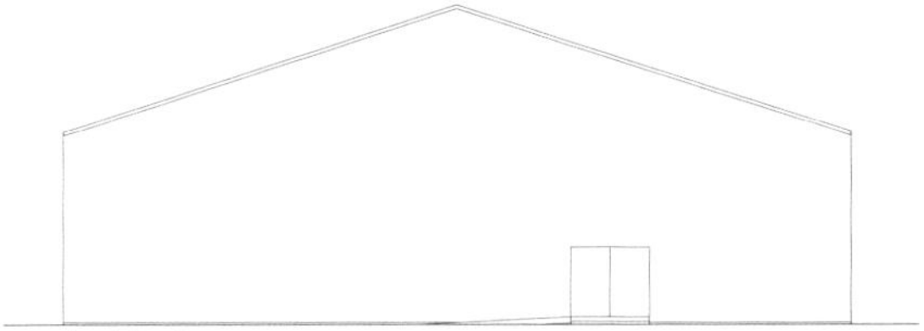

Ansicht Ost

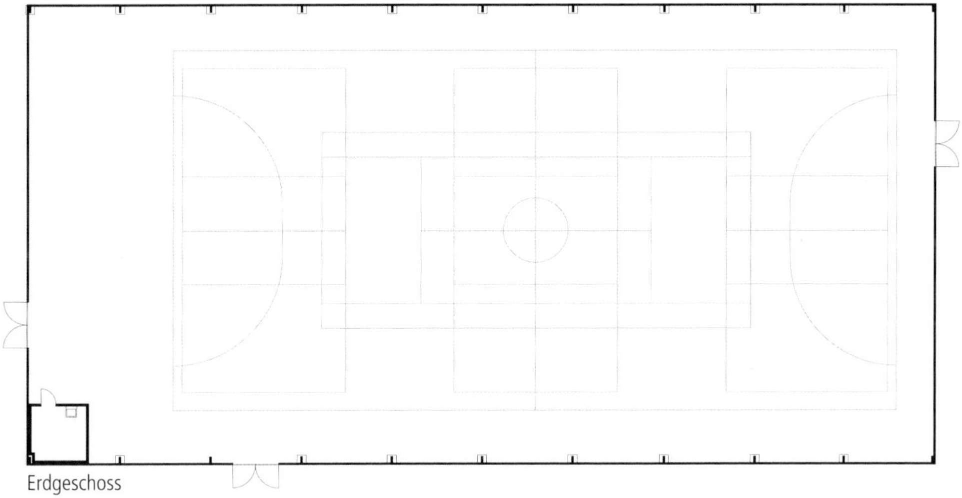

Erdgeschoss

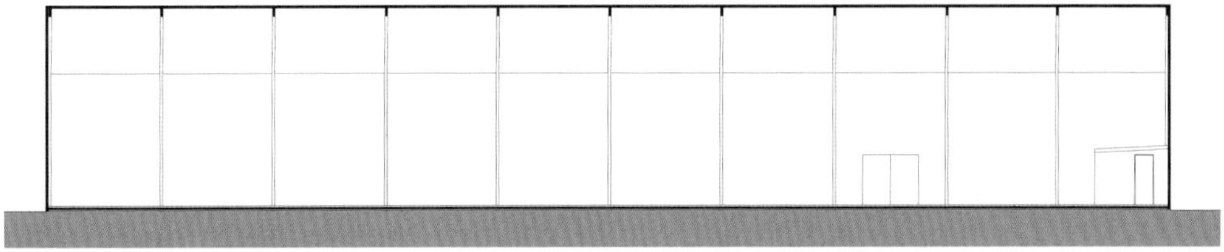

Längsschnitt

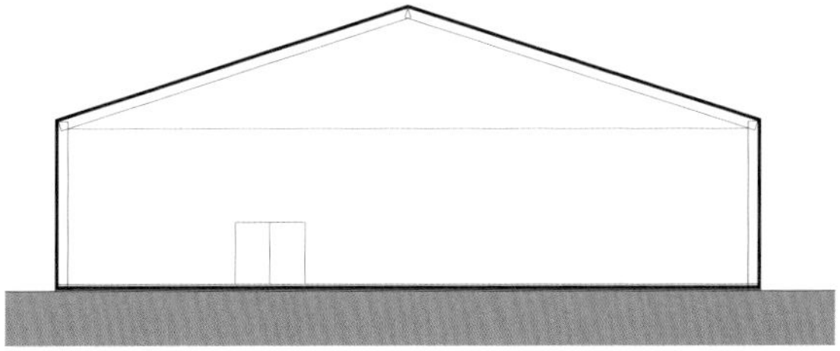

Querschnitt

Objektbeschreibung

Allgemeine Objektinformationen

Die Sportstätte hat die Größe einer Dreifeld-Schulsporthalle und dient als Interimslösung während der mehrjährigen Sanierung der bestehenden Sporthalle. Die Bauweise ist geeignet, dass das Gebäude jederzeit wieder rückgebaut und mit überschaubarem finanziellen Aufwand an anderer Stelle neu errichtet werden kann.

Nutzung

1 Erdgeschoss
Sporthalle, Technik

Nutzeinheiten

Hallenfelder: 3
Hallenfläche: 1.260 m²

Grundstück

Bauraum: Freier Bauraum
Neigung: Ebenes Gelände
Bodenklasse: BK 4 bis BK 5

Markt

Hauptvergabezeit: 3. Quartal 2019
Baubeginn: 4. Quartal 2019
Bauende: 1. Quartal 2020
Konjunkturelle Gesamtlage: Durchschnitt
Regionaler Baumarkt: unter Durchschnitt

Baukonstruktion

Die Sporthalle wurde in standardisierter geschraubter Stahlbau-Industriebauweise auf einer Bodenplatte aus Fertigbetonelementen errichtet. Die Gründung erfolgte mit Erdnägeln. Für die größtenteils geschlossene Außenhaut kamen hochdämmende Sandwichpaneele zur Ausführung. Den Hallenboden bildet ein Schwingboden mit Schul- und Vereinssportlinierung.

Technische Anlagen

Die Beheizung erfolgt mittels einer Gas-Brennwerttherme, die Warmwasser für die Warmluftheizung erzeugt. Der Luftwechsel wird über Lüftungsöffnungen im Dachbereich hergestellt.

Planungskennwerte für Flächen und Rauminhalte nach DIN 277

Flächen des Grundstücks		Menge Einheit	% an GF
BF	Bebaute Fläche	1.288,71 m²	45,5
UF	Unbebaute Fläche	1.546,29 m²	54,5
GF	Grundstücksfläche	2.835,00 m²	100,0

Grundflächen des Bauwerks		Menge Einheit	% an NUF	% an BGF
NUF	Nutzungsfläche	1.259,50 m²	100,0	97,7
TF	Technikfläche	9,14 m²	0,7	0,7
VF	Verkehrsfläche	–	–	–
NRF	Netto-Raumfläche	1.268,64 m²	100,7	98,4
KGF	Konstruktions-Grundfläche	20,07 m²	1,6	1,6
BGF	Brutto-Grundfläche	1.288,71 m²	102,3	100,0

Brutto-Rauminhalt des Bauwerks		Menge Einheit	BRI/NUF (m)	BRI/BGF (m)
BRI	Brutto-Rauminhalt	10.723,15 m³	8,51	8,32

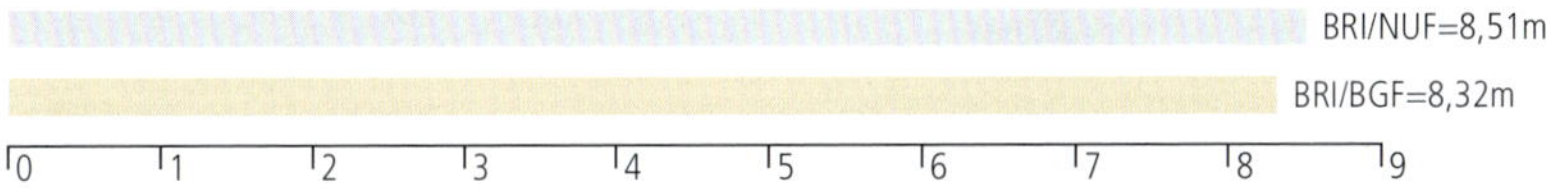

Kostenkennwerte für die Kostengruppen der 1. Ebene DIN 276

KG	Kostengruppen (1. Ebene)	Einheit	Kosten €	€/Einheit	€/m² BGF	€/m³ BRI	% 300+400
100	Grundstück	m² GF	–	–	–	–	–
200	Vorbereitende Maßnahmen	m² GF	25.819	9,11	20,03	2,41	2,4
300	Bauwerk – Baukonstruktionen	m² BGF	891.516	691,79	691,79	83,14	84,1
400	Bauwerk – Technische Anlagen	m² BGF	168.204	130,52	130,52	15,69	15,9
	Bauwerk 300+400	**m² BGF**	**1.059.720**	**822,31**	**822,31**	**98,83**	**100,0**
500	Außenanlagen und Freiflächen	m² AF	72.391	–	56,17	6,75	6,8
600	Ausstattung und Kunstwerke	m² BGF	15.925	12,36	12,36	1,49	1,5
700	Baunebenkosten	m² BGF	–	–	–	–	–
800	Finanzierung	m² BGF	–	–	–	–	–

KG	Kostengruppe	Menge Einheit	Kosten €	€/Einheit	%
200	**Vorbereitende Maßnahmen**	2.835,00 m² GF	25.819	**9,11**	2,4
	Bodenarbeiten; Erschließungskosten Abwasser				
3+4	**Bauwerk**				**100,0**
300	**Bauwerk – Baukonstruktionen**	1.288,71 m² BGF	891.516	**691,79**	84,1
	Bodenarbeiten, Erdnagelgründung, Stb-Bodenplatte aus Fertigbetonelementen, Schwingboden; verschraubte Stahlbauwände, Sandwich-Außenhaut, Alu-Glastüren, Anprallschutz; Sandwich-Innenwände, Stahltüren; Stahl-Satteldach, Oberlichter, Dachentwässerung				
400	**Bauwerk – Technische Anlagen**	1.288,71 m² BGF	168.204	**130,52**	15,9
	Gebäudeentwässerung, Kaltwasserleitungen, Ausgussbecken; Gasbrennwerttherme, Warmluftheizung; Elektroinstallation, Beleuchtung, Blitzschutz				
500	**Außenanlagen und Freiflächen**	–	72.391	–	6,8
	Parkplatz, wassergebundene Oberfläche				
600	**Ausstattung und Kunstwerke**	1.288,71 m² BGF	15.925	**12,36**	1,5
	Ballfangnetze, Sportgeräte				

Kostenkennwerte für die Kosten des Bauwerks (Kostengruppen 300+400 nach DIN 276)

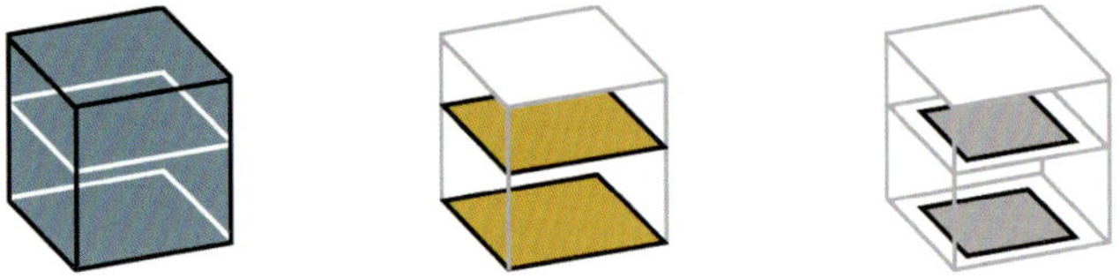

BRI 682 €/m³ | BGF 2.549 €/m² | NUF 3.460 €/m²

Objekt:
Kennwerte: 1.Ebene DIN 276
BRI: 1.001 m³
BGF: 268 m²
NUF: 197 m²
Bauzeit: 35 Wochen
Bauende: 2014
Standard: mittel
Bundesland: Niedersachsen
Kreis: Braunschweig, Stadt

Architekt*in:
O. M. Architekten BDA
Rainer Ottinger
Thomas Möhlendick
Kaffeetwete 3
38100 Braunschweig

Bauherr*in:
Stadt Braunschweig
FB Stadtgrün und Sport
38100 Braunschweig

© Andreas Bormann

© Andreas Bormann

© Andreas Bormann

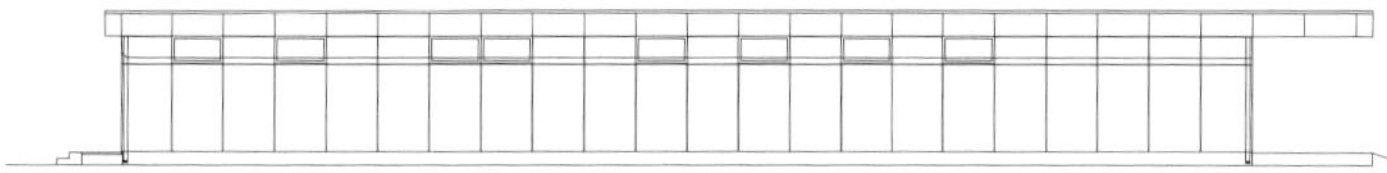

Ansicht Nord

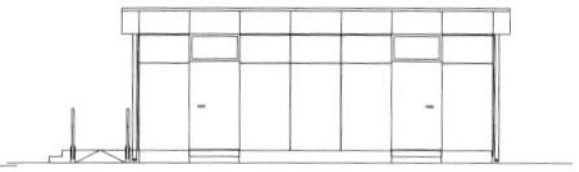

Ansicht Ost

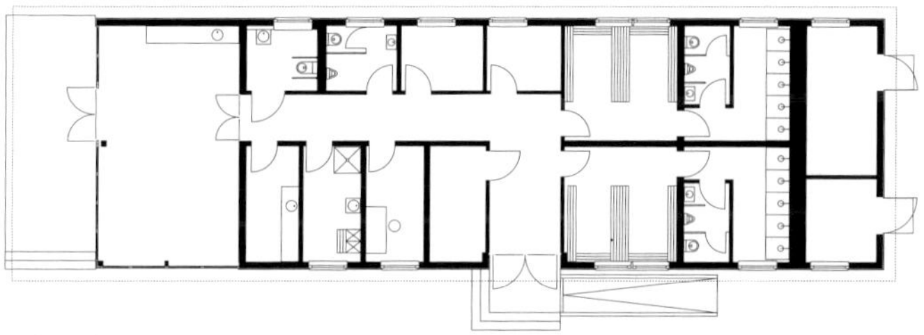

Erdgeschoss

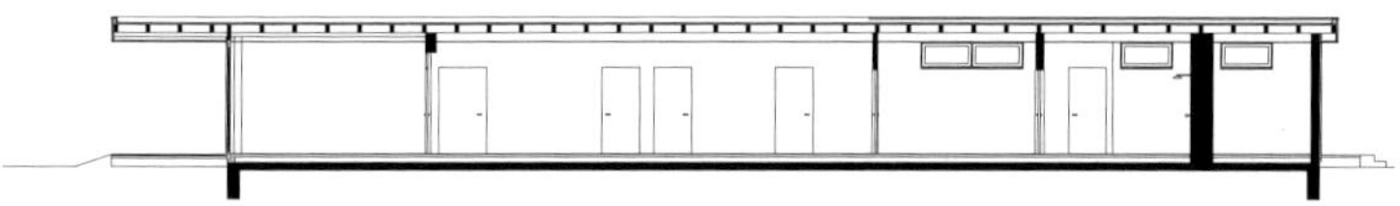

Längsschnitt

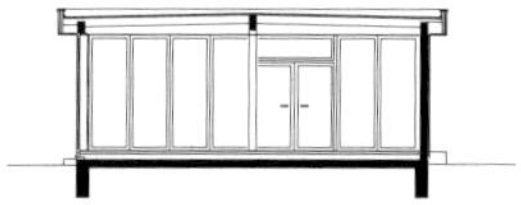

Querschnitt

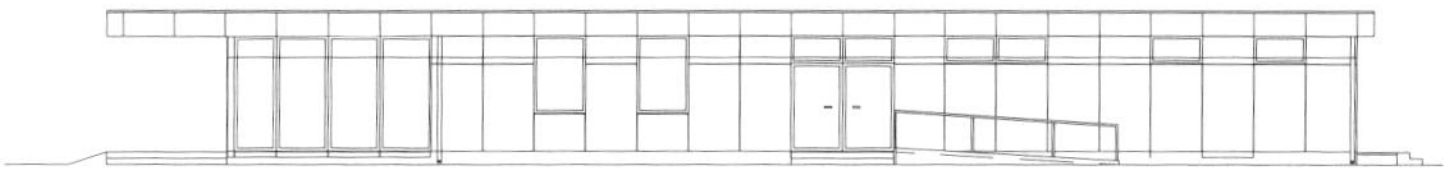

Ansicht Süd

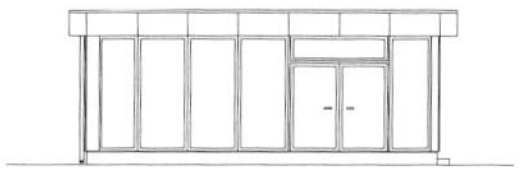

Ansicht West

Objektbeschreibung

Allgemeine Objektinformationen

Das Gebäude ist eines von vier neu errichteten Vereinsheimen für unterschiedliche Sportvereine der Stadt. Die Bauaufgabe bestand darin ein modulares System zu finden, welches auf die unterschiedlichen Aufgaben der Vereine reagiert und kostengünstig realisiert werden kann. Neben Umkleide-, Dusch- und Funktionsräumen gibt es jeweils einen großzügig verglasten Vereinsraum mit vorgelagerter überdachter Terrasse in direkter Blickbeziehung zu den Sportplätzen.

Nutzung

1 Erdgeschoss
Umkleideräume, Vereinsraum, Büro, Lagerräume, WCs, Duschanlagen, Terrasse

Grundstück

Bauraum: Freier Bauraum
Neigung: Ebenes Gelände
Bodenklasse: BK 3 bis BK 4

Markt

Hauptvergabezeit: 1. Quartal 2014
Baubeginn: 2. Quartal 2014
Bauende: 4. Quartal 2014
Konjunkturelle Gesamtlage: über Durchschnitt
Regionaler Baumarkt: über Durchschnitt

Baukonstruktion

Der Neubau des Vereinsheims basiert auf einem Holzrahmen-System mit einem 1,25m breitem Modul. Das Gebäude gründet auf einer Stahlbetonsohlplatte mit umlaufender Frostschürze. Die Außenwände sind mit Schichtstoffplatten in Holz-Optik bekleidet.

Technische Anlagen

Die Beheizung und Warmwasserversorgung des Gebäudes erfolgt durch einen Gas-Brennwertkessel. Die Trinkwasseranlage wird wegen der unregelmäßigen Nutzung automatisch gespült.

Planungskennwerte für Flächen und Rauminhalte nach DIN 277

Flächen des Grundstücks		Menge Einheit	% an GF
BF	Bebaute Fläche	267,90 m²	2,1
UF	Unbebaute Fläche	12.792,10 m²	97,9
GF	Grundstücksfläche	13.060,00 m²	100,0

Grundflächen des Bauwerks		Menge Einheit	% an NUF	% an BGF
NUF	Nutzungsfläche	197,40 m²	100,0	73,7
TF	Technikfläche	8,60 m²	4,4	3,2
VF	Verkehrsfläche	30,00 m²	15,2	11,2
NRF	Netto-Raumfläche	236,00 m²	119,6	88,1
KGF	Konstruktions-Grundfläche	31,90 m²	16,2	11,9
BGF	Brutto-Grundfläche	267,90 m²	135,7	100,0

Brutto-Rauminhalt des Bauwerks		Menge Einheit	BRI/NUF (m)	BRI/BGF (m)
BRI	Brutto-Rauminhalt	1.001,00 m³	5,07	3,74

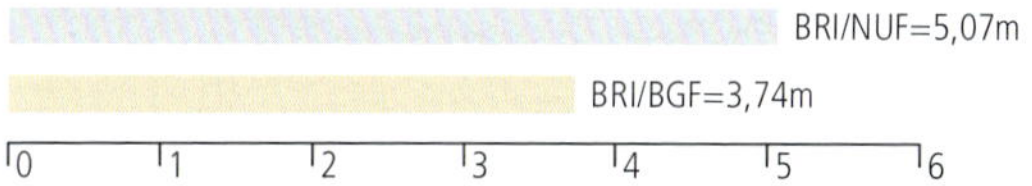

Kostenkennwerte für die Kostengruppen der 1. Ebene DIN 276

KG	Kostengruppen (1. Ebene)	Einheit	Kosten €	€/Einheit	€/m² BGF	€/m³ BRI	% 300+400
100	Grundstück	m² GF	–	–	–	–	–
200	Vorbereitende Maßnahmen	m² GF	102.756	7,87	383,56	102,65	15,0
300	Bauwerk – Baukonstruktionen	m² BGF	498.194	1.859,63	1.859,63	497,70	72,9
400	Bauwerk – Technische Anlagen	m² BGF	184.769	689,69	689,69	184,58	27,1
	Bauwerk 300+400	**m² BGF**	**682.962**	**2.549,32**	**2.549,32**	**682,28**	**100,0**
500	Außenanlagen und Freiflächen	m² AF	–	–	–	–	–
600	Ausstattung und Kunstwerke	m² BGF	–	–	–	–	–
700	Baunebenkosten	m² BGF	–	–	–	–	–
800	Finanzierung	m² BGF	–	–	–	–	–

KG	Kostengruppe	Menge Einheit	Kosten €	€/Einheit	%
200	**Vorbereitende Maßnahmen**	13.060,00 m² GF	102.756	**7,87**	15,0
	Abbrucharbeiten, öffentliche und nicht öffentliche Erschließung, Bodenaustausch				
3+4	**Bauwerk**				**100,0**
300	**Bauwerk – Baukonstruktionen**	267,90 m² BGF	498.194	**1.859,63**	72,9
	Baugrubenaushub; Frostschürze, Stb-Bodenplatte, Estrich, Linoleum, Bodenfliesen, Abdichtung, Dämmung; Holzrahmenbauwände, Kunststofffenster, Wärmedämmung, HPL-Fassade, GK-Bekleidung; Innenmauerwerk, GK-Wände, Wandfliesen, WC-Trennwände; Holzbalkendach, Dämmung, Abdichtung, außenliegende Entwässerung, Mineralfaser-Kassettendecke				
400	**Bauwerk – Technische Anlagen**	267,90 m² BGF	184.769	**689,69**	27,1
	Gebäudeentwässerung, Kalt- und Warmwasserleitungen, Sanitärobjekte; Gas-Brennwertkessel, Plattenheizkörper; Einzelraumlüfter; Elektroinstallation, Beleuchtung; Netzwerkverkabelung				

Wohngebäude

6

- 6100 Wohnhäuser
- 6200 Wohnheime
- 6300 Gemeinschaftsunterkünfte
- 6400 Betreuungseinrichtungen
- 6500 Verpflegungseinrichtungen
- 6600 Beherbergungsstätten

6100-1604
Doppelhäuser
(3 Gebäude)
Einfamilienhäuser
(3 Gebäude)

Kostenkennwerte für die Kosten des Bauwerks (Kostengruppen 300+400 nach DIN 276)

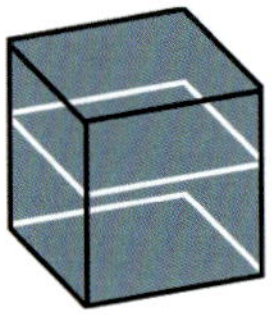

BRI 975 €/m³

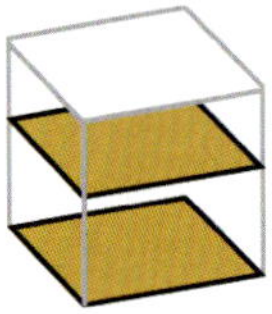

BGF 2.734 €/m²

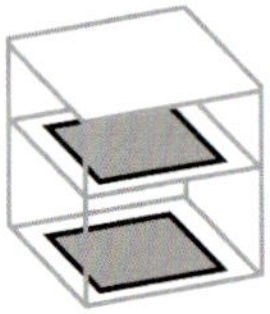

NUF 3.921 €/m²

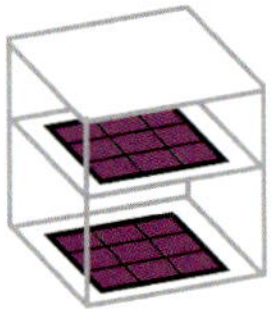

NE 3.356 €/NE

NE: Wohnfläche

Objekt:
Kennwerte: 1.Ebene DIN 276
BRI: 3.845 m³
BGF: 1.370 m²
NUF: 956 m²
Bauzeit: 148 Wochen
Bauende: 2022
Standard: mittel
Bundesland: Berlin
Kreis: Berlin, Stadt

Architekt*in:
Liebscher-Tauber und
Tauber Architekten PartG mbB
Anklamer Straße 12
10115 Berlin

Bauherr*in:
Baugemeinschaft
am Hahneberg GbR
Gneisenaustraße 45
10961 Berlin

© Annegret Liebscher-Tauber

© Annegret Liebscher-Tauber

© Annegret Liebscher-Tauber

Lageplan

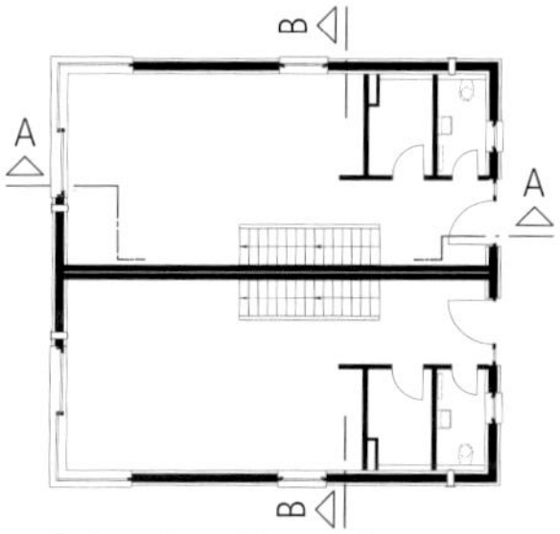

Erdgeschoss Haus 1-3

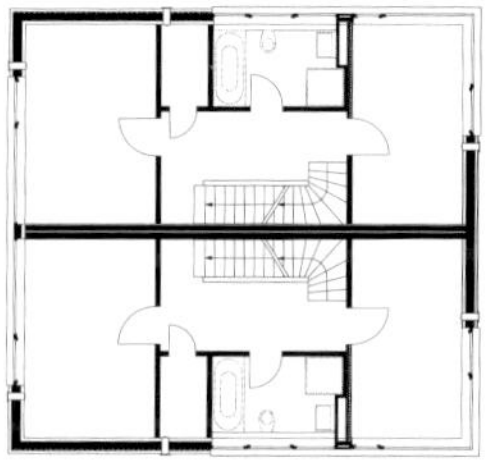

Obergeschoss Haus 1-3

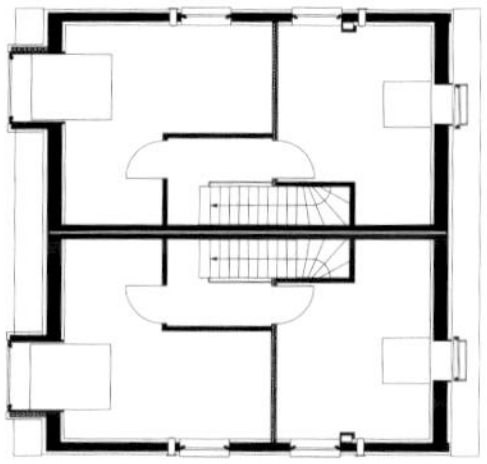

Dachgeschoss Haus 1-3

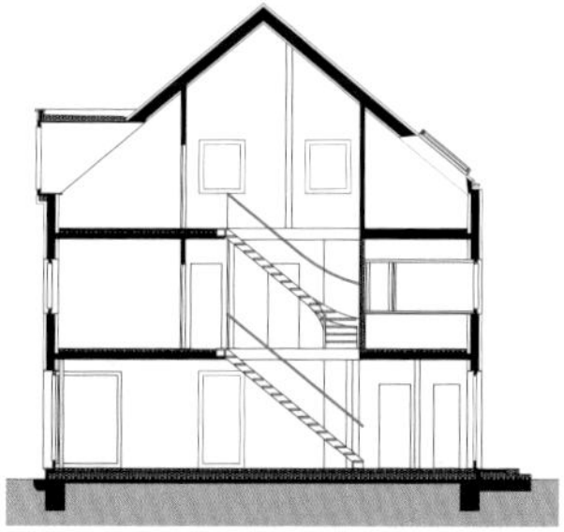

Schnitt A-A Haus 1-3

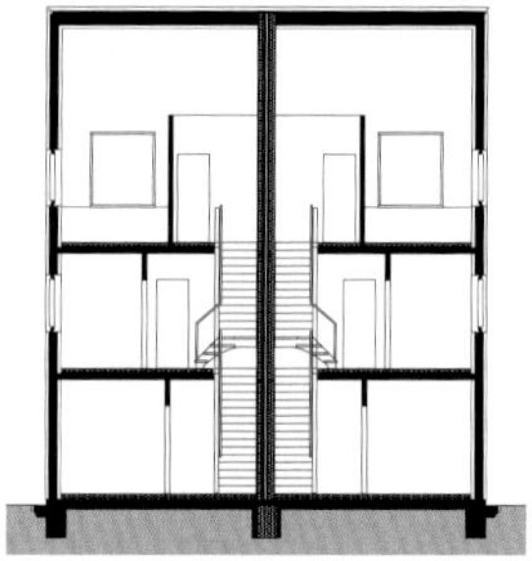

Schnitt B-B Haus 1-3

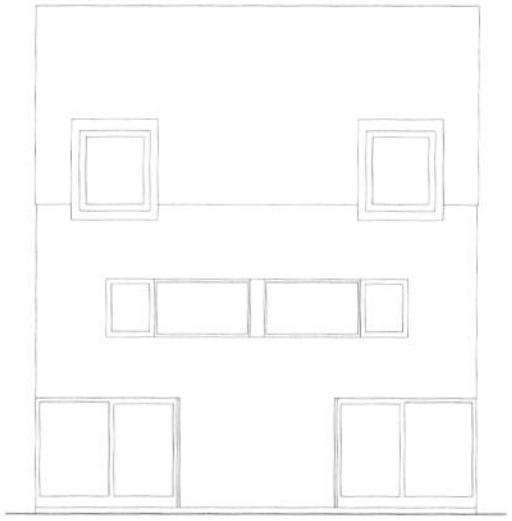

Ansicht West Haus 1-3

Ansicht Nord Haus 1-3

Ansicht Süd Haus 1-3

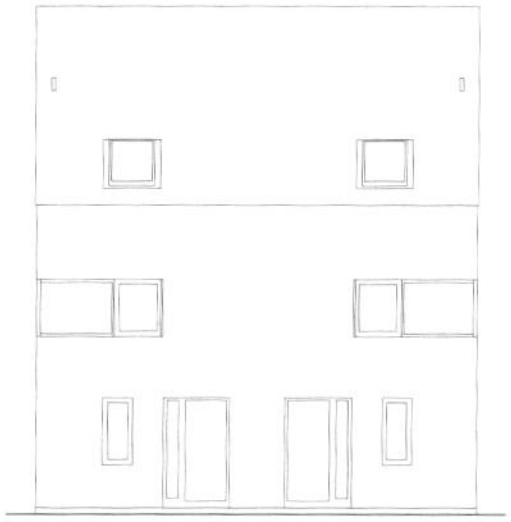

Ansicht Ost Haus 1-3

6100-1604
Doppelhäuser
(3 Gebäude)
Einfamilienhäuser
(3 Gebäude)

Objektbeschreibung

Allgemeine Objektinformationen

Auf einem Grundstück direkt am Naturschutzgebiet in unmittelbarer Nähe zu Berlin entstanden sechs Doppelhäuser und drei Einfamilienhäuser in moderner Holztafelbauweise. Die Doppelhaushälften wurden dreigeschossig und die Einfamilienhäuser zweigeschossig realisiert. Auf eine Unterkellerung wurde verzichtet, dafür großen Wert auf eine klare und prägnante Formensprache gelegt. Die Räume sind hoch und lichtdurchflutet. In Verbindung mit natürlichen Baustoffen entstand ein gesundes Raumklima.

Nutzung

1 Erdgeschoss
Wohn-/Essküchen, Eingangsflure, Gäste-WCs, Hauswirtschaftsräume

1 Obergeschoss
Schlafräume, Bäder, Abstellräume, Flure

1 Dachgeschoss
Schlafräume, Flure

Nutzeinheiten

Gebäude: 3
Wohneinheiten: 9
Wohnfläche: 1.117 m²

Grundstück

Bauraum: Freier Bauraum
Neigung: Ebenes Gelände
Bodenklasse: BK 1 bis BK 4

Markt

Hauptvergabezeit: 2. Quartal 2019
Baubeginn: 2. Quartal 2019
Bauende: 2. Quartal 2022
Konjunkturelle Gesamtlage: über Durchschnitt
Regionaler Baumarkt: über Durchschnitt

Baukonstruktion

Erstellt wurden die sechs Gebäude in Holztafelbauweise und gründen auf Stahlbetonbodenplatten. Die Außenwände sind mit einer Zellulosefaserdämmung gedämmt. Davor verleiht die vorgegraute, senkrecht angebrachten Holzbekleidung eine zeitgemäße, moderne Optik. Die Decken sind mit Holztafelelementen ausgeführt. Die Holz-Aluminiumfenster sind dreifach verglast. Die Sparrendächer wurden mit einer Einblasdämmung aus Holzfasern gedämmt und sind mit einer Stehfalzdeckung aus Zinkblech mit verdeckter, innenliegender Rinne gedeckt. Die kubisch aufgesetzten Dachgauben erhielten ein schlichtes Flachdach. Im Innenbereich kam ein Heizestrich zum Einsatz, der mit massivem Eichenparkett und Bodenfliesen belegt wurde.

Technische Anlagen

Die Wohneinheiten verfügen jeweils über eine Wärmepumpe mittels Geothermie, die Wärmeverteilung erfolgt über Fußbodenheizung. Die notwendige Wohnraumlüftung wird mit Wandlüftern mit Wärmerückgewinnung erreicht. Auf den meisten Dächern wurde eine Photovoltaikanlage montiert.

Sonstiges

An die Holzhaussiedlung sind vielfältige Gemeinschaftseinrichtungen angebunden, z.B. ein Gemeinschaftsgarten mit Grillplatz, Sauna und Spielhaus.

Energetische Kennwerte

Gesetzliche Grundlage: EnEV 2013
Gebäudenutzfläche: 162,40 m²
Gebäudevolumen: 564,07 m³
Hüllfläche des beheizten Volumens: 325,70 m²
Spez. Transmissionswärmeverlust: 0,39 W/(m²·K)
Jahresprimärenergie: 9.333,00 kWh/a
Spez. Jahresprimärenergiebedarf: 57,50 kWh/(m²·a)
Jahresendenergiebedarf: 5.185,00 kWh/a
Anlagenaufwandszahl: 0,77

Energetische Angaben zu Außenbauteilen

Bodenplatte

U-Wert: 0,24 W/(m²·K)

Gesamtdicke: 38,00 cm	d [cm]	λ [W/(m·K)]
Belag	1,00	1,000
Estrich	6,00	1,400
Trittschalldämmung	2,00	0,035
Dämmung MW	3,00	0,035
Stahlbeton	16,00	2,500
Dämmung	10,00	0,042

Außenwand hinterlüftet

U-Wert: 0,18 W/(m²·K)

Gesamtdicke: 29,55 cm	d [cm]	λ [W/(m·K)]
GK-Platte	1,25	0,250
Dämmung	5,00	0,042
Holz	5,00	0,130
OSB-Platte	1,80	0,130
Dämmung Zellulose	18,00	0,040
Holz	18,00	0,130
Holzfaserplatte	3,50	0,090

Dach hinterlüftet

U-Wert: 0,16 W/(m²·K)

Gesamtdicke: 34,75 cm	d [cm]	λ [W/(m·K)]
GK-Platte	1,25	0,250
Luftschicht ruhend	4,00	0,313
Holz	4,00	0,130
OSB-Platte	2,00	0,130
Dämmung Zellulose	24,00	0,040
Holz	24,00	0,130
Holzfaserplatte	3,50	0,047

Planungskennwerte für Flächen und Rauminhalte nach DIN 277

Flächen des Grundstücks		Menge Einheit	% an GF
BF	Bebaute Fläche	609,07 m²	19,0
UF	Unbebaute Fläche	2.594,93 m²	81,0
GF	Grundstücksfläche	3.204,00 m²	100,0

Grundflächen des Bauwerks		Menge Einheit	% an NUF	% an BGF
NUF	Nutzungsfläche	955,50 m²	100,0	69,7
TF	Technikfläche	26,40 m²	2,8	1,9
VF	Verkehrsfläche	150,00 m²	15,7	10,9
NRF	Netto-Raumfläche	1.131,90 m²	118,5	82,6
KGF	Konstruktions-Grundfläche	238,29 m²	24,9	17,4
BGF	Brutto-Grundfläche	1.370,19 m²	143,4	100,0

Brutto-Rauminhalt des Bauwerks		Menge Einheit	BRI/NUF (m)	BRI/BGF (m)
BRI	Brutto-Rauminhalt	3.844,67 m³	4,02	2,81

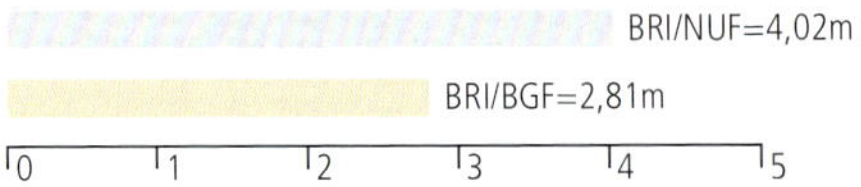

Kostenkennwerte für die Kostengruppen der 1.Ebene DIN 276

KG	Kostengruppen (1.Ebene)	Einheit	Kosten €	€/Einheit	€/m² BGF	€/m³ BRI	% 300+400
100	Grundstück	m² GF	–	–	–	–	–
200	Vorbereitende Maßnahmen	m² GF	18.184	5,68	13,27	4,73	0,5
300	Bauwerk – Baukonstruktionen	m² BGF	2.887.689	2.107,51	2.107,51	751,09	77,1
400	Bauwerk – Technische Anlagen	m² BGF	858.990	626,91	626,91	223,42	22,9
	Bauwerk 300+400	**m² BGF**	**3.746.679**	**2.734,42**	**2.734,42**	**974,51**	**100,0**
500	Außenanlagen und Freiflächen	m² AF	–	–	–	–	–
600	Ausstattung und Kunstwerke	m² BGF	–	–	–	–	–
700	Baunebenkosten	m² BGF	–	–	–	–	–
800	Finanzierung	m² BGF	–	–	–	–	–

KG	Kostengruppe	Menge Einheit	Kosten €	€/Einheit	%
200	**Vorbereitende Maßnahmen**	3.204,00 m² GF	18.184	**5,68**	0,5

Freimachen des Grundstückes

KG	Kostengruppe	Menge Einheit	Kosten €	€/Einheit	%
3+4	**Bauwerk**				**100,0**
300	**Bauwerk – Baukonstruktionen**	1.370,19 m² BGF	2.887.689	**2.107,51**	77,1

Baugrubenaushub; Stb-Bodenplatte, Abdichtung, Heizestrich, Bodenfliesen, Eichenparkett; Holztafelwände, Holz-Alufenster, dreifachverglast, Zellulosefaserdämmung, senkrechte Holzschalung, GK-Bekleidung, Wandfliesen, Dispersionsbeschichtung; Holztafel-Innenwände, Holztüren, GK-Bekleidung, Wandfliesen; Holztafeldecken, Holztreppen, Heizestrich, Bodenfliesen, Eichenparkett, Holzhandlauf; Holzsatteldach, Dachflächenfenster, Einblasdämmung, Dachabdichtung, Zinkblech-Doppelstehfalzdeckung, Dachgauben, Dachentwässerung, GK-Bekleidung, Beschichtung

KG	Kostengruppe	Menge Einheit	Kosten €	€/Einheit	%
400	**Bauwerk – Technische Anlagen**	1.370,19 m² BGF	858.990	**626,91**	22,9

Gebäudeentwässerung, Kalt- und Warmwasserleitungen, Sanitärobjekte; Wärmepumpe (Geothermie), Fußbodenheizung; kontrollierte Wohnraumlüftung mit Wärmerückgewinnung; Elektroinstallation, Starkstrom, Photovoltaikanlagen; Telekommunikationsanlage, Fernseh- und Antennenanlage

6200-0134
Studierendenwohnheim
(174 WE, 211 Betten)

Kostenkennwerte für die Kosten des Bauwerks (Kostengruppen 300+400 nach DIN 276)

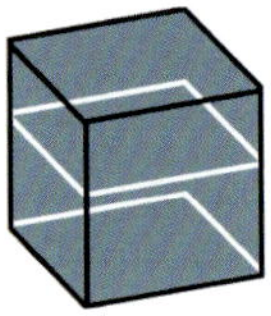

BRI 911 €/m³

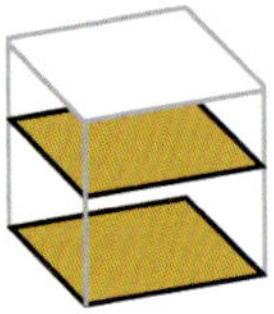

BGF 2.517 €/m²

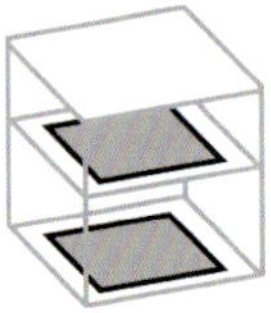

NUF 5.019 €/m²

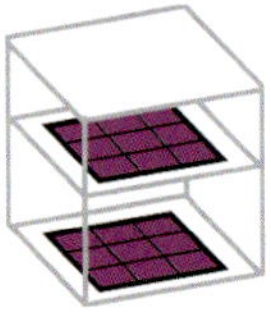

NE 124.166 €/NE

NE: Betten

Objekt:
Kennwerte: 1.Ebene DIN 276
BRI: 28.746 m³
BGF: 10.411 m²
NUF: 5.220 m²
Bauzeit: 104 Wochen
Bauende: 2022
Standard: hoch
Bundesland: Bayern
Kreis: Rosenheim, Stadt

Architekt*in:
ACMS Architekten GmbH
Friedrich-Ebert-Straße 55
42103 Wuppertal

Bauherr*in:
CampusRo
Projektentwicklungs
GmbH Co. KG
Wolfratshauser Straße 49
82049 Pullach im Isartal

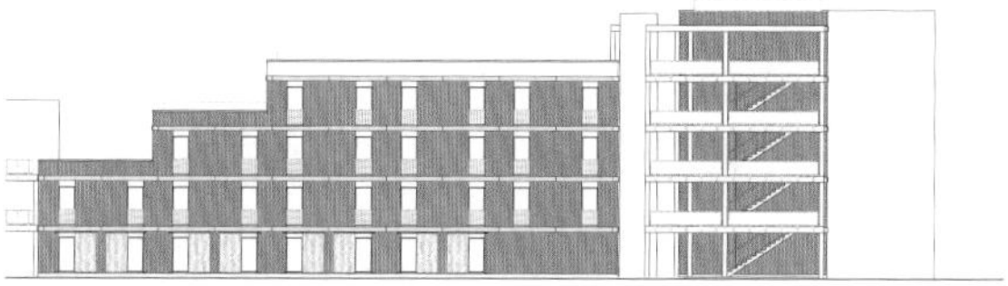
Ansicht Nord Haus A

Ansicht Ost Haus A

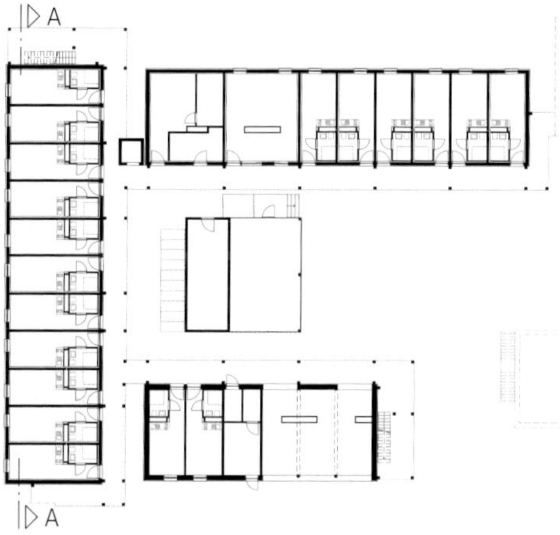

Erdgeschoss Haus A

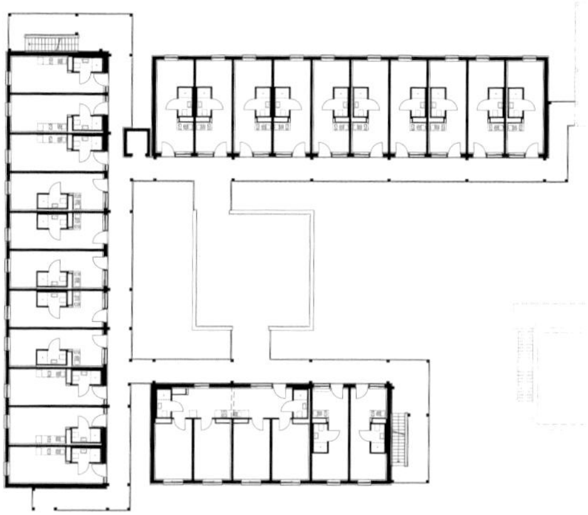
1. Obergeschoss Haus A

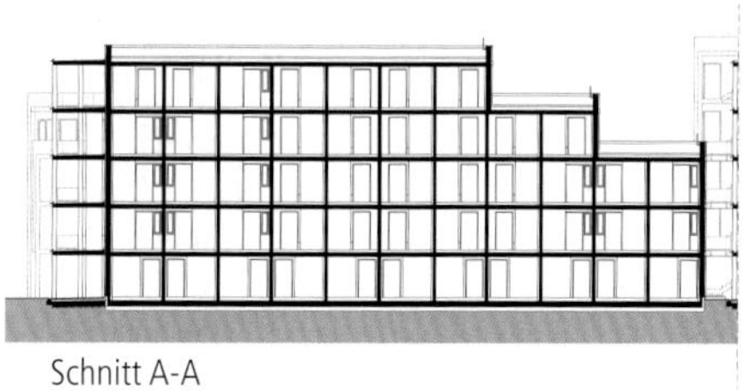
Schnitt A-A

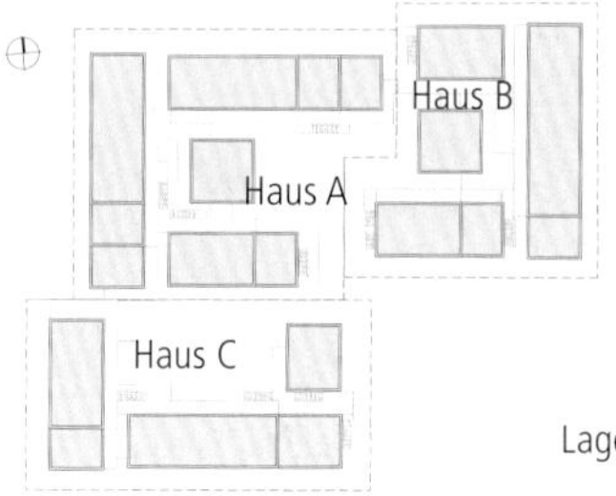

Lageplan

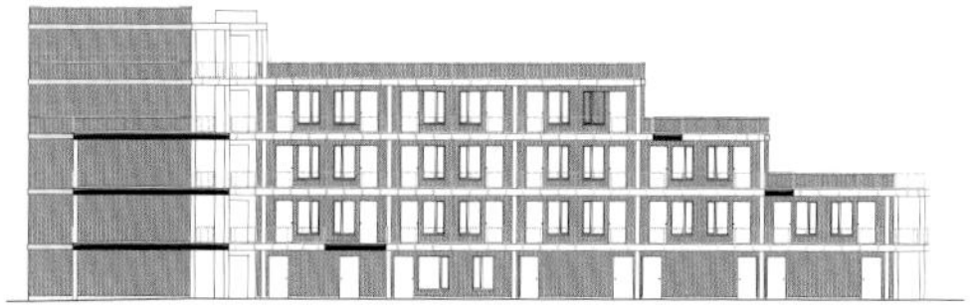
Ansicht Süd Haus A

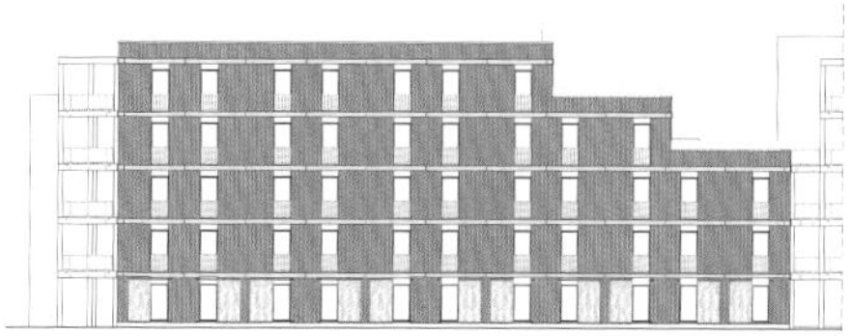
Ansicht West Haus A

Objektbeschreibung

Allgemeine Objektinformationen

Der zwei- bis fünfgeschossige Wohnungsneubau in Holz-Hybridbauweise für Studierende wurde im KfW 40+ Standard errichtet und mit einer DGNB-Platin Zertifizierung ausgezeichnet. Es stehen 211 Betten in 174 Wohnungen sowie weitere Gemeinschaftsnutzungen zur Verfügung.

Nutzung

1 Untergeschoss
Technikkeller, Kriechgang

1 Erdgeschoss
Studentenappartements, Mehrzweckraum, Fitnessraum, Aufenthaltsräume, Abstellräume, Technikräume, Heizzentrale, Fahrradabstellräume, Gemeinschaftsräume, Gemeinschaftsküche, WCs, Fahrradwerkstatt, Waschlounge, Laubengang

4 Obergeschosse
Studentenappartements, Gemeinschaftsräume, Gemeinschaftsküchen, Laubengänge, Treppenhäuser, Terrassen

Nutzeinheiten

Betten: 211
Wohneinheiten: 174
Wohnfläche: 4.453 m^2

Grundstück

Bauraum: Freier Bauraum
Neigung: Ebenes Gelände
Bodenklasse: BK 3 bis BK 5

Markt

Hauptvergabezeit: 1. Quartal 2020
Baubeginn: 3. Quartal 2020
Bauende: 3. Quartal 2022
Konjunkturelle Gesamtlage: über Durchschnitt
Regionaler Baumarkt: Durchschnitt

Baukonstruktion

Auf Basis einer umfangreichen Variantenstudie, die das CO_2 Potenzial, sowie die Kosten gegenüber stellte und aufgrund der hohen Anforderungen an nachhaltiges Bauen wurde eine Holz-Hybridbauweise gewählt. Für die Gründung sind Stahlbetonfundamentplatten in wasserdichtem WU-Beton gewählt. Der Kriechkeller ist komplett betoniert, auch die Decken über dem Erdgeschoss sind in Stahlbeton ausgeführt. Brettsperrholzwände und Holz-Beton-Verbunddecken bilden die Tragstruktur der darüberliegenden Bauteile. Holztafelwände mit hohem Vorfertigungsgrad, welche teilweise aussteifend wirken, bilden die Gebäudehülle. Erschlossen wird das Gebäude über eine offene Laubengangstruktur aus Stahlbetonfertigteilen. Die Holz- bzw. Kunststofffenster sind dreifachverglast. Als Fassaden kamen senkrechte Holzbekleidungen zur Ausführung. Die Böden sind mit Linoleum und Bodenfliesen belegt. Die Flachdächer sind begrünt. Auf einigen Dächern sind PV-Anlagen installiert.

Technische Anlagen

Für die Heizung sind die Gebäude an das zentrale Fernwärmenetz angeschlossen. Die Heizwärme wird mit Hilfe einer Fußbodenheizung verteilt. Warmwasser wird dezentral durch Trinkwasserstationen für je zwei Wohneinheiten bereitgestellt. Jedes Appartement verfügt über eine eigene dezentrale Lüftungsanlage mit Wärmerückgewinnung und ist mit eigener Unterverteilung und Zähler ausgestattet. Die PV-Anlage speist maximal 176kWp in einen 233kWh Speicher. Alle Wohneinheiten verfügen über Glasfaseranschlüsse und eine elektronische Zutrittskontrolle. Auf dem Campus wurde eine Briefkastenanlage mit elektronischer Appartementanzeige und eine Paketstation mit 40 Ablageboxen installiert.

Sonstiges

Die Herstellung der meisten Bäder erfolgte als Fertignasszellen. Der gesamte Gebäudekomplex zeichnet sich durch einen hohen Vorfertigungsgrad aus. Die energetischen Werte entsprechen dem Haus A:

Energetische Kennwerte

Gesetzliche Grundlage: EnEV 2013
Gebäudenutzfläche: 428,80 m^2
Spez. Transmissionswärmeverlust: 0,23 W/(m^2·K)
Spez. Jahresendenergiebedarf: 47,90 kWh/(m^2·a)
CO_2-Emissionen: -14,80 kg/(m^2·a)

Planungskennwerte für Flächen und Rauminhalte nach DIN 277

Flächen des Grundstücks		Menge Einheit	% an GF
BF	Bebaute Fläche	2.872,47 m²	34,0
UF	Unbebaute Fläche	5.570,71 m²	66,0
GF	Grundstücksfläche	8.443,18 m²	100,0

Grundflächen des Bauwerks		Menge Einheit	% an NUF	% an BGF
NUF	Nutzungsfläche	5.219,90 m²	100,0	50,1
TF	Technikfläche	765,22 m²	14,7	7,4
VF	Verkehrsfläche	2.609,48 m²	50,0	25,1
NRF	Netto-Raumfläche	8.594,60 m²	164,7	82,6
KGF	Konstruktions-Grundfläche	1.815,97 m²	34,8	17,4
BGF	Brutto-Grundfläche	10.410,57 m²	199,4	100,0

Brutto-Rauminhalt des Bauwerks		Menge Einheit	BRI/NUF (m)	BRI/BGF (m)
BRI	Brutto-Rauminhalt	28.746,02 m³	5,51	2,76

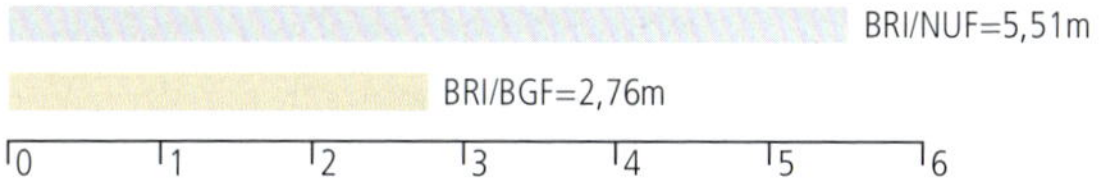

Kostenkennwerte für die Kostengruppen der 1. Ebene DIN 276

KG	Kostengruppen (1. Ebene)	Einheit	Kosten €	€/Einheit	€/m² BGF	€/m³ BRI	% 300+400
100	Grundstück	m² GF	–	–	–	–	–
200	Vorbereitende Maßnahmen	m² GF	–	–	–	–	–
300	Bauwerk – Baukonstruktionen	m² BGF	20.634.639	1.982,09	1.982,09	717,83	78,8
400	Bauwerk – Technische Anlagen	m² BGF	5.564.464	534,50	534,50	193,57	21,2
	Bauwerk 300+400	**m² BGF**	**26.199.102**	**2.516,59**	**2.516,59**	**911,40**	**100,0**
500	Außenanlagen und Freiflächen	m² AF	–	–	–	–	–
600	Ausstattung und Kunstwerke	m² BGF	–	–	–	–	–
700	Baunebenkosten	m² BGF	–	–	–	–	–
800	Finanzierung	m² BGF	–	–	–	–	–

KG	Kostengruppe	Menge Einheit	Kosten €	€/Einheit	%
3+4	**Bauwerk**				**100,0**
300	**Bauwerk – Baukonstruktionen**	10.410,57 m² BGF	20.634.639	**1.982,09**	78,8

Baugrubenaushub; Stb-Bodenplatten, WU, Dämmung, Estrich, Heizestrich, Linoleum, Bodenfliesen, Perimeterdämmung, Bodenaustausch; Stb-Wände, WU, Sichtoberflächen, Brettsperrholz-Außenwände, Holztafelwände, Stb-Stützen, Kunststofffenster, Holzfenster, Dreifachverglasung, Holz-Eingangstüren, Dämmung, hinterlüftete Holzbekleidung, GK-Beplankung, Wandfliesen, Beschichtung, Pfosten-Riegelfassaden, Raffstores; Stb-Wände, Sichtoberflächen, Brettsperrholzwände, GK-Wände, Rohrrahmentüren, Holztüren, GK-Vorsatzschalen, Wandfliesen, Beschichtung; Stb-Decken, Stb-Fertigteildecken, Holz-Beton-Verbunddecken, Stb-Laubengänge, Stb-Treppen, Heizstrich, Linoleum, Bodenfliesen, Terrassenplatten, abgehängte GK-Decken, Treppengeländer, Absturzsicherung Edelstahlnetze, Geländer Laubengänge; Holz-Beton-Verbunddecken, Gefälledämmung, Abdichtung, Dachentwässerung, Gründach, Terrassenplatten, Kies, Stahltreppen, Absturzsicherungen; Fertignasszellen

KG	Kostengruppe	Menge Einheit	Kosten €	€/Einheit	%
400	**Bauwerk – Technische Anlagen**	10.410,57 m² BGF	5.564.464	**534,50**	21,2

Gebäudeentwässerung, Kalt- und Warmwasserleitungen, dezentrale Wassererwärmung, Wasseraufbereitung, Sanitärobjekte; Anschluss an Fernwärme, Wärmeverteilnetz, Fußbodenheizung; Wohnraumlüftung WRG; PV-Anlage, Batteriespeicher, Elektroinstallation, Beleuchtung, Blitzschutz; Glasfasernetz, elektronische Zutrittskontrolle; Personenaufzüge; Gebäudeautomation

6400-0114
Kirchliches
Gemeindezentrum

Kostenkennwerte für die Kosten des Bauwerks (Kostengruppen 300+400 nach DIN 276)

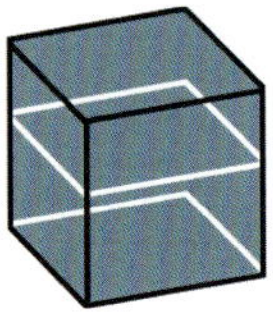

BRI 647 €/m³

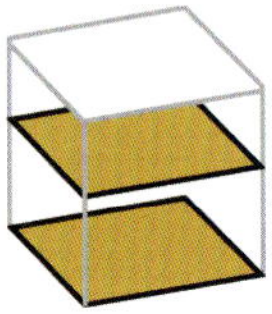

BGF 3.269 €/m²

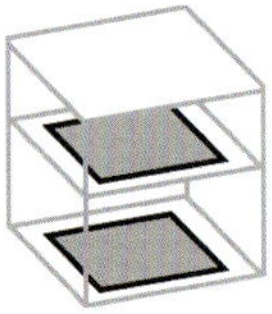

NUF 5.617 €/m²

Objekt:
Kennwerte: 3. Ebene DIN 276
BRI: 1.437 m³
BGF: 284 m²
NUF: 166 m²
Bauzeit: 26 Wochen
Bauende: 2017
Standard: hoch
Bundesland: Schleswig-Holstein
Kreis: Pinneberg

Architekt*in:
Stadtblick GmbH
Eppendorfer Weg 2
20259 Hamburg

Bauherr*in:
Ev.-Luth. Kirchengemeinde
Quickborn-Hasloh
Ellerauer Straße 2
25451 Quickborn

Ansicht Nord

Ansicht Ost

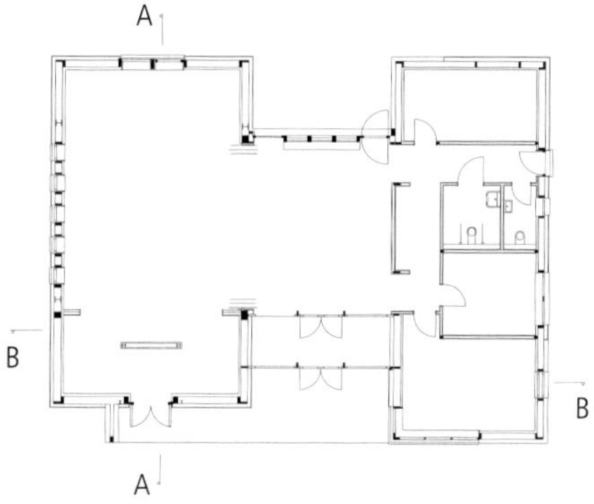

Erdgeschoss

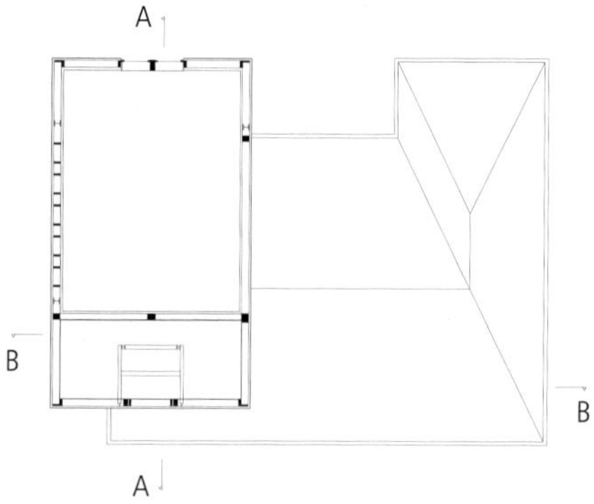

Obergeschoss

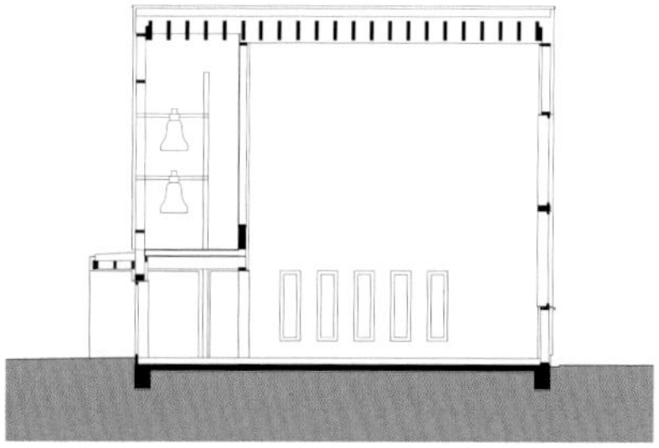

Schnitt A-A

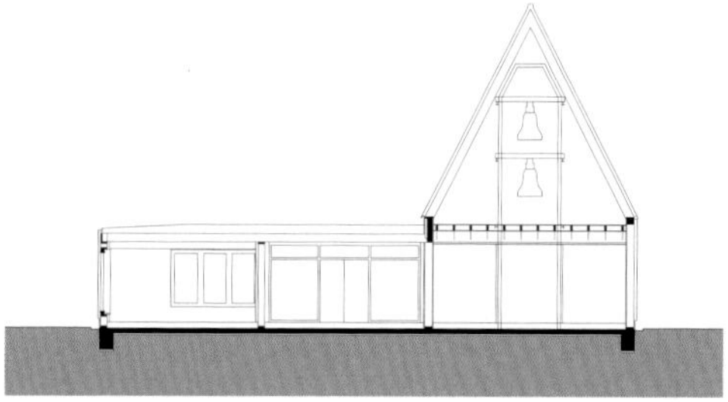

Schnitt B-B

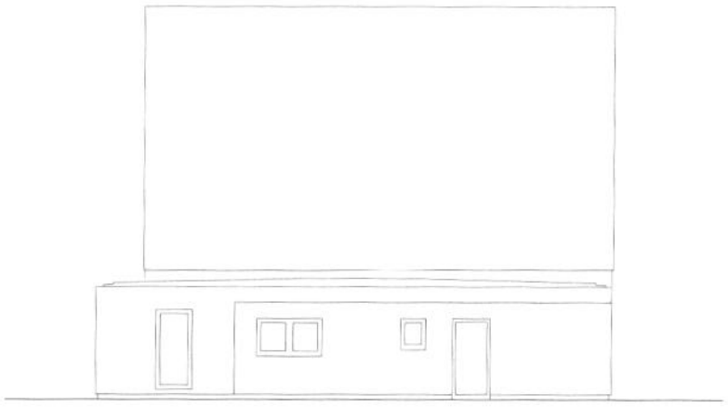

Ansicht Süd

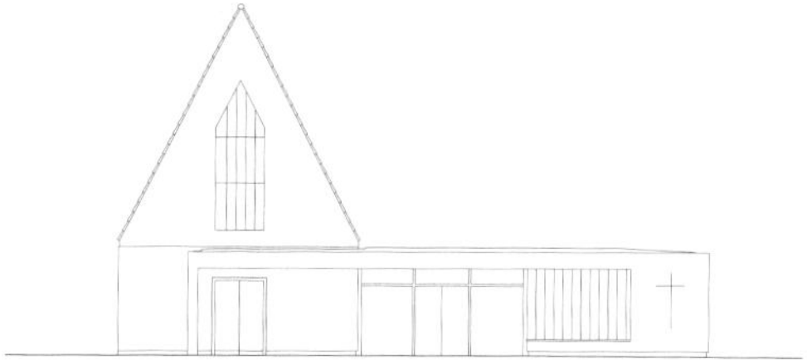

Ansicht West

Objektbeschreibung

Allgemeine Objektinformationen

Das neue kirchliche Gemeindezentrum entstand in modularer Holzbauweise. Der Neubau verbindet natürliche Materialien mit einer durchdachten Raumwirkung. Für die Funktionen "Kirche" und "Gemeindehaus" wurden zwei unterscheidbare Gebäudeteile gewählt. Der flache Gebäudeteil ist ein schlichter, weiß geputzter Baukörper, entgegen der hoch aufragenden Kirchenkonstruktion aus Holz. Der introvertierte Kirchenraum ist mit einer klassischen Dachform von außen und innen erkennbar. Er kann separat oder in Kombination mit dem Erweiterungsraum genutzt werden. Die vorhandene Orgel konnte wieder verwendet werden und ist in der Mitte hinter den Reihen platziert. Der multifunktionale Erweiterungsraum ist zum Vorplatz und zum Garten großzügig verglast. Ein historisches Kirchenfenster wird in diesem Raum wiederverwendet. Ebenso kommen die Glocken und die Bestuhlung aus dem alten Gemeindehaus wieder zum Einsatz.

Nutzung

1 Erdgeschoss
Gottesdienstraum, Multifunktionsraum, Amtszimmer, Küche, WCs, Hausanschlussraum/Lager

1 Obergeschoss
Glockenstube

Nutzeinheiten

Sitzplätze: 55
Stellplätze: 2

Grundstück

Bauraum: Freier Bauraum
Neigung: Ebenes Gelände
Bodenklasse: BK 3 bis BK 4

Markt

Hauptvergabezeit: 2. Quartal 2017
Baubeginn: 2. Quartal 2017
Bauende: 4. Quartal 2017
Konjunkturelle Gesamtlage: über Durchschnitt
Regionaler Baumarkt: Durchschnitt

Baukonstruktion

Das Gebäude wurde mit einer Flachgründung und Streifenfundamenten hergestellt sowie mit Köcherfundamenten für die Aussteifungsstützen. Als Grundkonstruktion wurde eine gedämmte Holzrahmenkonstruktion in Modulbauweise gewählt. In die vorgefertigten Elemente ist bereits eine hölzerne Dämmebene integriert. Der Glockenturm besteht aus einer in die Holzrahmenkonstruktion eingestellten Stahlkonstruktion und trägt die beiden Glocken. Die dreifach verglasten Fensterelemente haben Holzrahmen erhalten. Flach- und Steildach sind als Holzkonstruktionen ausgeführt. Innen- und Außenbekleidungen sind teilweise in Holz bzw. Putz auf einer hinterlüfteten Trägerplatte sowie Gipskartonbekleidung in Teilen des Innenbereichs montiert worden. Sämtliche Innenwände wurden mit Vlies und einer Silikatbeschichtung versehen.
Es kamen Innentüren aus Holz mit Stahlzargen zum Einbau. Die Fußböden sind mit Bodenfliesen aus Feinsteinzeug belegt.

Technische Anlagen

Die Beheizung erfolgt mit einem Gasbrennwertkessel. Über eine Fußbodenheizung wird die Wärme im Gebäude verteilt. Die Räume werden mechanisch belüftet, lediglich die Küche und die WCs sind mit Einzelraumlüftern ausgestattet.

Sonstiges

Der Entwurf für das neue Gemeindezentrum ging aus einem Wettbewerb hervor, bei dem das Architekturbüro den ersten Platz belegte.

Planungskennwerte für Flächen und Rauminhalte nach DIN 277

Flächen des Grundstücks		Menge Einheit	% an GF
BF	Bebaute Fläche	262,89 m²	26,6
UF	Unbebaute Fläche	724,11 m²	73,4
GF	Grundstücksfläche	987,00 m²	100,0

Grundflächen des Bauwerks		Menge Einheit	% an NUF	% an BGF
NUF	Nutzungsfläche	165,50 m²	100,0	58,2
TF	Technikfläche	15,20 m²	9,2	5,3
VF	Verkehrsfläche	41,80 m²	25,3	14,7
NRF	Netto-Raumfläche	222,50 m²	134,4	78,2
KGF	Konstruktions-Grundfläche	61,85 m²	37,4	21,8
BGF	Brutto-Grundfläche	284,35 m²	171,8	100,0

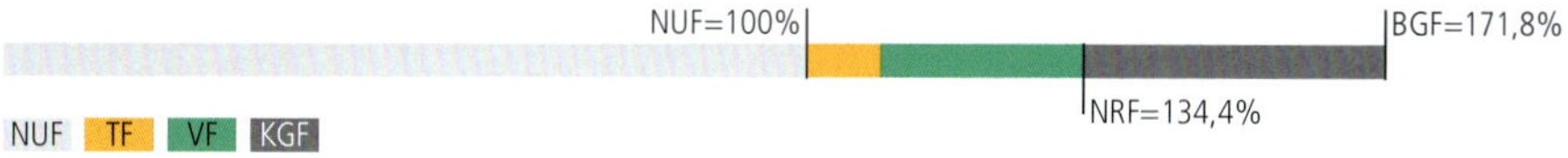

Brutto-Rauminhalt des Bauwerks		Menge Einheit	BRI/NUF (m)	BRI/BGF (m)
BRI	Brutto-Rauminhalt	1.437,42 m³	8,69	5,06

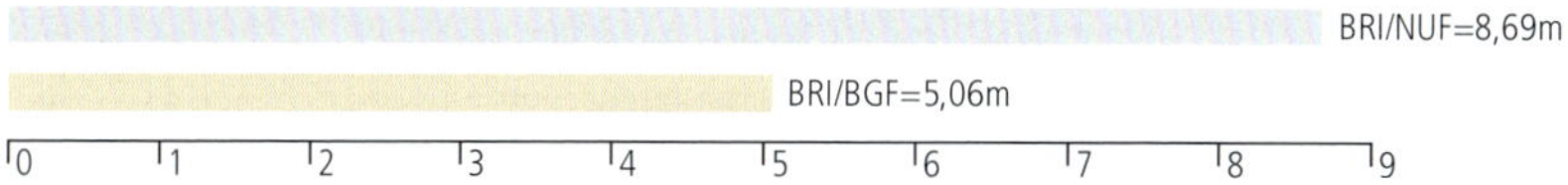

Lufttechnisch behandelte Flächen	Menge Einheit	% an NUF	% an BGF
Entlüftete Fläche	–	–	–
Be- und entlüftete Fläche	–	–	–
Teilklimatisierte Fläche	–	–	–
Klimatisierte Fläche	–	–	–

KG	Kostengruppen (2. Ebene)	Menge Einheit	Menge/NUF	Menge/BGF
310	Baugrube / Erdbau	111,39 m³ BGI	0,67	0,39
320	Gründung, Unterbau	253,83 m² GRF	1,53	0,89
330	Außenwände/Vertikale Baukonstruktionen, außen	399,06 m² AWF	2,41	1,40
340	Innenwände/Vertikale Baukonstruktionen, innen	157,46 m² IWF	0,95	0,55
350	Decken/Horizontale Baukonstruktionen	22,20 m² DEF	0,13	0,08
360	Dächer	435,41 m² DAF	2,63	1,53

Kostenkennwerte für die Kostengruppen der 1.Ebene DIN 276

KG	Kostengruppen (1.Ebene)	Einheit	Kosten €	€/Einheit	€/m² BGF	€/m³ BRI	% 300+400
100	Grundstück	m² GF	–	–	–	–	–
200	Vorbereitende Maßnahmen	m² GF	26.103	26,45	91,80	18,16	2,8
300	Bauwerk – Baukonstruktionen	m² BGF	801.153	2.817,49	2.817,49	557,35	86,2
400	Bauwerk – Technische Anlagen	m² BGF	128.391	451,53	451,53	89,32	13,8
	Bauwerk 300+400	**m² BGF**	**929.544**	**3.269,01**	**3.269,01**	**646,68**	**100,0**
500	Außenanlagen und Freiflächen	m² AF	130.432	180,13	458,70	90,74	14,0
600	Ausstattung und Kunstwerke	m² BGF	11.474	40,35	40,35	7,98	1,2
700	Baunebenkosten	m² BGF	–	–	–	–	–
800	Finanzierung	m² BGF	–	–	–	–	–

KG	Kostengruppe	Menge Einheit	Kosten €	€/Einheit	%
200	**Vorbereitende Maßnahmen**	987,00 m² GF	26.103	**26,45**	2,8

Abräumen von Pflanzbewuchs, Oberbodenarbeiten; Anschlusskosten Schmutzwasser, Trinkwasser, Gas, Strom

KG	Kostengruppe	Menge Einheit	Kosten €	€/Einheit	%
3+4	**Bauwerk**				**100,0**
300	**Bauwerk – Baukonstruktionen**	284,35 m² BGF	801.153	**2.817,49**	86,2

Stb-Flachgründung, Zementestrich, Bodenfliesen; Holzrahmen-Elementwände, Stahlstützen, Holzfenster, Eingang, Glastüren, Holzfassade, Putz; Holzrahmenwände, GK-Wände, Windfang, Holzinnentüren, GK-Bekleidung/Vorsatzschalen, Holzpaneele, Wandfliesen, Silikatbeschichtung, mobile Trennwand; Holzdeckenkonstruktion, Schalung, Silikatbeschichtung; Holz-Satteldach, Holz-Flachdach, Dämmung, Ziegeldeckung, Dachentwässerung, Akustikdecke; Glockenturm, Stahlstützen

KG	Kostengruppe	Menge Einheit	Kosten €	€/Einheit	%
400	**Bauwerk – Technische Anlagen**	284,35 m² BGF	128.391	**451,53**	13,8

Gebäudeentwässerung, Kalt- und Warmwasserleitungen, Sanitärobjekte; Gas-Brennwertkessel, Heizungsrohre, Fußbodenheizung; Elektroinstallation, Beleuchtung, Erdung; Datenverkabelung; Kirchenorgel sanieren

KG	Kostengruppe	Menge Einheit	Kosten €	€/Einheit	%
500	**Außenanlagen und Freiflächen**	724,11 m² AF	130.432	**180,13**	14,0

Bodenarbeiten; Schottertragschichten; Betonpflaster; Blockstufen; Oberflächenentwässerung, Außenbeleuchtung; Außenmöblierung; Oberbodenarbeiten, Bäume, Hecken, Pflanzen, Rasen

KG	Kostengruppe	Menge Einheit	Kosten €	€/Einheit	%
600	**Ausstattung und Kunstwerke**	284,35 m² BGF	11.474	**40,35**	1,2

Holzsitzbank, Garderobenschränke, Sanitärausstattungen

Kostenkennwerte für die Kostengruppen der 2.Ebene DIN 276

KG	Kostengruppe	Menge Einheit	Kosten €	€/Einheit	%
200	**Vorbereitende Maßnahmen**				**100,0**
210	**Herrichten**	987,00 m²GF	16.002	**16,21**	61,3
	Abräumen von Pflanzbewuchs (1.173m³), Oberboden abtragen, entsorgen (411m³)				
220	**Öffentliche Erschließung**	987,00 m²GF	10.101	**10,23**	38,7
	Schmutzwasseranschluss (psch) * Trinkwasseranschluss (psch) * Gasanschluss (psch) * Stromanschluss (psch)				
300	**Bauwerk – Baukonstruktionen**				**100,0**
310	**Baugrube / Erdbau**	111,39 m³BGI	12.140	**108,99**	1,5
	Rohrgrabenaushub, entsorgen (41m³), lagern, verfüllen (70m³)				
320	**Gründung, Unterbau**	253,83 m²GRF	109.217	**430,27**	13,6
	Schottertragschicht, d=20cm (323m²) * Stb-Bodenplatte, d=20cm (254m²), Stb-Fundamente (32m³) * Bitumenabdichtung (235m²), PUR-Wärmedämmung, d=130mm, Zementestrich (226m²), Bodenfliesen (205m²), Sauberlaufmatten (17m²) * Sauberkeitsschicht (259m²)				
330	**Außenwände/Vert. Baukonstrukt., außen**	399,06 m²AWF	323.940	**811,76**	40,4
	Holzrahmen-Elementwände, d=28-32cm (308m²), Stahlstützen HEB240-260 (1.198kg) * Holzfenster (57m²), Kirchenfenster (5m²), Eingang: Holz-Glaselemente (22m²), Glastürelemente (8m²) * Holzunterkonstruktion, Holz-Fassadenbekleidung (227m²), Putzträgerplatte (61m²), Oberputz (88m²), Lüftungsprofile (221m) * Holzpaneele (136m²), Akustikpaneele (5m²), Silikatbeschichtung (125m²), GK-Vorsatzschalen (147m²), GK-Trockenputz (73m²)				
340	**Innenwände/Vert. Baukonstrukt., innen**	157,46 m²IWF	74.652	**474,12**	9,3
	Holzrahmenwände, d=13cm (64m²) * GK-Wände, d=13-15cm (41m²) * Windfang: Holz-Glaselemente (22m²), Holztüren (10m²) * GK-Vorsatzschalen, d=25cm (10m²), Silikatbeschichtung (190m²), Wandfliesen (11m²) * mobile Trennwand (20m²)				
350	**Decken/Horizontale Baukonstruktionen**	22,20 m²DEF	15.266	**687,66**	1,9
	Holzdeckenkonstruktion, d=160mm, OSB-Deckenschalung (22m²) * Deckenöffnung, Scherentreppe (1m²) * OSB-Deckenschalung, GK-Decke, Silikatbeschichtung (22m²)				
360	**Dächer**	435,41 m²DAF	191.938	**440,82**	24,0
	Holzdachkonstruktion, Satteldach (238m²), Mineralwoll-Zwischensparrendämmung, d=280mm (217m²), Flachdach (172m²) * Konter- und Dachlattung, Ton-Flachziegel (246m²), Firstziegel (14m), EPS-Gefälledämmung, d=40-200mm (189m²), OSB-Dachschalung, d=15-22mm (377m²), Dachrinnen (126m), Regenfallrohre (23m), Standrohre (7St), Edelstahlspeier (2St) * Holzunterkonstruktion, Holzpaneele (125m²), GK-Decke (65m²), Unterkonstruktion, Putzträgerplatte (25m²), Silikatbeschichtung (145m²), GK-Akustikdecke (63m²) * Sekuranten (4St)				
380	**Baukonstruktive Einbauten**	284,35 m²BGF	31.369	**110,32**	3,9
	Glockenturm aus Stahlstützen (1St), Fußplatten (4St), Kirchenorgel abbauen, sanieren, wieder aufbauen (1St)				

KG	Kostengruppe	Menge Einheit	Kosten €	€/Einheit	%
390	**Sonst. Maßnahmen für Baukonstrukt.**	284,35 m²BGF	42.631	**149,92**	5,3
	Baustelleneinrichtung (psch), Baustraße (87m³), Bauzaun (130m), Baustellen-WC (1St), Bauwasser (psch), Baustromverteiler (psch) * Fassadengerüst (411m²), Dachdeckerfanggerüst (19m)				
400	**Bauwerk – Technische Anlagen**				**100,0**
410	**Abwasser-, Wasser-, Gasanlagen**	284,35 m²BGF	26.605	**93,56**	20,7
	PVC-Abwasserrohre DN50-160 (152m) * Mehrschichtverbundrohre DN20-25 (18m), Wasserzähler (1St), Rückspülfilter (1St), Durchlauferhitzer (3St), Waschtische (2St), Wand-Tiefspül-WCs (2St), Ausgussbecken (1St), Außenarmatur (1St) * Montageelemente (4St)				
420	**Wärmeversorgungsanlagen**	284,35 m²BGF	25.934	**91,20**	20,2
	Gas-Brennwertkessel (1St), Gasanschlussleitungen (psch), Ausdehnungsgefäß (1St), Temperaturwächter, Abgasleitung (psch) * Metallverbundrohre DN12-20 (69m) * Fußbodenheizung (127m²), Heizungsrohre (727m), Heizkreisverteiler (1St), Stellantriebe (10St), Temperaturregler (4St)				
430	**Raumlufttechnische Anlagen**	284,35 m²BGF	2.364	**8,31**	1,8
	Einzelraumlüfter 60m³/h (3St), Lüftungsrohre DN125 (2St), Lüftungsgitter (2St), Dachdurchführung (1St)				
440	**Elektrische Anlagen**	284,35 m²BGF	59.374	**208,81**	46,2
	Zählerschrank (1St), Unterverteiler (2St), Mantelleitungen (1.200m), Erdkabel (42m), Steckdosen, (48St), Taster, Schalter (10St), Bewegungsmelder (2St), Dimmer (2St) * LED-Downlights (28St), LED-Pendelleuchten (9St), LED-Strahler (9St), LED-Wandleuchten (7St), LED-Rettungszeichenleuchten (3St), LED-Deckenleuchte (1St) * Ringerder (117m), Fundamenterder (79m), Potenzialausgleichsschiene (1St)				
450	**Kommunikationstechnische Anlagen**	284,35 m²BGF	2.305	**8,11**	1,8
	Ruf-Kompaktset (1St) * Installationsleitungen (136m), Datenkabel Cat7 (126St), Datenanschlussdosen Cat7 (4St)				
470	**Nutzungsspez. u. verfahrenstechn. Anl.**	284,35 m²BGF	11.809	**41,53**	9,2
	Glocken abbauen, lagern, wieder einbauen, Installation Hauptuhr mit Funkempfänger (psch)				
500	**Außenanlagen und Freiflächen**				**100,0**
510	**Erdbau**	484,15 m³EBR	21.810	**45,05**	16,7
	Bodenabtrag, d bis 70cm (448m³), entsorgen (94m³), Rohrgrabenaushub, t=1,50-2,00m (36m³), verfüllen mit Liefermaterial (1m³), Planum (286m²)				
520	**Gründung, Unterbau**	724,11 m²AF	4.147	**5,73**	3,2
	Schottertragschicht, d=20cm (267m²)				
530	**Oberbau, Deckschichten**	299,13 m²BFF	43.861	**146,63**	33,6
	Frostschutzschicht, d=32cm (24m²), Betonpflaster (19m²) * Frostschutzschicht, d=32cm (339m²), Betonpflaster (189m²), Rasenplatten (41m²), Lagermaterial (13m²) * Frostschutzschicht, d=32cm (43m²), Betonpflaster (36m²), Stellplatzmarkierung (4m) * Traufstreifen (54m²), Abtrittroste (2St)				

KG	Kostengruppe	Menge Einheit	Kosten €	€/Einheit	%
540	**Baukonstruktionen**	724,11 m²AF	1.164	**1,61**	0,9
	Blockstufen (2m²)				
550	**Technische Anlagen**	724,11 m²AF	23.381	**32,29**	17,9
	PP-Rohre DN150 (6m), Kontrollschächte DN400-1.000, (4St), Schachtabdeckungen (2St), Entwässerungsrinne (12m), Abläufe (3St) * PE-Rohre DN40 (49m) * Lichtstele (1St)				
560	**Einbauten Außenanlagen u. Freiflächen**	724,11 m²AF	9.536	**13,17**	7,3
	Fahrradanlehnbügel (10St), Betonsitzbänke, Sitzfläche Holzlamellen (2St), Abfallbehälter (1St)				
570	**Vegetationsflächen**	430,89 m²PSF	17.676	**41,02**	13,6
	Vegetationsfläche fräsen (431m²), Oberboden auftragen (88m³), Liefermaterial (10m³), Pflanzgruben (3m²) * Geotextil (314m²) * Hochstammbäume, Pfahlverankerungen (2St), vorhandenen Baum umpflanzen (1St), Heckenpflanzen (480St), Bodendecker (190St), Rosen (43St), Stauden (40St), Gräser (32St), Blumensamen (9St)				
590	**Sonst. Maßnahmen für Außenanlagen u. Freiflächen**	724,11 m²AF	8.858	**12,23**	6,8
	Baustelleneinrichtung (psch), Bauzaun umstellen (168m), Verkehrsführung ändern, Beschilderung (psch) * Pflaster aufnehmen, lagern (13m²), Abbruch von Betontragschicht (6m²) * Mischabfälle; Entsorgung, Deponiegebühren (6m³)				
600	**Ausstattung und Kunstwerke**				**100,0**
610	**Allgemeine Ausstattung**	284,35 m²BGF	11.474	**40,35**	100,0
	Holzsitzbank, MDF lackiert (3m), Garderobenschränke 3120x2800mm (2St), Glasablagen (5St), WC-Papierhalter (2St), Bürstengarnituren (2St), Abfallbehälter (2St), Papierhandtuchspender (2St), Spiegel (2St), Seifenspender (2St)				

Kostenkennwerte für die Kostengruppen 300 der 2. und 3. Ebene DIN 276 (Übersicht)

KG	Kostengruppe	Menge Einheit	Kosten €	€/Einheit	% an 3+4
300	**Bauwerk – Baukonstruktionen**	**284,35 m² BGF**	**801.152,68**	**2.817,49**	**86,2**
310	**Baugrube / Erdbau**	**111,39 m³ BGI**	**12.140,03**	**108,99**	**1,3**
311	Herstellung	111,39 m³ BGI	12.140,03	108,99	1,3
312	Umschließung	–	–	–	–
313	Wasserhaltung	–	–	–	–
314	Vortrieb	–	–	–	–
319	Sonstiges zur KG 310	–	–	–	–
320	**Gründung, Unterbau**	**253,83 m² GRF**	**109.216,55**	**430,27**	**11,7**
321	Baugrundverbesserung	322,89 m²	6.916,50	21,42	0,7
322	Flachgründungen und Bodenplatten	253,83 m²	49.021,64	193,13	5,3
323	Tiefgründungen	–	–	–	–
324	Gründungsbeläge	221,72 m²	49.139,13	221,63	5,3
325	Abdichtungen und Bekleidungen	258,63 m²	4.139,28	16,00	0,4
326	Dränagen	–	–	–	–
329	Sonstiges zur KG 320	–	–	–	–
330	**Außenwände/Vert. Baukonstrukt., außen**	**399,06 m² AWF**	**323.939,62**	**811,76**	**34,8**
331	Tragende Außenwände	307,95 m²	98.691,36	320,48	10,6
332	Nichttragende Außenwände	–	–	–	–
333	Außenstützen	–	–	–	–
334	Außenwandöffnungen	91,11 m²	102.222,58	1.122,01	11,0
335	Außenwandbekleidungen, außen	315,69 m²	80.592,33	255,29	8,7
336	Außenwandbekleidungen, innen	265,89 m²	42.433,34	159,59	4,6
337	Element. Außenwandkonstruktionen	–	–	–	–
338	Lichtschutz zur KG 330	–	–	–	–
339	Sonstiges zur KG 330	–	–	–	–
340	**Innenwände/Vert. Baukonstrukt., innen**	**157,46 m² IWF**	**74.652,29**	**474,12**	**8,0**
341	Tragende Innenwände	63,67 m²	14.259,50	223,96	1,5
342	Nichttragende Innenwände	41,09 m²	6.196,27	150,80	0,7
343	Innenstützen	–	–	–	–
344	Innenwandöffnungen	33,19 m²	21.165,28	637,72	2,3
345	Innenwandbekleidungen	201,22 m²	14.795,99	73,53	1,6
346	Elementierte Innenwandkonstruktionen	19,51 m²	18.235,24	934,81	2,0
347	Lichtschutz zur KG 340	–	–	–	–
349	Sonstiges zur KG 340	–	–	–	–
350	**Decken/Horizontale Baukonstruktionen**	**22,20 m² DEF**	**15.266,07**	**687,66**	**1,6**
351	Deckenkonstruktionen	22,20 m²	6.918,96	311,66	0,7
352	Deckenöffnungen	1,28 m²	5.160,01	4.031,26	0,6
353	Deckenbeläge	–	–	–	–
354	Deckenbekleidungen	22,18 m²	3.187,10	143,69	0,3
355	Elementierte Deckenkonstruktionen	–	–	–	–
359	Sonstiges zur KG 350	–	–	–	–
360	**Dächer**	**435,41 m² DAF**	**191.938,19**	**440,82**	**20,6**
361	Dachkonstruktionen	409,85 m²	58.337,99	142,34	6,3
362	Dachöffnungen	–	–	–	–
363	Dachbeläge	435,41 m²	81.516,69	187,22	8,8
364	Dachbekleidungen	333,17 m²	50.800,39	152,48	5,5
365	Elementierte Dachkonstruktionen	–	–	–	–
366	Lichtschutz zur KG 360	–	–	–	–
369	Sonstiges zur KG 360	435,41 m² DAF	1.283,13	2,95	0,1
370	**Infrastrukturanlagen**	**–**	**–**	**–**	**–**
380	**Baukonstruktive Einbauten**	**284,35 m² BGF**	**31.369,18**	**110,32**	**3,4**
390	**Sonst. Maßnahmen für Baukonstrukt.**	**284,35 m² BGF**	**42.630,75**	**149,92**	**4,6**

Kostenkennwerte für die Kostengruppen 400 der 2. und 3.Ebene DIN 276 (Übersicht)

KG	Kostengruppe	Menge Einheit	Kosten €	€/Einheit	% an 3+4
400	**Bauwerk – Technische Anlagen**	**284,35 m²BGF**	**128.391,30**	**451,53**	**13,8**
410	**Abwasser-, Wasser-, Gasanlagen**	**284,35 m²BGF**	**26.604,86**	**93,56**	**2,9**
411	Abwasseranlagen	284,35 m²BGF	9.945,65	34,98	1,1
412	Wasseranlagen	284,35 m²BGF	14.640,80	51,49	1,6
413	Gasanlagen	–	–	–	–
419	Sonstiges zur KG 410	284,35 m²BGF	2.018,41	7,10	0,2
420	**Wärmeversorgungsanlagen**	**284,35 m²BGF**	**25.933,87**	**91,20**	**2,8**
421	Wärmeerzeugungsanlagen	284,35 m²BGF	13.249,68	46,60	1,4
422	Wärmeverteilnetze	284,35 m²BGF	3.223,78	11,34	0,3
423	Raumheizflächen	284,35 m²BGF	9.460,41	33,27	1,0
424	Verkehrsheizflächen	–	–	–	–
429	Sonstiges zur KG 420	–	–	–	–
430	**Raumlufttechnische Anlagen**	**284,35 m²BGF**	**2.364,34**	**8,31**	**0,3**
431	Lüftungsanlagen	284,35 m²BGF	2.364,34	8,31	0,3
432	Teilklimaanlagen	–	–	–	–
433	Klimaanlagen	–	–	–	–
434	Kälteanlagen	–	–	–	–
439	Sonstiges zur KG 430	–	–	–	–
440	**Elektrische Anlagen**	**284,35 m²BGF**	**59.374,32**	**208,81**	**6,4**
441	Hoch- und Mittelspannungsanlagen	–	–	–	–
442	Eigenstromversorgungsanlagen	–	–	–	–
443	Niederspannungsschaltanlagen	–	–	–	–
444	Niederspannungsinstallationsanlagen	284,35 m²BGF	23.221,16	81,66	2,5
445	Beleuchtungsanlagen	284,35 m²BGF	31.955,91	112,38	3,4
446	Blitzschutz- und Erdungsanlagen	284,35 m²BGF	4.197,25	14,76	0,5
447	Fahrleitungssysteme	–	–	–	–
449	Sonstiges zur KG 440	–	–	–	–
450	**Kommunikationstechnische Anlagen**	**284,35 m²BGF**	**2.305,29**	**8,11**	**0,2**
451	Telekommunikationsanlagen	–	–	–	–
452	Such- und Signalanlagen	284,35 m²BGF	654,56	2,30	< 0,1
453	Zeitdienstanlagen	–	–	–	–
454	Elektroakustische Anlagen	–	–	–	–
455	Audiovisuelle Medien- u. Antennenanl.	–	–	–	–
456	Gefahrenmelde- und Alarmanlagen	–	–	–	–
457	Datenübertragungsnetze	284,35 m²BGF	1.650,73	5,81	0,2
458	Verkehrsbeeinflussungsanlagen	–	–	–	–
459	Sonstiges zur KG 450	–	–	–	–
460	**Förderanlagen**	**–**	**–**	**–**	**–**
461	Aufzugsanlagen	–	–	–	–
462	Fahrtreppen, Fahrsteige	–	–	–	–
463	Befahranlagen	–	–	–	–
464	Transportanlagen	–	–	–	–
465	Krananlagen	–	–	–	–
466	Hydraulikanlagen	–	–	–	–
469	Sonstiges zur KG 460	–	–	–	–
470	**Nutzungsspez. u. verfahrenstechn. Anl.**	**284,35 m²BGF**	**11.808,61**	**41,53**	**1,3**
480	**Gebäude- und Anlagenautomation**	**–**	**–**	**–**	**–**
490	**Sonst. Maßnahmen für techn. Anlagen**	**–**	**–**	**–**	**–**

Kostenkennwerte für die Kostengruppen der 3. Ebene DIN 276

KG	Kostengruppe	Menge Einheit	Kosten €	€/Einheit	%
210	**Herrichten**				**100,0**
214	**Herrichten der Geländeoberfläche**	987,00 m² GF	16.002	**16,21**	100,0
	Abräumen von Pflanzbewuchs (1.173m³), Oberboden abtragen, entsorgen (411m³)				
220	**Öffentliche Erschließung**				**100,0**
221	**Abwasserentsorgung**	987,00 m² GF	3.622	**3,67**	35,9
	Schmutzwasseranschluss (psch)				
222	**Wasserversorgung**	987,00 m² GF	1.508	**1,53**	14,9
	Trinkwasseranschluss (psch)				
223	**Gasversorgung**	987,00 m² GF	2.962	**3,00**	29,3
	Gasanschluss (psch)				
225	**Stromversorgung**	987,00 m² GF	2.009	**2,04**	19,9
	Stromanschluss (psch)				
310	**Baugrube / Erdbau**				**100,0**
311	**Herstellung**	111,39 m³ BGI	12.140	**108,99**	100,0
	Rohrgrabenaushub BK 1-4, entsorgen (41m³), lagern, verfüllen (70m³), Planum (259m²)				
320	**Gründung, Unterbau**				**100,0**
321	**Baugrundverbesserung**	322,89 m²	6.916	**21,42**	6,3
	Schottertragschicht 0/45mm, d=20cm (323m²)				
322	**Flachgründungen und Bodenplatten**	253,83 m²	49.022	**193,13**	44,9
	Stb-Bodenplatte C20/25, d=20cm, Schalung, Bewehrung (254m²), Stb-Fundamente C20/25 (32m³)				
324	**Gründungsbeläge**	221,72 m²	49.139	**221,63**	45,0
	Bitumenabdichtung (235m²), PUR-Wärmedämmung WLS 032, d=130mm, Folie, Zementestrich, d=7cm (226m²), Bodenfliesen 30x60cm (205m²), Fliesensockel (8m), Sauberlaufmatten (17m²)				
325	**Abdichtungen und Bekleidungen**	258,63 m²	4.139	**16,00**	3,8
	Sauberkeitsschicht C8/10, d=5cm (259m²)				
330	**Außenwände/Vertikale Baukonstruktionen, außen**				**100,0**
331	**Tragende Außenwände**	307,95 m²	98.691	**320,48**	30,5
	Holzrahmen-Elementwände, d=32cm, innenseitig OSB-Schalung, d=15mm, Zellulosedämmung WLG 040, d=280mm, außen Holzfaserplatte, d=25mm (184m²), d=28cm (124m²), Stahlstützen HEB240-260, Kopf-/Fußplatten (1.198kg)				

KG	Kostengruppe	Menge Einheit	Kosten €	€/Einheit	%
334	**Außenwandöffnungen**	91,11 m²	102.223	**1.122,01**	31,6
	Holzfenster, Dreifachverglasung, Uw=1,1W/m²K, Drehkippflügel, einteilig (22m²), zweiteilig (2m²), dreiteilig (7m²), vierteilig (16m²), sechsteilig (10m²), Kirchenfenster, aus Bestand (5m²), Eingang: Holz-Glaselemente, Einfachverglasung, fünfteilig (18m²), Tür, zweiflüglig, Obentürschließer (4m²), Glastürelemente, zweiflüglig (5m²), einflüglig (3m²), Fensterbänke innen, Holz (15m), außen, Zinkblech (psch)				
335	**Außenwandbekleidungen, außen**	315,69 m²	80.592	**255,29**	24,9
	Holzunterkonstruktion, Holz-Fassadenbekleidung, Lärche, beschichtet (227m²), in Laibungen (83m), Holzunterkonstruktion, Putzträgerplatte, d=13mm (61m²), in Laibungen (68m), Armierung, Oberputz (88m²), Lüftungsprofile (221m)				
336	**Außenwandbekleidungen, innen**	265,89 m²	42.433	**159,59**	13,1
	Holzunterkonstruktion, Holzpaneele, Tanne, UV-Beschichtung (136m²), Akustikpaneele (5m²), Vlies, Silikatbeschichtung (125m²), GK-Vorsatzschalen, einseitig doppelt beplankt, Zellulosedämmung, d=40mm (147m²), GK-Trockenputz, d=13mm (73m²)				
340	**Innenwände/Vertikale Baukonstruktionen, innen**				**100,0**
341	**Tragende Innenwände**	63,67 m²	14.259	**223,96**	19,1
	Holzrahmenwände, d=13cm, beidseitig OSB-Schalung, d=15mm, Zellulosedämmung WLG 040, d=100mm (42m²), einseitig (22m²)				
342	**Nichttragende Innenwände**	41,09 m²	6.196	**150,80**	8,3
	GK-Wände, d=13cm, beidseitig doppelt beplankt, Mineralwolldämmung, d=60mm (32m²), d=15cm (9m²)				
344	**Innenwandöffnungen**	33,19 m²	21.165	**637,72**	28,4
	Windfang: Holz-Glaselemente, Einfachverglasung, fünfteilig (18m²), Tür, zweiflüglig, Obentürschließer (4m²), Holztüren, Röhrenspaneinlage, lackiert, Stahlzargen (10m²), Edelstahl-Drückergarnituren (5St), Bodentürpuffer (5St)				
345	**Innenwandbekleidungen**	201,22 m²	14.796	**73,53**	19,8
	GK-Vorsatzschalen, einseitig doppelt beplankt, d=25cm (10m²), Vlies, Silikatbeschichtung (190m²), Wandfliesen 10x30cm (11m²)				
346	**Elementierte Innenwandkonstruktionen**	19,51 m²	18.235	**934,81**	24,4
	Mobile Trennwand, Deckenlaufschiene, sechs Elemente (20m²)				
350	**Decken/Horizontale Baukonstruktionen**				**100,0**
351	**Deckenkonstruktionen**	22,20 m²	6.919	**311,66**	45,3
	Holzdeckenkonstruktion BSH, d=160mm (22m²), OSB-Deckenschalung, d=15mm (22m²)				
352	**Deckenöffnungen**	1,28 m²	5.160	**4.031,26**	33,8
	Deckenöffnung 160x80cm, Scherentreppe (1m²)				

KG	Kostengruppe	Menge Einheit	Kosten €	€/Einheit	%
354	**Deckenbekleidungen**	22,18 m²	3.187	**143,69**	20,9
	OSB-Deckenschalung, d=22mm, GK-Decke, einseitig einfach beplankt, d=13mm, Grundierung, Vlies, Silikatbeschichtung (22m²)				
360	**Dächer**				**100,0**
361	**Dachkonstruktionen**	409,85 m²	58.338	**142,34**	30,4
	Satteldachkonstruktion, d=160mm, Satteldach (238m²), Mineralwoll-Zwischensparrendämmung WLG 035, d=280mm (217m²), Flachdach (172m²), Dachrand-Holzbohlen 100x180mm (48m)				
363	**Dachbeläge**	435,41 m²	81.517	**187,22**	42,5
	Unterspannbahn, Konter- und Dachlattung, Ton-Flachziegel (246m²), Firstziegel (14m), Dampfsperre, EPS-Gefälledämmung WLG 040, d=40-200mm, Bitumenabdichtung (189m²), OSB-Flachdachschalung, d=22mm (172m²), Dachrinnen, verzinkt (127m), Regenfallrohre DN80 (23m), Standrohre (7St), Edelstahlspeier (2St)				
364	**Dachbekleidungen**	333,17 m²	50.800	**152,48**	26,5
	OSB-Dachschalung, d=15mm (183m²), Holzunterkonstruktion, Holzpaneele, Tanne, UV-Beschichtung (125m²), GK-Decke, einseitig einfach beplankt, d=13mm (65m²), Unterkonstruktion, Putzträgerplatte (25m²), Vlies, Silikatbeschichtung (145m²), GK-Akustikdecke, d=13mm (63m²)				
369	**Sonstiges zur KG 360**	435,41 m² DAF	1.283	**2,95**	0,7
	Sekuranten (4St)				
380	**Baukonstruktive Einbauten**				**100,0**
382	**Besondere Einbauten**	284,35 m² BGF	31.369	**110,32**	100,0
	Glockenturm aus Stahlstützen HEB120-160 (1St), Fußplatten, 200x200mm (4St), Kirchenorgel abbauen, sanieren, wieder aufbauen (1St)				
390	**Sonstige Maßnahmen für Baukonstruktionen**				**100,0**
391	**Baustelleneinrichtung**	284,35 m² BGF	32.904	**115,72**	77,2
	Baustelleneinrichtung (psch), Baustraße, Schotter (87m³), Bauzaun, h=2,00m (130m), Baustellen-WC (1St), Bauwasser (psch), Baustromverteiler (psch)				
392	**Gerüste**	284,35 m² BGF	9.727	**34,21**	22,8
	Fassadengerüst (411m²), Dachdeckerfanggerüst (19m)				
410	**Abwasser-, Wasser-, Gasanlagen**				**100,0**
411	**Abwasseranlagen**	284,35 m² BGF	9.946	**34,98**	37,4
	PVC-Abwasserrohre DN110, Formstücke (118m), DN160 (29m), DN50 (5m), Sandbett (41m³)				
412	**Wasseranlagen**	284,35 m² BGF	14.641	**51,49**	55,0
	Mehrschichtverbundrohre DN20-25, Formstücke, Rohrdämmung (18m), Wasserzähler (1St), Rückspülfilter DN25 (1St), Durchlauferhitzer (3St), Waschtische, Armaturen (1St), barrierefrei (1St), Wand-Tiefspül-WC (1St), barrierefrei (1St), Stützklappgriffe (4St), Ausgussbecken (1St), Außenarmatur (1St)				
419	**Sonstiges zur KG 410**	284,35 m² BGF	2.018	**7,10**	7,6
	Montageelemente für WCs (2St), für Waschtische (2St)				

KG	Kostengruppe	Menge Einheit	Kosten €	€/Einheit	%
420	**Wärmeversorgungsanlagen**				**100,0**
421	**Wärmeerzeugungsanlagen**	284,35 m²BGF	13.250	**46,60**	51,1
	Gas-Brennwertkessel (1St), Gasanschlussleitungen (psch), Ausdehnungsgefäß (1St), Temperaturwächter, Abgasleitung (psch)				
422	**Wärmeverteilnetze**	284,35 m²BGF	3.224	**11,34**	12,4
	Metallverbundrohre DN12-20, Formstücke, Rohrdämmung (69m)				
423	**Raumheizflächen**	284,35 m²BGF	9.460	**33,27**	36,5
	Fußbodenheizung, Verlegeplatten mit EPS-Dämmung WLG 040, d=30mm (127m²), Heizungsrohre (727m), Heizkreisverteiler (1St), Stellantriebe (10St), Temperaturregler (4St)				
430	**Raumlufttechnische Anlagen**				**100,0**
431	**Lüftungsanlagen**	284,35 m²BGF	2.364	**8,31**	100,0
	UP-Einzelraumlüfter 60m³/h (3St), Lüftungsrohre DN125, Formstücke, Dämmung (2St), Lüftungsgitter (2St), Dachdurchführung DN100 (1St)				
440	**Elektrische Anlagen**				**100,0**
444	**Niederspannungsinstallationsanlagen**	284,35 m²BGF	23.221	**81,66**	39,1
	Zählerschrank (1St), Unterverteiler (2St), Mantelleitungen NYM (1.200m), Erdkabel NYY (42m), Leerrohre (50m), Kabelkanäle (8m), Steckdosen, einfach (16St), zweifach (16St), Taster, Schalter (10St), Bewegungsmelder (2St), Dimmer (2St)				
445	**Beleuchtungsanlagen**	284,35 m²BGF	31.956	**112,38**	53,8
	LED-Downlights (28St), LED-Pendelleuchten (9St), LED-Strahler (9St), LED-Wandleuchten (7St), LED-Rettungszeichenleuchten (3St), LED-Deckenleuchte (1St)				
446	**Blitzschutz- und Erdungsanlagen**	284,35 m²BGF	4.197	**14,76**	7,1
	Ringerder (117m), Fundamenterder (79m), Potenzialausgleichsschiene (1St)				
450	**Kommunikations-, sicherheits- und informationstechnische Anlagen**				**100,0**
452	**Such- und Signalanlagen**	284,35 m²BGF	655	**2,30**	28,4
	Ruf-Kompaktset für barrierefreies WC (1St)				
457	**Datenübertragungsnetze**	284,35 m²BGF	1.651	**5,81**	71,6
	Installationsleitungen J-Y(ST)Y (136m), Datenkabel Cat7 (126St), Datenanschlussdosen Cat7 (4St)				
470	**Nutzungsspezifische und verfahrenstechnische Anlagen**				**100,0**
476	**Weitere nutzungsspezifische Anlagen**	284,35 m²BGF	11.809	**41,53**	100,0
	Glocken abbauen, lagern, wieder einbauen, Installation Hauptuhr mit Funkempfänger (psch)				
510	**Erdbau**				**100,0**
511	**Herstellung**	484,15 m³EBR	21.810	**45,05**	100,0
	Bodenabtrag, d bis 70cm (438m³), in Handarbeit (10m³), entsorgen (94m³), Rohrgrabenaushub, t=1,50-2,00m (36m³), Verfüllen mit Liefermaterial (1m³), Planum (286m²)				

KG	Kostengruppe	Menge Einheit	Kosten €	€/Einheit	%
520	**Gründung, Unterbau**				**100,0**
521	**Baugrundverbesserung**	267,00 m²	4.147	**15,53**	100,0
	Schottertragschicht 0/45, d=20cm (267m²)				
530	**Oberbau, Deckschichten**				**100,0**
531	**Wege**	19,00 m²	3.235	**170,24**	7,4
	Frostschutzschicht, d=32cm (24m²), Betonpflaster 30-60x30cm, 30-60x15cm (19m²), Tiefbordsteine (35m)				
533	**Plätze, Höfe, Terrassen**	244,13 m²	33.683	**137,97**	76,8
	Frostschutzschicht, d=32cm (339m²), Betonpflaster 30-60x30cm, 30-60x15cm (189m²), Rasenplatten 30x30cm (41m²), Tiefbordsteine (96m), Pflaster verlegen, Lagermaterial (13m²)				
534	**Stellplätze**	36,00 m²	4.413	**122,59**	10,1
	Frostschutzschicht, d=32cm (43m²), Betonpflaster 30-60x30cm, 30-60x15cm (36m²), Tiefbordsteine (20m), Betonpflaster als Stellplatzmarkierung (4m)				
539	**Sonstiges zur KG 530**	299,13 m² BFF	2.530	**8,46**	5,8
	Filtervlies, Traufstreifen, Kies (54m²), Abtrittroste 180x90cm (2St)				
540	**Baukonstruktionen**				**100,0**
544	**Rampen, Treppen, Tribünen**	1,69 m²	1.164	**688,50**	100,0
	Blockstufen 169x40cm (2m²)				
550	**Technische Anlagen**				**100,0**
551	**Abwasseranlagen**	724,11 m² AF	15.818	**21,85**	67,7
	PP-Rohre DN150, Formstücke (6m), Sandbett (4m³), Kontrollschächte DN1.000, t=3,50m (1St), t=2,00m (1St), DN400, t=1,50m (2St), Schachtabdeckungen (2St), Entwässerungsrinne (12m), Abläufe (3St)				
552	**Wasseranlagen**	724,11 m² AF	2.807	**3,88**	12,0
	PE-Rohre DN40, Formstücke, Sandbett (49m)				
556	**Elektrische Anlagen**	724,11 m² AF	4.755	**6,57**	20,3
	Lichtstele (1St), vorhandenes Erdkabel, verlegen (16m), Sandbett 0/4 (3m³)				
560	**Einbauten in Außenanlagen und Freiflächen**				**100,0**
561	**Allgemeine Einbauten**	724,11 m² AF	9.536	**13,17**	100,0
	Fahrradanlehnbügel (10St), Betonsitzbänke, Sitzfläche Holzlamellen (2St), Abfallbehälter (1St)				
570	**Vegetationsflächen**				**100,0**
571	**Vegetationstechn. Bodenbearbeitung**	430,89 m²	7.369	**17,10**	41,7
	Vegetationsfläche fräsen, Planum (431m²), Oberboden auftragen (88m³), Liefermaterial (10m³), Pflanzgruben (3m²)				
572	**Sicherungsbauweisen**	314,45 m²	1.404	**4,46**	7,9
	Geotextil (314m²)				

KG	Kostengruppe	Menge Einheit	Kosten €	€/Einheit	%
573	**Pflanzflächen**	430,89 m²	8.903	**20,66**	50,4
	Hochstammbäume, Pfahlverankerungen (2St), vorhandenen Baum umpflanzen (1St), Heckenpflanzen (480St), Bodendecker (190St), Rosen (43St), Stauden (40St), Gräser (32St), Blumensamen (9St)				
590	**Sonstige Maßnahmen für Außenanlagen und Freiflächen**				**100,0**
591	**Baustelleneinrichtung**	724,11 m² AF	6.899	**9,53**	77,9
	Baustelleneinrichtung (psch), Bauzaun umstellen (168m), Verkehrsführung ändern, Beschilderung (psch)				
594	**Abbruchmaßnahmen**	724,11 m² AF	1.175	**1,62**	13,3
	Pflaster aufnehmen, lagern (13m²), Abbruch von Betontragschicht (6m²); Entsorgung, Deponiegebühren				
596	**Materialentsorgung**	724,11 m² AF	784	**1,08**	8,8
	Mischabfälle; Entsorgung, Deponiegebühren (6m³)				

Kostenkennwerte für Leistungsbereiche nach STLB (Kosten des Bauwerks nach DIN 276)

LB	Leistungsbereiche	Kosten €	€/m² BGF	€/m³ BRI	% an 3+4
000	Baustellen-, Verkehrssich.- u. Sicherh.einr. inkl. 001	43.454	152,80	30,20	4,7
002	Erdarbeiten	19.057	67,00	13,30	2,1
006	Spezialtiefbauarbeiten inkl. 005	–	–	–	–
009	Entwässerungskanalarbeiten inkl. 011	8.511	29,90	5,90	0,9
010	Drän- und Versickerarbeiten	–	–	–	–
012	Mauerarbeiten	2.057	7,20	1,40	0,2
013	Betonarbeiten	55.526	195,30	38,60	6,0
014	Natur-, Betonwerksteinarbeiten	–	–	–	–
016	Zimmer- und Holzbauarbeiten	260.110	914,80	181,00	28,0
017	Stahlbauarbeiten	21.113	74,20	14,70	2,3
018	Abdichtungsarbeiten	5.074	17,80	3,50	0,5
019	Kampfmittelräumarbeiten	–	–	–	–
020	Dachdeckungsarbeiten	29.470	103,60	20,50	3,2
021	Dachabdichtungsarbeiten	32.068	112,80	22,30	3,4
022	Klempnerarbeiten	22.141	77,90	15,40	2,4
	Rohbau	**498.581**	**1.753,40**	**346,90**	**53,6**
023	Putz- und Stuckarbeiten, Wärmedämmsysteme	–	–	–	–
024	Fliesen- und Plattenarbeiten	33.017	116,10	23,00	3,6
025	Estricharbeiten	12.036	42,30	8,40	1,3
026	Fenster, Außentüren inkl. 029, 032	95.319	335,20	66,30	10,3
027	Tischlerarbeiten	128.248	451,00	89,20	13,8
028	Parkett-, Holzpflasterarbeiten	–	–	–	–
030	Rollladenarbeiten	–	–	–	–
031	Metallbauarbeiten inkl. 035	–	–	–	–
034	Maler- und Lackiererarb. – Beschicht. inkl. 037	15.257	53,70	10,60	1,6
036	Bodenbelagarbeiten	–	–	–	–
038	Vorgehängte hinterlüftete Fassaden	–	–	–	–
039	Trockenbauarbeiten	38.252	134,50	26,60	4,1
	Ausbau	**322.129**	**1.132,90**	**224,10**	**34,7**
040	Wärmeversorgungsanl. – Betriebseinr. inkl. 041	24.937	87,70	17,30	2,7
042	Gas- u. Wasseranl. – Leitung., Armat. inkl. 043	7.389	26,00	5,10	0,8
044	Abwasseranl. – Leitungen, Abläufe, Armaturen	1.649	5,80	1,10	0,2
045	Gas, Wasser, Entwässerung – Ausstattung inkl. 046	10.037	35,30	7,00	1,1
047	Dämm- und Brandschutzarb. an techn. Anlagen	389	1,40	0,27	< 0,1
049	Feuerlöschanlagen, Feuerlöschgeräte	–	–	–	–
050	Blitzschutz-/Erdungsanlagen, Überspannungssch.	4.197	14,80	2,90	0,5
053	Niederspannungsanl. – Kabel inkl. 052, 054	23.592	83,00	16,40	2,5
055	Sicherheits- u. Ersatzstromversorgungsanl.	–	–	–	–
057	Gebäudesystemtechnik	–	–	–	–
058	Leuchten und Lampen inkl. 059	31.585	111,10	22,00	3,4
060	Such, Signal, Zeit, Anten., akust. Anl. inkl. 064	655	2,30	0,46	< 0,1
061	Kommunikations- u. Übertragungsnetze inkl. 063	1.651	5,80	1,10	0,2
069	Aufzüge	–	–	–	–
070	Gebäudeautomation	–	–	–	–
075	Raumlufttechnische Anlagen inkl. 078	2.364	8,30	1,60	0,3
	Gebäudetechnik	**108.446**	**381,40**	**75,40**	**11,7**
084	Abbruch, Rückbau, Schadstoffsanierung	–	–	–	–
	Abbrucharbeiten	**–**	**–**	**–**	**–**
	Sonstige Leistungsbereiche	**389**	**1,40**	**0,27**	**< 0,1**

6500-0055
Schulmensa
(160 Sitzplätze)

Kostenkennwerte für die Kosten des Bauwerks (Kostengruppen 300+400 nach DIN 276)

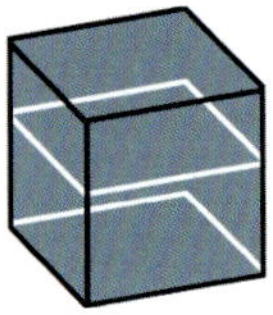

BRI 1.315 €/m³

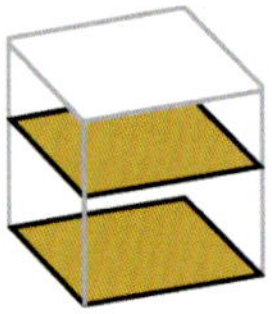

BGF 5.713 €/m²

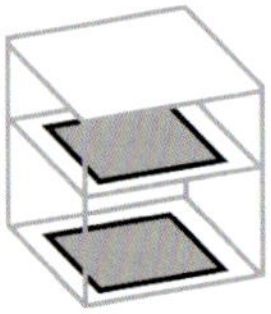

NUF 10.697 €/m²

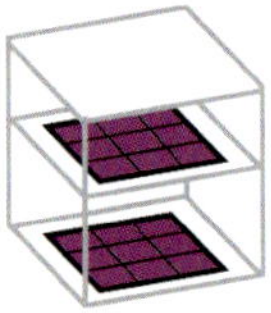

NE 24.778 €/NE

NE: Sitzplätze

Objekt:
Kennwerte: 1. Ebene DIN 276
BRI: 3.016 m³
BGF: 694 m²
NUF: 371 m²
Bauzeit: 79 Wochen
Bauende: 2020
Standard: mittel
Bundesland: Brandenburg
Kreis: Barnim

Architekt*in:
Renner Architekten GmbH
Bürgerheimstraße 5
10365 Berlin

Bauherr*in:
Gemeinde Wandlitz
Prenzlauer Chaussee 157
16348 Wandlitz

Ansicht Ost

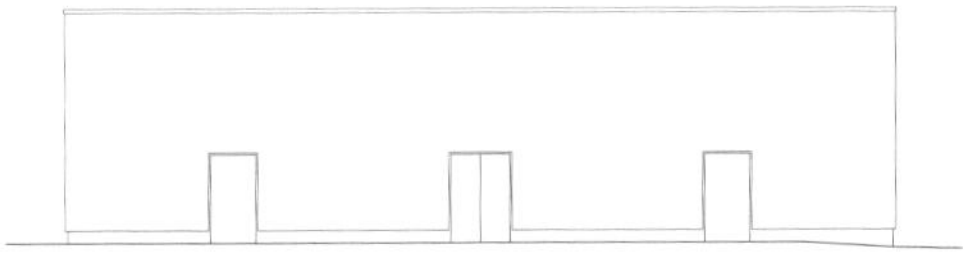

Ansicht Nord

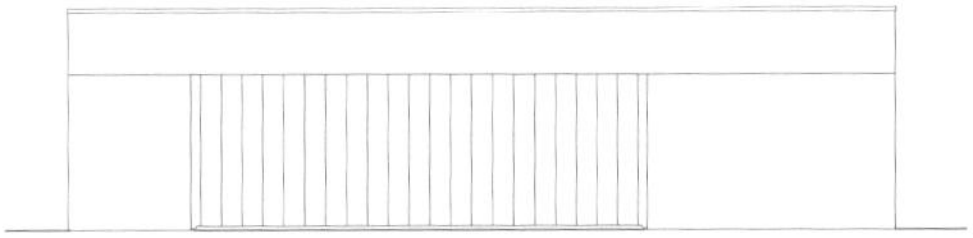

Ansicht Süd

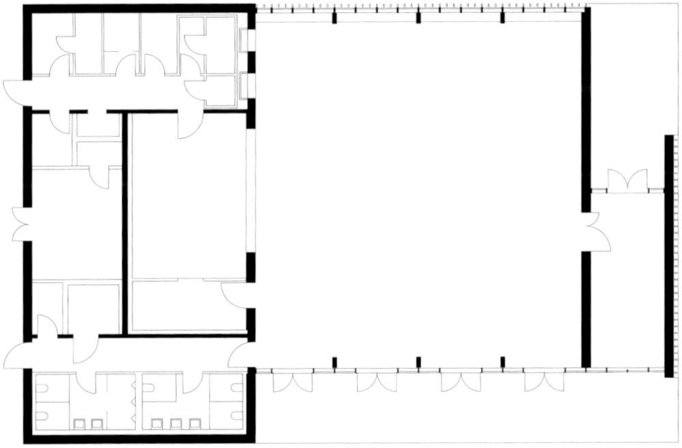

Erdgeschoss

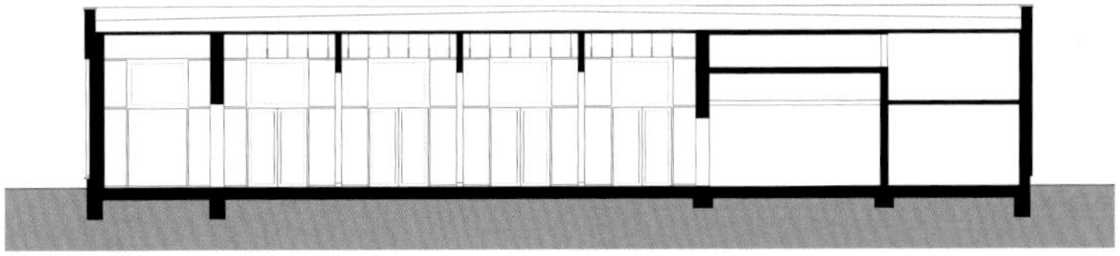

Schnitt

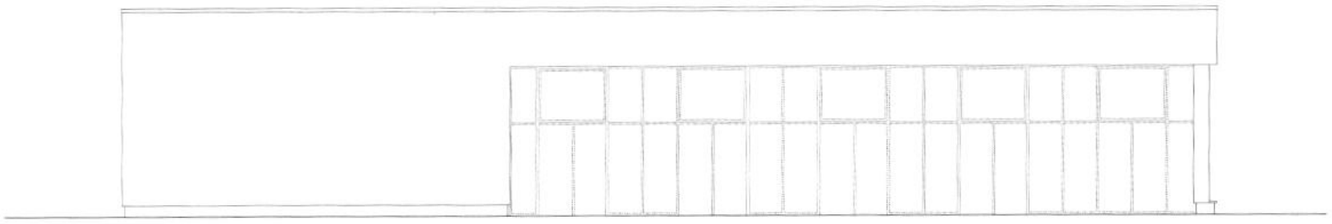

Ansicht West

Objektbeschreibung

Allgemeine Objektinformationen

Am Schulstandort entstand eine neue Mensa für 320 Schulessen. Die Schulmensa dient darüber hinaus als Gemeindesaal für bürgernahe Veranstaltungen. In Verbindung mit der angrenzenden Festwiesen kann das Gebäude bei besonderen Aktivitäten als Bürgerhaus genutzt werden. Der eigenständige Baukörper weicht in Materialität und Kubatur von seiner einheitlich gestalteten Umgebung ab und folgt dem Entwurfsprinzip eines Pavillons, der wie eine Erdscholle aus der Festwiese herausragt.

Nutzung

1 Erdgeschoss
Speisesaal, Küche, Sanitärräume, Nebenräume

1 Obergeschoss
Technikebene

Nutzeinheiten

Sitzplätze: 160

Grundstück

Bauraum: Freier Bauraum
Neigung: Ebenes Gelände
Bodenklasse: BK 1 bis BK 3

Markt

Hauptvergabezeit: 2.Quartal 2019
Baubeginn: 2.Quartal 2019
Bauende: 4.Quartal 2020
Konjunkturelle Gesamtlage: Durchschnitt
Regionaler Baumarkt: unter Durchschnitt

Baukonstruktion

Das nicht unterkellerte Gebäude ist aus vorgefertigten Holzrahmenmodulen auf einer Bodenplatte und einem Sichtbetonsockel errichtet. Die Hauptelemente des weitgespannten Speisesaaldachtragwerks sind im Achsabstand von 3,75m angeordnete Brettschichtholzbinder, die eine Massivholzdecke tragen. Die Holzfassade ist unterschiedlich stark perforiert: Die opake vertikale Lärchenholzschalung, die im nördlichen Drittel der Mensa die dienenden Räume birgt, öffnet sich auf Höhe des Speisesaals zur Schule hin als Lamellenhaut. Die Alu-Pfosten-Riegelfassade ist mit zweifacher Verglasung realisiert. Das Flachdach ist mit einer Gefälledämmung und einer extensiven Dachbegrünung mit Kiesrandstreifen ausgeführt. Der Speisesaal hat eine Akustik-Wandbekleidung erhalten. Die Holzkonstruktionswände sind teilweise mit Grobspan- bzw. Gipskartonplatten versehen, teils sind sie mit Wandfliesen bekleidet. Die Fußbodenbeläge bestehen aus geschliffenem Estrich und kleinformatigen Fliesen.

Technische Anlagen

Die Mensa ist an das Fernwärmenetz angeschlossen. Der Speisesaal verfügt über eine Fußbodenheizung, die Nebenräume über Heizkörper. Alle technischen Anlagen sind in einer Ebene über den Nebenräumen angeordnet. Der Saal wird natürlich be- und entlüftet. Nachts dient die mechanische Lüftungsanlage der Küche zusätzlich zur Auskühlung des Saals. Eine Außenluftlamellenhaube und eine Hygiene-Küchenlüftungsdecke aus Edelstahl sind eingebaut. Der Neubau verfügt über eine Gebäudeautomation.

Energetische Kennwerte

Gesetzliche Grundlage: EnEV 2013
Hüllfläche des beheizten Volumens: 1.513,40m^2
Spez. Transmissionswärmeverlust: 0,32W/(m^2·K)
Mittlerer U-Wert (opake Bauteile): 0,15W/(m^2·K)
Mittlerer U-Wert (transparente Bauteile): 1,40W/(m^2·K)
Spez. Jahresprimärenergiebedarf: 172,07kWh/(m^2·a)

Energetische Angaben zu Außenbauteilen

Bodenplatte

U-Wert: 0,31 W/(m²·K)

Gesamtdicke: 42,10 cm	d [cm]	λ [W/(m·K)]
Holz	2,00	0,180
Estrich	9,50	1,400
PE-Folie	0,10	2,300
Trittschalldämmung	2,00	0,040
Dämmung EPS	8,00	0,035
Bitumenbahn	0,50	2,500
Stahlbeton	20,00	2,500

Außenwand hinterlüftet

U-Wert: 0,21 W/(m²·K)

Gesamtdicke: 31,00 cm	d [cm]	λ [W/(m·K)]
GK-Platte	1,25	0,250
GK-Platte	1,25	0,250
Dämmung	5,00	0,032
Holz	5,00	0,130
Dampfbremse	0,10	2,300
OSB-Platte	1,80	0,130
Dämmung	20,00	0,035
Holz	20,00	0,130
Holzfaserplatte	1,60	0,090

Flachdach Speisesaal

U-Wert: 0,10 W/(m²·K)

Gesamtdicke: 40,10 cm	d [cm]	λ [W/(m·K)]
Holz	10,00	0,130
Dampfsperre	0,10	2,300
Dämmung	29,00	0,032
Bitumenbahn	1,00	0,230

Flachdach Technikgeschoss

U-Wert: 0,10 W/(m²·K)

Gesamtdicke: 42,10 cm	d [cm]	λ [W/(m·K)]
Holz	12,00	0,130
Dampfsperre	0,10	2,300
Dämmung	29,00	0,032
Bitumenbahn	1,00	0,230

Planungskennwerte für Flächen und Rauminhalte nach DIN 277

Flächen des Grundstücks		Menge Einheit	% an GF
BF	Bebaute Fläche	486,77 m²	57,8
UF	Unbebaute Fläche	355,53 m²	42,2
GF	Grundstücksfläche	842,30 m²	100,0

Grundflächen des Bauwerks		Menge Einheit	% an NUF	% an BGF
NUF	Nutzungsfläche	370,63 m²	100,0	53,4
TF	Technikfläche	205,58 m²	55,5	29,6
VF	Verkehrsfläche	26,47 m²	7,1	3,8
NRF	Netto-Raumfläche	602,68 m²	162,6	86,8
KGF	Konstruktions-Grundfläche	91,32 m²	24,6	13,2
BGF	Brutto-Grundfläche	694,00 m²	187,2	100,0

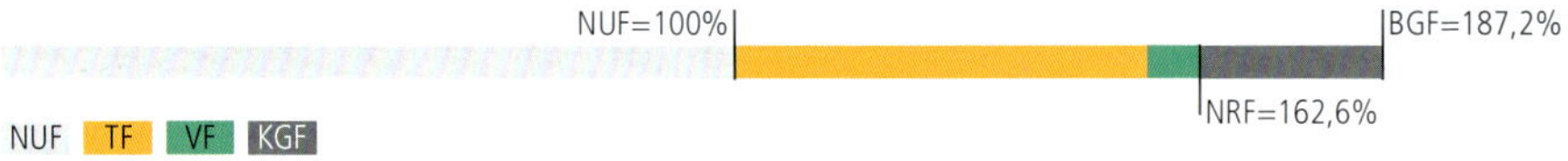

Brutto-Rauminhalt des Bauwerks		Menge Einheit	BRI/NUF (m)	BRI/BGF (m)
BRI	Brutto-Rauminhalt	3.016,00 m³	8,14	4,35

Kostenkennwerte für die Kostengruppen der 1.Ebene DIN 276

KG	Kostengruppen (1. Ebene)	Einheit	Kosten €	€/Einheit	€/m² BGF	€/m³ BRI	% 300+400
100	Grundstück	m² GF	–	–	–	–	–
200	Vorbereitende Maßnahmen	m² GF	–	–	–	–	–
300	Bauwerk – Baukonstruktionen	m² BGF	2.500.214	3.602,61	3.602,61	828,98	63,1
400	Bauwerk – Technische Anlagen	m² BGF	1.464.325	2.109,98	2.109,98	485,52	36,9
	Bauwerk 300+400	**m² BGF**	**3.964.539**	**5.712,59**	**5.712,59**	**1.314,50**	**100,0**
500	Außenanlagen und Freiflächen	m² AF	613.488	1.149,87	883,99	203,41	15,5
600	Ausstattung und Kunstwerke	m² BGF	138.380	199,40	199,40	45,88	3,5
700	Baunebenkosten	m² BGF	–	–	–	–	–
800	Finanzierung	m² BGF	–	–	–	–	–

KG	Kostengruppe	Menge Einheit	Kosten €	€/Einheit	%
3+4	**Bauwerk**				**100,0**
300	**Bauwerk – Baukonstruktionen**	694,00 m² BGF	2.500.214	**3.602,61**	63,1

Stb-Bodenplatte, Wärmedämmung, Zementestrich, Bodenfliesen, Hartbeton; Sichtbetonsockel, Holzrahmenwände, BSH-Pendelstützen, Lärchenholzschalung, Alu-Fassadenlamellen, außen, eloxiert, Alu-Pfosten-Riegelfassade, eloxiert, Zweifachverglasung, Oberlichter, motorisch, Blendschutz, innen motorisch; Leichtbetonsockel, Holzständerwände, Innentüren, Tapetentüren, Küchenausgabe-Rolltor, OSB/GK-Bekleidung, Akustikbekleidung, Wandfliesen; Massivholzdecke; Massivholzdach, BSH-Binder, Lichtkuppel, Akustikbaffeln, Gefälledämmung, extensive Dachbegrünung, Kiesrandstreifen, Attikaabdeckung, Dachentwässerung

KG	Kostengruppe	Menge Einheit	Kosten €	€/Einheit	%
400	**Bauwerk – Technische Anlagen**	694,00 m² BGF	1.464.325	**2.109,98**	36,9

Gebäudeentwässerung, Fettabscheider, Kalt- und Warmwasserleitungen, Sanitärobjekte; Fernwärmeanschluss, Heizungsrohre, Heizkörper, Fußbodenheizung; RLT-Anlage, Deflektorhaube, Außenluftlamellenhaube, Vor- und Tiefkühlkammern, Hygiene-Küchenlüftungsdecke; Elektroinstallation, Deckenanbauleuchten, Langfeldpendelleuchten; Hausalarmanlage, EMZ; küchentechnische Anlagen; Gebäudeautomation

KG	Kostengruppe	Menge Einheit	Kosten €	€/Einheit	%
500	**Außenanlagen und Freiflächen**	533,53 m² AF	613.488	**1.149,87**	15,5

Betonpflaster, Betonplatten für Terrassen, Kiestraufe; Entwässerungsrinnen, Versickerungsmulden; Sitzmauer aus Sichtbeton, Sitzobjekte aus Beton, Fahrradständer; Oberboden für Pflanzflächen, Laubbäume, Gräser, Bodendecker, Sträucher, Rasenansaat, Betonblockstufen als Trittflächen

KG	Kostengruppe	Menge Einheit	Kosten €	€/Einheit	%
600	**Ausstattung und Kunstwerke**	694,00 m² BGF	138.380	**199,40**	3,5

Stapelstühle, Sitzbänke, Mehrzwecktische, Barhocker, Stehtische, Spinde, Garderobenhaken, Schaukasten magnetisch als Pintafel, Menütafel magnetisch als Pintafel, Garderobenelemente klappbar, Besteckspenderkorpus

6600-0039
Boardinghouse
(40 Zimmer)

Kostenkennwerte für die Kosten des Bauwerks (Kostengruppen 300+400 nach DIN 276)

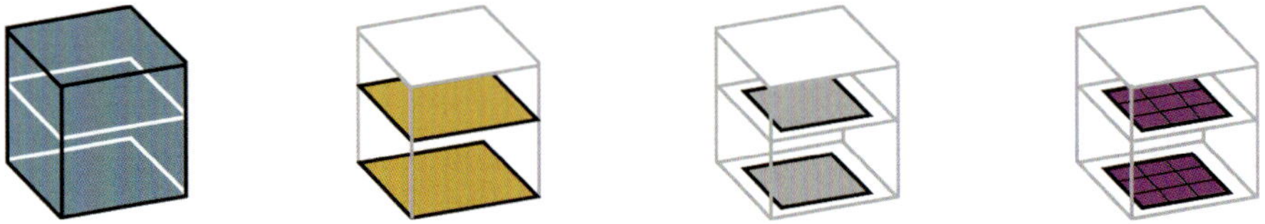

BRI 1.100 €/m³ | BGF 3.291 €/m² | NUF 6.200 €/m² | NE 127.913 €/NE

NE: Betten

Objekt:
Kennwerte: 1. Ebene DIN 276
BRI: 9.306 m³
BGF: 3.110 m²
NUF: 1.650 m²
Bauzeit: 100 Wochen
Bauende: 2023
Standard: hoch
Bundesland: Bayern
Kreis: Rosenheim, Stadt

Architekt*in:
ACMS Architekten GmbH
Friedrich-Ebert-Straße 55
42103 Wuppertal

Bauherr*in:
Campus Ro
Projektentwicklungs
GmbH Co. KG
Wolfratshauser Straße 49
82049 Pullach im Isartal

Kostenstand: 2. Quartal 2025, Bundesdurchschnitt, **inkl. 19% MwSt.**

Ansicht Nord

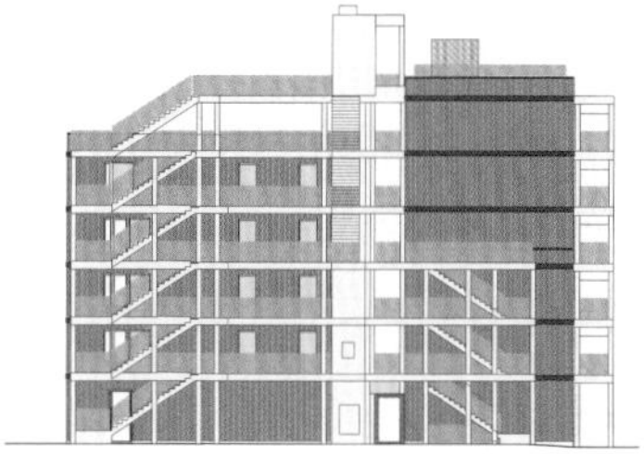
Ansicht West

Erdgeschoss

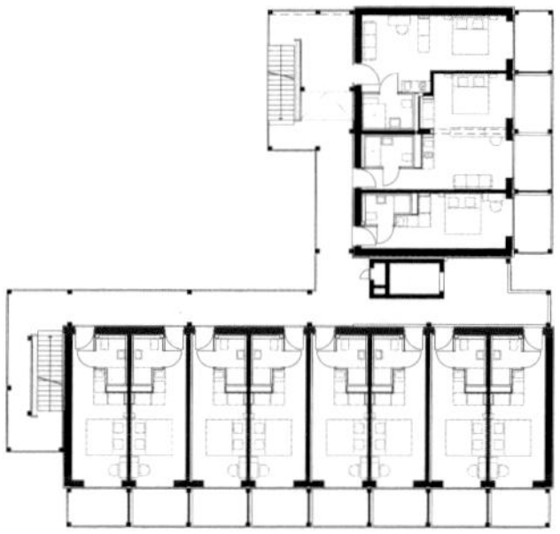
1. -2. Obergeschoss

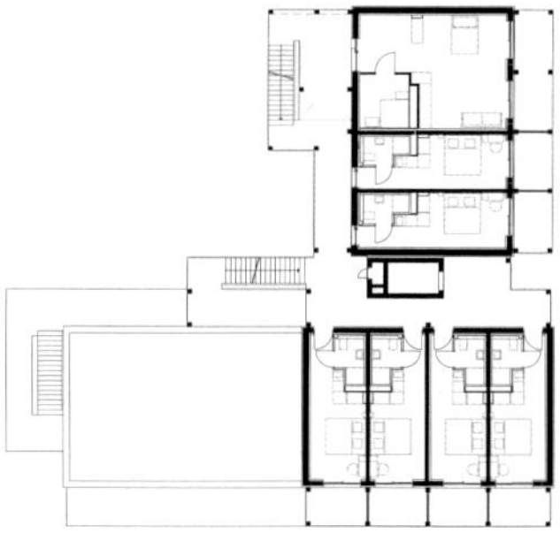
4. Obergeschoss

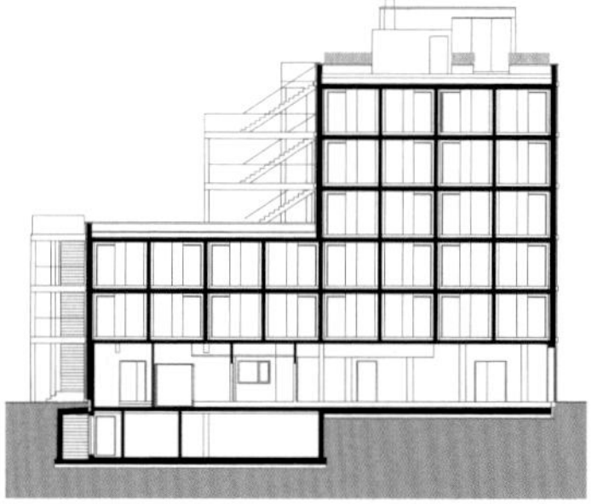
Schnitt A-A

Ansicht Süd

Ansicht Ost

Objektbeschreibung

Allgemeine Objektinformationen

Das drei- bis sechsgeschossige Boardinghouse ist in Holz-Hybridbauweise errichtet. Es stehen 40 Zimmer sowie ein Café mit Dachterrasse zur Verfügung. Die Erschließung der einzelnen Zimmer erfolgt über offene Laubengänge.

Nutzung

1 Untergeschoss
Technik, Abstellraum, Flur, außenliegende Treppen, Aufzug

1 Erdgeschoss
Café, Theke, Küche, Küchennebenräume, Technik, Büro, Empfang, Seminarraum, Sanitärräume, Flure, außenliegende Treppen, Aufzug

5 Obergeschosse
Appartements mit Bäder, Balkone, Laubengänge mit Treppen, Aufzug

1 Dachgeschoss
Laubengang mit Treppen, Dachterrasse, Theke, Aufzug

Nutzeinheiten

Betten: 80
Zimmer: 40

Grundstück

Bauraum: Freier Bauraum
Neigung: Ebenes Gelände
Bodenklasse: BK 3 bis BK 6

Markt

Hauptvergabezeit: 1. Quartal 2020
Baubeginn: 4. Quartal 2021
Bauende: 4. Quartal 2023
Konjunkturelle Gesamtlage: über Durchschnitt
Regionaler Baumarkt: Durchschnitt

Baukonstruktion

Auf Basis einer umfangreichen Variantenstudie, die das CO_2 Potenzial, sowie die Kosten gegenüber stellte und aufgrund der hohen Anforderungen an nachhaltiges Bauen wurde eine Holz-Hybridbauweise gewählt. Gegründet ist das Gebäude auf einer Stahlbetonfundamentplatte. Die Teilunterkellerung ist in Stahlbeton ausgeführt. Brettsperrholzwände und Holz-Beton-Verbunddecken bilden die Tragstruktur. Holztafelwände mit hohem Vorfertigungsgrad, welche teilweise aussteifend wirken, bilden die Gebäudehülle. Die Innenwände sind als Brettsperrholz- und Gipskartonwände hergestellt. Erschlossen wird das Gebäude über eine offene Laubengangstruktur aus Stahlbetonfertigteilen. Die Kunststoff- und Holzfenster sind mit einer Dreifachverglasung ausgestattet, die Fassaden mit Wechselfalzschalung bekleidet. Das Flachdach mit Kiesschüttung ist mit einer PV-Anlage bestückt, bzw. im Bereich der Dachterrasse mit Betonplatten belegt. Die Böden sind mit Parkett, Linoleum und Bodenfliesen ausgeführt.

Technische Anlagen

Beheizt wird das Boardinghouse über einen zentralen Fernwärmeanschluss, verteilt wird die Wärme über eine Fußbodenheizung. Über dezentrale Trinkwasserstationen wird das Warmwasser für je zwei Appartements bereitet. Es sind dezentrale Wohnraumlüftungen mit WRG eingebaut. Die Bäder sind teilweise rollstuhlgerecht ausgestattet. Jedes Appartement ist mit einem eigenen Glasfaseranschluss ausgestattet und mit einer elektronischen Zutrittskontrolle ausgestattet. Der Aufzug ist behindertengerecht ausgeführt. Es wurde eine Brandmeldeanlage eingebaut. Die Fluchtwege sind mit einer Sicherheitsbeleuchtung mit Zentralbatterie ausgestattet.

Sonstiges

Das Gebäude entspricht dem KfW 40 Standard und ist mit einer DGNB-Platin Zertifizierung ausgezeichnet.
Die energetischen Werte betreffen das Gebäude D1, dem kleineren Gebäudeteil:

Energetische Kennwerte

Gesetzliche Grundlage: GEG 2020
Gebäudenutzfläche: 441,70 m^2
Spez. Jahresprimärenergiebedarf: 59,70 kWh/(m^2·a)
CO_2-Emissionen: 16,20 kg/(m^2·a)

Planungskennwerte für Flächen und Rauminhalte nach DIN 277

Flächen des Grundstücks		Menge Einheit	% an GF
BF	Bebaute Fläche	570,07 m²	6,8
UF	Unbebaute Fläche	7.873,11 m²	93,2
GF	Grundstücksfläche	8.443,18 m²	100,0

Grundflächen des Bauwerks		Menge Einheit	% an NUF	% an BGF
NUF	Nutzungsfläche	1.650,38 m²	100,0	53,1
TF	Technikfläche	142,63 m²	8,6	4,6
VF	Verkehrsfläche	819,01 m²	49,6	26,3
NRF	Netto-Raumfläche	2.612,02 m²	158,3	84,0
KGF	Konstruktions-Grundfläche	497,74 m²	30,2	16,0
BGF	Brutto-Grundfläche	3.109,76 m²	188,4	100,0

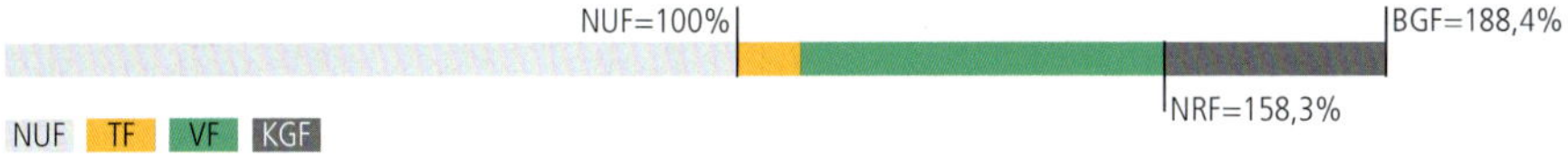

Brutto-Rauminhalt des Bauwerks		Menge Einheit	BRI/NUF (m)	BRI/BGF (m)
BRI	Brutto-Rauminhalt	9.306,49 m³	5,64	2,99

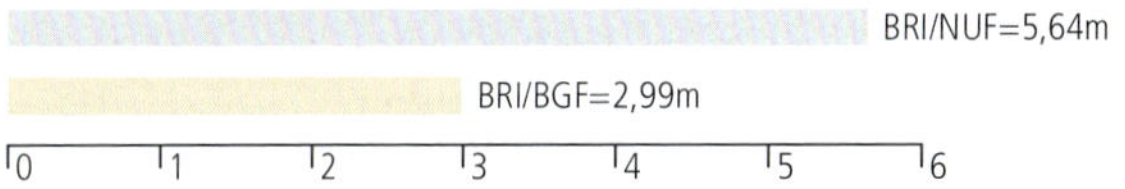

Objekte
3. Ebene
Positionen Neubau

Kostenkennwerte für die Kostengruppen der 1. Ebene DIN 276

KG	Kostengruppen (1. Ebene)	Einheit	Kosten €	€/Einheit	€/m² BGF	€/m³ BRI	% 300+400
100	Grundstück	m² GF	–	–	–	–	–
200	Vorbereitende Maßnahmen	m² GF	–	–	–	–	–
300	Bauwerk – Baukonstruktionen	m² BGF	8.211.755	2.640,64	2.640,64	882,37	80,2
400	Bauwerk – Technische Anlagen	m² BGF	2.021.298	649,99	649,99	217,19	19,8
	Bauwerk 300+400	**m² BGF**	**10.233.053**	**3.290,62**	**3.290,62**	**1.099,56**	**100,0**
500	Außenanlagen und Freiflächen	m² AF	–	–	–	–	–
600	Ausstattung und Kunstwerke	m² BGF	–	–	–	–	–
700	Baunebenkosten	m² BGF	–	–	–	–	–
800	Finanzierung	m² BGF	–	–	–	–	–

KG	Kostengruppe	Menge Einheit	Kosten €	€/Einheit	%
3+4	**Bauwerk**				**100,0**
300	**Bauwerk – Baukonstruktionen**	3.109,76 m² BGF	8.211.755	**2.640,64**	80,2

Baugrubenaushub; Stb-Bodenplatten, WU, Dämmung, Estrich, Perimeterdämmung; Stb-Wände, WU, Sichtoberflächen, Brettsperrholz-Außenwände, Holztafelwände, Stb-Stützen, Kunststofffenster, Holzfenster, Dreifachverglasung, Holz-Eingangstüren, Dämmung, hinterlüftete Holzbekleidung, GK-Beplankung, Wandfliesen, Beschichtung, Pfosten-Riegelfassaden, Raffstores; Stb-Wände, Sichtoberflächen, Brettsperrholzwände, GK-Wände, Rohrrahmentüren, Holztüren, GK-Vorsatzschalen, Wandfliesen, Beschichtung; Stb-Decken, Stb-Fertigteildecken, Holz-Beton-Verbunddecken, Stb-Laubengänge, Stb-Treppen, Heizstrich, Linoleum, Bodenfliesen, Reaktionsharzböden, Terrassenplatten, abgehängte GK-Decken, Treppengeländer, Absturzsicherung Edelstahlnetze, Geländer Laubengänge; Holz-Beton-Verbundflachdach, Gefälledämmung, Abdichtung, Dachentwässerung, Gründach, Terrassenplatten, Kies, Stahltreppen, Absturzsicherungen; Fertignasszellen

KG	Kostengruppe	Menge Einheit	Kosten €	€/Einheit	%
400	**Bauwerk – Technische Anlagen**	3.109,76 m² BGF	2.021.298	**649,99**	19,8

Gebäudeentwässerung, Kalt- und Warmwasserleitungen, dezentrale Wassererwärmung, Wasseraufbereitung, Sanitärobjekte; Anschluss an Fernwärme, Wärmeverteilnetz, Fußbodenheizung; Wohnraumlüftung WRG, Küchenlüftung über Lüftungsdecke; PV-Anlage, Elektroinstallation, Beleuchtung, Blitzschutz; Glasfasernetz, elektronische Zutrittskontrolle; Personenaufzüge; Gebäudeautomation

Gewerbegebäude

7

7100 Industrielle Produktionsstätten und Labors
7200 Geschäftshäuser, Läden
• 7300 **Betriebs- und Werkstätten**
7400 Landwirtschaftliche Betriebsgebäude
7500 Bank- und Postfilialen, gewerbliche Rechenzentren
7600 Gebäude öffentlicher Bereitschaftsdienste
7700 Lager- und Versandgebäude
7800 Hoch- und Tiefgaragen, gewerbl. Fahrzeughallen

7300-0114
Werkstattgebäude
(10 AP)

Kostenkennwerte für die Kosten des Bauwerks (Kostengruppen 300+400 nach DIN 276)

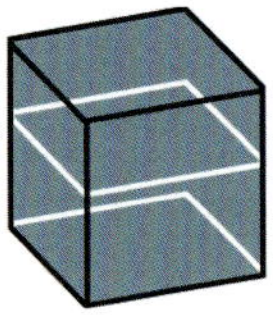

BRI 2.549 €/m³

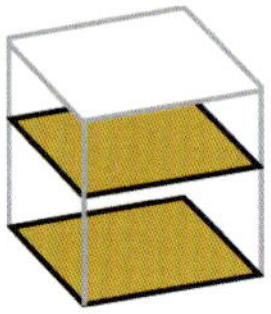

BGF 9.451 €/m²

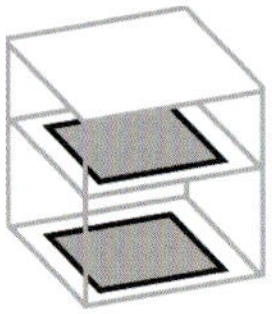

NUF 12.898 €/m²

Objekt:
Kennwerte: 1.Ebene DIN 276
BRI: 850 m³
BGF: 229 m²
NUF: 168 m²
Bauzeit: 96 Wochen
Bauende: 2022
Standard: hoch
Bundesland: Bayern
Kreis: Passau, Stadt

Architekt*in:
Arc Architekten
Partnerschaft mbB
Alfons-Hundsrucker-Straße 11
84364 Bad Birnbach

Bauherr*in:
Freistaat Bayern
vertr. d. Staatliches
Bauamt Passau
Am Schanzl 2
94032 Passau

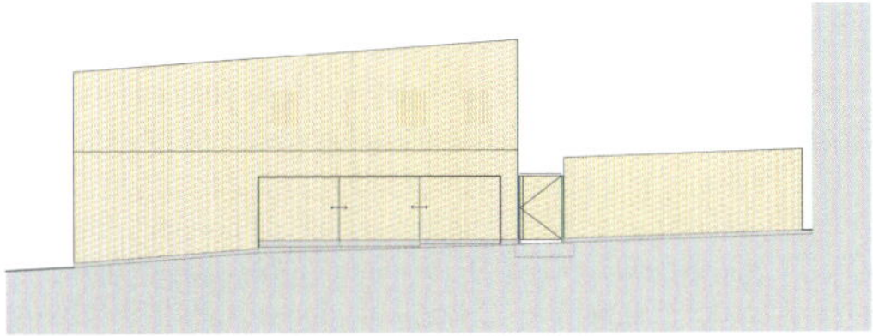

Ansicht Nord

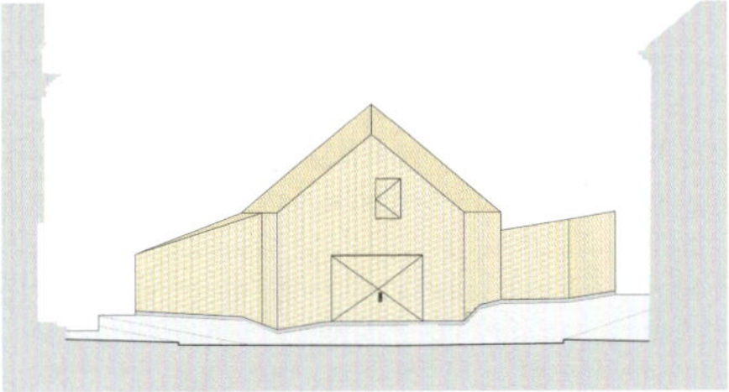

Ansicht Ost

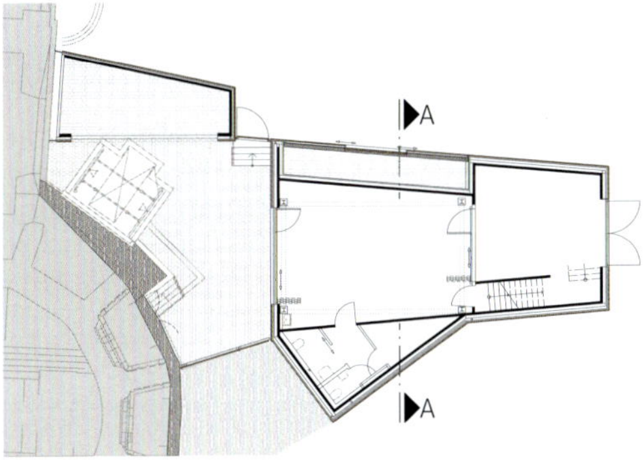

Erdgeschoss

Schnitt A-A

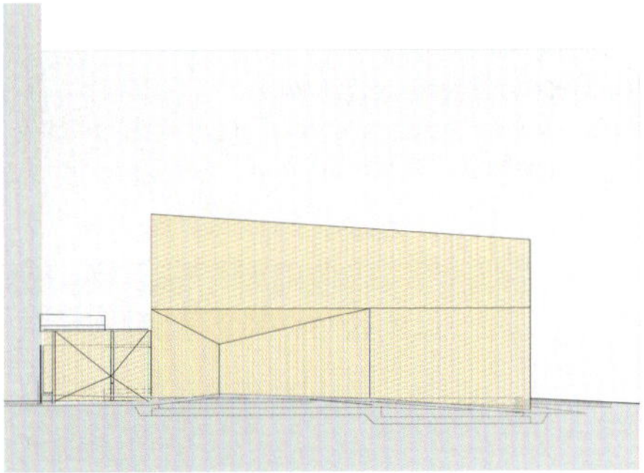

Ansicht Süd

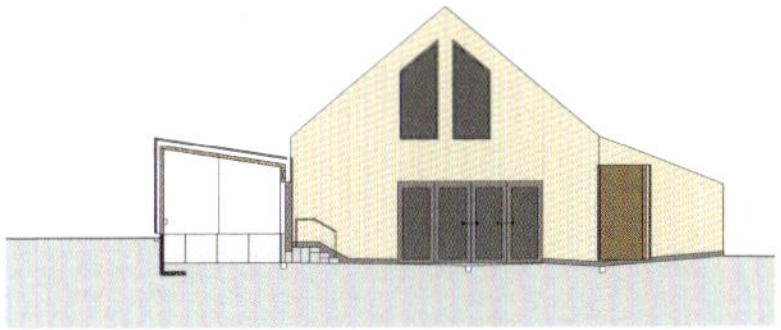

Ansicht West

Objektbeschreibung

Allgemeine Objektinformationen

An historisch bedeutender Stelle in der Altstadt neben dem Dom wurde die Bauhütte als zurückhaltender Holzbau errichtet. Das alte Werkstattgebäude erfüllte nicht mehr die betrieblichen Anforderungen an eine Steinmetzwerkstatt und musste erneuert werden. Im Zuge des Neubaus hielt eine moderne Werkstattausstattung mit Krananlage, Lüftungs- und Absauganlage Einzug in den schlichten Baukörper. Alle Öffnungen und Fenster, auch die Dachoberlichter, verbergen sich hinter dem hölzernen transparenten
Kleid der Fassade.

Nutzung

1 Erdgeschoss
Werkstatt, Werkhof, Lagerräume, WCs, Technikräume

1 Dachgeschoss
Restaurierungsgalerie

Nutzeinheiten

Arbeitsplätze: 10

Grundstück

Bauraum: Freier Bauraum
Neigung: Ebenes Gelände
Bodenklasse: BK 1 bis BK 3

Markt

Hauptvergabezeit: 2. Quartal 2020
Baubeginn: 2. Quartal 2020
Bauende: 1. Quartal 2022
Konjunkturelle Gesamtlage: über Durchschnitt
Regionaler Baumarkt: Durchschnitt

Baukonstruktion

Gegründet wird der 140m^2 große Holzbau auf einer Stahlbetonbodenplatte mit einem Sockel aus Sichtbeton. Auch die Stahlbetonelemente sind als Fertigteile demontierbar hergestellt und mit Glasschaumschotter gedämmt. Aus ökologischen und nachhaltigen Gründen sind die Wände, Decken und Dächer in Massivholzbauweise mit hohem Vorfertigungsgrad errichtet. Alle Holzelemente sind aus heimischen Hölzern gefertigt und innen sichtbar geschliffen belassen. Brettsperrholz und -Schichtholzteile der komplexen Geometrie sind im 3D-Modell dimensioniert und wurden von der Holzbaufirma mit BIM konfektioniert und Just-In-Time auf beengtem Platz geliefert. Die Holzfenster und Oberlichter verschwinden optisch hinter der senkrechten Holzbekleidung, die wie ein Kleid die Bebauung umhüllt. Anschlüsse und Auflager wurden auf Einfachheit, schnelle Montage und mögliche Demontage entwickelt.

Technische Anlagen

Durch einen Fernwärmeanschluss kann die Werkstatt nutzungsoptimiert über Deckenstrahlplatten beheizt werden. Abwärme wird ebenfalls genutzt. Die WC-Räume werden mit Heizkörpern beheizt. Alle Installationen sind flexibel und wirtschaftlich sichtbar verlegt. Eine moderne Werkstattausstattung wie Krananlage, Lüftungs- und Absauganlage wurde eingebaut.

Sonstiges

Die Größe der vorgefertigten Gebäudeelemente wurden statisch und produktionstechnisch optimiert, vor allem musste auch der Transport durch die enge Altstadt bei der Planung berücksichtigt werden.

Energetische Kennwerte

Gesetzliche Grundlage: EnEV 2013
Gebäudenutzfläche: 158,00 m^2
Spez. Jahresprimärenergiebedarf: 98,80 kWh/(m^2·a)
CO_2-Emissionen: 34,50 kg/(m^2·a)

Planungskennwerte für Flächen und Rauminhalte nach DIN 277

Flächen des Grundstücks		Menge Einheit	% an GF
BF	Bebaute Fläche	229,28 m^2	64,8
UF	Unbebaute Fläche	124,72 m^2	35,2
GF	Grundstücksfläche	354,00 m^2	100,0

Grundflächen des Bauwerks		Menge Einheit	% an NUF	% an BGF
NUF	Nutzungsfläche	168,00 m^2	100,0	73,3
TF	Technikfläche	6,00 m^2	3,6	2,6
VF	Verkehrsfläche	12,00 m^2	7,1	5,2
NRF	Netto-Raumfläche	186,00 m^2	110,7	81,1
KGF	Konstruktions-Grundfläche	43,28 m^2	25,8	18,9
BGF	Brutto-Grundfläche	229,28 m^2	136,5	100,0

Brutto-Rauminhalt des Bauwerks		Menge Einheit	BRI/NUF (m)	BRI/BGF (m)
BRI	Brutto-Rauminhalt	850,21 m^3	5,06	3,71

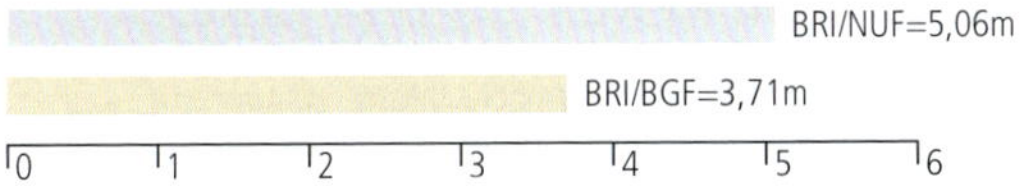

Objekte
3. Ebene
Positionen Neubau

Kostenkennwerte für die Kostengruppen der 1. Ebene DIN 276

KG	Kostengruppen (1. Ebene)	Einheit	Kosten €	€/Einheit	€/m² BGF	€/m³ BRI	% 300+400
100	Grundstück	m² GF	–	–	–	–	–
200	Vorbereitende Maßnahmen	m² GF	–	–	–	–	–
300	Bauwerk – Baukonstruktionen	m² BGF	1.487.628	6.488,26	6.488,26	1.749,72	68,7
400	Bauwerk – Technische Anlagen	m² BGF	679.237	2.962,48	2.962,48	798,90	31,3
	Bauwerk 300+400	**m² BGF**	**2.166.865**	**9.450,74**	**9.450,74**	**2.548,62**	**100,0**
500	Außenanlagen und Freiflächen	m² AF	–	–	–	–	–
600	Ausstattung und Kunstwerke	m² BGF	–	–	–	–	–
700	Baunebenkosten	m² BGF	–	–	–	–	–
800	Finanzierung	m² BGF	–	–	–	–	–

KG	Kostengruppe	Menge Einheit	Kosten €	€/Einheit	%
3+4	**Bauwerk**				**100,0**
300	**Bauwerk – Baukonstruktionen**	229,28 m² BGF	1.487.628	**6.488,26**	68,7

Erdarbeiten; Stb-Fundamentplatte, Fertigteil, Glasschaumschotter; Stb-Aufkantung, Brettsperrholzwände, Schiebetore, Holztüren, Dämmung, Pappe, senkrechte Lattenbekleidung, Brettsperrholzplatten; Brettsperrholzwände, Faserzementwände, Holzstützen, Holztüren; Brettsperrholzdecke, Brettsperrholztreppe; Brettsperrholzdach, Dachflächenfenster, Dämmung

KG	Kostengruppe	Menge Einheit	Kosten €	€/Einheit	%
400	**Bauwerk – Technische Anlagen**	229,28 m² BGF	679.237	**2.962,48**	31,3

Gebäudeentwässerung, Kaltwasserleitungen, Sanitärobjekte, Durchlauferhitzer; Fernwärmeanschluss, Deckenstrahlplatten, Heizkörper; Elektroinstallation, Beleuchtung; Entstaubungsanlage 6.000m³/h, Absaugung, Druckluftkompressor 11kW

Kulturgebäude

9

- **9100 Gebäude für kulturelle und musische Zwecke**
- 9200 Empfangsgebäude bei Verkehrsanlagen
- 9300 Gebäude für Tierhaltung
- 9400 Gebäude für Pflanzenhaltung
- 9500 Schutzbauwerke, Schutzbauten
- 9600 Justizvollzugsanstalten
- 9700 Friedhofsanlagen
- 9900 Gebäude sonstiger Art

9100-0226
Konzertsaal
(1.956 Sitzplätze)

Kostenkennwerte für die Kosten des Bauwerks (Kostengruppen 300+400 nach DIN 276)

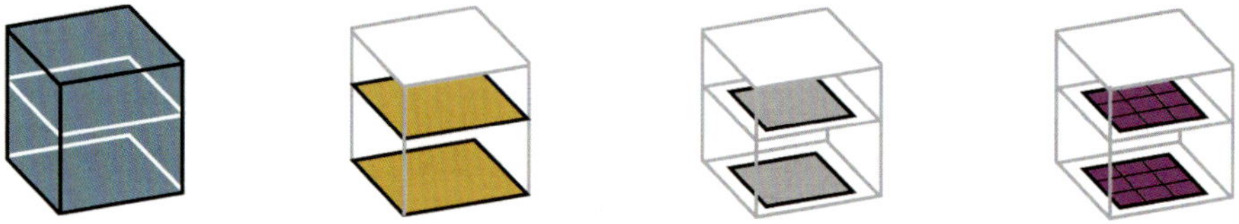

BRI 702 €/m³ | BGF 5.188 €/m² | NUF 16.081 €/m² | NE 19.693 €/NE

NE: Sitzplätze

Objekt:
Kennwerte: 1.Ebene DIN 276
BRI: 54.890 m³
BGF: 7.425 m²
NUF: 2.395 m²
Bauzeit: 78 Wochen
Bauende: 2021
Standard: hoch
Bundesland: Bayern
Kreis: München, Stadt

Architekt*in:
gmp International GmbH
Hardenbergstraße 4-5
10623 Berlin

Bauherr*in:
Gasteig München GmbH
Rosenheimer Straße 5
81667 München

Bauleitung:
CL MAP GmbH

© gmp International GmbH

© gmp International GmbH

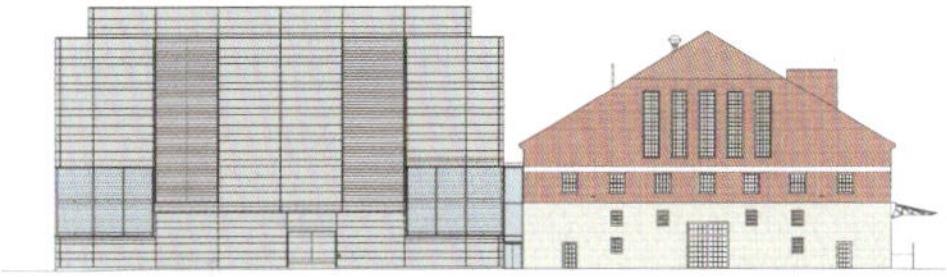

Ansicht Ost

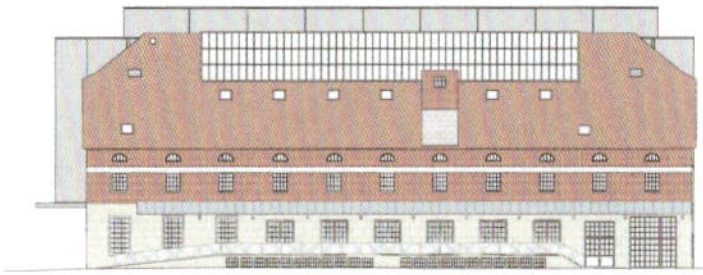

Ansicht Nord

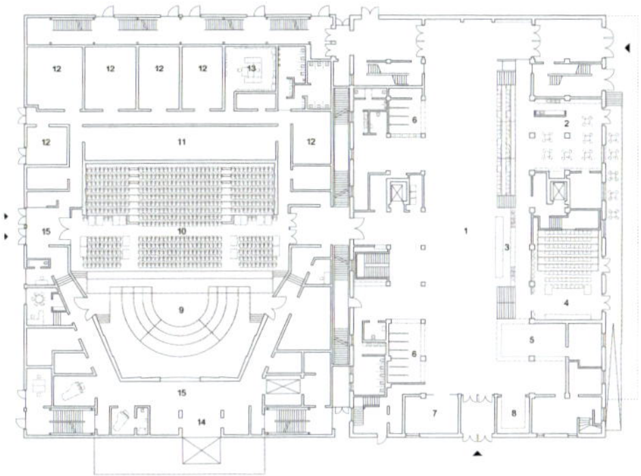

Erdgeschoss

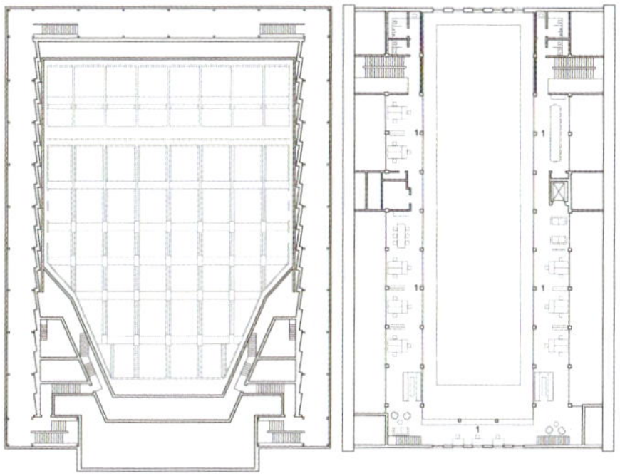

3. Obergeschoss

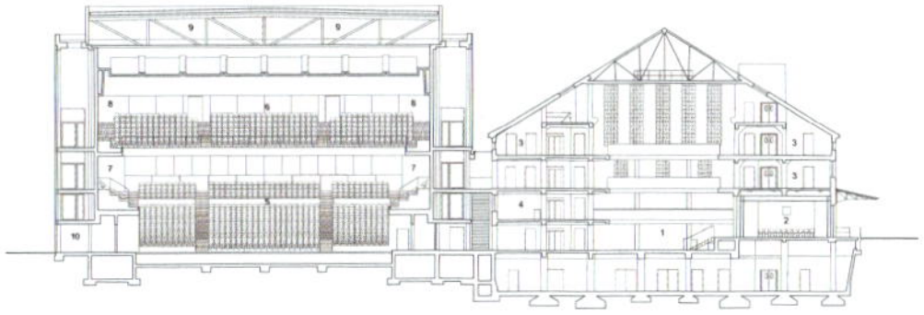

Längsschnitt

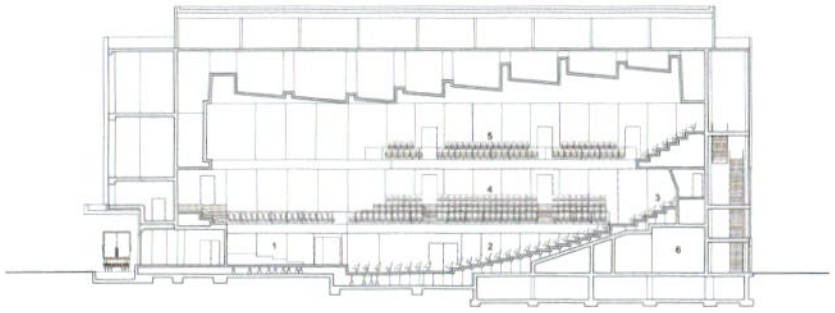

Querschnitt

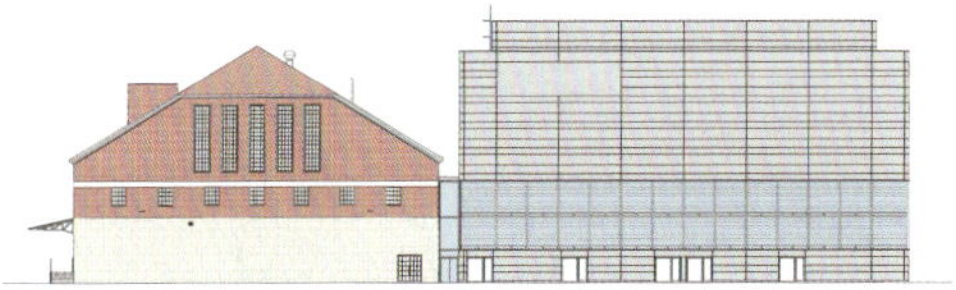

Ansicht West

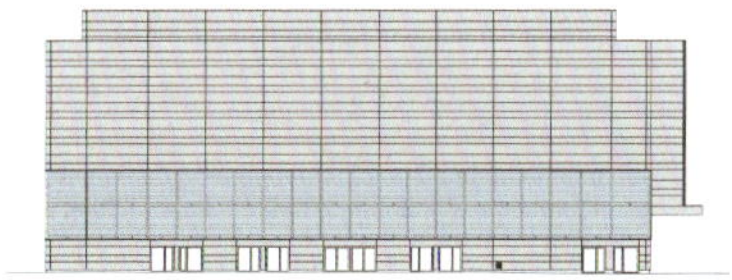

Ansicht Süd

Objektbeschreibung

Allgemeine Objektinformationen

Der Münchner Gasteig zog während einer mehrjährigen Sanierung an einen temporären Standort um. Als Spielstätte der Münchner Philharmoniker dient in dieser Zeit die modulare Konzerthalle mit knapp 2.000 Sitzplätzen. Das Gebäude verbindet dabei eine effektive, nachhaltige Modulbauweise mit den Anforderungen eines akustisch anspruchsvollen Konzertsaals. Der Neubau schließt an die zum Foyer umgebaute, denkmalgeschützte Trafohalle an. Sie bildet das Forum des Geländes, vor dem sich ein zentraler Platz zum Wasser hin öffnet.

Nutzung

1 Untergeschoss
Anlieferung, Maschinenraum, Technikräume

1 Erdgeschoss
Foyers, Bühne, Inspizientenraum, Flügeleinspielraum, Dirigentenraum, Stimmzimmer, Tonstudio, Pförtner, Büros, Sozialräume, Anlieferung, WCs, Umkleiden, Lagerräume, Haustechnikräume

3 Obergeschosse
Foyers, Saal mit Parkett, Seitenbalkonen, Rängen und Seitenemporen, Chorbalkone, Regieräume, Projektionsraum, Audio- und Videoraum, Sprecherraum, Haustechnikräume, Sprinkler-MSR-Raum, Lüftungszentralen

1 Dachgeschoss
Bühnentechnik, Haustechnikräume

Nutzeinheiten

Sitzplätze: 1.956

Grundstück

Bauraum: Beengter Bauraum
Neigung: Ebenes Gelände
Bodenklasse: BK 1 bis BK 3

Markt

Hauptvergabezeit: 4. Quartal 2019
Baubeginn: 2. Quartal 2020
Bauende: 4. Quartal 2021
Konjunkturelle Gesamtlage: über Durchschnitt
Regionaler Baumarkt: über Durchschnitt

Baukonstruktion

Das Stahltragwerk und die Fassade der äußeren, rechtwinkligen Hülle bestehen aus marktüblichen Systemen. Der innenliegende, vorgefertigte Konzertsaal ist aus einem Stecksystem aus Vollholz-Elementen konstruiert. Die Fassade besteht aus einem modularen Fertigmetall-Wandsystem und einer doppelschaligen Industrieglas-Fassade aus Profilglas-Elementen. Die Gründung erfolgte mittels Pfahlgründung, auf die eine Stb-Bodenplatte aufgebracht wurde. Die Decken wurden als Filigrandecken mit Estrich hergestellt.

Technische Anlagen

Ziel war es, die Komplexität in der Haustechnik möglichst gering zu halten. Die Versorgung mit Wärme erfolgt dabei über das Fernwärmenetz der Stadt. Weite außenliegende Bereiche werden natürlich belüftet. Sie werden mittels Flächentemperierung in Sommer und Winter konditioniert. Alle innenliegenden Funktionsräume erhalten eine mechanische Be- und Entlüftung. Der Konzertsaal wird mittels notwendigem hygienischem Luftwechsel konditioniert. Die beiden RLT-Geräte zur Luftversorgung des Konzertsaals sind innerhalb des Gebäudes in Fassadennähe übereinander angeordnet.

Sonstiges

Die wirtschaftliche Konstruktion des Saals ermöglichte eine kurze Bauzeit sowie einen einfachen Rück- und Wiederaufbau. Für das Projekt fand eine Generalunternehmervergabe statt.

Energetische Kennwerte

Gesetzliche Grundlage: EnEV 2013
Gebäudenutzfläche: 7.884,80 m²
Hüllfläche des beheizten Volumens: 9.447,00 m²
Spez. Transmissionswärmeverlust: 0,48 W/(m²·K)
Mittlerer U-Wert (opake Bauteile): 0,18 W/(m²·K)
Mittlerer U-Wert (transparente Bauteile): 1,50 W/(m²·K)
Mittlerer U-Wert (Vorhangfassade): 1,40 W/(m²·K)
Spez. Jahresprimärenergiebedarf: 30,99 kWh/(m²·a)

Planungskennwerte für Flächen und Rauminhalte nach DIN 277

Flächen des Grundstücks		Menge Einheit	% an GF
BF	Bebaute Fläche	1.911,30 m²	42,0
UF	Unbebaute Fläche	2.639,41 m²	58,0
GF	Grundstücksfläche	4.550,71 m²	100,0

Grundflächen des Bauwerks		Menge Einheit	% an NUF	% an BGF
NUF	Nutzungsfläche	2.395,34 m²	100,0	32,3
TF	Technikfläche	1.194,23 m²	49,9	16,1
VF	Verkehrsfläche	3.149,53 m²	131,5	42,4
NRF	Netto-Raumfläche	6.739,10 m²	281,3	90,8
KGF	Konstruktions-Grundfläche	685,76 m²	28,6	9,2
BGF	Brutto-Grundfläche	7.424,86 m²	310,0	100,0

Brutto-Rauminhalt des Bauwerks		Menge Einheit	BRI/NUF (m)	BRI/BGF (m)
BRI	Brutto-Rauminhalt	54.890,28 m³	22,92	7,39

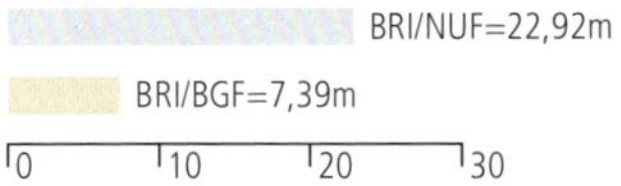

Objekte
3. Ebene
Positionen Neubau

Kostenkennwerte für die Kostengruppen der 1. Ebene DIN 276

KG	Kostengruppen (1. Ebene)	Einheit	Kosten €	€/Einheit	€/m² BGF	€/m³ BRI	% 300+400
100	Grundstück	m² GF	–	–	–	–	–
200	Vorbereitende Maßnahmen	m² GF	–	–	–	–	–
300	Bauwerk – Baukonstruktionen	m² BGF	27.626.077	3.720,75	3.720,75	503,30	71,7
400	Bauwerk – Technische Anlagen	m² BGF	10.892.945	1.467,09	1.467,09	198,45	28,3
	Bauwerk 300+400	**m² BGF**	**38.519.022**	**5.187,84**	**5.187,84**	**701,75**	**100,0**
500	Außenanlagen und Freiflächen	m² AF	–	–	–	–	–
600	Ausstattung und Kunstwerke	m² BGF	–	–	–	–	–
700	Baunebenkosten	m² BGF	–	–	–	–	–
800	Finanzierung	m² BGF	–	–	–	–	–

KG	Kostengruppe	Menge Einheit	Kosten €	€/Einheit	%
3+4	**Bauwerk**				**100,0**
300	**Bauwerk – Baukonstruktionen**	7.424,86 m² BGF	27.626.077	**3.720,75**	71,7

Baugrubenaushub; Bodenaustausch, Gitterrost-Stb-Fundamente, Pfahlgründung, Stb-Bodenplatte, teilw. oberflächenfertig geglättet, Abdichtung, Dämmung; Stahltragwerk feuerhemmend, modulares Fertigmetall-Wandsystem, doppelschalige Industrieglas-Fassade aus Profilglas-Elementen, Aluminium-Fenster, teilw. Kunststofffenster, Wärmedämmung, Trockenbau-Bekleidung, teilw. Sonnenschutzelemente als Pressgitterroste; Innenmauerwerk, Stb-Wände, unbekleidete Brettschichtholz-Modulwände mit Stahl-Verbindungselementen, GK-Wände, Stb-Stützen, Stahl-Verbundstützen, Regieräume mit Schallschutzverglasung, Wandfliesen, WC-Trennwände; Stb-Filigrandecken, teilw. als Sichtbeton, Sichtbeton-Fertigteiltreppen, Estrich, Beschichtung, Kautschuk-Belag, Bodenfliesen, Brettschichtholz-Deckenbekleidung, teilw. Schallschutzdecken, teilw. Schallschutz-Deckensegel, Stahlgeländer, Treppengeländer; Stahldachkonstruktion, Oberlichter, Stahl-Trapezblech mit Sickenfüllung, Dämmung, Abdichtung, Attika, extensive Dachbegrünung, Entwässerung; Teeküchen, Einbaumöbel, Tresen, Garderoben, Leit- und Orientierungssystem

KG	Kostengruppe	Menge Einheit	Kosten €	€/Einheit	%
400	**Bauwerk – Technische Anlagen**	7.424,86 m² BGF	10.892.945	**1.467,09**	28,3

Gebäudeentwässerung, Kalt- und Warmwasserleitungen, Sanitärobjekte; Fernwärmeversorgung, Plattenheizkörper, Fußbodenheizung; kontrollierte Be- und Entlüftung mit Wärmerückgewinnung, Klimaanlagen, Kälteanlagen, RWA-Anlagen; Elektroinstallation, Beleuchtung, Sicherheitsleuchten, Notstromversorgung; Datenübertragungsanlage, elektroakustische Anlagen, Brandmeldeanlage; Bühnenaufzug 1,80x4,20m, Hebebühne Anlieferung 3,80x5,50m; Sprinkleranlage

Kostenkennwerte für Kostengruppen der 3. Ebene nach DIN 276

Kostenkennwerte für die Kostengruppen 200 der 3. Ebene DIN 276

KG	Kostengruppe	Menge Einheit	Kosten €	€/Einheit	€/m² BGF
212	**Abbruchmaßnahmen**				
	6100-1282 Modulhäuser (34 WE) - Modulbauweise				
		4.800,00 m² GF	99	**0,02**	0,03
	Abbruch von Steinzeugrohren DN100-150, Entsorgung, Deponiegebühren (35m)				
214	**Herrichten der Geländeoberfläche**				
	6100-1282 Modulhäuser (34 WE) - Modulbauweise				
		4.800,00 m² GF	130.084	**27,10**	40,06
	Bewuchs abmähen, Grasnarbe abschälen; Entsorgung, Deponiegebühren (4.339m²), Oberboden abtragen, Entsorgung, Deponiegebühren (2.590m³)				
	6400-0114 Kirchliches Gemeindezentrum - Hoher Vorfertigungsgrad				
		987,00 m² GF	16.002	**16,21**	56,28
	Abräumen von Pflanzbewuchs (1.173m³), Oberboden abtragen, entsorgen (411m³)				
215	**Kampfmittelräumung**				
	6100-1282 Modulhäuser (34 WE) - Modulbauweise				
		4.800,00 m² GF	5.136	**1,07**	1,58
	Kampfmittelsondierung (psch)				

Kostenkennwerte für die Kostengruppen 200 der 3.Ebene DIN 276

KG	Kostengruppe	Menge Einheit	Kosten €	€/Einheit	€/m2 BGF
221	**Abwasserentsorgung**				
	6400-0114 Kirchliches Gemeindezentrum - Hoher Vorfertigungsgrad	987,00 m2 GF	3.622	**3,67**	12,74
	Schmutzwasseranschluss (psch)				
222	**Wasserversorgung**				
	6400-0114 Kirchliches Gemeindezentrum - Hoher Vorfertigungsgrad	987,00 m2 GF	1.508	**1,53**	5,30
	Trinkwasseranschluss (psch)				
223	**Gasversorgung**				
	6400-0114 Kirchliches Gemeindezentrum - Hoher Vorfertigungsgrad	987,00 m2 GF	2.962	**3,00**	10,42
	Gasanschluss (psch)				
225	**Stromversorgung**				
	6400-0114 Kirchliches Gemeindezentrum - Hoher Vorfertigungsgrad	987,00 m2 GF	2.009	**2,04**	7,06
	Stromanschluss (psch)				

Kostenkennwerte für die Kostengruppen 300 der 3.Ebene DIN 276

KG	Kostengruppe	Menge Einheit	Kosten €	€/Einheit	€/m² BGF
311	**Herstellung**				
	4400-0288 Kinderkrippe (1 Gruppe, 12 Kinder) - Modulbauweise				
		25,52 m³ BGI	1.856	**72,71**	13,76
	Rohr- und Leitungsgrabenaushub (26m³)				
	4400-0289 Kindergarten (1 Gruppe, 12 Kinder) - Modulbauweise				
		56,70 m³ BGI	1.256	**22,15**	12,12
	Erdgraben für Blitzschutz (57m)				
	6400-0114 Kirchliches Gemeindezentrum - Hoher Vorfertigungsgrad				
		111,39 m³ BGI	12.140	**108,99**	42,69
	Rohrgrabenaushub BK 1-4, entsorgen (41m³), lagern, verfüllen (70m³), Planum (259m²)				

Kostenkennwerte für die Kostengruppen 300 der 3.Ebene DIN 276

KG	Kostengruppe	Menge Einheit	Kosten €	€/Einheit	€/m² BGF
321	**Baugrundverbesserung**				
	6100-1282 Modulhäuser (34 WE) - Modulbauweise				
		1.687,85 m²	11.988	**7,10**	3,69
	Boden mit Steinen abtragen, entsorgen, Sand einbauen, verdichten, d=25cm (1.688m²)				
	6400-0114 Kirchliches Gemeindezentrum - Hoher Vorfertigungsgrad				
		322,89 m²	6.916	**21,42**	24,32
	Schottertragschicht 0/45mm, d=20cm (323m²)				
322	**Flachgründungen und Bodenplatten**				
	4400-0288 Kinderkrippe (1 Gruppe, 12 Kinder) - Modulbauweise				
		129,62 m²	38.531	**297,26**	285,69
	Fundamentaushub BK 3, b=50cm, t=1,00m, seitlich lagern (30m³), Stb-Streifenfundamente C20/25, Schalung, Bewehrung (26m³), Schwellenkranz auf Streifenfundament (74m), Modulboden: oberseitig OSB-Platten, Holzrahmenkonstruktion NH S10, Querschnitt 6x22cm, Einblasdämmung WLG 045, d=220mm, unterseitig Holzfaserdämmplatten, d=10mm, Rauspund, d=18mm (130m²)				
	4400-0289 Kindergarten (1 Gruppe, 12 Kinder) - Modulbauweise				
		98,90 m²	29.151	**294,75**	281,30
	Fundamentaushub BK 3, b=30cm, t=80cm, seitlich lagern (12m³), Stb-Streifenfundamente C20/25, Schalung, Bewehrung (17m³), Schwellenkranz auf Streifenfundament (40m), Modulboden: oberseitig OSB-Platten, Holzrahmenkonstruktion NH S10, Querschnitt 6x22cm, Einblasdämmung WLG 045, d=220mm, unterseitig Holzfaserdämmplatten, d=10mm, Rauspund, d=18mm (99m²)				
	4400-0389 Kindertagesstätte (6 Gruppen, 100 Kinder) - Modulbauweise				
		1.504,55 m²	169.049	**112,36**	102,39
	Fundamentaushub, BK 3-4 (447m³), Stb-Streifenfundamente, Schalung, Bewehrung (101m³), Stb-Bodenplatte, d=20cm, Randschalung, Bewehrung (1.505m²)				
	6100-1282 Modulhäuser (34 WE) - Modulbauweise				
		1.687,85 m²	214.732	**127,22**	66,13
	Stb-Fundamentplatten C25/35, WU, d=25cm, Randschalung, Bewehrung (1.688m²)				
	6100-1641 Doppelgarage, Kellerersatzraum - Modulbauweise				
		54,00 m²	10.401	**192,61**	192,61
	Fundamentaushub, Streifenfundamente C25/30, unbewehrt (19m³)				
	6100-1643 Fertigteilgarage - Modulbauweise				
		17,70 m²	2.609	**147,38**	147,38
	Stb-Streifenfundamente, h=100cm, Schalung, Bewehrung (psch)				

KG	Kostengruppe	Menge Einheit	Kosten €	€/Einheit	€/m² BGF
	6400-0114 Kirchliches Gemeindezentrum - Hoher Vorfertigungsgrad	253,83 m²	49.022	**193,13**	172,40
	Stb-Bodenplatte C20/25, d=20cm, Schalung, Bewehrung (254m²), Stb-Fundamente C20/25 (32m³)				
324	**Gründungsbeläge**				
	4400-0288 Kinderkrippe (1 Gruppe, 12 Kinder) - Modulbauweise	111,92 m²	13.151	**117,51**	97,51
	Fertigparkett, Eiche, geölt (77m²), Sockelleisten (72m), Linoleum (35m²)				
	4400-0289 Kindergarten (1 Gruppe, 12 Kinder) - Modulbauweise	87,88 m²	9.420	**107,20**	90,90
	Fertigparkett, Eiche, geölt (65m²), Sockelleisten (37m), Linoleum (23m²)				
	4400-0389 Kindertagesstätte (6 Gruppen, 100 Kinder) - Modulbauweise	1.368,12 m²	1.071.172	**782,95**	648,80
	Bitumenabdichtung, EPS-Dämmung, d=100mm (1.593m²), Brettsperrholz-Modulböden, d=8cm, Schwellen, d=2cm (972m²), Ausgleichsdämmung, d=100mm (397m²), TSD, d=20-30mm, Estrich, d=60-65mm (1.368m²), Linoleum (1.238m²), Abdichtung, Bodenfliesen (130m²)				
	6100-1282 Modulhäuser (34 WE) - Modulbauweise	167,40 m²	16.818	**100,47**	5,18
	Betonpflaster, d=8cm, Splittbett (167m²), Fußabtrittrost, Bodenwannen 40x60cm (29St)				
	6400-0114 Kirchliches Gemeindezentrum - Hoher Vorfertigungsgrad	221,72 m²	49.139	**221,63**	172,81
	Bitumenabdichtung (235m²), PUR-Wärmedämmung WLS 032, d=130mm, Folie, Zementestrich, d=7cm (226m²), Bodenfliesen 30x60cm (205m²), Fliesensockel (8m), Sauberlaufmatten (17m²)				
325	**Abdichtungen und Bekleidungen**				
	4400-0389 Kindertagesstätte (6 Gruppen, 100 Kinder) - Modulbauweise	2.122,45 m²	172.625	**81,33**	104,56
	Geotextil (1.455m²), KFT-Schotter 0/45mm, d=20cm (323m³), Sauberkeitsschicht C8/10, d=5cm (1.233m²), PE-Folie (1.428m²), XPS-Dämmung WLS 039, d=240mm (1.428m²), d=140mm, unter Fundamenten (126m²), vertikal (618m²), Noppenbahn (518m²)				
	6100-1282 Modulhäuser (34 WE) - Modulbauweise	1.687,85 m²	19.847	**11,76**	6,11
	Lochblech, verzinkt, zwischen Bodenplatte und Wohngebäude als Belüftung der Container (462m)				
	6100-1641 Doppelgarage, Kellerersatzraum - Modulbauweise	54,00 m²	869	**16,09**	16,09
	Kies-Sand-Gemisch, Schutzvlies (51m²)				

KG	Kostengruppe	Menge Einheit	Kosten €	€/Einheit	€/m2 BGF
	6400-0114 Kirchliches Gemeindezentrum - Hoher Vorfertigungsgrad				
		258,63 m²	4.139	**16,00**	14,56
	Sauberkeitsschicht C8/10, d=5cm (259m²)				

Objekte
3. Ebene
Positionen Neubau

Kostenkennwerte für die Kostengruppen 300 der 3.Ebene DIN 276

KG	Kostengruppe	Menge Einheit	Kosten €	€/Einheit	€/m² BGF
331	**Tragende Außenwände**				
	6400-0114 Kirchliches Gemeindezentrum - Hoher Vorfertigungsgrad				
		307,95 m²	98.691	**320,48**	347,08

Holzrahmen-Elementwände, d=32cm, innenseitig OSB-Schalung, d=15mm, Zellulosedämmung WLG 040, d=280mm, außen Holzfaserplatte, d=25mm (184m²), d=28cm (124m²), Stahlstützen HEB240-260, Kopf-/Fußplatten (1.198kg)

KG	Kostengruppe	Menge Einheit	Kosten €	€/Einheit	€/m² BGF
334	**Außenwandöffnungen**				
	4400-0288 Kinderkrippe (1 Gruppe, 12 Kinder) - Modulbauweise				
		28,51 m²	30.938	**1.085,34**	229,39

Holzfenster, Dreifachverglasung, Uw=0,95W/m²K, einflüglig (11m²), zweiteilig (7m²), festverglast (3m²), Fensterbänke, Alu, außen, Holz, innen (16m), Eingangstüren, Holz, Dreifachverglasung, Uw=0,95W/m²K (8m²)

KG	Kostengruppe	Menge Einheit	Kosten €	€/Einheit	€/m² BGF
	4400-0289 Kindergarten (1 Gruppe, 12 Kinder) - Modulbauweise				
		20,53 m²	24.153	**1.176,68**	233,07

Holzfenster, Dreifachverglasung, Uw=0,95W/m²K, zweiteilig (10m²), einflüglig (6m²), Kippfenster, Kurbelantrieb, einflüglig (1m²), Fensterbänke, Alu, außen, Holz, innen (8m), Eingangstür, Holz, Zweifachverglasung, Uw=0,95W/m²K (3m²)

KG	Kostengruppe	Menge Einheit	Kosten €	€/Einheit	€/m² BGF
	6400-0114 Kirchliches Gemeindezentrum - Hoher Vorfertigungsgrad				
		91,11 m²	102.223	**1.122,01**	359,50

Holzfenster, Dreifachverglasung, Uw=1,1W/m²K, Drehkippflügel, einteilig (22m²), zweiteilig (2m²), dreiteilig (7m²), vierteilig (16m²), sechsteilig (10m²), Kirchenfenster, aus Bestand (5m²), Eingang: Holz-Glaselemente, Einfachverglasung, fünfteilig (18m²), Tür, zweiflüglig, Obentürschließer (4m²), Glastürelemente, zweiflüglig (5m²), einflüglig (3m²), Fensterbänke innen, Holz (15m), außen, Zinkblech (psch)

KG	Kostengruppe	Menge Einheit	Kosten €	€/Einheit	€/m² BGF
335	**Außenwandbekleidungen, außen**				
	4400-0288 Kinderkrippe (1 Gruppe, 12 Kinder) - Modulbauweise				
		184,56 m²	26.893	**145,72**	199,40

Stülpschalung, waagrecht, Lärche/Douglasie, Unterkonstruktion, inkl. Verlängerung der Fassadenkonstruktion nach oben als Attika (181m²), HPL-Bekleidung (4m²), Eckausbildung KVH 12x12cm (25m), Lisenen KVH 6-8x12cm (34m), Lüftungsgitter im Sockel- und Attikabereich (161m), Laibungen, Lärche/Douglasie (64m), Sockel-Lüftungsbleche 120x400mm, gelocht (10St)

KG	Kostengruppe	Menge Einheit	Kosten €	€/Einheit	€/m² BGF
	4400-0289 Kindergarten (1 Gruppe, 12 Kinder) - Modulbauweise				
		139,34 m²	21.952	**157,54**	211,83

Stülpschalung, waagrecht, Lärche/Douglasie, Eckausbildung (139m²), Lüftungsgitter im Sockel- und Attikabereich (82m), unterer Fassadenabschluss aus Alublechstreifen (41m), Laibungen, Lärche/Douglasie (39m)

KG	Kostengruppe	Menge Einheit	Kosten €	€/Einheit	€/m² BGF
	6400-0114 Kirchliches Gemeindezentrum - Hoher Vorfertigungsgrad	315,69 m²	80.592	**255,29**	283,43
	Holzunterkonstruktion, Holz-Fassadenbekleidung, Lärche, beschichtet (227m²), in Laibungen (83m), Holzunterkonstruktion, Putzträgerplatte, d=13mm (61m²), in Laibungen (68m), Armierung, Oberputz (88m²), Lüftungsprofile (221m)				
336	**Außenwandbekleidungen, innen**				
	4400-0288 Kinderkrippe (1 Gruppe, 12 Kinder) - Modulbauweise	133,59 m²	7.282	**54,51**	53,99
	Spachtelung, Silikatbeschichtung (124m²), Lisenen 24x160mm, geschliffen, geölt (31m), Wandfliesen (9m²), Spiegel, flächenbündig (1m²), Vorsatzschalen (9m²)				
	4400-0289 Kindergarten (1 Gruppe, 12 Kinder) - Modulbauweise	91,48 m²	5.267	**57,58**	50,83
	Spachtelung, Silikatbeschichtung (84m²), Lisenen 20x60mm, geschliffen, geölt (13m), Wandfliesen (8m²), Vorsatzschalen (15m²)				
	6400-0114 Kirchliches Gemeindezentrum - Hoher Vorfertigungsgrad	265,89 m²	42.433	**159,59**	149,23
	Holzunterkonstruktion, Holzpaneele, Tanne, UV-Beschichtung (136m²), Akustikpaneele (5m²), Vlies, Silikatbeschichtung (125m²), GK-Vorsatzschalen, einseitig doppelt beplankt, Zellulosedämmung, d=40mm (147m²), GK-Trockenputz, d=13mm (73m²)				
337	**Elementierte Außenwandkonstruktionen**				
	4400-0288 Kinderkrippe (1 Gruppe, 12 Kinder) - Modulbauweise	138,80 m²	37.135	**267,54**	275,34
	Modulaußenwände: innen GF-Beplankung, OSB/3-Platten, Holzrahmenkonstruktion NH S10, Querschnitt 6x20cm, Einblasdämmung WLG 045, d=200mm, außen Holzfaserdämmplatten WLS 047, d=22mm, Konterlattung (139m²), Verbindungshölzer zwischen Modulen aus KVH 6x20cm (27m)				
	4400-0289 Kindergarten (1 Gruppe, 12 Kinder) - Modulbauweise	96,30 m²	21.718	**225,52**	209,57
	Modulaußenwände: innen GF-Beplankung, OSB/3-Platten, Holzrahmenkonstruktion NH S10, Querschnitt 6x20cm, Einblasdämmung WLS 039, d=200mm, Holzfaserdämmplatten WLS 047, d=22mm, Konterlattung (96m²)				

Kostenkennwerte für die Kostengruppen 300 der 3. Ebene DIN 276

KG	Kostengruppe	Menge Einheit	Kosten €	€/Einheit	€/m² BGF
341	**Tragende Innenwände**				
	6400-0114 Kirchliches Gemeindezentrum - Hoher Vorfertigungsgrad				
		63,67 m²	14.259	**223,96**	50,15
	Holzrahmenwände, d=13cm, beidseitig OSB-Schalung, d=15mm, Zellulosedämmung WLG 040, d=100mm (42m²), einseitig (22m²)				
342	**Nichttragende Innenwände**				
	6400-0114 Kirchliches Gemeindezentrum - Hoher Vorfertigungsgrad				
		41,09 m²	6.196	**150,80**	21,79
	GK-Wände, d=13cm, beidseitig doppelt beplankt, Mineralwolldämmung, d=60mm (32m²), d=15cm (9m²)				
343	**Innenstützen**				
	4400-0288 Kinderkrippe (1 Gruppe, 12 Kinder) - Modulbauweise				
		5,30 m	205	**38,60**	1,52
	Stützen, Brettschichtholz 14x14cm (5m)				
344	**Innenwandöffnungen**				
	4400-0288 Kinderkrippe (1 Gruppe, 12 Kinder) - Modulbauweise				
		7,64 m²	5.310	**694,63**	39,37
	Holztüren, Röhrenspan, HPL, Stahlzargen (4m²), mit VSG-Lichtausschnitt (4m²)				
	4400-0289 Kindergarten (1 Gruppe, 12 Kinder) - Modulbauweise				
		5,58 m²	7.522	**1.348,54**	72,59
	Holztüren, Röhrenspan, HPL, Stahlzargen (4m²), mit VSG-Lichtausschnitt (2m²), Türstopper (2St), Fingerschutz				
	6400-0114 Kirchliches Gemeindezentrum - Hoher Vorfertigungsgrad				
		33,19 m²	21.165	**637,72**	74,43
	Windfang: Holz-Glaselemente, Einfachverglasung, fünfteilig (18m²), Tür, zweiflüglig, Obentürschließer (4m²), Holztüren, Röhrenspaneinlage, lackiert, Stahlzargen (10m²), Edelstahl-Drückergarnituren (5St), Bodentürpuffer (5St)				
345	**Innenwandbekleidungen**				
	4400-0288 Kinderkrippe (1 Gruppe, 12 Kinder) - Modulbauweise				
		141,55 m²	4.039	**28,53**	29,95
	Spachtelung, Silikatbeschichtung (138m²), Wandfliesen (4m²), Vorsatzschalen (3m²)				
	4400-0289 Kindergarten (1 Gruppe, 12 Kinder) - Modulbauweise				
		99,20 m²	2.160	**21,77**	20,84
	Spachtelung, Silikatbeschichtung (99m²)				

KG	Kostengruppe	Menge Einheit	Kosten €	€/Einheit	€/m² BGF
	6400-0114 Kirchliches Gemeindezentrum - Hoher Vorfertigungsgrad				
		201,22 m²	14.796	**73,53**	52,03
	GK-Vorsatzschalen, einseitig doppelt beplankt, d=25cm (10m²), Vlies, Silikatbeschichtung (190m²), Wandfliesen 10x30cm (11m²)				
346	**Elementierte Innenwandkonstruktionen**				
	4400-0288 Kinderkrippe (1 Gruppe, 12 Kinder) - Modulbauweise				
		85,99 m²	17.566	**204,29**	130,24
	Modul-Holzrahmenwände KVH 6x10cm, Einblasdämmung WLG 045, d=100mm, GF-Beplankung (74m²), Trennwandanlagen, Frontwand, h=1,55m, zwei Türen, Mittelwand (8m²), Frontwand, h=2,15m, Schiebetür (4m²)				
	4400-0289 Kindergarten (1 Gruppe, 12 Kinder) - Modulbauweise				
		61,05 m²	12.966	**212,38**	125,12
	Modul-Holzrahmenwände NH S10, Querschnitt 6x10cm, Einblasdämmung WLG 045, d=100mm, GF-Beplankung (52m²), Trennwandanlagen, Frontwand, zwei Türen, Mittelwand (6m²), Frontwand, Tür, Seitenwand (3m²)				
	6400-0114 Kirchliches Gemeindezentrum - Hoher Vorfertigungsgrad				
		19,51 m²	18.235	**934,81**	64,13
	Mobile Trennwand, Deckenlaufschiene, sechs Elemente (20m²)				

Kostenkennwerte für die Kostengruppen 300 der 3. Ebene DIN 276

KG	Kostengruppe	Menge Einheit	Kosten €	€/Einheit	€/m² BGF
351	**Deckenkonstruktionen - Hoher Vorfertigungsgrad**				
	6400-0114 Kirchliches Gemeindezentrum				
		22,20 m²	6.919	**311,66**	24,33
	Holzdeckenkonstruktion BSH, d=160mm (22m²), OSB-Deckenschalung, d=15mm (22m²)				
352	**Deckenöffnungen**				
	6400-0114 Kirchliches Gemeindezentrum - Hoher Vorfertigungsgrad				
		1,28 m²	5.160	**4.031,26**	18,15
	Deckenöffnung 160x80cm, Scherentreppe (1m²)				
354	**Deckenbekleidungen**				
	6400-0114 Kirchliches Gemeindezentrum - Hoher Vorfertigungsgrad				
		22,18 m²	3.187	**143,69**	11,21
	OSB-Deckenschalung, d=22mm, GK-Decke, einseitig einfach beplankt, d=13mm, Grundierung, Vlies, Silikatbeschichtung (22m²)				

Kostenkennwerte für die Kostengruppen 300 der 3. Ebene DIN 276

KG	Kostengruppe	Menge Einheit	Kosten €	€/Einheit	€/m² BGF
361	**Dachkonstruktionen**				
	6400-0114 Kirchliches Gemeindezentrum - Hoher Vorfertigungsgrad	409,85 m²	58.338	**142,34**	205,16
	Satteldachkonstruktion, d=160mm, Satteldach (238m²), Mineralwoll-Zwischensparrendämmung WLG 035, d=280mm (217m²), Flachdach (172m²), Dachrand-Holzbohlen 100x180mm (48m)				
363	**Dachbeläge**				
	4400-0288 Kinderkrippe (1 Gruppe, 12 Kinder) - Modulbauweise	155,54 m²	16.031	**103,06**	118,86
	EVA-Kunststoffabdichtung, einlagig, bis über Attika (156m²), Attika, OSB-Kranz, Unterkonstruktion, Attikaabdeckungen, Titanzink (61m), Wasserspeier DN50 (5St), Attikaabläufe DN70, Titanzink (5St), Regenfallrohre DN70, Titanzink (14m), Standrohre DN70 (5St), Wasserfangkästen (5St)				
	4400-0289 Kindergarten (1 Gruppe, 12 Kinder) - Modulbauweise	113,84 m²	14.333	**125,91**	138,31
	EVA-Kunststoffabdichtung, zweilagig, bis über Attika (114m²), Attikaabdeckungen, Titanzink (41m), Attikaabläufe (4St), Attika, OSB-Kranz, Unterkonstruktion (41m), Regenfallrohre DN100, Titanzink (13m)				
	6400-0114 Kirchliches Gemeindezentrum - Hoher Vorfertigungsgrad	435,41 m²	81.517	**187,22**	286,68
	Unterspannbahn, Konter- und Dachlattung, Ton-Flachziegel (246m²), Firstziegel (14m), Dampfsperre, EPS-Gefälledämmung WLG 040, d=40-200mm, Bitumenabdichtung (189m²), OSB-Flachdachschalung, d=22mm (172m²), Dachrinnen, verzinkt (127m), Regenfallrohre DN80 (23m), Standrohre (7St), Edelstahlspeier (2St)				
364	**Dachbekleidungen**				
	4400-0288 Kinderkrippe (1 Gruppe, 12 Kinder) - Modulbauweise	111,92 m²	2.563	**22,90**	19,01
	Spachtelung, Silikatbeschichtung (112m²), Dachleisten 24x160mm, geschliffen, geölt (20m)				
	4400-0289 Kindergarten (1 Gruppe, 12 Kinder) - Modulbauweise	87,88 m²	2.297	**26,14**	22,17
	Spachtelung, Beschichtung (88m²), Dachleisten 20x60mm, geschliffen, geölt (30m)				
	6400-0114 Kirchliches Gemeindezentrum - Hoher Vorfertigungsgrad	333,17 m²	50.800	**152,48**	178,65
	OSB-Dachschalung, d=15mm (183m²), Holzunterkonstruktion, Holzpaneele, Tanne, UV-Beschichtung (125m²), GK-Decke, einseitig einfach beplankt, d=13mm (65m²), Unterkonstruktion, Putzträgerplatte (25m²), Vlies, Silikatbeschichtung (145m²), GK-Akustikdecke, d=13mm (63m²)				

KG	Kostengruppe	Menge Einheit	Kosten €	€/Einheit	€/m² BGF
365	**Elementierte Dachkonstruktionen**				
	4400-0288 Kinderkrippe (1 Gruppe, 12 Kinder) - Modulbauweise				
		131,20 m²	27.315	**208,19**	202,53
	Modulsatteldach: Neigung 3°, innen GF-Beplankung, Sparschalung, Dampfbremse, Dachbalken NH S10, Querschnitt 6x20cm, Einblasdämmung WLG 045, d=200mm, außen OSB-Platten (131m²)				
	4400-0289 Kindergarten (1 Gruppe, 12 Kinder) - Modulbauweise				
		99,00 m²	19.783	**199,83**	190,90
	Modulsatteldach: Neigung 3°, innen GK-Beplankung, OSB/3-Platten, Dampfbremse, Dachbalken NH S10, Querschnitt 6x20cm, Einblasdämmung WLS 039, d=200mm, außen OSB-Platten (99m²)				
369	**Sonstiges zur KG 360**				
	4400-0288 Kinderkrippe (1 Gruppe, 12 Kinder) - Modulbauweise				
		131,20 m² DAF	276	**2,10**	2,04
	Dunstrohrhaube DN100 (1St)				
	6400-0114 Kirchliches Gemeindezentrum - Hoher Vorfertigungsgrad				
		435,41 m² DAF	1.283	**2,95**	4,51
	Sekuranten (4St)				

Kostenkennwerte für die Kostengruppen 300 der 3.Ebene DIN 276

KG	Kostengruppe	Menge Einheit	Kosten €	€/Einheit	€/m² BGF
381	**Allgemeine Einbauten**				
	4400-0288 Kinderkrippe (1 Gruppe, 12 Kinder) - Modulbauweise				
		134,87 m² BGF	8.902	**66,01**	66,01
	Einbauküche mit Unterschränken, Oberschränken, Arbeitsplatte, Besteckeinsätzen, LED-Unterbauleuchten-Set, Geschirrspüler, Kühlschrank, Backofen, Cerankochfeld, Dunstabzugshaube Umluft, Einbauspüle (psch)				
382	**Besondere Einbauten**				
	6400-0114 Kirchliches Gemeindezentrum - Hoher Vorfertigungsgrad				
		284,35 m² BGF	31.369	**110,32**	110,32
	Glockenturm aus Stahlstützen HEB120-160 (1St), Fußplatten, 200x200mm (4St), Kirchenorgel abbauen, sanieren, wieder aufbauen (1St)				
386	**Orientierungs- und Informationssysteme**				
	4400-0288 Kinderkrippe (1 Gruppe, 12 Kinder) - Modulbauweise				
		134,87 m² BGF	90	**0,66**	0,66
	Nachleuchtende Alu-Rettungswegschilder (2St)				
389	**Sonstiges zur KG 380**				
	6100-1282 Modulhäuser (34 WE) - Modulbauweise				
		3.247,03 m² BGF	4.593	**1,41**	1,41
	Briefkastenfüße, Stahl, verzinkt (9St)				

Kostenkennwerte für die Kostengruppen 300 der 3.Ebene DIN 276

KG	Kostengruppe	Menge Einheit	Kosten €	€/Einheit	€/m² BGF
391	**Baustelleneinrichtung**				
	4400-0288 Kinderkrippe (1 Gruppe, 12 Kinder) - Modulbauweise				
		134,87 m² BGF	6.383	**47,33**	47,33
	Baustelleneinrichtung (psch), Schnurgerüst, Bauzaun, h=2,00m (42m)				
	4400-0289 Kindergarten (1 Gruppe, 12 Kinder) - Modulbauweise				
		103,63 m² BGF	2.639	**25,46**	25,46
	Baustelleneinrichtung (psch), Bauzaun, h=2,00m (7m)				
	6100-1282 Modulhäuser (34 WE) - Modulbauweise				
		3.247,03 m² BGF	60.074	**18,50**	18,50
	Baustelleneinrichtung (psch), Baustraße (344m²)				
	6400-0114 Kirchliches Gemeindezentrum - Hoher Vorfertigungsgrad				
		284,35 m² BGF	32.904	**115,72**	115,72
	Baustelleneinrichtung (psch), Baustraße, Schotter (87m³), Bauzaun, h=2,00m (130m), Baustellen-WC (1St), Bauwasser (psch), Baustromverteiler (psch)				
392	**Gerüste**				
	6400-0114 Kirchliches Gemeindezentrum - Hoher Vorfertigungsgrad				
		284,35 m² BGF	9.727	**34,21**	34,21
	Fassadengerüst (411m²), Dachdeckerfanggerüst (19m)				
396	**Materialentsorgung**				
	6100-1282 Modulhäuser (34 WE) - Modulbauweise				
		3.247,03 m² BGF	377	**0,12**	0,12
	Entsorgung von Restmüll (2m³)				
399	**Sonstiges zur KG 390**				
	6100-1282 Modulhäuser (34 WE) - Modulbauweise				
		3.247,03 m² BGF	3.751.074	**1.155,23**	1.155,23
	Neun Wohnhäuser in Modulbauweise: feuerverzinkte Grundkonstruktion, Mineralwolldämmung, GK-Vorsatzschalen F30, Wohnungstrennwände F90, Wandfliesen, Beschichtungen, zweiflüglige Fenster, Doppelverglasung, Stahltüren F30, Holztüren HPL, Giebelbekleidungen, Stahlblech verzinkt, Stahltreppe mit Podest, PVC-Beläge, Bodenfliesen, Einschubtreppe, Holz-Stahl Satteldach, Dachdeckung aus verzinktem Stahlblech, Schneefanggitter, Einbauküchen, WCs, Waschtische, Duschkabinen, Bodenabläufe, Abwasserleitungen, Gaszentralheizung, Brennwerttechnik, Rohrleitungen, Kupfer, Heizkörper, Elektroanlage als Hinterwandinstallation, Revisionsschächte, Hauptschalter, Zählervorrichtungen (Zähler bauseitig), Außenlampen, Bewegungsmelder, Klingelanlagen, Antennenkabel, Anschlussdosen, EDV-Anlage				

KG	Kostengruppe	Menge Einheit	Kosten €	€/Einheit	€/m²BGF
	6100-1641 Doppelgarage, Kellerersatzraum - Modulbauweise				
		54,00 m²BGF	55.549	**1.028,69**	1.028,69

Stb-Fertigteil-Doppelgarage 6,00x6,00m, Schwingtor, Gartenausgangstür (1St), Stb-Fertigteil-Kellerersatzraum 6,00x3,00x2,82m, Tür, zwei Fenster (1St)

	6100-1642 Fertigteilgarage - Modulbauweise				
		14,20 m²BGF	8.594	**605,24**	605,24

Stb-Streifenfundamente, l=3,00m, t=0,80m, Fundamentaushub (2St), Stb-Fertigteil-garage 5,30x2,68x2,46m, mit Boden, Stahlschwingtor, Lüftungsgitter (14m²)

	6100-1643 Fertigteilgarage - Modulbauweise				
		17,70 m²BGF	14.733	**832,36**	832,36

Stb-Fertigteilgarage 5,98x2,96x2,53m, Sektionaltor, Motorantrieb, Stahltür, Außenputz, Innenbeschichtung, Kunststoff-Dachabdichtung (18m²)

	8700-0066 Fertigteilgarage - Modulbauweise				
		17,97 m²BGF	22.202	**1.235,53**	1.235,53

Streifenfundamente, Fertigteilgarage für Sport- und Spielgeräte (1St)

Kostenkennwerte für die Kostengruppen 400 der 3.Ebene DIN 276

KG	Kostengruppe	Menge Einheit	Kosten €	€/Einheit	€/m² BGF
411	**Abwasseranlagen**				
	4400-0288 Kinderkrippe (1 Gruppe, 12 Kinder) - Modulbauweise	134,87 m² BGF	2.250	**16,69**	16,69
	KG-Rohre DN100 (14m), PP-Abwasserrohre DN50-90, schalloptimiert (23m)				
	4400-0289 Kindergarten (1 Gruppe, 12 Kinder) - Modulbauweise	103,63 m² BGF	1.893	**18,27**	18,27
	KG-Rohre DN100 (8m), HT-Abwasserrohre DN50-100, Formstücke (16m), PE-Rohre DN25 (7m)				
	6100-1282 Modulhäuser (34 WE) - Modulbauweise	3.247,03 m² BGF	9.784	**3,01**	3,01
	KG-Rohre DN100-125, Formstücke (175m)				
	6400-0114 Kirchliches Gemeindezentrum - Hoher Vorfertigungsgrad	284,35 m² BGF	9.946	**34,98**	34,98
	PVC-Abwasserrohre DN110, Formstücke (118m), DN160 (29m), DN50 (5m), Sandbett (41m³)				
412	**Wasseranlagen**				
	4400-0288 Kinderkrippe (1 Gruppe, 12 Kinder) - Modulbauweise	134,87 m² BGF	13.280	**98,47**	98,47
	PE-HD-Druckrohre DN25 (34m), Metallverbundrohre, Formstücke, Rohrdämmung (36m), automatische Hygienespülung (1St), Waschrinne 140x47cm (1St), Waschbecken (1St), Kinder-WCs (2St), Tiefspül-Wand-WC (1St), Durchlauferhitzer (2St)				
	4400-0289 Kindergarten (1 Gruppe, 12 Kinder) - Modulbauweise	103,63 m² BGF	5.695	**54,96**	54,96
	Kupferrohre, Formstücke, Rohrdämmung (22m), Waschbecken (4St), Kinder-WCs (2St), Tiefspül-Wand-WC (1St), Durchlauferhitzer (2St)				
	6100-1282 Modulhäuser (34 WE) - Modulbauweise	3.247,03 m² BGF	2.836	**0,87**	0,87
	Trinkwasserhausanschluss (1St), Absperrhähne (9St)				
	6400-0114 Kirchliches Gemeindezentrum - Hoher Vorfertigungsgrad	284,35 m² BGF	14.641	**51,49**	51,49
	Mehrschichtverbundrohre DN20-25, Formstücke, Rohrdämmung (18m), Wasserzähler (1St), Rückspülfilter DN25 (1St), Durchlauferhitzer (3St), Waschtische, Armaturen (1St), barrierefrei (1St), Wand-Tiefspül-WC (1St), barrierefrei (1St), Stützklappgriffe (4St), Ausgussbecken (1St), Außenarmatur (1St)				

KG	Kostengruppe	Menge Einheit	Kosten €	€/Einheit	€/m2 BGF
413	**Gasanlagen**				
	6100-1282 Modulhäuser (34 WE) - Modulbauweise				
		3.247,03 m2 BGF	6.379	**1,96**	1,96
	Gasabsperrhahn (1St)				
419	**Sonstiges zur KG 410**				
	4400-0288 Kinderkrippe (1 Gruppe, 12 Kinder) - Modulbauweise				
		134,87 m2 BGF	1.650	**12,23**	12,23
	Montageelemente für Kinder-WCs (2St), WC (1St)				
	4400-0289 Kindergarten (1 Gruppe, 12 Kinder) - Modulbauweise				
		103,63 m2 BGF	1.686	**16,27**	16,27
	Montageelemente für Waschbecken (2St), WCs (2St), Waschtisch mit WC (1St)				
	6400-0114 Kirchliches Gemeindezentrum - Hoher Vorfertigungsgrad				
		284,35 m2 BGF	2.018	**7,10**	7,10
	Montageelemente für WCs (2St), für Waschtische (2St)				

Kostenkennwerte für die Kostengruppen 400 der 3.Ebene DIN 276

KG	Kostengruppe	Menge Einheit	Kosten €	€/Einheit	€/m² BGF
421	**Wärmeerzeugungsanlagen**				
	4400-0288 Kinderkrippe (1 Gruppe, 12 Kinder) - Modulbauweise	134,87 m² BGF	7.494	**55,56**	55,56
	Gas-Brennwerttherme 2,3-14,7kW (1St), Abgassystem (1St), Gaskugelhahn (1St), Gasströmungswächter (1St), PE-HD-Druckrohre DN25 (31m), Gasleitungen DN20-25 (6m), Gas-Hauseinführungen (2St)				
	4400-0289 Kindergarten (1 Gruppe, 12 Kinder) - Modulbauweise	103,63 m² BGF	6.277	**60,58**	60,58
	Gas-Brennwerttherme 14kW (1St), Abgassystem (1St), Gaskugelhahn (1St), Gasströmungswächter (1St), Gasleitung (8m)				
	6400-0114 Kirchliches Gemeindezentrum - Hoher Vorfertigungsgrad	284,35 m² BGF	13.250	**46,60**	46,60
	Gas-Brennwertkessel (1St), Gasanschlussleitungen (psch), Ausdehnungsgefäß (1St), Temperaturwächter, Abgasleitung (psch)				
422	**Wärmeverteilnetze**				
	4400-0288 Kinderkrippe (1 Gruppe, 12 Kinder) - Modulbauweise	134,87 m² BGF	2.772	**20,55**	20,55
	C-Stahlrohre DN12-20, Formstücke (108m)				
	4400-0289 Kindergarten (1 Gruppe, 12 Kinder) - Modulbauweise	103,63 m² BGF	3.171	**30,60**	30,60
	Kupferrohre, Formstücke (94m)				
	6400-0114 Kirchliches Gemeindezentrum - Hoher Vorfertigungsgrad	284,35 m² BGF	3.224	**11,34**	11,34
	Metallverbundrohre DN12-20, Formstücke, Rohrdämmung (69m)				
423	**Raumheizflächen**				
	4400-0288 Kinderkrippe (1 Gruppe, 12 Kinder) - Modulbauweise	134,87 m² BGF	4.471	**33,15**	33,15
	Kompaktheizkörper, Thermostatköpfe (7St)				
	4400-0289 Kindergarten (1 Gruppe, 12 Kinder) - Modulbauweise	103,63 m² BGF	3.054	**29,47**	29,47
	Ventilheizkörper (5St), Kompaktheizkörper (1St), Thermostatköpfe (6St)				
	6400-0114 Kirchliches Gemeindezentrum - Hoher Vorfertigungsgrad	284,35 m² BGF	9.460	**33,27**	33,27
	Fußbodenheizung, Verlegeplatten mit EPS-Dämmung WLG 040, d=30mm (127m²), Heizungsrohre (727m), Heizkreisverteiler (1St), Stellantriebe (10St), Temperaturregler (4St)				

Kostenkennwerte für die Kostengruppen 400 der 3.Ebene DIN 276

KG	Kostengruppe	Menge Einheit	Kosten €	€/Einheit	€/m² BGF
431	**Lüftungsanlagen**				
	6400-0114 Kirchliches Gemeindezentrum - Hoher Vorfertigungsgrad				
		284,35 m² BGF	2.364	**8,31**	8,31

UP-Einzelraumlüfter 60m³/h (3St), Lüftungsrohre DN125, Formstücke, Dämmung (2St), Lüftungsgitter (2St), Dachdurchführung DN100 (1St)

Kostenkennwerte für die Kostengruppen 400 der 3. Ebene DIN 276

KG	Kostengruppe	Menge Einheit	Kosten €	€/Einheit	€/m² BGF
444	**Niederspannungsinstallationsanlagen**				
	4400-0288 Kinderkrippe (1 Gruppe, 12 Kinder) - Modulbauweise				
		134,87 m² BGF	9.870	**73,18**	73,18
	Unterverteiler (1St), Überspannungsableiter (1St), Kabelkanäle (19m), Mantelleitungen NYM-J (383m), NYY-J (92m), Steckdosen mit Kinderschutz (22St), Schalter (5St), Decken-Präsenzmelder (2St), Schlüsselschalter (1St), Lichtsignal (1St), Herdanschluss (1St)				
	4400-0289 Kindergarten (1 Gruppe, 12 Kinder) - Modulbauweise				
		103,63 m² BGF	7.128	**68,78**	68,78
	Unterverteiler (1St), FI-Schutzschalter (2St), Sicherungen (12St), Kabelkanäle (28m), Mantelleitungen NYM-J (310m), NYY-J (30m), Steckdosen mit Kinderschutz (16St), Schalter (3St), Bewegungsmelder (1St), Schlüsselschalter (1St), Lichtsignal (1St), Herdanschluss (1St)				
	6100-1282 Modulhäuser (34 WE) - Modulbauweise				
		3.247,03 m² BGF	569	**0,18**	0,18
	Verteilerkästen (2St)				
	6100-1643 Fertigteilgarage - Modulbauweise				
		17,70 m² BGF	1.209	**68,28**	68,28
	Erdkabel NYY (22m), Steckdosen (2St), zweifach (2St), Schalter (2St)				
	6400-0114 Kirchliches Gemeindezentrum - Hoher Vorfertigungsgrad				
		284,35 m² BGF	23.221	**81,66**	81,66
	Zählerschrank (1St), Unterverteiler (2St), Mantelleitungen NYM (1.200m), Erdkabel NYY (42m), Leerrohre (50m), Kabelkanäle (8m), Steckdosen, einfach (16St), zweifach (16St), Taster, Schalter (10St), Bewegungsmelder (2St), Dimmer (2St)				
445	**Beleuchtungsanlagen**				
	4400-0288 Kinderkrippe (1 Gruppe, 12 Kinder) - Modulbauweise				
		134,87 m² BGF	2.241	**16,61**	16,61
	Decken- und Wandleuchten (15St), Rettungszeichenleuchte (1St), Sensorleuchte (1St)				
	4400-0289 Kindergarten (1 Gruppe, 12 Kinder) - Modulbauweise				
		103,63 m² BGF	1.863	**17,98**	17,98
	Leuchten mit Leuchtmittel (9St), Außenleuchte (1St), Sicherheitsbeleuchtung (1St)				
	6400-0114 Kirchliches Gemeindezentrum - Hoher Vorfertigungsgrad				
		284,35 m² BGF	31.956	**112,38**	112,38
	LED-Downlights (28St), LED-Pendelleuchten (9St), LED-Strahler (9St), LED-Wandleuchten (7St), LED-Rettungszeichenleuchten (3St), LED-Deckenleuchte (1St)				

KG	Kostengruppe	Menge Einheit	Kosten €	€/Einheit	€/m² BGF
446	**Blitzschutz- und Erdungsanlagen**				
	4400-0288 Kinderkrippe (1 Gruppe, 12 Kinder) - Modulbauweise				
		134,87 m² BGF	2.537	**18,81**	18,81
	Erdleitungen Rundstahl (64m), Kreuzverbinder (8St), Dachleitungshalter (56St), Erdeinführungsstangen (4St), Alu-Runddraht (58m), Erdbandschellen (3St), Potenzialausgleichsschiene (1St)				
	4400-0289 Kindergarten (1 Gruppe, 12 Kinder) - Modulbauweise				
		103,63 m² BGF	3.036	**29,30**	29,30
	Fundamenterder (49m), Erdungsleitungen (51m), Verbinder (16St), Anschlussfahnen (4St), Erdeinführungsstangen (4St), Ableitungen (4St), Abfangleitungen (41m), Potenzialausgleichsschiene (1St)				
	6100-1282 Modulhäuser (34 WE) - Modulbauweise				
		3.247,03 m² BGF	6.142	**1,89**	1,89
	Fundamenterder, Flachstahl 30x3,5mm (489m), Anschlussfahnen V2A (9St)				
	6400-0114 Kirchliches Gemeindezentrum - Hoher Vorfertigungsgrad				
		284,35 m² BGF	4.197	**14,76**	14,76
	Ringerder (117m), Fundamenterder (79m), Potenzialausgleichsschiene (1St)				

Kostenkennwerte für die Kostengruppen 400 der 3. Ebene DIN 276

KG	Kostengruppe	Menge Einheit	Kosten €	€/Einheit	€/m² BGF
452	**Such- und Signalanlagen**				
	6400-0114 Kirchliches Gemeindezentrum - Hoher Vorfertigungsgrad				
		284,35 m² BGF	655	**2,30**	2,30
	Ruf-Kompaktset für barrierefreies WC (1St)				
456	**Gefahrenmelde- und Alarmanlagen**				
	4400-0288 Kinderkrippe (1 Gruppe, 12 Kinder) - Modulbauweise				
		134,87 m² BGF	289	**2,14**	2,14
	Rauchwarn- und Thermomelder (3St)				
457	**Datenübertragungsnetze**				
	4400-0288 Kinderkrippe (1 Gruppe, 12 Kinder) - Modulbauweise				
		134,87 m² BGF	261	**1,94**	1,94
	Telefon-Erdkabel (48m)				
	6400-0114 Kirchliches Gemeindezentrum - Hoher Vorfertigungsgrad				
		284,35 m² BGF	1.651	**5,81**	5,81
	Installationsleitungen J-Y(ST)Y (136m), Datenkabel Cat7 (126St), Datenanschlussdosen Cat7 (4St)				

Kostenkennwerte für die Kostengruppen 400 der 3.Ebene DIN 276

KG	Kostengruppe	Menge Einheit	Kosten €	€/Einheit	€/m² BGF
476	**Weitere nutzungsspezifische Anlagen**				
	6400-0114 Kirchliches Gemeindezentrum - Hoher Vorfertigungsgrad				
		284,35 m² BGF	11.809	**41,53**	41,53

Glocken abbauen, lagern, wieder einbauen, Installation Hauptuhr mit Funkempfänger (psch)

Kostenkennwerte für die Kostengruppen 500 der 3.Ebene DIN 276

KG	Kostengruppe	Menge Einheit	Kosten €	€/Einheit	€/m² BGF
511	**Herstellung**				
	4400-0288 Kinderkrippe (1 Gruppe, 12 Kinder) - Modulbauweise				
		142,87 m³ EBR	6.726	**47,08**	49,87
	Baugrubenaushub BK 3, t=40cm, abtragen, entsorgen, Grobplanum (117m³), Rohrgraben ausheben und wiederverfüllen (26m²)				
	6100-1282 Modulhäuser (34 WE) - Modulbauweise				
		671,45 m³ EBR	139.262	**207,40**	42,89
	Rohrgrabenaushub, t=1,00-1,50m, transportieren, lagern, wieder verfüllen (445m³), abfahren, entsorgen (229m³), liefern, verfüllen (161m³), Kabelgrabenaushub, t=30cm, wieder verfüllen (6m³)				
	6400-0114 Kirchliches Gemeindezentrum - Hoher Vorfertigungsgrad				
		484,15 m³ EBR	21.810	**45,05**	76,70
	Bodenabtrag, d bis 70cm (438m³), in Handarbeit (10m³), entsorgen (94m³), Rohrgraben-aushub t=1,50-2,00m (36m³), Verfüllen mit Liefermaterial (1m³), Planum (286m²)				
513	**Wasserhaltung**				
	6100-1282 Modulhäuser (34 WE) - Modulbauweise				
		–	17.223	–	5,30
	Offene Wasserhaltung (1St), Grundwasserabsenkung, Vakuumverfahren (1St)				

Kostenkennwerte für die Kostengruppen 500 der 3. Ebene DIN 276

KG	Kostengruppe	Menge Einheit	Kosten €	€/Einheit	€/m² BGF
521	**Baugrundverbesserung**				
	6100-1282 Modulhäuser (34 WE) - Modulbauweise				
		1.989,71 m²	15.862	**7,97**	4,88
	Boden mit Steinen abtragen, entsorgen, Sand einbauen, d=30cm, verdichten (1.990m²)				
	6400-0114 Kirchliches Gemeindezentrum - Hoher Vorfertigungsgrad				
		267,00 m²	4.147	**15,53**	14,58
	Schottertragschicht 0/45, d=20cm (267m²)				

Kostenkennwerte für die Kostengruppen 500 der 3.Ebene DIN 276

KG	Kostengruppe	Menge Einheit	Kosten €	€/Einheit	€/m² BGF
531	**Wege**				
	4400-0288 Kinderkrippe (1 Gruppe, 12 Kinder) - Modulbauweise	32,65 m²	7.317	**224,11**	54,25
	Schottertragschicht 0/32mm, d=20cm, Betonplatten (33m²), hochkant (31m), Füllsand (15m³), Betonrecycling (4m³)				
	4400-0289 Kindergarten (1 Gruppe, 12 Kinder) - Modulbauweise	18,88 m²	2.725	**144,32**	26,29
	Betonplatten (14m²), Betonpflaster (5m²), Betonbordsteine (6m), Betonrecycling 0/32mm (1m³), Feinkies (0,30m²)				
	6100-1282 Modulhäuser (34 WE) - Modulbauweise	633,33 m²	64.954	**102,56**	20,00
	Schottertragschicht 0/32mm, d=25cm (633m²), Betonpflaster, d=8cm, Sandbett (501m²), Rasenwabensteine, d=18cm, Sandbett 0/2mm (133m²)				
	6400-0114 Kirchliches Gemeindezentrum - Hoher Vorfertigungsgrad	19,00 m²	3.235	**170,24**	11,38
	Frostschutzschicht, d=32cm (24m²), Betonpflaster 30-60x30cm, 30-60x15cm (19m²), Tiefbordsteine (35m)				
533	**Plätze, Höfe, Terrassen**				
	6100-1282 Modulhäuser (34 WE) - Modulbauweise	35,65 m²	2.160	**60,59**	0,67
	Schottertragschicht 0/32mm, d=25cm, Betonpflaster, d=8cm, Sandbett (36m²)				
	6400-0114 Kirchliches Gemeindezentrum - Hoher Vorfertigungsgrad	244,13 m²	33.683	**137,97**	118,46
	Frostschutzschicht, d=32cm (339m²), Betonpflaster 30-60x30cm, 30-60x15cm (189m²), Rasenplatten 30x30cm (41m²), Tiefbordsteine (96m), Pflaster verlegen, Lagermaterial (13m²)				
534	**Stellplätze**				
	4400-0288 Kinderkrippe (1 Gruppe, 12 Kinder) - Modulbauweise	204,01 m²	15.028	**73,66**	111,42
	Wassergebundene Decke, Frostschutzschicht 0/32mm, zweilagig, d=10cm, Naturstein-brechgemisch 0/32mm, d=30cm, Deckschicht mit 2-3cm Splitt 0/4mm abstreuen, verdichten, Gefälle 3-5% (204m²), Betonbordsteine (60m), Füllsand (88m³)				
	6400-0114 Kirchliches Gemeindezentrum - Hoher Vorfertigungsgrad	36,00 m²	4.413	**122,59**	15,52
	Frostschutzschicht, d=32cm (43m²), Betonpflaster 30-60x30cm, 30-60x15cm (36m²), Tiefbordsteine (20m), Betonpflaster als Stellplatzmarkierung (4m)				

KG	Kostengruppe	Menge Einheit	Kosten €	€/Einheit	€/m² BGF
535	**Sportplatzflächen**				
	6100-1282 Modulhäuser (34 WE) - Modulbauweise	231,84 m²	8.850	**38,17**	2,73
	Schottertragschicht 0/32mm, d=25cm, wassergebundene Deckschicht (232m²), Betontiefbordsteine (62m)				
536	**Spielplatzflächen**				
	6100-1282 Modulhäuser (34 WE) - Modulbauweise	273,46 m²	7.434	**27,18**	2,29
	Rasenkantensteine 50x20x5cm (40m), Betonplatten 50x50x7cm, als Einfassung (11m²), Sand 0/2mm (4m³), Fallschutzkies 1/3mm (95m³)				
539	**Sonstiges zur KG 530**				
	4400-0288 Kinderkrippe (1 Gruppe, 12 Kinder) - Modulbauweise	242,16 m² BFF	3.252	**13,43**	24,11
	Gitterroststreifen, b=25cm, Stahlblech, Unterkonstruktion (22m), Füllsand (2m³)				
	4400-0289 Kindergarten (1 Gruppe, 12 Kinder) - Modulbauweise	24,88 m² BFF	2.969	**119,35**	28,65
	Gleitschutzroste, Unterkonstruktion (6m²)				
	6100-1282 Modulhäuser (34 WE) - Modulbauweise	1.174,28 m² BFF	16.799	**14,31**	5,17
	Traufstreifen, Kies 2/8mm (340m)				
	6400-0114 Kirchliches Gemeindezentrum - Hoher Vorfertigungsgrad	299,13 m² BFF	2.530	**8,46**	8,90
	Filtervlies, Traufstreifen, Kies (54m²), Abtrittroste 180x90cm (2St)				

Kostenkennwerte für die Kostengruppen 500 der 3. Ebene DIN 276

KG	Kostengruppe	Menge Einheit	Kosten €	€/Einheit	€/m² BGF
541	**Einfriedungen**				
	4400-0288 Kinderkrippe (1 Gruppe, 12 Kinder) - Modulbauweise	156,39 m²	10.112	**64,66**	74,97
	Gittermattenzaun, h=1,83m (50m), h=1,03m (46m), Pforte mit Schlosskasten, drehbarer Knauf (1St), vorhandenen Zaun, h=1,03m, einbauen (17m)				
	4400-0289 Kindergarten (1 Gruppe, 12 Kinder) - Modulbauweise	19,45 m²	1.934	**99,43**	18,66
	Doppelstabmattenzaun, h=1,23m (15m), Endpfosten (1St), Eckausbildung (1St), Zaunlücke mit vorhandener Doppelstabmatte schließen, Matte auf Länge kürzen, mit Laschen an Außenwand anbringen (psch), vorhandenes Zauntor einbauen (1St)				
	6100-1282 Modulhäuser (34 WE) - Modulbauweise	495,00 m²	34.592	**69,88**	10,65
	Stabgitterzaun, h=2,50m (198m)				
544	**Rampen, Treppen, Tribünen**				
	4400-0288 Kinderkrippe (1 Gruppe, 12 Kinder) - Modulbauweise	0,90 m²	330	**366,48**	2,45
	Beton-Blockstufen C30/37, Steigungsverhältnis 15x30cm, Stufenbreite 1,50m (2St)				
	4400-0289 Kindergarten (1 Gruppe, 12 Kinder) - Modulbauweise	9,64 m²	2.568	**266,34**	24,78
	Tragschicht, d=10-20cm (9m²), Betonpflaster (10m²), Rampeneinfassung aus vorhandenen Betonplatten (20m)				
	6400-0114 Kirchliches Gemeindezentrum - Hoher Vorfertigungsgrad	1,69 m²	1.164	**688,50**	4,09
	Blockstufen 169x40cm (2m²)				
545	**Überdachungen**				
	6100-1282 Modulhäuser (34 WE) - Modulbauweise	14,20 m²	8.594	**605,24**	2,65
	Fertiggarage aus Stahlbeton 5,30x2,68m (14m²)				

Kostenkennwerte für die Kostengruppen 500 der 3. Ebene DIN 276

KG	Kostengruppe	Menge Einheit	Kosten €	€/Einheit	€/m² BGF
551	**Abwasseranlagen**				
	4400-0288 Kinderkrippe (1 Gruppe, 12 Kinder) - Modulbauweise				
		416,26 m² AF	5.899	**14,17**	43,74
	Pflaster im Bereich von Abwasser- und Regenschächten aufnehmen, seitlich lagern, nach Erdarbeiten wieder verlegen (42h), KG-Rohre DN100 (46m), Schachtabdeckung (1St), Ausgleichsringe für vorhandenen Schacht (2St), Versickerungsmulde, t=50cm (19m²)				
	4400-0289 Kindergarten (1 Gruppe, 12 Kinder) - Modulbauweise				
		102,12 m² AF	5.326	**52,16**	51,40
	Rigolen-Sickerrohre DN300, Übergang auf DN100, Vlies, Kies 16/32mm, Boden, d=30cm (14m), KG-Rohre DN100, ab Fallrohre bis Rigole einbauen, Graben wieder verfüllen (26m)				
	6100-1282 Modulhäuser (34 WE) - Modulbauweise				
		3.023,71 m² AF	59.847	**19,79**	18,43
	KG-Rohre DN100-300, Formstücke, Sandbett (519m), Kontrollschächte DN1.000, t=2,70m (2St), DN600, t=2,80m (7St), DN400, t=3,00m (4St), Straßenabläufe (3St)				
	6400-0114 Kirchliches Gemeindezentrum - Hoher Vorfertigungsgrad				
		724,11 m² AF	15.818	**21,85**	55,63
	PP-Rohre DN150, Formstücke (6m), Sandbett (4m³), Kontrollschächte DN1.000, t=3,50m (1St), t=2,00m (1St), DN400, t=1,50m (2St), Schachtabdeckungen (2St), Entwässerungsrinne (12m), Abläufe (3St)				
552	**Wasseranlagen**				
	6100-1282 Modulhäuser (34 WE) - Modulbauweise				
		3.023,71 m² AF	25.976	**8,59**	8,00
	PE-Rohre DN32-50, Formstücke (280m)				
	6400-0114 Kirchliches Gemeindezentrum - Hoher Vorfertigungsgrad				
		724,11 m² AF	2.807	**3,88**	9,87
	PE-Rohre DN40, Formstücke, Sandbett (49m)				
553	**Anlagen für Gase und Flüssigkeiten**				
	6100-1282 Modulhäuser (34 WE) - Modulbauweise				
		3.023,71 m² AF	11.307	**3,74**	3,48
	PE-HD Rohre DN40-65, Formstücke (247m)				
556	**Elektrische Anlagen**				
	6100-1282 Modulhäuser (34 WE) - Modulbauweise				
		3.023,71 m² AF	26.626	**8,81**	8,20
	Erdkabel NYY, Kabelschutzrohr DN110 (241m), Tiefenerder (9St)				
	6100-1643 Fertigteilgarage - Modulbauweise				
		147,30 m² AF	265	**1,80**	15,00
	Erdkabel NYY (30m)				

KG	Kostengruppe	Menge Einheit	Kosten €	€/Einheit	€/m² BGF
	6400-0114 Kirchliches Gemeindezentrum - Hoher Vorfertigungsgrad				
		724,11 m²AF	4.755	**6,57**	16,72
	Lichtstele (1St), vorhandenes Erdkabel, verlegen (16m), Sandbett 0/4 (3m³)				
557	**Kommunikations-, sicherheits- und informationstechnische Anlagen, Automation**				
	6100-1282 Modulhäuser (34 WE) - Modulbauweise				
		3.023,71 m²AF	22.495	**7,44**	6,93
	Fernmelde-Erdkabel A-2Y(L)2Y (643m), Erdkabel NYY für Sat-Anlagen (435m), Kabelschutzrohr DN110 (123m), Kabelabzweigkästen (2St)				

Kostenkennwerte für die Kostengruppen 500 der 3.Ebene DIN 276

KG	Kostengruppe	Menge Einheit	Kosten €	€/Einheit	€/m² BGF
561	**Allgemeine Einbauten**				
	4400-0288 Kinderkrippe (1 Gruppe, 12 Kinder) - Modulbauweise				
		416,26 m² AF	899	**2,16**	6,66
	Blumenkasten, l=155cm, b=30cm, h=27cm (1St), vorhandenes Spielplatzschild einbauen (1St)				
	6100-1282 Modulhäuser (34 WE) - Modulbauweise				
		3.023,71 m² AF	28.398	**9,39**	8,75
	Bänke, Metall (10St), Fahrradanlehnbügel (43St), Abfallbehälter, Stahlblech (3St), Absperrpoller, herausnehmbar, mit Schloss (2St)				
	6400-0114 Kirchliches Gemeindezentrum - Hoher Vorfertigungsgrad				
		724,11 m² AF	9.536	**13,17**	33,54
	Fahrradanlehnbügel (10St), Betonsitzbänke, Sitzfläche Holzlamellen (2St), Abfallbehälter (1St)				
562	**Besondere Einbauten**				
	6100-1282 Modulhäuser (34 WE) - Modulbauweise				
		3.023,71 m² AF	34.500	**11,41**	10,63
	Wackelbienen (3St), Doppelschaukel (1St), Spielturm mit Rutsche (1St), Sandkastenumrandung, Holz (13m), Balancierbalken (5St), Basketballkorbanlage, Stahl (1St), Streethockeytor (1St)				
563	**Orientierungs- und Informationssysteme**				
	6100-1282 Modulhäuser (34 WE) - Modulbauweise				
		3.023,71 m² AF	322	**0,11**	0,10
	Hinweisschild, Feuerwehrzufahrt mit Fundament und Halterung, verzinkt (1St)				

Kostenkennwerte für die Kostengruppen 500 der 3.Ebene DIN 276

KG	Kostengruppe	Menge Einheit	Kosten €	€/Einheit	€/m² BGF
571	**Vegetationstechnische Bodenbearbeitung**				
	4400-0288 Kinderkrippe (1 Gruppe, 12 Kinder) - Modulbauweise	23,00 m²	279	**12,11**	2,07
	Oberboden liefern, d bis 30cm, einbauen (7m³)				
	4400-0289 Kindergarten (1 Gruppe, 12 Kinder) - Modulbauweise	67,60 m²	935	**13,83**	9,02
	Oberboden liefern und einbauen für Versickerungsmulden (16m³), von Hand (3m³)				
	6100-1282 Modulhäuser (34 WE) - Modulbauweise	1.762,43 m²	9.412	**5,34**	2,90
	Oberboden einarbeiten, fräsen, d=20cm (1.762m²)				
	6400-0114 Kirchliches Gemeindezentrum - Hoher Vorfertigungsgrad	430,89 m²	7.369	**17,10**	25,91
	Vegetationsfläche fräsen, Planum (431m²), Oberboden auftragen (88m³), Liefermaterial (10m³), Pflanzgruben (3m²)				
572	**Sicherungsbauweisen**				
	6400-0114 Kirchliches Gemeindezentrum - Hoher Vorfertigungsgrad	314,45 m²	1.404	**4,46**	4,94
	Geotextil (314m²)				
573	**Pflanzflächen**				
	6100-1282 Modulhäuser (34 WE) - Modulbauweise	87,00 m²	6.713	**77,16**	2,07
	Weißdornhecke (68m), Ligusterhecke (35m), Laubbäume (2St)				
	6400-0114 Kirchliches Gemeindezentrum - Hoher Vorfertigungsgrad	430,89 m²	8.903	**20,66**	31,31
	Hochstammbäume, Pfahlverankerungen (2St), vorhandenen Baum umpflanzen (1St), Heckenpflanzen (480St), Bodendecker (190St), Rosen (43St), Stauden (40St), Gräser (32St), Blumensamen (9St)				
574	**Rasen- und Saatflächen**				
	4400-0288 Kinderkrippe (1 Gruppe, 12 Kinder) - Modulbauweise	218,20 m²	3.411	**15,63**	25,29
	Rasenansaat (152m²), Rollrasen (66m²)				
	4400-0289 Kindergarten (1 Gruppe, 12 Kinder) - Modulbauweise	67,60 m²	91	**1,35**	0,88
	Rasenansaat (68m²)				

KG	Kostengruppe	Menge Einheit	Kosten €	€/Einheit	€/m² BGF
	6100-1282 Modulhäuser (34 WE) - Modulbauweise				
		1.675,43 m²	5.497	**3,28**	1,69
	Feinplanum, Rasenansaat (1.675m²)				
579	**Sonstiges zur KG 570**				
	4400-0288 Kinderkrippe (1 Gruppe, 12 Kinder) - Modulbauweise				
		218,20 m² PSF	372	**1,70**	2,76
	Rasenbordsteine C12/15 (13m)				

Kostenkennwerte für die Kostengruppen 500 der 3. Ebene DIN 276

KG	Kostengruppe	Menge Einheit	Kosten €	€/Einheit	€/m² BGF
591	**Baustelleneinrichtung**				
	6100-1282 Modulhäuser (34 WE) - Modulbauweise				
		3.023,71 m² AF	11.633	**3,85**	3,58
	Baustelleneinrichtung (psch), Baustraße (344m²)				
	6400-0114 Kirchliches Gemeindezentrum - Hoher Vorfertigungsgrad				
		724,11 m² AF	6.899	**9,53**	24,26
	Baustelleneinrichtung (psch), Bauzaun umstellen (168m), Verkehrsführung ändern, Beschilderung (psch)				
594	**Abbruchmaßnahmen**				
	4400-0288 Kinderkrippe (1 Gruppe, 12 Kinder) - Modulbauweise				
		416,26 m² AF	1.821	**4,37**	13,50
	Abbruch von Betonpflaster, Betonborden, Einfassungen (141m²), Maschendrahtzaun (43m), Holzabfall; Entsorgung, Deponiegebühren				
	4400-0289 Kindergarten (1 Gruppe, 12 Kinder) - Modulbauweise				
		102,12 m² AF	240	**2,35**	2,32
	Zaun demontieren, entsorgen (17m), Grüngut entsorgen (0,50m³)				
	6400-0114 Kirchliches Gemeindezentrum - Hoher Vorfertigungsgrad				
		724,11 m² AF	1.175	**1,62**	4,13
	Pflaster aufnehmen, lagern (13m²), Abbruch von Betontragschicht (6m²); Entsorgung, Deponiegebühren				
596	**Materialentsorgung**				
	6400-0114 Kirchliches Gemeindezentrum - Hoher Vorfertigungsgrad				
		724,11 m² AF	784	**1,08**	2,76
	Mischabfälle; Entsorgung, Deponiegebühren (6m³)				

Positionen für den Neubau

013

Kosten:
Stand 2. Quartal 2025
Bundesdurchschnitt

Nr.	Kurztext / Stichworte					Kostengruppe
▶	▷	**ø brutto €**	◁	◀	[Einheit] Ausf.-Dauer	Positionsnummer
▶	▷	**ø netto €**	◁	◀		

1 Filtervlies, Klasse 2 KG **325**

Filtervlies; Geotextil, Klasse 2; Überlappungsbreite mind. 20cm; Baugrube

4€	6€	**7€**	9€	13€	[m²]	⏱ 0,01 h/m²	013.000.193
3€	5€	**6€**	8€	11€			

2 Tragschicht, Schotter, 30cm KG **325**

Tragschicht; Schotter 0/45; Dicke 30cm; einbringen, verdichten, Sollhöhe +/-3cm; unter Bodenplatte, Fundament

15€	23€	**28€**	28€	41€	[m²]	⏱ 0,10 h/m²	013.000.092
12€	20€	**23€**	24€	35€			

3 Trennlage, PE-Folie KG **325**

Trennlage; PE-Folie; 0,2mm; einlagig/zweilagig, überlappend verlegen; auf Kiesfilter/Sauberkeitsschicht

1€	3€	**3€**	4€	6€	[m²]	⏱ 0,02 h/m²	013.000.001
1€	2€	**3€**	3€	5€			

4 Glasschotter, unter Bodenplatte, 30cm KG **325**

Tragschicht; Glasschotter, WLG 080/110; Dicke 30cm; einbringen, verdichten, Sollhöhe +/-3cm; unter Bodenplatte, Fundament

50€	67€	**72€**	80€	97€	[m²]	⏱ 0,30 h/m²	013.000.094
42€	56€	**61€**	67€	82€			

5 Sauberkeitsschicht, Beton C8/10 KG **325**

Sauberkeitsschicht; Beton C8/10, unbewehrt; Dicke 5-10cm; unter Gründungsbauteilen

139€	215€	**254€**	271€	301€	[m³]	⏱ 0,55 h/m³	013.000.003
117€	181€	**214€**	228€	253€			

6 Gleitschicht, PE-Folie, zweilagig KG **325**

Gleitschicht; PE-Folie, 0,2mm; 2x0,2mm; zweilagig, Stöße überlappend; auf Sauberkeitsschicht

3€	5€	**6€**	7€	8€	[m²]	⏱ 0,10 h/m²	013.000.237
2€	4€	**5€**	6€	7€			

7 Fundament, Ortbeton C30/37 KG **322**

Fundament, Ortbeton; Stahlbeton C30/37, XC2/XF1; frostsicher

223€	251€	**265€**	297€	358€	[m³]	⏱ 0,80 h/m³	013.000.239
188€	211€	**223€**	250€	300€			

8 Schalung, Fundament, rau KG **322**

Schalung, Einzel- und Streifenfundament; raue Schalung; Gründungsbereich

32€	53€	**61€**	74€	110€	[m²]	⏱ 0,60 h/m²	013.000.006
27€	45€	**51€**	62€	92€			

▶ min
▷ von
ø Mittel
◁ bis
◀ max

Nr.	Kurztext / Stichworte						Kostengruppe
►	▷	**ø brutto €**	◁	◄	[Einheit]	Ausf.-Dauer	Positionsnummer
►	▷	**ø netto €**	◁	◄			

9 Aufzugsunterfahrt, Ortbeton C25/30 KG **322**

Aufzugsunterfahrt, Ortbeton; WU-Stahlbeton, C25/30, XC2, WF

270€	358€	**384€**	580€	899€	[m³]	⏱ 1,05 h/m³	013.000.241
227€	301€	**323€**	487€	756€			

10 Bodenplatte, Ortbeton, C25/30, bis 20cm KG **322**

Bodenplatte, Ortbeton; Stahlbeton, C25/30, XC2/XA1, WF; Dicke bis 20cm

174€	227€	**249€**	269€	323€	[m³]	⏱ 0,80 h/m³	013.000.197
146€	191€	**209€**	226€	271€			

11 Bodenplatte, Ortbeton, C25/30, bis 35cm KG **322**

Bodenplatte, Ortbeton; Stahlbeton C25/30, XC2/XA1, WF; Dicke 25-35cm

198€	244€	**264€**	283€	331€	[m³]	⏱ 0,80 h/m³	013.000.008
167€	205€	**222€**	238€	278€			

12 Bodenplatte, WU-Ortbeton C30/37, bis 35cm KG **322**

Bodenplatte, Ortbeton; WU-Stahlbeton, C30/37, XC2/XA1/XF1, WF; Dicke 25-35cm

195€	265€	**295€**	311€	365€	[m³]	⏱ 1,00 h/m³	013.000.009
164€	223€	**248€**	262€	307€			

13 Abdeckung, Folie, Hydrationsschutz KG **329**

Schutz gegen Hydrationswärme; Folie; Beschwerung Windsicherung, Kontrolle Abdeckung

0,9€	1,5€	**1,7€**	1,9€	2,3€	[m²]	⏱ 0,01 h/m²	013.000.191
0,7€	1,2€	**1,4€**	1,6€	1,9€			

14 Glätten, Betonoberfläche, Flügelglätter KG **322**

Betonoberfläche, Glätten; Abscheiben/Flügelglätten

5€	9€	**10€**	14€	25€	[m²]	⏱ 0,01 h/m²	013.000.085
4€	7€	**8€**	11€	21€			

15 Randschalung, Bodenplatte KG **322**

Randschalung, Bodenplatte; Dicke bis 30cm; ohne Anforderung Sichtfläche

11€	18€	**21€**	24€	31€	[m]	⏱ 0,10 h/m	013.000.025
9€	15€	**17€**	20€	26€			

16 Fugenband, Blechband KG **331**

Fugenband, W2.1-E; Blech, einseitig/beidseitig beschichtet; einlegen in Arbeitsfuge, inkl. Befestigungsmaterial; Bodenplatte und aufgehende Wand

27€	36€	**39€**	46€	61€	[m]	⏱ 0,20 h/m	013.000.148
23€	30€	**33€**	39€	52€			

Kosten:
Stand 2. Quartal 2025
Bundesdurchschnitt

Nr.	Kurztext / Stichworte						Kostengruppe
▶	▷	ø brutto €	◁	◀	[Einheit]	Ausf.-Dauer	Positionsnummer
▶	▷	ø netto €	◁	◀			
17	**Fugenband, Blech, Formstück**						KG **331**
Fugenband, Formstück; Blech; Eckausführung/T-Stoß							
40€	72€	**85€**	94€	126€	[St]	⏱ 0,30h/St	013.000.149
34€	61€	**71€**	79€	106€			
18	**Fugenband, Bewegungsfugen**						KG **331**
Fugenabdichtung, Bewegungsfuge; Fugenband; bei drückendem Wasser; Bodenplatte und aufgehende Wand							
38€	53€	**60€**	68€	91€	[m]	⏱ 0,25h/m	013.000.150
32€	44€	**50€**	57€	77€			
19	**Wand, Stahlbeton C25/30, 25cm, Schalung**						KG **331**
Wand, Ortbeton; Stahlbeton, C25/30, XC3/XF1; Dicke 25cm, Höhe bis 3,00m; Betonoberfläche nicht sichtbar; inkl. raue Schalung							
144€	179€	**195€**	215€	265€	[m²]	⏱ 0,70h/m²	013.000.170
121€	151€	**164€**	181€	223€			
20	**Schalung, Aufzugsschacht**						KG **341**
Schalung Aufzugsschacht; Höhe bis 3,50m; Kletterschalung							
58€	79€	**82€**	89€	102€	[m²]	⏱ 0,90h/m²	013.000.153
49€	66€	**69€**	75€	86€			
21	**Wandschalung, Türe 1.135mm**						KG **341**
Schalung, Türöffnung; glatte, nichtsaugende Schalung; 1.135x2.000/2.130mm, Dicke 20/25cm							
88€	153€	**180€**	208€	335€	[St]	⏱ 1,70h/St	013.000.177
74€	128€	**151€**	175€	281€			
22	**Wandschalung, Fenster bis 4,00m²**						KG **331**
Schalung Fenster; glatte, nichtsaugende Schalung; A bis 4,00m², Dicke 20/25cm							
97€	226€	**333€**	350€	479€	[St]	⏱ 2,40h/St	013.000.101
81€	190€	**280€**	294€	402€			
23	**Stütze, Ortbeton, Schalung, bis 40x40cm**						KG **343**
Innenstütze, Ortbeton; Stahlbeton C30/37; Querschnitt über 1225 bis 1600cm³, Höhe 2,80-3,00m							
125€	171€	**199€**	224€	268€	[m]	⏱ 0,95h/m	013.000.208
105€	144€	**168€**	188€	225€			
24	**Stb-Fertigteil, Treppenpodest**						KG **351**
Fertigteiltreppenpodest; Stahlbeton, XC1, WO; Verkehrslast 3,5/5,0kN/m²; Sichtbeton							
1.189€	2.261€	**2.711€**	3.254€	4.818€	[St]	⏱ 1,80h/St	013.000.213
999€	1.900€	**2.278€**	2.735€	4.049€			

▶ min
▷ von
ø Mittel
◁ bis
◀ max

Nr.	Kurztext / Stichworte						Kostengruppe
►	▷	ø brutto €	◁	◄	[Einheit]	Ausf.-Dauer	Positionsnummer
►	▷	ø netto €	◁	◄			

25 Stb-Fertigteil, Treppe, einläufig, 8 Stufen — KG **351**

Treppenlauf, Fertigteil; Stahlbeton, XC1, WO; 8 Stufen, Stg 17,5x28,0cm, Breite 100cm; Betonoberfläche sichtbar, einläufig

1.234€	1.744€	**1.804€**	2.219€	3.210€	[St]	⏱ 1,60h/St	013.000.103
1.037€	1.466€	**1.516€**	1.864€	2.698€			

26 Stb-Fertigteil, Treppe, einläufig, 16 Stufen — KG **351**

Fertigteiltreppe, einläufig; Stahlbeton, XC1, WO; 16 Stufen, Stg 17,5x27-28cm, Verkehrslast 3,5/5,0kN/m²; Sichtbeton, abgerieben, gespachtelt

2.866€	3.725€	**4.133€**	4.368€	5.224€	[St]	⏱ 2,20h/St	013.000.214
2.408€	3.130€	**3.473€**	3.670€	4.390€			

27 Elementdecke, 18cm, inkl. Aufbeton — KG **351**

Elementdecke, Halbfertigteil; Beton C35/37, XC1; Schalendicke 5cm, Plattendicke 18cm; Unterseite sichtbar; inkl. Aufbeton

70€	102€	**112€**	126€	156€	[m²]	⏱ 0,60h/m²	013.000.036
59€	85€	**94€**	106€	131€			

28 Aufbeton Elementdecke — KG **351**

Elementdecke, Ortbetonergänzung; Dicke 12-18cm

242€	263€	**271€**	289€	334€	[m³]	⏱ 0,20h/m³	013.000.216
204€	221€	**227€**	243€	280€			

29 Elementwand, 25cm, inkl. Wandbeton — KG **331**

Elementwand; Stahlbeton, C25/30 bis C35/37, XC1; Dicke 25cm; Betonoberfläche sichtbar; inkl. Füllbeton

153€	199€	**223€**	245€	290€	[m²]	⏱ 1,80h/m²	013.000.181
129€	167€	**188€**	206€	243€			

30 Stb-Fertigteil, Balkonplatte — KG **351**

Balkonplatte, Fertigteil; Stahlbeton, C25/30, XC4/XF1; Dicke bis 24cm; Betonoberfläche sichtbar

199€	260€	**313€**	333€	382€	[m²]	⏱ 1,50h/m²	013.000.081
167€	219€	**263€**	280€	321€			

31 Kellerlichtschacht, Kunststoffelement — KG **339**

Kellerlichtschacht; Polyester, glasfaserverstärkt; 80x60cm, Höhe 95cm; inkl. Gitterrost, begehbar/Pkw-befahrbar

186€	359€	**420€**	509€	734€	[St]	⏱ 1,10h/St	013.000.039
156€	302€	**353€**	428€	617€			

32 Kellerfenster, einflüglig bis 0,60m², in Schalung — KG **334**

Kellerfensterelement mit Wechselzarge; Ug=1,1W/m²K; A bis 0,60m², Verglasung 24mm; einflüglig, DK

297€	408€	**463€**	512€	614€	[St]	⏱ 1,00h/St	013.000.041
250€	343€	**389€**	430€	516€			

Nr.	Kurztext / Stichworte					Kostengruppe
▶	▷	**ø brutto €**	◁	◀	[Einheit] Ausf.-Dauer	Positionsnummer
▶	▷	**ø netto €**	◁	◀		

33 Fertigteilgarage, Beton C35/40 — KG **549**

Fertigteilgarage; Stahlbeton, C35/40, XC4/XF1; 6,00x3,00x2,50m, Tor 2,50x2,10m; Schwingtor, Grundleitungsanschluss

▶	▷	ø	◁	◀	Einheit	Ausf.-Dauer	Positionsnummer
–	10.637€	**12.001€**	12.881€	–	[St]	⏱ 9,00h/St	013.000.089
–	8.939€	**10.085€**	10.825€	–			

34 Fundamenterder, Stahlband — KG **446**

Fundamenterder; Stahlband, verzinkt; 30x3,5/26x4mm; in Fundamentbeton

▶	▷	ø	◁	◀	Einheit	Ausf.-Dauer	Positionsnummer
5€	9€	**11€**	16€	24€	[m]	⏱ 0,10h/m	013.000.043
4€	8€	**9€**	13€	21€			

Kosten:
Stand 2. Quartal 2025
Bundesdurchschnitt

35 Perimeterdämmung, Bodenplatte, XPS 035, 100mm — KG **325**

Perimeterdämmung; Polystyrolplatten, extrudiert, WLG 035; Dicke 100mm; umlaufender Stufenfalz; unter Bodenplatte

▶	▷	ø	◁	◀	Einheit	Ausf.-Dauer	Positionsnummer
30€	41€	**49€**	53€	66€	[m²]	⏱ 0,24h/m²	013.000.137
25€	34€	**41€**	44€	55€			

36 Perimeterdämmung, Bodenplatte, XPS 035, 120mm — KG **325**

Perimeterdämmung; Polystyrolplatten, extrudiert, WLG 035; 120mm; umlaufender Stufenfalz; unter Bodenplatte

▶	▷	ø	◁	◀	Einheit	Ausf.-Dauer	Positionsnummer
34€	50€	**57€**	68€	79€	[m²]	⏱ 0,24h/m²	013.000.138
29€	42€	**48€**	57€	67€			

37 Perimeterdämmung, Bodenplatte, XPS 035, 200mm — KG **325**

Perimeterdämmung; Polystyrolplatten, extrudiert, WLG 035; 200mm; umlaufender Stufenfalz; unter Bodenplatte

▶	▷	ø	◁	◀	Einheit	Ausf.-Dauer	Positionsnummer
58€	75€	**90€**	96€	107€	[m²]	⏱ 0,30h/m²	013.000.183
49€	63€	**75€**	80€	90€			

38 Perimeterdämmung, Wand, XPS 040, 100mm — KG **335**

Perimeterdämmung; Polystyrolplatten, extrudiert, WLG 040; 100mm; umlaufender Stufenfalz, geklebt; Außenwand erdberührt

▶	▷	ø	◁	◀	Einheit	Ausf.-Dauer	Positionsnummer
44€	49€	**56€**	73€	86€	[m²]	⏱ 0,32h/m²	013.000.144
37€	41€	**47€**	61€	72€			

39 Perimeterdämmung, Wand, XPS 040, 120mm — KG **335**

Perimeterdämmung; Polystyrolplatten, extrudiert, WLG 040; 120mm; umlaufender Stufenfalz, geklebt; Außenwand erdberührt

▶	▷	ø	◁	◀	Einheit	Ausf.-Dauer	Positionsnummer
51€	61€	**73€**	81€	97€	[m²]	⏱ 0,32h/m²	013.000.145
43€	51€	**61€**	68€	82€			

40 Trennwanddämmung, MW, schallbrückenfrei — KG **331**

Gebäudetrennfuge; Mineralwolle, nicht brennbar A1, WTH, WLG 035/040; 20/30cm; Haustrennwände

▶	▷	ø	◁	◀	Einheit	Ausf.-Dauer	Positionsnummer
11€	17€	**18€**	23€	32€	[m²]	⏱ 0,14h/m²	013.000.218
9€	14€	**15€**	19€	27€			

▶ min
▷ von
ø Mittel
◁ bis
◀ max

Nr.	Kurztext / Stichworte						Kostengruppe
▶	▷	**ø brutto €**	◁	◀	[Einheit]	Ausf.-Dauer	Positionsnummer
▶	▷	**ø netto €**	◁	◀			

41 Betonstahlmatten, BSt B500A/B500B KG **351**

Betonstahlmatten; Bst 500A/500B; Lagermatte/Listenmatte

1.743€	2.310€	**2.591€**	2.812€	3.424€	[t]	⏱ 0,18h/t	013.000.219
1.465€	1.941€	**2.178€**	2.363€	2.878€			

42 Betonstabstahl, BSt B500B KG **351**

Betonstabstahl; B500B; inkl. Anpassarbeiten

1.661€	2.389€	**2.675€**	3.053€	4.088€	[t]	⏱ 0,25h/t	013.000.230
1.396€	2.008€	**2.248€**	2.566€	3.435€			

43 Bewehrungszubehör, Abstandshalter KG **351**

Bewehrungszubehör, Abstandshalterböcke; Stahl, Kunststoff

3€	4€	**5€**	6€	8€	[kg]	⏱ 0,05h/kg	013.000.049
3€	4€	**4€**	5€	7€			

44 Bewehrungsstoß, 22-28mm KG **341**

Bewehrungsstoß; Durchmesser 22-28mm; Betonstabstahlverbindung, geschraubt/geklemmt

61€	82€	**89€**	95€	118€	[St]	⏱ 0,30h/St	013.000.126
51€	69€	**75€**	80€	99€			

45 Bewehrungs-/Rückbiegeanschluss, 80/120 KG **331**

Bewehrungsanschluss/Rückbiegeanschluss; HBT 80/120; zweilagig; an Wandschalung

25€	41€	**47€**	59€	78€	[m]	⏱ 0,25h/m	013.000.109
21€	35€	**40€**	50€	65€			

46 Balkonanschluss, Wärmedämmelement KG **351**

Balkonanschluss, Wärmedämmelement; EPS, WLS 035/031; Dämmung 80/120mm, Länge 1,00m

165€	412€	**479€**	580€	801€	[m]	⏱ 0,70h/m	013.000.059
138€	346€	**402€**	488€	673€			

47 TSD-Element, Bodenplatte/Treppenlauf gerade KG **351**

Trittschalldämmelement; gerader Treppenlauf, Podest

161€	186€	**199€**	203€	226€	[St]	⏱ 0,35h/St	013.000.222
135€	157€	**167€**	171€	190€			

48 TSD-Element, Anschluss, Fertigteilpodest/Wand KG **351**

Trittschalldämmelement; punktförmig; Anschluss; Fertigteilpodest, Wand

–	169€	**199€**	248€	–	[St]	⏱ 0,40h/St	013.000.259
–	142€	**167€**	209€	–			

Nr.	Kurztext / Stichworte						Kostengruppe
►	▷	**ø brutto €**	◁	◄	[Einheit]	Ausf.-Dauer	Positionsnummer
►	▷	**ø netto €**	◁	◄			

49 TSD-Element, Anschluss, Treppenpodest//Wand KG **351**

Trittschalldämmelement; Anschluss; Treppenpodest, Wand

153€	211€	**228€**	248€	323€	[St]	⏱ 0,54h/St	013.000.070
129€	177€	**192€**	209€	271€			

50 TSD-Element, Anschluss, Treppenlauf/Podest KG **351**

Trittschalldämmung; Anschluss; Treppenlauf an Podest

240€	263€	**275€**	291€	317€	[St]	⏱ 0,48h/St	013.000.223
201€	221€	**231€**	245€	266€			

Kosten:
Stand 2. Quartal 2025
Bundesdurchschnitt

► min
▷ von
ø Mittel
◁ bis
◄ max

Nr.	Kurztext / Stichworte					Kostengruppe
►	▷	ø brutto €	◁	◄	[Einheit] Ausf.-Dauer	Positionsnummer
►	▷	ø netto €	◁	◄		

Kosten:
Stand 2. Quartal 2025
Bundesdurchschnitt

1 Voranstrich, Natursteinbelag KG **353**

Grundierung, Natursteinbelag; Voranstrich; für Fliesenbelag

1€	3€	**4€**	5€	9€	[m²]	⏱ 0,05 h/m²	014.000.086
1€	3€	**3€**	4€	8€			

2 Innenbelag, Betonwerkstein KG **353**

Bodenbelag, Betonwerksteinplatten; feingeschliffen; Mörtel 30mm; einschichtig Dickbett, inkl. Fugenmörtel; Innenbereich

132€	148€	**153€**	170€	208€	[m²]	⏱ 1,10 h/m²	014.000.026
111€	125€	**128€**	143€	175€			

3 Innenbelag, Naturwerkstein, Granit KG **353**

Bodenbelag, Naturwerksteinplatten; Granit, poliert; Plattendicke bis 30mm; im Dünnbett, inkl. Fugenmörtel; Innenbereich

183€	224€	**240€**	254€	305€	[m²]	⏱ 1,10 h/m²	014.000.061
154€	188€	**201€**	214€	256€			

4 Sockel, Naturwerkstein, magmatisches Gestein KG **353**

Sockelleiste, Naturwerkstein; magmatisches Gestein, feingeschliffen; Plattendicke bis 15mm; auf Dünnbettmörtel, inkl. Verfugung; Innenbereich

23€	34€	**39€**	48€	68€	[m]	⏱ 0,25 h/m	014.000.023
19€	29€	**33€**	41€	57€			

5 Randplatte, Naturwerkstein, innen KG **353**

Randplatte, Naturwerkstein; Plattenbreite 280mm; im Dünnbett inkl. Verfugung; Innenbereich

88€	112€	**126€**	139€	161€	[m]	⏱ 0,40 h/m	014.000.032
74€	94€	**106€**	117€	135€			

6 Randplatte, Naturwerkstein, Treppenauge, innen KG **353**

Randplatte, Naturwerkstein; Plattenbreite 280mm; im Dünnbett inkl. Verfugung; Treppenauge, innen

90€	133€	**156€**	175€	217€	[m]	⏱ 0,60 h/m	014.000.033
76€	112€	**131€**	147€	182€			

7 Bodenprofil, Bewegungsfugen, Plattenbelag KG **353**

Bewegungsfugenprofil; Aluminium, E6/C0; Plattendicke 10mm; Fuge mit Kautschukprofil füllen

34€	62€	**72€**	78€	101€	[m]	⏱ 0,14 h/m	014.000.035
29€	52€	**60€**	66€	85€			

8 Trennschiene, Messing KG **353**

Trennschiene; Messing, matt/poliert; Werkstein-Bodenbelag, Innenbereich

31€	35€	**36€**	40€	46€	[m]	⏱ 0,12 h/m	014.000.036
26€	29€	**30€**	34€	39€			

► min
▷ von
ø Mittel
◁ bis
◄ max

Nr.	Kurztext / Stichworte						Kostengruppe
►	▷	ø brutto €	◁	◄	[Einheit]	Ausf.-Dauer	Positionsnummer
►	▷	ø netto €	◁	◄			

9 Trennschiene, Aluminium KG **353**

Trennschiene; Aluminium; Werkstein-Bodenbelag, Innenbereich

29€	35€	**37€**	46€	62€	[m]	⏱ 0,12h/m	014.000.037
24€	29€	**31€**	38€	52€			

10 Trennschiene, nichtrostender Stahl KG **353**

Trennschiene; Stahl, nichtrostend; Werkstein-Bodenbelag, Innenbereich

28€	40€	**45€**	53€	71€	[m]	⏱ 0,12h/m	014.000.038
24€	34€	**38€**	44€	60€			

11 Fugenabdichtung, elastisch, Silikon KG **353**

Fugenabdichtung, elastisch; Silikon; inkl. notwendiger Flankenvorbehandlung

8€	10€	**11€**	13€	15€	[m]	⏱ 0,05h/m	014.000.039
7€	9€	**9€**	11€	13€			

12 Treppenbelag, Naturwerkstein, Tritt-/Setzstufe KG **353**

Tritt- und Setzstufe; Naturstein; 1.000x290x175mm; mit Zementmörtel verlegen; Stahlbetonuntergrund

174€	200€	**214€**	238€	285€	[m]	⏱ 0,60h/m	014.000.021
146€	168€	**180€**	200€	239€			

13 Stufengleitschutzprofil, Treppe KG **353**

Stufengleitschutzprofil; Kunststoff, rutschhemmend; Breite 20mm; in Stufenvorderkante; Naturstein-/Betonwerksteinstufe

27€	31€	**32€**	33€	37€	[m]	⏱ 0,20h/m	014.000.022
23€	26€	**27€**	28€	31€			

14 Fensterbank, Naturwerkstein, innen KG **334**

Fensterbank, Naturwerkstein, innen; gefast; Breite 250mm, Dicke 25mm; Mörtelbett, verfugen

46€	74€	**83€**	90€	118€	[m]	⏱ 0,42h/m	014.000.087
39€	62€	**70€**	76€	99€			

15 Fensterbank, Naturwerkstein, außen KG **334**

Fensterbank, Naturwerkstein außen; Granit/Sandstein, gefast; Breite 30mm, Dicke 3cm; Mörtelbett, verfugen

86€	127€	**141€**	157€	200€	[m]	⏱ 0,45h/m	014.000.007
72€	107€	**118€**	132€	168€			

16 Fensterbank, Betonwerkstein, außen KG **334**

Fensterbank, Betonwerkstein, außen; Oberfläche bruchrau/gesägt/geschliffen/poliert, Kante gefast/scharfkantig; Breite 30cm, Dicke 5cm; Mörtelbett, verfugen

86€	101€	**113€**	132€	152€	[m]	⏱ 0,45h/m	014.000.008
72€	85€	**95€**	111€	128€			

Nr.	Kurztext / Stichworte						Kostengruppe
►	▷	ø brutto €	◁	◄	[Einheit]	Ausf.-Dauer	Positionsnummer
►	▷	ø netto €	◁	◄			
17	**Fensterbank, Betonwerkstein, innen**						KG **334**
Fensterbank, Betonwerkstein, innen; gefast; Breite 250mm, Dicke 50mm; Mörtelbett, verfugen							
46€	72€	**81€**	89€	118€	[m]	⏱ 0,42h/m	014.000.009
39€	60€	**68€**	75€	99€			

Kosten:
Stand 2. Quartal 2025
Bundesdurchschnitt

► min
▷ von
ø Mittel
◁ bis
◄ max

Nr.	Kurztext / Stichworte						Kostengruppe
▶	▷	**ø brutto €**	◁	◀	[Einheit]	Ausf.-Dauer	Positionsnummer
▶	▷	**ø netto €**	◁	◀			

1 Abbund/Aufstellen, Dachkonstruktion, Bauschnittholz/KVH KG **361**

Abbinden und Aufstellen; Bauschnittholz, Konstruktionsvollholz; bis 20x30cm, Länge bis 8,00m; Dachkonstruktion

12€	15€	**16€**	20€	28€	[m]	⏱ 0,22h/m	016.001.128
10€	13€	**14€**	17€	24€			

2 Abbund/Verlegen, Deckenkonstruktion, Bauschnittholz/KVH KG **361**

Abbinden und Verlegen; Bauschnittholz, Konstruktionsvollholz; bis 14x24cm, Länge bis 8,00m; Deckenkonstruktion

10€	13€	**14€**	16€	26€	[m]	⏱ 0,20h/m	016.000.086
9€	11€	**12€**	13€	21€			

3 Abbund/Aufstellen, Dach-/Deckenkonstruktion, BSH KG **361**

Abbinden und Aufstellen; Brettschichtholz; bis 10x40cm, Länge bis 12,00m; sichtbar/nicht sichtbar; Dach-/Deckenkonstruktion

14€	20€	**22€**	26€	32€	[m]	⏱ 0,25h/m	016.000.005
12€	17€	**19€**	22€	27€			

4 Holzdach, vorgefertigt, OSB-Belag/Bekleidung KG **361**

Holzdach, vorgefertigt; Nadelholz, MW, OSB; Höhe 260mm

–	178€	**209€**	240€	–	[m²]	⏱ 0,20h/m²	016.001.148
–	149€	**176€**	202€	–			

5 Zwischensparrendämmung MW, DZ-034, 140mm KG **363**

Zwischensparrendämmung; Mineralwolle, WLS 034, A1; 140mm

23€	26€	**30€**	32€	34€	[m²]	⏱ 0,20h/m²	016.001.111
19€	22€	**26€**	27€	28€			

6 Zwischensparrendämmung MW, DZ-034, 200mm KG **363**

Zwischensparrendämmung; Mineralwolle, WLS 034, A1; Dicke 200mm

29€	36€	**38€**	39€	46€	[m²]	⏱ 0,24h/m²	016.000.135
24€	30€	**32€**	33€	39€			

7 Zwischensparrendämmung MW, DZ-034, 220mm KG **363**

Zwischensparrendämmung; Mineralwolle, WLS 034, A1; 220mm

31€	37€	**40€**	44€	53€	[m²]	⏱ 0,25h/m²	016.000.136
26€	31€	**33€**	37€	44€			

8 Zwischensparrendämmung WF, DZ-038, 180mm KG **363**

Zwischensparrendämmung; Holzfaser, WLS 038, E normal entflammbar; 180mm; einlagig

34€	38€	**40€**	42€	44€	[m²]	⏱ 0,24h/m²	016.000.128
28€	32€	**34€**	36€	37€			

016

Kosten:
Stand 2. Quartal 2025
Bundesdurchschnitt

▶ min
▷ von
ø Mittel
◁ bis
◀ max

Nr.	Kurztext / Stichworte						Kostengruppe
►	▷	ø brutto €	◁	◄	[Einheit]	Ausf.-Dauer	Positionsnummer
►	▷	ø netto €	◁	◄			
9	**Zwischensparrendämmung WF, DZ-038, 200mm**						KG **363**
Zwischensparrendämmung; Holzfaser, WLS 038,E; 200mm; einlagig							
36€	41€	**43€**	46€	48€	[m²]	⏱ 0,25h/m²	016.000.138
30€	34€	**36€**	38€	40€			
10	**Zwischensparrendämmung WF, DZ-038, 220mm**						KG **363**
Zwischensparrendämmung; Holzfaser, WLS 038, E normal entflammbar; 220mm; einlagig							
38€	43€	**46€**	48€	51€	[m²]	⏱ 0,25h/m²	016.000.139
32€	36€	**38€**	41€	43€			
11	**Einblasdämmung, Dach, Zellulose, 300mm**						KG **363**
Einblasdämmung, DZ; Zellulosefasern, WLG 040, E; Dicke 300mm; inkl. verdichten							
34€	45€	**51€**	55€	67€	[m²]	⏱ 0,20h/m²	016.000.127
29€	38€	**43€**	46€	56€			
12	**Einblasdämmung, Dach, Zellulose**						KG **363**
Einblasdämmung, DZ; Zellulosefasern, WLG 040, E; Dicke 100-400mm; inkl. verdichten							
126€	148€	**156€**	179€	219€	[m³]	⏱ 0,65h/m³	016.000.069
106€	125€	**131€**	150€	184€			
13	**Einblasdämmung, Wand, Zellulose**						KG **332**
Einblasdämmung, WH; Zellulosefasern, WLG 040, E							
120€	145€	**153€**	171€	218€	[m³]	⏱ 0,60h/m³	016.001.165
101€	122€	**129€**	144€	183€			
14	**Dachschalung, Holzspanplatte P5, 25mm**						KG **363**
Schalung, Dach; Spanplatte, P5; Dicke bis 25mm; NF-System							
26€	31€	**34€**	39€	53€	[m²]	⏱ 0,20h/m²	016.001.101
22€	26€	**29€**	33€	44€			
15	**Dachschalung, Traufe, Bretter gehobelt, 24mm**						KG **363**
Dachschalung, Traufe; Nadelholz, S10 einseitig gehobelt; Dicke 24mm, Breite bis 300mm; genagelt, Holzuntergrund							
20€	26€	**28€**	31€	39€	[m]	⏱ 0,35h/m	016.000.021
17€	22€	**23€**	26€	33€			
16	**Schrägschnitt, Dachschalung**						KG **361**
Schrägschnitte; Dachschalung							
6€	8€	**9€**	10€	12€	[m]	⏱ 0,02h/m	016.001.130
5€	7€	**8€**	8€	10€			

Nr.	Kurztext / Stichworte						Kostengruppe
▶	▷	ø brutto €	◁	◀	[Einheit]	Ausf.-Dauer	Positionsnummer
▶	▷	ø netto €	◁	◀			

Kosten:
Stand 2. Quartal 2025
Bundesdurchschnitt

17 Bauteilanschluss, Dichtungsband, vorkomprimiert — KG **361**

Abdichtungsanschluss; Dichtungsband

3€	5€	**6€**	8€	11€	[m]	⏱ 0,04 h/m	016.000.034
2€	4€	**5€**	6€	9€			

18 Unterspannung, belüftetes Dach — KG **363**

Unterdach, Unterspannung; Unterdeckbahn UDB-A, Klasse E; Sd ca. 0,3m; frei belüftet

7€	10€	**11€**	13€	16€	[m²]	⏱ 0,08 h/m²	016.001.120
6€	8€	**9€**	11€	14€			

19 Dampfbremse, unbelüftetes Dach, sd>0,5m — KG **364**

Dampfbremsbahn, diffusionsbremsend; PE-Folie; sd-Wert über 0,50m; verkleben/verschweißen; Dach

7€	11€	**13€**	16€	22€	[m²]	⏱ 0,08 h/m²	016.000.090
6€	9€	**11€**	13€	19€			

20 Abdichtungsanschluss verkleben, Dampfsperrbahn — KG **363**

Abdichtungsanschluss; Dampfsperrbahn an Dachfenster/Kehlen/Grate

2€	5€	**6€**	9€	15€	[m]	⏱ 0,10 h/m	016.000.038
2€	4€	**5€**	8€	13€			

21 Abdichtungsanschluss verkleben, Dampfbremsbahn — KG **363**

Abdichtungsanschluss; Dampfbremsbahn auf Holzwerkstoff

4€	9€	**11€**	14€	21€	[m]	⏱ 0,10 h/m	016.000.113
3€	7€	**10€**	12€	17€			

22 Ausgleichsschicht, unter Wand, Mörtel — KG **331**

Ausgleichsschicht; Mörtel; unter Holzbauwand

–	21€	**23€**	27€	–	[m]	⏱ 0,10 h/m	016.001.140
–	17€	**19€**	23€	–			

23 Trennlage, Bitumenbahn — KG **361**

Trennlage; Bitumenbahn G200DD; unter Holzwände

2€	4€	**5€**	7€	13€	[m]	⏱ 0,08 h/m	016.000.047
1€	3€	**4€**	6€	11€			

24 Nivellierschwelle, Wandelemente — KG **331**

Nivellierschwelle; Nadelholz C24; Querschnitt 60x160mm; inkl. Befestigungsmaterial und Quellmörtel; auf Stahlbetonbodenplatte

18€	27€	**30€**	35€	49€	[m]	⏱ 0,11 h/m	016.001.143
15€	23€	**25€**	29€	41€			

▶ min
▷ von
ø Mittel
◁ bis
◀ max

Nr.	**Kurztext** / Stichworte						Kostengruppe
►	▷	**ø brutto €**	◁	◄	[Einheit]	Ausf.-Dauer	Positionsnummer
►	▷	**ø netto €**	◁	◄			

25 Anschluss, Bodenplatte, luftdicht KG **331**

Anschluss Außenwand, Bodenplatte; sd >20m; luftdicht

9€	14€	**16€**	17€	20€	[m]	⏱ 0,10 h/m	016.001.141
8€	12€	**13€**	15€	16€			

26 Außenwand, Holzrahmen, 160mm, Dämmung, Bekleidungen KG **337**

Außenwand, Holzrahmenkonstruktion; Nadelholz, c24, S10, OSB/2; Wanddicke, 160mm, Dämmdicke 160mm; WF-Bekleidung außen

163€	196€	**206€**	217€	243€	[m²]	⏱ 0,80 h/m²	016.000.025
137€	165€	**173€**	182€	204€			

27 Außenwand, Holzrahmen, 200mm, Dämmung, Bekleidungen KG **337**

Außenwand, Holzrahmenkonstruktion; Nadelholz, c24, S10, OSB/2; Wanddicke 200mm, Dämmdicke 200mm; WF-Bekleidung außen

184€	207€	**216€**	237€	287€	[m²]	⏱ 0,80 h/m²	016.001.156
155€	174€	**182€**	199€	241€			

28 Außenwand, Holzrahmen, 240mm, Dämmung, Bekleidungen KG **337**

Außenwand, Holzrahmenkonstruktion; Nadelholz, c24, S10, OSB/2; Dämmdicke 240mm, Wanddicke 240mm; WF-Bekleidung außen

189€	226€	**243€**	271€	310€	[m²]	⏱ 0,80 h/m²	016.001.173
159€	190€	**204€**	228€	260€			

29 Außenwand, Holzrahmen, 160mm, WF-Dämmung, Bekleidungen KG **337**

Außenwand, Holzrahmenkonstruktion; Nadelholz, c24, S10, OSB/2; Dämmdicke 200mm, Wanddicke 160mm; WF-Bekleidung außen

182€	198€	**228€**	255€	296€	[m²]	⏱ 0,80 h/m²	016.001.220
153€	166€	**191€**	214€	249€			

30 Außenwand, Holzrahmen, 200mm, WF-Dämmung, Bekleidungen KG **337**

Außenwand, Holzrahmenkonstruktion; Nadelholz, c24, S10, OSB/2; Dämmdicke 200mm, Wanddicke 200mm; WF-Bekleidung außen

191€	208€	**239€**	268€	311€	[m²]	⏱ 0,80 h/m²	016.001.174
161€	175€	**201€**	225€	261€			

31 Außenwand, tragend, Holztafeln 16cm, MW, OSB-Platte, Gipsplatte KG **331**

Außenwand, Holztafel; Holzständer, OSB, MW, GF; Holzständer Dicke 160mm

–	171€	**204€**	259€	–	[m²]	⏱ 0,15 h/m²	016.001.202
–	144€	**171€**	218€	–			

Nr.	Kurztext / Stichworte						Kostengruppe
▶	▷	ø brutto €	◁	◀	[Einheit]	Ausf.-Dauer	Positionsnummer
▶	▷	ø netto €	◁	◀			

32 Außenwand, tragend, Holztafeln 16cm, WF, OSB-Platte, Gipsplatte KG **331**

Außenwand, Holztafel; Holzständer, OSB, WF, GF; Holzständer Dicke 160mm

–	176€	**209€**	265€	–	[m²]	⏱ 0,15h/m²	016.001.203
–	148€	**176€**	223€	–			

33 Außenwand, tragend, Holztafeln 16cm, Zellulose, OSB-Platte, Gipsplatte KG **331**

Außenwand, Holztafel; Holzständer, OSB, Zellulose, GF; Holzständer Dicke 160mm

–	162€	**193€**	245€	–	[m²]	⏱ 0,15h/m²	016.001.204
–	136€	**162€**	206€	–			

Kosten:
Stand 2.Quartal 2025
Bundesdurchschnitt

34 Außenwand, tragend, Holztafeln 20cm, MW, OSB-Platte, Gipsplatte KG **331**

Außenwand, Holztafel; Holzständer, OSB, MW, GF; Holzständer Dicke 200mm

–	184€	**220€**	279€	–	[m²]	⏱ 0,15h/m²	016.001.205
–	155€	**184€**	234€	–			

35 Außenwand, tragend, Brettstapel, 120mm KG **331**

Außenwand, Brettstapelelement; Nadelholz; Dicke 120mm; tragend, aussteifend

146€	156€	**168€**	185€	206€	[m²]	⏱ 0,20h/m²	016.001.187
123€	131€	**141€**	155€	174€			

36 Außenwand, tragend, Brettstapel, 140mm KG **341**

Außenwand, Brettstapelelement; Nadelholz; Dicke 140mm; tragend, aussteifend

177€	189€	**203€**	224€	250€	[m²]	⏱ 0,20h/m²	016.001.200
149€	159€	**171€**	188€	210€			

37 Außenwand, tragend, Brettstapel, 160mm KG **331**

Außenwand, Brettstapelelement; Nadelholz; Dicke 160mm; tragend, aussteifend

214€	228€	**245€**	270€	302€	[m²]	⏱ 0,20h/m²	016.001.158
179€	192€	**206€**	227€	254€			

38 Außenwand, tragend, Brettstapel, 200mm KG **331**

Außenwand, Brettstapelelement; Nadelholz; Dicke 200mm; tragend, aussteifend

281€	301€	**323€**	356€	398€	[m²]	⏱ 0,20h/m²	016.001.188
236€	253€	**272€**	299€	334€			

39 Außenwand, tragend, Brettsperrholz, bis 85mm KG **331**

Außenwand, Brettsperrholz; Nadelholz; Dicke 120mm; tragend, aussteifend

149€	164€	**170€**	174€	183€	[m²]	⏱ 0,20h/m²	016.001.196
125€	138€	**142€**	146€	154€			

▶ min
▷ von
ø Mittel
◁ bis
◀ max

Nr.	Kurztext / Stichworte						Kostengruppe
▶	▷	**ø brutto €**	◁	◀	[Einheit]	Ausf.-Dauer	Positionsnummer
▶	▷	**ø netto €**	◁	◀			

40 Außenwand, tragend, Brettsperrholz, bis 100mm KG **331**

Außenwand, Brettsperrholz; Nadelholz; Dicke 120mm; tragend, aussteifend

170€	177€	**179€**	179€	187€	[m²]	⏱ 0,20 h/m²	016.001.197
143€	149€	**150€**	151€	157€			

41 Außenwand, tragend, Brettsperrholz, bis 120mm KG **331**

Außenwand, Brettsperrholz; Nadelholz; Dicke 120mm; tragend, aussteifend

173€	196€	**201€**	207€	253€	[m²]	⏱ 0,20 h/m²	016.001.189
145€	165€	**169€**	174€	212€			

42 Außenwand, tragend, Brettsperrholz, bis 160mm KG **331**

Außenwand, Brettsperrholz; Nadelholz; Dicke 160mm; tragend, aussteifend

220€	235€	**253€**	278€	311€	[m²]	⏱ 0,20 h/m²	016.001.199
185€	198€	**212€**	234€	261€			

43 Außenwand, Holzstegträger, Zellulose, OSB, WF-Bekleidung KG **337**

Wandelement, Doppelstegträger; Beplankung außen Holzfaserplatte, Einblasdämmung, Schüttung Zellulosefasern WLG 040, OSB/4; Beplankung innen

232€	263€	**278€**	315€	367€	[m²]	⏱ 1,30 h/m²	016.000.066
195€	221€	**234€**	265€	308€			

44 Außenbekleidung, Unterdeckung, MDF, 16mm KG **335**

Außenwandbekleidung, Unterdeckung; Holzfaserplatten, MDF; Dicke 16mm; Außenwand

16€	25€	**32€**	36€	43€	[m²]	⏱ 0,25 h/m²	016.001.149
14€	21€	**27€**	30€	36€			

45 Außenwandbekleidung, Dreischichtplatte, 30mm KG **335**

Außenbekleidung; Drei-Schicht-Massivholzplatte; Dicke 30mm; verschraubt, Sichtklasse A, Holzuntergrund

63€	85€	**96€**	111€	136€	[m²]	⏱ 0,25 h/m²	016.001.137
53€	72€	**81€**	93€	114€			

46 Außenwandbekleidung, Fasenbretter, 24mm KG **335**

Außenwandbekleidung, Fasenbretter; Nadelholz, gehobelt; Dicke 24mm

107€	122€	**133€**	148€	183€	[m²]	⏱ 0,70 h/m²	016.001.152
90€	103€	**112€**	124€	154€			

47 Außenwandbekleidung, Boden-Deckel, 24mm KG **335**

Außenwandbekleidung; Nadelholz, gehobelt; Dicke 24mm; sichtbar befestigt

119€	137€	**148€**	163€	198€	[m²]	⏱ 0,64 h/m²	016.001.153
100€	115€	**124€**	137€	167€			

Kosten:
Stand 2. Quartal 2025
Bundesdurchschnitt

Nr.	**Kurztext** / Stichworte						Kostengruppe
▶	▷	**ø brutto €**	◁	◀	[Einheit]	Ausf.-Dauer	Positionsnummer
▶	▷	**ø netto €**	◁	◀			
48	**Außenwandbekleidung, Stülpschalung, 24mm**						KG **335**
	Außenwandbekleidung, Stülpschalung; Nadelholz, gehobelt; Dicke 24mm; sichtbar befestigt						
102€	119€	**126€**	143€	175€	[m²]	⏱ 0,76 h/m²	016.001.151
86€	100€	**106€**	120€	147€			
49	**Außenwandbekleidung, offen, Rhombusprofil, 28mm**						KG **335**
	Außenwandbekleidung, Rhombusschalung; Nadelholz, gehobelt, abgeschrägt; Dicke 28mm; sichtbar befestigt						
85€	110€	**118€**	127€	149€	[m²]	⏱ 0,86 h/m²	016.001.150
72€	92€	**99€**	106€	125€			
50	**Außenbekleidung, Laibung, Holzbrett, 24mm**						KG **335**
	Laibungsbekleidung; Nadelholz, gehobelt; 24/28mm; Betonoberfläche sichtbar; Fenster/Türen						
15€	27€	**35€**	42€	57€	[m]	⏱ 0,06 h/m	016.000.156
13€	23€	**29€**	35€	48€			
51	**Innenbekleidung, Trockenbereich, OSB/2, 18mm**						KG **336**
	Innenbekleidung; OSB/2, Flachpressplatte; Dicke 18mm; genagelt; Trockenbereich						
18€	31€	**32€**	35€	42€	[m²]	⏱ 0,20 h/m²	016.000.150
15€	26€	**27€**	30€	35€			
52	**Innenbekleidung, Trockenbereich, OSB/3, 15mm**						KG **336**
	Innenbekleidung; OSB/3, Flachpressplatte; Dicke 15mm; genagelt; Trockenbereich						
22€	31€	**35€**	37€	43€	[m²]	⏱ 0,20 h/m²	016.000.084
18€	26€	**29€**	31€	36€			
53	**Innenbekleidung, Trockenbereich, OSB/3, 22mm**						KG **336**
	Innenbekleidung; OSB/3, Flachpressplatte; Dicke 22mm; Trockenbereich						
32€	37€	**40€**	44€	50€	[m²]	⏱ 0,22 h/m²	016.000.101
27€	31€	**34€**	37€	42€			
54	**Innenbekleidung, Feuchtebereich, OSB/4, 22mm**						KG **336**
	Innenbekleidung; OSB/4, Flachpressschalung; Dicke bis 22mm; Flachpressschalung						
32€	41€	**46€**	50€	59€	[m²]	⏱ 0,22 h/m²	016.000.075
27€	35€	**38€**	42€	50€			
55	**Innenbekleidung, Feuchtebereich, OSB/4, 28mm**						KG **336**
	Innenbekleidung; OSB/4, Flachpressschalung; Dicke 25-28mm; Feuchtebereich						
35€	44€	**49€**	57€	75€	[m²]	⏱ 0,25 h/m²	016.000.102
30€	37€	**41€**	48€	63€			

▶ min
▷ von
ø Mittel
◁ bis
◀ max

Nr.	Kurztext / Stichworte						Kostengruppe
►	▷	ø brutto €	◁	◄	[Einheit]	Ausf.-Dauer	Positionsnummer
►	▷	ø netto €	◁	◄			

56 Innenbekleidung, Laibung, OSB-Platten KG **336**

Innenbekleidung, Laibung; OSB/3; Tiefe 300mm; auf Holz UK; Trockenbereich

–	24€	**29€**	37€	–	[m]	⏱ 0,35h/m	016.001.169
–	20€	**24€**	31€	–			

57 Innenbekleidung, Sperrholz, 22mm KG **336**

Innenbekleidung; Sperrholzplatte; Dicke 22mm; auf Holzuntergrund; Trockenbereich, innen

43€	61€	**70€**	77€	100€	[m²]	⏱ 0,26h/m²	016.000.010
36€	51€	**59€**	65€	84€			

58 Innenbekleidung, Laibung, Sperrholz KG **336**

Innenbekleidung, Laibung; Sperrholzplatte; Dicke 30mm; auf Holzuntergrund; innen

–	52€	**62€**	79€	–	[m]	⏱ 0,35h/m	016.001.170
–	44€	**52€**	67€	–			

59 Innenbekleidung, Furnierschichtholz, 27mm KG **336**

Innenbekleidung; Furnierschichtholzplatte; Dicke 27mm; geklammert, Holzuntergrund

53€	69€	**76€**	81€	96€	[m²]	⏱ 0,33h/m²	016.000.063
44€	58€	**64€**	68€	80€			

60 Innenbekleidung, Dreischichtplatte, 26mm KG **336**

Innenbekleidung; 3-Schicht Massivholzplatte; Dicke 26; verschraubt, Sichtklasse A, Holzuntergrund

55€	76€	**79€**	89€	106€	[m²]	⏱ 0,38h/m²	016.000.096
46€	64€	**67€**	74€	89€			

61 Installationsebene, Wand, GK, Holzlattung, gedämmt KG **345**

Installationsebene; GK Typ A; Plattendicke 12,5mm; auf Holzwand; innen

47€	56€	**66€**	66€	73€	[m²]	⏱ 0,70h/m²	016.001.201
39€	47€	**55€**	56€	61€			

62 Dämmung, Außenwand, MW 035, 200mm KG **335**

Außenwanddämmung, WH; Mineralwolle, WLG 035, A1; Dicke 200mm; einlagig, als Matte, stumpf gestoßen

22€	28€	**32€**	33€	39€	[m²]	⏱ 0,22h/m²	016.000.143
18€	24€	**27€**	28€	33€			

63 Außenwanddämmung, Holzfaserplatte, 60mm KG **335**

Außenwanddämmung, WF; Holzfaserplatte, Klasse E; 60mm; NF-Profil; Außenwand

38€	45€	**48€**	48€	59€	[m²]	⏱ 0,22h/m²	016.001.142
32€	38€	**40€**	41€	50€			

Nr.	Kurztext / Stichworte						Kostengruppe
▶	▷	ø brutto €	◁	◀	[Einheit]	Ausf.-Dauer	Positionsnummer
▶	▷	ø netto €	◁	◀			

64 Außenwanddämmung, Holzfaserplatte, 80mm KG **335**

Wärmedämmung; Holzfaserplatte WF, Klasse E; 80mm; NF-Profil; Außenwand

42€	49€	**53€**	55€	61€	[m²]	⏱ 0,22h/m²	016.000.153
35€	41€	**45€**	46€	51€			

65 Innenwand, Holzrahmen, 12cm, Dämmung, beplankt KG **342**

Innenwand, Holzrahmenkonstruktion, tragend; Nadelholz, S10, C24, Dämmung; Dicke 12cm; 1.Seite OSB-beplankt, 2.Seite Gipsplattenbekleidung

115€	122€	**134€**	150€	171€	[m²]	⏱ 0,65h/m²	016.001.178
97€	102€	**112€**	126€	144€			

66 Innenwand, Holzrahmen, 16cm, Dämmung, beplankt KG **342**

Innenwand, Holzrahmenkonstruktion, tragend; Nadelholz, S10, C24, Dämmung; Dicke 16cm; 1.Seite OSB-beplankt, 2.Seite Gipsplattenbekleidung

131€	139€	**153€**	171€	195€	[m²]	⏱ 0,65h/m²	016.001.179
110€	117€	**128€**	144€	164€			

67 Innenwand, Holzrahmen, 20cm, Dämmung, beplankt KG **342**

Innenwand, Holzrahmenkonstruktion, tragend; Nadelholz, S10, C24, Dämmung; Dicke 20cm; 1.Seite OSB-beplankt, 2.Seite Gipsplattenbekleidung

148€	156€	**172€**	192€	220€	[m²]	⏱ 0,65h/m²	016.001.180
124€	131€	**144€**	162€	185€			

68 Innenwand, tragend, Holztafeln 12cm, MW, OSB/Gipsplatten KG **341**

Innenwand, Holztafeln, tragend; OSB-Platte 15mm, GF-Platte 12,5mm, MW; Plattendicke 12cm; beidseitig beplankt, Q2

–	143€	**170€**	216€	–	[m²]	⏱ 0,13h/m²	016.001.208
–	120€	**143€**	181€	–			

69 Innenwand, tragend, Holztafeln 12cm, WF, OSB/Gipsplatten KG **341**

Innenwand, Holztafeln, tragend; OSB-Platte 15mm, GF-Platte 12,5mm, WF; Plattendicke 12cm; beidseitig beplankt, Q2

–	147€	**175€**	223€	–	[m²]	⏱ 0,13h/m²	016.001.209
–	124€	**147€**	187€	–			

70 Innenwand, tragend, Holztafeln 12cm, Zellulose, OSB/Gipsplatten KG **341**

Innenwand, Holztafeln, tragend; OSB-Platte 15mm, GF-Platte 12,5mm, Zellulose; Plattendicke; beidseitig beplankt, Q2, Einblasdämmung

–	135€	**161€**	205€	–	[m²]	⏱ 0,13h/m²	016.001.210
–	114€	**136€**	172€	–			

71 Innenwand, tragend, Holztafeln 16cm, MW, Gipsplatten KG **341**

Innenwand, Holztafeln, tragend; 2x GF-Platte 12,5mm, MW; Plattendicke 16cm; beidseitig beplankt, Q2

–	178€	**212€**	269€	–	[m²]	⏱ 0,13h/m²	016.001.212
–	150€	**178€**	226€	–			

Kosten:
Stand 2.Quartal 2025
Bundesdurchschnitt

▶ min
▷ von
ø Mittel
◁ bis
◀ max

Nr.	Kurztext / Stichworte						Kostengruppe
▶	▷	**ø brutto €**	◁	◀	[Einheit]	Ausf.-Dauer	Positionsnummer
▶	▷	**ø netto €**	◁	◀			

72 Innenwand, tragend, Holztafeln 16cm, WF, Gipsplatten KG **341**

Innenwand, Holztafeln, tragend; 2x GF-Platte 12,5mm, WF; Plattendicke 16cm; beidseitig beplankt, Q2

–	183€	**217€**	276€	–	[m²]	⏱ 0,13h/m²	016.001.213
–	153€	**183€**	232€	–			

73 Innenwand, tragend, Holztafeln 16cm, Zellulose, Gipsplatten KG **341**

Innenwand, Holztafeln, tragend; 2x GF-Platte, Zellulose; Plattendicke 16cm; beidseitig beplankt, Einblasdämmung, Q2

–	171€	**203€**	258€	–	[m²]	⏱ 0,13h/m²	016.001.214
–	144€	**171€**	217€	–			

74 Innenwand, nichttragend, Holzrahmen, 10cm, MW, beplankt KG **342**

Innenwand, Holzrahmenkonstruktion, nichttragend; Nadelholz, S10, C24, Mineralfaserdämmung, WLG 040; Dicke 10cm; beplankt

89€	93€	**93€**	96€	101€	[m²]	⏱ 0,65h/m²	016.000.023
75€	78€	**78€**	80€	85€			

75 Innenwand, nichttragend, Holzrahmen, 10cm, WF, beplankt KG **342**

Innenwand, Holzrahmenkonstruktion, nichttragend; Nadelholz, S10, C24, Holzfaserdämmung, WLG 040; Dicke 10cm; beplankt

94€	106€	**107€**	109€	117€	[m²]	⏱ 0,65h/m²	016.001.175
79€	89€	**90€**	92€	99€			

76 Innenwand, nichttragend, Holzrahmen, 10cm, Zellulose, beplankt KG **342**

Innenwand, Holzrahmenkonstruktion, nichttragend; Nadelholz, S10, C24, Zellulosedämmschicht, WLG 040; Dicke 10cm; beplankt

82€	87€	**95€**	107€	122€	[m²]	⏱ 0,65h/m²	016.001.176
69€	73€	**80€**	90€	103€			

77 Innenwand, nichttragend, Holzrahmen, 12cm, MW, beplankt KG **342**

Innenwand, Holzrahmenkonstruktion, nichttragend; Nadelholz, S10, C24, Mineralwolledämmschicht, WLG 040; Dicke 12cm; beplankt

101€	107€	**117€**	131€	150€	[m²]	⏱ 0,65h/m²	016.001.144
85€	90€	**98€**	110€	126€			

78 Innenwand, n.tragend, Holztafeln 10cm, WF, Gipsplatten KG **342**

Innenwand, nicht tragend Holztafel; GF-Platte 12,5mm, WF; Dicke 100mm; beidseitig beplankt, Q2

–	130€	**155€**	197€	–	[m²]	⏱ 0,11h/m²	016.001.215
–	109€	**130€**	165€	–			

79 Innenwand, n.tragend, Holztafeln 10cm, MW, Gipsplatten KG **342**

Innenwand, nicht tragend Holztafel; GF-Platte 12,5mm, MW; Dicke 100mm; beidseitig beplankt, Q2

–	131€	**156€**	198€	–	[m²]	⏱ 0,11h/m²	016.001.216
–	110€	**131€**	166€	–			

Nr.	Kurztext / Stichworte						Kostengruppe
▶	▷	**ø brutto €**	◁	◀	[Einheit]	Ausf.-Dauer	Positionsnummer
▶	▷	**ø netto €**	◁	◀			

80 Innenwand, n.tragend, Holztafeln 10cm, Zellulose, Gipsplatten KG **342**

Innenwand, nicht tragend Holztafel; GF-Platte 12,5mm, WF; Dicke 100mm; beidseitig beplankt, Q2

–	125€	**149€**	189€	–	[m²]	⏱ 0,11 h/m²	016.001.217
–	105€	**125€**	159€	–			

81 Türöffnung, Innenwand, Holztafel, 750x2.000mm KG **340**

Öffnung herstellen; Holzständerwand; Dicke 100/125/150mm, BxH 750x2.000mm; einflügliges Türelement; Innenwand; als Türöffnung, inkl. erf. Profile

14€	28€	**31€**	37€	47€	[St]	⏱ 1,10 h/St	016.000.080
12€	24€	**26€**	32€	40€			

Kosten:
Stand 2. Quartal 2025
Bundesdurchschnitt

82 Türöffnung, Innenwand, Holztafel, 875x2.000mm KG **340**

Türöffnung; Holz-Innenwand; 875x2.000mm; in Holzrahmenkonstruktion

32€	45€	**51€**	64€	83€	[St]	⏱ 1,10 h/St	016.001.139
27€	38€	**43€**	54€	70€			

83 Türöffnung, Innenwand, Holztafel, 1.000x2.000mm KG **340**

Türöffnung; Holz-Innenwand; 1.000x2.000mm; in Holzrahmenkonstruktion

42€	56€	**65€**	82€	116€	[St]	⏱ 1,10 h/St	016.000.104
36€	47€	**55€**	69€	98€			

84 Ausschnitt, Schalterdose, Holzplatte KG **345**

Ausschnitt Schalterdose; Holzwerkstoffplatte; Plattendicke 20mm, Durchmesser 68/74mm

10€	15€	**16€**	19€	27€	[St]	⏱ 0,03 h/St	016.001.123
8€	12€	**13€**	16€	23€			

85 Innenwand, nicht tragend, Brettsperrholz, 80mm KG **341**

Innenwand, Brettsperrholz; Nadelholz; Dicke 80mm; tragend, aussteifend

91€	107€	**119€**	130€	151€	[m²]	⏱ 0,20 h/m²	016.001.190
76€	90€	**100€**	109€	127€			

▶ min
▷ von
ø Mittel
◁ bis
◀ max

86 Innenwand, tragend, Brettsperrholz, 100mm KG **341**

Innenwand, Brettsperrholz; Nadelholz; Dicke 100mm; tragend, aussteifend

117€	135€	**141€**	149€	171€	[m²]	⏱ 0,20 h/m²	016.001.160
99€	113€	**118€**	125€	144€			

87 Innenwand, tragend, Brettsperrholz, 120mm KG **341**

Innenwand, Brettsperrholz; Nadelholz; Dicke 120mm; tragend, aussteifend

135€	151€	**159€**	179€	205€	[m²]	⏱ 0,20 h/m²	016.001.191
114€	127€	**134€**	151€	172€			

Nr.	Kurztext / Stichworte						Kostengruppe
▶	▷	**ø brutto €**	◁	◀	[Einheit]	Ausf.-Dauer	Positionsnummer
▶	▷	**ø netto €**	◁	◀			
88	**Innenwand, tragend, Brettsperrholz, 200mm**						KG **341**
Innenwand, Brettsperrholz; Nadelholz; Dicke 200mm; tragend, aussteifend							
–	174€	**233€**	291€	–	[m²]	⏱ 0,20h/m²	016.001.222
–	147€	**195€**	244€	–			
89	**Öffnung, Massivholzelement, bis 0,5m²**						KG **351**
Öffnung herstellen; Holzmassiv-/Brettstapeldecke; Größe bis 0,5m²							
50€	62€	**71€**	83€	99€	[St]	⏱ 0,70h/St	016.001.112
42€	52€	**60€**	70€	84€			
90	**Öffnung, Massivholzelement, bis 2,5m²**						KG **351**
Öffnung herstellen; Holzmassiv-/Brettstapeldecke; Größe bis 2,5m²							
60€	76€	**86€**	101€	120€	[St]	⏱ 0,90h/St	016.001.138
51€	64€	**72€**	84€	101€			
91	**Öffnung, Holztafelbauteil, Öffnung bis 2,5m²**						KG **351**
Öffnung herstellen; Holzrahmenkonstruktion; Größe bis 2,5m²; rechteckige Öffnung; inkl. Füllhölzer							
36€	59€	**59€**	64€	80€	[St]	⏱ 1,10h/St	016.001.161
30€	49€	**50€**	54€	67€			
92	**Öffnung, Holztafelbauteil, Öffnung bis 5m²**						KG **351**
Öffnung herstellen; Holzrahmenkonstruktion; Größe bis 5,0m²; rechteckige Öffnung; inkl. Füllhölzer							
80€	199€	**219€**	272€	335€	[St]	⏱ 3,30h/St	016.001.162
67€	167€	**184€**	228€	282€			
93	**Wandbekleidung, Gipsfaserplatte, einlagig**						KG **345**
Bekleidung, Wand; Gipsfaserplatten; einlagig, verschraubt, inkl. spachteln; vorhandene Unterkonstruktion							
22€	30€	**35€**	43€	53€	[m²]	⏱ 0,14h/m²	016.001.121
18€	25€	**29€**	36€	44€			
94	**Wandbekleidung, Gipsplatte, einlagig**						KG **345**
Bekleidung, Wand; Gipsplatte Typ A/H2; Dicke 12,5mm, Höhe bis 3,00m; einlagig, verschraubt, inkl. spachteln; vorhandene Unterkonstruktion							
21€	25€	**27€**	30€	45€	[m²]	⏱ 0,12h/m²	016.000.046
17€	21€	**22€**	25€	38€			
95	**Holzbalkendecke, vorgefertigt, OSB, beidseitig**						KG **351**
Holzbalkendecke; OSB/3, 18mm, Holzfaser; Dicke 120mm							
–	148€	**174€**	200€	–	[m²]	⏱ 0,20h/m²	016.001.145
–	124€	**146€**	168€	–			

Nr.	Kurztext / Stichworte						Kostengruppe
▶	▷	ø brutto €	◁	◀	[Einheit]	Ausf.-Dauer	Positionsnummer
▶	▷	ø netto €	◁	◀			

96 Holzdach, Hohlkastenelemente, bis 200mm KG **361**

Holzdach, Hohlkastenelemente; Brettsperrholz, Nadelholz, GK0; Dicke bis 20cm; Sichtseite gehobelt

230€	243€	**267€**	299€	332€	[m²]	⏱ 0,24h/m²	016.001.225
193€	204€	**225€**	252€	279€			

97 Holzdach, Hohlkastenelemente, bis 250mm KG **361**

Holzdach, Hohlkastenelemente; Brettsperrholz, Nadelholz, GK0; Dicke bis 25cm; Sichtseite gehobelt

270€	285€	**314€**	351€	389€	[m²]	⏱ 0,26h/m²	016.001.226
227€	240€	**263€**	295€	327€			

Kosten:
Stand 2. Quartal 2025
Bundesdurchschnitt

98 Massivholzdecke, Brettstapel, 160mm, gehobelt KG **351**

Brettstapeldecke; Nadelholz, GK0, Sichtseite gehobelt; Dicke bis 160mm; inkl. Aussparungen, Anschlussausformungen Verbindungsmittel

146€	178€	**199€**	201€	236€	[m²]	⏱ 0,20h/m²	016.000.024
123€	149€	**167€**	169€	198€			

99 Massivholzdecke, Brettstapel, 200mm, gehobelt KG **351**

Brettstapeldecke; Nadelholz, GK0, Sichtseite gehobelt; Dicke bis 200mm; inkl. Aussparungen, Anschlussausformungen Verbindungsmittel

142€	195€	**215€**	224€	258€	[m²]	⏱ 0,22h/m²	016.001.182
120€	164€	**180€**	189€	217€			

100 Massivholzdecke, Brettstapel, 240mm, gehobelt KG **351**

Brettstapeldecke; Nadelholz, S10TS, gehobelt; Dicke bis 240mm; sichtbar/nicht sichtbar; inkl. Aussparungen

177€	258€	**260€**	271€	325€	[m²]	⏱ 0,22h/m²	016.000.092
149€	217€	**218€**	228€	273€			

101 Massivholzdecke, Brettsperrholz, 120mm KG **351**

Brettsperrholzdecke; Nadelholz, GK0, Sichtseite gehobelt; Dicke bis 120mm; inkl. Aussparungen, Anschlussausformungen Verbindungsmittel

134€	162€	**178€**	186€	199€	[m²]	⏱ 0,20h/m²	016.001.183
112€	137€	**150€**	156€	167€			

102 Massivholzdecke, Brettsperrholz, 160mm KG **351**

Brettsperrholzdecke; Nadelholz, GK0, Sichtseite gehobelt; Dicke bis 160mm; inkl. Aussparungen, Anschlussausformungen Verbindungsmittel

155€	186€	**197€**	202€	249€	[m²]	⏱ 0,20h/m²	016.001.184
131€	156€	**166€**	170€	209€			

▶ min
▷ von
ø Mittel
◁ bis
◀ max

Nr.	Kurztext / Stichworte						Kostengruppe
▶	▷	ø brutto €	◁	◀	[Einheit]	Ausf.-Dauer	Positionsnummer
▶	▷	ø netto €	◁	◀			

103 Massivholzdecke, Brettsperrholz, 200mm KG **351**

Brettsperrholzdecke; Nadelholz, GK0, Sichtseite gehobelt; Dicke bis 200mm; inkl. Aussparungen, Anschlussausformungen Verbindungsmittel

191€	214€	**233€**	265€	296€	[m²]	⏱ 0,20h/m²	016.001.185
160€	180€	**196€**	223€	248€			

104 Massivholzdecke, Brettsperrholz, 240mm KG **351**

Brettsperrholzdecke; Nadelholz,GK0, Sichtseite gehobelt; Dicke bis 240mm; inkl. Aussparungen, Anschlussausformungen Verbindungsmittel

218€	268€	**277€**	288€	339€	[m²]	⏱ 0,20h/m²	016.001.186
183€	225€	**233€**	242€	285€			

105 Auflager, Lattung, Fußbodeneinschub KG **351**

Auflager, Fußbodeneinschub; Nadelholz, S10; 30x50mm, Balkenabstand bis 80cm

–	16€	**18€**	23€	–	[m²]	⏱ 0,10h/m²	016.001.154
–	13€	**15€**	20€	–			

106 Fußbodeneinschub, Nadelholz, 24mm, auf Auflager KG **351**

Fußbodeneinschub; Nadelholz; Dicke 24mm; gespundete Schalung

37€	56€	**64€**	72€	90€	[m²]	⏱ 0,35h/m²	016.000.030
31€	47€	**54€**	60€	76€			

107 Rieselschutz, Glasfaser KG **351**

Rieselschutz; Glasfaser, schwarz, A2; Flächengewicht: 75-80g/m²

3€	6€	**7€**	9€	12€	[m²]	⏱ 0,10h/m²	016.000.057
2€	5€	**6€**	7€	10€			

108 Schüttung, Splitt, Decken KG **351**

Schüttung; Splitt, A1; Dicke 60mm; zwischen Deckensparren

21€	25€	**34€**	37€	48€	[m²]	⏱ 0,16h/m²	016.000.107
17€	21€	**29€**	31€	40€			

109 Dämmung, MW, in Decken, bis 240 KG **351**

Dämmung, Decke; MW; bis 240mm; Deckenbalken

–	29€	**38€**	48€	–	[m²]	⏱ 0,12h/m²	016.001.223
–	24€	**32€**	40€	–			

110 Dämmung, WF, in Decken, bis 240 KG **351**

Dämmung, Decke; WF; bis 240mm; Deckenbalken

–	31€	**42€**	52€	–	[m²]	⏱ 0,12h/m²	016.001.224
–	26€	**35€**	44€	–			

Nr.	Kurztext / Stichworte						Kostengruppe
▶	▷	ø brutto €	◁	◀	[Einheit]	Ausf.-Dauer	Positionsnummer
▶	▷	ø netto €	◁	◀			

Kosten:
Stand 2.Quartal 2025
Bundesdurchschnitt

111 Deckenschalung, OSB bis 25mm — KG **363**

Deckenschaltung; OSB-Platten; Dicke 25mm; auf Holzuntergrund

24€	32€	**35€**	39€	45€	[m²]	⏱ 0,20h/m²	016.001.099
20€	27€	**30€**	32€	38€			

112 Deckenschalung, Sperrholzplatte, 24mm — KG **353**

Deckenschalung; Sperrholzplatte; Dicke 24mm; Holzuntergrund

44€	55€	**61€**	67€	80€	[m²]	⏱ 0,22h/m²	016.000.037
37€	46€	**51€**	56€	68€			

113 Fußboden, Bretter, gespundet, gehobelt, 28mm — KG **353**

Bodenbelag; Bretter gespundet, gehobelt; Dicke 28mm; sichtbar auf Holzbalkenlage; innen

53€	59€	**64€**	73€	82€	[m²]	⏱ 0,24h/m²	016.001.168
44€	50€	**54€**	62€	69€			

114 Wangentreppe, Holz, gerade — KG **352**

Wangentreppe, Holz; Eiche; Stufen 15St, Stg 175x280mm, Breite 800mm; einläufig, mit/ohne Setzstufe; zwischen Gebälk/Betondecke

6.403€	6.999€	**7.395€**	7.635€	8.734€	[St]	⏱ 20,00h/St	016.000.048
5.381€	5.881€	**6.215€**	6.416€	7.339€			

115 Wangentreppe, Holz, gerade, Setzstufe — KG **352**

Wangentreppe, Holz; Eiche; Stufen 15St, Stg 175x280mm, Breite 800mm; einläufig, mit/ohne Setzstufe; zwischen Gebälk/Betondecke

9.135€	11.805€	**13.351€**	14.212€	16.513€	[St]	⏱ 20,00h/St	016.001.146
7.676€	9.920€	**11.219€**	11.943€	13.877€			

116 Wangentreppe, Holz, halbgewendelt — KG **352**

Wangentreppe, Holz; Eiche; Stufen 15St, Stg 175x280mm, Breite 800mm; einläufig, mit/ohne Setzstufe; zwischen Gebälk/Betondecke

9.662€	10.400€	**10.716€**	11.103€	12.121€	[St]	⏱ 20,00h/St	016.001.147
8.119€	8.739€	**9.005€**	9.330€	10.186€			

▶ min
▷ von
ø Mittel
◁ bis
◀ max

117 Einschubtreppe, gedämmt — KG **352**

Einschubtreppe, Holz; Hartholzstufen; Öffnung Breite 600x700mm; gedämmt, mit/ohne einseitigem Handlauf; Gebälk/Holzplattenschalung

950€	1.759€	**1.942€**	3.475€	6.129€	[St]	⏱ 3,80h/St	016.001.096
798€	1.478€	**1.632€**	2.920€	5.150€			

118 Einschubtreppe, EI30 — KG **352**

Einschubtreppe, Holz; Hartholzstufen; Treppenöffnung 700x1.400mm; zweiteilig, einseitiger Handlauf

820€	1.162€	**1.300€**	1.927€	3.062€	[St]	⏱ 5,00h/St	016.000.049
689€	976€	**1.093€**	1.619€	2.573€			

Nr.	**Kurztext** / Stichworte						Kostengruppe
▶	▷	**ø brutto €**	◁	◀	[Einheit]	Ausf.-Dauer	Positionsnummer
▶	▷	**ø netto €**	◁	◀			

119 Scherentreppe, Aluminium KG **359**

Scherentreppe, Aluminium; Hartholzstufen; Öffnungsbreite 600/700mm; zwei-/dreiteilig, mit/ohne einseitigem Handlauf, mit/ohne Schutzgeländer; Gebälk/Holzplattenschalung

1.217€	2.370€	**2.545€**	2.788€	3.513€	[St]	⏱ 2,50h/St	016.001.095
1.022€	1.992€	**2.139€**	2.343€	2.952€			

120 Holzrost außen, Bohlen-Belag KG **533**

Holzrost, außen; Bangkirai, C24, S10; Bohlenbreite 150mm, Fugenbreite 4-6mm; Oberfläche geriffelt

152€	174€	**181€**	189€	228€	[m²]	⏱ 1,50h/m²	016.000.031
128€	146€	**152€**	159€	192€			

121 Windrispenband, 40x2mm KG **361**

Windrispenband; 40x2mm; Dachschalung; inkl. Ankernägel 4x40 bis 4x60mm

3€	7€	**9€**	10€	13€	[m]	⏱ 0,05h/m	016.000.044
2€	6€	**7€**	8€	11€			

122 Verbindung, Winkelverbinder/Knagge KG **361**

Winkelverbinder/Knagge, feuerverzinkter Stahl; inkl. Bohr- und Stemmarbeiten

4€	10€	**12€**	15€	23€	[kg]	⏱ 0,14h/kg	016.000.050
3€	8€	**10€**	13€	19€			

123 Verbindung, Winkel, verzinkt KG **361**

Winkelverbinder; Stahl, feuerverzinkt; Durchmesser 4mm, Länge 90/105mm; mit/ohne Rippenverstärkung

3€	5€	**6€**	8€	13€	[St]	⏱ 0,02h/St	016.001.125
2€	5€	**5€**	7€	11€			

124 Kleineisenteile, verzinkt KG **361**

Bolzen, Stabdübel, Gewindestangen; feuerverzinkter Stahl; für Holzverbindungen

5€	10€	**12€**	17€	30€	[kg]	⏱ 0,14h/kg	016.001.163
4€	8€	**10€**	15€	26€			

125 Verankerung, Profilanker, Schwelle KG **361**

Verankerung Holzschwelle; Profilanker; an Ankerschiene

4€	8€	**11€**	14€	23€	[St]	⏱ 0,12h/St	016.000.071
4€	7€	**9€**	12€	20€			

126 Zuganker, Flachstahl KG **361**

Zuganker; Flachstahl; HxLxB 390x54x40mm, T 4,0mm; Holzbauteile

21€	35€	**40€**	46€	57€	[St]	⏱ 0,20h/St	016.001.136
18€	29€	**33€**	39€	48€			

Nr.	Kurztext / Stichworte					Kostengruppe
▶	▷	ø brutto €	◁	◀	[Einheit]	Ausf.-Dauer	Positionsnummer
▶	▷	ø netto €	◁	◀			

127 Sparrenpfettenanker, H250 KG **361**

Sparrenpfettenanker; Stahl verzinkt; Höhe bis 250; Holzkonstruktion

2€	4€	**4€**	5€	6€	[St]	⏱ 0,02h/St	016.001.131
2€	3€	**4€**	4€	5€			

128 Knoten/Stützenfußpunkt, Formteil, Flachstahl KG **361**

Formteil, Knoten/Stützenfußpunkt; Flachstahl, S235JR, feuerverzinkt

7€	12€	**14€**	20€	31€	[kg]	⏱ 0,16h/kg	016.000.026
6€	10€	**12€**	17€	26€			

129 Schweißarbeiten, Baustelle KG **369**

Schweißarbeiten auf der Baustelle

73€	83€	**89€**	94€	102€	[h]	⏱ 1,00h/h	016.001.097
62€	70€	**75€**	79€	86€			

130 Dachflächenfenster, Holz, bis 1,00m² KG **362**

Wohndachfenster; Nadelholz, Uw=1,4W/(m²K), Mehrscheibenisolierglas; 780x1.180mm; Klapp-Schwing-Fenster

1.030€	1.352€	**1.548€**	1.676€	1.901€	[St]	⏱ 1,90h/St	016.000.045
866€	1.136€	**1.301€**	1.409€	1.598€			

131 Dachflächenfenster, Holz, bis 1,85m² KG **362**

Wohndachfenster; Nadelholz, Uw=1,4W/m²K, Mehrscheibenisolierglas; 1.140x1.600/1.340x1.400mm; Klapp-Schwing-Fenster

1.466€	1.696€	**1.754€**	2.178€	2.690€	[St]	⏱ 2,20h/St	016.000.125
1.232€	1.425€	**1.474€**	1.830€	2.261€			

132 Dachflächenfenster, Kunststoff, bis 1,85m² KG **362**

Wohndachfenster; Kunststoff, Uw<=1,4W/m²K, Mehrscheibenisolierglas; 1.140x1.600mm; Klapp-Schwing-Fenster

1.406€	1.572€	**1.634€**	1.700€	1.837€	[St]	⏱ 2,20h/St	016.001.155
1.182€	1.321€	**1.373€**	1.429€	1.544€			

133 Schutzabdeckung, Steildach, Folie KG **397**

Schutzabdeckung; Folie 0,5mm; sturmsicher

4€	7€	**9€**	11€	15€	[m²]	⏱ 0,05h/m²	016.000.055
3€	6€	**7€**	9€	12€			

Kosten:
Stand 2. Quartal 2025
Bundesdurchschnitt

▶ min
▷ von
ø Mittel
◁ bis
◀ max

017

Kosten:
Stand 2. Quartal 2025
Bundesdurchschnitt

Nr.	**Kurztext** / Stichworte						Kostengruppe
▶	▷	**ø brutto €**	◁	◀	[Einheit]	Ausf.-Dauer	Positionsnummer
▶	▷	**ø netto €**	◁	◀			
1	**Handlauf, Rohrprofil, feuerverzinkt**						KG **359**
Handlauf; Stahlrohr, S235JR, feuerverzinkt; Durchmesser 42,5mm, Wanddicke 2,0mm							
97€	113€	**122€**	129€	143€	[m]	⏱ 0,30 h/m	017.000.009
81€	95€	**103€**	109€	121€			
2	**Stahlstütze, Rohrprofil, rund**						KG **333**
Stahlstütze; Rundstahl, S235 J2, grundiert/beschichtet; Durchmesser 114,3mm; Deckenkonstruktion; inkl. Kopfplatten, Bohrungen, Verbindungsmittel							
5€	8€	**10€**	11€	15€	[kg]	⏱ 0,20 h/kg	017.000.003
4€	7€	**8€**	9€	12€			
3	**Stahlstütze, Rohrprofil, eckig**						KG **333**
Stahlstütze; S235 J2, grundiert/beschichtet; 100x100mm; Deckenkonstruktion; inkl. Kopfplatten, Bohrungen, Verbindungsmittel							
6€	9€	**11€**	12€	16€	[kg]	⏱ 0,20 h/kg	017.000.026
5€	8€	**9€**	10€	13€			
4	**Stahlstütze, HEA-Profil**						KG **333**
Stahlstütze; Rundstahl, S235 J2, grundiert/beschichtet; HEA 100; Deckenkonstruktion; inkl. Kopfplatten, Bohrungen, Verbindungsmittel							
5€	8€	**9€**	11€	15€	[kg]	⏱ 0,20 h/kg	017.000.027
4€	7€	**8€**	10€	13€			
5	**Fußplatte, Stahlblech**						KG **351**
Einbauteile, Hilfskonstruktionen, Stahl; S235JR; inkl. Steifungen, Bohrungen, Verbindungsmittel							
6€	9€	**10€**	15€	22€	[kg]	⏱ 0,02 h/kg	017.000.005
5€	8€	**9€**	13€	18€			
6	**Kopfplatte, Stahlblech**						KG **351**
Einbauteile, Hilfskonstruktionen, Stahl; S235JR, feuerverzinkt; 2-5kg/St; inkl. Steifungen, Verbindungsmittel, Bohrungen							
4€	7€	**8€**	10€	12€	[kg]	⏱ 0,02 h/kg	017.000.025
3€	6€	**7€**	8€	10€			
7	**Trapezblechdach, Stahlblech**						KG **363**
Dachdeckung, Trapezblech; Stahl 0,88mm; Profil 161,5x250mm; inkl. Verbindungsmittel							
39€	50€	**55€**	60€	74€	[m²]	⏱ 0,15 h/m²	017.000.006
33€	42€	**46€**	51€	62€			
8	**Trapezblechdach, Randverstärkung, Übergangsblech**						KG **363**
Randverstärkung, Trapezblechdach; Stahlblech 0,88mm; Zuschnitt 333mm; dreifach gekantet							
24€	36€	**41€**	53€	68€	[m]	⏱ 0,20 h/m	017.000.008
20€	30€	**35€**	44€	57€			

▶ min
▷ von
ø Mittel
◁ bis
◀ max

Nr.	Kurztext / Stichworte						Kostengruppe
►	▷	ø brutto €	◁	◄	[Einheit]	Ausf.-Dauer	Positionsnummer
►	▷	ø netto €	◁	◄			

9	**Trapezblechdach, Dachausschnitt**						KG **363**
Dachausschnitt Trapezblechdach; Stahlblech bis 1mm; rechteckig							
78€	113€	**141€**	154€	194€	[St]	⏱ 0,15h/St	017.000.024
66€	95€	**118€**	130€	163€			

10	**Brandschutzbeschichtung, R30, Stahlbauteile**						KG **333**
Brandschutzbeschichtung R30; Stahlbauteile; reinigen, entrosten; Stahlträger/Fachwerkbinder/Stützen							
78€	104€	**110€**	117€	137€	[m²]	⏱ 0,30h/m²	017.000.013
66€	88€	**93€**	98€	116€			

11	**Brandschutzbeschichtung, Stahlbauteile, Decklack**						KG **333**
Brandschutzbeschichtung R30/R60/R90; Überzugslack; Stahlträger/Fachwerkbinder/Stützen							
17€	36€	**38€**	53€	72€	[m²]	⏱ 0,20h/m²	017.000.014
14€	30€	**32€**	45€	60€			

018

Kosten:
Stand 2. Quartal 2025
Bundesdurchschnitt

Nr.	Kurztext / Stichworte						Kostengruppe
▶	▷	ø brutto €	◁	◀	[Einheit]	Ausf.-Dauer	Positionsnummer
▶	▷	ø netto €	◁	◀			

1 Untergrund reinigen — KG **324**

Untergrund reinigen; Staub, grobe Verschmutzungen, lose Teile; abkehren, entsorgen

1€	3€	**4€**	6€	9€	[m²]	⏱ 0,02 h/m²	018.000.001
1€	3€	**3€**	5€	8€			

2 Bodenabdichtung, Bodenfeuchte, G200DD — KG **324**

Bodenabdichtung gegen Bodenfeuchte; Bitumenschweißbahn G200DD, einlagig; vollflächig verklebt; erdberührte Bauteile

19€	21€	**23€**	24€	27€	[m²]	⏱ 0,20 h/m²	018.000.086
16€	18€	**20€**	21€	23€			

3 Hohlkehle, Mörtel — KG **335**

Hohlkehle; Mörtel, kunststoffmodifiziert; gerundet; zwischen Fundament und Wand; inkl. Grundierung

6€	11€	**13€**	16€	26€	[m]	⏱ 0,13 h/m	018.000.014
5€	9€	**11€**	14€	22€			

4 Voranstrich, Wandabdichtung — KG **335**

Wandabdichtung, Haftgrund; Bitumenlösung/Bitumen-Emulsion; vollflächig; erdberührte Außenwand

3€	5€	**6€**	8€	12€	[m²]	⏱ 0,08 h/m²	018.000.015
2€	4€	**5€**	7€	10€			

5 Fugenabdichtung, Wand, Feuchte, Dichtmasse — KG **325**

Bewegungsfugenabdichtung, Bodenfeuchte; mineralischer Dichtschlämme, flexibel, Gewebeeinlage; Breite 15mm; Fugenvorbereitung, Hinterfüllprofil, vollflächig verklebt; erdberührte Außenwand

16€	18€	**20€**	22€	25€	[m]	⏱ 0,13 h/m	018.000.072
13€	15€	**17€**	19€	21€			

6 Fugenabdichtung, Wand, Feuchte, Fugenband — KG **325**

Abdichtung über Fuge, Bodenfeuchte; Fugenband, elastisch; erdberührte Außenwand

41€	45€	**52€**	58€	64€	[m]	⏱ 0,17 h/m	018.000.073
34€	38€	**43€**	49€	54€			

7 Fugenabdichtung, Bodenplatte, Feuchte, Schweißbahn, PYE-PV200S5 — KG **325**

Abdichtung über Fuge, Bodenfeuchte; Bitumenschweißbahn PYE-PV 200 S5; Breite 300mm; Bodenplatte

37€	41€	**47€**	53€	58€	[m]	⏱ 0,30 h/m	018.000.075
31€	35€	**40€**	44€	49€			

8 Dränschicht, EPS-Polystyrolplatte/Vlies — KG **335**

Sickerschicht; Polystyrolplatte EPS mit Vlieskaschierung, WLS 034; Dicke bis 65mm; dicht gestoßen, in Kiesfilter eingebunden; erdberührter Außenwand

14€	27€	**33€**	42€	58€	[m²]	⏱ 0,18 h/m²	018.000.023
12€	22€	**27€**	35€	49€			

▶ min
▷ von
ø Mittel
◁ bis
◀ max

Nr.	Kurztext / Stichworte						Kostengruppe
▶	▷	**ø brutto €**	◁	◀	[Einheit]	Ausf.-Dauer	Positionsnummer
▶	▷	**ø netto €**	◁	◀			

9 Sickerschicht, Kunststoffnoppenbahn/Vlies KG **335**

Sickerschicht; Noppenbahn, Filtervlieskaschierung; erdberührter Außenwand

7€	12€	**15€**	17€	24€	[m2]	⏱ 0,12h/m2	018.000.024
6€	10€	**12€**	15€	20€			

10 Filtervlies, Schutzschicht KG **335**

Schutzschicht der Sickerplatte; Filtervliesmatten; senkrecht vor Sickerplatten verlegen

3€	5€	**6€**	7€	9€	[m2]	⏱ 0,10h/m2	018.000.091
3€	4€	**5€**	6€	7€			

11 Dachabdichtung, nicht drückendes Wasser, Bitumenbahn KG **363**

Dachabdichtung gegen nicht drückendes Wasser; Bitumenbahn; überlappend, vollflächig verkleben; unter intensiver Dachbegrünung

16€	29€	**35€**	44€	86€	[m2]	⏱ 0,20h/m2	018.000.028
13€	24€	**30€**	37€	73€			

12 Rohrdurchführung, Faserzementrohr KG **411**

Rohrdurchführung, Außenwand, Futterrohr; Faserzementrohr; DN100/125/150, Länge 200-300mm, Betonwand 25-30cm

299€	650€	**809€**	1.237€	2.241€	[St]	⏱ 1,00h/St	009.000.034
251€	546€	**680€**	1.040€	1.883€			

13 Dichtsatz, Rohrdurchführung KG **411**

Dichtring, Rohrdurchführung; Elastomer

104€	234€	**307€**	348€	408€	[St]	⏱ 0,35h/St	009.000.035
88€	197€	**258€**	293€	342€			

Nr.	Kurztext / Stichworte						Kostengruppe
▶	▷	ø brutto €	◁	◀	[Einheit]	Ausf.-Dauer	Positionsnummer
▶	▷	ø netto €	◁	◀			

1 Aufsparrendämmung, DAD, PUR, 140mm KG **363**

Aufsparrendämmung, DAD; Polyurethan-Hartschaumplatten, kaschiert, WLG 025/030, E; 140mm; einlagig, umlaufend mit Stufenfalz

78€	88€	**96€**	101€	105€	[m²]	⏱ 0,22h/m²	020.000.091
65€	74€	**81€**	85€	88€			

2 Aufsparrendämmung, DAD, PUR, 160mm KG **363**

Aufsparrendämmung, DAD; Polyurethan-Hartschaumplatten, kaschiert, WLG 025/030, E; 160mm; einlagig, umlaufend mit Stufenfalz

85€	95€	**104€**	107€	115€	[m²]	⏱ 0,22h/m²	020.000.092
71€	80€	**88€**	90€	97€			

3 Aufsparrendämmung, DAD, PUR, 180mm KG **363**

Aufsparrendämmung, DAD; Polyurethan-Hartschaumplatten, kaschiert, WLG 025/030, E; 180mm; einlagig, umlaufend mit Stufenfalz

94€	104€	**109€**	121€	127€	[m²]	⏱ 0,22h/m²	020.000.093
79€	88€	**92€**	101€	107€			

4 Unterdach, Behelfsdeckung, Bitumenbahn V13 KG **363**

Vordeckung ; Bitumendachbahn Glasvlieseinlage V13, inkl. Nadelholzlattung, S10; Lattung 30x50mm; mechanisch befestigt

8€	11€	**12€**	13€	17€	[m²]	⏱ 0,08h/m²	020.000.036
7€	9€	**10€**	11€	14€			

5 Unterdeckung, WF, bis 22mm, auf Sparren KG **363**

Unterdeckung; Holzfaserplatte, bituminiert/paraffiniert/latexiert, E; Dicke bis 22mm; regensicher, Platten dicht gestoßen; Dachkonstruktion

25€	29€	**31€**	33€	37€	[m²]	⏱ 0,16h/m²	020.000.003
21€	25€	**26€**	28€	31€			

6 Unterdeckung, WF, bis 35mm, auf Sparren KG **363**

Unterdeckung; Holzfaserplatte, bituminiert/paraffiniert/latexiert, E; Dicke bis 35mm; regensicher; Dachkonstruktion

34€	41€	**41€**	43€	48€	[m²]	⏱ 0,16h/m²	020.001.103
28€	34€	**34€**	36€	40€			

7 Konterlattung, 30x50mm, Dach KG **363**

Konterlattung; Nadelholz, S10, gehobelt/sägerau; 30x50mm; Dach

4€	8€	**8€**	11€	19€	[m²]	⏱ 0,06h/m²	020.000.048
3€	6€	**7€**	9€	16€			

8 Konterlattung, 40x60mm, Dach KG **363**

Konterlattung; Nadelholz, S10, gehobelt/sägerau; 40x60mm; Dach

6€	11€	**13€**	14€	19€	[m²]	⏱ 0,08h/m²	020.000.065
5€	9€	**11€**	12€	16€			

020

Kosten:
Stand 2. Quartal 2025
Bundesdurchschnitt

▶ min
▷ von
ø Mittel
◁ bis
◀ max

Nr.	Kurztext / Stichworte						Kostengruppe
▶	▷	**ø brutto €**	◁	◀	[Einheit]	Ausf.-Dauer	Positionsnummer
▶	▷	**ø netto €**	◁	◀			

9 Traglattung, 30x50mm, Dachziegel/Betondachstein KG **363**

Dachlattung; Nadelholz, S10; 30x50mm; für Dachziegel- oder Betondachsteineindeckung

10€	13€	**13€**	15€	20€	[m²]	⏱ 0,06h/m²	020.000.005
8€	11€	**11€**	13€	16€			

10 Traglattung, 40x60mm, Dachziegel/Betondachstein KG **363**

Dachlattung; Nadelholz, S10; 40x60mm; für Dachziegel- oder Betondachsteineindeckung

13€	14€	**15€**	17€	20€	[m²]	⏱ 0,08h/m²	020.000.071
11€	12€	**13€**	14€	17€			

11 Nagelabdichtung, Konterlattung KG **363**

Nageldichtstreifen; Elastomerbitumenstreifen, selbstklebend; Breite 60mm; unter Konterlattung

3€	4€	**5€**	7€	9€	[m]	⏱ 0,01h/m	020.000.053
3€	4€	**4€**	6€	7€			

12 Traufbohle, Nadelholz, bis 60/240mm KG **363**

Traufbohle, trapezförmig; Nadelholz, S10; Höhe 20-60mm, Breite 160-240mm; sichtbar; auf Holzkonstruktion

12€	15€	**16€**	19€	25€	[m]	⏱ 0,10h/m	020.000.035
10€	13€	**14€**	16€	21€			

13 Trauf-/Ortgangschalung, N+F, bis 28mm, gehobelt KG **363**

Trauf-/Ortgangschalung; Nadelholz, gehobelt, imprägniert; Dicke 24-28mm; NF-Profil, sichtbar

38€	47€	**51€**	58€	71€	[m²]	⏱ 0,30h/m²	020.000.051
32€	40€	**43€**	49€	59€			

14 Ortgangbrett, Windbrett, bis 28 mm, gehobelt KG **363**

Ortgangbrett; Nadelholz, gehobelt, imprägniert; Dicke 24/28mm; Unterseite, mit Tropfkante

21€	34€	**39€**	43€	51€	[m]	⏱ 0,20h/m	020.000.008
17€	28€	**33€**	36€	43€			

15 Insektenschutzgitter, Traufe KG **363**

Insektenschutzgitter; Titanzink/Kupfer/nichtrostender Stahl; Breite 166mm; dreifach gekantet; Traufe; inkl. Befestigungsmittel

7€	12€	**13€**	17€	27€	[m]	⏱ 0,05h/m	020.000.009
6€	10€	**11€**	14€	23€			

16 Dachdeckung, Glattziegel KG **363**

Dachdeckung, Tonziegel; Glattziegel, naturrot; auf Lattung

38€	47€	**49€**	52€	61€	[m²]	⏱ 0,30h/m²	020.001.111
32€	39€	**41€**	44€	52€			

Nr.	Kurztext / Stichworte						Kostengruppe
▶	▷	ø brutto €	◁	◀	[Einheit]	Ausf.-Dauer	Positionsnummer
▶	▷	ø netto €	◁	◀			

17 Ortgang, Ziegeldeckung, Formziegel KG **363**

Ortgangdeckung, Formziegel; Doppelwulstziegel/Ortgangziegel

44€	62€	**69€**	79€	102€	[m]	⏱ 0,10h/m	020.000.014
37€	52€	**58€**	67€	86€			

18 Firstanschluss, Ziegeldeckung, Formziegel KG **363**

Firstanschluss, Formziegel; Biberschwanz/Flachziegel; Länge 260mm; geklammert; First, aufgehende Bauteile; inkl. Fristanschluss-ziegel

26€	50€	**50€**	63€	85€	[m]	⏱ 0,10h/m	020.000.017
22€	42€	**42€**	53€	71€			

Kosten:
Stand 2.Quartal 2025
Bundesdurchschnitt

19 First, Firstziegel, mörtellos, inkl. Lüfter KG **363**

Firstdeckung, trocken verlegt; Biberschwanz/Falzziegel; geklammert; inkl. Anfängerziegel, Lüfterelement

56€	81€	**92€**	99€	113€	[m]	⏱ 0,35h/m	020.000.018
47€	68€	**77€**	83€	95€			

20 Grateindeckung, Ziegel, mörtellos KG **363**

Gratdeckung, Formziegel, trocken verlegt; Biberschwanz-/Falzziegel; geklammert; inkl. Anfängerziegel, Lüfterelement

75€	97€	**102€**	109€	135€	[m]	⏱ 0,35h/m	020.000.023
63€	81€	**86€**	92€	113€			

21 Durchgangselement, Dunstrohr, Kunststoff, DN100 KG **363**

Dunstrohr-Durchgangsformstück; Kunststoff/PVC; DN100; inkl. schlagregensicherer Abdeckhaube

94€	121€	**133€**	154€	196€	[St]	⏱ 0,30h/St	020.000.026
79€	102€	**111€**	130€	165€			

22 Durchgangselement, Solarleitung KG **363**

Durchgangselement, Solarleitung; passend Dachdeckung

61€	134€	**157€**	225€	365€	[St]	⏱ 0,25h/St	020.001.119
52€	112€	**132€**	189€	307€			

23 Lüfterelement, Dachziegel KG **363**

Lüfterziegel; mörtellos; inkl. Insektenschutzgitter

25€	33€	**37€**	41€	48€	[St]	⏱ 0,01h/St	020.000.027
21€	27€	**31€**	34€	40€			

24 Durchgangselement, Antenne, Formziegel KG **363**

Antennenanschluss, Formziegel; Tonziegel, PVC Aufsatz

99€	143€	**162€**	180€	241€	[St]	⏱ 0,40h/St	020.000.028
83€	120€	**136€**	151€	203€			

▶ min
▷ von
ø Mittel
◁ bis
◀ max

Nr.	**Kurztext** / Stichworte						Kostengruppe
►	▷	**ø brutto €**	◁	◄	[Einheit]	Ausf.-Dauer	Positionsnummer
►	▷	**ø netto €**	◁	◄			

25 Ziegel beidecken, Dachdeckung KG **363**

Beidecken, Ziegeldachdeckung; Zuschneiden/Fräsen; Anschlüsse Dachfenster, Kehlen, Kamin, Dachgauben

13€	21€	**24€**	29€	36€	[m]	⏱ 0,20 h/m	020.000.030
11€	18€	**21€**	24€	30€			

26 Verklammerung, Dachdeckung KG **363**

Verklammerung, Dachdeckung; korrosionsgeschütztem/nichtrostendem Klammern; sturmsicher verklemmen

4€	7€	**9€**	11€	16€	[m²]	⏱ 0,06 h/m²	020.000.031
4€	6€	**7€**	9€	14€			

27 Schornstein-Einfassung, Blech KG **363**

Schornsteinverwahrung; dreiseitige Blecheinfassung, fünffach gekantet

123€	294€	**357€**	435€	538€	[St]	⏱ 1,00 h/St	020.000.032
103€	247€	**300€**	365€	452€			

28 Dachfenster/Dachausstieg KG **362**

Dachausstieg; Kunststoff; 490x760mm; 180°-Öffnungswinkel und Schwingfunktion

520€	808€	**829€**	1.010€	1.373€	[St]	⏱ 1,80 h/St	020.000.033
437€	679€	**696€**	848€	1.154€			

Nr.	Kurztext / Stichworte						Kostengruppe
►	▷	ø brutto €	◁	◄	[Einheit]	Ausf.-Dauer	Positionsnummer
►	▷	ø netto €	◁	◄			

1 Voranstrich, Dampfsperre KG **363**

Voranstrich für Dampfsperre; Haftgrund; vollflächig aufbringen; Beton-/Holzwerkstofffläche

1,0€	2,8€	**3,4€**	4,7€	8,0€	[m²]	⏱ 0,04 h/m²	021.000.003
0,8€	2,4€	**2,9€**	3,9€	6,8€			

2 Trennlage/untere Lage, V13, auf Holz KG **363**

Trennlage/Vordeckung; Bitumendachbahn mit Glasvlies V 13; überlappend, mechanisch befestigen, Holzuntergrund

3€	6€	**7€**	8€	11€	[m²]	⏱ 0,10 h/m²	021.000.004
2€	5€	**6€**	7€	10€			

3 Dampfsperre hochführen, aufgehende Bauteile KG **363**

Dampfsperre hochführen; bis OK Dämmung, starr anschließen; aufgehende Bauteile

5€	8€	**9€**	12€	17€	[m]	⏱ 0,10 h/m	021.000.055
4€	7€	**8€**	10€	14€			

4 Balkon-/Terrassen-Flachdachablauf, DN100 KG **363**

Flachdachablauf, mehrteilig; Edelstahl, Anschlussmanschette, Kiesfang, Klebeflansch; DN100; zweiteilig; Balkon-/Terrassen

–	546€	**642€**	738€	–	[St]	⏱ 0,75 h/St	021.000.090
–	459€	**540€**	620€	–			

5 Trennlage Umkehrdach, PP-Vlies KG **363**

Trennlage; Polypropylen-Vlies; lose verlegen, Stöße überlappend

–	12€	**16€**	20€	–	[m²]	⏱ 0,04 h/m²	021.000.091
–	10€	**13€**	17€	–			

6 Trennlage/Ausgleichsschicht, PE-Folie KG **363**

Trennlage/Gleitschicht; PE-Folie; lose verlegt; auf Holzschalung/Betondecke

1€	5€	**6€**	7€	11€	[m²]	⏱ 0,02 h/m²	021.000.146
0,9€	4,0€	**5,0€**	6,3€	8,9€			

7 Dampfsperre, V60S4 Al01, auf Beton KG **363**

Dampfsperre; Bitumenschweißbahn mit Glasvlieseinlage; sd-Wert 1.500m; punktförmig geschweißt, Stöße überlappt; Betondecke

11€	16€	**18€**	20€	30€	[m²]	⏱ 0,10 h/m²	021.000.005
10€	13€	**15€**	17€	25€			

8 Dampfsperre, Alu-Verbundfolie, mind. 1.500m KG **363**

Dampfsperre; Polyolefin-Kunststoffdichtbahn; selbstklebend, Stöße überlappt; Betondecke

3€	8€	**9€**	13€	20€	[m²]	⏱ 0,04 h/m²	021.000.007
2€	6€	**8€**	11€	17€			

021

Kosten:
Stand 2. Quartal 2025
Bundesdurchschnitt

► min
▷ von
ø Mittel
◁ bis
◄ max

Nr.	Kurztext / Stichworte						Kostengruppe
▶	▷	ø brutto €	◁	◀	[Einheit]	Ausf.-Dauer	Positionsnummer
▶	▷	ø netto €	◁	◀			

9 Dampfsperre, Dampfsperre, FPO KG **363**

Dampfsperre; FPO; Stöße überlappend; Betondecke

–	17€	**20€**	23€	–	[m²]	⏱ 0,09h/m²	021.000.094
–	14€	**17€**	19€	–			

10 Wärmedämmung DAA, EPS 035, bis 80mm KG **363**

Wärmedämmung EPS; Polystyrol-Hartschaumplatte, expandiert, WLG 035; bis 80mm; einlagig, geklebt; nichtbelüftetes Flachdach

22€	26€	**29€**	32€	39€	[m²]	⏱ 0,14h/m²	021.000.008
18€	22€	**24€**	27€	33€			

11 Wärmedämmung DAA, EPS 035, bis 140mm KG **363**

Wärmedämmung EPS; Polystyrol-Hartschaumplatte, expandiert, WLG 035; bis 140mm; einlagig, geklebt; nichtbelüftetes Flachdach

29€	38€	**41€**	47€	60€	[m²]	⏱ 0,14h/m²	021.000.009
24€	32€	**34€**	40€	50€			

12 Wärmedämmung DAA, EPS 035, bis 240mm KG **363**

Wärmedämmung EPS; Polystyrol-Hartschaumplatte, expandiert, WLG 035; bis 240; einlagig, geklebt; nichtbelüftetes Flachdach

37€	50€	**60€**	64€	79€	[m²]	⏱ 0,15h/m²	021.000.096
31€	42€	**50€**	54€	66€			

13 Wärmedämmung DAA, PUR 024 bis 120mm, kaschiert KG **363**

Wärmedämmung PU; Polyurethan-Hartschaumplatten, beidseitig Alukaschiert, WLG 025, E; 80/100/120mm; einlagig, geklebt; nichtbelüftetes Flachdach

32€	41€	**44€**	48€	57€	[m²]	⏱ 0,14h/m²	021.000.010
27€	35€	**37€**	40€	48€			

14 Wärmedämmung DAA, PUR 024, 180mm, kaschiert KG **363**

Wärmedämmung PU; Polyurethan-Hartschaumplatten, beidseitig Alukaschiert, WLG 025, E; bis 180mm; einlagig, geklebt; nichtbelüftetes Flachdach

57€	71€	**80€**	92€	127€	[m²]	⏱ 0,18h/m²	021.000.097
48€	60€	**67€**	77€	107€			

15 Gefälledämmung DAA, EPS, i. M. 160mm KG **363**

Gefälledämmung DAA; Polystyrol-Hartschaumplatte expandiert, WLG 035, E; Dicke i.M. 160mm; einlagig, dicht gestoßen, verkleben; nichtbelüftetes Flachdach

45€	55€	**57€**	63€	77€	[m²]	⏱ 0,20h/m²	021.000.011
38€	46€	**48€**	53€	64€			

16 Gefälledämmung DAA, PUR, i. M. bis 160mm KG **363**

Gefälledämmung DAA; Polyurethan-Hartschaumplatten, E, WLG 025; Dämmstoffdicke i.M.160mm; einlagig, geklebt; nichtbelüftetes Flachdach

54€	70€	**78€**	84€	102€	[m²]	⏱ 0,20h/m²	021.000.012
45€	59€	**66€**	71€	86€			

Nr.	Kurztext / Stichworte						Kostengruppe
▶	▷	**ø brutto €**	◁	◀	[Einheit]	Ausf.-Dauer	Positionsnummer
▶	▷	**ø netto €**	◁	◀			

17 Wärmedämmung DAA, MW 038, 160mm — KG **363**

Wärmedämmung MW; Mineralwolle-Dämmplatte, A1; Dicke 160mm; einlagig, punktweise geklebt; Rohbetondecke

–	42€	**48€**	57€	–	[m²]	0,22 h/m²	021.000.099
–	35€	**40€**	48€	–			

18 Wärmedämmung DAA, MW 038, 240mm — KG **363**

Wärmedämmung DAA; Mineralwolle-Platte, A1, WLG 035-040; 240mm; einlagig, punktweise verklebt; Rohbetondecke

–	61€	**69€**	83€	–	[m²]	0,26 h/m²	021.000.100
–	51€	**58€**	70€	–			

Kosten:
Stand 2. Quartal 2025
Bundesdurchschnitt

19 Wärmedämmung DAA, WF 042, 240mm — KG **363**

Wärmedämmung DAA; Holzfaser-Platte, E, WLG 040 WLS 042; 240mm; vollflächig verklebt; Rohbetondecke

–	122€	**146€**	185€	–	[m²]	0,26 h/m²	021.000.149
–	103€	**123€**	156€	–			

20 Gefälledämmung DAA, MW, i.M. 160mm — KG **363**

Gefälledämmung; Mineralwolle-Dämmplatte, A1, WLG 035; Dicke i.M. 160mm; einlagig, dicht gestoßen, verkleben

–	56€	**64€**	76€	–	[m²]	0,35 h/m²	021.000.102
–	47€	**53€**	64€	–			

21 Übergang, Dämmkeil, EPS-Hartschaum, 60x60mm — KG **363**

Dämmkeil; EPS Hartschaum; 60x60mm, Zuschnitt 45°; an aufgehende Bauteile

2€	5€	**6€**	9€	15€	[m]	0,04 h/m	021.000.014
2€	4€	**5€**	7€	13€			

22 Unterkonstruktion, Kantholz, bis 100x60mm — KG **363**

Unterkonstruktion, Kantholz; Nadelholz, S10, C24; 60x60 bis 100x60mm; in Dachabdichtung/Attika/Brüstung; inkl. Holzschutz

10€	15€	**17€**	18€	22€	[m]	0,10 h/m	021.000.015
9€	12€	**14€**	15€	19€			

23 Unterkonstruktion, Holzbohlen, 40x120mm — KG **363**

Unterkonstruktion, Holzbohlen; Nadelholz, S10, C24; 40x120mm; mechanisch befestigt; Flachdachrand/Attika/Brüstung

23€	28€	**30€**	33€	40€	[m]	0,20 h/m	021.000.016
19€	24€	**25€**	28€	34€			

24 Fugenabdichtung, Silikon — KG **363**

Fugenabdichtung, elastisch; Silikon; inkl. Flankenvorbehandlung

3€	6€	**7€**	9€	12€	[m]	0,05 h/m	021.000.017
2€	5€	**6€**	8€	10€			

▶ min
▷ von
ø Mittel
◁ bis
◀ max

Nr.	**Kurztext** / Stichworte						Kostengruppe
►	▷	**ø brutto €**	◁	◄	[Einheit]	Ausf.-Dauer	Positionsnummer
►	▷	**ø netto €**	◁	◄			

25 Bewegungsfuge, Typ I, Schleppstreifen, Bitumenbahn KG **363**

Bewegungsfuge; Typ i; Flachdachaufbau

37€	47€	**51€**	58€	76€	[m]	⏱ 0,35h/m	021.000.141
31€	39€	**43€**	49€	64€			

26 Dachabdichtung PYE G200, S4/S5, untere Lage KG **363**

Dachabdichtung DU, untere Lage; Polymerbitumenschweißbahn PYE-G 200, S4/S5; Gefälle über 2%; extensive Dachnutzung

15€	19€	**21€**	23€	27€	[m²]	⏱ 0,12h/m²	021.000.019
12€	16€	**17€**	19€	23€			

27 Dachabdichtung PYE PV 200 S5, Wurzelschutz, obere Lage KG **363**

Dachabdichtung DO, als Wurzelschutzbahn; Polymerbitumenschweißbahn PYE-PV 200 S5, Eigenschaftsklasse E1; Gefälle über 2%

22€	30€	**34€**	38€	57€	[m²]	⏱ 0,20h/m²	021.000.110
18€	25€	**28€**	32€	48€			

28 Dachabdichtung zweilagig, Polymerbitumen-Schweißbahnen KG **363**

Dachabdichtung; PYE-G 200 S4/S5, DU/E1, PYE-PV 200 S5 DO/E1; Gefälle über 2%

34€	43€	**46€**	50€	58€	[m²]	⏱ 0,25h/m²	021.000.065
29€	36€	**39€**	42€	48€			

29 Attikaabschluss, gedämmt, zweilagige Abdichtung KG **363**

Attikaanschluss, zweilagig; EPS-Dämmstoffkeile, WLG 035, Anwendung K1/K2; Keil 60x60, Dämmung 80mm

37€	62€	**76€**	86€	105€	[m]	⏱ 0,30h/m	021.000.023
31€	52€	**64€**	72€	88€			

30 Dachrandabschluss, zweilagige Abdichtung KG **363**

Dachrandabschluss; Dachrandprofil aus Metall, Bahnen DU/E2 u. DO/E1 / DU/E1 u. DO/E1; zweilagige Bahnenausführung; inkl. Trennlage, Bitumendachbahn

–	42€	**50€**	60€	–	[m]	⏱ 0,30h/m	021.000.111
–	35€	**42€**	50€	–			

31 Abdichtungsanschluss, Innenecke KG **363**

Dachabdichtungsanschluss, Eckausbildung; einlagig/zweilagig; aufgehende Bauteile

–	24€	**29€**	35€	–	[St]	⏱ 0,20h/St	021.000.112
–	21€	**24€**	29€	–			

32 Dachabdichtung, Kunststoffbahn, PVC 1,5mm, einlagig KG **363**

Dachabdichtung DE; PVC-P Kunststoffbahn mit Glasvlies, E; Dicke 1,5mm

–	38€	**43€**	52€	–	[m²]	⏱ 0,18h/m²	021.000.113
–	32€	**36€**	44€	–			

Nr.	Kurztext / Stichworte						Kostengruppe
▶	▷	ø brutto €	◁	◀	[Einheit]	Ausf.-Dauer	Positionsnummer
▶	▷	ø netto €	◁	◀			

33 Dachabdichtung, Kunststoffbahn, EPDM 1,5mm, einlagig KG **363**

Dachabdichtung DE; Elastomerbahn EPDM-BV-E-GG; Dicke 1,3mm; einlagig, verkleben

–	43€	**49€**	59€	–	[m²]	0,18h/m²	021.000.116
–	36€	**41€**	49€	–			

34 Dachabdichtung, Kunststoffbahn, EVA, einlagig, 1,5mm KG **363**

Dachabdichtung DE, mit Wurzelschutz; Ethylen-Vinyl-Acetat Terpolymer - EVA-BV-K(PV), E; Dicke 1,5mm

28€	38€	**43€**	48€	58€	[m²]	0,14h/m²	021.000.024
24€	32€	**36€**	40€	49€			

Kosten:
Stand 2. Quartal 2025
Bundesdurchschnitt

35 Dachabdichtung, Kunststoffbahn, EPDM, einlagig, 2,5mm KG **363**

Dachabdichtung DE; Ethylen-Propylen-Dien-Kautschuk-EPDM, bitumenverträglich; Dicke 2,5mm; einlagig, selbstklebend

45€	54€	**57€**	62€	70€	[m²]	0,18h/m²	021.000.142
37€	45€	**48€**	52€	59€			

36 Wandabschluss, Dachdichtung, EPDM KG **363**

Randanschluss, Dachdichtung; EPDM; geklebt und mit Nägeln befestigt

43€	54€	**55€**	55€	64€	[m]	0,10h/m	021.000.144
36€	46€	**46€**	47€	54€			

37 Dachabdichtung, Befestigung, Schienen KG **363**

Dachabdichtung Kunststoffbahn, mechanische Befestigung; Linien-/Punktbefestiger; einlagig; im Eck- und Randbereich/Feldmitte

8€	14€	**15€**	18€	24€	[m²]	0,08h/m²	021.000.045
7€	12€	**13€**	15€	20€			

38 Abdichtungsanschluss, Fenstertür, Abdeckblech KG **363**

Fenstertüranschluss; Abdeckblech, Titanzink/Kupfer; inkl. obenliegende Fuge verfugen

51€	77€	**83€**	103€	133€	[m]	0,60h/m	021.000.049
43€	65€	**70€**	86€	112€			

39 Notüberlauf, Attika, DN 100, Freispiegel KG **363**

Notüberlauf, Attika; Rohr mit 5° Gefälle; DN100; mit Gefällestrecke; inkl. integrierter Anschlussmanschette

147€	303€	**360€**	595€	971€	[St]	0,80h/St	021.000.060
124€	255€	**302€**	500€	816€			

40 Attikaablauf, DN100, Freispiegel KG **363**

Attikaablauf; Ablauftopf, Gefällestrecke, Anschlussmanschette.; DN70/DN100; inkl. integrierter Anschlussmanschette, Ablauftopf

–	662€	**744€**	841€	–	[St]	0,90h/St	021.000.123
–	557€	**625€**	707€	–			

▶ min
▷ von
ø Mittel
◁ bis
◀ max

Nr.	Kurztext / Stichworte					Kostengruppe
▶	▷	ø brutto €	◁	◀	[Einheit] Ausf.-Dauer	Positionsnummer
▶	▷	ø netto €	◁	◀		

41 Flachdachablauf, mit Kiesfang, UP-GF, DN70, Freispiegel KG **363**

Flachdachablauf; Glasfaserverstärkter Kunststoff; DN70; mehrteilig, gedämmt, Aufstockelement; inkl. Dichtringen, Anschlussmanschetten

136€	185€	**214€**	260€	329€	[St]	⏱ 0,65h/St	021.000.036
114€	155€	**180€**	219€	276€			

42 Durchführung andichten, Anschweißflansch KG **363**

Durchführung andichten; Stab-/Rohrdurchführung; bis DN100; mit Anschweißflansch

35€	60€	**75€**	88€	109€	[St]	⏱ 0,18h/St	021.000.147
30€	50€	**63€**	74€	92€			

43 Lichtkuppel, zweischalig, rund, Aufsetzkranz, 800mm KG **362**

Lichtkuppel, rund, Öffnungsmotor; Acrylglas, zweischalig, Metallaufsetzkranz; Durchmesser 800m, Höhe 500mm; Wärmedämmung

927€	1.845€	**2.268€**	2.605€	3.242€	[St]	⏱ 4,75h/St	021.000.040
779€	1.550€	**1.906€**	2.189€	2.725€			

44 Lichtkuppel, zweischalig, rechteckig, Aufsetzkranz, 1.200x1.200, RWA KG **362**

Lichtkuppel, rechteckig, mit Öffnungsmotor; Acrylglas zweischalig, Metallaufsetzkranz; Größe1.200x1.200mm, Höhe 500mm; zweischalig gedämmt

1.325€	2.103€	**2.330€**	3.034€	4.210€	[St]	⏱ 5,50h/St	021.000.041
1.113€	1.767€	**1.958€**	2.549€	3.538€			

45 Lichtkuppel, RWA, rechteckig, dreischalig Acrylglas, 1.000x1.000 KG **362**

Lichtkuppel, rechteckig, mit Öffnungsmotor; Acrylglas, dreischalig, Metallaufsetzkranz; 1.000x1.000mm, Höhe 500mm; dreischalig, Wärmedämmung

–	2.476€	**2.692€**	3.095€	–	[St]	⏱ 5,50h/St	021.000.127
–	2.081€	**2.262€**	2.601€	–			

46 Lichtkuppel, RWA, rechteckig, vierschalig Acrylglas, Aufsetzkranz, 1.200x1.200m KG **362**

Lichtkuppel, rechteckig, mit Öffnungsmotor; Acrylglas vierschalig, Metallaufsetzkranz; 1.200x1.200mm, Höhe 500mm; zweischalig, Wärmedämmung

–	2.774€	**3.016€**	3.468€	–	[St]	⏱ 5,50h/St	021.000.129
–	2.331€	**2.534€**	2.914€	–			

47 Wind-/Regenmelder, Lichtkuppel KG **362**

Windmelder, Regenmelder für Lichtkuppel; Sensor, Schaltgerät; Lichtkuppel

–	1.871€	**1.991€**	2.190€	–	[St]	⏱ 0,75h/St	021.000.130
–	1.573€	**1.673€**	1.840€	–			

48 Anschluss Flachdachdichtung an Lichtkuppel KG **363**

Lichtkuppel; mit Klebeflansch; Höhe 500 mm; anschließen an Flächenabdichtung, versiegeln mit Dichtmasse

169€	237€	**275€**	355€	509€	[St]	⏱ 0,80h/St	021.000.122
142€	199€	**231€**	299€	427€			

Nr.	Kurztext / Stichworte						Kostengruppe
▶	▷	ø brutto €	◁	◀	[Einheit]	Ausf.-Dauer	Positionsnummer
▶	▷	ø netto €	◁	◀			
49	**Schutzmatte, Gummigranulat, Dachdichtung**						KG **363**
	Bautenschutzmatte, Wurzelschutz; Polyurethan-Kautschuk; Dicke 10mm; lose verlegen; begrüntes Flachdach						
12€	18€	**21€**	28€	44€	[m²]	⏱ 0,10h/m²	021.000.030
10€	15€	**18€**	23€	37€			
50	**Kiesfangleiste, Lochblech, verzinktes Stahlblech**						KG **363**
	Kiesfangleiste; Stahllochblech, verzinkt; mit Montagehaltern fixieren; begrüntes Flachdach						
12€	27€	**33€**	39€	55€	[m]	⏱ 0,04h/m	021.000.029
10€	23€	**28€**	33€	46€			
51	**Kiesschüttung, 16/32, Dach**						KG **363**
	Kiesschüttung; Rollkies 16/32, gewaschen; Breite 50cm, Schütthöhe 14cm; begrüntes Flachdach						
9€	18€	**20€**	32€	61€	[m²]	⏱ 0,16h/m²	021.000.032
7€	15€	**17€**	27€	51€			
52	**Trennlage, PE-Folie, Dach**						KG **363**
	Trennlage; PE-Folie; Dicke 0,2mm; lose, überlappend verlegen; begrüntes Flachdach						
3€	5€	**6€**	8€	11€	[m²]	⏱ 0,03h/m²	021.000.031
2€	4€	**5€**	7€	10€			
53	**Kiesstreifen, 16/32, 50cm,**						KG **363**
	Kiesrandstreifen; Rollkies 8/16, gewaschen; Breite 50cm, Schütthöhe bis 8cm; Flachdach						
6€	14€	**18€**	25€	38€	[m]	⏱ 0,16h/m	021.000.033
5€	12€	**15€**	21€	32€			
54	**Absturzsicherung, Verankerungspunkt, Flachdach**						KG **369**
	Verankerungspunkt; als Systemstütze mit Anschlagöse, korrosionsbeständiger Stahl; in Dachaufbau eingebunden, eingedichtet; inkl. Dämmhaube, Befestigungsset						
250€	299€	**315€**	338€	378€	[St]	⏱ 0,80h/St	021.000.085
210€	252€	**265€**	284€	318€			
55	**Schallschutz, MW, Trapezblechdeckung**						KG **363**
	Schallschutzdämmung, Sickenfüller; Mineralwolle, nicht brennbar A2						
9€	16€	**19€**	23€	29€	[m]	⏱ 0,10h/m	021.000.047
7€	13€	**16€**	19€	24€			

Kosten:
Stand 2. Quartal 2025
Bundesdurchschnitt

▶ min
▷ von
ø Mittel
◁ bis
◀ max

Nr.	Kurztext / Stichworte						Kostengruppe
▶	▷	ø brutto €	◁	◀	[Einheit]	Ausf.-Dauer	Positionsnummer
▶	▷	ø netto €	◁	◀			
1	**Kleintierschutz, Metall**						KG **363**
Kleintierschutz; Metall; bis 150mm; zweifach gekantet, an Holzunterkonstruktion							
9€	16€	**19€**	21€	27€	[m]	⏱ 0,10h/m	022.000.006
8€	13€	**16€**	18€	23€			
2	**Traufblech, Titanzink, Z 333**						KG **363**
Traufblech, Rinneneinhang; Titanzink; Zuschnitt 333mm; dreifach gekantet							
20€	28€	**31€**	37€	54€	[m]	⏱ 0,20h/m	022.000.007
17€	24€	**26€**	31€	46€			
3	**Traufblech, Kupfer, Z 333**						KG **363**
Traufblech, Rinneneinhang; Kupfer; Zuschnitt 333mm; dreifach gekantet							
25€	35€	**39€**	44€	62€	[m]	⏱ 0,25h/m	022.000.008
21€	29€	**33€**	37€	52€			
4	**Dachrinne, Titanzink, Z 333**						KG **363**
Hängedachrinne, halbrund; Titanzink; Zuschnitt 333mm; Wulst und Falz, mit Rinnenhalter							
40€	53€	**57€**	67€	72€	[m]	⏱ 0,30h/m	022.000.090
34€	45€	**48€**	56€	60€			
5	**Dachrinne, Kupfer, bis Z 333**						KG **363**
Hängedachrinne, halbrund; Kupfer; Zuschnitt bis 333mm; Wulst und Falz, mit Rinnenhalter							
46€	56€	**61€**	62€	71€	[m]	⏱ 0,30h/m	022.000.012
39€	47€	**51€**	52€	60€			
6	**Dachrinne, Aluminium, bis Z 333**						KG **363**
Hängedachrinne, halbrund; Aluminium; Zuschnitt 333mm; Wulst und Falz, mit Rinnenhalter							
49€	56€	**59€**	62€	71€	[m]	⏱ 0,30h/m	022.000.059
41€	47€	**49€**	52€	60€			
7	**Rinnenstutzen, Titanzink**						KG **363**
Rinnenstutzen, halbrund; Titanzink; in Dachrinne und Fallrohr eingepasst							
22€	34€	**37€**	43€	57€	[St]	⏱ 0,15h/St	022.000.013
19€	28€	**31€**	36€	48€			
8	**Rinnenstutzen, Kupfer**						KG **363**
Rinnenstutzen, halbrund; Kupfer; in Dachrinne und Fallrohr eingepasst							
32€	51€	**52€**	58€	70€	[St]	⏱ 0,15h/St	022.000.014
27€	43€	**43€**	49€	59€			

022

Kosten:
Stand 2.Quartal 2025
Bundesdurchschnitt

▶ min
▷ von
ø Mittel
◁ bis
◀ max

Nr.	Kurztext / Stichworte						Kostengruppe
►	▷	ø brutto €	◁	◄	[Einheit]	Ausf.-Dauer	Positionsnummer
►	▷	ø netto €	◁	◄			
9	**Wasserfangkasten, Titanzink**						KG **363**
Rinnenkessel, rund/kastenförmig; Titanzink; Ornament ein-/ausgeschwungen							
115€	162€	**181€**	219€	303€	[St]	⏱ 0,60h/St	022.000.015
97€	136€	**152€**	184€	255€			
10	**Wasserfangkasten, Kupfer**						KG **363**
Rinnenkessel, rund/kastenförmig; Kupfer; Ornament ein-/ausgeschwungen							
128€	242€	**269€**	303€	475€	[St]	⏱ 0,60h/St	022.000.097
108€	203€	**226€**	255€	399€			
11	**Wasserspeier, bis DN100**						KG **363**
Wasserspeier; Kupfer/Zink/Edelstahl/Alu; bis DN100; Dachrinne/Attikablech							
126€	187€	**213€**	258€	358€	[St]	⏱ 0,35h/St	022.000.050
106€	157€	**179€**	217€	301€			
12	**Rinnenendstück, Titanzink**						KG **363**
Rinnenendstück, halbrund/kastenförmig; Titanzink; in Rinne eingepasst, eingelötet							
8€	12€	**15€**	18€	24€	[St]	⏱ 0,10h/St	022.000.016
6€	10€	**12€**	15€	20€			
13	**Rinnenendstück, Kupfer**						KG **363**
Rinnenendstück, halbrund/kastenförmig; Kupfer; in Rinne eingepasst, eingelötet							
8€	13€	**15€**	22€	32€	[St]	⏱ 0,10h/St	022.000.017
7€	11€	**13€**	18€	27€			
14	**Außenecke Dachrinne, Titanzink**						KG **363**
Rinnenwinkel, Außenecke; Titanzink; 90°; Halbrundrinne, mit Wulst und Falz							
39€	50€	**53€**	62€	76€	[St]	⏱ 0,05h/St	022.000.157
33€	42€	**45€**	52€	64€			
15	**Rinnenwinkel außen, Dachrinne, Kupfer**						KG **363**
Rinnenwinkel, Außenecke; Kupfer; 90°; Halbrundrinne, mit Wulst und Falz							
38€	58€	**66€**	81€	105€	[St]	⏱ 0,06h/St	022.000.158
32€	48€	**55€**	68€	88€			
16	**Rinnenwinkel innen, Dachrinne, Titanzink**						KG **363**
Rinnenwinkel, Innenecke; Titanzink; 90°; Halbrundrinne, mit Wulst und Falz							
38€	48€	**51€**	59€	71€	[St]	⏱ 0,05h/St	022.000.159
32€	40€	**43€**	49€	59€			

Nr.	Kurztext / Stichworte				[Einheit]	Ausf.-Dauer	Kostengruppe / Positionsnummer
▶	▷	ø brutto €	◁	◀			
▶	▷	ø netto €	◁	◀			
17	**Rinnenwinkel innen, Dachrinne, Kupfer**						KG **363**
	Rinnenwinkel, Innenecke; Kupfer; 90°; Halbrundrinne, mit Wulst und Falz						
38€	61€	**68€**	83€	105€	[St]	⏱ 0,06h/St	022.000.160
32€	51€	**57€**	70€	88€			
18	**Fallrohr, Titanzink, DN100**						KG **363**
	Regenfallrohr, rund; Titanzink; DN100						
31€	42€	**46€**	52€	72€	[m]	⏱ 0,21h/m	022.000.167
26€	35€	**38€**	44€	60€			
19	**Fallrohr, Titanzink, 100x100mm**						KG **363**
	Regenfallrohr, quadratisch; Titanzink, 0,7mm; 100x100mm						
39€	50€	**54€**	58€	71€	[m]	⏱ 0,21h/m	022.000.173
33€	42€	**45€**	49€	59€			
20	**Fallrohr, Kupfer, DN100**						KG **363**
	Regenfallrohr, rund; Kupfer; DN60/DN80/DN100						
38€	61€	**64€**	70€	92€	[m]	⏱ 0,20h/m	022.000.020
32€	51€	**53€**	59€	77€			
21	**Fallrohrbogen, Titanzink, bis DN100**						KG **363**
	Fallrohrbogen; Titanzink; DN80/DN100						
14€	22€	**25€**	29€	42€	[St]	⏱ 0,10h/St	022.000.021
12€	19€	**21€**	25€	35€			
22	**Fallrohrbogen, Kupfer, bis DN100**						KG **363**
	Fallrohrbogen; Kupfer; DN80/DN100						
21€	36€	**38€**	45€	63€	[St]	⏱ 0,10h/St	022.000.022
18€	30€	**32€**	38€	53€			
23	**Etagen-/Sockelknie, Regenfallrohr**						KG **363**
	Sockelknie; Metall; DN80/DN87/DN100						
30€	38€	**41€**	45€	55€	[St]	⏱ 0,16h/St	022.000.063
25€	32€	**35€**	38€	46€			
24	**Standrohrkappe, Fallrohr, Titanzink/Kupfer**						KG **363**
	Standrohrkappe; Titanzink/Kupfer						
5€	10€	**12€**	15€	21€	[St]	⏱ 0,10h/St	022.000.025
4€	8€	**10€**	13€	18€			

Kosten:
Stand 2. Quartal 2025
Bundesdurchschnitt

▶ min
▷ von
ø Mittel
◁ bis
◀ max

Nr.	Kurztext / Stichworte						Kostengruppe
▶	▷	**ø brutto €**	◁	◀	[Einheit]	Ausf.-Dauer	Positionsnummer
▶	▷	**ø netto €**	◁	◀			

25 Fallrohrklappe, Fallrohr, Titanzink/Kupfer — KG **363**

Fallrohrklappe; Titanzink/Kupfer

41€	60€	**67€**	71€	89€	[St]	⏱ 0,15h/St	022.000.026
35€	50€	**56€**	59€	75€			

26 Laubfangkorb, Abläufe, Kupfer — KG **363**

Laubfangkorb; Titanzink/Kupfer; Dachrinnenablauf

7€	10€	**12€**	15€	22€	[St]	⏱ 0,06h/St	022.000.027
6€	9€	**10€**	13€	18€			

27 Laubfangkorb, Abläufe, verzinkter Stahl — KG **363**

Laubfangkorb; verzinkter Stahl; Dachrinnenablauf

–	11€	**14€**	20€	–	[St]	⏱ 0,06h/St	022.000.152
–	10€	**12€**	17€	–			

28 Standrohr, Titanzink — KG **363**

Standrohr, rund/rechteckig; Titanzink/Kupfer 0,8mm; Gebäudesockel; inkl. Revisionsöffnung

91€	129€	**137€**	162€	212€	[St]	⏱ 0,36h/St	022.000.024
76€	109€	**115€**	136€	178€			

29 Rohrdurchführung, Flachdach — KG **363**

Standrohr, rund/rechteckig; Stahl; Gebäudesockel; inkl. Revisionsöffnung, Deckel und Schrauben

–	157€	**167€**	187€	–	[St]	⏱ 0,36h/St	022.000.110
–	132€	**140€**	157€	–			

30 Rohreinfassung, bis 150mm — KG **363**

Einfassung, Rohrdurchführung; Titanzink/Kupfer; Zylinderstumpf 150mm, Kegelstumpf 150mm

85€	129€	**163€**	181€	214€	[St]	⏱ 0,40h/St	022.000.048
72€	109€	**137€**	152€	180€			

31 Attika-/Dachrand-UK, Holzbohle, Holzschutz — KG **363**

Unterkonstruktion, Attika-/Mauerabdeckung; Nadelholz, S13, scharfkantig, mit Holzschutz GK 3.2; Dicke 40mm

14€	26€	**30€**	36€	46€	[m]	⏱ 0,18h/m	022.000.083
11€	22€	**26€**	31€	39€			

32 Attikaabdeckung, Titanzink, bis Z 700 — KG **363**

Attika/Mauerabdeckung; Titanzink, 0,7mm; Zuschnitt 700mm; gekantet; Stahlbeton/Mauerwerk

46€	78€	**93€**	118€	182€	[m]	⏱ 0,40h/m	022.000.034
39€	66€	**78€**	99€	153€			

Nr.	Kurztext / Stichworte						Kostengruppe
►	▷	ø brutto €	◁	◀	[Einheit]	Ausf.-Dauer	Positionsnummer
►	▷	ø netto €	◁	◀			
33	**Attikaabdeckung, Kupfer, bis Z 700**						KG **363**
Attika-/Mauerabdeckung; Kupfer, 0,7mm; Zuschnitt 700mm; gekantet; Stahlbeton/Mauerwerk							
98€	123€	**135€**	148€	184€	[m]	⏱ 0,45h/m	022.000.035
83€	104€	**114€**	124€	154€			
34	**Attikaabdeckung, Ti-Zink/Kupfer, bis Z 1000**						KG **363**
Attika-/Mauerabdeckung; Titanzink/Kupfer; Zuschnitt bis 1.000mm; gekantet; Stahlbeton/Mauerwerk							
–	148€	**184€**	203€	–	[m]	⏱ 0,55h/m	022.000.122
–	124€	**155€**	171€	–			
35	**Fassadenrinne, Stahlblech**						KG **363**
Fassadenrinne; Stahlblech, verzinkt, beidseitige Kiesleise; Dränschlitze 3-5mm; begehbar, rollstuhlbefahrbar							
160€	220€	**249€**	299€	398€	[m]	⏱ 0,80h/m	022.000.064
134€	185€	**209€**	251€	334€			
36	**Fensterbankabdeckung, Titanzink, Z 250**						KG **334**
Fensterbankabdeckung; Titanzink; Zuschnitt 250mm; gekantet, Tropfkante mit/ohne Wulst							
42€	60€	**66€**	78€	107€	[m]	⏱ 0,30h/m	022.000.041
35€	50€	**55€**	66€	89€			
37	**Fensterbankabdeckung, Aluminium, Z 250**						KG **334**
Fensterbankabdeckung; Aluminium; Zuschnitt 250mm; gekantet, Tropfkante mit/ohne Wulst							
–	66€	**72€**	88€	–	[m]	⏱ 0,30h/m	022.000.129
–	56€	**61€**	74€	–			
38	**Fensterbankabdeckung, Edelstahl, Z 250**						KG **334**
Fensterbankabdeckung; Edelstahl; Zuschnitt 250mm; gekantet, Tropfkante mit/ohne Wulst							
–	81€	**87€**	105€	–	[m]	⏱ 0,30h/m	022.000.130
–	68€	**73€**	88€	–			
39	**Fensterbankabdeckung, Kupfer, Z 250**						KG **334**
Fensterbankabdeckung; Kupfer; Zuschnitt 250mm; gekantet, Tropfkante mit/ohne Wulst							
48€	65€	**70€**	91€	122€	[m]	⏱ 0,30h/m	022.000.042
40€	55€	**59€**	76€	103€			
40	**Fensterbankabdeckung, Titanzink, Z 333**						KG **334**
Fensterbankabdeckung; Titanzink; Zuschnitt 333mm; gekantet, Tropfkante mit/ohne Wulst							
–	74€	**79€**	96€	–	[m]	⏱ 0,30h/m	022.000.153
–	62€	**66€**	81€	–			

Kosten:
Stand 2. Quartal 2025
Bundesdurchschnitt

► min
▷ von
ø Mittel
◁ bis
◀ max

Nr.	Kurztext / Stichworte						Kostengruppe
▶	▷	ø brutto €	◁	◀	[Einheit]	Ausf.-Dauer	Positionsnummer
▶	▷	ø netto €	◁	◀			

41 Fensterbankabdeckung, Kupfer, Z 333 — KG **334**

Fensterbankabdeckung; Kupfer; Zuschnitt 333mm; gekantet, Tropfkante mit/ohne Wulst

–	93€	**100€**	124€	–	[m]	⏱ 0,30h/m	022.000.131
–	78€	**84€**	104€	–			

42 Antennenmasteinfassung, Titanzink/Kupfer — KG **363**

Antennenmasteinfassung Einzelblechen; Titanzink/Kupfer; Höhe 300mm; Dachneigung unter 7°

112€	144€	**153€**	171€	250€	[St]	⏱ 0,70h/St	022.000.071
94€	121€	**129€**	144€	210€			

43 Schornsteinbekleidung, Winkel-/Stehfalzdeckung, Titanzink — KG **363**

Schornsteinbekleidung; Titanzink; Breite 720mm Achsmaß 600/Breite 620mm für Achsmaß 500mm; Winkel-Stehfalzdeckung als hinterlüftete Konstruktion

176€	217€	**238€**	253€	333€	[m2]	⏱ 1,00h/m2	022.000.044
148€	182€	**200€**	212€	280€			

44 Eindeckrahmen, Dachfenster — KG **362**

Eindeckrahmen Dachfenster; Aluminium/Titanzink/Kupfer; mit diffusionsoffenen Anschlussfolien; mit Dämmblock und Anschluss-Bändern

210€	361€	**402€**	509€	800€	[St]	⏱ 0,35h/St	022.000.162
176€	304€	**338€**	428€	672€			

45 Dachfenster /-oberlicht einfassen — KG **362**

Dachfenster, Einfassung; Metallblech; Dachneigung 7°; überlappend verlegt, inkl. Befestigungsmittel

437€	509€	**535€**	613€	754€	[St]	⏱ 1,50h/St	022.000.166
367€	428€	**449€**	515€	633€			

46 Dachdeckung, Doppelstehfalz, Titanzink — KG **363**

Doppelstehfalzdeckung Dach; Titanzink; Untergrund Holzschalung mit Trennlage

93€	142€	**160€**	185€	234€	[m2]	⏱ 0,85h/m2	022.000.045
78€	119€	**135€**	156€	197€			

47 Dachdeckung, Doppelstehfalz, Kupfer — KG **363**

Doppelstehfalzdeckung Dach; Kupfer; Untergrund Holzschalung mit Trennlage

108€	175€	**193€**	203€	252€	[m2]	⏱ 0,80h/m2	022.000.046
91€	147€	**162€**	171€	211€			

48 Dachdeckung, Bandblech, Aluminium — KG **363**

Dachdeckung, Bandblechelemente; Aluminium, gefalzt; auf Holzpfetten

61€	103€	**104€**	119€	140€	[m2]	⏱ 0,70h/m2	022.000.057
51€	86€	**87€**	100€	118€			

Nr.	Kurztext / Stichworte						Kostengruppe
▶	▷	ø brutto €	◁	◀	[Einheit]	Ausf.-Dauer	Positionsnummer
▶	▷	ø netto €	◁	◀			
49	**Anschluss Blechdach, Titanzink**						KG **363**
Anschluss Blechdachdeckung; Titanzink; Untergrund Holzschalung mit Trennlage; aufgehende Bauteile							
57€	75€	**85€**	93€	106€	[m]	⏱ 0,38h/m	022.000.084
48€	63€	**71€**	78€	89€			
50	**Anschluss Blechdach, Kupfer**						KG **363**
Anschluss Blechdachdeckung; Titanzink; Untergrund Holzschalung mit Trennlage; aufgehende Bauteile							
–	87€	**97€**	107€	–	[m]	⏱ 0,38h/m	022.000.140
–	73€	**82€**	90€	–			
51	**Fassadenbekleidung, Bandblechscharen, Titanzink**						KG **363**
Fassadenbekleidung; Titanzink; Untergrund Holzschalung mit Trennlage							
96€	134€	**152€**	160€	191€	[m²]	⏱ 1,20h/m²	022.000.067
80€	113€	**128€**	135€	160€			
52	**Fassadenbekleidung, Bandblechscharen, Kupfer**						KG **363**
Fassadenbekleidung; Kupfer; Untergrund Holzschalung mit Trennlage							
–	193€	**216€**	260€	–	[m²]	⏱ 1,20h/m²	022.000.149
–	162€	**181€**	219€	–			
53	**Schneefanggitter, Titanzink**						KG **369**
Schneefanggitter; Titanzink; Höhe 200mm; Steildach							
44€	52€	**56€**	68€	88€	[m]	⏱ 0,25h/m	022.000.003
37€	44€	**47€**	57€	74€			
54	**Sicherheitsdachhaken, verzinkt**						KG **369**
Leiterhaken, Dachsicherung; Stahl, verzinkt; 25x6mm							
18€	24€	**28€**	32€	40€	[St]	⏱ 0,15h/St	022.000.001
15€	21€	**24€**	27€	34€			
55	**Sicherheitstritt, Standgitter**						KG **369**
Sicherheitstritt; PVC-Standziegel; Trittlänge 41cm							
90€	122€	**136€**	144€	167€	[St]	⏱ 0,35h/St	022.000.005
76€	103€	**114€**	121€	140€			

Kosten:
Stand 2. Quartal 2025
Bundesdurchschnitt

▶ min
▷ von
ø Mittel
◁ bis
◀ max

023

Kosten:
Stand 2. Quartal 2025
Bundesdurchschnitt

Nr.	Kurztext / Stichworte						Kostengruppe
▶	▷	**ø brutto €**	◁	◀	[Einheit]	Ausf.-Dauer	Positionsnummer
▶	▷	**ø netto €**	◁	◀			
1	**Schutzabdeckung**						KG **397**
Fenster abkleben; vorhalten, nach Beendigung entfernen, entsorgen							
3€	5€	**7€**	8€	12€	[m²]	⏱ 0,02 h/m²	023.000.188
2€	5€	**6€**	7€	10€			
2	**Haftbrücke, Betonfläche, für Gipsputze**						KG **336**
Haftbrücke; organisch gebundenen, quarzgefüllt, wasserverdünnbar; für Gipsputze; Betonflächen							
2€	5€	**6€**	9€	15€	[m²]	⏱ 0,05 h/m²	023.000.003
2€	4€	**5€**	8€	13€			
3	**Haftbrücke, Betonfläche, für Kalk-/Kalkzementputz**						KG **336**
Haftbrücke; mineralisch, kunststoffvergütet; für Kalk- und Kalkzementputze; Betonflächen							
3€	7€	**9€**	11€	15€	[m²]	⏱ 0,05 h/m²	023.000.078
2€	6€	**8€**	9€	13€			
4	**Spritzbewurf, Putzgrund**						KG **335**
Spritzbewurf, Putzgrundvorbereitung; MG P III/CS IV; netzförmig aufbringen; Ziegelmauerwerk							
4€	8€	**10€**	12€	18€	[m²]	⏱ 0,08 h/m²	023.000.008
3€	7€	**9€**	10€	15€			
5	**Aufbrennsperre, Putzuntergrund**						KG **335**
Aufbrennsperre; Regulierung der Saugfähigkeit; auf Putzgrund							
0,7€	2,5€	**3,3€**	4,1€	5,7€	[m²]	⏱ 0,05 h/m²	023.000.079
0,6€	2,1€	**2,8€**	3,4€	4,8€			
6	**Fluatieren, Wände**						KG **335**
Untergrundvorbereitung, Fluatieren; Schalölresten entfernen; Wand; inkl. Nachwäsche mit Wasser							
0,8€	2,2€	**2,8€**	4,1€	6,5€	[m²]	⏱ 0,10 h/m²	023.000.062
0,7€	1,8€	**2,4€**	3,5€	5,5€			
7	**Installationsschlitz schließen, spachteln**						KG **345**
Installationsschlitz schließen; Mineralwolle, verzinkter Putzträger, Grundputz; Spachteln; Wand							
7€	16€	**20€**	28€	49€	[m]	⏱ 0,20 h/m	023.000.051
6€	14€	**17€**	24€	41€			
8	**Putzarmierung, Glasfasergewebe, bis 250mm**						KG **345**
Putzträger, innen/außen; Glasfasergewebe; Breite bis 250mm; Beton- und Mauerwerkswänden							
5€	5€	**6€**	6€	7€	[m]	⏱ 0,08 h/m	023.000.170
4€	4€	**5€**	5€	6€			

▶ min
▷ von
ø Mittel
◁ bis
◀ max

Nr.	**Kurztext** / Stichworte						Kostengruppe
▶	▷	**ø brutto €**	◁	◀	[Einheit]	Ausf.-Dauer	Positionsnummer
▶	▷	**ø netto €**	◁	◀			

9 Putzarmierung, Glasfasergewebe, innen, Teilbereich — KG **345**

Putzarmierung, Innenwand; Glasfasergewebe; Breite bis 200mm; in Teilbereichen einbetten

2€	3€	**4€**	5€	5€	[m]	⏱ 0,10h/m	023.000.082
2€	3€	**3€**	4€	5€			

10 Putzarmierung, Glasfasergewebe — KG **345**

Putzarmierung, Innenwand; Glasfasergewebe; vollflächig, einbetten; Innenwand

4€	9€	**11€**	15€	22€	[m²]	⏱ 0,20h/m²	023.000.057
4€	8€	**9€**	13€	18€			

11 Putzträger, Metallgittergewebe — KG **345**

Putzträger; Metallgittergewebe; nachträglich verschlossener Schlitze; Beton- und Mauerwerk

10€	18€	**21€**	27€	39€	[m²]	⏱ 0,14h/m²	023.000.010
9€	15€	**18€**	22€	33€			

12 Putzträger, Metallgittergewebe, bis 250mm — KG **345**

Putzträger; Metallgittergewebe; Breite bis 250mm; überdecken nachträglich verschlossener Schlitze; Beton- und Mauerwerk

15€	35€	**43€**	44€	71€	[m]	⏱ 0,10h/m	023.000.131
13€	30€	**36€**	37€	59€			

13 Ausgleichsputz, bis 10mm — KG **345**

Ausgleichsputz; MG P II; Dicke 5-10mm, Höhe bis 3,00m

7€	14€	**17€**	20€	30€	[m²]	⏱ 0,20h/m²	023.000.047
6€	11€	**14€**	17€	25€			

14 Ausgleichsputz, bis 20mm — KG **345**

Ausgleichsputz; MG P II; Dicke 10-20mm

10€	20€	**23€**	27€	36€	[m²]	⏱ 0,22h/m²	023.000.009
8€	17€	**19€**	22€	30€			

15 Glattstrich, Fensteranschlussfolie, Laibung — KG **335**

Glattstrich Fensterlaibungen; für überputzbare Anschlussfolie

6€	13€	**18€**	21€	30€	[m]	⏱ 0,15h/m	023.000.145
5€	11€	**15€**	18€	25€			

16 Unterputzprofil, verzinkt, innen — KG **345**

Unterputzprofil; Stahl, verzinkt; Putzdicke bis 15mm; Innenraum

5€	8€	**10€**	11€	16€	[m]	⏱ 0,08h/m	023.000.011
4€	7€	**8€**	10€	14€			

Kosten:
Stand 2. Quartal 2025
Bundesdurchschnitt

Nr.	**Kurztext** / Stichworte						Kostengruppe
►	▷	**ø brutto €**	◁	◄	[Einheit]	Ausf.-Dauer	Positionsnummer
►	▷	**ø netto €**	◁	◄			
17	**Kantenprofil, Aluminium**						KG **345**
	Kantenprofil; Aluminium						
5€	8€	**10€**	12€	15€	[m]	⏱ 0,06 h/m	023.000.173
4€	7€	**9€**	10€	13€			
18	**Kantenprofil, Kunststoff**						KG **345**
	Kantenprofil; Kunststoff; anbringen mit Ansetzmörtel						
4€	9€	**11€**	13€	18€	[m]	⏱ 0,10 h/m	023.000.087
3€	7€	**9€**	11€	15€			
19	**Kantenprofil, nichtrostender Stahl**						KG **345**
	Kantenprofil; nichtrostender Stahl						
6€	13€	**15€**	17€	21€	[m]	⏱ 0,06 h/m	023.000.086
5€	11€	**13€**	14€	18€			
20	**Abschlussprofil, innen, verzinkt**						KG **345**
	Abschlussprofil; Stahl, verzinkt; Dicke bis 15mm; Innenwand						
3€	9€	**11€**	13€	17€	[m]	⏱ 0,09 h/m	023.000.014
2€	7€	**9€**	11€	14€			
21	**Abschlussprofil, innen, nichtrostender Stahl**						KG **345**
	Abschlussprofil; Edelstahl; Dicke bis 15mm; Innenwand						
9€	15€	**16€**	21€	29€	[m]	⏱ 0,09 h/m	023.000.088
8€	13€	**13€**	18€	24€			
22	**Kalkzementputz, Innenwand, einlagig, Q3, abgezogen**						KG **345**
	Innenputz, einlagig; Dicke 10mm; Q3-abgezogen; Innenwand						
22€	27€	**29€**	31€	36€	[m²]	⏱ 0,20 h/m²	023.000.133
19€	23€	**24€**	26€	30€			
23	**Laibung, Putz, innen, 150-250mm, Q2**						KG **336**
	Laibungen verputzen; Innenputz; Tiefe über 150-250mm; Q2-abgezogen						
7€	12€	**14€**	17€	25€	[m]	⏱ 0,14 h/m	023.000.137
6€	10€	**11€**	14€	21€			
24	**Kalk-Gipsputz, Innenwand, einlagig, Q2**						KG **345**
	Innenputz, einlagig; Kalk-Gipsputz; Dicke 15mm; Q2-geglättet/gefilzt; Innenwand						
17€	22€	**24€**	26€	31€	[m²]	⏱ 0,22 h/m²	023.000.015
15€	18€	**20€**	22€	26€			

► min
▷ von
ø Mittel
◁ bis
◄ max

Nr.	**Kurztext** / Stichworte						Kostengruppe
►	▷	**ø brutto €**	◁	◄	[Einheit]	Ausf.-Dauer	Positionsnummer
►	▷	**ø netto €**	◁	◄			

25 Kalk-Gipsputz, Innenwand, einlagig, Q2, gefilzt KG **345**

Innenputz, einlagig; Kalk-Gipsputz; Dicke 15mm; Q2-gefilzt; Innenwand

18€	23€	**25€**	26€	31€	[m²]	⏱ 0,22h/m²	023.000.089
15€	19€	**21€**	22€	26€			

26 Kalk-Gipsputz, Innenwand, einlagig, Q2, gerieben KG **345**

Innenputz, einlagig; Kalk-Gipsputz; Dicke 15mm; Q2-geglättet; Innenwand

17€	23€	**23€**	25€	29€	[m²]	⏱ 0,20h/m²	023.000.090
14€	19€	**19€**	21€	24€			

27 Kalkzementputz, Innenwand, einlagig, Q2, abgezogen KG **345**

Innenputz, einlagig; Kalk-Zementputz, CS II/III; Dicke 15mm; Q3-abgezogen; Innenwand

22€	29€	**31€**	34€	41€	[m²]	⏱ 0,22h/m²	023.000.019
18€	24€	**26€**	29€	34€			

28 Kalkzementputz, innen, linear, einlagig, Q2, abgezogen KG **345**

Innenputz, einlagig; Kalk-Zementputz, CS II/III; Dicke 15mm; Q2-abgezogen; Unterzüge/Pfeiler/Stützen/Laibungen

8€	13€	**16€**	20€	28€	[m]	⏱ 0,18h/m	023.000.099
7€	11€	**13€**	17€	23€			

29 Gipsputz, Innenwand, einlagig, Q2, gefilzt KG **345**

Innenputz, einlagig; Gipsputz B1; Dicke 15mm, Höhe bis 3,00m; Q2, gefilzt; Innenwand

17€	23€	**26€**	28€	35€	[m²]	⏱ 0,20h/m²	023.000.039
14€	20€	**21€**	24€	29€			

30 Gipsputz, Innenwand, einlagig, Q3 KG **345**

Innenputz, einlagig; Gipsputz; Dicke bis 15mm; Q3-geglättet/gefilzt; Innenwand

18€	24€	**27€**	30€	35€	[m²]	⏱ 0,23h/m²	023.000.175
15€	20€	**23€**	25€	29€			

31 Gipsputz, innen, linear, Q2, geglättet KG **345**

Innenputz, einlagig; Gipsputz, MG P IV; Dicke bis 15mm; Q2, abgezogen; Unterzüge/Pfeiler/Stützen/Laibungen

5€	12€	**14€**	17€	24€	[m]	⏱ 0,18h/m	023.000.071
4€	10€	**12€**	14€	20€			

32 Putzsystem, Innenwand, schallabsorbierend KG **345**

Putzsystem; feinkörnig, schallabsorbierend; inkl. Haftbrücke

–	103€	**127€**	159€	–	[m²]	⏱ 0,40h/m²	023.000.214
–	87€	**106€**	133€	–			

Objekte
3. Ebene
Positionen Neubau

Nr.	Kurztext / Stichworte						Kostengruppe
▶	▷	**ø brutto €**	◁	◀	[Einheit]	Ausf.-Dauer	Positionsnummer
▶	▷	**ø netto €**	◁	◀			
33	**Beiputzen, Tür-/Türzarge**						KG **345**
	Stahlzarge nachträglich beiputzen; Gipsputz/Gips-Kalkputz; Dicke 15mm						
8€	15€	**17€**	20€	29€	[m]	⏱ 0,10h/m	023.000.058
7€	12€	**14€**	17€	24€			
34	**Putzsystem, Decke, schallabsorbierend**						KG **354**
	Akustikputz, einlagig; MG P III; Dicke 10mm; Decke						
–	111€	**159€**	169€	–	[m²]	⏱ 0,50h/m²	023.000.055
–	93€	**133€**	142€	–			
35	**Kalk-Gipsputz, Decken, einlagig, Q2, gefilzt**						KG **354**
	Innenputz, einlagig; Kalk-Gipsputz; Dicke 15mm; Q2-gefilzt; Decke						
20€	25€	**27€**	30€	38€	[m²]	⏱ 0,25h/m²	023.000.025
17€	21€	**23€**	26€	32€			
36	**Innendämmung, Mineralschaumplatte**						KG **336**
	Wärmedämmung, innen; Mineralschaum, WLG040, A1; Dicke 50/50mm; Nische, Kleinfläche, Bauteilflanken						
55€	68€	**74€**	79€	88€	[m²]	⏱ 0,65h/m²	023.000.192
46€	57€	**62€**	67€	74€			

Kosten:
Stand 2. Quartal 2025
Bundesdurchschnitt

▶ min
▷ von
ø Mittel
◁ bis
◀ max

Nr.	Kurztext / Stichworte						Kostengruppe
▶	▷	ø brutto €	◁	◀	[Einheit]	Ausf.-Dauer	Positionsnummer
▶	▷	ø netto €	◁	◀			

1 Voranstrich, Fliesenbelag KG **353**

Grundierung, Fliesenbelag; Voranstrich; für Fliesenbelag

1€	3€	**4€**	5€	7€	[m²]	⏱ 0,05 h/m²	024.000.004
1€	3€	**3€**	4€	6€			

2 Verbundabdichtung, Wand KG **345**

Verbundabdichtung, Wand; Kunstharz, Polymerdispersion; Einwirkungsklasse: W1-I; zweilagig streichen; Inkl. Untergrundvorbereitung

14€	22€	**25€**	29€	40€	[m²]	⏱ 0,20 h/m²	024.000.007
12€	18€	**21€**	24€	34€			

3 Verbundabdichtung, Boden KG **353**

Verbundabdichtung, Boden; Kunstharz, Polymerdispersion; Einwirkungsklasse W1-I; zweilagig streichen; Inkl. Untergrundvorbereitung

12€	20€	**24€**	28€	37€	[m²]	⏱ 0,20 h/m²	024.000.008
10€	17€	**20€**	23€	31€			

4 Verbundabdichtung, Kunststoffbahn, Boden KG **353**

Verbundabdichtung, Boden; PE-Folie beidseitig vlieskaschiert; Einwirkungsklasse W2-I; Boden

18€	21€	**24€**	27€	30€	[m²]	⏱ 0,20 h/m²	024.000.067
15€	18€	**20€**	22€	25€			

5 Verbundabdichtung, Kunststoffbahn, Wand KG **345**

Verbundabdichtung, Wand; PE-Folie beidseitig vlieskaschiert; Einwirkungsklasse W2-I; Wand

19€	24€	**26€**	29€	32€	[m²]	⏱ 0,20 h/m²	024.000.068
16€	20€	**22€**	25€	27€			

6 Verbundabdichtung, Reaktionsharz KG **353**

Verbundabdichtung; Kunstharz; Einwirkungsklasse W3-I; Wand-/Bodenfläche

31€	38€	**43€**	51€	55€	[m²]	⏱ 0,25 h/m²	024.000.011
26€	32€	**36€**	43€	46€			

7 Verbundabdichtung, Dichtungsschlämme KG **353**

Verbundabdichtung; Dichtungsschlämme; Einwirkungsklasse: W0-I; Wand-/Bodenfläche

22€	27€	**31€**	36€	39€	[m²]	–	024.000.124
18€	22€	**26€**	30€	33€			

8 Innenecken, Verbundabdichtung, Dichtband KG **353**

Verbundabdichtung, Übergang Wand/Boden; Dichtband mit Randgewebe; Breite 12cm

6€	11€	**13€**	15€	22€	[m]	⏱ 0,10 h/m	024.000.009
5€	9€	**11€**	13€	19€			

024

Kosten:
Stand 2. Quartal 2025
Bundesdurchschnitt

▶ min
▷ von
ø Mittel
◁ bis
◀ max

Nr.	Kurztext / Stichworte					Kostengruppe
►	▷	**ø brutto €**	◁	◄	[Einheit] Ausf.-Dauer	Positionsnummer
►	▷	**ø netto €**	◁	◄		

9 Dichtmanschette, Rohre KG **353**

Abdichtung, Rohrdurchdringung; Durchmesser bis 42mm; Wand-/Bodenbereich

6€	11€	**13€**	15€	21€	[St]	⏱ 0,16h/St	024.000.010
5€	9€	**11€**	13€	18€			

10 Dichtmanschette, Bodenablauf KG **324**

Abdichtung, Bodenablauf; Dichtmanschetten; Durchmesser bis 100mm

16€	27€	**33€**	39€	53€	[St]	⏱ 0,18h/St	024.000.012
14€	23€	**28€**	33€	45€			

11 Duschwannenelement, PS-Verbundelement KG **353**

Duschwannen-Element; Polystyrol-Hartschaum extrudiert mit Spezialbeschichtung; Tiefe 40mm; bodengleich einbauen

344€	475€	**525€**	634€	836€	[St]	⏱ 2,50h/St	024.000.048
289€	399€	**441€**	532€	703€			

12 Trennschiene, Aluminium KG **353**

Trennschiene; Aluminium; Höhe 6mm; in Fliesenbelag; Abschluss/Übergang

14€	19€	**21€**	25€	34€	[m]	⏱ 0,10h/m	024.000.018
11€	16€	**18€**	21€	28€			

13 Trennschiene, Messing KG **353**

Trennschiene; Messing; Höhe 6mm; in Fliesenbelag; Abschluss/Übergang

16€	24€	**27€**	31€	41€	[m]	⏱ 0,10h/m	024.000.017
13€	20€	**23€**	26€	35€			

14 Trennschiene, nichtrostender Stahl KG **353**

Trennschiene; Edelstahl; Höhe 6mm; in Fliesenbelag; Abschluss/Übergang

18€	26€	**30€**	38€	57€	[m]	⏱ 0,10h/m	024.000.019
15€	22€	**25€**	32€	48€			

15 Eckschutzschiene, Aluminium KG **345**

Eckschutzschiene; Aluminium; Höhe 6mm; in Wandfliesenbelag; Außenecken

18€	22€	**23€**	27€	34€	[m]	⏱ 0,12h/m	024.000.050
15€	18€	**19€**	23€	28€			

16 Eckschutzschiene, nichtrostender Stahl KG **345**

Eckschutzschiene; Edelstahl; in Wandfliesenbelag; Außenecken

14€	25€	**30€**	37€	55€	[m]	⏱ 0,12h/m	024.000.020
12€	21€	**25€**	31€	46€			

Nr.	Kurztext / Stichworte						Kostengruppe
▶	▷	ø brutto €	◁	◀	[Einheit]	Ausf.-Dauer	Positionsnummer
▶	▷	ø netto €	◁	◀			
17	**Eckschutzschiene, Kunststoff**						KG **345**
Fliesenschiene; Kunststoff; in Wandfliesenbelag; Außenecken							
10€	14€	**15€**	18€	27€	[m]	⏱ 0,12h/m	024.000.021
8€	12€	**13€**	15€	22€			
18	**Wandfliesen, 10x10**						KG **345**
Wandbelag, Fliesen; Steinzeug/Feinsteinzeug; 10x10cm; Dünnbettverfahren, inkl. Verfugung							
70€	89€	**98€**	105€	132€	[m²]	⏱ 0,90h/m²	024.000.022
59€	75€	**82€**	88€	111€			
19	**Wandfliesen, 10x20**						KG **345**
Wandbelag, Fliesen; Steinzeug/Feinsteinzeug; 10x20cm; Dünnbettverfahren, inkl. Verfugung							
91€	105€	**115€**	126€	145€	[m²]	⏱ 0,90h/m²	024.000.069
76€	88€	**97€**	106€	122€			
20	**Wandfliesen, 20x20**						KG **345**
Wandbelag, Fliesen; Steinzeug/Feinsteinzeug; 20x20cm; Dünnbettverfahren, inkl. Verfugung							
69€	81€	**87€**	99€	135€	[m²]	⏱ 0,80h/m²	024.000.023
58€	68€	**73€**	83€	113€			
21	**Wandfliesen, 30x60**						KG **345**
Wandbelag, Fliesen; Steinzeug/Feinsteinzeug; 30x60cm; Dünnbettverfahren, inkl. Verfugung							
93€	113€	**122€**	130€	147€	[m²]	⏱ 0,95h/m²	024.000.125
78€	95€	**103€**	109€	124€			
22	**Wandfliesen, 60x60**						KG **345**
Wandbelag, Fliesen; Steinzeug/Feinsteinzeug; 60x60cm; Dünnbettverfahren, inkl. Verfugung							
140€	159€	**166€**	179€	204€	[m²]	⏱ 1,00h/m²	024.000.126
118€	133€	**140€**	151€	172€			
23	**Wandfliesen, Laibung**						KG **345**
Wandbelag, Fliesen; Steinzeug/Feinsteinzeug; bis 30cm; Dünnbettmörtel, inkl. Verfugung; in Laibung							
–	23€	**27€**	35€	–	[m]	⏱ 0,25h/m	024.000.122
–	19€	**23€**	29€	–			
24	**Sockelfliesen, Fliesenbelag**						KG **353**
Sockelfliesenbelag; Steinzeug/Feinsteinzeug, glasiert/unglasiert; Dünnbettverfahren, inkl. Verfugung							
14€	23€	**27€**	30€	40€	[m]	⏱ 0,14h/m	024.000.026
12€	20€	**22€**	25€	33€			

Kosten:
Stand 2. Quartal 2025
Bundesdurchschnitt

▶ min
▷ von
ø Mittel
◁ bis
◀ max

Nr.	Kurztext / Stichworte						Kostengruppe
▶	▷	**ø brutto €**	◁	◀	[Einheit]	Ausf.-Dauer	Positionsnummer
▶	▷	**ø netto €**	◁	◀			

25 Kehlsockel, Fliesenbelag KG **353**

Hohlkehlsockel, Fliesenbelag; Steinzeug/Feinsteinzeug; Dünnbettverfahren, inkl. Verfugung

23€	39€	**45€**	50€	62€	[m]	⏱ 0,18 h/m	024.000.027
19€	33€	**38€**	42€	52€			

26 Bordüre, Fliesen KG **345**

Wandbelag, Bordüre; Steinzeug/Feinsteinzeug; Dünnbettverfahren, inkl. Verfugung

16€	27€	**31€**	35€	46€	[m]	⏱ 0,10 h/m	024.000.028
14€	23€	**26€**	30€	39€			

27 Bodenfliesen, 10x10 KG **353**

Bodenbelag, Fliesen; Steinzeug/Feinsteinzeug; 10x10cm; Dünnbettverfahren; inkl. Verfugung

82€	119€	**138€**	154€	187€	[m²]	⏱ 1,00 h/m²	024.000.029
69€	100€	**116€**	129€	157€			

28 Bodenfliesen, 20x20 KG **353**

Bodenbelag, Fliesen; Steinzeug/Feinsteinzeug; 20x20cm; Dünnbettverfahren; inkl. Verfugung

75€	97€	**108€**	120€	148€	[m²]	⏱ 0,80 h/m²	024.000.031
63€	82€	**90€**	101€	124€			

29 Bodenfliesen, 30x30 KG **353**

Bodenbelag, Fliesen; Steinzeug/Feinsteinzeug; 30x30cm; Dünnbettverfahren; inkl. Verfugung

70€	93€	**100€**	113€	142€	[m²]	⏱ 0,70 h/m²	024.000.032
58€	78€	**84€**	95€	119€			

30 Bodenfliesen, 30x60 KG **353**

Bodenbelag, Fliesen; Steinzeug/Feinsteinzeug; 30x60cm; Dünnbettverfahren; inkl. Verfugung

78€	94€	**100€**	117€	126€	[m²]	⏱ 0,65 h/m²	024.000.088
65€	79€	**84€**	98€	106€			

31 Bodenfliesen, 60x60 KG **353**

Bodenbelag, Fliesen; Steinzeug/Feinsteinzeug; 60x60cm; Dünnbettverfahren; inkl. Verfugung

99€	136€	**155€**	165€	229€	[m²]	⏱ 0,70 h/m²	024.000.127
83€	115€	**130€**	139€	192€			

32 Bodenfliesen, 30x30, R11 KG **353**

Bodenbelag, Fliesen, Großküche; Feinsteinzeug/Keramik, Ia, unglasiert, profiliert, R12, frostbeständig; 30x30cm; Dünnbettverfahren, inkl. öl- und säurebeständige Verfugung

104€	120€	**129€**	134€	146€	[m²]	⏱ 0,75 h/m²	024.000.114
87€	101€	**108€**	112€	122€			

Nr.	Kurztext / Stichworte					Kostengruppe
▶	▷	**ø brutto €**	◁	◀	[Einheit]	Ausf.-Dauer	Positionsnummer
▶	▷	**ø netto €**	◁	◀			

33 Bodenfliesen, Großküche, 30x30, R12, V4 — KG **353**

Bodenbelag, Fliesen; Feinsteinzeug/Keramik, unglasiert, profiliert, R12, frostbeständig; 30x30cm; Dünnbettverfahren, öl- und säurebeständige Verfugung

111€	139€	**146€**	162€	190€	[m²]	⏱ 0,75h/m²	024.000.092
93€	117€	**123€**	136€	160€			

34 Bodenfliesen, Gewerbe, 30x30, Rüttelverlegung — KG **353**

Bodenbelag, Fliesen, Gewerbe; Feinsteinzeug/Keramik, Ia, unglasiert, profiliert, R12, frostbeständig; 30x30cm; Rüttelverlegung, inkl. öl- und säurebeständige Verfugung

109€	122€	**139€**	151€	170€	[m²]	⏱ 0,75h/m²	024.000.095
92€	102€	**116€**	127€	143€			

Kosten:
Stand 2. Quartal 2025
Bundesdurchschnitt

35 Treppenbelag, Tritt- und Setzstufe — KG **353**

Stufenbelag, Fliesen; Feinsteinzeug/Keramik, BIa, frostbeständig; Trittstufe im Dünnbettmörtel inkl. Verfugung

151€	183€	**188€**	200€	223€	[m]	⏱ 1,30h/m	024.000.034
127€	153€	**158€**	168€	187€			

36 Treppenbelag, Trittstufe — KG **353**

Stufenbelag, Fliesen; Feinsteinzeug/Keramik, frostbeständig, BIa; Trittstufe im Dünnbettmörtel inkl. Verfugung

61€	75€	**78€**	93€	113€	[m]	⏱ 0,60h/m	024.000.120
51€	63€	**66€**	78€	95€			

37 Sockelfliesenbeläge, Treppen — KG **353**

Sockelfliesen, Treppe; Feinsteinzeug/Keramik, frostbeständig; Dickbett-/Dünnbettmörtel, inkl. Verfugung

24€	33€	**37€**	43€	53€	[m]	⏱ 0,20h/m	024.000.035
20€	28€	**31€**	36€	45€			

38 Bodenfliesen, BIa-Feinsteinzeug, bis 20x20 — KG **353**

Wand-/Bodenbelag, Fliesen; Feinsteinzeug, Bias, frostbeständig; 20x20cm; Dünnbettmörtel, inkl. Verfugung; Innen-/Außenbereich

76€	94€	**101€**	119€	148€	[m²]	⏱ 0,70h/m²	024.000.053
64€	79€	**85€**	100€	124€			

▶ min
▷ von
ø Mittel
◁ bis
◀ max

39 Bodenfliesen, BIIa/BIIb-Steinzeug, glasiert, bis 20x20 — KG **353**

Wand-/Bodenbelag, Fliesen; Steinzeug, frostbeständig; 20x20cm; Dünnbettmörtel, inkl. Verfugung; Innen-/Außenbereich

68€	96€	**110€**	120€	151€	[m²]	⏱ 0,70h/m²	024.000.054
57€	81€	**93€**	101€	127€			

40 Begleitstreifen, Kontraststreifen, Steinzeug, innen — KG **353**

Begleitstreifen, kontrastreich; Steinzeug, R11; 300x300mm, Dicke 12mm; zum Leitsystem, im Dünnbett; Innenbereich

–	88€	**98€**	125€	–	[m]	⏱ 0,24h/m	024.000.116
–	74€	**83€**	105€	–			

Nr.	Kurztext / Stichworte						Kostengruppe
▶	▷	**ø brutto €**	◁	◀	[Einheit]	Ausf.-Dauer	Positionsnummer
▶	▷	**ø netto €**	◁	◀			

41 Aufmerksamkeitsfeld, Noppenfliesen, Steinzeug, innen KG **353**

Bodenindikator, Noppenfliese; Steinzeug, R10; 300x300mm, Dicke 14mm, Feldfläche 900x900mm; als taktiles Aufmerksamkeitsfeld, im Dünnbett

–	295€	**339€**	424€	–	[St]	⏱ 0,70h/St	024.000.117
–	248€	**285€**	356€	–			

42 Leitsystem, Rippenfliesen, Steinzeug, innen KG **353**

Bodenindikator, Rippenfliese; Steinzeug, R11; 300x300mm, Dicke 14mm; als taktiles Blindenleitsystem, im Dünnbett in Reihe verlegen; Innenbereich

–	108€	**126€**	160€	–	[m]	⏱ 0,22h/m	024.000.115
–	91€	**106€**	134€	–			

43 Wandfliesen, BIIa/BIIb-Steinzeug, glasiert, bis 20x20 KG **345**

Wand-/Bodenbelag, Fliesen; Steinzeug, BIIa/BIIb frostbeständig; bis 20x20cm; Dünnbettmörtel, inkl. Verfugung; Innen-/Außenbereich

73€	103€	**114€**	123€	141€	[m²]	⏱ 0,70h/m²	024.000.119
62€	87€	**96€**	103€	118€			

44 Duschwannenträger einfliesen KG **345**

Duschwannenträger einfliesen; Wandfliesen; inkl. Zuschnitt, Verfugung

46€	60€	**70€**	89€	129€	[St]	⏱ 0,25h/St	024.000.098
39€	50€	**59€**	75€	108€			

45 Badewannenträger einfliesen KG **345**

Badewannenträger einfliesen; Wandfliesen; inkl. Zuschnitt, Verfugung

99€	119€	**129€**	169€	213€	[St]	⏱ 0,40h/St	024.000.064
83€	100€	**109€**	142€	179€			

46 Gehrungsschnitt, Fliesen KG **353**

Gehrungsschnitt; Fliesen; alle Winkel

8€	16€	**19€**	23€	33€	[m]	⏱ 0,20h/m	024.000.047
7€	13€	**16€**	19€	27€			

47 Sauberlaufsystem, Rahmen, bis 2,00m² KG **353**

Fußabstreiferanlage; Rahmen Aluminium/Messing, Reinstreifen Gummiprofil; Anlagengröße bis 2,00m²; Innen-/Außenbereich

401€	808€	**982€**	1.266€	1.700€	[St]	⏱ 0,60h/St	024.000.038
337€	679€	**826€**	1.064€	1.429€			

48 Sauberlaufsystem, Rahmen, über 2,00m KG **353**

Fußabstreiferanlage; Rahmen Aluminium/Messing, Reinstreifen Gummiprofil; Anlagengröße über 2,00m²; Innen-/Außenbereich

1.570€	2.251€	**2.707€**	2.813€	3.095€	[St]	⏱ 1,40h/St	024.000.039
1.319€	1.892€	**2.275€**	2.364€	2.601€			

Nr.	Kurztext / Stichworte						Kostengruppe
▶	▷	ø brutto €	◁	◀	[Einheit]	Ausf.-Dauer	Positionsnummer
▶	▷	ø netto €	◁	◀			
49	**Elastische Verfugung, Fliesen, Silikon**						KG **345**
	Fuge, elastisch, Fliesenbelag; Silikon; hinterlegen der Hohlräume						
5€	8€	**9€**	10€	15€	[m]	⏱ 0,06h/m	024.000.040
5€	6€	**7€**	8€	13€			
50	**Elastoplastische Verfugung, Fliesen, Acryl**						KG **345**
	Fuge, elastoplastisch, Fliesenbelag; Acryl-Dichtstoff; hinterlegen der Hohlräume						
8€	11€	**12€**	16€	17€	[m]	⏱ 0,06h/m	024.000.102
7€	9€	**10€**	13€	14€			
51	**Elastische Verfugung, Fliesen, chemisch beständig**						KG **345**
	Fuge, elastisch, Fliesenbelag; chemisch beständig; hinterlegen der Hohlräume						
10€	13€	**13€**	17€	19€	[m]	⏱ 0,06h/m	024.000.103
9€	11€	**11€**	14€	16€			
52	**Bewegungsfugen, Fliesenbelag, Profil**						KG **345**
	Bewegungsfuge, Fliesenbelag; PVC						
28€	34€	**38€**	43€	47€	[m]	⏱ 0,14h/m	024.000.105
24€	28€	**32€**	36€	39€			
53	**Randstreifen abschneiden**						KG **353**
	Randdämmstreifen abschneiden; entsorgen; Bodenbelag						
0,5€	1,4€	**1,8€**	2,5€	4,1€	[m]	⏱ 0,01h/m	024.000.049
0,4€	1,2€	**1,5€**	2,1€	3,4€			
54	**Rundschnitte, Fliesen**						KG **353**
	Rundschnitte, Fliesen; herstellen, Restmaterial entsorgen						
16€	20€	**22€**	25€	28€	[m]	⏱ 0,22h/m	024.000.106
14€	17€	**19€**	21€	24€			
55	**Fliesen anarbeiten, Einbauten**						KG **353**
	Fliesen an Einbauten anarbeiten; Bauschutt entsorgen						
29€	35€	**39€**	43€	49€	[m]	⏱ 0,35h/m	024.000.107
25€	30€	**33€**	36€	41€			
56	**Fliesen anarbeiten, Stützen**						KG **353**
	Fliesen an Stützen anarbeiten; Bauschutt entsorgen						
31€	37€	**39€**	45€	50€	[m]	⏱ 0,33h/m	024.000.108
26€	31€	**33€**	38€	42€			

Kosten:
Stand 2. Quartal 2025
Bundesdurchschnitt

▶ min
▷ von
ø Mittel
◁ bis
◀ max

025

Kosten:
Stand 2. Quartal 2025
Bundesdurchschnitt

Nr.	**Kurztext** / Stichworte						Kostengruppe
▶	▷	**ø brutto €**	◁	◀	[Einheit]	Ausf.-Dauer	Positionsnummer
▶	▷	**ø netto €**	◁	◀			
1	**Untergrundreinigung, Estricharbeiten**						KG **353**
Untergrund reinigen; Staub, grobe Verschmutzungen, lose Teile; abkehren, aufnehmen, entsorgen							
0,7€	1,3€	**1,7€**	2,4€	3,8€	[m²]	⏱ 0,02h/m²	025.000.001
0,5€	1,1€	**1,4€**	2,0€	3,2€			
2	**Estrich abstellen, bis 70mm**						KG **353**
Estrich abstellen; Dicke bis 70mm							
6€	10€	**12€**	14€	23€	[m]	⏱ 0,10h/m	025.000.035
5€	8€	**10€**	12€	19€			
3	**Voranstrich, Abdichtung**						KG **353**
Voranstrich, Abdichtung; Bitumen-Voranstrich/Bitumen-Emulsion; 300g/m²; vollflächig auftragen							
2€	3€	**4€**	5€	7€	[m²]	⏱ 0,04h/m²	025.000.002
1€	3€	**4€**	4€	6€			
4	**Trittschalldämmung MW 15-5mm DES**						KG **353**
Trittschalldämmung, DES; Mineralwolle; Dicke 15-5mm; unter Estrich							
5€	7€	**8€**	10€	14€	[m²]	⏱ 0,04h/m²	025.000.047
4€	6€	**7€**	8€	12€			
5	**Trittschalldämmung MW 20-5mm DES**						KG **353**
Trittschalldämmung, DES; Mineralwolle; Dicke 20-5mm; unter Estrich							
6€	8€	**9€**	12€	17€	[m²]	⏱ 0,04h/m²	025.000.049
5€	7€	**7€**	10€	14€			
6	**Trittschalldämmung MW 30-5mm DES**						KG **353**
Trittschalldämmung, DES; Mineralwolle; Dicke 30-5mm; unter Estrich							
7€	12€	**14€**	17€	22€	[m²]	⏱ 0,05h/m²	025.000.048
6€	10€	**12€**	14€	19€			
7	**Trittschalldämmung WF 21-1mm, DES, sh**						KG **353**
Trittschalldämmung, DES; Holzfaser; Dicke 21-1mm; unter Estrich							
–	17€	**20€**	26€	–	[m²]	⏱ 0,05h/m²	025.000.085
–	14€	**17€**	21€	–			
8	**Trittschalldämmung WF 30-2mm, DES, sh**						KG **353**
Trittschalldämmung, DES; Holzfaser; Dicke 30-2mm; unter Estrich							
–	21€	**25€**	32€	–	[m²]	⏱ 0,05h/m²	025.000.086
–	18€	**21€**	26€	–			

▶ min
▷ von
ø Mittel
◁ bis
◀ max

Nr.	Kurztext / Stichworte						Kostengruppe
▶	▷	**ø brutto €**	◁	◀	[Einheit]	Ausf.-Dauer	Positionsnummer
▶	▷	**ø netto €**	◁	◀			

9 Wärmedämmung, Estrich EPS 40mm DEO KG **353**

Wärmedämmung, DEO; EPS-Hartschaumplatte; Dicke 40mm; unter Estrich

9€	11€	**14€**	16€	20€	[m2]	⏱ 0,05h/m2	025.000.042
7€	10€	**12€**	14€	17€			

10 Wärmedämmung, Estrich EPS 60mm DEO KG **353**

Wärmedämmung, DEO; EPS-Hartschaumplatte; Dicke 60mm; unter Estrich

10€	13€	**15€**	18€	24€	[m2]	⏱ 0,05h/m2	025.000.043
8€	11€	**13€**	15€	20€			

11 Wärmedämmung, Estrich EPS 80mm DEO KG **353**

Wärmedämmung, DEO; EPS-Hartschaumplatte; Dicke 80mm; unter Estrich

11€	14€	**16€**	20€	26€	[m2]	⏱ 0,07h/m2	025.000.044
9€	12€	**13€**	17€	22€			

12 Wärmedämmung, Estrich EPS 100mm DEO KG **353**

Wärmedämmung, DEO; EPS-Hartschaumplatte; Dicke 100mm; unter Estrich

14€	18€	**19€**	23€	29€	[m2]	⏱ 0,07h/m2	025.000.045
12€	15€	**16€**	19€	24€			

13 Trennlage, Dämmung, Estrich KG **353**

Trennlage; PE-Folie 0,8mm; auf Dämmschicht

1,0€	1,6€	**1,8€**	2,7€	4,6€	[m2]	⏱ 0,03h/m2	025.000.011
0,8€	1,3€	**1,5€**	2,3€	3,8€			

14 Randdämmstreifen, PE-Schaum KG **353**

Randdämmstreifen; PE-Schaum; Höhe 40mm, Tiefe 10mm; an Wänden

0,7€	1,3€	**1,7€**	2,6€	5,1€	[m]	⏱ 0,02h/m	025.000.036
0,5€	1,1€	**1,4€**	2,2€	4,3€			

15 Estrich, CT C25 F4 S45 KG **353**

Estrich; Zementestrich C25 F4 S45; Dicke 45mm; schwimmend; auf Dämmschicht

21€	25€	**26€**	28€	33€	[m2]	⏱ 0,20h/m2	025.000.013
18€	21€	**22€**	24€	28€			

16 Heizestrich, CT C25 F4 S65 H45 KG **353**

Heizestrich; Zementestrich C25 F4-S65 H45; Dicke 65mm; schwimmend; auf Dämmschicht

23€	29€	**31€**	33€	39€	[m2]	⏱ 0,25h/m2	025.000.034
19€	24€	**26€**	28€	33€			

Nr.	Kurztext / Stichworte						Kostengruppe
►	▷	**ø brutto €**	◁	◀	[Einheit]	Ausf.-Dauer	Positionsnummer
►	▷	**ø netto €**	◁	◀			

17 Estrich, CT C40 F7, modifiziert — KG **353**

Estrich, kunststoffmodifiziert; Zementestrich C40 F7 S45; Dicke 45mm; schwimmend; auf Dämmschicht

34€	39€	**43€**	46€	52€	[m²]	⏱ 0,30h/m²	025.000.019
28€	33€	**36€**	39€	44€			

18 Bewegungsfuge, elastische Dichtmasse — KG **353**

Bewegungsfuge, Estrich; Dichtstoff, plastoelastisch, öl-,säurebeständig

6€	10€	**11€**	13€	19€	[m]	⏱ 0,12h/m	025.000.020
5€	8€	**10€**	11€	16€			

19 Bewegungsfuge, Metallprofil — KG **353**

Bewegungsfugenprofil, Fliesenbelag; Aluminium, elastische Kunststoffeinlage

45€	79€	**91€**	98€	164€	[m]	⏱ 0,20h/m	025.000.038
38€	66€	**77€**	83€	138€			

20 Randwinkel, Stahl — KG **353**

Randwinkel, Estrichabstellung; Stahl; ungleichschenklig; geschraubt

37€	81€	**90€**	119€	180€	[m]	⏱ 0,15h/m	025.000.074
31€	68€	**76€**	100€	151€			

Kosten:
Stand 2. Quartal 2025
Bundesdurchschnitt

► min
▷ von
ø Mittel
◁ bis
◀ max

Nr.	Kurztext / Stichworte						Kostengruppe
►	▷	ø brutto €	◁	◄	[Einheit]	Ausf.-Dauer	Positionsnummer
►	▷	ø netto €	◁	◄			

1 Haustürelement, Holz, einflüglig, Seitenteil KG **334**

Haustürelement, mit Glasfüllung; Holz, Ud=1,3W/(m²K), zweifach Isolierverglasung; bis 500x2.200mm; einflüglig

3.315€	4.973€	**5.645€**	6.393€	8.316€	[St]	⏱ 6,50h/St	026.000.056
2.786€	4.179€	**4.744€**	5.372€	6.988€			

2 Haustürelement, Holz, mehrteilig KG **334**

Außentürelement mehrteilig; Nadelholz, Ud=1,3W(m²K); zweiflüglig, Geh- und Stand-Türflügel

4.741€	6.646€	**7.450€**	8.841€	11.691€	[St]	⏱ 11,00h/St	026.000.001
3.984€	5.585€	**6.260€**	7.429€	9.824€			

3 Haustürelement, Kunststoff, einflüglig KG **334**

Haustürelement; Kunststoff, Ud=1,3W(m²K); einflüglig

–	2.767€	**4.051€**	4.965€	–	[St]	⏱ 5,50h/St	026.000.048
–	2.325€	**3.404€**	4.172€	–			

4 Haustürelement, Kunststoff, einflüglig, Seitenteil KG **334**

Haustürelement, mit Glasfüllung; Kunststoff, Ud=1,3W(m²K), Seitenteil Sicherheitsglas; bis 500x2.200mm

–	4.034€	**5.531€**	6.907€	–	[St]	⏱ 6,50h/St	026.000.057
–	3.390€	**4.648€**	5.804€	–			

5 Haustürelement, Kunststoff, mehrteilig KG **334**

Haustürelement; Kunststoff, Isolierglas, 2x VSG/2x ESG, Ud=1,3W(m²K); mit Rahmenelement mit Fest-Verglasung

4.516€	5.541€	**6.066€**	6.836€	9.065€	[St]	⏱ 8,00h/St	026.000.002
3.795€	4.656€	**5.098€**	5.745€	7.618€			

6 Aluminium-Glas-Türelement, einflüglig KG **334**

Metallaußentürelement mit Glasfüllung; Aluminium, Isolierglas, 2x VSG/2x ESG; einflüglig, wärmegedämmt

2.726€	4.466€	**5.174€**	6.693€	9.434€	[St]	⏱ 5,50h/St	026.000.003
2.290€	3.753€	**4.348€**	5.625€	7.928€			

7 Aluminium-Glas-Türelement, zweiflüglig KG **334**

Metallaußentürelement mit Glasfüllung; Aluminium, Isolierverglasung, ESG; zweiflüglig, wärmegedämmt

3.843€	6.719€	**8.010€**	10.446€	15.552€	[St]	⏱ 9,00h/St	026.000.004
3.229€	5.646€	**6.731€**	8.778€	13.069€			

8 Metall-Türelement, einflüglig KG **334**

Kellereingangstürelement mit Glasausschnitt; Metall, Isolierverglasung, ESG; einflüglig

1.319€	2.818€	**3.500€**	4.118€	5.533€	[St]	⏱ 5,00h/St	026.000.005
1.109€	2.368€	**2.942€**	3.461€	4.650€			

026

Kosten:
Stand 2. Quartal 2025
Bundesdurchschnitt

► min
▷ von
ø Mittel
◁ bis
◄ max

Nr.	Kurztext / Stichworte						Kostengruppe
►	▷	**ø brutto €**	◁	◀	[Einheit]	Ausf.-Dauer	Positionsnummer
►	▷	**ø netto €**	◁	◀			
9	**Holzfenster, einflüglig, dreischeibig, bis 0,80m²**						KG **334**
Holzfenster; Dreifach-Isolierglas, Uw bis 1,3W/m²K; Fläche bis 0,80m²; einflüglig, DK							
517€	583€	**607€**	663€	771€	[St]	⏱ 1,80h/St	026.000.059
435€	490€	**510€**	557€	648€			
10	**Holzfenster, einflüglig, dreischeibig, über 1,0-3,0m²**						KG **334**
Holzfenster; Dreifach-Isolierglas, Uw bis 1,3W/m²K; Fläche über 1,0-3,0m²; einflüglig, DK							
667€	828€	**886€**	958€	1.091€	[St]	⏱ 1,80h/St	026.000.060
561€	696€	**744€**	805€	917€			
11	**Holzfenster, einflüglig, dreischeibig, Passivhaus**						KG **334**
Holzfenster; Dreifach-Isolierglas, Uw=0,8W/m²K; Fläche bis 1,0m²; einflüglig, DK/FV							
966€	1.134€	**1.209€**	1.278€	1.449€	[St]	⏱ 1,80h/St	026.000.034
812€	953€	**1.016€**	1.074€	1.218€			
12	**Holzfenster, mehrteilig, dreischeibig, Passivhaus, über 2,50m²**						KG **334**
Holzfensterelement; Dreifach-Isolierglas, Uw=0,8W/m²K; Fläche über 2,50m²; mehrteilig							
1.913€	2.787€	**3.204€**	3.563€	4.562€	[St]	⏱ 3,20h/St	026.000.042
1.608€	2.342€	**2.692€**	2.994€	3.833€			
13	**Holz-Alu-Fenster, einflüglig, zweischeibig, bis 0,70m²**						KG **334**
Holz-Alu-Fenster; Holz und Alu beschichtet, Zweifach-Isolierglas; Fläche bis 0,70m²; einflüglig, DK							
705€	826€	**896€**	967€	1.124€	[St]	⏱ 1,80h/St	026.000.012
593€	694€	**753€**	813€	944€			
14	**Holz-Alu-Fenster, einflüglig, dreischeibig, bis 0,70m²**						KG **334**
Holz-Alu-Fenster; Rahmen beschichtet, Holzprofil beschichtet, Dreifach-Isolierglas; Fläche bis 0,70m²; einflüglig, DK							
884€	988€	**1.028€**	1.092€	1.252€	[St]	⏱ 1,80h/St	026.000.061
743€	830€	**864€**	918€	1.052€			
15	**Holz-Alu-Fenster, einflüglig, dreischeibig, bis 2,00m²**						KG **334**
Holz-Alu-Fenster; Rahmen beschichtet, Holzprofil beschichtet, Dreifach-Isolierglas; A bis 2,0m²; einflüglig, DK							
886€	1.202€	**1.346€**	1.435€	1.638€	[St]	⏱ 2,60h/St	026.000.062
745€	1.010€	**1.131€**	1.206€	1.376€			
16	**Holz-Alu-Fenstertür, einflüglig, zweischeibig**						KG **334**
Holz-Alu-Fenstertür; Rahmen beschichtet, Holzprofil beschichtet, Zweifach-Isolierglas; einflüglig, DK							
1.285€	1.858€	**2.028€**	2.178€	2.741€	[St]	⏱ 3,80h/St	026.000.030
1.080€	1.562€	**1.704€**	1.830€	2.303€			

Kosten:
Stand 2. Quartal 2025
Bundesdurchschnitt

Nr.	Kurztext / Stichworte				[Einheit]	Ausf.-Dauer	Kostengruppe / Positionsnummer
▶	▷	ø brutto €	◁	◀			
▶	▷	ø netto €	◁	◀			
17	**Fenstertür, einflüglig, dreischeibig, Passivhaus, bis 2,50m²**						KG **334**
	Fenstertür, zweiteilig, Dreifach-Isolierglas; bis 2,5m²; einflüglig, DK						
1.920€	2.363€	**2.613€**	3.024€	3.556€	[St]	⏱ 2,60h/St	026.000.039
1.613€	1.986€	**2.195€**	2.542€	2.988€			
18	**Kunststofffenster, einflüglig, dreischeibig, bis 0,7m²**						KG **334**
	Kunststofffenster; PVC-U, Dreifach-Isolierglas, Uw=1,3W/(m²K); A bis 0,70m²; einflüglig, DK						
465€	501€	**516€**	549€	616€	[St]	⏱ 1,60h/St	026.000.063
391€	421€	**433€**	462€	518€			
19	**Kunststofffenster, einflüglig, dreischeibig, bis 1,70m²**						KG **334**
	Kunststofffenster; PVC-U, Dreifach-Isolierglas, Uw=1,3W/(m²K); A bis 1,90m²; einflüglig, DK						
552€	620€	**651€**	757€	985€	[St]	⏱ 1,60h/St	026.000.064
464€	521€	**547€**	636€	827€			
20	**Kunststofffenster, mehrteilig, dreischeibig, über 1,70m²**						KG **334**
	Kunststofffenster; PVC-U, Dreifach-Isolierglas, Uw=1,3W/(m²K); Fläche über 1,70m²; mehrflüglig, DK						
1.391€	1.645€	**1.806€**	1.855€	2.031€	[St]	⏱ 3,50h/St	026.000.065
1.169€	1.382€	**1.518€**	1.559€	1.707€			
21	**Kunststofffenster, einflüglig, dreischeibig, Passivhaus**						KG **334**
	Kunststofffenster; PVC-U, Dreifach-Isolierglas, Uw=0,8W/(m²K); einflüglig, DK						
684€	756€	**993€**	1.022€	1.542€	[St]	⏱ 1,60h/St	026.000.035
575€	636€	**835€**	859€	1.296€			
22	**Holzfenster, mehrteilig, über 2,50m²**						KG **334**
	Holzfensterelement; Isolierverglasung, Uw bis 1,1W/m²K; Fläche über 2,50m²; vierteilig, 2x DK, 2x K						
1.312€	2.167€	**2.436€**	3.232€	5.180€	[St]	⏱ 3,00h/St	026.000.011
1.103€	1.821€	**2.047€**	2.716€	4.353€			
23	**Holz-Alu-Fenster, einflüglig, dreischeibig, Passivhaus, bis 1,70m²**						KG **334**
	Holz-Alu-Fenster; Rahmen beschichtet, Holzlasierend / deckend beschichtet, Dreifach-Isolierglas; einflüglig, DK						
–	1.272€	**1.491€**	1.885€	–	[St]	⏱ 2,10h/St	026.000.051
–	1.069€	**1.253€**	1.584€	–			
24	**Metall-Glas-Fenster, einflüglig, zweischeibig, bis 2,00m²**						KG **334**
	Metallfensterelement; Aluminium, Zweifach-Isolierglas, Uw=1,3W/(m²K); Fläche bis 2,0m²; einflüglig, DK						
765€	1.251€	**1.410€**	1.732€	2.352€	[St]	⏱ 2,00h/St	026.000.015
643€	1.051€	**1.185€**	1.455€	1.977€			

▶ min
▷ von
ø Mittel
◁ bis
◀ max

Nr.	Kurztext / Stichworte						Kostengruppe
▶	▷	**ø brutto €**	◁	◀	[Einheit]	Ausf.-Dauer	Positionsnummer
▶	▷	**ø netto €**	◁	◀			

25 Metall-Glas-Fenstertür, einflüglig, zweischeibig KG **334**

Metallfenstertür; Aluminium, Zweifach-Isolierglas, Uw=1,3W/(m²K); einflüglig, DK

1.537€	3.458€	**4.369€**	5.182€	6.464€	[St]	⏱ 3,80h/St	026.000.031
1.292€	2.906€	**3.671€**	4.355€	5.432€			

26 Pfosten-Riegel-Fassade, Metall KG **334**

Pfosten-Riegel-Konstruktion mit Glasfüllung; Isolierverglasung/Wärmeschutzverglasung, Stahl/Aluminium, Nasslackierung/Pulverbeschichtung; Profilbreite 50/60mm; selbsttragend, wärmegedämmt

675€	1.079€	**1.278€**	1.605€	2.263€	[m²]	⏱ 2,50h/m²	026.000.018
567€	907€	**1.074€**	1.349€	1.902€			

27 Einsatzelement, Türe, PR-Fassade KG **334**

Einsatzmetalltürelement mit Glasfüllung; Isolierverglasung/Wärmeschutzverglasung; einflüglig/zweiflüglig; Pfosten-Riegel-Konstruktion

1.409€	2.675€	**3.238€**	4.120€	5.932€	[St]	⏱ 4,50h/St	026.000.019
1.184€	2.248€	**2.721€**	3.462€	4.984€			

28 Einsatzelement, Fenster, PR-Fassade KG **334**

Einsatzfensterelement; Holz/Metall, Uw=1,3W(m²K); einflüglig, DK; Pfosten-Riegel-Fassade

494€	926€	**1.159€**	1.371€	1.908€	[St]	⏱ 2,00h/St	026.000.020
415€	778€	**974€**	1.152€	1.603€			

29 Einsatzelement, Paneel, PR-Fassade KG **334**

Paneel, Metall-/Glas-Metall; Aluminium/Stahlblech, Füllung Vakuum/Mineralwolle/Steinwolle/Polyurethan; Pfosten-Riegel-Fassade

125€	301€	**345€**	370€	442€	[m²]	⏱ 0,80h/m²	026.000.021
105€	253€	**290€**	311€	371€			

30 Sicherheitsglas, Mehrpreis, PR-Fassade KG **334**

Sicherheitsverglasung; ESG/VSG; Pfosten-Riegel-Konstruktion

41€	88€	**104€**	126€	174€	[m²]	⏱ 0,50h/m²	026.000.022
35€	74€	**88€**	106€	147€			

31 Fensterbank, außen, Aluminium, beschichtet KG **334**

Fensterbank, außen; Aluminium-Strangpressprofil, farbig beschichtet/anodisch oxidiert; Gefälle mind. 8%; entdröhnt

27€	51€	**59€**	70€	92€	[m]	⏱ 0,30h/m	026.000.023
23€	43€	**49€**	58€	77€			

32 Türschwelle, außen, Aluminium, rutschsicher KG **334**

Türschwellenabdeckung, außen; Aluminium, eloxiert; rutschsicher

–	92€	**108€**	139€	–	[m]	⏱ 0,30h/m	026.000.058
–	77€	**91€**	117€	–			

Nr.	Kurztext / Stichworte						Kostengruppe
▶	▷	ø brutto €	◁	◀	[Einheit]	Ausf.-Dauer	Positionsnummer
▶	▷	ø netto €	◁	◀			
33	**Brüstungsgeländer, Fenstertür**						KG **359**
Brüstungsgeländer; Edelstahl, S235JR; vor Fenstertür							
435€	685€	**816€**	895€	1.084€	[St]	⏱ 1,15h/St	026.000.053
366€	576€	**686€**	752€	911€			
34	**Abdichtung, Fensteranschluss**						KG **334**
Fensteranschluss; dampfdichtes Klebeband; luftdicht und schlagregendicht							
6€	12€	**16€**	27€	41€	[m]	⏱ 0,10h/m	026.000.036
5€	10€	**14€**	23€	34€			
35	**RAL-Anschluss, Fenster**						KG **334**
RAL-Anschluss, Fenster; Laibungsmontage, stumpfer Anschluss; Massivwand							
–	36€	**45€**	57€	–	[m]	⏱ 0,17h/m	026.000.054
–	30€	**38€**	48€	–			

Kosten:
Stand 2. Quartal 2025
Bundesdurchschnitt

▶ min
▷ von
ø Mittel
◁ bis
◀ max

027

Kosten:
Stand 2. Quartal 2025
Bundesdurchschnitt

Nr.	Kurztext / Stichworte						Kostengruppe
►	▷	ø brutto €	◁	◄	[Einheit]	Ausf.-Dauer	Positionsnummer
►	▷	ø netto €	◁	◄			
1	**Türblatt, einflüglig, Röhrenspan, HPL, 750x2.000/2.125**						KG **344**
	Türblatt; Röhrenspan, Schichtpressstoffplatten; 750x2.000/2.125mm, Dicke 42mm; einflüglig; Klimaklasse II						
227€	298€	**508€**	591€	749€	[St]	⏱ 0,10h/St	027.000.059
190€	250€	**427€**	497€	629€			
2	**Türblatt, einflüglig, Röhrenspan, HPL, 875x2.000/2.125**						KG **344**
	Türblatt; Röhrenspan, Schichtpressstoffplatten; 875x2.000/2.125mm, Dicke 42mm; einflüglige; Klimaklasse II						
247€	344€	**549€**	624€	854€	[St]	⏱ 0,10h/St	027.000.060
207€	289€	**461€**	525€	717€			
3	**Türblatt, einflüglig, Röhrenspan, HPL, 1.000x2.000/2.125**						KG **344**
	Türblatt; Röhrenspan, Schichtpressstoffplatten; 1.000x2.000/2.125mm, Dicke 42mm; einflüglig; Klimaklasse II						
276€	393€	**616€**	632€	889€	[St]	⏱ 0,15h/St	027.000.061
232€	330€	**518€**	531€	747€			
4	**Türblatt, einflüglig, Röhrenspan, HPL, 1.125x2.000/2.125**						KG **344**
	Türblatt; Röhrenspan, Schichtpressstoffplatten; 1.125x2.000/2.125mm, Dicke 42mm; einflüglig; Klimaklasse II						
286€	403€	**627€**	664€	969€	[St]	⏱ 0,15h/St	027.000.062
240€	339€	**527€**	558€	814€			
5	**Innentür, rauchdicht, S200-C5, zweiflüglig**						KG **344**
	Rauchschutztürelement; Holztüre, Stahlumfassungszarge; zweiflüglig; Klimaklasse II						
4.333€	6.013€	**6.583€**	7.158€	8.607€	[St]	⏱ 8,00h/St	027.000.002
3.641€	5.053€	**5.532€**	6.015€	7.233€			
6	**Innentür, EI2 30-SaC5, einflüglig 1.000x2.000/2.125**						KG **344**
	Brandschutztürelement, EI2 30-SaC5; Holztüre, Stahlumfassungszarge; 1.000x2.000/2.125mm; einflüglig; Klimaklasse II						
1.841€	2.805€	**3.028€**	3.591€	5.169€	[St]	⏱ 3,00h/St	027.000.053
1.547€	2.357€	**2.545€**	3.018€	4.344€			
7	**Innentür, Röhrenspan, einflüglig, 875x2.000/2.125**						KG **344**
	Innentürelement; Röhrenspan; 875x2.000/2.125mm; einflüglig; Klimaklasse I						
527€	789€	**886€**	1.088€	1.484€	[St]	⏱ 1,50h/St	027.000.055
443€	663€	**745€**	914€	1.247€			
8	**Innentür, Röhrenspan, einflüglig, 1.000x2.000/2.125**						KG **344**
	Innentürelement; Röhrenspan; 1.000x2.000/2.125mm; einflüglig; Klimaklasse I						
583€	878€	**990€**	1.245€	1.709€	[St]	⏱ 1,50h/St	027.000.056
490€	738€	**832€**	1.046€	1.436€			

► min
▷ von
ø Mittel
◁ bis
◄ max

Nr.	Kurztext / Stichworte						Kostengruppe
▶	▷	**ø brutto €**	◁	◀	[Einheit]	Ausf.-Dauer	Positionsnummer
▶	▷	**ø netto €**	◁	◀			

9 Innentürelement, Röhrenspan, einflüglig, 1.125x2.000/2.125 KG **344**

Innentürelement; Röhrenspan; 1.125x2.000/2.125mm; einflüglig; Klimaklasse I

899€	1.274€	**1.332€**	1.367€	1.895€	[St]	⏱ 1,50h/St	027.000.057
756€	1.070€	**1.120€**	1.149€	1.593€			

10 Innentür, zweiflüglig, Röhrenspan KG **344**

Innentürelement; Holzwerkstoff, Röhrenspan; Türblattdicke 40mm; zweiflüglig; Klimaklasse I

1.902€	2.850€	**3.165€**	3.924€	5.251€	[St]	⏱ 4,00h/St	027.000.006
1.599€	2.395€	**2.660€**	3.297€	4.413€			

11 Türblatt, einflüglig, Vollspan, 750x2.000/2.125 KG **344**

Türblatt; Vollspan, Schichtpressstoffplatten; 750x2.000/2.125mm, Dicke 50mm; einflüglig; Klimaklasse II

356€	458€	**509€**	565€	656€	[St]	⏱ 0,18h/St	027.000.087
299€	385€	**428€**	475€	552€			

12 Türblatt, einflüglig, Vollspan, 875x2.000/2.125 KG **344**

Türblatt; Vollspan, Schichtpressstoffplatten; 875x2.000/2.125mm, Dicke 50 mm; einflüglig; Klimaklasse II

332€	551€	**651€**	782€	978€	[St]	⏱ 0,20h/St	027.000.063
279€	463€	**547€**	657€	822€			

13 Türblatt, einflüglig, Vollspan, 1.000x2.000/2.125 KG **344**

Türblatt; Vollspan, Schichtpressstoffplatten; 1.000x2.000/2.125mm, Dicke 50mm; einflüglig; Klimaklasse II

373€	572€	**710€**	920€	1.179€	[St]	⏱ 0,20h/St	027.000.064
314€	481€	**596€**	773€	991€			

14 Türblatt, Vollspan, zweiflüglig KG **344**

Türblatt; Vollspan, Schichtpressstoffplatten; 1.125x2.000/2.125mm; zweiflüglig; Klimaklasse II

1.193€	1.508€	**1.701€**	1.719€	2.279€	[St]	⏱ 0,30h/St	027.000.037
1.002€	1.267€	**1.429€**	1.445€	1.915€			

15 Schiebetürelement, innen, einflüglig, 1.510x2.135 KG **344**

Schiebetürelement; Holztür-/Glastürblatt; Wanddicke 100-150mm, Ständertiefe 75-100mm; einflüglig

1.007€	1.611€	**1.825€**	2.229€	3.195€	[St]	⏱ 2,40h/St	027.000.021
846€	1.354€	**1.534€**	1.873€	2.685€			

16 Raumspartürblatt, barrierefrei, einflüglig KG **344**

Raumspartürblatt, barrierefrei; Rühren-/Vollspan; Türblattdicke 41mm; einflüglig, Türblatt zweiteilig; in Wohnungen

–	1.826€	**2.174€**	2.718€	–	[St]	⏱ 1,30h/St	027.000.135
–	1.535€	**1.827€**	2.284€	–			

Nr.	Kurztext / Stichworte						Kostengruppe
▶	▷	ø brutto €	◁	◀	[Einheit]	Ausf.-Dauer	Positionsnummer
▶	▷	ø netto €	◁	◀			
17	**Stahleckzarge, innen, 750x2.000/2.125**						KG **344**
Stahleckzarge; 750x2.000/2.125mm; einflüglige; Mauerwerkswand							
177€	210€	**231€**	264€	296€	[St]	⏱ 1,15h/St	027.000.097
148€	176€	**194€**	222€	249€			
18	**Stahleckzarge, innen, 875x2.000/2.125**						KG **344**
Stahleckzarge; 875x2.000/2.125mm; einflüglige; Mauerwerkswand							
194€	230€	**247€**	280€	322€	[St]	⏱ 1,20h/St	027.000.098
163€	193€	**208€**	235€	270€			
19	**Stahleckzarge, innen, 1.000x2.000/2.125**						KG **344**
Stahleckzarge; 1000x2.000/2.125mm; einflüglige; Mauerwerkswand							
196€	232€	**260€**	296€	324€	[St]	⏱ 1,30h/St	027.000.099
165€	195€	**218€**	249€	273€			
20	**Stahl-Umfassungszarge, innen, 750x2.000/2.125**						KG **344**
Stahlumfassungszarge; 750x2.000/2.125mm; einflüglige; KS-Mauerwerkswand							
212€	294€	**345€**	366€	403€	[St]	⏱ 1,10h/St	027.000.068
179€	247€	**290€**	307€	339€			
21	**Stahl-Umfassungszarge, innen, 1.000x2.000/2.125**						KG **344**
Stahlumfassungszarge; 1.000x2.000/2.125mm; einflüglige; KS-Mauerwerkswand							
280€	399€	**447€**	493€	603€	[St]	⏱ 1,10h/St	027.000.070
235€	336€	**376€**	414€	506€			
22	**Holz-Umfassungszarge, innen, 750x2.000/2.125**						KG **344**
Holzumfassungszarge; 750x2.000/2.125mm; einflüglig; Innenwand							
238€	306€	**333€**	391€	492€	[St]	⏱ 1,10h/St	027.000.065
200€	257€	**280€**	328€	413€			
23	**Holz-Umfassungszarge, innen, 1.000x2.000/2.125**						KG **344**
Holzumfassungszarge; 1.000x2.000/2.125mm; einflüglige; Innenwand							
463€	524€	**574€**	588€	649€	[St]	⏱ 1,10h/St	027.000.067
389€	440€	**482€**	494€	545€			
24	**Anschlussdichtung, Tür**						KG **344**
Anschlussdichtung, Tür; komprimiertem Dichtband; Breite bis 10mm							
7€	9€	**10€**	12€	13€	[St]	⏱ 0,10h/St	027.000.107
6€	8€	**9€**	10€	11€			

Kosten:
Stand 2. Quartal 2025
Bundesdurchschnitt

▶ min
▷ von
ø Mittel
◁ bis
◀ max

Nr.	Kurztext / Stichworte						Kostengruppe
▶	▷	**ø brutto €**	◁	◀	[Einheit]	Ausf.-Dauer	Positionsnummer
▶	▷	**ø netto €**	◁	◀			
25	**Anschlagschiene, Aluminium, Tür**						KG **344**
Anschlagschiene, Tür; Aluminium; bis 40x40x3mm; inkl. Abstandhalter, Klemmanker und Dichtungsprofil							
36€	42€	**46€**	51€	58€	[St]	⏱ 0,30h/St	027.000.108
30€	35€	**39€**	43€	48€			
26	**Anschlagschiene, Messing, Tür**						KG **344**
Anschlagschiene, Tür; Messing; bis 40x40x3mm; inkl. Abstandhalter, Klemmanker und Dichtungsprofil							
47€	58€	**63€**	71€	81€	[St]	⏱ 0,30h/St	027.000.109
40€	48€	**53€**	59€	68€			
27	**Fensterbank, innen, Holz, bis 875mm**						KG **344**
Fensterbank, innen; Holz; Länge bis 875mm							
81€	105€	**118€**	132€	162€	[St]	⏱ 0,25h/St	027.000.072
68€	88€	**100€**	111€	136€			
28	**Fensterbank, innen, Holz, über 875 bis 1.500mm**						KG **344**
Fensterbank, innen; Holz; Länge über 875 bis 1.500mm							
111€	149€	**168€**	204€	262€	[St]	⏱ 0,30h/St	027.000.073
94€	125€	**141€**	171€	220€			
29	**Fensterbank, innen, Holz, über 1.500 bis 2.500mm**						KG **344**
Fensterbank, innen; Holz; Länge über 1.500 bis 2.500mm							
193€	273€	**324€**	351€	409€	[St]	⏱ 0,35h/St	027.000.074
162€	229€	**273€**	295€	344€			
30	**Holz-/Abdeckleisten, Fichte**						KG **344**
Deckleisten; Fichte, Klasse J2; 20x50mm, Länge 2,80m; unsichtbar befestigen; gehobelt, feingeschliffen, Kanten gefast							
23€	36€	**44€**	54€	79€	[m]	⏱ 0,10h/m	027.000.023
19€	31€	**37€**	46€	67€			
31	**Verfugung, elastisch**						KG **344**
Verfugung, elastisch; Silikon-/Acryldichtmasse; glatt gestrichen							
8€	10€	**11€**	14€	22€	[m]	⏱ 0,05h/m	027.000.017
7€	8€	**9€**	11€	18€			
32	**Öffnung, Bodenluke, Holzbalkendecke**						KG **352**
Öffnung, Bodenluke; Holzbalkendecke							
–	113€	**135€**	172€	–	[St]	⏱ 1,50h/St	027.000.139
–	95€	**113€**	145€	–			

Kosten:
Stand 2. Quartal 2025
Bundesdurchschnitt

Nr.	Kurztext / Stichworte					Kostengruppe
▶	▷	**ø brutto €**	◁	◀	[Einheit] Ausf.-Dauer	Positionsnummer
▶	▷	**ø netto €**	◁	◀		

33 Unterkonstruktion, Innenwandbekleidung — KG **345**

Unterkonstruktion Innenwandbekleidung; Nadelholz, S10; 50x30mm; Mauerwerk

▶	▷	ø	◁	◀	Einheit	Ausf.-Dauer	Positionsnummer
41€	49€	**64€**	70€	97€	[m²]	⏱ 0,35h/m²	027.000.025
34€	42€	**54€**	58€	81€			

34 Innenwandbekleidung, Sperrholzplatten, mit UK — KG **345**

Innenwandbekleidung; Sperrholzplatten, Stahlblechstütze, verzinkt; sichtbar verschrauben; inkl. Holzunterkonstruktion

▶	▷	ø	◁	◀	Einheit	Ausf.-Dauer	Positionsnummer
154€	294€	**367€**	420€	598€	[m²]	⏱ 0,55h/m²	027.000.028
130€	247€	**308€**	353€	502€			

35 Unterkonstruktion, Trennwand — KG **346**

Unterkonstruktion Trennwand; Stahlblechstützen, verzinkt; Höhe bis 3,00m, Dicke 100mm; für einlagige/zweilagige Beplankung

▶	▷	ø	◁	◀	Einheit	Ausf.-Dauer	Positionsnummer
–	122€	**140€**	163€	–	[m²]	⏱ 0,40h/m²	027.000.048
–	102€	**118€**	137€	–			

36 Büro-Trennwand, Tragprofile/Paneele — KG **346**

Trennwand mit Glasfüllung, EI30, E30; Dekorspanplatte/beschichtete Stahlblechpaneele; Breite 900/1.200mm

▶	▷	ø	◁	◀	Einheit	Ausf.-Dauer	Positionsnummer
205€	247€	**312€**	419€	708€	[m²]	⏱ 1,40h/m²	027.000.029
172€	208€	**262€**	352€	595€			

37 Mobile Trennwandanlage, 20-25m² — KG **346**

Trennwandelement, beweglich; Stahlkonstruktion; A=20-25m²; beidseitig beplankt

▶	▷	ø	◁	◀	Einheit	Ausf.-Dauer	Positionsnummer
–	206€	**285€**	320€	–	[St]	⏱ 25,00h/St	027.000.078
–	173€	**240€**	269€	–			

38 Trennwand, Spanplatten/HPL, Rahmen — KG **346**

Sanitärtrennwand; Metallrohr, Holzspanplatten, wasserfest, fäulnissicher; Dicke 40mm

▶	▷	ø	◁	◀	Einheit	Ausf.-Dauer	Positionsnummer
–	282€	**321€**	364€	–	[m²]	⏱ 1,70h/m²	027.000.137
–	237€	**270€**	306€	–			

39 Trennwandanlage, Spanplatten/Melamin — KG **346**

Sanitärtrennwand; Holzspanplatten, melaminharzbeschichtet, Aluminium; Dicke 28mm; sichtbare Rahmenkonstruktion; inkl. Türen

▶	▷	ø	◁	◀	Einheit	Ausf.-Dauer	Positionsnummer
–	267€	**308€**	327€	–	[m²]	⏱ 1,70h/m²	027.000.138
–	225€	**259€**	275€	–			

40 Trennwandanlage, HPL-Kompaktplatten — KG **346**

Sanitärtrennwand; Metallrohr, Verbundplatten; Raumhöhe 2,15m, Dicke 30mm; wasserfest, fäulnissicher

▶	▷	ø	◁	◀	Einheit	Ausf.-Dauer	Positionsnummer
132€	242€	**290€**	361€	496€	[m²]	⏱ 1,70h/m²	027.000.031
111€	203€	**243€**	304€	417€			

▶ min
▷ von
ø Mittel
◁ bis
◀ max

Nr.	Kurztext / Stichworte						Kostengruppe
►	▷	ø brutto €	◁	◄	[Einheit]	Ausf.-Dauer	Positionsnummer
►	▷	ø netto €	◁	◄			

41 WC-Schamwand Urinale KG **346**

WC-Schamwand; Ausführung und Oberflächen im System der WC-Trennwandanlagen

177€	285€	**335€**	546€	847€	[St]	⏱ 1,40h/St	027.000.081
149€	240€	**282€**	459€	712€			

42 Garderobenleiste KG **381**

Garderobenleiste; Holz/Stahl, Einzel-/Doppelhaken; Durchmesser 42mm

80€	170€	**210€**	231€	327€	[m]	⏱ 0,40h/m	027.000.038
67€	143€	**177€**	194€	275€			

43 Garderobenschrank KG **381**

Garderobenschrank-Wertschrank; HPL-Vollkernplatten, Türbänder aus Edelstahl; Tiefe 525mm, Breite 300mm; Sicherheits-Zylinder-Hebel-Schloss/Münzpfandschloss als Hauptschließanlage

440€	676€	**784€**	861€	1.091€	[St]	⏱ 0,55h/St	027.000.082
370€	568€	**659€**	723€	916€			

44 Handlauf-Profil, Holz KG **359**

Handlauf; Massivholz, geschliffen, poliert, natur/transparent lackiert; Durchmesser 30/40mm

46€	79€	**88€**	110€	155€	[m]	⏱ 0,25h/m	027.000.046
39€	66€	**74€**	93€	130€			

45 Geländer, gerade, Rundstabholz KG **359**

Geländer; Hartholz, Rundstab, geschliffen, poliert, lackiert; Durchmesser 42,4mm

325€	516€	**568€**	668€	905€	[m]	⏱ 0,70h/m	027.000.047
273€	433€	**477€**	561€	761€			

Nr.	Kurztext / Stichworte						Kostengruppe
▶	▷	**ø brutto €**	◁	◀	[Einheit]	Ausf.-Dauer	Positionsnummer
▶	▷	**ø netto €**	◁	◀			
1	**Untergrund, CA-Estrich anschleifen**						KG **353**
Untergrund schleifen; Calciumsulfatestrich; abschleifen, absaugen; inkl. Entsorgung und Deponiegebühr							
2€	4€	**4€**	5€	7€	[m²]	⏱ 0,03 h/m²	028.000.029
2€	3€	**3€**	4€	6€			
2	**Sinterschicht abschleifen**						KG **353**
Sinterschicht abschleifen; Calciumsulfatestrich; Staub absaugen und entsorgen							
1€	2€	**3€**	4€	6€	[m²]	⏱ 0,06 h/m²	028.000.072
1€	2€	**2€**	3€	5€			
3	**Untergrund prüfen, Haftzugfestigkeit**						KG **353**
Untergrund prüfen; Estrich, Decke; Haftzugfestigkeit; inkl. Protokollierung							
32€	39€	**41€**	46€	52€	[St]	⏱ 0,50 h/St	028.000.067
27€	32€	**34€**	38€	44€			
4	**Untergrund vorstreichen, Haftgrund**						KG **353**
Untergrund vorstreichen; vollflächig; inkl. Reinigung							
2€	3€	**4€**	5€	6€	[m²]	⏱ 0,03 h/m²	028.000.004
2€	3€	**3€**	4€	5€			
5	**Untergrund spachteln, 3mm**						KG **353**
Untergrund spachteln; Dicke 3mm; vollflächig							
5€	8€	**9€**	13€	20€	[m²]	⏱ 0,06 h/m²	028.000.081
4€	7€	**8€**	11€	17€			
6	**Trennlage, Baumwollfilz**						KG **353**
Trittschallunterlage; Baumwollfilz; 5mm; einlagig							
2€	4€	**5€**	6€	8€	[m²]	⏱ 0,03 h/m²	028.000.006
2€	4€	**4€**	5€	7€			
7	**Unterlage, PE-Folie**						KG **353**
Trittschallunterlage; PE-Folie 0,2mm; einlagig verlegen; zwischen Bodenbelag und Zement-/Calciumsulfatestrich							
–	2€	**4€**	6€	–	[m²]	⏱ 0,03 h/m²	028.000.048
–	2€	**4€**	5€	–			
8	**Unterlage, Rippenpappe**						KG **353**
Trittschallunterlage; Wellpappe, 5mm; einlagig							
3€	5€	**6€**	7€	9€	[m²]	⏱ 0,04 h/m²	028.000.049
3€	4€	**5€**	6€	8€			

028

Kosten:
Stand 2. Quartal 2025
Bundesdurchschnitt

▶ min
▷ von
ø Mittel
◁ bis
◀ max

Nr.	Kurztext / Stichworte						Kostengruppe
►	▷	ø brutto €	◁	◄	[Einheit]	Ausf.-Dauer	Positionsnummer
►	▷	ø netto €	◁	◄			
9	**Unterlage, Korkschrotpappe**						KG **353**
Trenn-/Unterlage; Korkschrotpappe, 3mm; einlagig							
–	10€	**15€**	18€	–	[m²]	⏱ 0,05h/m²	028.000.050
–	8€	**12€**	15€	–			
10	**Unterboden, Holzspanplatte P2, 28mm**						KG **353**
Unterboden; Holzspanplatte, P2; Dicke 28mm; NF-Profil							
–	43€	**51€**	67€	–	[m²]	⏱ 0,26h/m²	028.000.053
–	36€	**43€**	56€	–			
11	**Blindboden, Nadelholz**						KG **353**
Blindboden; Nadelholz, S10, einseitig gehobelt; Dicke 24mm; gespundete Schalung; inkl. chemischem Holzschutz							
34€	53€	**67€**	69€	80€	[m²]	⏱ 0,45h/m²	028.000.025
29€	45€	**56€**	58€	67€			
12	**Dielenbodenbelag, Fichte, 24mm**						KG **353**
Dielenbodenbelag, Massivholz; Fichte, künstlich getrocknet; Dicke 24mm; gehobelt, geschliffen							
225€	250€	**272€**	296€	318€	[m²]	⏱ 0,95h/m²	028.000.078
189€	210€	**228€**	249€	267€			
13	**Dielenbodenbelag, Lärche, 24mm**						KG **353**
Dielenbodenbelag, Massivholz; Lärche, künstlich getrocknet; Dicke 24mm; gehobelt, geschliffen							
228€	253€	**278€**	300€	322€	[m²]	⏱ 0,95h/m²	028.000.070
191€	212€	**233€**	252€	271€			
14	**Dielenbodenbelag, Esche, 22mm**						KG **353**
Dielenbodenbelag, Massivholz; Esche, künstlich getrocknet; Dicke 22mm; gehobelt, geschliffen							
205€	222€	**250€**	270€	292€	[m²]	⏱ 0,95h/m²	028.000.080
172€	187€	**210€**	227€	246€			
15	**Dielenbodenbelag, Eiche, 22mm**						KG **353**
Dielenbodenbelag, Massivholz; Eiche, künstlich getrocknet; Dicke 22mm; gehobelt, geschliffen							
192€	208€	**234€**	252€	276€	[m²]	⏱ 0,95h/m²	028.000.007
161€	175€	**196€**	212€	232€			
16	**Stabparkett, Eiche, 22mm**						KG **353**
Vollholz, Stabparkett; Eiche, künstlich getrocknet; Dicke 14-22mm; NF-Profil, verkleben, schleifen							
121€	143€	**157€**	169€	193€	[m²]	⏱ 0,70h/m²	028.000.034
102€	121€	**132€**	142€	162€			

Kosten:
Stand 2. Quartal 2025
Bundesdurchschnitt

Nr.	Kurztext / Stichworte						Kostengruppe
▶	▷	ø brutto €	◁	◀	[Einheit]	Ausf.-Dauer	Positionsnummer
▶	▷	ø netto €	◁	◀			
17	**Stabparkett, Buche, 22mm**						KG **353**
Vollholz, Stabparkett; Buche, künstlich getrocknet; Dicke 14-22mm; NF-Profil, verkleben, schleifen							
115€	153€	**161€**	178€	216€	[m2]	⏱ 0,70h/m2	028.000.035
96€	129€	**135€**	149€	182€			
18	**Vollholzparkett, Hochkantlamellen, Eiche, bis 12 mm**						KG **353**
Lamellenparkett; Eiche, künstlich getrocknet; Dicke 10-12mm; NF-Profil, verkleben, schleifen							
79€	94€	**100€**	106€	116€	[m2]	⏱ 0,60h/m2	028.000.032
67€	79€	**84€**	89€	98€			
19	**Fertigparkett, Ahorn, 14mm, versiegelt**						KG **353**
Fertigparkett, werksseitig versiegelt; Ahorn; Dicke 14mm; verkleben							
88€	115€	**127€**	131€	144€	[m2]	⏱ 0,40h/m2	028.000.013
74€	96€	**107€**	110€	121€			
20	**Fertigparkett, Eiche 14mm, versiegelt**						KG **353**
Fertigparkett, werksseitig versiegelt; Eiche; Dicke 14mm; verkleben							
120€	134€	**147€**	170€	185€	[m2]	⏱ 0,40h/m2	028.000.058
101€	112€	**123€**	143€	155€			
21	**Fertigparkett, Esche, 14mm, versiegelt**						KG **353**
Fertigparkett, werksseitig versiegelt; Esche; Dicke 14mm; verkleben							
114€	126€	**137€**	157€	174€	[m2]	⏱ 0,40h/m2	028.000.059
96€	106€	**115€**	132€	146€			
22	**Fertigparkett, Buche, 14mm, versiegelt**						KG **353**
Fertigparkett, werksseitig versiegelt; Buche; Dicke 14mm; verkleben							
108€	120€	**132€**	151€	167€	[m2]	⏱ 0,40h/m2	028.000.060
91€	101€	**111€**	127€	140€			
23	**Lamparkett, Eiche, 10mm**						KG **353**
Lamparkett; Eiche, künstlich getrocknet; Dicke 10mm; verkleben, schleifen							
89€	132€	**179€**	202€	254€	[m2]	⏱ 0,65h/m2	028.000.036
75€	111€	**151€**	170€	213€			
24	**Lamparkett, Ahorn, 10mm**						KG **353**
Lamparkett; Ahorn, künstlich getrocknet; Dicke 10mm; verkleben, schleifen							
–	132€	**186€**	209€	–	[m3]	⏱ 0,65h/m3	028.000.061
–	111€	**157€**	175€	–			

▶ min
▷ von
ø Mittel
◁ bis
◀ max

Nr.	Kurztext / Stichworte						Kostengruppe
►	▷	**ø brutto €**	◁	◄	[Einheit]	Ausf.-Dauer	Positionsnummer
►	▷	**ø netto €**	◁	◄			

25 Mosaikparkett, Eiche, 8mm — KG **353**

Mosaikparkett; Eiche, künstlich getrocknet; Dicke 8mm; verkleben, schleifen

65€	83€	**94€**	104€	136€	[m²]	⏱ 0,50h/m²	028.000.037
55€	70€	**79€**	87€	115€			

26 Mosaikparkett, Buche, 8mm — KG **353**

Mosaikparkett; Buche, künstlich getrocknet; Dicke 8mm; verkleben, schleifen

–	107€	**118€**	137€	–	[m²]	⏱ 0,50h/m²	028.000.064
–	90€	**99€**	115€	–			

27 Vollholzparkett schleifen — KG **353**

Oberflächenbearbeitung, schleifen; Vollholzparkett; Schleifkörnung bis 180

13€	19€	**21€**	22€	29€	[m²]	⏱ 0,15h/m²	028.000.010
11€	16€	**18€**	19€	24€			

28 Vollholzparkett beschichten — KG **353**

Oberflächenbearbeitung; Öl-Kunstharzsiegel/Wasserlack/PU-Wassersiegel; imprägnieren, antirutschend wachsen, inkl Zwischenschliff

16€	22€	**25€**	30€	40€	[m²]	⏱ 0,20h/m²	028.000.011
14€	18€	**21€**	25€	33€			

29 Randstreifen abschneiden — KG **353**

Randstreifen abschneiden; Rippenpappe/Mineralwolle/Polystyrol; aufnehmen, laden, entsorgen; inkl. Deponiegebühr

0,5€	0,7€	**0,8€**	1,0€	1,5€	[m]	⏱ 0,01h/m	028.000.023
0,4€	0,6€	**0,6€**	0,8€	1,2€			

30 Randabschluss, Korkstreifen, Dehnfuge — KG **353**

Randabschluss; Korkstreifen; Breite 10mm; oberflächengleich

5€	9€	**11€**	13€	19€	[m]	⏱ 0,10h/m	028.000.020
4€	8€	**9€**	11€	16€			

31 Sockelleiste, Buche — KG **353**

Sockelleiste; Buche, lackiert, Viertelstab-Profil, gerundet; 16x16mm; befestigen mit Nägel

12€	16€	**17€**	21€	26€	[m]	⏱ 0,08h/m	028.000.014
10€	13€	**14€**	17€	22€			

32 Sockelleiste, Eiche — KG **353**

Sockelleiste; Eiche, Rechteckprofil, lackiert; Ecken mit Gehrungsschnitt, befestigen mit Senkkopf-Schrauben

12€	18€	**20€**	23€	30€	[m]	⏱ 0,08h/m	028.000.015
10€	15€	**17€**	19€	26€			

Kosten:
Stand 2. Quartal 2025
Bundesdurchschnitt

Nr.	Kurztext / Stichworte						Kostengruppe
▶	▷	ø brutto €	◁	◀	[Einheit]	Ausf.-Dauer	Positionsnummer
▶	▷	ø netto €	◁	◀			
33	**Sockelleiste, Ahorn**						KG **353**
Sockelleiste; Ahorn, Schmetterlingsprofil, gerundet, lackiert; 25x25mm; befestigen mit Nägel							
14€	18€	**19€**	22€	28€	[m]	⏱ 0,08h/m	028.000.016
12€	15€	**16€**	19€	23€			
34	**Eckausbildung, vorgefertigt, Sockelleiste**						KG **353**
Sockelleiste, Eckausbildung; mit vorgefertigten Innen- und Außenecken							
0,6€	2,3€	**2,9€**	3,8€	5,3€	[St]	⏱ 0,02h/St	028.000.045
0,5€	1,9€	**2,4€**	3,2€	4,4€			
35	**Parkettbelag anarbeiten, gerade**						KG **353**
Parkettbelag anarbeiten; Stabparkett/Fertigparkett; sichtbare Fuge; angrenzenden gerade Bauteile, Randfries, raumhohes Fenster, Treppenauge							
8€	15€	**18€**	20€	28€	[m]	⏱ 0,25h/m	028.000.017
7€	13€	**15€**	17€	23€			
36	**Parkettbelag anarbeiten, schräg**						KG **353**
Parkettbelag anarbeiten; Stabparkett/Fertigparkett; Schrägschnitt; schräg angrenzende lineare Bauteile							
12€	18€	**19€**	22€	29€	[m]	⏱ 0,25h/m	028.000.046
10€	15€	**16€**	19€	24€			
37	**Parkettbelag anarbeiten, rund**						KG **353**
Parkettbelag anarbeiten; Stabparkett/Fertigparkett; Radius 2.500mm; Rundschnitt; angrenzende gekrümmte Bauteile							
13€	19€	**20€**	20€	29€	[m]	⏱ 0,28h/m	028.000.018
11€	16€	**17€**	17€	25€			
38	**Aussparung, Parkett**						KG **353**
Öffnung/Aussparung herstellen; Parkett; rechteckig							
25€	44€	**51€**	59€	78€	[St]	⏱ 0,30h/St	028.000.027
21€	37€	**43€**	50€	65€			
39	**Trennschiene, Metall**						KG **353**
Trennschiene; Metall; Material-Übergang; in Holz-Bodenbelag							
19€	27€	**30€**	37€	53€	[m]	⏱ 0,12h/m	028.000.021
16€	22€	**26€**	31€	45€			
40	**Verfugung, elastisch, Silikon**						KG **353**
Fuge, elastisch; Silikondichtstoff; glatt gestrichen; inkl. Anschlussarbeiten, Hinterstopfmaterial							
7€	10€	**11€**	13€	15€	[m]	⏱ 0,05h/m	028.000.022
6€	8€	**9€**	11€	13€			

▶ min
▷ von
ø Mittel
◁ bis
◀ max

Nr.	**Kurztext** / Stichworte						Kostengruppe
▶	▷	**ø brutto €**	◁	◀	[Einheit]	Ausf.-Dauer	Positionsnummer
▶	▷	**ø netto €**	◁	◀			

41	**Erstpflege, Parkettbelag**						KG **353**
Erstpflege, Parkett; Pflegemittel Oberflächeneigenschaft R9/R11							
3€	5€	**6€**	9€	14€	[m²]	⏱ 0,03 h/m²	028.000.024
2€	4€	**5€**	7€	11€			

42	**Schutzabdeckung, Platten/Folie**						KG **353**
Schutzabdeckung; vollflächig abdecken; Bodenfläche; inkl. entfernen und entsorgen							
4€	6€	**7€**	8€	9€	[m²]	⏱ 0,05 h/m²	028.000.030
3€	5€	**6€**	6€	8€			

43	**Schutzabdeckung Verbundfolie**						KG **353**
Schutzabdeckung; Verbundfolie; vollflächig abdecken, abkleben; Bodenbelag; inkl. Entfernen, Entsorgen							
1€	4€	**5€**	6€	8€	[m²]	⏱ 0,04 h/m²	028.000.047
0,9€	3,2€	**4,3€**	5,3€	7,0€			

Nr.	Kurztext / Stichworte				[Einheit]	Ausf.-Dauer	Kostengruppe
▶	▷	**ø brutto €**	◁	◀			Positionsnummer
▶	▷	**ø netto €**	◁	◀			
1	**Fenstergriff, Aluminium**						KG **334**
Fensterolive; Aluminium; Vier-Punkt-Kugelrastung, unsichtbar befestigt; Verschraubung M5							
23€	39€	**44€**	51€	68€	[St]	⏱ 0,28h/St	029.000.013
19€	33€	**37€**	43€	57€			
2	**Drückergarnitur, Wohnungstür, Metall**						KG **344**
Drückergarnitur; Edelstahl/Aluminium; Rosette oval/eckig, mit Hochhaltefeder; innen; Normalgarnitur/Wechselgarnitur							
190€	272€	**300€**	332€	413€	[St]	⏱ 0,30h/St	029.000.004
160€	229€	**252€**	279€	347€			
3	**Drückergarnitur, Objekttür, Aluminium**						KG **344**
Drückergarnitur; Aluminium; Rosette oval/eckig mit Hochhaltefeder; Feuer-/Rauchschutztür; Normalgarnitur/Wechselgarnitur							
74€	109€	**130€**	152€	197€	[St]	⏱ 0,30h/St	029.000.007
63€	92€	**109€**	128€	166€			
4	**Drückergarnitur, niro**						KG **344**
Drückergarnitur Objektbereich; Edelstahl, matt, gebürstet/spiegelpoliert; Rosette oval/eckig, mit Hochhaltefeder; für Feuer-/Rauchschutztür							
124€	245€	**292€**	368€	522€	[St]	⏱ 0,30h/St	029.000.008
105€	206€	**245€**	309€	438€			
5	**Drückergarnitur, Objekttür, niro, barrierefrei**						KG **344**
Wechselgarnitur; Edelstahl, gebürstet/spiegelpoliert; Anordnung unten, für Handbetätigung Rollstuhl; Langschild							
–	489€	**550€**	676€	–	[St]	⏱ 0,30h/St	029.000.041
–	411€	**462€**	568€	–			
6	**Bad-/WC-Garnitur, Objektbereich, Aluminium**						KG **344**
Bad-WC-Garnitur, beidseitiger Drücker; Aluminium, eloxiert/anodisiert; Rosette oval/eckig; inkl. beidseitiger Drücker							
45€	88€	**107€**	127€	167€	[St]	⏱ 0,35h/St	029.000.015
38€	74€	**90€**	107€	141€			
7	**Bad-/WC-Garnitur, Objektbereich, Edelstahl**						KG **344**
Bad-WC-Garnitur; Edelstahl matt gebürstet/Spiegelpoliert; Türdicke 42mm; Metallrosette mit/ohne Hochhaltefeder; inkl. beidseitiger Drücker							
73€	193€	**215€**	253€	358€	[St]	⏱ 0,50h/St	029.000.016
61€	163€	**180€**	213€	301€			
8	**Stoßgriff, Tür, Aluminium**						KG **344**
Türstange; Aluminium; Durchmesser 200mm; verdeckt verschraubt							
182€	387€	**488€**	700€	1.050€	[St]	⏱ 0,60h/St	029.000.017
153€	326€	**410€**	588€	883€			

Kosten:
Stand 2. Quartal 2025
Bundesdurchschnitt

▶ min
▷ von
ø Mittel
◁ bis
◀ max

Nr.	Kurztext / Stichworte						Kostengruppe
▶	▷	**ø brutto €**	◁	◀	[Einheit]	Ausf.-Dauer	Positionsnummer
▶	▷	**ø netto €**	◁	◀			

9 Obentürschließer, einflüglige Tür KG **344**

Obentürschließer; einflüglige Tür; Basisschließer, Normalgestänge; für Rauch-/Feuerschutztür

308€	443€	**479€**	614€	973€	[St]	⏱ 1,50h/St	029.000.009
259€	372€	**402€**	516€	817€			

10 Obentürschließer, zweiflüglige Tür KG **344**

Obentürschließer; zweiflüglige Türanlage; Größe 2-6; für zweiflügliges Türblatt, Normalmontage Türblatt/Bandseite; Schließgeschwindigkeit und Endschlag regulierbar, inkl. Montageplatte

627€	970€	**1.181€**	1.435€	1.923€	[St]	⏱ 2,00h/St	029.000.018
527€	815€	**993€**	1.206€	1.616€			

11 Türantrieb, kraftbetätigte Tür, einflüglig KG **344**

Türantrieb, automatisch; für einflüglige Tür, barrierefrei, geräuscharm; Innen- und Außentüren

3.999€	5.797€	**6.584€**	7.667€	9.782€	[St]	⏱ 2,50h/St	029.000.035
3.360€	4.871€	**5.533€**	6.443€	8.220€			

12 Türantrieb, kraftbetätigte Tür, zweiflüglig KG **344**

Türantrieb, automatisch; für zweiflüglige Tür, barrierefrei, geräuscharm; Innen- und Außentüren

4.152€	7.203€	**8.470€**	9.973€	12.985€	[St]	⏱ 3,00h/St	029.000.036
3.489€	6.053€	**7.118€**	8.381€	10.912€			

13 Elektrischer Türantrieb KG **344**

Türantrieb elektrisch; für einflüglige Tür; mit Bewegungsmeldern

3.874€	4.616€	**5.306€**	5.837€	6.792€	[St]	⏱ 5,30h/St	027.000.116
3.255€	3.879€	**4.459€**	4.905€	5.708€			

14 Türstopper, Bodenmontage KG **344**

Türstopper, Bodenmontage; Metall, poliert/gebürstet mit Gummipuffer; rund/eckig, geschraubt; Außen-/Innenbereich

21€	41€	**46€**	61€	94€	[St]	⏱ 0,15h/St	029.000.011
18€	34€	**39€**	51€	79€			

Nr.	Kurztext / Stichworte						Kostengruppe
►	▷	**ø brutto €**	◁	◄	[Einheit]	Ausf.-Dauer	Positionsnummer
►	▷	**ø netto €**	◁	◄			
1	**Rollladenkasten**						KG **338**
Rollladenkasten; Leichtbeton/PS-Kunststoff, PUR, WLG025; gurtbetrieben; außen							
87€	104€	**109€**	113€	136€	[m]	⏱ 0,30h/m	030.000.001
73€	88€	**92€**	95€	114€			
2	**Deckel, Rollladenkasten**						KG **338**
Rollladenkastendeckel; PVC-U, PUR, WLG 025; als sichtbare, revisionierbare Abdeckung							
32€	42€	**44€**	50€	60€	[m]	⏱ 0,05h/m	030.000.002
27€	35€	**37€**	42€	50€			
3	**Rollladen, Führungsschiene, Gurtwickler**						KG **338**
Rollladen; Kunststoff/Aluminiumschiene, Abdeckplatte Kunststoff/Aluminium; WK 1/2; Arbeitshöhe bis 3,50m							
183€	320€	**372€**	445€	651€	[St]	⏱ 0,60h/St	030.000.004
154€	269€	**313€**	374€	547€			
4	**Elektromotor, Rollladen**						KG **338**
Elektromotor, Rollladen; Arbeitshöhe bis 3,50m; Entfall von Gurt und Gurtwickler einrechnen							
203€	277€	**291€**	345€	452€	[St]	⏱ 0,20h/St	030.000.005
171€	233€	**245€**	290€	380€			
5	**Jalousie/Raffstore/Lamellen, außen, elektrisch**						KG **338**
Außenjalousie; Aluminiumlamellen, Aluminium-/Edelstahlschiene; Lamellen 35mm, Dicke 0,22-0,30mm; elektrisch betrieben							
483€	753€	**853€**	974€	1.301€	[St]	⏱ 1,80h/St	030.000.006
406€	632€	**717€**	819€	1.093€			
6	**Verdunkelung, innen, bis 3,50m²**						KG **338**
Verdunkelungsanlage; Abdeckplatte Kunststoff/Aluminium, Welle Stahlrohr, Einfallschiene Stahl/Aluminium							
224€	333€	**373€**	451€	577€	[St]	⏱ 0,50h/St	030.000.008
188€	280€	**314€**	379€	485€			
7	**Windwächter-Anlage, Sonnenschutz**						KG **338**
Windwarnanlage; pulverbeschichtet/einbrennlackiert; Außenwand; inkl. Steuerung							
703€	1.241€	**1.458€**	1.669€	2.255€	[St]	⏱ 0,35h/St	030.000.011
591€	1.043€	**1.225€**	1.402€	1.895€			

030

Kosten:
Stand 2. Quartal 2025
Bundesdurchschnitt

► min
▷ von
ø Mittel
◁ bis
◄ max

031

Kosten:
Stand 2. Quartal 2025
Bundesdurchschnitt

Nr.	Kurztext / Stichworte					Kostengruppe
▶	▷	**ø brutto €**	◁	◀	[Einheit] Ausf.-Dauer	Positionsnummer
▶	▷	**ø netto €**	◁	◀		
1	**Handlauf, Stahl, außen, verzinkt, Rundrohr: 33,7**					KG **359**
Handlauf; Stahl S 235 JR+AR 2,0mm; Durchmesser 33,7mm; Wandmontage; Außenbereich						
54€	71€	**75€**	82€	97€	[m] ⏱ 0,35h/m	031.000.045
45€	60€	**63€**	69€	81€		
2	**Handlauf, Stahl, außen, verzinkt, Rundrohr: 42,4**					KG **359**
Handlauf; Stahl S 235 JR+AR 2,0mm; Durchmesser 42,4mm; Wandmontage; Außenbereich						
69€	95€	**103€**	118€	141€	[m] ⏱ 0,35h/m	031.000.046
58€	80€	**87€**	99€	119€		
3	**Handlauf, Stahl, innen, Rundrohr: 33,7mm**					KG **359**
Handlauf; Stahl, verzinkt; Durchmesser 33,7mm; Wandmontage; Innenbereich						
65€	82€	**89€**	96€	113€	[m] ⏱ 0,35h/m	031.000.070
54€	69€	**75€**	80€	95€		
4	**Handlauf, Stahl, innen, Rundrohr: 42,4mm**					KG **359**
Handlauf; Stahl, verzinkt; Durchmesser 42,4mm; Wandmontage; Innenbereich						
87€	106€	**119€**	124€	142€	[m] ⏱ 0,35h/m	031.000.071
73€	89€	**100€**	104€	119€		
5	**Handlauf, Holz, rund**					KG **359**
Handlauf; Eiche, geschliffen, poliert; Durchmesser 25-60mm; Innenbereich						
54€	112€	**131€**	146€	201€	[m] ⏱ 0,32h/m	031.000.002
45€	94€	**110€**	123€	169€		
6	**Handlaufhalter, Stahl, Wand**					KG **359**
Handlaufhalter, Flachstahl; Stahl S235JR, beschichtet/feuerverzinkt; Durchmesser 12/16mm; Wandmontage						
53€	82€	**101€**	126€	162€	[St] ⏱ 0,30h/St	031.000.006
45€	69€	**85€**	106€	136€		
7	**Handlauf, Enden**					KG **359**
Handlauf-Endstück; Stahl/Edelstahl; Durchmesser 25/33,7/42,4/60mm; flache Kappe/gewölbte Kappe/gekröpfte 90°						
21€	35€	**39€**	40€	55€	[St] ⏱ 0,20h/St	031.000.007
18€	29€	**33€**	34€	46€		
8	**Handlauf, Bogenstück**					KG **359**
Handlaufbogen, Eck-/Übergangswinkel; Stahl/Edelstahl/Holz; 30/45/90°						
36€	66€	**81€**	83€	109€	[St] ⏱ 0,25h/St	031.000.008
31€	56€	**68€**	69€	92€		

▶ min
▷ von
ø Mittel
◁ bis
◀ max

Nr.	Kurztext / Stichworte						Kostengruppe
▶	▷	**ø brutto €**	◁	◀	[Einheit]	Ausf.-Dauer	Positionsnummer
▶	▷	**ø netto €**	◁	◀			

9 Brüstungsgeländer, Fenstertür KG **359**

Brüstungsgeländer; Flachstahl/Breitflachstahl; in Fensterlaibung/auf vorgerichtetem Fensterprofil; Fenstertür

457€	708€	**797€**	897€	1.091€	[St]	⏱ 3,50h/St	031.000.072
384€	595€	**670€**	754€	917€			

10 Balkon-/Terrassengeländer, Außenbereich KG **359**

Balkon/Terrassengeländer; Handlauf Stahl, Nasslack/pulverbeschichtet; Gesamthöhe 1,20m, Handlauf Durchmesser 42,4mm, Füllstäbe d=12,0mm; Außenbereich

340€	498€	**554€**	738€	1.200€	[m]	⏱ 2,40h/m	031.000.001
286€	419€	**465€**	620€	1.008€			

11 Brüstungs-/Treppengeländer, Flachstahlfüllung KG **359**

Treppengeländer; Stahlkonstruktion, Handlauf Rundrohr, Flachstabstahl; Gesamthöhe 1,10m, Handlauf 42,4mm; Innenbereich

394€	548€	**623€**	709€	930€	[m]	⏱ 2,50h/m	031.000.010
331€	460€	**523€**	596€	781€			

12 Brüstungs-/Treppengeländer, Lochblechfüllung KG **359**

Treppengeländer; Stahlkonstruktion, Rundrohr, Flachstabstahl; Gesamthöhe 1,10m, Handlauf 33,7mm; Normalraum/Nassraum

364€	451€	**500€**	551€	655€	[m]	⏱ 2,30h/m	031.000.011
306€	379€	**420€**	463€	550€			

13 Geländerausfachung, Stahlseil, nichtrostend KG **359**

Geländerausfachung; Edelstahlseil; Durchmesser 4mm; Spiralseil/Litzenseil; inkl. Spannschloss und Seilfixierung

18€	28€	**36€**	37€	44€	[m]	⏱ 0,15h/m	031.000.012
15€	23€	**30€**	31€	37€			

14 Stahltür, einflüglig, 1.000x2.130 KG **344**

Metalltürelement; Stahl; 1.000x2.130mm, Dicke 50mm; einflüglig, gefalzt/flächenbündig; Normalraum/Nassraum

783€	1.453€	**1.737€**	2.458€	3.691€	[St]	⏱ 2,40h/St	031.000.015
658€	1.221€	**1.459€**	2.065€	3.101€			

15 Stahltür, zweiflüglig KG **344**

Metalltürelement; Stahl; Dicke 50mm; zweiflüglig, gefalzt/flächenbündig; Normalraum/Nassraum

2.113€	3.246€	**3.878€**	4.943€	7.400€	[St]	⏱ 3,40h/St	031.000.016
1.776€	2.728€	**3.259€**	4.154€	6.218€			

16 Stahltür, Rauchschutz, 1.000x2.000/2.125 KG **344**

Rauchschutztürelement; Stahl; 1.000x2.000/2.125mm, MW 230mm, Türblattdicke 50mm; einflüglig

1.916€	2.464€	**3.258€**	3.423€	3.819€	[St]	⏱ 2,80h/St	031.000.056
1.610€	2.071€	**2.738€**	2.876€	3.209€			

Kosten:
Stand 2. Quartal 2025
Bundesdurchschnitt

Nr.	Kurztext / Stichworte						Kostengruppe
▶	▷	**ø brutto €**	◁	◀	[Einheit]	Ausf.-Dauer	Positionsnummer
▶	▷	**ø netto €**	◁	◀			
17	**Stahltür, Rauchschutz, 1.125x2.000/2.125**						KG **344**
Rauchschutztürelement; Stahl; 1.125x2.000/2.125mm, MW 230mm, Türblattdicke 50mm; einflüglig							
1.914€	2.938€	**3.365€**	4.172€	4.658€	[St]	⏱ 2,80h/St	031.000.073
1.608€	2.469€	**2.828€**	3.505€	3.914€			
18	**Stahltür, Brandschutz, EI2 30, 1.000x2.125**						KG **344**
Brandschutztürelement, EI2 30; Stahl; 1.000x2.000/2.125mm, MW 230mm, Türblattdicke 50mm; einflüglig							
1.245€	1.611€	**1.775€**	2.100€	2.739€	[St]	⏱ 3,40h/St	031.000.059
1.046€	1.354€	**1.491€**	1.765€	2.302€			
19	**Rohrrahmentür, Glasfüllung, EI2 30-S200C5, zweiflüglig, mehrteilig**						KG **344**
Brandschutztür EI2 30, mit Glasfüllung; Stahl, Verglasung T-30 RS; 2.100x2.130mm; zweiflüglig; Innenraum							
8.441€	13.132€	**14.827€**	16.819€	20.703€	[St]	⏱ 5,20h/St	031.000.042
7.093€	11.035€	**12.460€**	14.133€	17.397€			
20	**Vordach, Trägerprofile/VSG**						KG **339**
Vordachkonstruktion, für ESG-Verglasung; zwei Konsolen, zwei Hohlprofil-Querträger, vier Neoprenlager, punktförmige Halterung; mit Edelstahlschrauben; Mauerwerk/Stahlbeton							
2.020€	4.330€	**4.991€**	5.996€	7.529€	[St]	⏱ 4,50h/St	031.000.067
1.697€	3.639€	**4.194€**	5.038€	6.327€			
21	**Vordach, geneigt auskragend**						KG **339**
Vordach; Stahlträger S235JR; 1.600x800mm; Mauerwerk/Stahlbeton							
2.043€	3.481€	**3.908€**	4.373€	5.342€	[St]	⏱ 4,50h/St	031.000.074
1.717€	2.925€	**3.284€**	3.674€	4.489€			
22	**Deckenabschluss, Flachstahl**						KG **353**
Deckenabschluss; Flachstahl; verschraubt; schützend grundiert/verzinkt							
77€	135€	**154€**	181€	240€	[m]	⏱ 0,35h/m	031.000.025
65€	114€	**129€**	152€	202€			
23	**Estrichabschluss, Winkelstahl**						KG **353**
Randabschlusswinkel; Flachstahl; verschraubt; Stahlbetondeckenrand; schützend beschichtet							
81€	137€	**161€**	180€	230€	[m]	⏱ 0,40h/m	031.000.026
68€	115€	**135€**	151€	193€			
24	**Stahltreppe, gerade, einläufig, innen, Trittbleche**						KG **351**
Stahltreppe, einläufig; S235JR, verzinkt; 17,2x28cm, 16 Stufen; freitragend							
2.438€	5.431€	**6.927€**	8.656€	12.281€	[St]	⏱ 7,50h/St	031.000.029
2.048€	4.564€	**5.821€**	7.274€	10.320€			

▶ min
▷ von
ø Mittel
◁ bis
◀ max

Nr.	Kurztext / Stichworte						Kostengruppe
►	▷	**ø brutto €**	◁	◄	[Einheit]	Ausf.-Dauer	Positionsnummer
►	▷	**ø netto €**	◁	◄			

25 Stahltreppe, gerade, mehrläufig, innen, Trittbleche KG **351**

Stahltreppe, mehrläufig; S235JR+AR; 16 Stufen, 17,2x28cm; freitragend; 1 Geschoss

5.447€	11.023€	**12.829€**	13.617€	17.401€	[St]	⏱ 8,50h/St	031.000.044
4.577€	9.263€	**10.780€**	11.443€	14.622€			

26 Spindeltreppe, Stahl, 100cm, innen, Trittroste KG **351**

Spindeltreppe; Stahlrohr, feuerverzinkt; inkl. Bohrungen, verzinkte Verbindungsmittel; 1 Geschoss

5.585€	6.897€	**7.455€**	7.916€	9.833€	[St]	⏱ 7,50h/St	031.000.077
4.693€	5.796€	**6.265€**	6.652€	8.263€			

27 Spindeltreppe, Stahl, Trittroste, 2 Geschosse KG **351**

Spindeltreppe; Stahlrohr, feuerverzinkt; 2 Geschosse

6.092€	8.728€	**9.909€**	11.238€	14.567€	[St]	⏱ 10,00h/St	031.000.030
5.119€	7.335€	**8.327€**	9.444€	12.241€			

28 Steigleiter, Stahl, verzinkt, bis 5,00m KG **339**

Steigleiter inkl. Seitenholm; Stahl, verzinkt; Breite 500mm, Holm Durchmesser 48,3mm, Sprossen 25x25x1,5mm; Außenbereich

271€	687€	**832€**	1.276€	2.014€	[St]	⏱ 1,80h/St	031.000.031
228€	577€	**699€**	1.072€	1.693€			

29 Steigleiter, Seitenholm, Rückenschutz KG **339**

Steigleiter mit Rückenschutz; Stahl, feuerverzinkt; Breite 500mm, Durchmesser 48,3mm, Sprossen 25x25x1,5mm; Außenbereich

1.412€	2.737€	**3.484€**	4.708€	6.717€	[St]	⏱ 2,10h/St	031.000.035
1.186€	2.300€	**2.928€**	3.956€	5.645€			

30 Briefkastenanlage, freistehend, bis 8 WE KG **561**

Briefkastenanlage; Stahlblech, verzinkt; bis acht Wohneinheiten; beleuchtete Klingeltaster mit Namensschild, Sprechstelle

2.074€	3.367€	**4.155€**	4.922€	6.199€	[St]	⏱ 1,20h/St	031.000.039
1.743€	2.829€	**3.492€**	4.136€	5.209€			

Nr.	Kurztext / Stichworte				[Einheit]	Ausf.-Dauer	Kostengruppe / Positionsnummer
►	▷	ø brutto €	◁	◄			
►	▷	ø netto €	◁	◄			

1 Verglasung, Floatglas, 6mm KG **334**

Einscheiben-Verglasung; Floatglas; Dicke 6mm; beidseitig versiegeln

95€	101€	**104€**	109€	120€	[m2]	⏱ 0,47h/m2	032.000.022
80€	85€	**87€**	92€	101€			

2 Verglasung, Floatglas, 8mm KG **334**

Einscheiben-Verglasung; Floatglas; Dicke 8mm; beidseitig versiegeln

113€	126€	**131€**	140€	168€	[m2]	⏱ 0,47h/m2	032.000.023
95€	106€	**110€**	117€	141€			

3 Verglasung, VSG-Glas, 8mm KG **334**

Verbundsicherheitsverglasung; Widerstandsklasse A 1; Größe 1,0-2,0m2, Dicke 8mm; zweiseitige Befestigung; inkl. Glashalteleisten, Dichtstoff

120€	173€	**205€**	237€	291€	[m2]	⏱ 0,70h/m2	032.000.029
101€	146€	**172€**	199€	245€			

4 Verglasung, VSG-Glas, 10mm KG **334**

Verbundsicherheitsverglasung; Widerstandsklasse A 1; Größe 1,0-2,0m2, Dicke 10mm; zweiseitige Befestigung; inkl. Glashalteleisten, Dichtstoff

199€	221€	**249€**	283€	318€	[m2]	⏱ 0,75h/m2	032.000.030
167€	186€	**209€**	238€	267€			

5 Isolierverglasung, Pfosten-Riegel-Fassade KG **337**

Isolierverglasung; Floatglas, Ug=0,5/0,6/0,7/1,1; Dicke 4/6mm; zweifach/dreifach Verglasung; Pfosten-Riegelverglasung; SKL 2 30-34dB

310€	459€	**514€**	549€	631€	[m2]	⏱ 1,40h/m2	032.000.002
260€	386€	**432€**	462€	530€			

6 Dreifach-Isolierverglasungen, 0,7W/(m2K), 4/12/4/12/4 KG **334**

Isolierverglasung; dreifach, Innen-/Außenscheibe Floatglas, Ug-Wert 0,7W(m2K); 4x14x4x14x4mm

200€	240€	**263€**	311€	329€	[m2]	⏱ 1,20h/m2	032.000.041
168€	201€	**221€**	261€	277€			

7 Dreifach-Isolierverglasungen, 0,6W/(m2K), 4/14/4/14/4 KG **334**

Isolierverglasung; dreifach Innen-/Außenscheibe Floatglas, Ug-Wert 0,7W(m2K); 4x14x4x14x4mm

–	291€	**327€**	385€	–	[m2]	⏱ 1,20h/m2	032.000.042
–	244€	**274€**	324€	–			

8 Duschabtrennung, Glas KG **412**

Duschwand; ESG; bis 12 mm; Seitenteil und Drehtür; in Aluprofil

1.759€	2.323€	**2.528€**	2.812€	3.191€	[St]	⏱ 3,00h/St	032.000.018
1.479€	1.952€	**2.125€**	2.363€	2.681€			

032

Kosten:
Stand 2. Quartal 2025
Bundesdurchschnitt

► min
▷ von
ø Mittel
◁ bis
◄ max

Nr.	Kurztext / Stichworte						Kostengruppe
►	▷	ø brutto €	◁	◄	[Einheit]	Ausf.-Dauer	Positionsnummer
►	▷	ø netto €	◁	◄			

9 Ganzglastürblatt, bis 2,2m² KG **344**

Ganzglastür; ESG, Klarglas/satiniert; Dicke 10/12mm; in bauseitige Spezialzarge/ohne Zarge

760€	1.068€	**1.294€**	1.461€	1.823€	[St]	⏱ 0,20h/St	032.000.019
639€	897€	**1.087€**	1.228€	1.532€			

10 Brandschutzverglasung, Innenwände KG **346**

Brandschutzverglasung, EI30/EI60/EI90; Verbundglas; innen

272€	600€	**646€**	697€	918€	[m²]	⏱ 0,80h/m²	032.000.006
229€	504€	**543€**	586€	771€			

11 Brandschutzglas, EI30 Fenster KG **344**

Brandschutzglas, EI30 Fenster; Verbundglas, mehrschichtig; Dicke 16mm; innen/außen; inkl. Glashalteleiste, Glasdichtung

608€	624€	**699€**	779€	982€	[m²]	⏱ 0,60h/m²	032.000.037
511€	524€	**587€**	655€	825€			

12 Profilbauverglasung, einschalig KG **332**

Profilbauverglasung; U-förmig, Klar-/Ornamentglas; Dicke 6/7mm; einschalig; Innenbereich

111€	126€	**132€**	137€	157€	[m²]	⏱ 2,10h/m²	032.000.036
93€	105€	**111€**	115€	132€			

13 Profilbauverglasung, zweischalig KG **332**

Profilbauverglasung; U-förmig, Klar-/Wärmeschutz- und Sonnenschutzglas, Ug 1,8 W/m²K; Dicke 7mm; Isolierverglasung zweischalig; Außenwand

205€	299€	**320€**	343€	440€	[m²]	⏱ 2,80h/m²	032.000.040
172€	251€	**269€**	288€	370€			

14 Vordachverglasung, Sicherheitsglas KG **362**

Vordachverglasung; TVG/ESG, Alu-/Stahlrahmen; gemäß Zulassung und statischen Erfordernissen; Scheiben vorgebohrt, punktförmige Halterung

208€	331€	**386€**	420€	516€	[St]	⏱ 0,35h/St	032.000.009
175€	278€	**325€**	353€	434€			

033

Kosten:
Stand 2. Quartal 2025
Bundesdurchschnitt

Nr.	**Kurztext** / Stichworte						Kostengruppe
▶	▷	**ø brutto €**	◁	◀	[Einheit]	Ausf.-Dauer	Positionsnummer
▶	▷	**ø netto €**	◁	◀			
1	**Baureinigung, während Bauzeit**						KG **397**
Bauzwischenreinigung; entfernen, grober Bauverschmutzung; inkl. Entsorgung							
1€	2€	**3€**	3€	5€	[m²]	⏱ 0,05h/m²	033.000.018
0,9€	2,0€	**2,5€**	2,8€	4,2€			
2	**Treppen/Podeste reinigen**						KG **397**
Treppen reinigen; Beton-/Malerrückstände; mit Spatel, abkehren, saugen, mit Reinigungsmittel abschrubben; inkl. Nachwischen Treppengeländer, Brüstung, Handläufe							
0,7€	1,8€	**2,3€**	2,7€	3,9€	[m²]	⏱ 0,04h/m²	033.000.019
0,6€	1,5€	**1,9€**	2,3€	3,3€			
3	**Bodenbelag reinigen, Hartbeläge**						KG **397**
Bodenbelag reinigen; Hartbelag; mit Reinigungs- und Pflegemitteln; inkl. Sockelleisten							
0,8€	1,6€	**2,0€**	2,9€	4,2€	[m²]	⏱ 0,04h/m²	033.000.001
0,7€	1,4€	**1,7€**	2,4€	3,6€			
4	**Bodenbelag reinigen, Fliesen/Platten**						KG **397**
Bodenbelag reinigen; Fliesen/Platten; mit Reinigungsmittel wischen; inkl. Sockelleisten							
1,0€	1,8€	**2,2€**	3,9€	6,9€	[m²]	⏱ 0,04h/m²	033.000.004
0,8€	1,5€	**1,9€**	3,3€	5,8€			
5	**Wandflächen reinigen, beschichtet**						KG **397**
Wandbelag reinigen; Gipskarton; gestrichen; Innenbereich							
1€	3€	**3€**	4€	5€	[m²]	⏱ 0,05h/m²	033.000.021
1€	2€	**3€**	3€	4€			
6	**Wandbelag reinigen, Fliesen**						KG **397**
Wandbelag reinigen; Fliesen/Platten; mit Reinigungsmitteln; Entfernen von Zementschleier, Aufklebern							
0,6€	1,4€	**1,7€**	3,2€	6,5€	[m²]	⏱ 0,03h/m²	033.000.008
0,5€	1,2€	**1,4€**	2,7€	5,5€			
7	**Türen reinigen**						KG **397**
Türen reinigen; Metall/Holz/Schichtstoff; mit Reinigungs- und Pflegemitteln; Entfernen von Verunreinigungen und Aufklebern							
1€	5€	**6€**	8€	13€	[St]	⏱ 0,10h/St	033.000.010
1€	4€	**5€**	7€	11€			
8	**Heizkörper reinigen**						KG **397**
Einrichtung reinigen; Heizkörper; mit Reinigungs- und Pflegemitteln; inkl. Armaturen, Zuleitungen							
1€	2€	**3€**	3€	4€	[m²]	⏱ 0,04h/m²	033.000.011
0,9€	1,8€	**2,4€**	2,7€	3,4€			

▶ min
▷ von
ø Mittel
◁ bis
◀ max

Nr.	Kurztext / Stichworte						Kostengruppe
▶	▷	**ø brutto €**	◁	◀	[Einheit]	Ausf.-Dauer	Positionsnummer
▶	▷	**ø netto €**	◁	◀			

9 Waschtisch/Duschwanne reinigen — KG **397**

Einrichtung reinigen; Waschtisch/Duschwanne; mit Reinigungs- und Pflegemitteln; inkl. Armaturen, Zu- und Abläufen

1€	4€	**5€**	8€	11€	[St]	⏱ 0,10 h/St	033.000.012
0,9€	3,7€	**4,3€**	6,3€	9,3€			

10 WC-Schüssel/Urinal reinigen — KG **397**

Einrichtung reinigen; WC-Schüssel/Urinal, Keramik; mit Reinigungs- und Pflegemitteln; inkl. Armaturen, Zu- und Abläufen

2€	5€	**5€**	7€	11€	[St]	⏱ 0,08 h/St	033.000.013
2€	4€	**4€**	6€	9€			

11 Geländer reinigen — KG **397**

Einrichtung reinigen; Geländer, Stahl/Holz; mit Reinigungs- und Pflegemitteln

0,7€	1,8€	**2,4€**	3,2€	5,1€	[m]	⏱ 0,04 h/m	033.000.016
0,5€	1,6€	**2,0€**	2,7€	4,3€			

12 Teeküche reinigen — KG **397**

Einbaumöblierung reinigen; Teeküche; innen und außen; inkl. Elektrogeräten, Belägen, Griffen

35€	53€	**59€**	85€	118€	[St]	⏱ 0,90 h/St	033.000.026
30€	45€	**50€**	71€	99€			

13 Einzelfenster reinigen — KG **397**

Fenster reinigen; nass wischen mit Reinigungsmitteln, trocken ledern; Innen-/Außenflächen; inkl. Entfernen aller Aufkleber

1€	6€	**8€**	10€	17€	[St]	⏱ 0,12 h/St	033.000.020
1€	5€	**6€**	9€	14€			

14 Aufzugsanlage reinigen — KG **397**

Aufzugsanlage einigen; Reinigungsmittel; bis zur vollständigen schmutzfreie Oberfläche; inkl. Haltestellen

41€	58€	**71€**	84€	103€	[St]	⏱ 11,00 h/St	033.000.030
35€	49€	**60€**	71€	87€			

15 Baureinigung, Außenbereich — KG **397**

Außenanlagen reinigen; Isolierungen, Belagsreste, Müll; aufsammeln, in bauseitigen Container deponieren

0,5€	1,0€	**1,2€**	1,4€	2,1€	[m²]	⏱ 0,02 h/m²	033.000.015
0,4€	0,8€	**1,0€**	1,2€	1,8€			

Nr.	**Kurztext** / Stichworte						Kostengruppe
▶	▷	**ø brutto €**	◁	◀	[Einheit]	Ausf.-Dauer	Positionsnummer
▶	▷	**ø netto €**	◁	◀			
1	**Boden abdecken, Vlies**						KG **397**
	Abdeckarbeiten; Vlies; vollflächig abdecken und abkleben; Boden						
0,7€	2,2€	**2,8€**	3,9€	6,2€	[m²]	⏱ 0,03 h/m²	034.000.049
0,6€	1,9€	**2,4€**	3,3€	5,2€			
2	**Untergrund reinigen**						KG **345**
	Untergrund reinigen; Staub, Schmutz, lose Teile; abkehren, entsorgen; Wand-, Deckenfläche						
0,6€	1,7€	**2,2€**	3,0€	5,5€	[m²]	⏱ 0,03 h/m²	034.000.004
0,5€	1,4€	**1,9€**	2,5€	4,6€			
3	**Riss schließen/Übergänge spachteln**						KG **345**
	Riss schließen; Spachtelmasse; Übergänge beispachteln						
4€	7€	**9€**	12€	18€	[m]	⏱ 0,07 h/m	034.000.008
3€	6€	**8€**	10€	15€			
4	**Spachtelung, Gipsplatten**						KG **345**
	Spachtelung; Fugen füllen, spachteln, schleifen; Gipsfaser-/Gipskartonflächen						
5€	8€	**10€**	11€	14€	[m²]	⏱ 0,10 h/m²	034.000.012
4€	7€	**8€**	9€	12€			
5	**Grundierung, Gipsplatten**						KG **345**
	Grundierung; Gipsfaser-/Gipskarton-/Wand-/Deckenflächen						
1€	2€	**3€**	3€	4€	[m²]	⏱ 0,03 h/m²	034.000.013
1€	2€	**2€**	3€	4€			
6	**Erstbeschichtung, innen, Dispersion, wb**						KG **345**
	Erstbeschichtung; Dispersionsfarbe, lösemittel-/weichmacherfrei; auf Beton/Putz/Tapete; Decken-/Wandflächen, innen; Nassabriebklasse 3, weiß						
5€	8€	**8€**	10€	16€	[m²]	⏱ 0,12 h/m²	034.000.017
4€	6€	**7€**	9€	13€			
7	**Erstbeschichtung, innen, Putz glatt, Dispersion wb**						KG **345**
	Erstbeschichtung; Dispersionsfarbe, lösemittel-/weichmacherfrei; auf Beton/Putz/Tapete; Decken-/Wandflächen, innen; weiß						
4€	7€	**8€**	10€	16€	[m²]	⏱ 0,11 h/m²	034.000.086
3€	6€	**6€**	8€	13€			
8	**Erstbeschichtung, Glasgewebe grob, Dispersion wb**						KG **345**
	Erstbeschichtung; Dispersionsfarbe; Wand-/Deckenfläche						
6€	8€	**9€**	10€	12€	[m²]	⏱ 0,16 h/m²	034.000.093
5€	7€	**7€**	8€	10€			

034

Kosten:
Stand 2. Quartal 2025
Bundesdurchschnitt

▶ min
▷ von
ø Mittel
◁ bis
◀ max

Nr.	Kurztext / Stichworte					Kostengruppe
▶	▷	**ø brutto €**	◁	◀	[Einheit] Ausf.-Dauer	Positionsnummer
▶	▷	**ø netto €**	◁	◀		

9 Erstbeschichtung, Dispersion, wb, lineare Bauteile KG **345**

Erstbeschichtung; Dispersionsfarbe, lösemittel-/weichmacherfrei; Pfeiler, Stützen, Lisenen; Nassabriebklasse 3

1€	2€	**3€**	3€	4€	[m]	⏱ 0,03h/m	034.000.076
1€	2€	**3€**	3€	3€			

10 Erstbeschichtung, Dispersion, sb, lineare Bauteile KG **345**

Beschichtung; Dispersionsfarbe, lösemittel-/weichmacherfrei; Pfeiler, Stützen, Lisenen

–	3€	**3€**	4€	–	[m]	⏱ 0,03h/m	034.000.075
–	2€	**3€**	4€	–			

11 Erstbeschichtung, Silikatfarbe, Putzflächen, innen KG **345**

Erstbeschichtung; Silikatfarbe, pigmentiert, mineralisch; Grund-, Zwischen-, Schlussbeschichtung; Wand-/Deckenfläche; Nassabriebbeständigkeit 3

6€	9€	**10€**	13€	18€	[m^2]	⏱ 0,18h/m^2	034.000.070
5€	8€	**9€**	11€	15€			

12 Erstbeschichtung, Laibung/Bretter KG **364**

Erstbeschichtung, Laibung/Bretter; Acrylharzlack; Firstbrett/Ortgangbrett

13€	15€	**16€**	17€	20€	[m]	⏱ 0,10h/m	034.000.106
11€	13€	**13€**	14€	17€			

13 Erstbeschichtung, Geländer, Holz KG **364**

Erstbeschichtung, Holzgeländer; Acrylharzlack; Holzleisten

11€	18€	**21€**	25€	36€	[m]	⏱ 0,12h/m	034.000.107
9€	15€	**18€**	21€	31€			

14 Erstbeschichtung, Lasur, Holzbauteil maßhaltig, innen KG **345**

Erstbeschichtung; Alkydharzlasur, Holzbauteil maßhaltig; d=20cm

14€	20€	**23€**	26€	35€	[m^2]	⏱ 0,22h/m^2	034.000.020
12€	17€	**19€**	22€	29€			

15 Erstbeschichtung, Stahlprofil, außen KG **359**

Erstbeschichtung; Grundbeschichtungsstoff, Alkydharzlack; Grund- und Schlussbeschichtung

9€	14€	**16€**	18€	24€	[m]	⏱ 0,20h/m	034.000.040
8€	12€	**13€**	15€	21€			

Nr.	Kurztext / Stichworte						Kostengruppe
▶	▷	ø brutto €	◁	◀	[Einheit]	Ausf.-Dauer	Positionsnummer
▶	▷	ø netto €	◁	◀			

Kosten:
Stand 2. Quartal 2025
Bundesdurchschnitt

1 Randstreifen abschneiden — KG **353**

Randstreifen abschneiden; Rippenpappe/Mineralwolle/Polystyrol; aufnehmen, laden, entsorgen

▶	▷	ø	◁	◀	Einheit	Ausf.-Dauer	Positionsnummer
0,4€	0,6€	**0,7€**	1,1€	1,9€	[m]	⏱ 0,01 h/m	036.000.069
0,3€	0,5€	**0,6€**	1,0€	1,6€			

2 Textiler Belag, Nadelvlies — KG **353**

Textilbelag; Nadelvlies, feinfasrig meliert, B1; Dicke 6mm; geklebt; Calciumsulfatestrich

▶	▷	ø	◁	◀	Einheit	Ausf.-Dauer	Positionsnummer
38€	46€	**49€**	57€	75€	[m²]	⏱ 0,18 h/m²	036.000.015
32€	38€	**41€**	48€	63€			

3 Textiler Belag, Kugelgarn — KG **353**

Textilbelag; Kugelgarn - Struktur 21; Dicke 5,5mm; vollflächig geklebt; Anwendungsbereich gewerblich

▶	▷	ø	◁	◀	Einheit	Ausf.-Dauer	Positionsnummer
49€	63€	**68€**	91€	126€	[m²]	⏱ 0,18 h/m²	036.000.072
41€	53€	**57€**	76€	106€			

4 Korkunterlage, Linoleum — KG **353**

Dämmunterlage; Kork; Dicke 2mm; verkleben; auf Zementestrich

▶	▷	ø	◁	◀	Einheit	Ausf.-Dauer	Positionsnummer
21€	25€	**27€**	29€	35€	[m²]	⏱ 0,12 h/m²	036.000.019
17€	21€	**22€**	24€	29€			

5 Linoleumbelag, 2,5mm — KG **353**

Bodenbelag; Linoleum, Cfl-s1; Dicke 2,5mm; verklebt; auf Calciumsulfatestrich

▶	▷	ø	◁	◀	Einheit	Ausf.-Dauer	Positionsnummer
32€	48€	**52€**	60€	80€	[m²]	⏱ 0,17 h/m²	036.000.020
27€	40€	**44€**	51€	67€			

6 Linoleumbelag, 3,2/4,0mm — KG **353**

Bodenbelag; Linoleum, Cfl-s1; Dicke 3,2/4,0mm; verklebt

▶	▷	ø	◁	◀	Einheit	Ausf.-Dauer	Positionsnummer
43€	54€	**59€**	65€	81€	[m²]	⏱ 0,17 h/m²	036.000.021
36€	46€	**49€**	55€	68€			

7 Linoleumbelag, Fliesen — KG **353**

Bodenbelag; Linoleumfliesen, Cfl-s1; 50x50cm, Dicke 2,5mm.; verlegen, verkleben; auf Calciumsulfatestrich

▶	▷	ø	◁	◀	Einheit	Ausf.-Dauer	Positionsnummer
–	79€	**97€**	112€	–	[m²]	⏱ 0,28 h/m²	036.000.059
–	66€	**81€**	94€	–			

8 Linoleumbahnen verschweißen — KG **353**

Linoleumbelag verschweißen; Schweißschnur; Dicke 4mm; fräsen, thermisch verschweißen

▶	▷	ø	◁	◀	Einheit	Ausf.-Dauer	Positionsnummer
1€	3€	**4€**	5€	8€	[m²]	⏱ 0,02 h/m²	036.000.022
1€	3€	**3€**	5€	7€			

▶ min
▷ von
ø Mittel
◁ bis
◀ max

Nr.	Kurztext / Stichworte						Kostengruppe
▶	▷	ø brutto €	◁	◀	[Einheit]	Ausf.-Dauer	Positionsnummer
▶	▷	ø netto €	◁	◀			

9 Bodenbelag, PVC, 2,0mm KG **353**

Bodenbelag; PVC-Bahnen, gewerblich geeignet, Bfl-s1; Dicke 2,0mm; mit Dispersionskleber verlegen; auf Zementestrich

31€	42€	**46€**	54€	70€	[m2]	⏱ 0,17h/m2	036.000.060
26€	35€	**39€**	46€	58€			

10 Bodenbelag, PVC, 2,5mm KG **353**

Bodenbelag; PVC-Bahnen, gewerblich geeignet, Bfl-s1; Dicke 2,5mm; mit Dispersionskleber verlegen; auf Zementestrich

37€	53€	**56€**	64€	86€	[m2]	⏱ 0,17h/m2	036.000.083
31€	45€	**47€**	54€	72€			

11 Bodenbelag, PVC, 3,0mm KG **353**

Bodenbelag; PVC-Bahnen, gewerblich geeignet, Bfl-s1; Dicke 3mm; mit Dispersionskleber; auf Zementestrich

40€	57€	**64€**	71€	90€	[m2]	⏱ 0,17h/m2	036.000.023
33€	48€	**54€**	60€	75€			

12 Bodenbelag, PVC, Schaumstoff, 4 bis 4,5mm KG **353**

Bodenbelag; PVC-Bahnen, Stuhlrolleneignung Typ W; Dicke 4 bis 4,5mm; Fußbodenheizung geeignet

43€	59€	**69€**	78€	97€	[m2]	⏱ 0,20h/m2	036.000.075
36€	50€	**58€**	66€	81€			

13 PVC-Bahnen verschweißen KG **353**

PVC-Belag verschweißen; Schweißschnur; Dicke 4,0mm; fräsen, thermisch verschweißen

1€	2€	**3€**	3€	4€	[m2]	⏱ 0,03h/m2	036.000.024
1€	2€	**2€**	3€	3€			

14 Bodenbelag, Kautschuk, 2,0mm KG **353**

Bodenbelag; Kautschuk, gewerblich geeignet, Bfl-s1; Dicke 2,0mm; mit Dispersionskleber; Stuhlrollen geeignet, Fußbodenheizung geeignet

53€	71€	**78€**	83€	100€	[m2]	⏱ 0,18h/m2	036.000.061
44€	60€	**65€**	70€	84€			

15 Bodenbelag, Kautschuk, 3,0mm KG **353**

Bodenbelag; Kautschuk, gewerblich geeignet, Bfl-s1; Dicke 3,0mm; mit Dispersionskleber verlegen; Zementestrich; Stuhlrollen und Fußbodenheizung geeignet

72€	90€	**100€**	112€	132€	[m2]	⏱ 0,18h/m2	036.000.062
61€	75€	**84€**	94€	111€			

16 Bodenbelag, Naturkorkparkett, 12mm KG **353**

Bodenbelag; Naturkork, Wohnraum geeignet, E; Dicke über 4-10 mm; mit Dispersionskleber; auf Zementestrich

52€	68€	**77€**	87€	102€	[m2]	⏱ 0,24h/m2	036.000.026
44€	57€	**64€**	73€	86€			

Kosten:
Stand 2. Quartal 2025
Bundesdurchschnitt

Nr.	Kurztext / Stichworte					Kostengruppe
▶	▷	**ø brutto €**	◁	◀	[Einheit] Ausf.-Dauer	Positionsnummer
▶	▷	**ø netto €**	◁	◀		
17	**Bodenbelag, Laminat, schwimmend 8,3mm**					KG **353**
	Bodenbelag; Laminat; Dicke 8,3mm; schwimmend, kleben, Stuhlrollengeeignet, Zigarettenglutbeständig; auf Zementestrich					
46€	60€	**61€**	68€	82€	[m²] ⏱ 0,30 h/m²	036.000.064
38€	50€	**51€**	57€	69€		
18	**Trennschiene, Aluminium**					KG **353**
	Trennschiene Bodenbelag; Aluminium; Material-Übergang					
16€	19€	**20€**	21€	24€	[m] ⏱ 0,08 h/m	036.000.078
14€	16€	**17€**	18€	20€		
19	**Trennschiene, nichtrostender Stahl**					KG **353**
	Trennschiene Bodenbelag; Edelstahl; Material-Übergang					
20€	26€	**28€**	30€	36€	[m] ⏱ 0,08 h/m	036.000.079
17€	22€	**23€**	25€	30€		
20	**Sockelausbildung, Holzleiste**					KG **353**
	Sockelleiste; Holzprofil, stoßfest farblos lackiert; 60x16mm; Senkkopfschraube					
10€	15€	**17€**	21€	33€	[m] ⏱ 0,08 h/m	036.000.035
8€	13€	**15€**	18€	28€		
21	**Sockelausbildung, PVC**					KG **353**
	Sockelleiste; PVC, weich; Höhe 60mm; Senkkopfschraube					
5€	8€	**9€**	11€	16€	[m] ⏱ 0,04 h/m	036.000.038
4€	7€	**7€**	9€	13€		
22	**Sockelausbildung, Lino-/Kautschuk**					KG **353**
	Sockelleiste; Linoleum; Höhe 60mm; Senkkopfschraube					
7€	14€	**16€**	24€	39€	[m] ⏱ 0,08 h/m	036.000.039
6€	12€	**14€**	20€	33€		
23	**Sockelausbildung, Aluminiumprofil**					KG **324**
	Sockelleiste; Aluminium; Höhe 70mm; Senkkopfschraube					
19€	24€	**26€**	32€	39€	[m] ⏱ 0,08 h/m	036.000.080
16€	20€	**22€**	27€	33€		
24	**Erstpflege, Bodenbelag**					KG **324**
	Erstpflege Bodenbelag; Pflegemittel					
1€	3€	**4€**	7€	15€	[m²] ⏱ 0,02 h/m²	036.000.040
1€	3€	**3€**	6€	12€		

▶ min
▷ von
ø Mittel
◁ bis
◀ max

Nr.	Kurztext / Stichworte						Kostengruppe
►	▷	**ø brutto €**	◁	◄	[Einheit]	Ausf.-Dauer	Positionsnummer
►	▷	**ø netto €**	◁	◄			
25	**Schutzabdeckung, Kunststofffolie**						KG **397**
Schutzabdeckung Bodenbelag; PE-Folie, 0,5mm; vollflächig abdecken; inkl. Entfernen, Entsorgen							
3€	4€	**4€**	5€	6€	[m²]	⏱ 0,03 h/m²	036.000.049
3€	3€	**4€**	4€	5€			

Nr.	Kurztext / Stichworte						Kostengruppe
▶	▷	ø brutto €	◁	◀	[Einheit]	Ausf.-Dauer	Positionsnummer
▶	▷	ø netto €	◁	◀			

1 Vorbehandlung, Putz, Armiervlies KG **345**

Haarrissüberdeckung; Armiervlies, Spachtelung; grundieren, tapezieren, feinspachteln; Innenwand/Decke

5€	9€	**11€**	13€	18€	[m²]	⏱ 0,12h/m²	037.000.020
4€	7€	**9€**	11€	15€			

2 Untergrundvorbehandlung, Tapete, bis 30% KG **345**

Spachtelung, Grundierung; für Tapezierarbeiten; Wand/Decke, Untergrund Putz/Gipskarton

1€	3€	**4€**	6€	9€	[m²]	⏱ 0,06h/m²	037.000.001
1€	2€	**3€**	5€	8€			

3 Gipsplattenflächen vorbehandeln, spachteln/grundieren KG **345**

Wand-/Deckenfläche vorbehandeln, Tapezierung; GK-Platten; spachteln, schleifen

0,9€	1,8€	**2,0€**	2,5€	3,5€	[m²]	⏱ 0,02h/m²	037.000.033
0,8€	1,6€	**1,7€**	2,1€	3,0€			

4 Raufasertapete, fein/weiß, Decke KG **345**

Tapezieren; Raufasertapete, Körnung fein, weiß; Decke

6€	8€	**9€**	10€	14€	[m²]	⏱ 0,12h/m²	037.000.035
5€	7€	**7€**	9€	12€			

5 Raufasertapete, grob/weiß, Decke KG **345**

Tapezieren; Raufasertapete, Körnung grob, weiß; Decke

7€	9€	**11€**	14€	17€	[m²]	⏱ 0,12h/m²	037.000.036
6€	8€	**9€**	12€	15€			

6 Raufasertapete, fein/weiß, Wand KG **345**

Tapezieren; Raufasertapete, Körnung fein, weiß; Wand

6€	9€	**10€**	13€	19€	[m²]	⏱ 0,12h/m²	037.000.037
5€	7€	**8€**	11€	16€			

7 Raufasertapete, lineare Bauteile KG **345**

Tapezieren, lineare Bauteile; Raufasertapete; Breite bis 15/30/60cm; Laibungen/Pfeiler/Stützen/Lisenen

1€	2€	**3€**	3€	5€	[m]	⏱ 0,06h/m	037.000.029
1€	2€	**2€**	3€	4€			

8 Raufasertapete, Dispersion KG **345**

Tapezieren, Beschichtung; Raufasertapete, Dispersionsfarbe; Körnung fein/mittel/grob; Wand/Decke bis 2,75m

10€	13€	**14€**	16€	21€	[m²]	⏱ 0,24h/m²	037.000.006
9€	11€	**11€**	14€	18€			

037

Kosten:
Stand 2. Quartal 2025
Bundesdurchschnitt

▶ min
▷ von
ø Mittel
◁ bis
◀ max

Nr.	Kurztext / Stichworte						Kostengruppe
▶	▷	**ø brutto €**	◁	◀	[Einheit]	Ausf.-Dauer	Positionsnummer
▶	▷	**ø netto €**	◁	◀			

9 Glasgewebe, fein, Wand — KG **345**

Tapezieren; Glasgewebe, fein; Wand

8€	12€	**14€**	15€	17€	[m²]	⏱ 0,14 h/m²	037.000.039
7€	10€	**12€**	12€	15€			

10 Glasgewebe, grob, Wand — KG **345**

Tapezieren; Glasgewebe, grob; Wand

9€	14€	**16€**	17€	21€	[m²]	⏱ 0,14 h/m²	037.000.040
8€	11€	**13€**	15€	17€			

11 Glasgewebe, fein, Decke — KG **354**

Tapezieren; Glasgewebe, fein; Decke

10€	14€	**17€**	18€	22€	[m²]	⏱ 0,14 h/m²	037.000.041
8€	12€	**14€**	15€	18€			

12 Glasgewebe, grob, Decke — KG **354**

Tapezieren; Glasgewebe, grob; Decke

10€	14€	**16€**	18€	22€	[m²]	⏱ 0,14 h/m²	037.000.042
8€	12€	**13€**	15€	18€			

13 Glasgewebe, lineare Bauteile — KG **345**

Tapezieren, Kleinflächen; Glasgewebe, fein/mittel/grob; Laibungen/Pfeiler/Stützen/Lisenen

3€	6€	**7€**	7€	8€	[m]	⏱ 0,07 h/m	037.000.027
3€	5€	**6€**	6€	7€			

14 Glasgewebe, Dispersion — KG **345**

Tapezieren, Beschichtung; Glasgewebe fein/mittel/grob, Dispersionsfarbe; inkl. Grundierung; Wand/Decke

16€	22€	**24€**	28€	35€	[m²]	⏱ 0,20 h/m²	037.000.009
14€	18€	**20€**	23€	29€			

15 Tapezieren, Kleinflächen — KG **345**

Tapezieren von Kleinflächen; bis 2,50m²; Nischenrückflächen, Pfeiler, Stützen, Lisenen

3€	4€	**5€**	5€	6€	[m²]	⏱ 0,05 h/m²	037.000.010
3€	4€	**4€**	4€	5€			

16 Fugenabdichtung, Acryl, anstrichverträglich — KG **345**

Dehnungsfuge; Acryldispersionsdichtstoff; inkl. Flankenvorbehandlung, Hinterfüllung

2€	4€	**4€**	7€	10€	[m]	⏱ 0,10 h/m	037.000.012
2€	3€	**4€**	6€	9€			

Nr.	Kurztext / Stichworte						Kostengruppe
▶	▷	ø brutto €	◁	◀	[Einheit]	Ausf.-Dauer	Positionsnummer
▶	▷	ø netto €	◁	◀			
1	**Unterkonstruktion, Holzlattung**						KG **335**
Unterkonstruktion, Traglattung; Nadelholz, S10; 30x50/40x60mm; Außenwandbekleidung							
9€	13€	**14€**	17€	21€	[m²]	⏱ 0,12 h/m²	038.000.003
8€	11€	**12€**	14€	18€			
2	**Unterkonstruktion, Holz, 2x80x40mm**						KG **335**
Unterkonstruktion, Traglattung; Nadelholz, S10; 2x80x40mm; senkrecht, waagrecht; Außenwandbekleidung							
44€	51€	**52€**	59€	69€	[m²]	⏱ 0,16 h/m²	038.000.054
37€	43€	**44€**	49€	58€			
3	**Unterkonstruktion, Aluminium, VHF**						KG **335**
Unterkonstruktion; Aluminium; Wandwinkel, Tragprofile							
72€	89€	**98€**	127€	184€	[m²]	⏱ 0,24 h/m²	038.000.012
61€	75€	**83€**	107€	154€			
4	**Dehnfugenausbildung, Unterkonstruktion**						KG **335**
Dehnfugenausbildung; Aluminium; Gebäudedehnfugen							
32€	43€	**52€**	62€	73€	[m]	⏱ 0,20 h/m	038.000.048
27€	36€	**44€**	52€	62€			
5	**Fassadenabschluss unten**						KG **335**
Fassadenabschluss unten; Aluminium-Lochblech; Dicke 1,0mm, Querschnitt 50cm²/m; nasslackiert/chromatiert und pulverbeschichtet							
16€	25€	**28€**	30€	38€	[m]	⏱ 0,22 h/m	038.000.039
13€	21€	**24€**	25€	32€			
6	**Fassadenabschluss oben**						KG **335**
Fassadenabschluss oben; Aluminium-Lochblech; Dicke 1,0mm, Querschnitt 50cm²/m; nasslackiert/chromatiert und pulverbeschichtet							
16€	23€	**27€**	30€	41€	[m]	⏱ 0,25 h/m	038.000.040
13€	20€	**23€**	25€	34€			
7	**Fassadendämmung, MW 035, 120mm, kaschiert**						KG **335**
Fassadendämmung, VHF; Mineralwolle, A1; 120mm; einlagig; zwischen Kanthölzern/Aluminium UK							
28€	37€	**40€**	45€	60€	[m²]	⏱ 0,24 h/m²	038.000.031
24€	31€	**33€**	38€	50€			
8	**Fassadendämmung, MW 035, 160mm, kaschiert**						KG **335**
Fassadendämmung, VHF; Mineralwolle, A1/A2; 160mm; einlagig; zwischen Kanthölzern/Aluminium UK							
32€	46€	**53€**	64€	84€	[m²]	⏱ 0,24 h/m²	038.000.032
27€	39€	**44€**	53€	71€			

▶ min
▷ von
ø Mittel
◁ bis
◀ max

Nr.	**Kurztext** / Stichworte						Kostengruppe
▶	▷	**ø brutto €**	◁	◀	[Einheit]	Ausf.-Dauer	Positionsnummer
▶	▷	**ø netto €**	◁	◀			

9 Fassadendämmung, MW 035, 120mm KG **335**

Fassadendämmung, VHF; Mineralwolle, A1/A2; Dicke 120mm; einlagig, wasserabweisend, dicht gestoßen; zwischen Kanthölzern/ Aluminium UK

–	32€	**38€**	47€	–	[m²]	⏱ 0,24h/m²	038.000.027
–	27€	**32€**	40€	–			

10 Fassadendämmung, MW 035, 160mm KG **335**

Fassadendämmung, VHF; Mineralwolle, A1/A2; Dicke 160mm; einlagig, wasserabweisend, dicht gestoßen; zwischen Kanthölzern/ Aluminium UK

–	40€	**50€**	62€	–	[m²]	⏱ 0,24h/m²	038.000.028
–	34€	**42€**	52€	–			

11 Fassadendämmung, MW 040, 120mm KG **335**

Fassadendämmung, VHF; Mineralwolle, A1; Dicke 120mm; einlagig, wasserabweisend, dicht gestoßen; zwischen Kanthölzern/ Aluminium UK

–	29€	**36€**	45€	–	[m²]	⏱ 0,24h/m²	038.000.024
–	24€	**30€**	37€	–			

12 Fassadendämmung, MW 039, 160mm KG **335**

Fassadendämmung, VHF; Mineralwolle, A1; Dicke 160mm; einlagig, wasserabweisend, dicht gestoßen; zwischen Kanthölzern/ Aluminium UK

–	38€	**47€**	59€	–	[m²]	⏱ 0,24h/m²	038.000.025
–	32€	**40€**	50€	–			

13 Fassadendämmung, Brandbarriere KG **335**

Brandbarriere; Mineralwolle, WLG 038, Klasse A1; Außenwand

33€	38€	**40€**	47€	54€	[m²]	⏱ 0,15h/m²	038.000.049
28€	32€	**34€**	40€	46€			

14 Winddichtung, Polyestervlies KG **335**

Abdichtung, Fassade; Polyestervlies, UV-beständig, diffusionsoffen; winddicht; Außenwandbekleidung

11€	15€	**16€**	18€	21€	[m²]	⏱ 0,12h/m²	038.000.013
9€	12€	**14€**	15€	17€			

15 Fassadenbekleidung, Holz, Stülpschalung KG **335**

Fassadenbekleidung; Nadelholz, dreiseitig gehobelt/sägerau natur; als Stülpschalung, befestigt mit Nägeln/Schrauben sichtbar

102€	118€	**125€**	143€	174€	[m²]	⏱ 0,76h/m²	038.000.005
86€	99€	**105€**	120€	146€			

16 Fassadenbekleidung, Holz, Rhombusleisten KG **335**

Fassadenbekleidung; Rhombusleisten, Nadelholz, gehobelt, abgeschrägt; 100x60mm

102€	118€	**126€**	140€	171€	[m²]	⏱ 0,86h/m²	038.000.056
86€	99€	**106€**	118€	144€			

Nr.	Kurztext / Stichworte						Kostengruppe
►	▷	ø brutto €	◁	◄	[Einheit]	Ausf.-Dauer	Positionsnummer
►	▷	ø netto €	◁	◄			

17 Fassadenbekleidung, Holzzementplatten KG **335**

Fassadenbekleidung; Holzzementplatten; mit Klammern/Schrauben

184€	202€	**225€**	259€	299€	[m²]	⏱ 0,75 h/m²	038.000.035
155€	170€	**189€**	217€	251€			

18 Fassadenbekleidung, Faserzementplatten KG **335**

Fassadenbekleidung; Faserzementplatten, A1; kleinformatig; geschraubt, kopfbeschichtet

87€	95€	**103€**	121€	139€	[m²]	⏱ 0,48 h/m²	038.000.036
73€	80€	**87€**	102€	117€			

19 Fassadenbekleidung, Faserzement-Tafeln KG **335**

Fassadenbekleidung; Faserzementtafeln, A1; 3.100x1.500/1.250mm; geschraubt, kopfbeschichtet

189€	209€	**219€**	232€	264€	[m²]	⏱ 0,50 h/m²	038.000.037
158€	175€	**184€**	195€	222€			

20 Fassadenbekleidung, Faserzement-Stülpdeckung KG **335**

Fassadenbekleidung; Faserzementtafeln, A1; Dicke 10mm; genagelt/geklammert/geschraubt/Hinterschnittdübel

170€	195€	**205€**	213€	233€	[m²]	⏱ 0,46 h/m²	038.000.038
143€	164€	**172€**	179€	196€			

21 Fassadenbekleidung, Metall, Bandblech KG **335**

Fassadenbekleidung; Titanzink walzblank/vorbewittert; unsichtbar befestigt; inkl. Schneide- und Bohrarbeiten

96€	135€	**148€**	157€	191€	[m²]	⏱ 0,45 h/m²	038.000.009
80€	113€	**125€**	132€	160€			

22 Fassadenbekleidung, Metall, Wellblech KG **335**

Fassadenbekleidung; Wellblech, feuerverzinkt, Sichtseite kunststofffarbbeschichtet; vertikal verlegen, befestigt sichtbar mit Schrauben; inkl. Schneide- und Bohrarbeiten

77€	92€	**97€**	101€	112€	[m²]	⏱ 0,30 h/m²	038.000.007
64€	77€	**82€**	85€	94€			

23 Fensterbank, Aluminium, außen KG **334**

Gesims/Fensterbank; Aluminiumprofil; im Gefälle mind. 8%; mit Bewegungsausgleich, entdröhnt; außen; inkl. Abhebeschutz

42€	69€	**80€**	88€	105€	[St]	⏱ 0,40 h/St	038.000.021
36€	58€	**67€**	74€	88€			

24 Laibungsbekleidung, Fenster/Tür KG **334**

Laibungsbekleidung; hinterlüfteten Fassade, inkl. Aluminium-UK; Fenster-/Türlaibung

42€	63€	**70€**	78€	105€	[m]	⏱ 0,35 h/m	038.000.042
35€	53€	**59€**	65€	88€			

Kosten:
Stand 2. Quartal 2025
Bundesdurchschnitt

► min
▷ von
ø Mittel
◁ bis
◄ max

Nr.	Kurztext / Stichworte						Kostengruppe
▶	▷	**ø brutto €**	◁	◀	[Einheit]	Ausf.-Dauer	Positionsnummer
▶	▷	**ø netto €**	◁	◀			

25 Fassadenbekleidung anpassen — KG **335**

Anschluss Fassadenbekleidung; UK-Aluminium; hinterlüfteten Fassade

13€	38€	**49€**	51€	76€	[m]	⏱ 0,15h/m	038.000.043
11€	32€	**41€**	43€	64€			

26 Ausschnitt, Fassadenbekleidung — KG **335**

Ausschnitt, Fassadenbekleidung; Länge <0,5-1,0m, Höhe <0,5-1,0m

62€	80€	**90€**	106€	125€	[St]	⏱ 0,10h/St	038.000.053
52€	67€	**76€**	89€	105€			

27 Schrägen anpassen — KG **335**

Zuschnitt Fassaden; vorgehängten hinterlüfteten Fassade

10€	18€	**20€**	25€	33€	[m]	⏱ 0,05h/m	038.000.044
8€	15€	**17€**	21€	27€			

28 Außeneck, Aluprofil — KG **335**

Außeneckausbildung; Aluminiumformteil; sichtbar bleibend

17€	43€	**58€**	71€	95€	[m]	⏱ 0,20h/m	038.000.045
14€	36€	**49€**	60€	80€			

039

Kosten:
Stand 2. Quartal 2025
Bundesdurchschnitt

Nr.	Kurztext / Stichworte						Kostengruppe
►	▷	ø brutto €	◁	◄	[Einheit]	Ausf.-Dauer	Positionsnummer
►	▷	ø netto €	◁	◄			
1	**Unterdecke, abgehängt, Mineralfaserplatte 15mm**						KG **354**
Rasterdecke, abgehängt; Mineralfaserplatten, glatt/gelocht; Dicke 15mm, 62,5x62,5cm; verschrauben							
34€	49€	**56€**	61€	81€	[m²]	⏱ 0,50 h/m²	039.000.001
29€	41€	**47€**	52€	68€			
2	**Wandanschluss, Decke, Mineralplatte**						KG **354**
Randanschluss, Rasterdecke; Wandwinkel, L-förmig, beschichtet; 25x20mm; sichtbar; Stahlbeton/Mauerwerk							
6€	8€	**8€**	9€	10€	[m]	⏱ 0,10 h/m	039.000.002
5€	6€	**7€**	7€	9€			
3	**Anschnitt, schräg, Mineralplatte**						KG **354**
Randausbildung, Zuschnitt, Mineralwolledecke; Mineralwolleplatte; gerade/schräge							
9€	14€	**16€**	22€	30€	[m]	⏱ 0,20 h/m	039.000.003
8€	12€	**13€**	18€	25€			
4	**Deckenbekleidung Gipsplatte, einlagig, Federschiene**						KG **354**
Decke abgehängt; Gipsplatte Typ A, UK Federschiene, Stahlprofile, ohne Dämmung/akustische Mineralwolle; Platte 12,5mm; Oberfläche Q2; Stahlbetondecke							
64€	68€	**69€**	74€	79€	[m²]	⏱ 0,52 h/m²	039.000.063
54€	57€	**58€**	62€	66€			
5	**Unterdecke, abgehängt, Gips-Lochplatten**						KG **354**
Akustikdecke, abgehängt; Gipsplatte Typ A gelocht, Metallunterkonstruktion; Platte 12,5mm; Oberfläche Q2; Stahlbetondecke; Abhanghöhe bis 0,50m							
83€	101€	**108€**	114€	125€	[m²]	⏱ 0,80 h/m²	039.000.095
69€	85€	**91€**	95€	105€			
6	**Akustikdecke, abgehängt, Gips-Kassettenplatten**						KG **354**
Decke, abgehängt; Gipskassettenplatten, gelocht, Metallunterkonstruktion; Platten 12,5mm; ohne Dämmung, einlagig, Oberfläche Q2; Stahlbetondecke; Abhanghöhe bis 0,50m							
–	90€	**100€**	120€	–	[m²]	⏱ 0,75 h/m²	039.000.096
–	75€	**84€**	101€	–			
7	**Unterdecke, abgehängt, GK/GF, zweilagig**						KG **354**
Decke, abgehängt; Gipsplatte, Trägerrost; 12,5mm, Mineralwolle 40mm; zweilagig, Oberfläche Q2; Stahlbetondecke; Abhanghöhe bis 0,50m							
72€	96€	**103€**	119€	149€	[m²]	⏱ 0,60 h/m²	039.000.006
61€	80€	**86€**	100€	125€			
8	**Unterdecke, abgehängt, GK/GF, zweilagig, EI90**						KG **354**
Decke, abgehängt; F90A, Abhänger; doppelt beplankt, Oberfläche Q2; Holzbalkendecke							
–	144€	**183€**	239€	–	[m²]	⏱ 0,70 h/m²	039.000.007
–	121€	**154€**	201€	–			

► min
▷ von
ø Mittel
◁ bis
◄ max

Nr.	Kurztext / Stichworte						Kostengruppe
▶	▷	ø brutto €	◁	◀	[Einheit]	Ausf.-Dauer	Positionsnummer
▶	▷	ø netto €	◁	◀			

9 Unterdecke, abgehängt, Zementplatten, Feuchtraum KG **354**

Decke, abgehängt; Zementplatten, Abhänger; Platte 12,5mm; Oberfläche Q2; Feuchtraum

–	131€	**141€**	153€	–	[m2]	⏱ 0,70h/m2	039.000.098
–	110€	**119€**	129€	–			

10 Wandanschluss, Schattennutprofil, Unterdecke KG **354**

Randanschluss; Schattennut-Profil; Breite 15mm, Tiefe 12,5mm; anspachteln, feinschleifen; abgehängte Decke

8€	17€	**19€**	23€	33€	[m]	⏱ 0,16h/m	039.000.009
7€	14€	**16€**	19€	28€			

11 Öffnungen/Ausschnitte, bis DN200, Unterdecke KG **354**

Aussparung, Einbauleuchten; GP-/GF-/Mineralfaser-Decke; DN200; abgehängte Decke

8€	15€	**19€**	22€	27€	[St]	⏱ 0,20h/St	039.000.011
7€	13€	**16€**	19€	23€			

12 Ausschnitt, Schalterdose KG **354**

Ausschnitt Schalterdosen; Durchmesser 67/74mm; Trockenbauwand

3€	6€	**7€**	9€	15€	[St]	⏱ 0,10h/St	039.000.077
2€	5€	**6€**	8€	13€			

13 Montagewand, Metall-UK, 125mm, Gips einlagig, doppeltes Ständerwerk, MW80mm KG **342**

Montagewand, EI 30; Stahl, Gipsplatten, Mineralwolle; Dicke 125mm, Plattendicke 12,5mm, MW 80mm; beidseitig, einlagig beplankt, Oberfläche Q2

110€	120€	**125€**	128€	137€	[m2]	⏱ 0,75h/m2	039.000.015
92€	101€	**105€**	108€	115€			

14 Anschluss, Montagewand, Dachschräge KG **342**

Randanschluss, Montagewand; GK-Platten; GK-Platte 12,5mm

11€	13€	**15€**	17€	19€	[m]	⏱ 0,20h/m	039.000.070
9€	11€	**13€**	14€	16€			

15 Ecken, Kantenprofil, Montagewand KG **342**

Eckausbildung; Eck-/Kantenprofil; rechtwinklig; Montagewand

8€	11€	**13€**	16€	24€	[m]	⏱ 0,18h/m	039.000.053
7€	10€	**11€**	14€	20€			

16 Montagewand, T-Anschluss KG **342**

T-Anschluss, Montagewand; mit starrer Verbindung und Beplankung

10€	15€	**17€**	21€	29€	[m]	⏱ 0,16h/m	039.000.028
8€	12€	**14€**	18€	25€			

Nr.	Kurztext / Stichworte						Kostengruppe
▶	▷	ø brutto €	◁	◀	[Einheit]	Ausf.-Dauer	Positionsnummer
▶	▷	ø netto €	◁	◀			

17 Türöffnung, Montagewand KG **344**

Öffnungen herstellen; Ständerwand, GK-Platten; BxH 750x2.000mm/1.000x2.125mm, Dicke 75-150mm; Montagewand; als Türöffnung

46€	79€	**93€**	115€	166€	[St]	⏱ 0,50h/St	039.000.020
39€	66€	**78€**	97€	140€			

18 Fensteröffnung, Montagewand KG **344**

Öffnung herstellen; GK-Platten; BxH 750x2.000mm/1.000x2.125mm, Dicke 75-150mm; Montagewand; als Fensteröffnung

42€	92€	**115€**	163€	235€	[St]	⏱ 0,50h/St	039.000.072
36€	77€	**96€**	137€	197€			

Kosten:
Stand 2. Quartal 2025
Bundesdurchschnitt

19 Türzargen, Aluminium beschichtet KG **344**

Umfassungszarge; Aluminium, E6/C00/PUR-beschichtet; Breite 625-1.000mm, Höhe 2.130mm; ein-/dreiteilig, nachträglich einbauen

168€	251€	**279€**	366€	608€	[St]	⏱ 1,10h/St	039.000.021
141€	211€	**234€**	307€	511€			

20 Türzargen, Umfassungszarge, einbauen KG **344**

Umfassungszarge; Stahl/Aluminium; Breite 625-1.000mm, Höhe 2.130mm; ein-/dreiteilig, nachträglich einbauen

56€	90€	**102€**	142€	207€	[St]	⏱ 0,75h/St	039.000.022
47€	75€	**86€**	120€	174€			

21 Tragständer/Traverse, wandhängende Lasten KG **342**

Tragständer/Traverse; Stahl, verzinkt; Lasten bis 1,5kN/m; befestigen mit Gewindestangen, U-Scheibe, Stahlmutter M12 selbstschneidende Schrauben; Wandhohlraum

48€	76€	**84€**	85€	129€	[St]	⏱ 0,20h/St	039.000.073
41€	63€	**71€**	71€	108€			

22 Vorsatzschale, GK/GF KG **345**

Vorsatzschale; GK-/GF-Platten; Platten d=12,5mm; ein-/zweilagig beplankt, Oberfläche Q2

57€	68€	**74€**	88€	129€	[m²]	⏱ 0,40h/m²	039.000.031
48€	58€	**62€**	74€	108€			

▶ min
▷ von
ø Mittel
◁ bis
◀ max

23 Vorsatzschale, Feuchträume KG **345**

Vorsatzschale; Stahlblechprofile, Mineralfaser, WLG 040, GK-Platten; Höhe 2,75m, d=62,5/75/87,5/112,5mm, Platte d=12,5m, Dämmung 40mm; freistehend, einseitig, ein-/zweilagig beplankt, Oberfläche Q2; Nassbereich

68€	83€	**87€**	102€	132€	[m²]	⏱ 0,40h/m²	039.000.029
57€	70€	**73€**	86€	111€			

24 Vorsatzschale, GK/GF, Schallschutz, R>50dB KG **345**

Vorsatzschale; GK-/GF-Platten, Schall-und Dämmplatten, WLG 040; ein-/zweilagig beplankt, Oberfläche Q2; frei gespannt

54€	76€	**83€**	100€	128€	[m²]	⏱ 0,45h/m²	039.000.030
46€	64€	**70€**	84€	108€			

Nr.	Kurztext / Stichworte						Kostengruppe
▶	▷	**ø brutto €**	◁	◀	[Einheit]	Ausf.-Dauer	Positionsnummer
▶	▷	**ø netto €**	◁	◀			

25 Trockenputz, Gipsverbundplatte KG **345**

Innenwandbekleidung; GK-Verbundplatte mit Wärmedämmung, Mineralwolle/Polystyrol; Plattendicke 12,5mm, Dämmung 40/60/80mm; Oberfläche Q2

50€	67€	**74€**	85€	107€	[m2]	⏱ 0,35h/m2	039.000.033
42€	57€	**62€**	72€	90€			

26 Trockenputz, Gipsbauplatte A/H2 KG **345**

Trockenputz; Gipsplatte; Plattendicke 12,5mm, Einbauhöhe bis 3,50m; Oberfläche Q2; Mauerwerk/Stahlbeton

32€	45€	**50€**	60€	89€	[m2]	⏱ 0,35h/m2	039.000.034
27€	38€	**42€**	50€	75€			

27 Gipsplatten-/Gipsfaser-Bekleidung, einlagig, auf UK KG **364**

Bekleidung einlagig; Dicke 12,5mm; Oberfläche Q2; sichtbar befestigen

27€	37€	**39€**	43€	53€	[m2]	⏱ 0,32h/m2	039.000.035
23€	31€	**33€**	36€	44€			

28 Laibung, Fenster, Gipsplatte Typ A KG **336**

Laibungen Fenster; GK-Platten, Typ A; Dicke 12,5mm; Oberfläche Q2

16€	27€	**30€**	33€	40€	[m]	⏱ 0,20h/m	039.000.081
14€	22€	**25€**	28€	34€			

29 Dampfsperre, Trockenbau KG **364**

Dampfbremse; Dampfbremsbahn; sd bis 2,30m; verlegen, wind-/und luftdicht mit Klebeband abdichten

7€	10€	**12€**	18€	33€	[m2]	⏱ 0,03h/m2	039.000.040
6€	9€	**10€**	15€	27€			

30 Mineralwolledämmung, zwischen Sparren KG **364**

Wärmedämmung; Mineralwolle, WLG 035, A1; einlagig, stumpf gestoßen; zwischen Sparren

22€	31€	**35€**	42€	53€	[m2]	⏱ 0,20h/m2	039.000.039
18€	26€	**29€**	35€	45€			

31 Dämmschicht, bis 60mm, zwischen UK KG **342**

Wärmedämmung; Mineralwolle/Zellulosedämmplatte, WLG 035; bis 60mm; einlagig; zwischen Holzkonstruktion

10€	14€	**16€**	22€	32€	[m2]	⏱ 0,10h/m2	039.000.067
9€	12€	**14€**	18€	27€			

32 Dämmschicht, WF, bis 60mm, zwischen UK KG **342**

Wärmedämmung; Holzfaserplatten; bis 60mm; einlagig; zwischen Holzkonstruktion

11€	17€	**20€**	28€	44€	[m2]	⏱ 0,10h/m2	039.000.162
9€	14€	**17€**	24€	37€			

Kosten:
Stand 2. Quartal 2025
Bundesdurchschnitt

Nr.	Kurztext / Stichworte					Kostengruppe
▶	▷	ø brutto €	◁	◀	[Einheit] Ausf.-Dauer	Positionsnummer
▶	▷	ø netto €	◁	◀		

33 Dämmung, Decke, abgehängt, MW 40mm — KG **354**

Dämmung, Decke; MW 035; Dicke 40mm; einlagig

–	14€	**16€**	20€	–	[m2]	0,10 h/m2	039.000.156
–	12€	**13€**	17€	–			

34 Trockenestrich, Spanplatten, 25mm, einlagig — KG **353**

Trockenestrich; Spanplatten, zementgebunden; Dicke 25 mm; einlagig; unter Belag

41€	56€	**59€**	68€	83€	[m2]	0,30 h/m2	039.000.159
34€	47€	**50€**	57€	70€			

35 Trockenestrich, GF-Platten, 25mm, einlagig — KG **353**

Trockenestrich; GF-Platten, Klasse A1; Dicke 18; einlagig einbauen; Beton/Holzbalkendecke/Fußbodenheizung

41€	50€	**55€**	63€	81€	[m2]	0,30 h/m2	039.000.157
34€	42€	**46€**	53€	68€			

36 Trockenestrich, GF-Platten, 12,5mm, zweilagig — KG **353**

Trockenestrich; GF-Platten, Klasse A1; Dicke 18; einlagig einbauen; Beton/Holzbalkendecke/Fußbodenheizung

–	52€	**61€**	78€	–	[m2]	0,30 h/m2	039.000.158
–	43€	**52€**	65€	–			

37 Ausgleichsschicht, Mineralstoff, Trockenestrich — KG **353**

Ausgleichsschüttung, Nivellierschicht; Mineralstoff 0/2, gebrochen; Dicke bis 30cm; einbauen, verdichten; unter Trockenestrich

18€	25€	**29€**	33€	42€	[m2]	0,15 h/m2	039.000.049
15€	21€	**24€**	27€	36€			

38 WC-Trennwandanlage, HPL-Kompaktplatten — KG **346**

WC-Trennwand; HPL-Kompaktplatten, wasserfest, Aluminium-Profile; Platte 13mm, 15cm Bodenabstand; integrierten Türanschlagstegen, geräuschdämpfendem Gummikeder

250€	294€	**311€**	339€	398€	[m2]	0,45 h/m2	039.000.044
210€	247€	**262€**	285€	335€			

39 Verfugung, Acryl-Dichtstoff überstreichbar — KG **342**

Fugenabdichtung, überstreichbar; Acryldispersionsdichtstoff; inkl. Flankenvorbehandlung; Gipsplatten/Gipsfaserplatten

2€	5€	**5€**	8€	16€	[m]	0,05 h/m	039.000.045
2€	4€	**5€**	7€	14€			

▶ min
▷ von
ø Mittel
◁ bis
◀ max

Kosten:
Stand 2. Quartal 2025
Bundesdurchschnitt

Nr.	Kurztext / Stichworte					Kostengruppe
▶	▷	ø brutto €	◁	◀	[Einheit] Ausf.-Dauer	Positionsnummer
▶	▷	ø netto €	◁	◀		
1	**Rohrleitung, PE-X 17mm, Fußbodenheizung**					KG **422**
	Rohrleitung, Fußbodenheizung; Polyethylen PE-X, sauerstoffdicht; Außendurchmesser 17mm; Verlegesystem Typ A					
10€	13€	**15€**	16€	19€	[m] ⏱ 0,14 h/m	041.000.068
9€	11€	**13€**	14€	16€		
2	**Rohrleitung, PE-X 20mm, Fußbodenheizung**					KG **422**
	Rohrleitung, Fußbodenheizung; Polyethylen PE-X, sauerstoffdicht; Außendurchmesser 20mm; Verlegesystem Typ A					
14€	17€	**19€**	21€	24€	[m] ⏱ 0,14 h/m	041.000.069
12€	14€	**16€**	18€	20€		
3	**Umlenkungsbogen, Heizleitung**					KG **422**
	Umlenkungsbogen, Heizkreisrohre; Kunststoff; 90° Umlenkung zur Rohreinführung Verteilerkasten					
3€	4€	**5€**	6€	7€	[St] ⏱ 0,10 h/St	041.000.113
3€	4€	**4€**	5€	6€		
4	**Noppen/EPS-Systemträger, Fußbodenheizung**					KG **422**
	Wärmedämmung, Fußbodenheizung; Systemplatte, Polystyrol-Hartschaum, WLG 040, B1; Rohdecke					
12€	14€	**15€**	16€	19€	[m²] ⏱ 0,10 h/m²	041.000.078
10€	12€	**12€**	14€	16€		
5	**Noppen-Systemträger, Dämmung, Fußbodenheizung**					KG **422**
	Rohrträgerplatte, Fußbodenheizung; Polystyrol Hartschaum, WLG 040, Klasse E; Unterlage für schwimmenden Estrich; inkl. Wärme- und Trittschalldämmung					
18€	25€	**26€**	30€	37€	[m²] ⏱ 0,10 h/m²	041.000.079
15€	21€	**22€**	25€	31€		
6	**Noppen-Systemträger, Fußbodenheizung**					KG **422**
	Rohrträgerplatte, Fußbodenheizung; Kunststoff; Dicke bis 1,0mm; unter schwimmenden Estrich; ohne Dämmung					
13€	17€	**20€**	23€	28€	[m²] ⏱ 0,08 h/m²	041.000.080
11€	15€	**16€**	19€	23€		
7	**Fußbodenheizung, EPS 40 Dämmung**					KG **422**
	Polystyrol-Dämmplatten 0,040 W/(mK); EPS; 40mm; unter Systemplatten der Fußbodenheizung					
9€	9€	**11€**	14€	15€	[m²] ⏱ 0,20 h/m²	041.000.140
7€	8€	**9€**	12€	13€		
8	**Anbindeleitung, PE-X 17mm, Fußbodenheizung**					KG **423**
	Anbindeleitung Fußbodenheizung; Polyethylen PE-X, sauerstoffdicht; Außendurchmesser 17mm; Verlegesystem Typ A					
4€	6€	**6€**	7€	8€	[m] ⏱ 0,10 h/m	041.000.074
3€	5€	**5€**	6€	7€		

▶ min
▷ von
ø Mittel
◁ bis
◀ max

Nr.	Kurztext / Stichworte						Kostengruppe
▶	▷	**ø brutto €**	◁	◀	[Einheit]	Ausf.-Dauer	Positionsnummer
▶	▷	**ø netto €**	◁	◀			

9 Ummantelung, Anbindeleitung KG **423**

Ummantelung, Anbindeleitung; flexibel; als Überschub, zur Reduzierung Heizleistung

2€	3€	**4€**	5€	7€	[m]	⏱ 0,10h/m	041.000.116
2€	3€	**3€**	5€	6€			

10 Funktionsheizen, Fußbodenheizung KG **423**

Fußbodenheizung Auf- und Abheizen; gemäß Aufheizprotokoll Estrichhersteller; inkl. Protokoll

2€	2€	**3€**	4€	6€	[m²]	⏱ 0,16h/m²	041.000.117
1€	2€	**2€**	3€	5€			

11 Belegreifheizen, Fußbodenheizung KG **423**

Belegreifeheizen, Fußbodenheizung; nach abgeschlossenem Funktionsheizen, vor dem Belegen des Estrichs

0,4€	0,5€	**0,6€**	0,9€	4,1€	[m²]	–	041.000.118
0,3€	0,4€	**0,5€**	0,7€	3,5€			

12 Einregulierung/Inbetriebnahme, Fußbodenheizung KG **423**

Fußbodenheizung, Einregulierung; Einstellung der erf. Wassermenge für die einzelnen Heizkreise; Inbetriebnahme und Erstellen eines Einstellprotokolls

359€	457€	**1.251€**	3.325€	5.707€	[psch]	–	041.000.119
302€	384€	**1.051€**	2.794€	4.796€			

13 Messung, Feuchte, Fußbodenheizung KG **353**

Restfeuchtemessung, Estrich; Calciumcarbid-Messgerät

62€	71€	**86€**	108€	122€	[St]	⏱ 0,50h/St	041.000.120
52€	60€	**72€**	91€	103€			

003

Kosten:
Stand 2. Quartal 2025
Bundesdurchschnitt

► min
▷ von
ø Mittel
◁ bis
◄ max

Nr.	Kurztext / Stichworte						Kostengruppe
►	▷	ø brutto €	◁	◄	[Einheit]	Ausf.-Dauer	Positionsnummer
►	▷	ø netto €	◁	◄			

1 Dachbegrünung, Dränschicht, Schüttstoff, Lava, 5cm — KG **363**

Schüttdränage, extensive Dachbegrünung; Lava; Dicke 5cm; trittfest und frostbeständig herstellen

–	5€	**6€**	8€	–	[m²]	⏱ 0,15 h/m²	003.000.238
–	4€	**5€**	7€	–			

2 Dränageelement, PE-Platte, 25mm, Dachbegrünung — KG **363**

Dränelement, extensive Dachbegrünung; PE-Kunststoff, Blähton; Plattendicke 25mm; einbauen, verfüllen

15€	18€	**19€**	21€	24€	[m²]	⏱ 0,10 h/m²	003.000.231
13€	15€	**16€**	18€	20€			

3 Dränageelement, PE-Platte, 40mm, Dachbegrünung — KG **363**

Dränelement, extensive Dachbegrünung; PE-Kunststoff, Blähton; Plattendicke 40mm; einbauen, verfüllen

21€	23€	**25€**	26€	29€	[m²]	⏱ 0,12 h/m²	003.000.260
18€	20€	**21€**	22€	24€			

4 Flächendränage, begehbare Flachdächer, HDPE — KG **363**

Flächendränage, begehbare Flachdächer; Dränagematte HDPE, Filterschicht Polypropylen; unter Gehwegbelagsfläche

92€	124€	**133€**	151€	163€	[m²]	⏱ 0,11 h/m²	003.000.302
77€	104€	**112€**	127€	137€			

5 Filtervlies, Dränageabdeckung, 100g/m² — KG **363**

Filtervlies, Dränageabdeckung; Kunststoff; 100g/m²; verlegen; auf Dränschicht

4€	5€	**6€**	7€	8€	[m²]	⏱ 0,08 h/m²	003.000.233
3€	5€	**5€**	6€	7€			

6 Filtermatte, Dachbegrünung — KG **363**

Filtermatte, Dachbegrünung; 100% PP-Endlosfaser, GRK 2; 105g/m²; mechanisch befestigen; zwischen Dränschicht und Substrat

2€	3€	**3€**	4€	5€	[m²]	⏱ 0,03 h/m²	003.000.067
2€	3€	**3€**	3€	4€			

7 Kontrollschacht, extensive Dachbegrünung, Höhe bis 20cm — KG **363**

Kontrollschacht, extensive Dachbegrünung; Kunststoff; Höhe bis 20cm, Durchmesser 30cm; Dachablauf, inkl. Bodenplatte, Deckel

107€	119€	**123€**	132€	151€	[St]	⏱ 0,55 h/St	003.000.236
90€	100€	**103€**	111€	127€			

8 Kontrollschacht, intensive Dachbegrünung, Höhe bis 40cm — KG **363**

Kontrollschacht, extensive Dachbegrünung; Kunststoff; Höhe bis 40cm, Durchmesser 40cm; Dachablauf, inkl. Bodenplatte, Deckel

242€	254€	**259€**	265€	283€	[St]	⏱ 0,65 h/St	003.000.237
204€	214€	**217€**	222€	238€			

Nr.	Kurztext / Stichworte						Kostengruppe
▶	▷	ø brutto €	◁	◀	[Einheit]	Ausf.-Dauer	Positionsnummer
▶	▷	ø netto €	◁	◀			

9 Sicherheitsstreifen, Kies, Dachbegrünung KG **363**

Sicherheitsstreifen, Dachbegrünung; Rundkies 16/32, gewaschen; Dicke 5cm, Breite 20-30cm; einbauen; Aufkantungen, Abschlüsse, Durchdringungen

12€	15€	**16€**	18€	21€	[m²]	⏱ 0,16 h/m²	003.000.220
10€	12€	**14€**	15€	18€			

10 Kiesfangleiste, L-Profil, Dachbegrünung KG **363**

Kiesfangleiste; Aluminium, gelocht; Dicke bis 2mm; 4-fach gekantet; Dachneigung bis 5°

23€	29€	**32€**	35€	44€	[m]	⏱ 0,04 h/m	003.000.239
20€	25€	**27€**	30€	37€			

11 Einschichtsubstrat, extensive Dachbegrünung KG **363**

Drän- und Vegetationstragschicht, extensive Dachbegrünung; Einschichtsubstrat, strukturstabilisiert; Dicke 8cm; lose einbauen

25€	29€	**31€**	35€	42€	[m²]	⏱ 0,09 h/m²	003.000.241
21€	25€	**26€**	30€	35€			

12 Mehrschichtsubstrat, extensive Dachbegrünung KG **363**

Drän- und Vegetationstragschicht, extensive Dachbegrünung; Mehrschichtsubstrat, strukturstabil; Dicke 8cm; lose einbauen

33€	37€	**38€**	40€	43€	[m²]	⏱ 0,15 h/m²	003.000.226
27€	31€	**32€**	33€	36€			

13 Begrünungssubstrat, Natur-Bims, Dachbegrünung KG **363**

Begrünungssubstrat extensive Dachbegrünung; Natur-Bims/Leicht-Lava; auf fertiger Schichthöhe einbauen

13€	18€	**19€**	21€	23€	[m²]	⏱ 0,07 h/m²	003.000.309
11€	15€	**16€**	17€	20€			

14 Mehrschichtsubstrat, intensive Dachbegrünung KG **363**

Vegetationstragschicht, intensive Dachbegrünung; Intensivsubstrat, strukturstabilisiert; Dicke 10cm; mehrschichtige Dachbegrünung, lose einbauen

39€	44€	**46€**	49€	52€	[m²]	⏱ 0,18 h/m²	003.000.224
33€	37€	**39€**	41€	44€			

15 Nassansaat, extensive Dachbegrünung, Saatgutmischung KG **363**

Ansaat, extensive Dachbegrünung; Sedumsprossen, Kräuter; Anspritzverfahren, wässriger Zelluloselösung

4€	7€	**9€**	11€	15€	[m²]	⏱ 0,08 h/m²	003.000.222
4€	6€	**7€**	9€	12€			

16 Trockenansaat, extensive Dachbegrünung, Saatgutmischung KG **363**

Ansaat, extensive Dachbegrünung; Sedum-Sprossen in Sorten; Saatgut 50-80g/m²; inkl. Düngung, wässern

4€	6€	**7€**	8€	9€	[m²]	⏱ 0,04 h/m²	003.000.218
3€	5€	**6€**	7€	8€			

Nr.	Kurztext / Stichworte						Kostengruppe
►	▷	ø brutto €	◁	◄	[Einheit]	Ausf.-Dauer	Positionsnummer
►	▷	ø netto €	◁	◄			

17	**Düngung, Dachbegrünung, extensiv**						KG **363**
Düngung, extensive Dachbegrünung; mineralisch; 50g/m² je Arbeitsgang							
0,4€	0,8€	**0,9€**	1,0€	1,1€	[m²]	⏱ 0,02 h/m²	003.000.256
0,4€	0,6€	**0,8€**	0,8€	0,9€			

Kosten:
Stand 2. Quartal 2025
Bundesdurchschnitt

► min
▷ von
ø Mittel
◁ bis
◄ max

Anhang

Verzeichnis der Architektur- und Planungsbüros

Verzeichnis der Architektur- und Planungsbüros	Obj.-Nr.
°pha design Banniza, Hermann, Öchsner und Partner; Potsdam	4400-0358
AAg Architekten GmbH; Heidelberg mit Stadt Heidelberg - Hochbauamt; Heidelberg	4400-0389, 4400-0428, 4400-0429
ACMS Architekten GmbH; Wuppertal	6200-0134, 6600-0039
Arc Architekten Partnerschaft mbB; Bad Birnbach	7300-0114
Architekturbüro Friedl; Adelzhausen	6100-1641
Architekturbüro Obereisenbuchner; Pfaffenhofen	4400-0378
A-Z Architekten BDA; Wiesbaden	6600-0038
bau grün ! gmbh energieeffiziente Gebäude, Arch. Daniel Finocchiaro, Mönchengladbach	6100-1643
Bosse Westphal Partner; Winsen/Luhe	4400-0288, 4400-0289
Dienstleistungsbetrieb Stadt Xanten (LPH 1-4); Xanten mit W. u. J. Derix GmbH & Co. (LPH 5-9); Niederkrüchten	6200-0136
Dillig Architekten GmbH; Simmern	5100-0134
gmp International GmbH; Berlin	9100-0226
grüningerarchitekten I BDA; Darmstadt	1300-0298
GSP Gerlach Schneider Partner Architekten mbB; Bremen	2200-0062
hiendl_schineis architekten, projektleitung regina schineis; Passau	4300-0026
Liebscher-Tauber und Tauber Architekten PartG mbB; Berlin	6100-1604
Lüttmann Generalplaner GmbH; Ostbevern	4400-0317
meuer - planen beraten Architekten GmbH; München	1300-0328, 2200-0067, 2200-0068, 4100-0256, 6100-1747
O. M. Architekten BDA, Rainer Ottinger, Thomas Möhlendick; Braunschweig	5300-0013
Peter Gröbmayr GmbH & Co.KG; Glonn	6100-1702
Plan.Concept Architekten GmbH; Osnabrück	4400-0385
Plan-R-Architektenbüro; Hamburg	6100-1282, 6100-1642
Planungsgruppe Grün der Zeit; Potsdam	8700-0066
ra plus | mevißen hillmann harder hille architektenpartnerschaft mbB; Hannover	4400-0407
raum-z architekten gmbh; Frankfurt a.M.	4400-0399
Renner Architekten GmbH; Berlin	6500-0055
SchwörerHaus KG; Hohenstein	6100-1446
Stadtblick GmbH; Hamburg	6400-0114
Steinwender Architekten GmbH; Lohe-Rickelshof	1300-0307
TRÄNKNER ARCHITEKTEN; Naumburg	4100-0221
W. u. J. Derix GmbH & Co.; Niederkrüchten	6200-0135
Wagner Architekten; Dingolfing	5100-0131
werk.um architekten; Darmstadt	4100-0219, 4400-0364

Der Herausgeber dankt den genannten Büros für die zur Verfügung gestellten Objektdaten.

Anhang

Regionalfaktoren

Regionalfaktoren Deutschland

Diese Faktoren geben Aufschluss darüber, inwieweit die Baukosten in einer bestimmten Region Deutschlands teurer oder günstiger liegen als im Bundesdurchschnitt. Sie können dazu verwendet werden, die BKI Baukosten an das besondere Baupreisniveau einer Region anzupassen.
Hinweis: Alle Angaben wurden durch Untersuchungen des BKI weitgehend verifiziert. Dennoch können Abweichungen zu den angegebenen Werten entstehen. In Grenznähe zu einem Land-/Stadtkreis mit anderen Baupreisfaktoren sollte dessen Baupreisniveau mit berücksichtigt werden, da die Übergänge zwischen den Land-/Stadtkreisen fließend sind. Die Besonderheiten des Einzelfalls können ebenfalls zu Abweichungen führen.
Für die größeren Inseln Deutschlands wurden separate Regionalfaktoren ermittelt. Dazu wurde der zugehörige Landkreis in Festland und Inseln unterteilt. Alle Inseln eines Landkreises erhalten durch dieses Verfahren den gleichen Regionalfaktor. Der Regionalfaktor des Festlandes erhält keine Inseln mehr und ist daher gegenüber früheren Ausgaben verringert.

Land- / Stadtkreis / Insel	**Bundeskorrekturfaktor**
Aachen, Städteregion	0,935
Ahrweiler	0,985
Aichach-Friedberg	1,085
Alb-Donau-Kreis	1,040
Altenburger Land	0,881
Altenkirchen (Westerwald)	1,009
Altmarkkreis Salzwedel	0,855
Altötting	1,009
Alzey-Worms	0,942
Amberg, Stadt	1,075
Amberg-Sulzbach	1,023
Ammerland	0,823
Amrum, Insel	1,278
Anhalt-Bitterfeld	0,833
Ansbach	1,080
Ansbach, Stadt	1,108
Aschaffenburg	1,103
Aschaffenburg, Stadt	1,047
Augsburg	1,049
Augsburg, Stadt	1,239
Aurich, Festlandanteil	0,732
Aurich, Inselanteil	1,201
Bad Dürkheim	1,005
Bad Kissingen	1,064
Bad Kreuznach	0,972
Bad Tölz-Wolfratshausen	1,225
Baden-Baden, Stadtkreis	1,039
Baltrum, Insel	1,201
Bamberg	1,078
Bamberg, Stadt	1,170
Barnim	0,859
Bautzen	0,889
Bayreuth	1,080
Bayreuth, Stadt	1,011
Berchtesgadener Land	1,100
Bergstraße	1,002
Berlin, Stadt	1,128
Bernkastel-Wittlich	1,070
Biberach	1,052
Bielefeld, Stadt	0,836
Birkenfeld	1,053
Bochum, Stadt	0,894
Bodenseekreis	0,969
Bonn, Stadt	0,918
Borken	0,918
Borkum, Insel	1,099
Bottrop, Stadt	0,826
Brandenburg an der Havel, Stadt	1,022
Braunschweig, Stadt	0,697
Breisgau-Hochschwarzwald	1,088
Bremen, Stadt	0,937
Bremerhaven, Stadt	0,914
Burgenlandkreis	0,894
Böblingen	1,127
Börde	0,867
Calw	1,030
Celle	0,876
Cham	0,872
Chemnitz, Stadt	0,850
Cloppenburg	0,759
Coburg	1,027
Coburg, Stadt	1,098
Cochem-Zell	1,035
Coesfeld	0,921
Cottbus, Stadt	0,971
Cuxhaven	0,773
Dachau	1,227
Dahme-Spreewald	0,930
Darmstadt, Stadt	1,025
Darmstadt-Dieburg	0,979
Deggendorf	1,004

Delmenhorst, Stadt ... 0,797
Dessau-Roßlau, Stadt ... 0,854
Diepholz ... 0,798
Dillingen a.d.Donau ... 1,058
Dingolfing-Landau ... 0,972
Dithmarschen ... 1,063
Donau-Ries ... 1,031
Donnersbergkreis ... 0,957
Dortmund, Stadt ... 0,770
Dresden, Stadt ... 0,940
Duisburg, Stadt ... 0,953
Düren ... 0,955
Düsseldorf, Stadt ... 0,940

Ebersberg ... 1,309
Eichsfeld ... 0,931
Eichstätt ... 1,056
Eifelkreis Bitburg-Prüm ... 1,002
Elbe-Elster ... 0,899
Emden, Stadt ... 0,670
Emmendingen ... 1,117
Emsland ... 0,819
Ennepe-Ruhr-Kreis ... 0,884
Enzkreis ... 1,044
Erding ... 1,132
Erfurt, Stadt ... 0,902
Erlangen, Stadt ... 1,137
Erlangen-Höchstadt ... 1,022
Erzgebirgskreis ... 0,912
Essen, Stadt ... 0,871
Esslingen ... 0,989
Euskirchen ... 0,889

Fehmarn, Insel ... 1,171
Flensburg, Stadt ... 0,797
Forchheim ... 1,124
Frankenthal (Pfalz), Stadt ... 0,881
Frankfurt (Oder), Stadt ... 0,907
Frankfurt am Main, Stadt ... 0,981
Freiburg im Breisgau, Stadtkreis ... 1,166
Freising ... 1,054
Freudenstadt ... 1,017
Freyung-Grafenau ... 1,018
Friesland, Festlandanteil ... 0,810
Friesland, Inselanteil ... 1,408
Fulda ... 1,017
Föhr, Insel ... 1,278
Fürstenfeldbruck ... 1,218
Fürth ... 1,045
Fürth, Stadt ... 1,053

Garmisch-Partenkirchen ... 1,212
Gelsenkirchen, Stadt ... 0,854
Gera, Stadt ... 0,938
Germersheim ... 1,021
Gießen ... 0,964
Gifhorn ... 0,834
Goslar ... 0,796
Gotha ... 0,880
Grafschaft Bentheim ... 0,817
Greiz ... 0,922
Groß-Gerau ... 1,015
Göppingen ... 1,009
Görlitz ... 0,893
Göttingen ... 0,902
Günzburg ... 1,042
Gütersloh ... 0,905

Hagen, Stadt ... 0,864
Halle (Saale), Stadt ... 0,729
Hamburg, Freie und Hansestadt ... 1,112
Hameln-Pyrmont ... 0,819
Hamm, Stadt ... 0,893
Hannover, Region ... 0,900
Harburg ... 0,951
Harz ... 0,816
Havelland ... 1,006
Haßberge ... 1,095
Heidekreis ... 0,881
Heidelberg, Stadtkreis ... 1,092
Heidenheim ... 1,001
Heilbronn ... 0,990
Heilbronn, Stadtkreis ... 0,990
Heinsberg ... 0,953
Helgoland, Insel ... 1,409
Helmstedt ... 0,854
Herford ... 0,863
Herne, Stadt ... 0,951
Hersfeld-Rotenburg ... 1,001
Herzogtum Lauenburg ... 0,952
Hiddensee, Insel ... 1,121
Hildburghausen ... 0,863
Hildesheim ... 0,820
Hochsauerlandkreis ... 0,922
Hochtaunuskreis ... 1,025
Hof ... 1,074
Hof, Stadt ... 1,101
Hohenlohekreis ... 1,030
Holzminden ... 0,782
Höxter ... 0,902

Ilm-Kreis ... 0,893
Ingolstadt, Stadt ... 1,109

Jena, Stadt ... 1,046
Jerichower Land ... 0,862
Juist, Insel ... 1,201

Kaiserslautern	0,933
Kaiserslautern, Stadt	0,973
Karlsruhe	0,961
Karlsruhe, Stadtkreis	1,102
Kassel	1,033
Kassel, Stadt	0,946
Kaufbeuren	1,114
Kelheim	1,019
Kempten (Allgäu)	1,112
Kiel, Stadt	1,161
Kitzingen	1,027
Kleve	0,914
Koblenz, Stadt	0,875
Konstanz	1,052
Krefeld, Stadt	0,841
Kronach	1,146
Kulmbach	1,096
Kusel	0,933
Kyffhäuserkreis	0,860
Köln, Stadt	0,917
Lahn-Dill-Kreis	1,023
Landau in der Pfalz, Stadt	0,984
Landsberg am Lech	1,108
Landshut	0,995
Landshut, Stadt	1,075
Langeoog, Insel	1,073
Leer, Festlandanteil	0,744
Leer, Inselanteil	1,099
Leipzig	0,978
Leipzig, Stadt	0,820
Leverkusen, Stadt	0,848
Lichtenfels	1,053
Limburg-Weilburg	0,961
Lindau (Bodensee)	1,090
Lippe	0,886
Ludwigsburg	1,088
Ludwigshafen am Rhein, Stadt	1,053
Ludwigslust-Parchim	0,925
Lörrach	1,022
Lübeck, Hansestadt	0,934
Lüchow-Dannenberg	0,867
Lüneburg	0,893
Magdeburg, Stadt	0,884
Main-Kinzig-Kreis	0,996
Main-Spessart	1,074
Main-Tauber-Kreis	1,015
Main-Taunus-Kreis	0,984
Mainz, Stadt	0,986
Mainz-Bingen	1,006
Mannheim, Stadtkreis	1,073
Mansfeld-Südharz	0,898
Marburg-Biedenkopf	0,985
Mayen-Koblenz	0,989
Mecklenburgische Seenplatte	0,915
Meißen	0,913
Memmingen	1,044
Merzig-Wadern	0,943
Mettmann	0,902
Miesbach	1,271
Miltenberg	1,128
Minden-Lübbecke	0,826
Mittelsachsen	0,925
Märkisch-Oderland	0,908
Märkischer Kreis	0,906
Mönchengladbach, Stadt	0,913
Mühldorf a.Inn	1,025
Mülheim an der Ruhr, Stadt	0,879
München	1,347
München, Stadt	1,502
Münster, Stadt	0,896
Neckar-Odenwald-Kreis	1,039
Neu-Ulm	1,083
Neuburg-Schrobenhausen	1,052
Neumarkt i.d.OPf.	0,961
Neumünster, Stadt	0,877
Neunkirchen	0,950
Neustadt a.d.Aisch-Bad Windsheim	1,088
Neustadt a.d.Waldnaab	1,026
Neustadt an der Weinstraße, Stadt	0,967
Neuwied	0,917
Nienburg (Weser)	0,777
Norderney, Insel	1,201
Nordfriesland, Festlandanteil	1,105
Nordfriesland, Inselanteil	1,278
Nordhausen	0,851
Nordsachsen	0,902
Nordwest-Mecklenburg, Inselanteil	1,219
Nordwestmecklenburg, Festlandanteil	0,964
Northeim	0,887
Nürnberg, Stadt	1,066
Nürnberger Land	1,120
Oberallgäu	1,070
Oberbergischer Kreis	0,869
Oberhausen, Stadt	0,871
Oberhavel	0,992
Oberspreewald-Lausitz	0,932
Odenwaldkreis	0,973
Oder-Spree	0,942
Offenbach	0,972
Offenbach am Main, Stadt	0,962
Oldenburg	0,849
Oldenburg (Oldb), Stadt	0,823
Olpe	0,986
Ortenaukreis	0,987

Osnabrück ... 0,855
Osnabrück, Stadt ... 0,799
Ostalbkreis ... 1,049
Ostallgäu ... 1,059
Osterholz ... 0,870
Ostholstein, Festlandanteil ... 0,919
Ostholstein, Inselanteil ... 1,171
Ostprignitz-Ruppin ... 0,917

Paderborn ... 0,910
Passau ... 0,948
Passau, Stadt ... 1,051
Peine ... 0,806
Pellworm, Insel ... 1,278
Pfaffenhofen a.d.Ilm ... 1,054
Pforzheim, Stadtkreis ... 1,008
Pinneberg, Festlandanteil ... 0,975
Pinneberg, Inselanteil ... 1,409
Pirmasens, Stadt ... 0,993
Plön ... 0,966
Poel, Insel ... 1,219
Potsdam, Stadt ... 1,063
Potsdam-Mittelmark ... 0,948
Prignitz ... 0,818

Rastatt ... 0,998
Ravensburg ... 1,004
Recklinghausen ... 0,854
Regen ... 0,937
Regensburg ... 1,005
Regensburg, Stadt ... 1,094
Rems-Murr-Kreis ... 1,048
Remscheid, Stadt ... 0,885
Rendsburg-Eckernförde ... 0,966
Reutlingen ... 1,018
Rhein-Erft-Kreis ... 0,905
Rhein-Hunsrück-Kreis ... 1,018
Rhein-Kreis Neuss ... 0,885
Rhein-Lahn-Kreis ... 1,048
Rhein-Neckar-Kreis ... 1,041
Rhein-Pfalz-Kreis ... 0,996
Rhein-Sieg-Kreis ... 0,970
Rheingau-Taunus-Kreis ... 1,050
Rheinisch-Bergischer Kreis ... 0,920
Rhön-Grabfeld ... 1,107
Rosenheim ... 1,229
Rosenheim, Stadt ... 1,199
Rostock ... 0,946
Rostock, Stadt ... 0,964
Rotenburg (Wümme) ... 0,763
Roth ... 1,116
Rottal-Inn ... 0,990
Rottweil ... 0,962
Rügen, Insel ... 1,121

Saale-Holzland-Kreis ... 0,872
Saale-Orla-Kreis ... 0,840
Saalekreis ... 0,866
Saalfeld-Rudolstadt ... 0,945
Saarbrücken, Regionalverband ... 0,951
Saarlouis ... 0,963
Saarpfalz-Kreis ... 0,976
Salzgitter, Stadt ... 0,809
Salzlandkreis ... 0,806
Schaumburg ... 0,781
Schleswig-Flensburg ... 0,882
Schmalkalden-Meiningen ... 0,983
Schwabach, Stadt ... 1,075
Schwalm-Eder-Kreis ... 0,984
Schwandorf ... 0,979
Schwarzwald-Baar-Kreis ... 0,936
Schweinfurt ... 1,119
Schweinfurt, Stadt ... 1,041
Schwerin, Stadt ... 1,100
Schwäbisch Hall ... 0,958
Segeberg ... 0,935
Siegen-Wittgenstein ... 0,932
Sigmaringen ... 1,012
Soest ... 0,873
Solingen, Stadt ... 0,889
Sonneberg ... 0,888
Speyer, Stadt ... 1,078
Spiekeroog, Insel ... 1,073
Spree-Neiße ... 0,735
St. Wendel ... 0,984
Stade ... 0,827
Starnberg ... 1,302
Steinburg ... 0,959
Steinfurt ... 0,879
Stendal ... 0,698
Stormarn ... 0,952
Straubing, Stadt ... 1,272
Straubing-Bogen ... 1,015
Stuttgart, Stadtkreis ... 1,108
Suhl, Stadt ... 0,826
Sylt, Insel ... 1,278
Sächsische Schweiz-Osterzgebirge ... 0,992
Sömmerda ... 0,912
Südliche Weinstraße ... 1,002
Südwestpfalz ... 0,999

Teltow-Fläming ... 0,936
Tirschenreuth ... 1,081
Traunstein ... 1,126
Trier, Stadt ... 1,101
Trier-Saarburg ... 1,106
Tuttlingen ... 1,018
Tübingen ... 1,064

Uckermark	0,922
Uelzen	0,844
Ulm, Stadtkreis	1,086
Unna	0,901
Unstrut-Hainich-Kreis	0,833
Unterallgäu	1,022
Usedom, Insel	1,061
Vechta	0,850
Verden	0,809
Viersen	0,930
Vogelsbergkreis	0,982
Vogtlandkreis	0,906
Vorpommern-Greifswald, Festlandanteil	0,999
Vorpommern-Greifswald, Inselanteil	1,061
Vorpommern-Rügen, Festlandanteil	0,932
Vorpommern-Rügen, Inselanteil	1,121
Vulkaneifel	0,974
Waldeck-Frankenberg	0,980
Waldshut	1,035
Wangerooge, Insel	1,408
Warendorf	0,898
Wartburgkreis	0,888
Weiden i.d.OPf., Stadt	1,052
Weilheim-Schongau	1,144
Weimar, Stadt	1,182
Weimarer Land	0,904
Weißenburg-Gunzenhausen	1,060
Werra-Meißner-Kreis	0,997
Wesel	0,938
Wesermarsch	0,830
Westerwaldkreis	1,010
Wetteraukreis	0,989
Wiesbaden, Stadt	0,968
Wilhelmshaven, Stadt	0,843
Wittenberg	0,773
Wittmund, Festlandanteil	0,763
Wittmund, Inselanteil	1,073
Wolfenbüttel	0,864
Wolfsburg, Stadt	0,851
Worms, Stadt	0,992
Wunsiedel i.Fichtelgebirge	1,077
Wuppertal, Stadt	0,847
Würzburg	1,127
Würzburg, Stadt	1,172
Zingst, Insel	1,121
Zollernalbkreis	1,013
Zweibrücken, Stadt	0,994
Zwickau	0,936

Regionalfaktoren Österreich

Bundesland	Korrekturfaktor
Burgenland	1,115
Kärnten	1,103
Niederösterreich	1,028
Oberösterreich	1,104
Salzburg	1,104
Steiermark	1,097
Tirol	1,019
Vorarlberg	1,069
Wien	1,095

Regionalfaktoren für den Europa-Raum

Land	Korrekturfaktor
Albanien	0,324
Belgien	0,640
Bosnien und Herzegowina	0,303
Bulgarien	0,415
Dänemark	0,848
Deutschland	1,000
Estland	0,511
Finnland	0,884
Frankreich	0,754
Griechenland	0,473
Irland	0,687
Island	0,833
Italien	0,571
Kroatien	0,341
Lettland	0,528
Litauen	0,476
Luxemburg	0,836
Malta	0,563
Mazedonien	0,336
Montenegro	0,370
Niederlande	0,810
Norwegen	0,889
Österreich	1,101
Polen	0,448
Portugal	0,458
Rumänien	0,367
Schweden	0,988
Schweiz	1,078
Serbien	0,383
Slowakei	0,497
Slowenien	0,452
Spanien	0,526
Tschechien	0,508
Türkei	0,320
Ungarn	0,442
Zypern	0,480